Edizioni PensareDiverso
Collana Cenacolo Jung Pauli

CENACOLO
JUNG PAULI

El camino cuántico hacia la inmortalidad

Bruno Del Medico

Más allá del fin.

Hipótesis científicas sobre la inmortalidad. Del alma a la conciencia cuántica.

Viaje a través de las teorías de Stapp, Penrose, Bohm, Tononi, Faggin y muchos otros.

edizioni@delmedico.it

Resumen

El camino cuántico hacia la inmortalidad 2

Resumen 5

Introducción 16

1 - PROBABILISMO Y LIBRE ALBEDRÍO 18

Capítulo 1. Probabilismo Probabilismo. 19

Un paseo por el Parque del Circeo. 20

Probabilismo, elecciones posibles. 22

Capítulo 2. El libre albedrío. El libre albedrío. 26

El libre albedrío como base para la identificación de la responsabilidad tras el paso. 27

Las raíces históricas del libre albedrío. 27

Actualidad de la reflexión. Daniel Dennett. 28

Descubriendo las neuronas espejo. 29

El concepto de libre albedrío en las religiones. 30

La huella divina en el libre albedrío humano. 31

Libre albedrío y responsabilidad. Entrelazamiento de ética, justicia y libertad individual. 32

Libre albedrío y física cuántica. 34

Analogías entre el pasaje y la teoría cuántica. 35

El misterio del destino del alma. Entre filosofía y ciencia. 41

Los fundamentos de la metafísica cuántica. 42

Metafísica: un viaje entre la antigüedad y la modernidad. 43

La fascinación metafísica de la física cuántica: en las visiones de Bohm y Kuhn. . 44

El fin de la vida como enigma metafísico universal. 45

El fin de la vida a la luz de la metafísica kantiana y la física moderna. 46

Congreso Internacional de Parapsicología de 1953 47

La evolución de nuestra comprensión del final de la vida a través de la metafísica cuántica. 49

2 - EN EL ALMA. 50

Capítulo 3. El alma, un don que hay que atesorar. 51

Existencia del alma: sugerencias científicas y filosóficas sobre la supervivencia al final de la vida. 52

Buscando el alma en el lugar equivocado. 53

Existencia del alma: comparación entre religiones y teorías científicas. 54

¿Es concebible un papel de las religiones en la exaltación de la muerte como momento de juicio para condicionar a los creyentes? 55

El concepto de alma en el contexto de las teorías científicas. 59

El paradigma materialista contra la vida después del paso: Un choque entre ciencia y fe *59*
El campo morfogenético y la persistencia de los recuerdos: una investigación de la memoria más allá de la vida física. *60*
El concepto de "campo" en la física cuántica: *61*
La naturaleza del alma: un elemento clave para entender la supervivencia. *63*
La ilusión del tiempo y el espacio en el más allá. *64*

Capítulo 4. ¿Qué ocurre tras el final de la vida? Teorías clásicas. 65
Experiencias de regresión hipnótica *67*
El sentido del pasaje. Una reflexión sobre el paso final de la vida. *68*
La influencia de la seguridad de paso en el comportamiento social. *70*
¿Qué ocurre al final de la vida? Exploramos las distintas visiones de la cultura occidental. *72*
Un viaje a la oscuridad de Erebo. *73*
El auge del cristianismo *73*
La Antroposofía de Rudolf Steiner. *74*
La perspectiva de Dios sobre la vida después del pasaje. *75*
Renacimiento y reencarnación: Investigaciones sobre la posibilidad de nuevas vidas. *76*
Las profundas raíces de la reencarnación. *77*
El pensamiento de Sigmund Freud sobre la reencarnación. *81*
El camino de la reencarnación según Carl Gustav Jung *82*
Física cuántica y reencarnación. *83*
El alma eterna. Una perspectiva filosófica sobre la existencia después del paso. 85
Ciencia y espiritualidad. Un difícil diálogo sobre la posibilidad de la inmortalidad del alma. *86*
Teorías sobre la supervivencia tras el fallecimiento. *89*

Capítulo 5. El final de la vida no es el final de todo 91
El fin de la vida como misterio. Aproximaciones científicas y filosóficas a la inanición del alma. 92
El final de la vida como puerta a lo desconocido. La transición al más allá. *93*
La muerte como transición. Comparación de las concepciones antigua y moderna. *96*
La muerte como transición energética. Un análisis de los cuerpos sutiles. *98*
La muerte como trascendencia. Concepciones espirituales y místicas. *101*
El pasaje como iniciación. Concepciones místicas del más allá. *104*
El final de la vida como transición dimensional. Concepciones de otras realidades en el más allá. *108*
El final de la vida como liberación. Experiencias de reanimación y sensación de paz. *111*
La muerte como despertar espiritual. La iluminación al final de la vida. *113*
El pasaje como transformación espiritual. La purificación del alma. *114*
El fin de la vida como transformación energética. De la muerte material a la vida espiritual. *116*
El final de la vida como oportunidad de crecimiento. El significado evolutivo de las experiencias "post mortem". *118*

El fin de la vida como experiencia de fusión con el universo. *121*
El final de la vida como transformación. Comparación de las filosofías oriental y occidental. *124*

3 - UN VIAJE A OTRAS CULTURAS. **126**

Capítulo 6. Cultura oriental **127**
Creencias sobre la vida después de la muerte en las antiguas culturas orientales. 128
La muerte como un nuevo comienzo: una visión oriental optimista de la transición al más allá. *129*
El hogar de los antepasados. Ritos ancestrales y veneración de los antepasados en la cultura oriental. *130*
Cuentos de hadas y mitos sobre la vida después de la muerte. Ilustraciones de la visión oriental. *131*
Deidades patronas del paso en las culturas orientales. *133*
Existencia de guías espirituales. Una investigación sobre el papel de los seres espirituales en el más allá oriental. *135*
Rituales funerarios tradicionales. Celebración de la vida tras el fallecimiento en las culturas orientales. *136*
La vida eterna y el elixir de la inmortalidad. *137*
El concepto de "Yin y Yang". Equilibrio y dualidad en la visión china del más allá. *139*
La relación entre el alma y el cuerpo. Perspectivas filosóficas orientales sobre la vida después de la muerte. *141*
El final de la vida como oportunidad de crecimiento espiritual. Versos de la poesía oriental. *142*
El más allá como juicio. Conceptos de castigo y redención en las creencias orientales. *144*
Existencia de guías espirituales. Una investigación sobre el papel de los seres espirituales en el más allá oriental. *145*
El karma colectivo y el más allá. Cómo nuestras acciones se reflejan también después del paso. *146*
El concepto de meritocracia. *147*
Sabiduría oriental sobre la impermanencia. *148*
El concepto de Nirvana. Un análisis filosófico y espiritual de la liberación. *150*
El poder de las oraciones por las almas de los difuntos *152*
La paradoja del vacío en el más allá. *153*
Testimonios de retornos del más allá. Encrucijada entre ciencia y espiritualidad en Oriente. *154*
Los maestros espirituales orientales y sus enseñanzas sobre la vida después de la muerte 156
El concepto de Moksha. Liberación de la rueda del samsara en el hinduismo. *157*
Karma y reencarnación. El ciclo interminable de la vida según la filosofía india. 159
El karma y el balance de existencias *160*
Karma y renacimiento. Interpretaciones contemporáneas de la doctrina oriental. *161*

El concepto de equilibrio kármico. Un análisis filosófico de las leyes orientales del destino. ... *162*
La reencarnación en las filosofías orientales ... 164
Ciencia y reencarnación. El debate en el contexto oriental. ... *165*
La reencarnación como búsqueda de la iluminación. Enseñanzas espirituales del hinduismo. ... *166*
La raíz india del concepto de reencarnación en la filosofía oriental. ... *167*
Pruebas científicas del fenómeno de la reencarnación. Estudios de casos en Asia. ... *168*
Budismo y Nirvana. La aspiración a una nueva existencia más allá del paso. ... 170
Reinos celestiales e infernales. Las distintas dimensiones del más allá en el budismo tibetano. ... *171*
El concepto de "Gaya" en el budismo. Un puente entre el mundo físico y el espiritual. ... *172*
Filosofía Zen. Principios, enseñanzas y significado. ... 174
La muerte como paso al Nirvana. Reflexiones desde el budismo zen. ... *175*
La filosofía zen y el reto de comprender el más allá de las palabras. ... *175*
Migajas de filosofía zen. ... *176*
Confucianismo. ... 178
El confucianismo y el final de la vida. ... *179*
Experiencias previas a la muerte y vida después de la muerte en el confucianismo. ... *179*
La conexión entre los mundos visible e invisible en el taoísmo. ... 181
Los monjes taoístas y sus viajes al más allá. Un estudio de las experiencias místicas. ... *183*
Sintoísmo. ... 185

4 - EXPERIENCIAS AL FINAL DE LA VIDA. ... 187

Capítulo 7 ECM: Testimonios de otra realidad ... 188
Experiencias extracorporales. El desprendimiento del cuerpo como prueba de supervivencia. ... *189*
ECM y formas similares. ... *191*
Pensadores y estudiosos más influyentes sobre las experiencias post mortem. ... *194*
Los sentidos experimentados en la otra vida: ... 201
Las sensaciones físicas en las ECM: del éxtasis al terror. ... *202*
Visiones y símbolos del más allá en las experiencias ECM: ¿un lenguaje universal? ... *203*
Todas las sensaciones típicas de una ECM. ... *203*
Las ECM y el miedo a morir. ... *204*
El túnel de luz en las experiencias ECM. ... *205*
Similitudes entre el túnel de las experiencias ECM y el parto. ... *206*
Experiencias previas a la muerte. Testimonios de otra realidad. ... *207*
Crisis de fe. Cómo han influido las ECM en las opiniones religiosas sobre la muerte. ... *209*

Experiencias premortales en los relatos de viajeros astrales. Una simbiosis de ciencia y espiritualidad. *209*
Campos de energía y ECM. El misterio del alma después del paso. *211*
NDES, OBES, CMES. Las diferencias. *213*
El papel del amor en la experiencia del más allá. Un análisis de los testimonios de ECM. *214*

Capítulo 8. Diálogo con los muertos. Diálogo con los muertos........ 216
Encuentros con los muertos. Comunicaciones del más allá. *217*
Visiones de las almas de los muertos. ¿Certeza o ilusión? *218*
La comunicación con el más allá en la cultura occidental- *218*
Existencia del más allá: investigaciones sobre supuestas pruebas y fenómenos paranormales. *220*
Las "Experiencias Vardøger. *220*

5 - INFORMACIÓN CUÁNTICA. 223

Capítulo 9 El papel de la información en el cosmos 224
El papel de la información en el cosmos cuántico: una perspectiva revolucionaria........ 225
¿Qué es la materia? *225*
¿Qué es la energía? *226*
La influencia de la energía en la materia y el misterio de las instrucciones celulares. *226*
El vínculo entre la energía y las instrucciones celulares. *228*
Cuáles son las fuerzas fundamentales y su papel. *229*
Armonía cósmica. El inestimable papel de las fuerzas fundamentales. *230*
El ballet cósmico de las fuerzas fundamentales. *231*
En busca de la verdad última. El intrigante entrelazamiento de fuerzas cósmicas. *232*
En busca de inteligencia. *232*
La información, una fuerza inteligente fundamental. 235
Alan Turing y su "máquina". *237*
Información cuántica. 238
Richard Feynman. *239*
Roger Penrose. *239*
Max Tegmark. *240*
Lothar Schäfer. Información cuántica inmortal. *240*
Información clásica y cuántica........ 243
Información clásica. De los papiros sumerios al código de Shannon. *243*
La información cuántica y el principio de incertidumbre de Heisenberg. *244*
Rasgos distintivos. *245*
La diferencia fundamental. *246*
Información en el cosmos cuántico. *247*
Un viaje a través de los retos del conocimiento. *248*
Agujeros negros, el paradigma cósmico de la muerte........ 249
Los misteriosos y fascinantes agujeros negros: las puertas a lo desconocido del universo. *249*

Cómo funciona un agujero negro. *250*
El descubrimiento fundamental de Jacob Bekenstein y Stephen Hawking. *250*
Pero... ¿un agujero negro se traga y aniquila todo? *251*
El agujero negro mata "el cuerpo", pero no "el alma". 253
La radiación Hawking y la paradoja de la información de los agujeros negros. . *253*
La información de un cuerpo siempre sobrevive a su destrucción. *255*
El concepto de alma y el concepto de información. *256*
El alma informativa y la conciencia. *257*

6 - CONCIENCIA CUÁNTICA. **259**

Capítulo 10. Nace el concepto de conciencia **260**
Conceptos tradicionales del alma. 261
Referencias históricas y religiosas sobre el alma como entidad inmaterial. *262*
De Platón a nuestros días. La influencia del concepto de alma en la definición de la conciencia. *263*
La evolución del concepto de alma hacia la conciencia. *263*
Entre el mito y la realidad: la evolución del concepto de alma y conciencia. *264*
El cambio de enfoque del alma a la conciencia en el debate filosófico. *265*
La evolución del concepto de conciencia: de fenómeno espiritual a objeto de estudio científico. *266*
La transición del alma a la conciencia. Implicaciones filosóficas y científicas. .. *268*
Conciencia y alma: análisis comparativo de la perspectiva metafísica y científica. 270
Entre el alma y la conciencia. Un puente entre el mundo metafísico y el científico. *270*
De la fe a la razón: el cambio de paradigma del alma a la conciencia. *272*
Sustituciones paradigmáticas *273*
Conciencia y alma: una investigación crítica sobre sus relaciones y diferencias.274
El camino de la dualidad a la complejidad. Alma, conciencia y su relación a lo largo del tiempo. *275*
Reflexiones sobre la naturaleza del ser humano: el papel del alma y la conciencia. *276*
La transición a la conciencia. Teorías del yo. *277*
Del alma a la conciencia: la transición del plano metafísico al científico 279
Referencias a las aportaciones de científicos y filósofos sobre la conciencia y el alma. *280*
Las raíces metafísicas de la conciencia en la evolución del pensamiento. *281*
De la teología a la neurociencia: el camino de la conciencia de la religión a la ciencia. *283*
Diferencias sustanciales entre alma y conciencia. 290
La diferencia fundamental. *292*
Ilustración de estudios científicos sobre la conciencia. *294*
Comentario de los estudios científicos sobre la conciencia. *295*
Pregunta sin respuesta. 296

Capítulo 11. Introducción a la teoría cuántica **297**
Los conceptos fundamentales de la teoría cuántica. 299

Los pilares de la teoría cuántica: una visión general. *299*
Teoría cuántica: conciencia y realidad. *299*
Más allá del sentido común. *300*
Mecánica cuántica: claves conceptuales para su comprensión. *301*
Teoría cuántica: fundamentos de la realidad a nivel microscópico. *302*
Cuantización, el primer descubrimiento básico. 304
El descubrimiento de la cuantificación. Nacimiento del concepto y confirmaciones. *306*
Entre la continuidad y la discreción. El corazón cuantificado de las cantidades físicas. *308*
De los átomos a las estrellas. El mundo cuantificado de las magnitudes físicas. *309*
Pequeños pasos, grandes saltos. Cómo la cuantificación revoluciona nuestra visión del mundo. *309*
Dualidad onda-partícula. 311
La magia de la dualidad cuántica. *312*
Cuando la realidad se divide entre ondas y partículas. *312*
Electrones y fotones. Viajar entre dos mundos con la dualidad onda-partícula. *313*
A través del espejo cuántico. *314*
El experimento de la doble rendija. 316
Nacimiento del experimento de la doble rendija. *317*
La ejecución del experimento de la doble rendija en la época moderna. *318*
Increíbles avances en el experimento de la doble rendija. *318*
Los dogmas de la física clásica cuestionados por el experimento de la doble rendija. *319*
Implicaciones científicas del experimento de la doble rendija. *320*
Hay muchas interpretaciones de la física cuántica. *321*
El papel del observador 324
El observador como arquitecto de la realidad cuántica. *325*
Los límites difusos entre observador y observado en la física cuántica. *325*
Reflexiones sobre el papel de la conciencia en el acto de observar. *326*
Ondas potenciales y realidad fija. El conflicto entre mente y materia en la física cuántica. *327*
Principio de superposición. 329
En el corazón de lo desconocido. La danza de la probabilidad en la mecánica cuántica. *329*
Más allá de la realidad objetiva. La revolución de la probabilidad cuántica. *330*
Funciones de onda y destino incierto. La naturaleza probabilística de la realitỳ cuántica. *331*
Las fronteras de la existencia vistas a través de la superposición de estados. *332*
Pero entonces, ¿qué es una partícula antes de ser medida? *333*
El concepto de localidad y no localidad 334
El concepto de localidad en la física clásica. *335*
"Localidad": el pilar de la física clásica. "No localidad": el misterio cuántico. *335*
Enredo y paradojas. El corazón de la divergencia entre el mundo clásico y el cuántico. *336*
Separados pero unidos: la no localidad cuántica. *337*
Localidad y no-localidad. La confrontación de época entre Einstein y la física cuántica. *338*

Indeterminación de Heisenberg........ 340

Bailando en la indeterminación. El misterio del principio de Heisenberg.......... 341
Entre posición y velocidad. La imposibilidad del conocimiento absoluto.......... 342

Probabilidad cuántica. La función de onda........ 343

Ondas de probabilidad, es decir, universo de posibilidades......... 344
Entre los sueños y la realidad. La perspectiva probabilística de la mecánica cuántica........ 344
La alquimia de lo improbable. Funciones de onda y destino incierto en la conciencia cuántica........ 345

Experimento del gato de Schrödinger........ 348

Historia y contextos del experimento del gato de Schrödinger........ 349
Diario de un experimento mental. Ejecución imaginaria del Gato de Schrödinger. 350
Las intenciones de Schrödinger tras el gato cuántico........ 351
La paradoja de la luna que no existe a menos que la mires........ 352

Entrelazamiento cuántico........ 354

Más allá del espacio y el tiempo. Misterios y maravillas del entrelazamiento cuántico........ 354
Historia y ejecución práctica del experimento de Alain Aspect........ 355
Enredos cuánticos. La danza íntima de las partículas en el reino de la no localidad. 356
Los dogmas científicos de la física clásica derrotados por el entrelazamiento cuántico........ 357
Conexiones invisibles y efectos instantáneos. Entrelazamiento de partículas...... 358
Reflexiones filosóficas e implicaciones metafísicas........ 359
Lazos indisolubles. El entrelazamiento cuántico y el marco invisible del universo. 359
Enredados más allá del tiempo. Reflexiones sobre el entrelazamiento cuántico y sus maravillas........ 361
Conexiones conceptuales entre la realidad física del entrelazamiento y las posibilidades holísticas de la conciencia cuántica........ 362

Principio de decoherencia cuántica........ 364

Entre la luz y la sombra: el principio de decoherencia cuántica y el colapso de los estados........ 365

Teorema de no clonación........ 367

Conciencia cuántica, "qualia" y no clonabilidad........ 368

Capítulo 12. La interrelación entre mente y realidad........ 370

Mente y realidad: implicaciones cuánticas sobre la vida y la muerte........ 372
Conciencia inmortal. La ciencia cuántica y el misterio de la existencia continuada. 373
Conciencia cuatridimensional. Realidad, cuántica e inmortalidad........ 374
Mente, cuántica y eternidad. Una nueva visión de la supervivencia a la muerte. 375

Capítulo 13. La conciencia cuántica en la visión metafísica. La conciencia cuántica en la visión metafísica........ 377

La conciencia cuántica como entidad inmortal........ 378

Las posibles uniones de la física cuántica y la conciencia. *379*
Una aproximación a la conciencia cuántica. 381
Reflexiones sobre la naturaleza cuántica de la mente. *381*
El universo como expresión de la conciencia cuántica. *382*
Bailando sobre las olas de la conciencia cuántica. *384*
Los límites de la conciencia y la circularidad de la teoría cuántica. *385*
Más allá del misterio: en busca de la clave de la conciencia cuántica. *387*
La noción de tiempo en la física cuántica y la experiencia subjetiva. *388*
Reflexiones sobre la causalidad y la conciencia en el contexto de la física cuántica. *390*
La naturaleza del yo y la teoría cuántica. 392
La realidad cuántica tras la percepción humana. *393*
Reflejos del yo: la conciencia como espejo del universo cuántico. *395*
Más allá del devenir: exploración de la constelación del yo en el universo de las posibilidades cuánticas. *396*
Experimentos e investigación actual. *397*
La naturaleza de la intencionalidad humana a la luz de la física cuántica. *397*
La experiencia subjetiva como punto de unión entre la física cuántica y la filosofía. *399*
El universo como creación colectiva de la conciencia. 402
Más allá de la onda y la partícula. La dualidad de la conciencia en el universo cuántico. *403*
La "Noosfera" de Pierre Teilhard de Chardin. Unión de ciencia y espiritualidad. *405*

Capítulo 14. La evolución de la metafísica y el desafío del pasaje. 407
Los fundamentos de la metafísica. Una definición. *408*
La fine vitae como enigma universal. *409*

Capítulo 15. Estudios más avanzados sobre la conciencia cuántica. 411
Pim van Lommel y las experiencias cercanas a la muerte. 413
La teoría de Eugene Wigner: La conciencia colapsa la función de onda. 415
Conciencia cuatridimensional: más allá del espacio y el tiempo. 417
Fred Alan Wolf. 419
La inmortalidad de la conciencia en el pensamiento de Wolf. *419*
Bernard Haisch 423
Bernard Haisch. La conciencia cuántica como entidad inmortal. *424*
El campo de punto cero. *424*
El campamento Akasha. *426*
William Tiller 429
Mario Beauregard. 431
Una investigación sobre el misticismo y el cerebro. *431*
Diane Hennacy Powell 434
Teorías cuánticas de la conciencia. *435*
Henry Stapp, el físico que apoya la existencia del alma. 437

El fin del determinismo clásico. *438*
Materialismo esperanzador". *441*
El materialismo es un paradigma en crisis. Un nuevo paradigma. *441*
La interpretación de Copenhague y el papel del observador. *443*
El papel del observador. *444*
Hacia una nueva comprensión de la realidad. *444*
El alma inmortal. Más allá de los límites del cuerpo físico. *445*
El cerebro cuántico. *446*
Efectos retrocausales. *447*
Giulio Tononi. El concepto de retorno de la información 448
La revolución de Tononi. La información integrada como clave de la conciencia. *449*
Trayectoria y aportaciones culturales de Tononi. *450*
El libro de Tononi, "Phi: un viaje del cerebro al alma". *453*
Penose y Hameroff. La teoría Orch-OR 455
El cerebro humano desde un punto de vista físico. *455*
Neurobiología, ciencia que estudia el cerebro. *456*
El cerebro humano en la teoría Orch-OR. *458*
Qué son los microtúbulos. *459*
Cómo el colapso cuántico da forma a la conciencia humana. *460*
Teoría Orch-OR. Lo básico. *461*
Diversidad del pensamiento de Stapp y Penrose sobre la conciencia cuántica. .. *463*
David Bohm y el orden implícito. 465
David Bohm y el potencial cuántico. *466*
Orden implícita y orden explícita. *468*
Analogías entre la teoría del orden implicado de Bohm y otras teorías metafísicas filosóficas. *469*
El acercamiento de Bohm a las teorías anma y la filosofía oriental. *472*

Capítulo 16. Aspectos científicos de la conciencia cuántica. **474**
"Conciencia" y "conciencia cuántica". 475
En busca de la unión entre física cuántica y conciencia *476*
Una aproximación a la conciencia cuántica. 478
La física cuántica como clave para comprender la naturaleza de la conciencia en la transición al más allá. *479*
Exploración del vínculo entre física cuántica y percepción. *480*
Reflexiones sobre la naturaleza cuántica de la mente. *481*
El universo como expresión de la conciencia cuántica. *482*
La omnipresencia de la conciencia en la teoría cuántica de campos. *483*
La conciencia como campo cuántico. *484*
Hacia una teoría unificada de la conciencia y la física cuántica. *485*

Capiolo 17. Federico Faggin. Más allá de la visión cuántica. **487**
Despertar. *488*
Conciencia cuántica: los descubrimientos de Faggin y colaboradores. *490*
Comprender la conciencia. Teorías de Faggin. *492*
El panpsiquismo clásico en la reinterpretación de Faggin. *493*
Faggin's 'One': Una revolución en el pensamiento científico. *495*

Faggin's Seity. Un análisis de identidades múltiples e integradas. *497*
El pensamiento de Faggin como en un diagrama de flujo. *498*
'Nousym', una nueva disciplina para apoyar un nuevo postulado. *499*
El "Uno". La fuente de todo. *501*
El "Uno" desea conocerse a sí mismo. *502*
El concepto de parte-todo. *503*
UC. Unidades de conciencia. *503*
Seity. *504*
Somos "Seity" habitando temporalmente nuestros cuerpos. *505*
Seity" y los descubrimientos de la física cuántica. *506*

Capítulo 18. La ética de la supervivencia al final de la vida **508**
Conciencia del paso como catalizador de la vida presente. *509*
La importancia del vínculo espiritual en la búsqueda de sentido. *510*
La ciencia sin religión es coja; la religión sin ciencia es ciega". *510*
Empatía y compasión como herramientas para construir una sociedad más consciente de la vida después de la transición. *511*
Criobiología. 514
La criobiología como prolongación de la vida humana. *514*

Capítulo 19. Después del pasaje. **517**
La duplicación de la conciencia. *518*
El teorema de la no replicabilidad de la conciencia. *518*
Máquinas que sustituyen al cuerpo. *519*
Tal vez sea mejor morir. *520*
¿Será posible comunicarse cuánticamente con la conciencia de los muertos? 522
Pero, ¿puede duplicarse la conciencia? *523*
Federico Faggin y la teoría de la no clonación. *523*
¿Qué son los "qualia"? *524*
¿Podemos imaginar las siguientes etapas en el viaje de la conciencia inmortal? 526
El libre albedrío de la conciencia cuántica. *526*
Conciencia de la pérdida del cuerpo. *527*
El paso al inconsciente colectivo. *531*
La continuación en otro cuerpo. *532*
La conciencia como campo cuántico. *534*
La conciencia no es "nuestra". 538
¿Ser el Dios de nuestra conciencia? *539*
Bibliografía. *540*

Introducción.

A lo largo de los siglos, la humanidad se ha cuestionado la naturaleza del fenómeno comúnmente conocido como "muerte" y la posibilidad de una existencia más allá de la vida terrenal. Este libro nos invita a explorar las profundidades de estas antiguas cuestiones a través de la lente de la metafísica aplicada a la ciencia moderna, para comprender la esencia y la naturaleza del espíritu humano.

Antes de la llegada de la física cuántica, el mundo de los fenómenos invisibles, situados más allá de la comprensión humana, estaba tradicionalmente reservado a la metafísica, disciplina filosófica que se ocupa de cuestiones ontológicas y trascendentales. La antigua distinción entre lo material y lo espiritual era tajante. La física se centraba en el estudio de los fenómenos físicos y mensurables, mientras que la metafísica se ocupaba de cuestiones metafísicas, como la esencia del alma, la naturaleza de la conciencia y la vida después del paso.

Sin embargo, con la revolución de la física cuántica a principios del siglo XX, los cimientos mismos de la realidad se tambalearon. Los experimentos a nivel subatómico revelaron un comportamiento de la materia completamente distinto del previsto por las leyes de la física clásica. Se introdujeron conceptos como la superposición cuántica, el entrelazamiento y la dualidad onda-partícula. Estos fenómenos son elusivos, no pueden observarse directamente y desafían nuestra concepción tradicional de la realidad objetiva y determinista.

En este contexto, lo que antes pertenecía al dominio de la metafísica, como la naturaleza de la conciencia humana o la inmortalidad del alma, se está convirtiendo gradualmente en objeto de estudio de la física teórica.

Algunos estudiosos pioneros intentan desarrollar modelos físicos que puedan explicar fenómenos aparentemente no físicos, pero estrechamente relacionados con nuestra experiencia humana.

Por ejemplo, la conciencia se considera cada vez más un fenómeno emergente relacionado con la complejidad del cerebro y sus interacciones a nivel cuántico. Del mismo modo, algunas teorías postulan la existencia de dimensiones en el espacio-tiempo que podrían permitir la existencia de realidades no materiales, abriendo la puerta a hipótesis sobre la inmortalidad del alma o la posibilidad de existencias más allá del pasaje físico.

En última instancia, la fusión de la física cuántica y antiguas cuestiones existenciales, como la conciencia, el alma y la vida después de la muerte, representa una frontera fascinante y controvertida en la investigación científica contemporánea. Este enfoque interdisciplinar está redefiniendo las fronteras entre ciencia y espiritualidad, desafiando nuestras concepciones tradicionales de la realidad y abriendo nuevas perspectivas sobre la naturaleza del universo y del ser humano.

Este libro no se pregunta si hay supervivencia del alma (o la conciencia) tras la transición, sino que da por sentada una transformación que mantiene inalterada la identidad psicológica. La pregunta a la que el libro intenta dar respuesta utilizando los conocimientos científicos actuales y las opiniones de los físicos teóricos más reputados tiene como objetivo comprender de qué forma se produce esta transformación.

Evidentemente, el alma, o conciencia cuántica, sobrevive como "información" tras el paso. Las especulaciones teóricas más avanzadas se preguntan si, en el futuro, se podrá disponer de instrumentos científicos capaces de descodificar esta información, o incluso de conversar con ella. En definitiva, la fusión de la física cuántica y antiguas cuestiones existenciales como la conciencia, el alma y la vida después del tránsito representa una frontera fascinante y controvertida en la investigación científica contemporánea.

.

1 - PROBABILISMO Y LIBRE ALBEDRÍO.

"El libre albedrío es aquella capacidad de la voluntad para determinarse a una acción, según las leyes de la razón".

(Immanuel Kant)

Capítulo 1. Probabilismo Probabilismo.

"A un hombre se le puede quitar todo menos una cosa: la última de las libertades humanas: elegir su actitud en cualquier conjunto de circunstancias, elegir su propio camino".

(Viktor Frankl, superviviente del Holocausto y fundador de la logoterapia).

(A un hombre se le puede quitar todo, excepto la última de las libertades humanas: elegir su actitud en cualquier circunstancia, es decir, elegir su propio camino).

Un paseo por el Parque del Circeo.

"Y todo lo que somos es el resultado de lo que hemos pensado. La mente lo es todo. En lo que pensamos, nos convertimos". (Buda).

Nací en la pintoresca localidad italiana de Sabaudia, situada en el bajo Lacio, en un lugar que extrae su singularidad no sólo de su belleza natural, sino también de su rica y fascinante historia. Sabaudia, de hecho, se construyó en el siglo pasado sobre terrenos rescatados con determinación de las marismas pontinas, mediante un ambicioso proyecto de recuperación que transformó un territorio inhóspito en una ciudad viva y próspera.

La ciudad de Sabaudia no es sólo un punto en el mapa, sino una auténtica puerta de entrada al magnífico Parque Nacional del Circeo, una zona protegida que se extiende majestuosa entre las olas del mar Tirreno y la escarpadura del monte Circeo. Este último es un lugar envuelto en un aura de mito y leyenda, ya que se dice que fue aquí donde Ulises desembarcó para encontrarse con Circe, según los versos de la Odisea narrados por Homero. No muy lejos, el interior está dominado por los Montes Lepini, una cadena montañosa que alza sus picos como centinelas sobre el paisaje circundante, ofreciendo unas vistas impresionantes y una naturaleza intacta.

Mi infancia estuvo indisolublemente ligada a este parque encantado. Hasta los quince años viví inmerso en su naturaleza, ya que mi padre, con orgullo y dedicación, trabajaba allí como empleado beneficiario de una vivienda. Cada día era una aventura entre los senderos del bosque, donde aprendí los secretos de la flora y la fauna, donde el aroma de los pinos y el canto de los pájaros llenaban el aire, ofreciéndome una educación que iba mucho más allá de los límites de la escuela.

La vida, con sus inevitables giros, me ha alejado de este rincón del paraíso. Las circunstancias me llevaron lejos, a otras experiencias. Sin embargo, el recuerdo de aquellos días serenos y la nostalgia de aquellos lugares nunca me han abandonado. Ahora, a una edad más tranquila y reflexiva, he tenido la oportunidad de volver. Y así, con el corazón lleno de emoción, he vuelto a los senderos que recorrí de niño, a las playas en las que construí castillos de arena, al lago con el enigma de la ciudad de Paola enterrado en sus profundidades y al bosque que exploré con la imparable curiosidad de la infancia.

Reencontrarme en Sabaudia, en el Parque del Circeo, es como encontrar un pedazo de mí mismo que había dejado atrás, un regreso a casa, donde cada árbol, cada ola y cada montaña parecen susurrar historias de un tiempo pasado pero nunca olvidado.

Así que volví a dar largos paseos por el bosque. Hay algo mágico en estar rodeado de naturaleza, aire fresco y el murmullo de los árboles. Desde el corazón del parque, largos senderos se ramifican en la vasta zona boscosa. Estas avenidas serpentean entre altas farnias, imponentes pinos, fragantes madroños y encinas centenarias, ofreciendo una inmersión total en el paisaje mediterráneo.

El suelo del bosque es un lienzo pintado con plantas características: aligustres de hojas brillantes, enebros de bayas rojas, nísperos en flor, retamas de colores vivos, espinos espinosos, hasta llegar a esencias herbáceas como los espárragos silvestres, el rusco con sus hojas espinosas y los quistes con flores blancas o rosas que contrastan con el verde circundante. De niño, estos senderos representaban para mí verdaderos viajes a lo desconocido, mundos inexplorados en los que aventurarse con el corazón ligero y los ojos curiosos.

Hoy, el parque está más cuidado y es más acogedor; las avenidas se han convertido en rutas habituales para escolares en excursiones ecológicas, turistas de todo tipo y paseantes meditabundos como yo. Me alegró comprobar que de estas avenidas principales parten ahora senderos más modestos pero bien señalizados, con carteles que indican los distintos destinos.

Hace unos días, después de alejarme unos kilómetros del Centro de Visitantes, me llamó la atención una señal en un camino: "Al Centro de Visitantes". Decidí abandonar la ancha carretera y seguir ese camino. El sendero, bien señalizado gracias a la cuidadosa organización y la constante asistencia, parecía prometer un relajante paseo. Después de varios cientos de metros, mientras avanzaba, a veces obstaculizado por ramas y troncos caídos, pequeñas zanjas de agua y pendientes arenosas creadas por la erosión de la lluvia, llegué a una bifurcación del camino sin señalización. Un momento de desconcierto se apoderó de mí. Gracias a mis profundas raíces en el parque y a una confianza innata con aquellos parajes, sabía que sin duda no me perdería, pero prefería terminar el paseo sin tener que arrastrarme entre zarzas y caminos inciertos. Necesitaba saber cuál de los dos posibles caminos me llevaría de vuelta a la entrada.

Me enfrentaba a dos probabilidades, derecha o izquierda. Tenía que elegir. Sin embargo, los dos caminos parecían bien marcados y apetecibles. Me asaltó el síndrome de la caja del supermercado. Al tener que elegir entre varias cajas igualmente abarrotadas, esa elección suele ser la que, por las razones más variadas, me hace salir el último.

Así que, según mi propio criterio, elegí la dirección correcta y me fui por la izquierda. Las dos probabilidades se redujeron a una. La probabilidad de ir a la derecha 'colapsó' sobre la probabilidad de ir a la izquierda y desapareció del horizonte de mi ita. Ese 'colapso' o 'derrumbe' produjo una elección inequívoca.

Pero antes de reanudar el viaje saqué del bolsillo mi "cuaderno-diario" y lo anoté todo en él, como solía hacer. Me gusta pensar que, cuando me haya ido, ese cuaderno quedará siempre como testimonio de lo que fui.

¿Se ha hecho rara la historia? Quizá utilicé algunas palabras inusuales, como "probabilidad" y "colapso", pero creo que el sentido es más que comprensible.

Así que te doy buenas noticias.

Si has comprendido el significado de la última parte de mi historia, estás en el buen camino para entender el noventa por ciento de la física cuántica. De hecho, la física cuántica trata de probabilidades y colapsos, además de algunos otros detalles colaterales que trataré de exponer en el resto del libro.

Perfecto, diréis, pero ¿y el cuaderno? Pues bien, el cuaderno es el principal protagonista de este libro. Por metáfora, el cuaderno se llama conciencia: en el "cuaderno-conciencia" se anotan todos los derrumbes, es decir, todas las decisiones tomadas en la vida.

Pero hay una gran diferencia: el cuaderno, así como su propietario, con el paso de los años, décadas y siglos desaparecerán, su fisicidad acabará disolviéndose, se convertirán en otros átomos que formarán otros cuerpos o materiales, tal vez aire, tal vez piedras, tal vez otro planeta, borrando todo recuerdo de su existencia. Este es el destino de toda la materia. La conciencia, en cambio, no. La conciencia, es decir, la suma de los colapsos cuánticos, es inmaterial, sin cuerpo, tiempo ni espacio, habita en la no localidad y, por tanto, no es corruptible. La conciencia es una entidad cuántica, es decir, es inmortal .

Probabilismo, elecciones posibles.

En el campo de la psicología y la filosofía, el concepto de "probabilismo" se erige en una de las claves para entender las elecciones humanas y la forma en que los individuos afrontan las decisiones que caracterizan su existencia. El probabilismo se basa en una serie de conceptos fundamentales que configuran la forma en que percibimos las posibilidades y evaluamos los riesgos en nuestras elecciones vitales.

El dilema del prisionero.

El probabilismo se refiere a una visión que considera las elecciones humanas como el resultado de una evaluación constante de los posibles resultados de una acción. Uno de los ejemplos más conocidos de este concepto es el famoso experimento del "dilema del prisionero", desarrollado en 1950 por el matemático estadounidense Merrill M. Flood y el psicólogo Melvin Dresher.

Este dilema, en la práctica, es un experimento clásico y ampliamente estudiado en diversas disciplinas, como la teoría de juegos, la psicología y la economía del comportamiento. Este escenario hipotético pone de manifiesto el conflicto entre la racionalidad individual y el resultado óptimo para el grupo implicado.

En el dilema del prisionero, dos personas son detenidas y recluidas en celdas separadas sin posibilidad de comunicarse entre sí. Ambas tienen la opción de traicionar a la otra confesando (elección de "traición") o guardar silencio (elección de "colaboración").

Las posibles combinaciones de opciones conducen a diferentes resultados en términos de consecuencias para ambos presos.

- Si ambos cooperan, recibirán una condena leve por su cooperación.
- Si ambos traicionan, recibirán un castigo más severo que si cooperan, pero menor que si sólo traiciona uno.
- Si uno colabora y el otro traiciona, el traidor recibe la pena más leve, mientras que el colaborador sufre la pena más grave.

He aquí algunas de las posibles soluciones:

Cooperación mutua.

Si ambos prisioneros deciden cooperar (es decir, guardar silencio), pueden conseguir un resultado mejor que si se traicionan mutuamente. Esta estrategia se basa en la confianza mutua y en optimizar el resultado global, aunque conlleve el riesgo de que uno de los dos traicione en beneficio propio.

Traición mutua.

Si ambos prisioneros deciden traicionar para maximizar su propio beneficio a corto plazo, se produce una traición mutua. En este caso, ambos obtienen un resultado peor que si cooperan entre sí, lo que demuestra que la búsqueda del máximo beneficio individual puede conducir a resultados inferiores para ambos.

Dominio estratégico.

Una posible solución podría surgir si un prisionero aplica una estrategia dominante, es decir, una estrategia que conduce a un resultado mejor que cualquier otra estrategia elegida por el otro prisionero. En este caso, un prisionero podría optar por la estrategia dominante para maximizar su propio beneficio, independientemente de la acción del otro.

Estrategias mixtas.

Otras posibles soluciones implican estrategias mixtas, en las que los presos adoptan una combinación de colaboración y traición basada en determinadas condiciones o en una lógica de respuesta a la acción del otro. Estas estrategias pretenden equilibrar la búsqueda del propio interés con la consideración del interés del otro para maximizar el resultado global.

En conclusión, las soluciones al dilema del prisionero reflejan la complejidad de la toma de decisiones humana y la variedad de estrategias que pueden adoptarse en situaciones de conflicto entre el interés propio y el interés colectivo.

El dilema del prisionero se utiliza para ilustrar conceptos como la teoría de la cooperación, la confianza, la traición mutua y la dinámica del comportamiento en situaciones competitivas. Es un ejemplo elocuente de cómo las decisiones individuales pueden influir en el resultado global de una situación, lo que a menudo conduce a un conflicto entre el interés personal y el colectivo.

Además de ser una herramienta para estudiar el comportamiento humano, el dilema del prisionero tiene importantes implicaciones en las ciencias sociales y la economía. Ha contribuido a configurar las estrategias de negociación, la cooperación entre individuos y los mecanismos de confianza y respeto mutuo que subyacen en muchas interacciones humanas.

El dilema del prisionero demostró ser un punto de partida fundamental para comprender la dinámica de la elección y la cooperación humanas, poniendo de relieve la complejidad de las decisiones influidas por múltiples variables y estrategias de comportamiento.

La influencia de los cognitivistas.

Las teorías de los cognitivistas, incluidas las aportaciones de Daniel Kahneman y Amos Tversky, han influido profundamente en nuestra forma de ver las decisiones humanas. A través de estudios como el "sesgo cognitivo", ambos estudiosos han demostrado cómo las personas se desvían a menudo de un modelo racional de elección.

Los sesgos cognitivos son las desviaciones sistemáticas de la racionalidad que pueden darse en los procesos humanos de toma de decisiones. Los estudiosos han demostrado mediante una serie de experimentos que las personas suelen desviarse de un modelo de elección puramente racional debido a sesgos cognitivos y emocionales.

Kahneman, en su libro Thinking, Fast and Slow, introduce el concepto de *Sistema 1* y *Sistema 2*. El Sistema 1 representa el pensamiento intuitivo, impulsivo y emocional. El Sistema 1 representa el pensamiento intuitivo, impulsivo y emocional, mientras que el Sistema 2 se asocia a procesos de pensamiento más lentos, racionales y deliberados. Las personas suelen confiar sus decisiones al Sistema 1, lo que puede llevar a decisiones inmediatas influidas por el "sesgo cognitivo".

Entre los "sesgos cognitivos" más conocidos identificados por Kahneman y Tversky están el efecto de anclaje, la disponibilidad y la representatividad. Estos "sesgos" influyen en la forma en que evaluamos la información, haciéndonos inclinarnos por opciones que pueden alejarse de la lógica racional y la optimización.

Las investigaciones de Kahneman y Tversky tienen profundas implicaciones en campos como la economía del comportamiento, las finanzas y la psicología. Organizaciones e instituciones han empezado a tener en cuenta estos factores en la elaboración de políticas públicas, el diseño de interfaces de usuario y la gestión del riesgo financiero.

Los trabajos de Kahneman y Tversky sentaron las bases de una comprensión más profunda de los procesos humanos de toma de decisiones y contribuyeron significativamente a la evolución de la psicología cognitiva. La conciencia del "sesgo cognitivo" permite comprender mejor cómo las emociones y la cognición interactúan para dar forma a nuestras decisiones cotidianas.

Pero entonces, ¿las decisiones que tomamos no dependen de nuestro libre albedrío?

Opciones vitales y libre albedrío.

En los círculos filosóficos, el debate sobre el libre albedrío suele entrelazarse con reflexiones sobre la elección humana. Filósofos como Thomas Hobbes, David Hume y, más recientemente, Daniel Dennett han cuestionado el alcance de nuestra capacidad de decisión y la existencia real de un libre albedrío que pueda guiar nuestras acciones.

El libre albedrío es un concepto que ha fascinado a generaciones de pensadores que han tratado de escudriñar la esencia de nuestra capacidad de decisión. Desde la antigüedad hasta nuestros días, el debate sobre el libre albedrío sigue suscitando profundas preguntas y acalorados debates entre estudiosos de distintas disciplinas.

Hablaremos del libre albedrío con más detalle en el próximo capítulo. Aquí sólo doy algunas pistas.

Hobbes, en el siglo XVII, sostenía que las acciones humanas están determinadas por una serie de causas naturales, lo que reduce el margen de una auténtica libertad de decisión. Por el contrario, Hume hacía hincapié en la influencia de las pasiones y las emociones a la hora de guiar nuestras elecciones.

Daniel Dennett avanzó en el debate sobre el libre albedrío con una perspectiva contemporánea. Dennett, conocido por su interés a caballo entre la filosofía y la ciencia cognitiva, analizó el concepto de libre albedrío a la luz de los descubrimientos neurocientíficos y la complejidad del cerebro humano.

Diversos estudios y experimentos en los campos de la neurociencia y la psicología han intentado arrojar luz sobre la dinámica del libre albedrío. El experimento de las "neuronas espejo", realizado en los años 90 por el equipo del neurocientífico italiano Giacomo Rizzolatti, demostró la interconexión entre la observación de los demás y nuestras propias acciones, lo que planteó dudas sobre el grado de autonomía de nuestras elecciones.

El debate entre libre albedrío y determinismo es uno de los más antiguos y fascinantes de la filosofía. Por un lado, el libre albedrío sostiene que los seres humanos son capaces de tomar decisiones autónomas y responsables basadas en su propia voluntad y conciencia. Esta perspectiva atribuye a los individuos la capacidad de elegir sus acciones de forma independiente y consciente.

Por otra parte, el determinismo sostiene que todo acontecimiento, incluidas las acciones humanas, está determinado por causas previas y leyes naturales, sin que quepa una verdadera libertad de elección. Según esta perspectiva, las acciones humanas son el resultado de una serie de factores interrelacionados que conducen inevitablemente a una determinada conclusión.

El debate entre libre albedrío y determinismo plantea importantes cuestiones sobre el concepto de responsabilidad individual, la naturaleza de la causalidad e incluso la esencia misma de la identidad personal. Mientras algunos sostienen que el libre albedrío constituye el fundamento de la ética y la moral humanas, otros creen que el determinismo ofrece una explicación más coherente y científica del comportamiento humano.

En resumen, el debate entre el libre albedrío y el determinismo cuestiona la naturaleza misma del ser humano y pone en tela de juicio nuestras concepciones de la autonomía, la causalidad y la libertad. Cada perspectiva ofrece una visión de nuestra percepción del mundo y de nosotros mismos.

Este debate sigue siendo central en la reflexión sobre el libre albedrío. Mientras algunas corrientes filosóficas y científicas insisten en el carácter absoluto de las leyes naturales en la determinación de nuestras acciones, otras corrientes dejan espacio para una concepción más matizada de la libre toma de decisiones, a caballo entre los condicionantes externos y la voluntad individual.

El papel de la tecnología.

Con la llegada de las tecnologías predictivas y la inteligencia artificial, nuestra capacidad para predecir los resultados de una decisión se ha ampliado enormemente. Algoritmos y modelos avanzados nos permiten evaluar la probabilidad de éxito o fracaso de una elección, introduciendo un nuevo escenario caracterizado por una mayor conciencia de los riesgos asociados a nuestras acciones.

En última instancia, el probabilismo y las posibles elecciones en la vida representan una encrucijada de teorías, experimentos y reflexiones que nos invitan a contemplar las decisiones humanas con una perspectiva amplia y compleja. A través de una mejor comprensión de nuestras motivaciones y de las variables que influyen en nuestras elecciones, podemos esperar navegar por el incierto flujo de la vida con mayor conciencia.

La ardua tarea de decidir está plagada de incertidumbre, pero es precisamente en esta incertidumbre donde reside la complejidad y la belleza de la elección humana.

Capítulo 2. El libre albedrío. El libre albedrío.

"No veo ninguna razón por la que no podamos ser los artífices de nuestro propio destino. Tenemos la suerte de vivir en una época en la que los hombres pueden buscar y realizar su libre albedrío."

(*Thomas Jefferson)*

El libre albedrío como base para la identificación de la responsabilidad tras el paso.

En el viejo debate entre libre albedrío y determinismo, una de las cuestiones más cruciales surge en el contexto de la responsabilidad individual y el posible juicio, basado en nuestras acciones. que podría seguir al final de la vida. Si el libre albedrío es una ilusión y todos nuestros actos están predeterminados, ¿cómo podríamos ser juzgados por nuestras elecciones?

Es importante considerar que todas las acciones humanas deben estar sujetas al libre albedrío, incluso las más básicas y no sólo las consideradas "más importantes". Esta premisa se refleja tanto en la filosofía como en la ciencia. Un ejemplo llamativo es el del filósofo alemán Immanuel Kant, quien subrayó que la autonomía moral y la atribución de responsabilidad están estrechamente vinculadas a la existencia del libre albedrío. Según Kant, sólo actuando de acuerdo con la propia razón y el libre albedrío puede el individuo ser verdaderamente responsable de sus actos.

Desde un punto de vista científico, los experimentos en los campos de la neurociencia y la psicología han puesto de relieve la complejidad de la cuestión. Estudios como los realizados por el neurocientífico Benjamin Libet sugieren que existe un desfase temporal entre la decisión consciente de realizar una acción y la activación de las neuronas responsables de dicha acción, lo que lleva a algunos a dudar de la existencia de un verdadero libre albedrío.

Sin embargo, el concepto de libre albedrío sigue influyendo profundamente en nuestro sentido de la responsabilidad y la moralidad.

Por eso, si consideramos inexacto juzgar las acciones humanas sin tener en cuenta el libre albedrío, nos enfrentamos al reto de establecer un criterio que trascienda la mera importancia de las acciones. Estudiosos como Thomas Nagel han subrayado que la noción de libre albedrío y responsabilidad moral es fundamental para la construcción de sistemas judiciales y morales justos.

En conclusión, la existencia del libre albedrío emerge como un concepto crucial no sólo para nuestra percepción del juicio tras el paso, sino también para el fundamento mismo de la responsabilidad humana. Si aceptamos la idea de que nuestras acciones están determinadas por fuerzas que escapan a nuestro control, debemos enfrentarnos a las profundas implicaciones de una ausencia de responsabilidad individual y moral a la hora de emitir juicios.

Las raíces históricas del libre albedrío.

Thomas Hobbes, figura destacada del siglo XVII, presentó una visión determinista de la acción humana. En su tratado de 1651 "Leviatán", Hobbes sostenía que las acciones humanas son el resultado de una concatenación de causas naturales, desarrollando así una perspectiva que limitaba el espacio para la existencia de un verdadero libre albedrío. Según Hobbes, los individuos actúan de acuerdo con sus deseos y su búsqueda de placer, y las decisiones que toman están estrictamente determinadas por factores que escapan a su control.

He aquí una cita del "Leviatán" de Hobbes:

"No hay otra ley que observar en la naturaleza humana que ésta: todos los hombres buscan lo que les beneficia, por diferente que sea la definición de lo que pretenden. Lo que los hombres pueden hacer, no es más que responder a los nombres, o a los discursos anteriores, en cuanto a beneficios y desgracias. La aspiración, la solicitud y los celos que impulsan a los hombres a un gran carácter, o a la riqueza, o al ascenso a un cargo, o a los favores de los amigos, se unen en un fin: aspirar a obtener la felicidad. (Leviatán, capítulo 6).

Esta cita del "Leviatán" de Hobbes subraya su enfoque determinista de la acción humana, haciendo hincapié en cómo los deseos y las aversiones son las fuerzas primarias que impulsan las elecciones de los individuos, descartando una auténtica libertad de decisión independiente.

El legado de Thomas Hobbes en la reflexión filosófica sobre el libre albedrío está impregnado de complejidades y retos conceptuales que siguen estimulando el pensamiento contemporáneo. Su visión determinista representa una importante contribución al debate sobre las raíces históricas de este concepto fundamental, abriendo espacios para la reflexión crítica sobre hasta qué punto somos realmente autónomos en nuestras elecciones y acciones.

En cambio, David Hume, destacado exponente de la Ilustración escocesa del siglo XVIII, ofrecía una perspectiva diferente sobre la autodeterminación humana. Hume subrayó la importancia de las pasiones y las emociones a la hora de dirigir nuestras decisiones, argumentando que nuestra voluntad suele estar condicionada por impulsos emocionales y no necesariamente racionales. Influido por las teorías empíricas de su época, Hume cuestionó la idea de la libertad absoluta de elección, subrayando en su lugar la compleja interacción entre factores psicológicos e influencias externas en la determinación del comportamiento humano.

Estas reflexiones filosóficas han inspirado importantes estudios y debates a lo largo de los siglos. Los estudios contemporáneos sobre la autodeterminación y el libre albedrío, a menudo con referencia a la neurociencia, han seguido explorando las raíces de nuestra capacidad para tomar decisiones y controlar nuestras acciones.

Además, experimentos y estudios psicológicos, como los realizados por Benjamin Libet en la década de 1980, plantearon nuevas cuestiones sobre la naturaleza del libre albedrío. Libet demostró que la actividad cerebral asociada a una acción comienza antes de que el individuo sea consciente de su decisión de actuar, poniendo en entredicho la noción tradicional de un libre albedrío independiente de procesos neuronales predeterminados.

En conclusión, el tema del libre albedrío sigue intrigando y desafiando a filósofos, científicos y estudiosos de diversas disciplinas. Las raíces históricas de este concepto, plasmadas en las visiones contrapuestas de pensadores como Hobbes y Hume, nos incitan a reflexionar sobre la complejidad de la naturaleza humana y la eterna búsqueda de comprensión y sentido tras nuestras acciones y elecciones.

Actualidad de la reflexión. Daniel Dennett.

Más recientemente, el filósofo de la mente Daniel Dennett ha asumido un papel destacado en el debate sobre el libre albedrío, proponiendo una perspectiva innovadora que fusiona la filosofía y la ciencia cognitiva. Conocido por su vasta erudición y su interés por poner en diálogo distintas disciplinas, Dennett ha examinado el concepto de libre albedrío a la luz de los descubrimientos neurocientíficos y la complejidad del cerebro humano, abriendo nuevas perspectivas en el panorama de las teorías sobre la autodeterminación individual.

Dennett se distingue por su enfoque interdisciplinar, que busca integrar la filosofía con los conocimientos científicos más actualizados. A través de obras como "La libertad de actuar" (2015) e "Intuiciones peligrosas" (2005), Dennett ha explorado las implicaciones de la neurociencia en el concepto de libre albedrío, desafiando tanto las concepciones tradicionales como las más recientes sobre este tema crucial.

En concreto, Dennett analizó cómo el cerebro humano procesa las decisiones y las acciones, haciendo hincapié en la complejidad de los procesos mentales que guían el comportamiento humano. A través de una perspectiva que tiene en cuenta los descubrimientos sobre el funcionamiento del cerebro, Dennett sugiere que el concepto de libre albedrío puede reinterpretarse en una clave más matizada, en la que la libertad de decisión no se entiende como soberanía absoluta sobre las propias elecciones, sino como un proceso que surge de las complejas interacciones entre mente, cerebro y entorno.

Además, Dennett se ha distinguido por su enfoque crítico de las posturas extremas en ambos extremos del espectro filosófico, rechazando tanto el determinismo radical como la visión completamente independiente del libre albedrío. A través de un estrecho diálogo con la ciencia cognitiva y la filosofía de la mente, Dennett ha contribuido a enriquecer el debate sobre el libre albedrío con una perspectiva que valora la complejidad y la interconexión de los procesos mentales humanos.

Daniel Dennett representa así un puente entre las tradiciones filosóficas del pasado y los retos conceptuales del presente, ofreciendo una contribución significativa a la comprensión contemporánea de la naturaleza humana y la libre toma de decisiones. Su perspectiva interdisciplinar y matizada invita a reflexionar en profundidad sobre la complejidad del libre albedrío y las implicaciones que este concepto crucial tiene para nuestra comprensión de lo que significa ser seres humanos pensantes y actuantes.

Descubriendo las neuronas espejo.

En las últimas décadas, diversos estudios y experimentos realizados en los campos de la neurociencia y la psicología han intentado ahondar en la compleja dinámica que rige nuestro supuesto libre albedrío. Entre los experimentos más relevantes que han suscitado dudas sobre la verdadera naturaleza de nuestras elecciones se encuentra la investigación sobre las neuronas espejo realizada en la década de 1990 por el equipo dirigido por el reputado neurocientífico italiano Giacomo Rizzolatti.

El experimento de las neuronas espejo se centró en el análisis de la actividad neuronal en zonas específicas del cerebro de los monos, sobre todo en los sistemas nerviosos premotor y parietal. Lo que hizo tan revolucionario este experimento fue el descubrimiento de que ciertas neuronas del cerebro de los monos se activaban tanto cuando el animal realizaba una acción, como agarrar un objeto, como cuando observaba a otro ejemplar realizar la misma acción. Este fenómeno dio lugar a la teoría de las neuronas espejo, que sugiere una relación directa entre la observación del comportamiento de los demás y nuestra capacidad de imitación y comprensión.

Gracias al experimento de las neuronas espejo, surgió la hipótesis de que nuestro cerebro puede simular mentalmente las acciones de los demás, anticipando y comprendiendo las intenciones de los individuos que nos rodean. Este descubrimiento no sólo revolucionó nuestra comprensión de la empatía y la socialidad humana, sino que también planteó interrogantes sobre el concepto tradicional de libre albedrío.

Si nuestras neuronas son capaces de reflejar y anticipar las acciones de los demás, ¿hasta qué punto somos verdaderamente autónomos en nuestras decisiones y acciones? Esta pregunta ha alimentado un acalorado debate entre estudiosos de la neurociencia, la filosofía de la mente y la psicología, cuestionando nuestra supuesta libertad de decisión y sugiriendo una íntima conexión entre nuestra capacidad de actuar y las influencias externas que nos rodean.

El experimento de la neurona espejo resultó ser una pieza fundamental en el rompecabezas de la comprensión del libre albedrío humano, abriendo nuevas perspectivas de investigación y arrojando una luz diferente sobre la complejidad de los procesos cognitivos y de toma de decisiones que nos definen como seres pensantes y actuantes. Su legado científico y filosófico sigue inspirando nuevas investigaciones y estimulando la reflexión crítica sobre la naturaleza misma de nuestra autonomía individual.

El concepto de libre albedrío en las religiones.

El concepto de libre albedrío es una cuestión clave abordada por muchas religiones a lo largo de la historia, que ofrece ideas sobre la autonomía y la responsabilidad de los seres humanos cuando se enfrentan a opciones morales y espirituales. Desde los textos sagrados hasta las interpretaciones teológicas, el libre albedrío se presenta como un tema fundamental que atraviesa distintas tradiciones religiosas, provocando debates e interpretaciones variadas.

En la tradición judeocristiana, por ejemplo, el concepto de libre albedrío ha sido el centro de matizados debates teológicos. Según la Biblia, el hombre está dotado de libre albedrío, la capacidad de elegir entre el bien y el mal, y de asumir las consecuencias de sus actos. Este concepto es evidente, por ejemplo, en el relato del Génesis en el que Adán y Eva se enfrentan a la elección de desobedecer a Dios y comer del fruto prohibido, simbolizando así el nacimiento del pecado original y la caída de la humanidad.

En el contexto de la filosofía islámica se encuentran otras reflexiones sobre el libre albedrío, a menudo interpretadas en relación con la concepción de la omnisciencia divina. Muchos eruditos musulmanes han debatido la compatibilidad entre la predestinación divina y la libertad humana para elegir el propio destino. El equilibrio entre la voluntad divina y la autodeterminación humana representa un núcleo fundamental de la fe islámica, que plantea cuestiones complejas sobre la naturaleza de la voluntad divina y la responsabilidad individual.

En las tradiciones hindú y budista, el concepto de libre albedrío está entrelazado con la noción de karma y reencarnación. Según estas visiones religiosas, las acciones humanas están ligadas a consecuencias inevitables determinadas por el equilibrio kármico, pero al mismo tiempo se hace hincapié en la posibilidad de que los individuos influyan en su propio destino mediante elecciones conscientes y virtuosas.

Estudiosos de la historia de las religiones, como Mircea Eliade y Joseph Campbell, han dedicado amplios análisis al concepto de libre albedrío en distintas tradiciones espirituales, destacando cómo encarna una relevante dimensión ético-existencial presente en muchas creencias y prácticas religiosas.

En resumen, el libre albedrío representa un punto crucial de reflexión y debate dentro de las religiones, ofreciendo distintas facetas y puntos de vista filosóficos y teológicos que iluminan la complejidad de la relación entre los seres humanos y las fuerzas trascendentes que impregnan el universo. Este tema, impregnado de profundas implicaciones morales y metafísicas, sigue inspirando profundas reflexiones y ofreciendo ideas para la meditación y la contemplación sobre lo que significa ser auténticamente libre en las elecciones que conforman nuestro destino.

La huella divina en el libre albedrío humano.

La afirmación bíblica de Dios como "Yo soy el que soy" (Éxodo 3:13-15) abre un interesante debate teológico y filosófico sobre la esencia del hombre como ser creado a semejanza de la divinidad y, por tanto, dotado de libre albedrío. Este concepto, arraigado en la tradición judeocristiana, sugiere que el hombre posee la capacidad inherente de autodeterminar su propio destino, ejerciendo una auténtica libertad de decisión que refleja en cierta medida la autonomía del propio Dios.

La Biblia, en sus numerosas narraciones y enseñanzas, presenta al hombre como una criatura singular y excepcional, llamada a reflejar la imagen y semejanza del Creador supremo. Esta concepción implica no sólo una responsabilidad ético-moral, sino también la atribución de un poder fundamental de elección y decisión: el libre albedrío.

Algunos estudiosos y teólogos han señalado que la frase "Yo soy el que soy" es algo más que una afirmación ontológica sobre la esencia divina; también puede sugerir el potencial creativo y de autodeterminación inherente al ser humano, inherente a su creación a semejanza de Dios. Este concepto de libertad de decisión y autodeterminación se refleja en las numerosas historias y enseñanzas bíblicas que describen la elección humana, la responsabilidad y las consecuencias de las acciones humanas.

Un ejemplo emblemático de esta reflexión se encuentra en el Libro del Deuteronomio del Antiguo Testamento, en el que la elección entre la vida y la muerte, la bendición y la maldición, se sitúa ante la humanidad en una invocación a la libertad de elegir el camino que guiará el propio destino. Esta llamada a la capacidad humana de autodeterminarse en consonancia con la voluntad divina es una constante que impregna muchas de las escrituras sagradas de las distintas tradiciones judeocristianas.

El pensamiento de teólogos como San Agustín y Tomás de Aquino contribuyó a desarrollar y profundizar el concepto de libre albedrío dentro de la teología cristiana, asignando al hombre un papel activo en la configuración de su propio destino moral y espiritual. Estos pensadores elaboraron la noción del libre albedrío como un don divino y, al mismo tiempo, una responsabilidad intrínseca de la condición humana.

La reflexión sobre el hombre como "Aquel que es", capaz de autodeterminar su propio destino mediante el libre albedrío, constituye así un nodo central de las reflexiones teológicas y filosóficas sobre la naturaleza humana y su relación con el Infinito. Esta perspectiva invita al ser humano a contemplar su singularidad y dignidad como criatura dotada de capacidad de decisión y autodeterminación, en constante diálogo con el misterio de su propia existencia y su conexión con la Divinidad que impregna todas las cosas.

Libre albedrío y responsabilidad. Entrelazamiento de ética, justicia y libertad individual.

Las reflexiones sobre el libre albedrío no se agotan en los confines de la academia, sino que se proyectan hacia ámbitos esenciales de la vida social y cultural, generando profundas implicaciones para nuestra comprensión de la responsabilidad individual y colectiva. Este concepto filosófico no sólo informa nuestra comprensión de la libertad individual, sino que también da forma a nuestra visión de la justicia, la responsabilidad ética y las prácticas punitivas. Así, el libre albedrío se convierte en un nodo crucial entrelazado con cuestiones éticas, jurídicas y políticas fundamentales.

La idea de que cada individuo está dotado de libre albedrío y es capaz de tomar decisiones autónomas desempeña un papel clave en nuestra comprensión de la responsabilidad personal y social. La posibilidad de elegir conscientemente las propias acciones y asumir las consecuencias de las mismas es el fundamento de nuestra ética individual y del sentido de la justicia que impregna nuestras interacciones sociales. Esta perspectiva ética, arraigada en la tradición filosófica y religiosa, ha influido en la forma en que concebimos la responsabilidad de nuestros actos y nuestro sentido del deber moral hacia los demás.

En el contexto jurídico, el concepto de libre albedrío es fundamental para determinar la responsabilidad legal de un individuo por sus actos. El derecho penal, por ejemplo, se basa a menudo en el supuesto de que los individuos son capaces de elegir entre un comportamiento lícito o ilícito, asignando la responsabilidad y el castigo en función de esta supuesta capacidad de decisión. Sin embargo, la complejidad del concepto de libre albedrío ha generado debates sobre la determinación de la culpabilidad y las justificaciones éticas de las sanciones legales.

Los estudios psicológicos y neurocientíficos han enriquecido el debate sobre el libre albedrío al aportar nuevos conocimientos sobre la naturaleza de nuestras decisiones. Experimentos como los realizados por Benjamin Libet han planteado interrogantes sobre el momento y la naturaleza de las decisiones humanas, poniendo en entredicho la noción tradicional de un libre albedrío absoluto independiente de determinantes neurobiológicos.

En un mundo en el que la complejidad de nuestras acciones y sus consecuencias es cada vez más evidente, la reflexión sobre el libre albedrío se vuelve crucial para nuestra comprensión de la responsabilidad individual y colectiva. Las cuestiones éticas, jurídicas y políticas que rodean a este concepto exigen un diálogo interdisciplinar permanente que atraviese la filosofía, la ciencia, la sociología y el derecho para delinear de forma más clara y consciente el papel que desempeña la libertad de elección en la configuración de nuestro mundo y de nuestros valores fundamentales.

Libre albedrío y física cuántica.

En el campo de la física cuántica, el debate sobre el libre albedrío adquiere contornos fascinantes. Los pioneros de esta disciplina han sentado las bases de un análisis que va más allá de los límites de la realidad observable. Una premisa histórica de esta nueva visión es sin duda el famoso físico Isaac Newton. El determinismo mecanicista de Newton parecía regir las leyes del cosmos hasta que la física cuántica introdujo elementos de incertidumbre y aleatoriedad.

Uno de los experimentos fundamentales que cuestiona la concepción clásica de la causalidad es el propuesto por Bell y realizado por Alain Aspect en 1982. Este experimento demostró la presencia de correlaciones cuánticas instantáneas entre partículas separadas, planteando profundos interrogantes sobre la idea misma de causa y efecto. Este irresistible enigma impulsó a brillantes intelectos como Albert Einstein y Stephen Hawking a enfrentarse al misterio del libre albedrío a la luz de la física cuántica.

El físico teórico Richard Feynman, célebre por sus revolucionarias aportaciones a la física, ha realizado una interesante y fascinante contribución al debate sobre el libre albedrío a través de sus esclarecedoras investigaciones y teorías. Premio Nobel por sus trabajos pioneros en electrodinámica cuántica, Feynman ofreció nuevas perspectivas sobre la naturaleza del universo y el papel del azar y la probabilidad en la dinámica fundamental de la materia y la energía.

Las investigaciones de Feynman sobre las trayectorias de las partículas y el comportamiento de las interacciones subatómicas revelaron una realidad sorprendentemente compleja y llena de matices que elude la lógica determinista clásica. En el campo de la física cuántica, Feynman puso de relieve la existencia de una naturaleza probabilística y no determinista a nivel microscópico, en contraste con la rígida previsibilidad de la física clásica.

Una de las contribuciones más significativas de Feynman fue su formulación del principio de acción mínima, conocido como principio de Feynman, que postula que un sistema físico sigue todas las trayectorias posibles en el espacio-tiempo para llegar del punto A al punto B, y la trayectoria real es una suma ponderada de todas estas posibilidades. Este concepto, conocido como principio de superposición, subraya cómo la realidad cuántica se caracteriza intrínsecamente por una multiplicidad de opciones y elecciones a nivel subatómico.

Las implicaciones filosóficas del trabajo de Feynman sobre la naturaleza probabilística del mundo cuántico han alimentado el debate sobre el libre albedrío, sugiriendo que, a un nivel fundamental, existen espacios de posibilidad y elecciones indeterminadas que pueden influir en el curso de los acontecimientos de formas que no pueden predecirse totalmente. Esta perspectiva abre la puerta a una nueva comprensión de la libre toma de decisiones y de la complejidad del concepto de autodeterminación.

Estudiosos contemporáneos, como Carlo Rovelli y Sean Carroll, siguen explorando las implicaciones de la física cuántica sobre el libre albedrío y nuestra percepción de la realidad, destacando la coexistencia de determinismo y aleatoriedad en el contexto de la teoría cuántica.

Este fascinante escenario se entrelaza con las especulaciones filosóficas de luminarias como Immanuel Kant y Friedrich Nietzsche, que sentaron las bases de una compleja visión del libre albedrío como expresión paradójica de una libertad ineludible pero también condicionada por un enorme número de variables inescrutables.

Analogías entre el pasaje y la teoría cuántica.

Según la concepción tradicional, el final de la vida se considera el final de todo lo que somos. Sin embargo, en las últimas décadas, un fenómeno intrigante ha empezado a captar la atención de investigadores y filósofos: la metafísica cuántica de la supervivencia al final de la vida. Esta teoría revolucionaria se basa en el probabilismo y en las posibles elecciones que se hacen en la vida, abriendo escenarios fascinantes para entender lo que ocurre después de que fallecemos.

En esta perspectiva es fundamental el concepto de superposición cuántica, según el cual un objeto cuántico puede existir en varios estados simultáneamente. Al igual que una partícula puede ser a la vez onda y partícula, nuestras vidas podrían seguir existiendo en varias trayectorias paralelas.

Los experimentos han demostrado que, a nivel subatómico, el comportamiento de las partículas no es determinista, sino cuántico. El famoso experimento de las dos rendijas, realizado por el físico Thomas Young en 1801, muestra cómo una sola partícula puede pasar por ambas rendijas simultáneamente e interferir consigo misma, creando un patrón característico.

Sin embargo, cuando consideramos el papel de las elecciones en nuestras vidas, se abre otra ventana de posibilidades. Según la metafísica cuántica, cada elección que hacemos crea una ramificación más del universo, una especie de bifurcación de la realidad. Estas bifurcaciones pueden dar lugar a situaciones en las que nuestro yo, tras la transición física, sigue existiendo en una realidad paralela en la que la suma de las elecciones realizadas en la vida caracteriza el nuevo estado, en una representación de lo que era en la existencia corporal anterior.

El académico Anthony Peake ha desarrollado esta teoría, sugiriendo que la transición podría ser sólo una transición a otra forma de existencia, en la que nuestras elecciones podrían seguir dando forma a nuestra realidad.

Aunque algunos críticos objetan la validez científica de estas teorías, expertos como el físico teórico y filósofo David Bohm han reconocido la posibilidad de interpretaciones no deterministas en la física cuántica. Es importante destacar que esta perspectiva no niega la importancia de la transición, sino que ofrece una visión alternativa sobre la posibilidad de un postpasaje basado en principios cuánticos.

En última instancia, la metafísica cuántica de la supervivencia al final de la vida plantea cuestiones profundas sobre la naturaleza de la propia realidad. Es una hipótesis que invita a reflexionar sobre el significado de nuestras elecciones y el poder que pueden tener en la configuración de nuestro destino. Si, como afirma el físico John Archibald Wheeler, *"participamos en la creación de nuestro propio futuro"*, cabe plantearse la hipótesis de que nuestras elecciones también podrían influir en lo que suceda tras el fin de nuestros cuerpos físicos.

Mientras la ciencia sigue indagando para comprender la naturaleza cuántica de la realidad, la metafísica cuántica de la supervivencia al final de la vida nos empuja a considerar alternativas audaces y a cuestionar los misterios que aún esperan ser desentrañados. Las respuestas, cuando lleguen, podrían cambiar radicalmente nuestra comprensión de lo que significa estar vivo "por etapas" y de lo que nos espera más allá del paso.

El destino del alma tras el paso. Debate entre determinismo y libre albedrío.

En el infinito y complejo panorama de las cuestiones metafísicas, pocas son tan apasionantes y debatidas como la del destino del alma tras pasar de este mundo. Se trata de una controversia enraizada en la historia de la humanidad, que ha visto enfrentarse a filósofos, teólogos, científicos y pensadores de todas las épocas en torno a dos conceptos aparentemente antitéticos: el determinismo y el libre albedrío.

Por un lado, el determinismo propone un universo en el que cada acontecimiento, incluido el destino de las almas, está predeterminado por causas que se remontan al origen mismo del cosmos. Los defensores de este punto de vista, como el filósofo griego Leucipo en el siglo V a.C. y el físico Laplace en el siglo XVIII, sostienen que todo sigue un orden causal preciso; por tanto, las elecciones humanas y el destino individual son el resultado de condicionamientos inconscientes e impersonales.

El pensamiento de Leucipo. El universo como un reloj perfecto.

El determinismo, antigua y fascinante doctrina filosófica, propone un universo en el que todo acontecimiento, incluido el destino de las almas, está predeterminado por una inexorable concatenación de causas que se remontan al origen mismo del cosmos. En este contexto, el pensamiento del filósofo griego Leucipo emerge como una de las primeras voces en apoyar esta hipótesis, ofreciendo una visión del universo como un reloj perfecto, en el que cada movimiento está predeterminado y es inmutable.

Leucipo, fundador junto con su discípulo Demócrito de la escuela atómica, promovió la idea de que el mundo estaba compuesto por partículas diminutas e indivisibles llamadas "átomos", que en virtud de sus propiedades intrínsecas se movían eternamente en el espacio siguiendo leyes deterministas. Según esta concepción, todo lo que ocurre en el universo, incluidas las acciones humanas y el destino de las almas, es el resultado necesario de estas leyes naturales y de las interacciones entre los átomos.

El pensamiento de Leucipo se refleja en muchas áreas del saber, de la física a la filosofía, de la astronomía a la psicología. La idea de que el universo es un mecanismo regido por leyes inmutables ha influido en pensadores de distintas épocas, como el matemático y filósofo francés Pierre-Simon Laplace en el siglo XVIII, con su famosa teoría sobre el "demonio de Laplace", que podía predecir el futuro conociendo la posición y la velocidad de cada partícula del universo.

Las adquisiciones en el campo de la física cuántica, como el famoso experimento de las dos rendijas o la no-localidad cuántica, han planteado interrogantes sobre el determinismo clásico, introduciendo nuevos retos y perspectivas en el debate entre libre albedrío y determinismo. No obstante, el pensamiento de Leucipo sigue siendo un hito en el panorama de la filosofía determinista, al ofrecer una visión de un universo regido por leyes inmutables e inevitables.

En un mundo donde parecen reinar el caos y la incertidumbre, la visión determinista de Leucipo y de los pensadores que aún hoy se inspiran en su pensamiento, insiste en la posibilidad de que todo, incluso el destino de las almas, forme parte de un designio mayor e inescrutable, de una causalidad que rige el cosmos y nuestra existencia.

El libre albedrío y el pensamiento de San Agustín y Tomás de Aquino. La humanidad entre la elección y el destino.

El concepto de libre albedrío siempre ha sido una de las cuestiones más fascinantes y debatidas de la historia del pensamiento humano. Se centra en la capacidad de decisión del individuo, en la posibilidad de tomar decisiones autónomas que determinan su destino después de la muerte. En este contexto, el pensamiento de los filósofos cristianos San Agustín y Tomás de Aquino emerge con fuerza como punto de referencia fundamental.

San Agustín, que vivió en los siglos IV-V d.C., trató en profundidad el tema del libre albedrío en su obra *"De libero arbitrio"*, en la que exploró la tensión entre la voluntad divina y la libertad humana. Según San Agustín, aunque la voluntad humana está condicionada por el pecado original, conserva un residuo de libertad que permite al individuo elegir entre el bien y el mal. Sin embargo, es la gracia divina la que desempeña un papel decisivo en la orientación de las opciones humanas hacia el bien y en la definición del destino espiritual.

Tomás de Aquino, fraile dominico del siglo XIII, desarrolló aún más el concepto de libre albedrío dentro de la filosofía cristiana, armonizando la doctrina de la gracia divina con la libertad humana. Según Tomás, el hombre es capaz de elegir libremente gracias a su naturaleza racional, que le confiere la capacidad de discernir el bien del mal. El libre albedrío se convierte así en un instrumento a través del cual el individuo puede contribuir activamente a la construcción de su destino moral y espiritual.

Las reflexiones de San Agustín y Tomás de Aquino han influido profundamente en el pensamiento occidental, dejando una huella duradera en la teología, la filosofía y la ética. El concepto de libre albedrío, nacido de la tensión entre la voluntad divina y la libertad humana, sigue suscitando debates y cuestionamientos tanto en los círculos religiosos como filosóficos.

Experimentos psicológicos y neurocientíficos modernos, como los realizados por Benjamin Libet y Sam Harris, han cuestionado la existencia misma del libre albedrío, sugiriendo que nuestras elecciones pueden estar más influidas por procesos neurológicos inconscientes de lo que pensamos. Sin embargo, las reflexiones de San Agustín y Tomás de Aquino nos recuerdan la complejidad y profundidad del dilema humano entre libertad y destino, invitándonos a reflexionar sobre la responsabilidad de nuestras elecciones y las implicaciones que éstas tienen para nuestro camino espiritual.

Por otra parte, el libre albedrío insiste en el poder de decisión del individuo, en la capacidad humana de elegir y determinar su destino después de la muerte . Filósofos como San Agustín y Tomás de Aquino defendieron fervientemente esta perspectiva, argumentando que el hombre está dotado de un libre albedrío capaz de romper las cadenas del determinismo y forjar su propio destino espiritual.

En la actualidad, el debate se ha enriquecido con nuevas perspectivas gracias a la investigación en neurociencia y psicología. Los estudios realizados por expertos como Benjamin Libet y Sam Harris han planteado dudas sobre la existencia real del libre albedrío, sugiriendo que nuestras decisiones podrían ser el resultado de procesos neurológicos que tienen lugar a nivel inconsciente, desafiando nuestra percepción de la toma de decisiones autónoma.

Benjamin Libet, experimentos controvertidos.

En las últimas décadas, estudios de la talla de Benjamin Libet y Sam Harris han arrojado una sombra de duda sobre la supuesta existencia del libre albedrío humano, planteando profundos interrogantes sobre la naturaleza de nuestras decisiones y la autonomía real de la toma de decisiones del ser humano. Estas investigaciones, basadas en la neurociencia y la psicología, han puesto en entredicho la visión tradicional del hombre como agente libre consciente de sus propias elecciones.

Benjamin Libet, neurofisiólogo estadounidense, realizó experimentos pioneros en la década de 1980 que revelaron interesantes dinámicas relacionadas con la conciencia y la toma de decisiones. En uno de sus estudios más famosos, Libet pidió a los participantes que realizaran un movimiento voluntario, como pulsar un botón, y que informaran del momento en que habían tomado la decisión de hacer ese gesto. Lo que surgió fue sorprendente: la actividad cerebral relacionada con la acción se produjo antes de que los sujetos fueran conscientes de que habían tomado la decisión, lo que sugiere que el inconsciente desempeñó un papel decisivo en la elección.

Los hallazgos de Libet suscitaron un acalorado debate en la comunidad científica y filosófica. Algunos críticos han planteado objeciones a la validez de sus experimentos, cuestionando la representatividad de los sujetos, la metodología empleada y la interpretación de los datos.

Sam Harris, conocido neurocientífico y filósofo, ha seguido por este camino con sus investigaciones sobre la supuesta ilusión del libre albedrío. Harris sostiene que nuestras decisiones son el resultado de procesos neuronales inconscientes que tienen lugar en el cerebro, y que la sensación de que somos los autores de nuestras elecciones es una ilusión generada por nuestra mente. Mediante experimentos y argumentos incisivos, Harris trató de demostrar que nuestra voluntad está en realidad limitada por factores biológicos y ambientales que escapan a nuestro control consciente.

El debate sobre el libre albedrío, estimulado por los estudios de expertos como Libet y Harris , se sitúa en la encrucijada entre ciencia y filosofía, entre conocimiento empírico y reflexión ética. Si bien los descubrimientos en el campo de la neurociencia quieren cuestionar nuestra visión tradicional de la libertad humana, también nos empujan hacia una comprensión más profunda de la complejidad de la mente humana y de su dinámica de toma de decisiones. En un momento en que la ciencia arroja nueva luz sobre los fundamentos mismos de nuestra identidad, el debate sobre el libre albedrío se presenta como un reto intelectual y existencial que no podemos ignorar.

Sin embargo, los estudios realizados por Benjamin Libet y Sam Harris sobre el libre albedrío humano han levantado una ola de polémica que ha dividido a la comunidad científica. Aunque las investigaciones de estos estudiosos parecen cuestionar la concepción tradicional de la toma de decisiones autónoma, algunos investigadores y filósofos han planteado objeciones y críticas sobre la validez e interpretación de estos hallazgos.

Benjamin Libet, con sus experimentos pioneros de los años 80, defendió que nuestras decisiones y acciones estarían precedidas por una actividad cerebral inconsciente, lo que socavaba la idea del libre albedrío consciente. Sin embargo, algunas críticas se han centrado en la metodología empleada por Libet, señalando que el momento en que los participantes afirman haber tomado una decisión puede no corresponderse exactamente con el momento en que la acción se desencadenó realmente en el cerebro. Estas discrepancias temporales plantean dudas sobre la relación causa-efecto real entre la actividad cerebral y la decisión consciente.

Del mismo modo, las investigaciones de Sam Harris han provocado reacciones encontradas en la comunidad científica. Harris sostiene que el concepto de libre albedrío es una ilusión generada por procesos neuronales inconscientes, cuestionando nuestra percepción de que somos los verdaderos autores de nuestras elecciones. Sin embargo, algunos estudiosos rebaten las conclusiones de Harris, señalando que las implicaciones filosóficas de sus argumentos pueden ser más radicales de lo que apoyan los datos científicos.

En este contexto de acalorado debate, muchos filósofos y científicos importantes surgieron para ponerse del lado de la crítica a las conclusiones de Libet y Harris. Pensadores como Daniel Dennett y Karl Popper han cuestionado las implicaciones filosóficas y éticas de una visión determinista de la mente humana, subrayando la importancia de considerar también los aspectos subjetivos y culturales que influyen en nuestras decisiones.

Los experimentos realizados por Benjamin Libet y Sam Harris en los años ochenta y décadas posteriores, respectivamente, plantearon profundas cuestiones sobre la naturaleza de la conciencia y el libre albedrío humano. Sin embargo, vivimos en una época en la que la conciencia sigue siendo "el problema difícil", un intrincado enigma que aún elude una definición clara e inequívoca, a pesar de los avances de la neurobiología y la psicología.

David Chalmers: filósofo australiano, introdujo el concepto de "*problema difícil de la conciencia*". Destacó la diferencia entre explicar los procesos neuronales y químicos asociados a la conciencia (el "problema fácil") y comprender la experiencia subjetiva en sí (el "problema difícil").

La conciencia, entendida como la experiencia subjetiva y autoconsciente de uno mismo y del mundo, es uno de los fenómenos más complejos y misteriosos estudiados por la ciencia. Aunque es objeto de numerosos estudios y debates, ninguna teoría o enfoque científico ha logrado aún ofrecer una explicación exhaustiva de qué es y cómo funciona la conciencia humana.

Con este telón de fondo de incertidumbre y retos epistemológicos, los estudios de Libet y Harris sobre la autonomía en la toma de decisiones y la ilusión del libre albedrío pueden ser una investigación demasiado burda y superficial en comparación con la complejidad del tema que se quiere investigar.

Filósofos de la mente como Thomas Nagel y David Chalmers han destacado la naturaleza elusiva y polifacética de la conciencia, subrayando la necesidad de una perspectiva interdisciplinar e integrada para abordar esta cuestión. La división entre los estudios neurobiológicos, psicológicos y filosóficos sobre la conciencia refleja la complejidad inherente a este fenómeno, que elude una reducción única y lineal.

A la luz de estas consideraciones, parece claro que los experimentos de Libet y Harris, aunque representan importantes contribuciones a nuestra comprensión de la mente, no pueden resolver por sí solos el dilema de la conciencia humana. El reto que aguarda a la comunidad científica y filosófica es abrazar la complejidad y la naturaleza interdisciplinar de este campo de investigación, abordando los retos teóricos y metodológicos con un enfoque más profundo e integrado. Sólo entonces podremos arrojar una luz más clara sobre uno de los misterios más fascinantes de la experiencia humana.

El misterio del destino del alma. Entre filosofía y ciencia.

Anécdotas e historias antiguas se entrelazan con los descubrimientos científicos más recientes, creando un panorama matizado y complejo. La antigua creencia egipcia en el más allá, testimonios de experiencias al borde de la muerte, experimentos de regresión hipnótica realizados por Brian Weiss, todo ello se combina para crear un mosaico de sugerencias y preguntas en torno al destino del alma tras el fallecimiento.

En este laberinto de teorías y creencias no hay una respuesta definitiva. Tal vez, como sugirió el poeta Walt Whitman, "*el alma... va hacia lo que es misterio*". El destino del alma tras el tránsito sigue siendo un enigma, un viaje que cada persona está llamada a realizar con su propia conciencia, en la búsqueda incesante de la verdad y el sentido.

Hasta el siglo pasado, la investigación sobre este tema tenía un carácter predominantemente filosófico, impregnado de profundas reflexiones y especulaciones metafísicas. Sin embargo, en las últimas décadas, la investigación sobre este tema está adquiriendo cada vez más una dimensión científica, combinando la reflexión filosófica con los descubrimientos de la neurociencia, la psicología y la física cuántica.

Filósofos históricos como Platón y Aristóteles, con sus concepciones de la inmortalidad del alma y la supervivencia después de la muerte, sentaron las bases del pensamiento futuro sobre el tema. A lo largo de los siglos, teólogos como San Agustín y Tomás de Aquino profundizaron en el debate, subrayando el papel fundamental de la fe y la razón en la comprensión del destino espiritual del hombre.

Sin embargo, aunque la filosofía siempre ha ofrecido valiosas perspectivas sobre las profundidades del alma y su destino, la ciencia moderna sólo ha empezado recientemente a arrojar nueva luz sobre estas antiguas cuestiones. Estudios recientes de neurocientíficos como Antonio Damasio y Roger Penrose han abierto nuevas perspectivas sobre la interconexión de mente, cerebro y conciencia, sugiriendo que el misterio del alma puede reflejarse también en las leyes de la física cuántica.

Los experimentos sobre ECM (experiencias cercanas a la muerte), vivencias al borde de la muerte, realizados por investigadores como Pim van Lommel y Sam Parnia, han ofrecido datos interesantes sobre las experiencias de las personas durante situaciones de parada cardiaca, abriendo nuevos interrogantes sobre las dimensiones no físicas de la experiencia humana.

En una época en la que la ciencia y la espiritualidad se entrecruzan cada vez más, el destino del alma tras la muerte representa un intrincado nudo en el que intervienen tanto la racionalidad como la fe. La investigación científica, que aborda el tema con rigor metodológico, trata de desentrañar los aspectos más misteriosos del ser humano, mientras que la filosofía y la espiritualidad mantienen vivo el debate sobre el sentido último de nuestra existencia. El alma, en definitiva, aunque envuelta en un velo de misterio, sigue estando en el centro de una búsqueda intemporal, un viaje que cada persona está llamada a emprender con su propia conciencia, en la búsqueda incesante de la verdad y del sentido.

Los fundamentos de la metafísica cuántica.

Dentro de la filosofía, pocas áreas son tan fascinantes y debatidas como la metafísica. Esta rama del pensamiento filosófico trata de la naturaleza del ser, la existencia, la realidad y sus fundamentos últimos. Y aunque pueda parecer un campo árido y abstracto, la metafísica ha sido el centro de fervientes discusiones que se han prolongado a lo largo de los siglos, influyendo profundamente en el pensamiento humano.

La metafísica es una disciplina filosófica que ha adquirido diversos significados, características y funciones a lo largo de los siglos. La metafísica suele entenderse como el estudio de la realidad que va más allá de lo empíricamente verificable. Ha supuesto un estimulante desafío para filósofos, científicos y pensadores en general, dando lugar a debates sobre la existencia de una realidad más allá de lo que podemos percibir.

En siglos pasados, los filósofos expresaron diversas definiciones y conceptos metafísicos, pero en las últimas décadas se ha impuesto un nuevo campo de investigación: la metafísica cuántica. Este enfoque propone una visión de la realidad que combina los principios fundamentales de la física cuántica con ideas metafísicas.

Para ejemplificar la evolución de la metafísica, podemos recordar que en 1922 se creó una cátedra de metafísica en la Universidad Católica de Milán. La creación de esta cátedra reflejaba el creciente interés por esta rama de la filosofía en aquella época. La metafísica es una de las disciplinas filosóficas más antiguas y aborda cuestiones fundamentales sobre la existencia, la realidad, la causalidad y otros conceptos abstractos.

La apertura de una cátedra dedicada específicamente a la metafísica indica un reconocimiento de la importancia de profundizar en el estudio de estos conceptos en el contexto académico. Este acontecimiento podría interpretarse como un intento de promover una mayor comprensión de la naturaleza de la realidad y de los temas metafísicos entre los estudiantes e investigadores de filosofía.

En la actualidad, el área teórica metafísica forma parte del Departamento de Filosofía y sus funciones se describen del siguiente modo en la página web de la universidad:

> *"La investigación teórica se centra principalmente en la ontología y la teoría del conocimiento como áreas fundacionales respecto a los problemas planteados por la complejidad que caracteriza a la civilización contemporánea. En particular, se reflexiona sobre la relación entre tecnología y humanismo y sobre la posibilidad de elaborar un modelo epistemológico capaz de promover una integración entre diferentes formas de conocimiento, en un diálogo capaz de*

implicar tanto al conocimiento subyacente a los desarrollos tecnológicos como al expresado en áreas contiguas como la literatura, las artes y la teología. En esta dirección, es relevante la comparación con la metafísica clásica y su resurgimiento en el pensamiento moderno y contemporáneo, para repensar y reformular también desde un punto de vista hermenéutico los desafíos del mundo contemporáneo."

Hay una clara referencia a la necesidad de investigar los aspectos metafísicos de la evolución de la ciencia moderna.

Han surgido cátedras universitarias de parapsicología en Friburgo, en suelo alemán, en Utrecht, en las tierras de cuento de hadas de los Países Bajos, y en Edimburgo, en la encantadora Escocia, esta última honrada con el legado del estimado hombre de letras Arthur Koestler. En 1982, Koestler donó la totalidad de su considerable patrimonio para crear una cátedra de parapsicología en suelo británico como muestra tangible de su benevolencia.

En Italia, además de la Cátedra de Milán, existe la Cátedra de "Psicología Clínica y Paranormología", creada hace más de treinta años en el Colegio Alfonsiano de Roma. Esta cátedra forma parte de la Universidad Lateranense y está dirigida por el profesor Andreas Resch de Innsbruck, sacerdote redentorista, que imparte todos los años un curso sobre estos temas.

Sin embargo, existen varios institutos de investigación en Italia, como la AISM (Asociación Científica Italiana de Metapsíquica), el CSP (Centro Studi Parapsicologici) de Bolonia, el Centro Italiano di Parapsicologia de Nápoles; y la Fondazione Biblioteca Bozzano-De Boni de Bolonia. Se trata de la mayor biblioteca especializada de Italia y la segunda de Europa.

Metafísica: un viaje entre la antigüedad y la modernidad.

La metafísica ha desempeñado un papel central en la historia de la filosofía, remontándose a la Antigüedad con filósofos como Platón y Aristóteles, que cuestionaron las causas primeras y la naturaleza del universo. Sin embargo, fue con Hegel cuando la metafísica adquirió una nueva perspectiva, vinculándola a la razón dialéctica y a la historia de las ideas metafísicas. Hegel, con su concepto de dialéctica, sugirió que la realidad evoluciona constantemente a través de conflictos de opuestos que conducen a una síntesis superior.

En la metafísica moderna, un tema que ha suscitado gran interés es la metafísica cuántica. Esta disciplina, nacida en el siglo XX con la física cuántica, ha propuesto una visión de la realidad en la que las leyes de la física clásica se ven superadas por fenómenos cuánticos aparentemente extraños y contrarios a la lógica común. El experimento de la doble rendija de Young, por ejemplo, puso de relieve tanto el comportamiento corpuscular como ondulatorio de las partículas, subrayando la extraordinaria complejidad y el desafío conceptual de la realidad cuántica.

El planteamiento de la metafísica cuántica ha llevado a redefinir los conceptos tradicionales de espacio, tiempo y causalidad. Filósofos contemporáneos como David Bohm y Thomas Kuhn han explorado las implicaciones de la física cuántica en nuestra comprensión de la realidad y el ser. Bohm, en particular, ofreció una visión holográfica del universo en la que cada parte se refleja e interconecta en el todo.

La fascinación metafísica de la física cuántica: en las visiones de Bohm y Kuhn.

En una época en la que la investigación científica y la filosofía se encuentran cada vez más, la metafísica cuántica emerge como un terreno fértil para explorar las implicaciones más profundas de la naturaleza de la realidad. Dos figuras destacadas en este campo son los filósofos contemporáneos David Bohm y Thomas Kuhn, que han enriquecido de forma decisiva el debate sobre las intersecciones entre física cuántica y metafísica.

David Bohm, físico teórico de fama mundial conocido por su labor pionera en el campo de la mecánica cuántica, ha contribuido de forma significativa al desarrollo de una visión unificada de la realidad. Su teoría del *"orden implicado"*, que sugiere la existencia de un orden oculto, no manifiesto, que impregna todo el cosmos, representa un audaz intento de superar las dicotomías entre materia y mente, individuo y universo. A través del concepto de "orden implicado", Bohm propone una nueva concepción del universo como un todo holístico interconectado, en el que cada parte refleja y se comunica con el todo en un intrincado ballet de relaciones cuánticas.

Al mismo tiempo, Thomas Kuhn, filósofo de la ciencia famoso por su teoría de los paradigmas científicos, contribuyó a cuestionar los fundamentos mismos del conocimiento científico. Su concepto de revolución científica, expresado en su famoso libro "La estructura de las revoluciones científicas", sugiere que el progreso científico no se produce de forma lineal y acumulativa, sino a través de momentos de ruptura y transformación radicales de los paradigmas existentes. Aplicando esta perspectiva a la física cuántica, Kuhn nos invita a reflexionar sobre las implicaciones epistemológicas de una disciplina que desafía nuestras intuiciones más profundas sobre la realidad.

El encuentro de las visiones de Bohm y Kuhn abre escenarios fascinantes para la metafísica cuántica, un campo de investigación que pretende explorar las profundidades insondables del universo mediante las herramientas de la física y la filosofía cuánticas. Mediante experimentos como el de la doble rendija, que pone de relieve la naturaleza ondulatoria de las partículas y sus propiedades de superposición cuántica, y conceptos como el entrelazamiento cuántico, que subraya la no localidad y la interconexión de partes distantes, la metafísica cuántica nos invita a reconsiderar nuestras concepciones del espacio, el tiempo y la causalidad.

En un momento en que las fronteras del conocimiento se expanden exponencialmente, nos aguardan fascinantes desafíos y profundos misterios en el corazón de la metafísica cuántica, donde la danza entre materia y pensamiento se revela en toda su magnificencia y complejidad.

En conclusión, la metafísica, tanto en sus formas clásicas como modernas, sigue estimulando el pensamiento y la reflexión filosóficos, desafiando los límites del conocimiento y abriendo nuevas perspectivas sobre la realidad. Mediante el análisis de los conceptos metafísicos y su comparación con los descubrimientos científicos más avanzados, podemos embarcarnos en un fascinante viaje hacia una comprensión más profunda del universo y de nuestro "destino" en él.

El fin de la vida como enigma metafísico universal.

En filosofía, el concepto del fin de la vida ha sido siempre un enigma metafísico universal que ha fascinado a los pensadores a lo largo de los siglos. Uno de los pilares fundamentales de esta reflexión es la visión platónica de la inmortalidad del alma y su separación del cuerpo en el momento de la muerte.

Platón, figura destacada de la filosofía antigua, sentó las bases de un enfoque metafísico del final de la vida.

En el siglo V a.C., sostuvo que el alma es eterna y que la muerte no marca el final de la existencia, sino la liberación del alma del cuerpo material. Esta visión trascendente del alma inspiró a generaciones de filósofos, teólogos y pensadores en siglos posteriores.

En la historia de las ideas, numerosas figuras y acontecimientos han contribuido a configurar nuestra comprensión del final de la vida como un enigma metafísico. Desde el experimento del "peso del alma" realizado por Duncan MacDougall en 1907, que pretendía medir la supuesta pérdida de peso al morir un individuo, hasta la obra de figuras como San Agustín, que exploró la cuestión de la inmortalidad del alma en el contexto de la teología cristiana, los matices de este tema se han visto enriquecidos por diferentes perspectivas.

Estudiosos contemporáneos como Raymond Moody, pionero en la investigación de las experiencias cercanas a la muerte y posteriores a ella, han contribuido a explorar el misterio del más allá desde una perspectiva científica y psicológica. Los testimonios de personas que afirman haber tenido experiencias cercanas a la muerte y contacto con entidades espirituales han avivado el debate sobre la existencia de una realidad de ultratumba.

Además, en la cultura popular y en las experiencias personales se pueden rastrear numerosas historias y anécdotas que relatan encuentros con el misterio de la muerte y visiones de "luz al final del túnel", que sugieren la presencia de una dimensión más allá de nuestra comprensión racional.

En conclusión, el final de la vida como enigma metafísico universal sigue siendo un fascinante campo de investigación que desafía no sólo las mentes racionales de los filósofos, sino también las emociones y las convicciones más profundas de los individuos. Mediante la integración de perspectivas filosóficas, científicas, religiosas y personales, podemos acercarnos a una comprensión más rica y polifacética de esta etapa inevitable de nuestro viaje existencial.

En el debate sobre el final de la vida como enigma metafísico universal, la investigación moderna introduce ahora una nueva lente de observación: la perspectiva cuántica, que enriquece aún más la complejidad de este fascinante tema. Además de las reflexiones tradicionales sobre la naturaleza del alma y el más allá, ahora se plantean preguntas sobre el papel de las leyes de la física cuántica en la interpretación de la transición de la vida a la muerte.

Estudiosos contemporáneos como Roger Penrose, matemático y físico teórico de renombre, han propuesto hipótesis sobre la conciencia y el alma a la luz de la física cuántica, sugiriendo que fenómenos como la coherencia cuántica a nivel neuronal podrían tener profundas implicaciones para nuestro concepto de identidad y la continuación del ser más allá de la muerte física.

Experimentos como los realizados por Pim van Lommel, médico holandés autor de estudios sobre experiencias cercanas a la muerte, cuestionan las nociones tradicionales de la frontera entre la vida y la muerte, allanando el camino a nuevas interpretaciones en las que la mecánica cuántica podría desempeñar un papel importante en la comprensión de la naturaleza de la conciencia y la supervivencia del individuo más allá de la muerte biológica.

Esta combinación de metafísica y física cuántica nos invita a reconsiderar el final de la vida como un enigma que trasciende las categorías convencionales del pensamiento, abriendo nuevos espacios de diálogo e investigación que desafían no sólo nuestra racionalidad, sino también nuestras emociones y nuestras creencias íntimas sobre la existencia y la trascendencia.

En un momento en que la ciencia y la espiritualidad parecen avanzar hacia una convergencia sin precedentes, el final de la vida se erige como una encrucijada privilegiada en la que las fronteras entre lo visible y lo invisible, lo tangible y lo impalpable, se funden en una danza de misterios y descubrimientos que sigue fascinando y cuestionando la esencia misma de nuestra humanidad.

El fin de la vida a la luz de la metafísica kantiana y la física moderna.

Immanuel Kant, el gigante de la filosofía alemana, dejó una huella indeleble en el campo de la metafísica con su monumental obra "Crítica de la razón pura". En esta obra maestra, Kant intenta superar la oposición entre empirismo y racionalismo, allanando el camino a una visión filosófica que va más allá de la mera percepción sensorial y el puro razonamiento lógico. La idea que Kant tiene de la metafísica anticipa conceptos que, aunque no se expliciten en su obra, tienen eco en las hipótesis más avanzadas de la física contemporánea.

Los revolucionarios descubrimientos de la física moderna, como la teoría de la relatividad de Albert Einstein y la mecánica cuántica, han redefinido profundamente nuestra concepción de la realidad. La idea de que el espacio y el tiempo están interconectados y de que la materia puede existir en distintas formas simultáneamente, según los principios de la superposición cuántica, añade una nueva dimensión a nuestra comprensión de la vida y la muerte.

Acontecimientos cruciales en la historia de la ciencia, como el experimento de la doble rendija que puso de manifiesto el comportamiento ondulatorio y corpuscular de la luz y la materia, han hecho evidente la naturaleza escurridiza y aparentemente insondable de la realidad. Estos avances abren nuevas perspectivas sobre la posibilidad de supervivencia del individuo más allá de la muerte, desafiando las concepciones tradicionales y abriendo los horizontes a una comprensión aún más profunda del final de la vida como momento de transición y transformación.

En este intrincado entretejido de filosofía, ciencia y espiritualidad, el final de la vida se revela como un nudo esencial que nos incita a reflexionar sobre el sentido último de nuestra existencia y la naturaleza misma del universo en el que estamos inmersos. La síntesis entre la visión kantiana de la metafísica como espacio de posibilidades y la inescrutable complejidad de la física cuántica nos invita a explorar las fronteras del conocimiento humano, dejando muchas puertas abiertas hacia una comprensión cada vez más vasta y fascinante de los misterios que rodean nuestro paso al gran misterio del final de la vida.

Congreso Internacional de Parapsicología de 1953 .

El Congreso Internacional de Parapsicología de 1953 se celebró en París (Francia). La ciudad de la luz y la cultura proporcionó el prestigioso marco en el que distinguidos eruditos e investigadores se reunieron para debatir y presentar sus descubrimientos y teorías sobre parapsicología y metafísica. El ambiente cosmopolita e intelectual de París contribuyó a hacer de este congreso un acontecimiento de alcance internacional que dejó una huella duradera en el campo de la investigación de los fenómenos psíquicos y la comprensión del más allá.

En el panorama académico del siglo XX, este Congreso destacó como un acontecimiento que marcó una época y arrojó nueva luz sobre el enigma metafísico de la vida después de la muerte. En aquella histórica asamblea, eruditos e investigadores ilustrados se reunieron para examinar pruebas anecdóticas sobre la supervivencia después de la muerte y debatir los profundos vínculos entre la física cuántica y la metafísica.

Uno de los protagonistas de aquella conferencia fue el reputado parapsicólogo Dr. Rhine, famoso por sus investigaciones pioneras sobre los fenómenos psíquicos. Fue él quien presentó al mundo académico y científico una serie de experimentos que arrojaron nueva luz sobre la existencia de una realidad más allá de la muerte. A través de casos documentados de comunicaciones paranormales y fenómenos de mediumnidad, el Dr. Rhine y su equipo demostraron que la vida podía continuar más allá de la frontera de la muerte física.

La influencia de la física cuántica en la metafísica se hizo tangible durante la conferencia. Erwin Schròdinger, distinguido físico teórico y Premio Nobel, conocido por el famoso experimento del gato, contribuyó al debate con sus revolucionarias teorías sobre la naturaleza ondulatoria de la realidad. Subrayó cómo los principios cuánticos podían apoyar la idea de una conciencia no local e inmaterial, abriendo la puerta a nuevas interpretaciones de la existencia después de la muerte.

Los relatos de experiencias cercanas a la muerte, la comunicación con entidades de otro mundo y las visiones de lugares más allá de la física ordinaria fueron temas centrales de debate en la conferencia. Estudiosos como el profesor Stevenson, conocido por sus investigaciones sobre la reencarnación, sacaron a la luz casos de niños que recuerdan detalles de vidas pasadas, lo que permite comprender la continuidad del alma más allá de la muerte corporal.

Ian Stevenson, surgió como una figura destacada durante esta conferencia. Gracias al rigor científico y a la dedicación con que llevó a cabo sus investigaciones, Stevenson presentó casos extraordinarios.

Uno de los casos más emblemáticos presentados se refería a un niño que, desde muy pequeño, relataba minuciosamente episodios y detalles de una vida transcurrida en otra época y en un lugar lejano. A través de una minuciosa investigación que incluía testimonios directos, documentos históricos y referencias cruzadas, Stevenson pudo demostrar la coherencia y cohesión de los recuerdos de este niño con la vida de un individuo que realmente existió en el pasado.

Estos casos no fueron aislados, sino que representaron una serie de ejemplos que abrieron el camino a una reflexión más profunda sobre la naturaleza del alma y su posible supervivencia después de la muerte. La comparación entre las pruebas empíricas reunidas por Stevenson y las teorías metafísicas sobre el ciclo de reencarnaciones y la continuidad de la esencia espiritual provocó acalorados debates y preguntas fundamentales sobre el significado y el destino del individuo más allá de la vida terrenal.

El Congreso de 1953 se reveló así como un momento crucial en el que la parapsicología y la metafísica se encontraron, ofreciendo una visión del enigma universal del final de la vida y abriendo nuevas perspectivas de investigación y comprensión sobre la naturaleza misma de la existencia humana.

Los acalorados debates y las sugestivas pruebas presentadas siguieron inspirando a generaciones de investigadores para ahondar en el enigma metafísico de la existencia más allá de la muerte, confirmando que el final de la vida sigue siendo uno de los mayores enigmas universales aún por desentrañar.

El legado dejado por el Congreso Internacional de Parapsicología de 1953 ha reverberado a través del tiempo, influyendo en el debate sobre cuestiones trascendentales relacionadas con la vida, la muerte y la naturaleza de la propia existencia. Este acontecimiento no sólo impulsó nuevas investigaciones en los campos de la parapsicología y la metafísica, sino que también alimentó una mayor conciencia de la complejidad y profundidad de la experiencia humana.

Desde los experimentos realizados hasta las teorías más atrevidas, el Congreso de 1953 abrió las puertas a un territorio aún en gran medida inexplorado, desafiando las concepciones convencionales y poniendo en primer plano un nuevo panorama de posibilidades existenciales. Los debates sobre otros planos de la realidad, las energías sutiles que impregnan el universo y las interconexiones entre mente, materia y conciencia ofrecieron una visión más amplia e integrada del cosmos.

La evolución de nuestra comprensión del final de la vida a través de la metafísica cuántica.

Desde la antigüedad, filósofos y pensadores han tratado de comprender el significado del fin de la vida y el destino del alma más allá de la vida terrenal. La metafísica, como disciplina que va más allá de los aspectos contingentes de la experiencia sensorial, nos ofrece las herramientas para explorar cuestiones tan profundas.

Mediante una combinación de filosofía y ciencia, la metafísica cuántica pretende profundizar en nuestra comprensión de la supervivencia a la muerte y de la realidad que trasciende los límites del mundo material. Los estudios en el campo de la física cuántica, desde los experimentos de entrelazamiento hasta la teoría de los universos paralelos, han arrojado luz sobre la posibilidad de una realidad desconocida más allá de lo que percibimos con nuestros sentidos.

Inspirándonos en acontecimientos y descubrimientos significativos, podemos trazar un curso de desarrollo en nuestra comprensión del pasaje y sus implicaciones metafísicas.

Uno de estos momentos cruciales fue la creación en 2012 del "*Centro Cambridge para el Estudio del Riesgo Existencial*" en la Universidad de Cambridge, centrado en el análisis de los riesgos existenciales que podrían amenazar el futuro de la humanidad, incluida la cuestión del fin de la vida.

Este centro de investigación pionero ha atraído la atención de eminentes académicos, filósofos y científicos que se han dedicado a estudiar en profundidad cuestiones que van más allá de la mera existencia física del hombre. El final de la vida, entendido no sólo como el momento de la muerte física, sino como el paso mismo de la vida a la no vida, representa un dilema metafísico que afecta a la naturaleza misma del ser humano y a su relación con el universo.

Además, el testimonio de numerosos eruditos e investigadores en el campo de la metafísica cuántica, como David Bohm, Amit Goswami y Fritjof Capra, ofrece una contribución fundamental para comprender el vínculo entre la metafísica cuántica y la supervivencia al final de la vida. Gracias a sus teorías y al reconocimiento de la importancia de la conciencia en la creación e interpretación de la realidad, nos vemos impulsados a explorar cómo el final de la vida puede concebirse como una transición a una forma de existencia distinta de nuestra vida terrenal.

Desde la filosofía antigua hasta la ciencia cuántica moderna, hemos ampliado progresivamente nuestros horizontes cognitivos y nos enfrentamos al reto de comprender el final de la vida de una forma más amplia e interdisciplinar.

2 - EN EL ALMA.

"Quien mira hacia fuera, sueña; quien mira hacia dentro, despierta".
(Carl Jung)

Capítulo 3. El alma, un don que hay que atesorar.

"La belleza del alma brilla cuando el corazón se libera de los grilletes de la materia".

(Khalil Gibran).

Existencia del alma: sugerencias científicas y filosóficas sobre la supervivencia al final de la vida.

En los debates científicos, numerosos estudiosos han contribuido a sentar las bases de una comprensión más profunda del alma y su supuesta inmortalidad. Entre ellos destaca el conocido neurocirujano Eben Alexander, que en su libro Proof of Heaven relata su experiencia personal de una muerte inminente que, según él, confirma la existencia del alma y la continuación de la conciencia más allá del paso físico.

Al mismo tiempo, el campo de la neurociencia ofrece una perspectiva científica sobre las experiencias cercanas a la muerte. El estudio de *las Experiencias Cercanas a la Muerte (*ECM) ha suscitado mucho interés y debate, y el Dr. Sam Parnia, experto en el campo de las ECM, afirma que tales experiencias son comunes y pueden aportar pruebas de la supervivencia del alma.

Otro destacado estudioso es el Dr. Raymond Moody, que ha realizado una serie de investigaciones sobre las experiencias cercanas a la muerte y acuñado el término "*experiencias límite*" para describirlas. Los testimonios recogidos por Moody sugieren que, durante estas experiencias, muchas personas informan de una sensación de separación de su cuerpo físico y de entrada en un estado superior de conciencia, en sintonía con una existencia que continúa más allá del paso.

La filosofía, por su parte, ha contribuido a una amplia gama de argumentos y especulaciones sobre el alma y su posible existencia. Platón, uno de los filósofos más influyentes de la historia, desarrolló la teoría del alma inmortal, argumentando que el alma está separada del cuerpo y persiste incluso después de fallecer. Este punto de vista filosófico ha influido enormemente en el pensamiento occidental.

El legado de Platón en la construcción del pensamiento occidental.

En la inmensa paleta de la filosofía, pocos pinceles han pintado el concepto del alma y el fin de la vida con tanta destreza y profundidad como Platón, el célebre pensador de la antigua Grecia. El fundador de la Academia de Atenas no sólo elaboró una de las teorías más fascinantes sobre la existencia del alma inmortal, sino que dio forma a toda una perspectiva metafísica que ha reverberado a lo largo de los siglos hasta configurar el pensamiento occidental contemporáneo.

En el diálogo "Fedón", Platón explora la naturaleza del alma, argumentando que es eterna, separada del cuerpo y dotada de un conocimiento innato. Esta visión trasciende el limitado horizonte terrenal, ofreciendo una perspectiva que ha suscitado profundas reflexiones sobre la naturaleza de la existencia humana y el sentido de su término.

> *"Y así es que el alma no sólo es incombustible, sino eterna, pues está compuesta con sabiduría, ya que Dios la ha compuesto. Esperábamos que ahora fueras con nosotros a la tumba de Cebete, con el alma libre y tranquila. Te exhortamos: sé valiente y abandona tu vida con sencillez y tranquilidad, sabiendo que estas cosas son verdaderas" ("Fedón, 118)*

La influencia de Platón es tangible en muchas etapas cruciales de la historia del pensamiento occidental. Por ejemplo, el pensamiento cristiano asimiló y reinterpretó la idea de un alma inmortal vinculada a un principio divino, dando lugar a una visión dualista del hombre y su destino tras la muerte. En siglos posteriores, filósofos como Descartes reinterpretaron y desarrollaron la distinción entre mente y cuerpo inaugurada por Platón, sentando las bases para el surgimiento de la filosofía moderna de la mente.

Sin embargo, la teoría del alma inmortal también ha chocado con otras perspectivas filosóficas y científicas a lo largo de la historia. El materialismo filosófico, por ejemplo, ha cuestionado la idea de una realidad de otro mundo y ha intentado explicar la experiencia humana exclusivamente en términos físicos y materiales. Además, los experimentos científicos en el campo de la neurociencia han planteado dudas sobre la persistencia de una entidad inmaterial como el alma más allá de la muerte biológica.

Buscando el alma en el lugar equivocado.

El alma es un misterio milenario que sigue desafiando a los indagadores del conocimiento humano, sobre todo cuando están inmersos en prejuicios. En la era actual, dominada por la neurociencia y la investigación materialista, el concepto de una entidad inmaterial como el alma encuentra un terreno incómodo en el que apoyarse.

Los experimentos en el campo de la neurociencia intentan subrayar la estrecha interconexión entre la actividad cerebral y los fenómenos mentales, sugiriendo que la conciencia y las experiencias humanas pueden remontarse a procesos neurológicos y biosociales. Los estudios de las lesiones cerebrales, las correlaciones entre la actividad cerebral y los estados mentales y el impacto de las sustancias psicoactivas han contribuido a socavar los cimientos de la idea tradicional de un alma inmaterial separada del cuerpo.

Destacadas figuras científicas como Antonio Damasio, con sus trabajos sobre la integración mente-cuerpo, y Steven Pinker, con sus teorías sobre la evolución de la mente, han planteado dudas sobre el concepto de alma inmortal y han propuesto un enfoque materialista para entender la conciencia humana. Durante un tiempo, las teorías reduccionistas, que pretenden explicar los fenómenos mentales exclusivamente en términos físicos, ganaron terreno, provocando una reconsideración de la concepción dualista tradicional del hombre.

Sin embargo, a pesar del auge del materialismo científico, persiste una corriente de pensamiento que reconoce la inagotable complejidad del concepto de conciencia y su esquiva interconexión con el alma. Filósofos contemporáneos como David Chalmers, padre del *"difícil problema de la conciencia"*, y Thomas Metzinger, con su teoría del autoengaño, ofrecen perspectivas alternativas que cuestionan las limitaciones del enfoque puramente materialista de la mente.

En esta intrincada danza entre ciencia y metafísica, la búsqueda del alma sigue suscitando acalorados debates y preguntas sin respuesta. Mientras la ciencia materialista intenta resolver el enigma de la conciencia reduciéndola a procesos tangibles, la filosofía abre espacios de reflexión sobre la posible existencia de una entidad independiente más allá de los límites del cuerpo físico.

Así, en la frontera de nuestro entendimiento, el alma y la conciencia se erigen como centinelas de un misterio antiguo y atemporal, invitándonos a explorar los límites de nuestro conocimiento y a enfrentarnos a la complejidad de nuestra naturaleza humana. En este intrincado entretejido de ciencia y metafísica, quizá resida la clave para desentrañar uno de los mayores enigmas de la existencia humana.

El debate sobre el alma y el final de la vida sigue intrigando a estudiosos de distintas disciplinas. Por un lado, la filosofía analiza las implicaciones éticas y metafísicas de la muerte y la trascendencia, mientras que la ciencia trata de desentrañar los secretos de la conciencia y la identidad humanas mediante estudios de la actividad cerebral y la experiencia cercana a la muerte.

En última instancia, el enigma metafísico del fin de la vida, tal como lo propuso Platón, sigue siendo un nudo crucial del pensamiento humano, que exige un diálogo constante entre diferentes perspectivas y disciplinas. El legado del antiguo filósofo griego sigue vivo en nuestras reflexiones sobre la eternidad del alma y el misterio de la muerte.

Del mismo modo, el pensador místico y teólogo del siglo XVIII Emanuel Swedenborg aportó una importante perspectiva filosófica sobre la supervivencia del alma. Swedenborg afirmó recibir revelaciones divinas que le permitieron explorar el mundo de los espíritus, y sus obras, como "El cielo y el infierno", reforzaron la idea de que el alma está destinada a seguir existiendo tras el final de la vida.

Estos debates científicos y filosóficos no son concluyentes; sin embargo, abren la puerta a profundas reflexiones sobre la exploración en curso del alma y su posible supervivencia tras el final de la vida. Proporcionan un terreno fértil para tejer un puente entre empirismo y misticismo, invitando a la fusión del conocimiento científico y la investigación mística para abordar en profundidad el enigma de la existencia del alma y el destino que le aguarda más allá del final de la vida.

Existencia del alma: comparación entre religiones y teorías científicas.

Durante siglos, muchas religiones han defendido la existencia del alma como elemento central de su doctrina. Por ejemplo, en el cristianismo, la doctrina del *Catecismo de la Iglesia* Católica afirma que el alma es creada directamente por Dios y sobrevive a la muerte física, a la espera de la resurrección del cuerpo en el momento del Juicio Final.

Las religiones orientales, como el hinduismo y el budismo, ofrecen una perspectiva más compleja del alma. En el concepto hinduista de "*atman*", el alma se considera parte de la energía universal y está destinada a reencarnaciones repetidas en función de las propias acciones (*karma*). En el budismo se habla de *anatta*. Anatta es un concepto esencial que desafía las concepciones occidentales del yo y de la naturaleza de la existencia humana. Anatta, traducido literalmente como "*no-yo*" o "*ausencia del ego*", es un pilar fundamental de la cosmovisión budista, que invita a una profunda reflexión sobre la naturaleza efímera de la identidad y la verdadera realidad del yo.

Un elemento central de la doctrina Anatta es la idea de que no existe un núcleo permanente e inmutable del ego, y que la ilusión de un yo separado y distinto es la raíz del sufrimiento humano. Este concepto, claramente expresado en antiguas escrituras como el "*Canon Pali*", invita a los practicantes budistas a mirar más allá de las apariencias y las identificaciones egoicas para descubrir la verdadera naturaleza de la realidad.

Gautama Buda, el fundador del budismo, fue el primero en enunciar la doctrina de Anatta en el contexto de las Cuatro Nobles Verdades, subrayando que superar la ilusión del ego es esencial para lograr la liberación del ciclo de dolor y renacimiento. Mediante la práctica de la meditación y la autoobservación, los seguidores del budismo están llamados a explorar la naturaleza transitoria e interconectada de su existencia para experimentar directamente la ausencia del ego.

En la tradición budista, distinguidos maestros como Nagarjuna y Dogen desarrollaron aún más el concepto de Anatta, profundizando en la comprensión de la vacuidad del ego y la interdependencia de todos los seres. A través de anécdotas, parábolas y enseñanzas, transmitieron la sabiduría de la no pertenencia y la impermanencia, ofreciendo vías prácticas para superar la ilusión del ego y alcanzar la plena conciencia de la realidad.

En su tratado fundamental, el "Maha-Prasangika-Madhyamaka", Nagarjuna expuso la idea de la vacuidad del ego como medio para superar la ilusión del ego y abrirse a la comprensión de la verdadera naturaleza de la existencia. A menudo citaba parábolas y anécdotas para ilustrar sus enseñanzas, como la famosa historia del "Rey Milinda", en la que un monarca plantea al monje Nagasena preguntas desafiantes sobre la naturaleza del ego, recibiendo respuestas que cuestionan los fundamentos mismos de la identidad individual.

Dogen, conocido por su enfoque zen del budismo, incorporó el concepto de Anatta a sus enseñanzas sobre la práctica de la meditación y la iluminación. A través de su obra "Shobogenzo", invita a los aspirantes a la atención plena a contemplar la idea de la interdependencia de todos los seres, enseñando que la sensación de separación entre el yo y el mundo es una ilusión que debe superarse para alcanzar la paz interior.

En tiempos más recientes, eruditos occidentales como Alan Watts y Thich Nhat Hanh han contribuido a difundir la comprensión de Anatta más allá de los límites tradicionales del budismo, ofreciendo interpretaciones contemporáneas y aplicaciones prácticas de este principio universal. A través de sus obras, conferencias y enseñanzas, han hecho accesible al público occidental la profunda sabiduría de la no identificación y la liberación de la dualidad del ego.

¿Es concebible un papel de las religiones en la exaltación de la muerte como momento de juicio para condicionar a los creyentes?

El concepto de exaltación de la muerte como momento de juicio y condicionamiento de los creyentes a través de las religiones es una cuestión compleja que ha suscitado amplios debates en la historia del pensamiento filosófico y religioso. Diversos filósofos y pensadores han explorado esta cuestión, ofreciendo reflexiones y argumentos sobre cómo las religiones pueden influir en la percepción de la muerte y el juicio final para condicionar a los creyentes.

Uno de los filósofos más conocidos que han abordado esta cuestión es Friedrich Nietzsche, famoso filósofo alemán del siglo XIX. Nietzsche criticó duramente las religiones tradicionales, especialmente el cristianismo, por lo que describió como una "*moral de esclavos*" basada en la idea del juicio divino y la promesa de una vida mejor en el más allá a cambio de la sumisión terrenal. Nietzsche sostenía que esta concepción de la muerte como momento de juicio podía utilizarse para condicionar y manipular a las masas.

Nietzsche acuñó el concepto de "*moral de esclavos*" para referirse a la visión cristiana de la moral como herramienta para dominar y controlar a las personas. Criticaba la idea de un Dios crítico que prometía recompensas o castigos en el más allá en función de las acciones realizadas en vida. Creía que este concepto era perjudicial, ya que podía utilizarse para manipular las emociones y acciones de las personas, condicionándolas a seguir ciertos comportamientos por miedo a las consecuencias después de la muerte.

Nietzsche reconocía el potencial reconfortante y consolador de la religión para muchos individuos, pero impugnaba el modo en que las instituciones religiosas explotaban el miedo a la muerte y al juicio divino para imponer una ética coercitiva y reducir la libertad individual. Propuso una ética basada en la autodeterminación, la autoafirmación y la aceptación de la propia humanidad sin tener que depender de los conceptos de pecado y redención.

Las ideas de Nietzsche han tenido un impacto significativo en la filosofía occidental y en el debate cultural sobre el papel de la religión en la sociedad. Sus críticas a las concepciones tradicionales de la muerte, el juicio y el más allá han estimulado profundas reflexiones sobre la libertad individual, la autenticidad y la responsabilidad moral más allá de las instancias religiosas convencionales.

En conclusión, el análisis de Nietzsche sobre el papel de las religiones en la exaltación de la muerte como medio para condicionar a las masas es una contribución significativa a la reflexión crítica sobre la cultura y la sociedad. Sus ideas invitan a una profunda reflexión sobre las dinámicas de poder y control presentes en las instituciones religiosas y sobre la importancia de una visión libre y auténtica de la vida y la muerte más allá de los dogmas y las creencias dogmáticas.

Otro filósofo que ha explorado el papel de las religiones en la exaltación de la muerte como instrumento de control es Michel Foucault. Foucault, filósofo francés del siglo XX, analizó el concepto de *"biopoder"* y cómo las instituciones religiosas y políticas utilizan la disciplina y el control sobre la vida y la muerte para regular el comportamiento y las creencias de las personas. Mostró cómo las religiones pueden influir en las percepciones de la muerte y el juicio para dirigir las acciones y los pensamientos de los creyentes.

Foucault, conocido por sus teorías sobre la sociedad, el poder y el conocimiento, ofreció una perspectiva particular sobre el papel de las instituciones religiosas en la exaltación de la muerte como instrumento de control social. Su concepto de "*biopoder*" se refiere al modo en que las instituciones políticas y religiosas ejercen el control sobre la vida y la muerte de las personas.

Foucault analizó cómo las instituciones religiosas, junto con las políticas, utilizan la disciplina y el control sobre la vida y la muerte para influir en las percepciones y prácticas sociales. Destacó cómo las religiones pueden ofrecer narrativas e interpretaciones de la muerte y el juicio que condicionan las acciones y los pensamientos de los creyentes, creando normas morales y comportamientos sociales que se ajustan a sus valores y enseñanzas.

Según Foucault, las instituciones religiosas pueden ejercer un poder disciplinario sobre la vida y la muerte mediante la regulación de prácticas rituales, creencias y valores morales. Este control puede influir profundamente en la percepción de la muerte como momento de transición y juicio, configurando visiones individuales y colectivas de la existencia y el más allá.

La crítica de Foucault al control social que ejercen las instituciones religiosas sobre la muerte forma parte del contexto más amplio de sus obras sobre el análisis del poder, la disciplina y la vigilancia en las sociedades modernas. El análisis de Foucault sobre el papel de las religiones en la exaltación de la muerte como instrumento de control social ofrece una aguda lente a través de la cual considerar la complejidad de las dinámicas de poder e influencia presentes en las instituciones religiosas y en el contexto cultural más amplio. Sus reflexiones estimulan una mayor conciencia y un análisis crítico de las prácticas y creencias relacionadas con la muerte y el más allá.

La perspectiva de Michel Foucault sobre el papel de las instituciones religiosas forma parte de un cuestionamiento más amplio de la naturaleza del poder, el control social y las prácticas disciplinarias que caracterizan a las sociedades modernas. Foucault destacó cómo las instituciones religiosas, al igual que las políticas y sociales, pueden utilizar el tema de la muerte y el juicio como herramienta para regular el comportamiento individual y colectivo, creando dispositivos de control que influyen en las creencias, valores y acciones de las personas.

Su análisis pone de relieve la complejidad de las dinámicas de poder que operan en el contexto de las instituciones religiosas y subraya las formas en que estas instancias pueden influir profundamente en las visiones de la muerte y el más allá. Foucault estimula la reflexión crítica sobre la intersección del poder, la disciplina y las creencias religiosas, invitándonos a examinar cómo las narrativas sobre la muerte pueden utilizarse para condicionar a la sociedad y mantener un determinado orden social y moral.

Otros estudiosos contemporáneos han estudiado cómo las religiones utilizan conceptos como el juicio divino, el más allá y la culpa para condicionar a los creyentes y mantener el control sobre la sociedad. Estos estudiosos han destacado el poder de las creencias religiosas para influir en el comportamiento individual y colectivo a través del miedo a la muerte y al juicio.

En última instancia, el papel de las religiones en la exaltación de la muerte como momento de juicio para condicionar a los creyentes es un tema complejo que implica cuestiones de poder, control social, moralidad y filosofía. Las reflexiones de filósofos como Nietzsche y Foucault ofrecen perspectivas interesantes sobre cómo las religiones pueden influir en las creencias y acciones de las personas a través de conceptos relacionados con la muerte y el juicio.

Sin embargo, también es importante considerar el papel positivo que pueden desempeñar las religiones a la hora de abordar la cuestión de la muerte y el juicio, ofreciendo consuelo, esperanza y orientación moral a los creyentes en momentos de dificultad e incertidumbre. Muchas religiones promueven valores de compasión, solidaridad y amor que pueden ayudar a las personas a encontrar sentido y propósito a la vida y a la muerte.

Al mismo tiempo, es esencial mantener una perspectiva crítica y un discernimiento ante las interpretaciones y enseñanzas religiosas que podrían utilizarse con fines de control y manipulación. La filosofía y la reflexión crítica pueden ayudar a explorar las diversas concepciones de la muerte y el juicio que se encuentran en distintas tradiciones religiosas y a evaluarlas de forma reflexiva.

Reflexionar sobre el papel de las religiones en la exaltación de la muerte como momento de juicio puede ayudar a desarrollar una visión más amplia y articulada de cómo las creencias y prácticas religiosas influyen en las percepciones individuales y colectivas de la vida y la muerte. Esta reflexión puede ofrecer ideas y debates sobre cómo las religiones pueden actuar como medio de control, pero también como fuente de consuelo e inspiración para los creyentes y las comunidades religiosas.

En el contexto de las religiones orientales, como el budismo y el hinduismo, se pueden encontrar distintos enfoques de la idea de la muerte como momento de juicio. Estas tradiciones suelen hacer hincapié en conceptos como el karma, el ciclo de renacimientos y la búsqueda de la liberación espiritual como elementos centrales para la comprensión de la existencia humana más allá de la vida terrenal.

En el budismo, por ejemplo, la muerte no se ve como un momento de juicio divino, sino como una transición natural en el ciclo del samsara, que puede llevar al renacimiento en función de las acciones pasadas del individuo. El concepto de karma, que se refiere a las acciones e intenciones de una persona y sus consecuencias, es fundamental para determinar el destino del alma tras la muerte. En este contexto, el budismo enseña la responsabilidad individual y la importancia de cultivar la virtud y la compasión para influir positivamente en el destino después de la muerte.

En el hinduismo, la idea del karma y el renacimiento también es fundamental en la concepción de la muerte y el juicio. Moksha, la liberación del ciclo de renacimiento, representa el objetivo último para los individuos que buscan la realización espiritual suprema más allá de la vida terrenal. En este contexto, el momento del final de la vida se considera una oportunidad para progresar espiritualmente y lograr la liberación de la ilusión y el sufrimiento del mundo material.

Filósofos y eruditos pertenecientes a estas tradiciones religiosas orientales han ofrecido importantes ideas sobre la naturaleza de la muerte y el más allá, a menudo haciendo hincapié en la práctica de la meditación, la moralidad y el servicio desinteresado como herramientas para prepararse para el paso más allá de la vida terrenal. Maestros espirituales como el Dalai Lama del budismo tibetano y Swami Vivekananda del hinduismo han transmitido valiosas enseñanzas sobre la comprensión de la muerte y el juicio desde la perspectiva de las tradiciones espirituales orientales.

En conclusión, las religiones orientales ofrecen una visión diversa y profunda de la muerte como momento de transición y posibilidad espiritual. Explorar sus enseñanzas y perspectivas sobre la vida después del tránsito puede enriquecer nuestra comprensión de la mortalidad y la espiritualidad, ofreciendo una perspectiva única sobre la naturaleza del juicio y el destino del alma más allá de la vida terrenal.

Estas tradiciones religiosas orientales suelen invitar a los creyentes a contemplar la muerte como parte integrante del ciclo natural de la existencia, animándoles a vivir con atención y a cultivar virtudes que puedan influir positivamente en su destino más allá de la vida terrenal. El enfoque de las religiones orientales sobre el más allá y la muerte suele centrarse en la transformación interior, la acumulación de méritos espirituales y la evolución del alma hacia la liberación y la iluminación.

Al investigar el papel de las religiones orientales en la exaltación de la muerte como momento de juicio y condicionamiento, también es importante tener en cuenta el contexto cultural e histórico en el que se desarrollaron estas tradiciones. Las prácticas rituales, las creencias y los valores culturales pueden influir significativamente en la percepción e interpretación de la muerte y el más allá en el contexto religioso oriental.

La riqueza y complejidad de las interpretaciones de la muerte y el juicio en las religiones orientales ofrecen una visión de la naturaleza de la existencia, la espiritualidad y la eternidad. Las enseñanzas de los maestros espirituales orientales y la sabiduría transmitida de generación en generación pueden inspirar una visión más integradora y compasiva de la muerte como parte integrante del viaje espiritual de cada individuo.

El concepto de alma en el contexto de las teorías científicas.

En el contexto de las teorías científicas, el concepto de alma suele ser objeto de debate y especulación. Algunos científicos, como el Premio Nobel Sir John Eccles, han propuesto teorías como la interacción mente-cerebro, argumentando que el alma puede existir como una entidad separada del cuerpo.

Por otro lado, la neurociencia ha intentado explicar los fenómenos de la experiencia humana a través de procesos neurológicos. El famoso científico Francis Crick, en su libro *"La asombrosa hipótesis"*, sostenía que la conciencia es el resultado de la actividad cerebral y que la idea de un alma independiente es una mera ilusión.

Además, los estudios sobre *las experiencias cercanas a la muerte (ECM)* han contribuido al debate sobre la existencia del alma. El Dr. Kenneth Ring, catedrático emérito de psicología, ha investigado las ECM y ha descubierto que muchas personas que han tenido estas experiencias informan de sensaciones de presencia de luz, conexión espiritual y epifanías que parecen sugerir una existencia más allá del cuerpo físico.

Otro aspecto significativo son los estudios recientes que combinan la física cuántica con la teoría de la información y la percepción del alma. El físico teórico Stuart Hameroff y el médico anestesista Sir Roger Penrose han desarrollado una teoría conocida como Orch-OR, que sugiere que el alma puede formarse como una forma sutil de energía cuántica debida a colapsos cuánticos dentro de los microtúbulos de las células cerebrales. Hablaremos de ello en un capítulo posterior.

El paradigma materialista contra la vida después del paso: Un choque entre ciencia y fe .

A lo largo de la historia, diversas religiones han otorgado un valor espiritual a la existencia del alma y a su continuidad tras el paso corpóreo. Tomemos como ejemplo el budismo, que habla del concepto de reencarnación y de un camino espiritual que se desarrolla a lo largo de múltiples vidas. El concepto de "*Nirvana*" en la tradición budista representa el objetivo último, la liberación de los ciclos de nacimiento y muerte.

Del mismo modo, en el cristianismo, el alma se considera una parte inmortal y divina del ser humano, destinada a alcanzar la eternidad junto a Dios. Las Sagradas

Escrituras proporcionan referencias sobre el más allá y la vida después del tránsito, apoyando la existencia de un reino celestial o infernal, en función de las acciones realizadas en vida.

La teoría científica de la evolución, desarrollada por Charles Darwin en el siglo XIX, presentaba una perspectiva diferente sobre el origen y la naturaleza de los seres humanos. Según esta teoría, los seres humanos serían el resultado de un proceso evolutivo que comenzó con organismos simples. En el contexto de esta teoría, la idea de un alma individual e inmortal podría entrar en contradicción con una interpretación puramente materialista de la existencia.

Sin embargo, en el campo de la física cuántica se abren nuevas perspectivas sobre el tema del alma y la supervivencia tras la muerte. Varios estudiosos han investigado este tema, aportando esclarecedoras contribuciones al debate.

El físico teórico John Archibald Wheeler apoyó la idea de que el observador (el alma o la conciencia) puede influir en la realidad y crear el propio universo a través de la no temporalidad de los fenómenos cuánticos.

Aunque las religiones y la ciencia abordan la existencia del alma desde perspectivas diferentes, es posible identificar puntos de convergencia entre ambas. Por ejemplo, algunos estudiosos defienden la presencia de un *"campo morfogenético"* que puede explicar la persistencia de recuerdos y experiencias más allá del paso físico. Esta hipótesis, planteada por biólogos como Rupert Sheldrake, podría allanar el camino hacia un entendimiento más unificado entre las religiones y la ciencia.

El campo morfogenético y la persistencia de los recuerdos: una investigación de la memoria más allá de la vida física.

El mundo de la ciencia y la conciencia humana está impregnado de una serie de preguntas intrigantes que empujan los límites del conocimiento más allá de las fronteras convencionales. Una de estas cuestiones fascinantes se refiere a la persistencia de recuerdos y experiencias más allá de la vida física de un individuo. Una hipótesis estimulante que se ha ganado la atención y la curiosidad de muchos es la del "campo morfogenético", propuesta por Rupert Sheldrake, biólogo y escritor británico conocido por sus revolucionarias teorías.

El concepto de campo morfogenético se basa en la idea de que existe un campo invisible y desconocido que conecta e influye en el crecimiento y desarrollo de los organismos vivos. Según Sheldrake, este campo también podría contener información sobre las experiencias y recuerdos de un individuo, persistiendo incluso tras su desaparición física.

Para apoyar su teoría, Sheldrake se basó en diversos estudios y experimentos realizados en los campos de la biología, la psicología y la física cuántica. Uno de los ejemplos más conocidos es el concepto de "subconsciente colectivo", propuesto por el psiquiatra suizo Carl Gustav Jung, que sugiere la existencia de una capa inconsciente compartida de experiencias y símbolos comunes a la humanidad.

Además, Sheldrake citó casos de "recuerdos de vidas anteriores" relatados por personas que afirman haber vivido experiencias que no podrían conocer racionalmente, lo que apoya la idea de que esta información podría conservarse y transmitirse a través de algún medio no convencional.

Por muy ciencia ficción o metafísica que pueda sonar, la hipótesis del campo morfogenético plantea importantes cuestiones sobre la naturaleza de la memoria, el tiempo y la conciencia que aún escapan a la comprensión humana. Estudiosos como Dean Radin, físico y parapsicólogo, también han contribuido a explorar la posible interconexión entre la mente humana y fenómenos más allá de la percepción sensorial.

En resumen, el campo morfogenético abre un interesante debate sobre el origen y la persistencia de los recuerdos, empujando a la ciencia a explorar nuevas fronteras y desafiando las concepciones tradicionales de la realidad. Aunque pueda ser objeto de críticas y escepticismo, esta teoría ofrece una intrigante oportunidad para reflexionar sobre la complejidad de la memoria humana y el potencial inexplorado de la mente y la vida más allá de lo visible.

El concepto de "campo" en la física cuántica:

En el corazón de la física cuántica subyace una noción enigmática y fascinante que desafía las concepciones tradicionales de la realidad: el concepto de "campo". Esta idea fundamental, que se remonta a los inicios de la mecánica cuántica en las primeras décadas del siglo XX, ha cautivado la imaginación de científicos, filósofos y curiosos de todo tipo, abriendo la puerta a nuevas visiones de nuestro universo.

Uno de los pioneros que introdujo el concepto de campo en la física cuántica fue Albert Einstein, con su teoría de la relatividad general, que revolucionó nuestra comprensión del espacio y el tiempo. Sin embargo, fue el trabajo de grandes mentes como Max Planck, Niels Bohr, Werner Heisenberg y Erwin Schrödinger el que sentó las bases de la moderna teoría cuántica de campos.

Gracias a los experimentos de la doble rendija realizados por Thomas Young en 1801 y a la investigación sobre los fotones y el comportamiento ondulatorio de la materia, como demostró el experimento de difracción de electrones, la física cuántica puso de relieve la naturaleza ondulatoria y probabilística de la realidad a nivel subatómico. De ahí surgió la idea de que partículas elementales como los quarks, los electrones y los fotones interactúan a través de campos de fuerza que impregnan el espacio y el tiempo.

El concepto de campo en física cuántica está estrechamente relacionado con la noción de vacío cuántico, un estado de energía mínima en el que las fluctuaciones del campo cuántico crean una sutil red de energía que impregna todo el universo. Este vacío cuántico es rico en potenciales que dan lugar a las partículas e interacciones que observamos en el mundo macroscópico.

Una analogía habitual para entender los campos cuánticos es la de la superficie de un lago, donde las ondas corresponden a las fluctuaciones del campo y las interacciones entre las ondas representan las fuerzas y partículas fundamentales del universo. Esta evocadora visión nos ayuda a concebir la realidad no como una colección estática de partículas aisladas, sino como un intrincado tejido de campos interconectados que conforman la trama misma de nuestra existencia.

En el corazón de la teoría cuántica de campos se esconde un universo de enigmas fascinantes y revelaciones sorprendentes que echan por tierra las concepciones convencionales de la realidad. Según esta revolucionaria teoría, las partículas elementales ya no se consideran meros objetos aislados, sino estados excitados de campos cuánticos que impregnan el espacio y el tiempo, representando los fundamentos mismos de nuestra existencia.

Es decir, existiría un "campo de partículas" que podemos imaginar similar a un lago tan ancho como todo el universo. En este "lago" o "campo las partículas individuales corresponden a las ondas que pueden crearse en la superficie, y las interacciones entre las ondas representan las fuerzas y partículas fundamentales del universo.

Existe el campo del protón, el campo del electrón, el campo del neutrón, etcétera. Estos campos están superpuestos pero son independientes. No existen cuerpos físicos separados, sino estados excitados de pequeñas porciones de la "superficie" de un campo. Incluso los átomos y las células de nuestro cuerpo son estados excitados de los campos correspondientes.

Las raíces de esta visión revolucionaria se encuentran en el trabajo pionero de grandes mentes de la física, como Richard Feynman, Murray Gell-Mann, Julian Schwinger y Shinichiro Tomonaga, que desarrollaron la teoría cuántica de campos en la década de 1940. Gracias a la formulación de esta teoría, surgió un paisaje extraordinario en el que los campos cuánticos son los actores principales, mientras que las partículas se convierten en meros epifenómenos de estos campos.

Según esta perspectiva, los campos cuánticos se describen como entidades ontológicas primarias e inminentes de las que emergen las partículas y las interacciones que observamos en el universo. Frente a la visión clásica que atribuye a las partículas una entidad individual autónoma, la teoría de campos hace hincapié en la relación indisoluble entre partículas y campos, sustituyendo la concepción mecanicista que vería acumulaciones de "objetos" separados por la visión de un tejido vibrante de interacciones y probabilidades.

Un ejemplo elocuente de esta visión revolucionaria son los electrones que componen la materia, incluidos nuestros cuerpos y el universo entero. Los electrones se consideran estados excitados del campo electrónico, que se manifiestan como ondas de probabilidad que sólo se manifiestan en forma tangible a través de interacciones con otros campos. Esta perspectiva revela un paisaje extraordinario en el que la existencia misma de las partículas depende íntimamente del complejo entrelazamiento de los campos cuánticos.

La visión que emerge del análisis de los estados cuánticos y sus campos subyacentes revela un universo de extraordinaria complejidad e interconexión, en el que el espacio y el tiempo están íntimamente entrelazados a través de las interacciones entre campos. Este fascinante escenario trae consigo una cosmovisión en la que se cuestiona el concepto de causalidad y determinismo, abriendo la puerta a una nueva forma de concebir la realidad y la propia existencia.

En conclusión, el concepto de campo cuántico revela un universo vibrante y misterioso en el que la realidad se despliega a través de un intrincado ballet de campos y estados cuánticos en interacción. Esta perspectiva nos invita a explorar las profundidades ocultas de la naturaleza y a contemplar las maravillas de un mundo en el que las partículas y las interacciones son sólo los ecos de una realidad más profunda e ilimitada.

La naturaleza del alma: un elemento clave para entender la supervivencia.

La cuestión de la naturaleza del alma ha fascinado a científicos y filósofos a lo largo de los siglos. Uno de los debates más antiguos se refiere a la dualidad entre cuerpo y alma, que se remonta al pensamiento de filósofos griegos como Platón y Aristóteles. Platón defendía la existencia de un alma inmortal separada del cuerpo, mientras que Aristóteles consideraba que el alma era parte integrante del ser humano.

En las últimas décadas, la investigación científica ha realizado importantes aportaciones a los debates sobre la naturaleza del alma. Por ejemplo, el psicólogo Carl Gustav Jung introdujo el concepto de subconsciente colectivo, una especie de nivel de conciencia compartido por todos los individuos. Según Jung, el alma forma parte de este subconsciente colectivo y es el conducto a través del cual se producen las experiencias transpersonales.

Otro ejemplo lo ofrecen los estudios del neurocientífico Mario Beauregard, que examinó los efectos neurológicos de las experiencias místicas y espirituales. Sus investigaciones sugieren que tales experiencias podrían estar relacionadas con distintas actividades cerebrales, lo que sugiere la existencia de un aspecto del ser humano que va más allá del mero mundo material.

No podemos olvidar la importante contribución de la física cuántica. Los físicos han descubierto que las partículas subatómicas pueden ser partículas y ondas al mismo tiempo, y que están influidas por el propio observador. Estos descubrimientos plantean interrogantes sobre la posibilidad de que el alma esté conectada a niveles más profundos de conciencia y a la interconexión cuántica de todas las cosas.

Un experimento fundamental que planteó nuevos interrogantes sobre la naturaleza del alma fue el realizado en 1967 por Sir Roger Penrose y Stuart Hameroff, conocidos por su teoría Orch-Or. (*ORCHestrated Objective Reduction*). Según esta teoría, la conciencia sería el resultado de interacciones cuánticas dentro de los microtúbulos, estructuras que se encuentran en las células cerebrales. Esto sugiere que el alma podría estar vinculada a las propiedades cuánticas de la propia materia.

La ilusión del tiempo y el espacio en el más allá.

El tiempo es una dimensión fundamental de nuestra experiencia humana, pero ¿cómo se percibe su paso? A lo largo de la historia, muchos filósofos han reflexionado sobre la naturaleza del tiempo y cómo afecta a nuestra realidad. Por ejemplo, el filósofo griego Platón sostenía que el tiempo era sólo una sombra de la realidad de las ideas, mientras que para el filósofo alemán Immanuel Kant, el tiempo era una categoría a través de la cual construimos nuestra experiencia.

En las últimas décadas, la ciencia ha aportado nuevos conocimientos sobre la naturaleza del tiempo. Albert Einstein, con su teoría de la relatividad, demostró que el tiempo es relativo a la velocidad y a la presencia de gravedad. Esto significa que el tiempo puede percibirse de forma diferente según las condiciones en las que nos encontremos. Por ejemplo, los experimentos de dilatación del tiempo en calibres de precisión han demostrado que el tiempo fluye más despacio cerca de grandes masas, como la Tierra.

La cuestión se vuelve aún más interesante cuando se considera la experiencia del fallecimiento. Existen numerosos testimonios y anécdotas de personas que han tenido experiencias de "vida después del paso", en las que la percepción del tiempo aparentemente se alargaba o incluso desaparecía por completo. Estas experiencias han sido descritas por muchas personas que han estado cerca del paso clínico o que han pasado por ECM (Experiencias Cercanas a la Muerte), en las que afirman haber experimentado sensaciones de eternidad o un sentido distorsionado del tiempo.

La ciencia ha intentado explorar estas misteriosas experiencias. Un estudio significativo fue el realizado por la médica suiza Elisabeth Kübler-Ross, una de las pioneras en el campo de las experiencias cercanas a la muerte. A través de entrevistas con enfermos terminales, Kübler-Ross descubrió que muchos de ellos afirmaban sentirse "fuera del tiempo" durante estas experiencias. Esta investigación ayudó a sentar una base empírica para comprender la experiencia del tiempo próximo al fallecimiento.

Además de la ciencia, la filosofía y la espiritualidad también ofrecen interesantes puntos de reflexión sobre la percepción del tiempo al final de la vida. Algunos estudiosos sugieren que el más allá puede ser una dimensión en la que el tiempo no existe o se experimenta de forma distinta a la realidad terrenal. Por ejemplo, el filósofo alemán Friedrich Nietzsche teorizó sobre la existencia de un "eterno retorno" en el que todo se repite sin fin.

Capítulo 4. ¿Qué ocurre tras el final de la vida? Teorías clásicas.

La muerte es llevarse todo lo que no eres tú. El secreto de la vida es "morir antes de morir"' y descubrir que no hay muerte.
(Eckhart Tolle)

Desde las primeras civilizaciones, la humanidad ha intentado comprender lo que ocurre tras el final de la vida. En el antiguo Egipto, por ejemplo, se creía en la continuidad del alma tras el fallecimiento y se practicaban rituales para garantizar un paso seguro al más allá. Estas creencias se han transmitido de generación en generación, influyendo en las filosofías y religiones de muchas culturas a lo largo de los siglos.

La ciencia contemporánea ha intentado aportar una luz racional a este misterioso tema. Uno de los puntos de partida es la Experiencia *Cercana a la Muerte* (*ECM*), en la que individuos que han estado cerca de la muerte relatan con detalle sus vivencias. Uno de los casos más famosos es el del médico Raymond Moody, quien en su libro "*La vida después de la vida*" entrevistó a numerosos pacientes que relataron experiencias de ECM, entre ellas la percepción de abandonar sus cuerpos, encuentros luminosos y la sensación de paz y amor universales.

Otros experimentos, como los realizados por el médico estadounidense Michael Sabom, estudiaron las experiencias de ECM de pacientes sometidos a reanimación cardiaca. Sabom descubrió que muchas de las descripciones de las experiencias ECM coincidían entre sí, independientemente de las diferencias culturales o individuales de cada paciente. Esto llevó a una mayor consideración científica de la idea de que existe una experiencia similar para todo el mundo tras el final de la vida.

La física cuántica es otro campo que ha ofrecido interesantes perspectivas sobre lo que podría ocurrir tras el final de la vida. Algunos estudiosos, como el físico británico Sir Roger Penrose y el anestesista Stuart Hameroff, han teorizado sobre la existencia de actividad cuántica dentro del cerebro que sobreviviría a la muerte corporal. Esta teoría propone que la conciencia puede existir en una entidad separada del cuerpo y que puede continuar en una existencia eterna tras el fallecimiento.

Adaptando la perspectiva de la evolución, el psicólogo Michael A. Persinger cree que la energía de la conciencia puede fundirse con la energía del cosmos, lo que conduce a una experiencia trascendente tras atravesarlo. Persinger se refiere al concepto de "noosfera" como una extensión de nuestra conciencia individual.

El planteamiento propuesto por Persinger arroja nueva luz sobre la hipótesis de que la conciencia individual puede perpetuarse en una dimensión mayor tras la muerte física, gracias a la evolución de la propia mente humana.

Persinger, conocido por sus estudios sobre la interacción entre el cerebro y el entorno exterior, se aleja del enfoque religioso tradicional para centrarse en la energía de la conciencia. Sugiere que esta energía podría, en un proceso de "fusión", unirse con la energía cósmica, abriendo la puerta a una experiencia trascendente más allá de la vida terrenal.

Volviendo a los orígenes de esta perspectiva, encontramos sus raíces en el concepto de "noosfera" acuñado por el filósofo y teólogo francés Pierre Teilhard de Chardin en la década de 1920. La noosfera se definió como la esfera global de la mente humana, un tejido entretejido de mentes individuales que se extiende hasta el nivel planetario. Dentro de este marco conceptual, cada conciencia individual contribuye a dar forma y expandir la propia noosfera, creando un sustrato colectivo para las experiencias espirituales y la continuidad del ser después de la muerte.

Para apoyar su teoría, Persinger cita ejemplos de experiencias cercanas a la muerte en las que los individuos han informado de sentimientos de conexión universal, de unidad con todo el cosmos. Un estudio emblemático es el realizado por Raymond Moody en la década de 1970 sobre las ECM, que mostró elementos de luz, calma y aceptación total durante las experiencias cercanas a la muerte.

La física cuántica también aporta ideas interesantes para esta reflexión. La idea de que la energía no se disuelve sino que se transforma, según el principio de conservación de la energía, podría apoyar la idea de una transición de la energía de la conciencia a una forma más grande e intangible después de la muerte.

Experiencias de regresión hipnótica.

El misterio de la vida y la muerte siempre ha fascinado a la humanidad, generando teorías, creencias e hipótesis sobre el destino de la conciencia una vez que el cuerpo deja de existir. Entre las muchas perspectivas que han surgido a lo largo de la historia, un enfoque intrigante y controvertido son las experiencias de regresión hipnótica llevadas a cabo por investigadores como Brian Weiss y Michael Newton. Estas experiencias ofrecen una visión novedosa de la posibilidad de acceder a recuerdos de vidas pasadas y explorar las transiciones entre la existencia terrenal y las dimensiones espirituales, abriendo nuevos horizontes en la comprensión del más allá.

Brian Weiss, psiquiatra y autor de bestsellers internacionales como "*Muchas vidas, muchos maestros*", ha realizado numerosas sesiones de regresión hipnótica con sus pacientes, sacando a la luz sorprendentes recuerdos de existencias anteriores. A través de estas experiencias, los pacientes que manifestaban miedos, bloqueos emocionales o síntomas físicos aparentemente inexplicables pudieron explorar las raíces profundas de estos problemas en sus vidas pasadas, activando un proceso de sanación y toma de conciencia.

Otro pionero en este campo fue el Dr. Michael Newton, autor de obras fundamentales como "*Journey of Souls*" y "*Destiny of Souls*". A través de sus investigaciones sobre regresión hipnótica realizadas en miles de pacientes, Newton esbozó una visión estructurada de los viajes del alma entre vidas, detallando las fases de transición entre la muerte y el renacimiento, las dimensiones espirituales y los encuentros con guías y mentores en el más allá.

Los testimonios surgidos de estas sesiones hipnóticas han sido analizados y comparados por numerosos estudiosos y expertos en los campos de la psicología, la espiritualidad y la parapsicología. Algunos críticos plantean dudas sobre la validez científica de estas experiencias, argumentando que pueden ser fruto de la sugestión o la fantasía. Sin embargo, para muchos defensores de la regresión hipnótica, las similitudes recurrentes entre los relatos de los pacientes, la exactitud de los detalles históricos y la transformación positiva de las condiciones de vida de los implicados ofrecen un indicio del verdadero alcance de estas experiencias.

Más allá de polémicas e interpretaciones, las experiencias de regresión hipnótica nos incitan a reflexionar sobre la posibilidad de una continuidad de la conciencia más allá de la muerte física, abriendo sugerentes escenarios sobre la propia naturaleza de la existencia y el destino humanos. En un contexto en el que confluyen ciencia y espiritualidad, estos testimonios nos invitan a explorar los límites de nuestro entendimiento y a plantearnos nuevas perspectivas sobre la vida, la muerte y el misterio del infinito que nos rodea.

En última instancia, aunque la cuestión de qué ocurre después de la muerte sigue siendo uno de los misterios más fascinantes y sin resolver de la humanidad, el planteamiento de Persinger y otros estudiosos nos invita a considerar la posibilidad de que nuestra conciencia emprenda un viaje más allá de los límites físicos, interactuando con la energía cósmica en un continuo evolutivo. Este escenario nos empuja a explorar nuevas fronteras del conocimiento y a reconsiderar la naturaleza misma de la vida y la muerte.

Sin embargo, es importante subrayar que el debate sobre lo que ocurre tras el final de la vida sigue abierto y sujeto a distintas interpretaciones. Los planteamientos científicos y filosóficos sólo pueden ofrecer hipótesis y explicaciones parciales, mientras que cada persona puede tener su propia visión personal de este misterio. Sin embargo, en las últimas décadas están surgiendo enfoques científicos apoyados en pruebas experimentales sobre la posibilidad real de la supervivencia del "alma" en la nueva interpretación de la "conciencia cuántica".

El sentido del pasaje. Una reflexión sobre el paso final de la vida.

El final de la vida es una parte natural del ciclo existencial humano, pero ¿qué representa realmente? Muchos pensadores y estudiosos han intentado dar sentido a este eterno enigma. Desde un punto de vista filosófico, algunos sostienen que el paso es el elemento que da valor y sentido a la vida misma. Históricamente, grandes pensadores como el filósofo griego Sócrates y el estoico romano Séneca exploraron el tema del final de la vida, haciendo hincapié en la necesidad de abordarlo con valentía y sabiduría.

Para Sócrates, la muerte no representaba el fin absoluto de la existencia, sino el paso a algo más grande y misterioso. En el diálogo platónico "*Fedón*", Sócrates expresa su creencia de que el alma es inmortal y que la muerte sólo representa la separación del cuerpo, mientras que el alma continúa su viaje hacia otra existencia:

> *"Tal vez, amigo Fedón, sea afirmación y verdad que lo opuesto a la muerte es la vida. En efecto, visto así, una es la presencia de la otra, una para la otra."*

Esta visión de la muerte como paso a una forma de vida superior refleja la profunda espiritualidad y la creencia en la inmortalidad del alma que caracterizaban el pensamiento socrático.

Séneca, importante exponente del estoicismo, también abordó la cuestión de la muerte con valentía y serenidad. En sus obras, como *las "Cartas a Lucilio"*, Séneca nos insta a considerar la muerte como parte integrante de la vida misma y a vivir sabia y virtuosamente en cada momento, sin miedo al destino inevitable. Escribe:

> *"La muerte nos libera de nuestras ataduras y penas, no de nuestra persona".*

Esta perspectiva estoica de la muerte como liberación de las miserias terrenales y como momento de paso a una realidad superior refleja la capacidad de aceptar con serenidad el misterio de la existencia humana.

En resumen, tanto Sócrates como Séneca, como tantos otros filósofos, nos enseñan que afrontar la muerte con sabiduría y valentía es esencial para llevar una vida auténtica y llena de sentido. Su visión de la muerte como pasaje y como liberación nos invita a reflexionar sobre la dimensión trascendente de la existencia y a considerar la posibilidad de un destino más allá de nuestra comprensión racional. Como afirma Séneca

> *"Nunca hubo un tiempo en que nuestra alma no fuera; ni habrá un tiempo en que no será; porque ser no es nacer a intervalos, sino existir".*

Por eso, a la luz de las enseñanzas de estos grandes pensadores, podemos contemplar el tránsito no como un enigma aterrador, sino como una oportunidad para el crecimiento interior y la contemplación del infinito. Las lecciones de Sócrates y Séneca nos invitan a vivir con sabiduría, virtud y coraje, aprovechando al máximo el tiempo que se nos concede en esta tierra y afrontando el misterio del final de la vida con la certeza de que, después de todo, éste puede ser un nuevo comienzo hacia algo aún más grande.

La perspectiva de la ciencia.

La ciencia tradicional, por su parte, suele ofrecer una perspectiva negacionista... Las teorías evolucionistas sugieren que el fin de la vida no es más que un mecanismo necesario para la continuidad de las especies y la evolución de la vida en la Tierra. Charles Darwin, en su obra "*El origen de las especies*", explicó cómo la evolución funciona mediante la "selección natural", en la que las especies con características mejor adaptadas al medio sobreviven y se reproducen, mientras que las menos adaptadas mueren. La muerte, por tanto, se convierte en un proceso crucial para el progreso y la adaptación de las formas de vida y en ello cumple su cometido.

La teoría del "terror a la aniquilación".

En las últimas décadas, la psicología ha contribuido a comprender mejor el final de la vida y cómo afecta a las personas. La teoría *del "terror a la aniquilación"*, desarrollada por los psicólogos Ernest Becker y Sheldon Solomon, hace hincapié en el impacto que la conciencia de la propia mortalidad tiene en la psique del individuo. Según esta teoría, el miedo a fallecer puede conducir a comportamientos defensivos, como la búsqueda de sentido y el deseo de dejar una huella duradera en la sociedad.

Ernest Becker, en su obra pionera "*La negación de la muerte*" de 1973, expone su teoría de que la conciencia de la propia mortalidad está en la raíz de gran parte del comportamiento humano. Esta conciencia, que nos distingue de los animales que viven por instinto, genera ansiedad existencial y un profundo temor a ser borrados de la existencia. Sheldon Solomon, junto con sus colegas Jeff Greenberg y Tom Pyszczynski, continuó esta línea de investigación con experimentos sobre la autoestima y la mortalidad (*Teoría de la Gestión del Terror*), demostrando cómo el miedo a la muerte influye en nuestras elecciones y acciones cotidianas de formas a menudo sutiles pero significativas.

Uno de los ejemplos más conocidos de cómo el terror a la aniquilación puede moldear las sociedades humanas se encuentra en las obras literarias y filosóficas que buscan inmortalizar a su autor. La búsqueda de la inmortalidad simbólica a través de la creación artística, la escritura o el compromiso social es un reflejo de esa necesidad humana de sobrevivir más allá de la muerte física. Artistas como Leonardo da Vinci, Shakespeare y Beethoven, por citar sólo algunos, han dejado una huella eterna en la cultura humana precisamente en un intento de vencer el terror a la aniquilación.

En las prácticas religiosas y espirituales de todas las épocas también podemos encontrar respuestas al dilema de la muerte. El concepto de otra vida, de reencarnación, o de cielo e infierno, responde en parte a la necesidad humana de dar sentido y continuidad a la propia existencia.

Sin embargo, a pesar de siglos de especulación, investigación y creencia, el misterio más allá de la muerte permanece intacto. La teoría del terror a la aniquilación nos recuerda que la conciencia de nuestra mortalidad es un poderoso motor para la acción y la creatividad, pero también puede condicionar nuestras decisiones de forma limitante. Afrontar el tema de la muerte y el más allá con valentía y conciencia puede llevarnos a una mayor comprensión de nosotros mismos y de nuestro lugar en el universo.

En conclusión, la búsqueda de sentido, la huella que dejamos en el mundo y las creencias que abrazamos son vías a través de las cuales podemos enfrentarnos al terror de la aniquilación y dar sentido a nuestra efímera existencia.

La influencia de la seguridad de paso en el comportamiento social.

Experimentos como los realizados por los psicólogos sociales Solomon Asch y Muzafer Sherif han puesto de relieve la influencia de la transición en la percepción social y el comportamiento. Los estudios han demostrado que la conciencia del final de la vida puede amplificar la identidad y el apoyo a valores culturales compartidos. Por ejemplo, el fenómeno de la identidad de grupo y el deseo de pertenencia pueden intensificarse como mecanismos de defensa contra el miedo al final de la vida.

Solomon Asch, conocido por sus experimentos sobre la influencia social y la conformidad, demostró cómo las personas pueden verse influidas por las opiniones de los demás en un grado significativo. Este fenómeno, conocido como "*efecto Asch*", pone de relieve cómo la presión social puede distorsionar las percepciones individuales o inducir la adhesión a una mayoría incluso cuando ésta está claramente equivocada.

Muzafer Sherif, pionero en el estudio de los conflictos intergrupales y la dinámica social, ha llevado a cabo experimentos relevantes para comprender cómo las personas construyen identidades y relaciones en contextos grupales. Su experimento sobre la formación de grupos y los enfrentamientos intergrupales en Robbers Cave demostró cómo la competencia y la rivalidad pueden surgir entre grupos incluso por motivos insignificantes, lo que pone de relieve la fuerza de la identidad de grupo.

El experimento se llevó a cabo en Robbers Cave State Park, un parque estatal de Oklahoma (EE.UU.), en 1954. El propósito del experimento era estudiar la dinámica de grupo y el fenómeno de la identidad de grupo creando dos grupos de chicos adolescentes y observando las interacciones entre ellos.

Durante el experimento, se dividió a los niños en dos grupos y se les llevó a dos campamentos distintos dentro del parque, sin que supieran de la existencia del otro grupo. Al principio, los dos grupos participaron en actividades separadas para permitirles establecer una cohesión interna. Posteriormente, se puso en contacto a los dos equipos, iniciándose así una serie de competiciones y conflictos entre ellos.

Sherif observó cómo el sentimiento de pertenencia e identidad de grupo se consolidaba rápidamente en los niños y cómo esto conducía a la formación de estereotipos, prejuicios y rivalidad entre los dos grupos. Este experimento demostró claramente cómo la mera creación de grupos distintos tenía el poder de generar sentimientos de pertenencia, competencia y conflicto, incluso por motivos aparentemente insignificantes.

La idea de que la conciencia de la propia mortalidad puede influir en la intensidad de la identidad de grupo y el apoyo a valores culturales compartidos se refleja en múltiples contextos históricos y contemporáneos. Acontecimientos como guerras, revoluciones y movimientos sociales suelen poner de relieve cómo la amenaza a la vida en común puede reforzar los lazos identitarios y la defensa de valores compartidos.

Por ejemplo, durante la Guerra Fría, la idea de una posible destrucción total en caso de conflicto nuclear llevó a muchas personas a reforzar su apego a la ideología dominante y a los valores nacionales. En situaciones de crisis o incertidumbre, la identidad de grupo se convierte en un refugio emocional y una fuente de seguridad psicológica ante la perspectiva de aniquilación individual.

El deseo de pertenencia y la búsqueda de apoyo social se convierten así en mecanismos de defensa contra el miedo al final de la vida. Los lazos con la comunidad, la familia o cualquier grupo de pertenencia cobran aún más importancia ante la conciencia de la mortalidad, ofreciendo un sentido de continuidad y significado en un mundo incierto y pasajero.

En este contexto, comprender cómo afecta la conciencia de la muerte a nuestra identidad y comportamiento social se vuelve crucial para explorar las complejas interacciones entre las dimensiones individual y colectiva de nuestra existencia. La búsqueda de sentido y la construcción de relaciones significativas se vuelven, por tanto, fundamentales para afrontar el terror a lo desconocido al que nos enfrenta la muerte, transformando nuestra vulnerabilidad en fuente de conexión y compasión mutua.

Algunas experiencias y testimonios personales ofrecieron también una interesante visión del significado del final de la vida. Stephen Hawking, el célebre físico teórico, afirmó que el final de la vida la hace más preciosa, ya que nos anima a vivir plenamente y a valorar el tiempo de que disponemos. Las anécdotas de personas que se han enfrentado a una enfermedad terminal o han pasado por experiencias cercanas a la muerte describen a menudo una renovada conciencia del valor de la vida y una búsqueda de un significado más profundo.

Reflexionar sobre su significado es un viaje complejo y personal, impregnado de matices que van más allá de las explicaciones filosóficas y científicas. Muchos estudiosos, como el teólogo y escritor C.S. Lewis, han destacado la importancia de enfocar el final de la vida como una experiencia que puede conducir al crecimiento espiritual y a la toma de conciencia de valores como el amor, la compasión y la búsqueda de sentido.

Diversos acontecimientos históricos y culturales también han influido en nuestra comprensión del final de la vida. Por ejemplo, durante el periodo de la epidemia de peste negra en el siglo XIV, también conocida como la Peste Negra, el final de la vida se convirtió en un tema central de la vida cotidiana de las personas y propició una reflexión más profunda sobre la mortalidad humana. Obras de arte como "*El triunfo de la muerte*" de Pieter Bruegel el Viejo reflejan la preocupación del hombre medieval por la muerte inminente.

La diversidad de perspectivas culturales sobre el final de la vida es otro aspecto relevante a la hora de reflexionar sobre su significado. Por ejemplo, la filosofía budista considera el paso como una transición a una nueva forma de existencia, mientras que muchas tradiciones religiosas ofrecen visiones de una vida después de la muerte y recompensas o castigos por las acciones realizadas en vida.

¿Qué ocurre al final de la vida? Exploramos las distintas visiones de la cultura occidental.

Platón, en su célebre diálogo "Fedón", dibujó un cuadro fascinante del destino del alma tras el final de la vida. Según el filósofo griego, el alma es inmaterial y sobrevive más allá del paso del cuerpo. Platón imaginó el más allá como un mundo de ideas, en el que el alma está destinada a alcanzar la verdad absoluta. Esta concepción influyó profundamente en el pensamiento occidental posterior, llegando incluso a influir en las ideas de filósofos cristianos como San Agustín y Santo Tomás de Aquino.

Epicuro, por el contrario, ofrecía una visión radicalmente distinta. En su tratado "*Sobre la naturaleza*", sostenía que el pasaje representa simplemente el fin de nuestro ser y que no hay vida después de la muerte. Según Epicuro, la única manera de afrontar el tránsito es centrarse en la búsqueda del placer y liberarse de los temores asociados al más allá. Esta concepción opuesta provocó acalorados debates entre los filósofos de la época.

A lo largo de los siglos, las opiniones de los filósofos sobre la muerte y el más allá se han visto impulsadas por experimentos científicos y acontecimientos históricos significativos. La llegada de la Ilustración, por ejemplo, supuso un cambio radical en el pensamiento filosófico occidental sobre el más allá. Filósofos como Immanuel Kant desarrollaron una visión racionalista, afirmando que la vida después de la muerte no puede probarse ni refutarse mediante el uso de la razón y que, por tanto, debe seguir siendo un enigma irresoluble.

Este complejo entramado de opiniones filosóficas ha tenido un impacto duradero en la orientación de las culturas occidentales. Anécdotas como la de Sócrates, que aceptó serenamente la condena a muerte bebiendo cicuta, han inspirado a generaciones de pensadores sobre el significado del fin de la vida y la posibilidad de una vida después de la muerte.

En la actualidad, muchas concepciones tradicionales sobre el final de la vida y el más allá se han visto cuestionadas por los descubrimientos científicos y el progreso social. Estudiosos modernos, como el filósofo británico Thomas Nagel, exploran el problema de la mortalidad a la luz de la conciencia y la experiencia subjetiva.

En conclusión, las opiniones de los filósofos sobre el final de la vida y el más allá en el pensamiento occidental han atravesado siglos de debate, enriqueciendo nuestra comprensión de este misterio humano universal. Las concepciones de Platón, Epicuro, Kant y muchos otros han ampliado las fronteras del pensamiento, revelando diferentes puntos de vista sobre el más allá y permitiéndonos reflexionar sobre el sentido de la vida y de la propia existencia.

Un viaje a la oscuridad de Erebo.

En la historia de las creencias sobre el más allá, un capítulo fascinante lo representa la visión de los antiguos griegos. Para ellos, el destino de los muertos estaba ligado a un reino oscuro y enigmático llamado Erebo, una dimensión donde las almas vagaban como sombras en una especie de existencia suspendida entre el mundo de los vivos y el de los muertos.

El concepto de Erebo sigue resonando hoy en día como una de las imágenes más evocadoras relacionadas con la vida después de la muerte. Aunque pueda parecer una idea poética y mitológica, tiene profundas raíces en la cultura y el pensamiento antiguos, y refleja la complejidad de las concepciones de la muerte y el más allá en la antigua Grecia.

Para comprender plenamente esta perspectiva, debemos guiarnos por los relatos de los grandes pensadores de la época. Una de las primeras referencias que nos vienen a la mente es Homero, autor de *la "Odisea"* y la *"Ilíada"*, obras que abordan la cuestión de la vida después de la muerte de forma profunda y convincente. En su relato épico, Homero describe el más allá como un lugar oscuro y misterioso donde las almas vagan y la frontera entre la vida y la muerte se difumina.

Otros importantes eruditos y filósofos griegos contribuyeron a dar forma a la visión de Erebo. Platón, por ejemplo, en sus obras dialogadas, como "*El mito de Er*" en el "*Fedón*", expone la teoría de las almas y su viaje por otros mundos después de la muerte. Su idea de un reino de almas en constante evolución y purificación ha influido profundamente en el pensamiento occidental sobre el más allá.

El auge del cristianismo.

Con el auge del cristianismo, las concepciones sobre el final de la vida experimentaron un cambio significativo. El cielo y el infierno se convirtieron en los lugares a los que iban destinadas las almas tras fallecer, en función de sus acciones terrenales. Según la visión cristiana, los individuos virtuosos serían recompensados con la dicha eterna, mientras que los pecadores serían condenados a una existencia de tormento.

A lo largo de los siglos, el pensamiento filosófico ha aportado otras interpretaciones de la vida después del tránsito. Por ejemplo, según el filósofo alemán Friedrich

Nietzsche, la vida después de la muerte representa una ilusión que la humanidad ha creado para hacer frente al dolor y la incertidumbre del tránsito. Nietzsche sostenía que el verdadero sentido de la vida debía encontrarse en la existencia terrenal, más que en las esperanzas y temores relativos a una vida después de la muerte.

La Antroposofía de Rudolf Steiner.

En el infinito abanico de concepciones sobre el más allá y el destino de las almas tras la muerte, las tradiciones esotéricas y ocultistas destacan por la profundidad y complejidad de sus enseñanzas. Entre las distintas visiones propuestas por estas corrientes de pensamiento destaca la antroposofía de Rudolf Steiner, cuya perspectiva del viaje del alma tras la muerte ofrece una intrincada y fascinante interpretación del más allá.

Steiner, filósofo, escritor y pensador del siglo XX, fundó la antroposofía como enfoque integrado del conocimiento espiritual y la comprensión del hombre y el universo. Entre los muchos temas que abordó Steiner, ocupa un lugar destacado el de la vida después de la muerte, con su articulada visión de las etapas por las que transita el alma tras pasar de la vida terrenal.

Según la concepción de Steiner, el alma tras la muerte no vive una experiencia estática o final, sino que emprende un viaje dinámico a través de distintas regiones espirituales. Estas regiones, o esferas, representan etapas cruciales de la purificación y el crecimiento del alma, en las que afronta y supera los retos que se le plantean para alcanzar una nueva conciencia y evolución espirituales.

El pensamiento de Steiner se basa en visiones místicas y en la percepción de realidades no accesibles a los sentidos físicos, acercándose a una dimensión de la existencia que va más allá de la pura racionalidad. Sus elaboraciones sobre la vida después de la muerte se entrelazan con conceptos como la reencarnación, la karmicidad de las acciones y la transformación del ser a lo largo de sucesivas existencias.

Más allá de la perspectiva única de Steiner, las tradiciones esotéricas y ocultistas ofrecen un rico patrimonio de conocimientos y enseñanzas sobre el más allá. Desde la doctrina egipcia sobre el más allá hasta la alquimia medieval, pasando por la teosofía de Helena Blavatsky, los caminos del ocultismo y el misterio se entrelazan en una red de símbolos, rituales y visiones místicas que arrojan luz sobre las insondables profundidades del universo espiritual.

En este intrincado laberinto de creencias y visiones sobre el más allá, también surgen experiencias personales, testimonios y sucesos que parecen confirmar parcialmente las teorías esotéricas y ocultistas sobre la vida después de la muerte. Fenómenos como las regresiones hipnóticas a vidas pasadas y las comunicaciones mediúmnicas con espíritus difuntos alimentan el debate sobre las realidades ocultas y las conexiones entre los mundos material y espiritual.

No podemos pasar por alto la importancia de las experiencias subjetivas a la hora de conformar nuestra percepción del más allá. Numerosas personas han relatado encuentros con entidades de otro mundo o experimentado fenómenos paranormales que parecían confirmar la existencia de una realidad más allá de lo que percibimos con nuestros sentidos físicos.

El interés por el misticismo y el esoterismo, incluida la visión de Steiner de la vida después de la muerte, no se agota en el pasado, sino que sigue influyendo en el pensamiento contemporáneo e inspirando nuevas investigaciones y reflexiones sobre la vida y la muerte. Estudiosos, filósofos e investigadores siguen explorando los límites del conocimiento humano en busca de respuestas a los misterios de la existencia.

A la luz de estas múltiples facetas, la cuestión de lo que ocurre después de la muerte se presenta como un enigma complejo y apremiante que desafía nuestra comprensión racional y nos invita a explorar las profundidades de nuestra existencia y espiritualidad. En un universo multiforme y misterioso, las tradiciones esotéricas y ocultistas ofrecen un prisma diferente a través del cual observar e interpretar el viaje del alma más allá de la muerte, abriendo espacios de reflexión y contemplación que van más allá de las convenciones y certezas del mundo material.

Cabe señalar que en este siglo, las tradiciones esotéricas, basadas en especulaciones metafísicas, se enfrentan a las evidencias científicas derivadas de la física cuántica aplicada al estudio de la conciencia.

Las experiencias previas a la muerte y los relatos de personas que afirman haber atravesado un túnel de luz durante una experiencia de muerte inminente también han avivado el interés por el viaje del alma al más allá. Tales experiencias pueden interpretarse como un indicio de que, en esos momentos, el alma se traslada a otra dimensión.

Aunque todavía no existe una visión unificada o científicamente probada sobre la vida después de la transición, la variedad de concepciones que surgen de las tradiciones occidentales nos invita a considerar la importancia de la reflexión personal sobre este misterio.

La perspectiva de Dios sobre la vida después del pasaje.

La cuestión de la naturaleza de la vida después de la muerte ha fascinado a la humanidad a través de los tiempos, desafiando la racionalidad y exigiendo una contemplación más allá de los límites del conocimiento científico convencional. En esta búsqueda de la verdad más allá del velo de la muerte, un vistazo a la perspectiva divina puede ofrecer una perspectiva única y profunda.

Las escrituras sagradas de muchas religiones ofrecen una visión de cómo concibe lo divino la vida después de la muerte. Por ejemplo, en la tradición cristiana, la Biblia habla de un juicio divino en el que las almas serán evaluadas según sus acciones en la tierra y conducidas al más allá en función de esta evaluación. El cielo y el infierno se describen como realidades tangibles en las que cada cual será asignado según sus méritos.

Estudiosos como el teólogo Tomás de Aquino han sostenido que el alma, tras la muerte, conserva su individualidad y conciencia, continuando su viaje espiritual hacia la perfección divina. Este punto de vista subraya la importancia de la ética y la moral en la vida terrenal, ya que estas virtudes influyen en el destino del alma en la otra vida.

Más allá de las perspectivas religiosas, también existen enfoques filosóficos sobre la cuestión de la vida después de la muerte. El filósofo griego Platón, por ejemplo, teorizó sobre la inmortalidad del alma y su reencarnación a través de ciclos de vida y muerte. Conceptos similares se encuentran en muchas tradiciones espirituales orientales, como el hinduismo y el budismo.

En los círculos científicos, los experimentos cercanos a la muerte y las experiencias extracorpóreas han avivado el debate sobre la posibilidad de una vida después de la muerte. Los estudios realizados con personas que han relatado experiencias "cercanas a la muerte" han planteado interrogantes sobre la naturaleza de la conciencia y su permanencia más allá de la muerte física.

Además, la física cuántica ha propuesto teorías que sugieren la existencia de dimensiones y realidades más allá de las que percibimos, abriendo la posibilidad de mundos invisibles y de una realidad no limitada al espacio y el tiempo tal y como los conocemos.

En última instancia, la perspectiva de Dios sobre la vida después de la muerte sigue siendo un misterio inefable, más allá de la limitada comprensión humana. Sin embargo, a través de creencias, estudios, experiencias personales y reflexiones filosóficas, la humanidad sigue buscando respuestas a una de las preguntas más antiguas y fundamentales de nuestra existencia: qué ocurre después de la muerte.

Renacimiento y reencarnación: Investigaciones sobre la posibilidad de nuevas vidas.

La reflexión sobre la reencarnación ha sido objeto de interés y debate durante siglos en la cultura occidental, con raíces en pensadores antiguos y teologías más modernas. Platón, por ejemplo, teorizó sobre las almas errantes, proponiendo la posibilidad de que las almas estén destinadas a reencarnarse en diferentes cuerpos hasta alcanzar la perfección. Este punto de vista, aunque arraigado en la filosofía clásica, ha tenido una profunda influencia en el pensamiento posterior sobre la reencarnación.

Aún más significativa es la aportación de Aristóteles, cuyo concepto del movimiento circular de las almas proporciona un importante alimento para la reflexión sobre la posible continuidad de la existencia más allá de la vida terrenal. Aristóteles sostenía que las almas se mueven en un ciclo eterno de nacimiento y muerte, en el que el individuo transmite su esencia a las generaciones futuras a través de un flujo incesante de vida y muerte.

A lo largo de la historia occidental, la reencarnación ha sido objeto de controversias teológicas y filosóficas. El Concilio de Constantinopla de 553 condenó la doctrina del "alma preexistente", rechazando la idea de que las almas pudieran existir antes del nacimiento. Sin embargo, esta condena no aplacó por completo el interés por la reencarnación, que siguió suscitando debates entre pensadores y eruditos.

Fuera del contexto religioso, la ciencia ha intentado investigar la posibilidad de la reencarnación mediante estudios de casos de "recuerdos de vidas pasadas". Los experimentos realizados con niños que afirman recordar detalles precisos de una vida anterior han suscitado interés y cuestionamientos en la comunidad científica. Uno de los casos más famosos es el de Shanti Devi en la India, una niña que afirmaba recordar su vida anterior con una precisión asombrosa.

Shanti Devi nació en 1926 en Delhi (India) y desde muy pequeña empezó a contar a sus padres detalles asombrosamente precisos de una vida transcurrida en una remota aldea llamada Muttra, a unos 145 kilómetros de Delhi. La pequeña Shanti describió su vida pasada con tal precisión que sus padres, inicialmente escépticos, empezaron a investigar esta extraordinaria afirmación.

El caso de Shanti Devi llamó la atención de Mahatma Gandhi, que creía firmemente en la reencarnación y decidió crear una comisión para investigar las afirmaciones de la niña. La comisión llevó a cabo una investigación exhaustiva, verificando los datos facilitados por Shanti Devi y comparándolos con los registros históricos disponibles.

Uno de los acontecimientos más significativos de la investigación fue cuando la niña reconoció sin dudarlo a su supuesta esposa y a sus padres de su vida pasada durante una visita al pueblo de Muttra. La exactitud y coherencia de sus relatos despertaron asombro y escepticismo, pero también un profundo interés por la posibilidad de una continuidad de la identidad más allá de la muerte.

El psiquiatra e investigador Ian Stevenson, conocido por sus amplios estudios sobre la reencarnación, se interesó por el caso de Shanti Devi y realizó nuevas investigaciones y análisis. Stevenson confirmó la coherencia de los recuerdos de la niña y su correspondencia con la vida de una mujer que había muerto en Muttra varios años antes del nacimiento de Shanti Devi. En otra parte del libro he relatado otro caso estudiado por Stevenson.

El caso de Shanti Devi, con su riqueza de detalles y su minuciosa verificación, es un ejemplo emblemático de los retos e implicaciones que plantean los estudios sobre la reencarnación y el recuerdo de vidas pasadas. Este episodio sigue suscitando debate y reflexión tanto en la comunidad científica como entre los estudiosos y entusiastas del misterio de la vida después de la muerte.

Anécdotas y relatos personales de experiencias extracorpóreas y regresiones hipnóticas han alimentado aún más el debate sobre la reencarnación y la posibilidad de una continuidad del alma más allá de la muerte física.

En definitiva, la reflexión sobre la reencarnación en Occidente representa un rico tejido de pensamientos, teorías y experiencias que siguen estimulando nuestra curiosidad por lo desconocido y nos impulsan a explorar las profundidades de nuestra existencia más allá de la frontera de la muerte.

Las profundas raíces de la reencarnación.

Dentro de la cultura occidental, la reencarnación es un tema que a menudo ha desafiado las concepciones convencionales de la vida y la muerte, incitando a la humanidad a mirar más allá de lo tangible y explorar el misterio del ser. A lo largo de los siglos, pensadores, filósofos y teólogos han enriquecido el debate sobre la posibilidad de una vida posterior y la continuidad del alma más allá del límite terrenal.

no de los pioneros en la reflexión sobre la reencarnación fue el filósofo alemán Friedrich Nietzsche, quien, si bien no abrazó explícitamente la doctrina de la reencarnación, introdujo conceptos como el eterno retorno y la idea de que el individuo debe iniciar su periplo existencial una y otra vez. Sus provocadoras visiones alimentaron la reflexión sobre la naturaleza cíclica de la existencia y la posibilidad de un destino repetido en el tiempo.

Del mismo modo, la influencia de la teosofía y la antroposofía de Rudolf Steiner ha llevado a considerar la reencarnación como parte de una cosmovisión más amplia, en la que la evolución del alma a través de múltiples vidas se ve como parte de un diseño cósmico más amplio y complejo.

En el contexto actual, la investigación científica se abre a la posibilidad de investigar la reencarnación mediante enfoques multidisciplinares. Los recientes estudios sobre la encarnación infantil, que exploran la capacidad de los niños para recordar episodios de vidas anteriores, intentan arrojar luz sobre esta enigmática dimensión de la existencia humana.

En un momento en que la ciencia y la espiritualidad se encuentran, la reencarnación sigue suscitando interés y curiosidad, ofreciéndonos perspectivas sobre la naturaleza del alma, la evolución espiritual y la eternidad de la existencia.

A través de la complejidad de los pensamientos y experiencias humanas, la pregunta de qué ocurre después de la muerte permanece abierta, invitándonos a explorar las profundidades del misterio y a buscar respuestas que puedan iluminar el camino del alma más allá del velo de la vida terrenal.

Los múltiples enfoques de la reencarnación en la cultura occidental reflejan la complejidad y profundidad de nuestras concepciones de la existencia y el más allá.

En el ámbito literario, obras como "*La luz sobre el alma*" de Henri Bergson exploran el concepto de la inmortalidad del alma y su posible interacción con el mundo terrenal. Bergson insta al lector a considerar la vida como una experiencia continua, en la que el alma atraviesa ciclos de muerte y renacimiento en un eterno devenir.

Otros pensadores contemporáneos, como Brian Weiss, han puesto de relieve la reencarnación a través de casos de regresión hipnótica y testimonios de pacientes que afirman haber vivido vidas pasadas. Los relatos de estas experiencias ofrecen una penetrante visión de la posibilidad de una historia del alma que se extiende mucho más allá de la breve duración de una sola existencia.

Las regresiones hipnóticas de Brian Weiss.

Las regresiones hipnóticas son una técnica psicoterapéutica que implica el uso de la hipnosis para llevar a una persona a revivir acontecimientos de su pasado, ya sea de esta vida o, según algunas creencias, de vidas anteriores. Durante una sesión de regresión hipnótica, la persona es guiada por el terapeuta o profesional a través de un estado de relajación profunda y sugestionabilidad aumentada, que permite el acceso a recuerdos y experiencias a menudo no accesibles en la conciencia ordinaria.

Estas técnicas se han utilizado en diversas disciplinas, como la psicología clínica, la psicoterapia y el estudio de experiencias espirituales y paranormales. El objetivo principal de las regresiones hipnóticas es explorar recuerdos ancestrales, sucesos traumáticos pasados, recuerdos de la infancia y, en algunos casos, experiencias de supuestas vidas pasadas.

En el contexto de la regresión hipnótica a vidas pasadas, el profesional guía al sujeto para que explore y narre supuestas experiencias de vidas pasadas. Estas sesiones pueden revelar detalles sorprendentes y vívidos que se afirma haber experimentado en otro tiempo y cuerpo.

Es importante señalar que el concepto de regresiones hipnóticas y regresión a vidas pasadas es objeto de debate y controversia en la comunidad científica y académica. Mientras que algunos sostienen que las experiencias durante la regresión son auténticas e indicativas de una continuidad del alma, otros escépticos plantean cuestiones sobre la sugestionabilidad del sujeto, la posibilidad de falsos recuerdos y el riesgo de influencias externas durante el proceso hipnótico.

En cualquier caso, las regresiones hipnóticas representan una herramienta intrigante para la exploración de la mente humana y sus profundidades ocultas, ofreciendo una oportunidad única para acceder a recuerdos y experiencias que pueden revelar nuevas perspectivas sobre la naturaleza del alma, la conciencia y la existencia más allá de los confines de la vida terrenal.

Brian Weiss, psiquiatra e investigador, adquirió notoriedad gracias a su labor pionera en el campo de las regresiones hipnóticas y a la publicación de libros como "*Muchas vidas, muchos maestros*" y "*A través del tiempo*". A lo largo de años de práctica y estudio, Weiss recopiló testimonios de pacientes que, durante sesiones hipnóticas, narraban experiencias detalladas de vidas pasadas, revelando episodios, lugares y personas de los que no podían tener un conocimiento racional.

Uno de los ejemplos más significativos se refiere al caso de Catherine, una paciente de Weiss, que durante una sesión de hipnosis revive vidas pasadas en distintas épocas, describiendo con todo detalle sucesos que posteriormente han sido verificados y confirmados por fuentes históricas. Estos relatos ofrecen una visión directa de la posibilidad de la existencia de una identidad espiritual que se reencarna a través de ciclos de nacimiento y muerte.

Uno de los episodios más intrigantes fue cuando Catalina narró una vida que vivió durante el antiguo Egipto, aportando detalles precisos sobre su identidad, sus acciones y el contexto histórico en el que vivió. Estudios posteriores de expertos en historia y arqueología han confirmado la correspondencia de algunos de estos detalles con elementos conocidos de la historia egipcia de la época.

Esta prueba tangible plantea cuestiones fundamentales sobre la memoria del alma, la posibilidad de una existencia más allá de la muerte y la contigüidad entre las distintas encarnaciones de una identidad espiritual. El caso de Catalina, con su complejidad y profundidad, proporciona importantes elementos de reflexión a quienes se interesan por explorar los límites del conocimiento humano y sondear los misterios que rodean el destino del alma después de la muerte.

A través del análisis de casos como el de Catherine en las regresiones de Brian Weiss, nos acercamos a una visión más amplia y articulada de la posibilidad de una realidad multidimensional en la que nuestras almas realizan un viaje sin fin a través del tejido de la eternidad.

Las aportaciones de Brian Weiss han planteado profundas cuestiones sobre la naturaleza del alma, la continuidad de la conciencia y la posibilidad de una evolución espiritual que trascienda los límites temporales de la vida terrenal. El enfoque empírico y la rigurosa investigación llevada a cabo por Weiss han sentado las bases de un nuevo capítulo en la investigación de la reencarnación y sus implicaciones para comprender la vida más allá de la muerte.

Los testimonios de los pacientes de Weiss, corroborados por verificaciones históricas y detalles que desafían toda explicación racional, ofrecen una visión prometedora del potencial de la mente humana y de la complejidad de la experiencia del alma más allá de los confines de la vida física. A través de la lente de las regresiones hipnóticas, nos aventuramos en un territorio inexplorado, descubriendo las huellas indelebles que deja el alma en el flujo de la eternidad.

El debate sobre la reencarnación en los círculos académicos,

En los círculos académicos, el debate sobre la reencarnación evoluciona a través de estudios interdisciplinarios en los que intervienen la psicología, la neurociencia y la antropología. El enfoque científico de la reencarnación, aunque controvertido y aún en desarrollo, abre nuevas vías de investigación y comprensión de las dimensiones ocultas de la conciencia humana.

Además, el creciente interés por la espiritualidad y la búsqueda de sentido en la era moderna ha llevado a cada vez más personas a explorar conceptos como la reencarnación y la continuidad del alma. Esta búsqueda interior refleja el deseo innato del ser humano de comprender su lugar en el universo y el sentido último de su existencia.

A través de siglos de reflexión, la reencarnación sigue alimentando nuestra imaginación y sed de conocimiento, ofreciéndonos una perspectiva fascinante y compleja sobre la naturaleza del alma y su viaje más allá de la muerte. En esta interminable búsqueda de la verdad y la comprensión, nos aventuramos en los territorios más profundos de lo humano, descubriendo los secretos ocultos de lo que podría residir más allá de la vida terrenal.

El pensamiento de Friedrich Schelling.

En el siglo XIX, el filósofo alemán Friedrich Schelling destacó por sus amplias reflexiones filosóficas que abarcaban cuestiones profundas y complejas, entre ellas el concepto de reencarnación. Schelling, figura destacada del Idealismo alemán junto con Kant y Hegel, exploró la reencarnación como parte de un proceso evolutivo del alma desde una perspectiva filosófica.

Schelling veía el alma como un principio en constante evolución que se mueve a través de ciclos de nacimiento, muerte y renacimiento, acumulando experiencias y aprendizajes a lo largo de varias existencias. Su visión de la reencarnación estaba arraigada en la concepción de una unidad espiritual y divina que se expresa a través de múltiples manifestaciones terrenales.

Desde la perspectiva de Schelling, la idea de la reencarnación ayudó a enuclear un patrón más amplio de continuidad y progreso del alma, ofreciendo una interpretación significativa de la complejidad de la existencia humana y de la eternidad de la conciencia. A través de la reencarnación, el alma evoluciona, aprende y se acerca cada vez más a la realización de su fin último.

Las reflexiones de Schelling sobre la reencarnación se inscriben en un fértil contexto cultural y filosófico marcado por un profundo interés por las cuestiones metafísicas y espirituales. Su visión integradora de la reencarnación como parte de un proceso de crecimiento y realización del alma influyó en sucesivas generaciones de pensadores y eruditos que se dedicaron a investigar la naturaleza humana y la existencia más allá de la vida física.

A través de la lente de la filosofía de Schelling, la reencarnación emerge como un elemento fundamental para comprender la esencia del hombre y su conexión con el misterio de la existencia. Su perspectiva evolutiva y trascendental de la reencarnación ha contribuido a enriquecer el panorama de las teorías sobre la vida después de la muerte, ofreciendo un marco conceptual que invita a la reflexión y a la exploración de los límites del conocimiento humano.

El pensamiento de Sigmund Freud sobre la reencarnación.

En su revolucionario trabajo en psicoanálisis, el padre fundador Sigmund Freud abordó el enigma de la muerte y la posible reencarnación mediante un análisis de los mecanismos del inconsciente y la repetición. El planteamiento de Freud sobre la cuestión del renacimiento forma parte de una profunda exploración del alma humana, en la que la mente y las pulsiones inconscientes desempeñan un papel crucial para comprender las creencias y aspiraciones relacionadas con la vida después de la muerte.

Para Freud, la teoría de la reencarnación representaba una forma de deseo de continuidad e inmortalidad, una huida de la conciencia de la propia finitud y mortalidad. En lugar de ver la reencarnación como una realidad concreta, Freud la interpretó como un proceso psicológico en el que los deseos y temores individuales se entretejen en una compleja red simbólica.

Uno de los aspectos clave del pensamiento de Freud sobre la reencarnación reside en su análisis de la repetición, un concepto central en psicoanálisis a través del cual los pacientes tienden a revivir acontecimientos traumáticos o deseos insatisfechos de forma encubierta. Según Freud, la reencarnación podría interpretarse como una proyección simbólica de esos impulsos no resueltos que siguen ejerciendo su influencia sobre el individuo incluso después de la muerte.

Esta perspectiva sugiere que la creencia en la reencarnación puede provenir de una necesidad psicológica del ser humano de dar sentido a su existencia y a su experiencia de continuidad. Por ello, Freud exploró las profundas raíces de este deseo de inmortalidad en el inconsciente colectivo del hombre, destacando cómo la teoría del renacimiento puede representar una respuesta simbólica a necesidades emocionales y psicológicas primordiales.

A pesar de su inclinación hacia una interpretación psicoanalítica de los conceptos relacionados con la reencarnación, Freud contribuyó a arrojar nueva luz sobre el misterio del más allá y la compleja dinámica que caracteriza la relación entre la vida y la muerte, ofreciendo un enfoque único y provocador que estimuló el pensamiento y la reflexión sobre uno de los enigmas más antiguos y fascinantes de la humanidad.

La visión de Sigmund Freud sobre la reencarnación y el destino del alma después de la muerte constituye una pieza significativa en el mosaico de las interpretaciones psicoanalíticas del misterio del más allá. Su escepticismo racional y su enfoque del concepto del retorno a la vida desde un punto de vista psicológico ofrecen una visión única de la cuestión de la continuidad del ser más allá de la muerte física.

A través de la lente del psicoanálisis, Freud exploró el papel del inconsciente y los mecanismos de defensa en la formación de creencias sobre el renacimiento y la vida después de la muerte. Para Freud, la reencarnación podía interpretarse como una proyección simbólica de los deseos humanos de inmortalidad, redención o renovación, que reflejaba aspectos inconscientes del individuo y su compleja dinámica psíquica.

En el contexto de las teorías freudianas de la repetición y el inconsciente, la reencarnación adquiría un significado más simbólico y psicológico que literal. Freud sugería que la creencia en la reencarnación podía derivar de una búsqueda de sentido y consuelo ante la perspectiva de la propia muerte y la pérdida de seres queridos, más que de una realidad tangible de vidas sucesivas.

Las reflexiones de Freud sobre el tema de la reencarnación ofrecieron una profunda visión de la complejidad de la experiencia humana y de la vulnerabilidad del individuo ante las incertidumbres de la existencia y su finitud. A través de su enfoque riguroso y razonado, Freud invitó a la reflexión crítica sobre la naturaleza de los deseos y temores que conforman las creencias sobre el más allá y la posibilidad de un camino espiritual más allá de la muerte.

El legado de Sigmund Freud sobre la cuestión de la vida después de la muerte sigue siendo un pilar en la historia del pensamiento psicoanalítico y en la comprensión del alma humana ante el misterio de la inmortalidad y la reencarnación.

El camino de la reencarnación según Carl Gustav Jung.

Carl Gustav Jung, célebre psiquiatra suizo y fundador de la psicología analítica, contribuyó significativamente a la comprensión contemporánea de la reencarnación y a nuestro entendimiento de la vida después de la muerte. A través de sus teorías y estudios sobre el inconsciente colectivo, Jung ofreció una interpretación rica y compleja del alma humana y su posible destino más allá de los límites terrenales.

En el pensamiento de Jung, la reencarnación no era sólo una cuestión de creencia religiosa o folclore, sino un concepto intrínsecamente ligado a la psique individual y su evolución. Jung exploró la posibilidad de que las experiencias arquetípicas y las riquezas del inconsciente colectivo pudieran manifestarse a través de relatos de vidas pasadas, ofreciendo así una perspectiva psicológica y simbólica de la reencarnación.

Una de las claves de Jung para entender la reencarnación reside en su concepción de los arquetipos y los mitos como expresiones universales del inconsciente colectivo de la humanidad. Según Jung, los relatos de vidas pasadas y la reencarnación podrían derivar de la activación de símbolos e imágenes profundas que resuenan en el alma humana, revelando aspectos ocultos y profundos de la psique individual.

Jung veía la teoría de la reencarnación no sólo como un fenómeno cultural o religioso, sino como una forma de exploración de la identidad, transformación e integración de las distintas partes del yo. A través de sus estudios de los sueños, los mitos y los símbolos que emergen del inconsciente, Jung ofreció una visión de la reencarnación como proceso de crecimiento espiritual y realización del yo más profundo.

El legado de Jung sobre la cuestión de la vida después de la muerte y la reencarnación sigue influyendo en la psicología moderna y en nuestra comprensión de la naturaleza del alma y su eternidad. A través de su enfoque innovador y multidimensional, Jung abrió nuevas perspectivas de indagación sobre la vida después de la muerte, invitándonos a explorar las profundidades del inconsciente y a descubrir los secretos ocultos del mundo anímico.

Con su inconfundible perspicacia psicológica y filosófica, Jung trazó un convincente camino hacia el mundo de la reencarnación y las posibilidades que se abren más allá de la muerte física. Sus teorías, impregnadas de símbolos, mitos y arquetipos, arrojan nueva luz sobre el concepto de la continuidad del alma y su evolución a través de múltiples existencias.

Jung creía que la reencarnación podía interpretarse como una expresión compleja de las profundidades del inconsciente, un puente entre el pasado y el presente que permite al individuo integrar sus experiencias a través de edades y dimensiones. Su concepción del alma como una entidad eterna en continua transformación abrió perspectivas sobre la naturaleza del destino del hombre más allá de la muerte.

A través de su trabajo sobre la individuación y el proceso de integración psíquica, Jung destacó cómo la reencarnación puede verse como un camino hacia el crecimiento y la realización del yo más auténtico. En la visión junguiana, las experiencias de vidas pasadas pueden surgir como signos de una conciencia profunda que busca expresión y evolución a través de las múltiples encarnaciones del alma.

Uno de los aspectos más sugerentes del pensamiento de Jung se refiere a su interpretación de los mitos y símbolos como claves para comprender el misterio de la reencarnación. Jung destacó el papel de los relatos mitológicos y las imágenes arquetípicas en la configuración de nuestras percepciones del tiempo, el espacio y la eternidad, ofreciendo una perspectiva transpersonal de la vida después de la muerte.

El legado de Jung sobre la reencarnación y la vida después de la muerte aún reverbera a través de sus obras y percepciones, inspirando una visión ampliada de la conciencia humana y su imponderable destino. A través del prisma junguiano, nos aventuramos en un viaje interior para descubrir las profundidades del alma y las posibilidades que se despliegan más allá de los confines de la realidad tangible, explorando las dimensiones ocultas y misteriosas del ser humano en su perpetuo devenir.

Física cuántica y reencarnación.

Recientemente, la física cuántica también ha arrojado nueva luz sobre la idea de una posible reencarnación. Conceptos como el entrelazamiento cuántico y la no localidad han llevado a algunos científicos a especular con la posibilidad de que la conciencia se encuentre más allá de nuestra comprensión actual, abriendo la puerta a especulaciones sobre la posibilidad de una transmisión de conciencia entre diferentes existencias.

Además, las historias de personas que relatan experiencias de "*déjà vu*" y sentimientos de familiaridad con lugares desconocidos han avivado la curiosidad por el renacimiento y la continuidad del alma. La búsqueda minuciosa de historias vitales que parecen estar interconectadas a un nivel inexplicable lleva a preguntarse por el posible legado espiritual que trasciende la existencia individual.

Mientras la ciencia y la religión siguen debatiendo esta cuestión, la investigación sobre el renacimiento y la reencarnación permanece abierta a nuevos descubrimientos e interpretaciones. La posibilidad de explorar la idea de nuevas vidas plantea continuos interrogantes sobre la naturaleza de la existencia humana y el significado del tiempo y el espacio.

En conclusión, la investigación sobre el renacimiento y la reencarnación levanta un velo de misterio que ha fascinado a la humanidad durante siglos. En la encrucijada de tradiciones espirituales milenarias, estudios científicos contemporáneos y audaces visiones filosóficas, surgen imágenes fascinantes que incitan al ser humano a reflexionar sobre su propia esencia y sobre la posibilidad de un futuro más allá de la vida terrenal. Infinitos horizontes de conocimiento se abren ante nosotros, invitándonos a explorar las profundidades de nuestro ser y a contemplar el misterio de la vida y el fin de la vida en un continuo sin fin.

El alma eterna. Una perspectiva filosófica sobre la existencia después del paso.

El concepto de un alma eterna, inmortal y destinada a trascender el paso físico, ha fascinado a la humanidad a lo largo de los siglos, dando lugar a un profundo debate filosófico sobre la existencia más allá de los confines de la vida terrenal. Este tema intrínsecamente humano, íntimamente ligado a la búsqueda de sentido y a la contemplación de la eternidad, ha inspirado profundas reflexiones entrelazadas con antiguas tradiciones espirituales, sofisticadas teorías filosóficas y sorprendentes descubrimientos científicos.

Las raíces de esta perspectiva se encuentran en muchas tradiciones religiosas y filosóficas del mundo antiguo. Los antiguos egipcios, por ejemplo, creían que el alma del individuo estaba destinada a un viaje al más allá, donde sería juzgada por los actos realizados en vida. Conceptos similares se encuentran también en las tradiciones griegas, donde el alma se consideraba inmortal y beneficiaria de un destino tras el final de la vida.

En la historia de la filosofía occidental, pensadores como Platón y Aristóteles desempeñaron un papel clave en el desarrollo de las ideas sobre el alma eterna.

Al fin y al cabo, la humanidad siempre se ha preguntado por la naturaleza del alma y su destino después de la muerte. Este debate ha atravesado épocas y ha influido profundamente en el pensamiento filosófico y religioso. En el contexto del humanismo renacentista, periodo caracterizado por un ferviente interés por el conocimiento humano y divino, el tema de la inmortalidad del alma asumió un papel destacado.

Entre los protagonistas de este debate destacan los nombres de Marsilio Ficino y Pico della Mirandola, filósofos que sobresalieron por su reflexión sobre la naturaleza eterna del alma. Ficino, en el siglo XV, defendió que el alma es inmortal y que su principal tarea es contemplar la belleza divina. Su obra influyó profundamente en la visión del hombre como ser espiritual y racional.

Pico della Mirandola, por su parte, abordó el tema de la inmortalidad del alma en el siglo XV-XVI como parte de su concepción de la dignidad humana. En su célebre "*Discurso sobre la dignidad del hombre*", Pico expresó su visión del hombre como un ser libre capaz de elevarse a la perfección divina a través del conocimiento y el amor. Esta perspectiva subrayaba la importancia del alma como principio vital e inmortal del ser humano.

El pensamiento de Ficino y Pico della Mirandola se inscribe en un contexto más amplio de debates filosóficos y teológicos sobre la inmortalidad del alma, enraizados en la tradición platónica y aristotélica.

A lo largo de los siglos, ha habido numerosas teorías y concepciones sobre el alma eterna. Desde las opiniones dualistas de Descartes, que establecía una clara distinción entre res cogitans (la mente) y res extensa (el cuerpo), hasta las interpretaciones más espirituales del misticismo oriental, el debate sobre la inmortalidad del alma ha adoptado facetas diversas y complejas.

Estudios recientes en los campos de la neurociencia y la psicología han dado lugar a nuevas perspectivas sobre el alma y su duración más allá de la muerte. Los experimentos premortales y los relatos de experiencias extracorpóreas han avivado el debate sobre el más allá y la continuidad del ser más allá de la vida terrenal.

En resumen, el tema del alma eterna representa una de las cuestiones fundamentales de la experiencia humana, en la que intervienen no sólo la filosofía y la teología, sino también la ciencia y la psicología. A lo largo de los siglos, filósofos, teólogos, científicos y místicos han contribuido a enriquecer el debate sobre la naturaleza del alma y su destino después de la muerte, ofreciendo intuiciones y contemplaciones que siguen estimulando la mente humana en su búsqueda de la verdad última.

Más recientemente, estudiosos contemporáneos han contribuido al debate sobre el alma eterna y la posibilidad de una existencia después del paso. Los trabajos del neurocientífico David Chalmers y del filósofo Thomas Nagel, por ejemplo, han planteado cuestiones sobre la naturaleza de la conciencia y la posibilidad de una dimensión trascendente más allá de nuestra comprensión actual.

Experimentos sobre experiencias cercanas a la muerte, testimonios de personas que afirman haber tenido encuentros con la "luz divina" en situaciones de peligro inminente y relatos detallados de casos de supuestas reencarnaciones dan que pensar sobre la existencia de un alma eterna. Estos relatos invitan a pensar en la posibilidad de una dimensión espiritual aún por explorar. Son las ECM. En los capítulos siguientes me ocuparé de ellos en profundidad.

El concepto de un alma eterna forma parte de una densa red de creencias, experiencias personales y especulaciones filosóficas que siguen estimulando la mente y el alma humanas. La búsqueda de sentido y significado en la idea de una existencia más allá del paso lleva a reflexionar sobre la esencia misma de la humanidad y nuestra conexión con el infinito.

En conclusión, el análisis filosófico sobre el alma eterna y la existencia tras el final de la vida es un viaje por las profundidades del ser humano y su relación con la eternidad. Desde las antiguas perspectivas espirituales hasta las teorías filosóficas contemporáneas, el debate sobre la naturaleza del alma y la posibilidad de un destino eterno sigue siendo un tema rico en significado y con profundas implicaciones en nuestra comprensión del sentido de la vida y del paso.

Ciencia y espiritualidad. Un difícil diálogo sobre la posibilidad de la inmortalidad del alma.

En el corazón de la eterna búsqueda humana de sentido y conocimiento, el encuentro entre ciencia y espiritualidad abre la puerta a un diálogo que sigue planteando profundos interrogantes sobre la naturaleza del alma y su posible inmortalidad. Este fascinante entrelazamiento de enfoques diferentes y aparentemente irreconciliables ofrece interesantes perspectivas que desafían nuestra comprensión actual y nos invitan a explorar las fronteras de la existencia humana.

El debate sobre la posibilidad de la inmortalidad del alma se remonta a los albores del pensamiento humano. En el siglo V a.C., el filósofo griego Pitágoras propuso la idea de la transmigración del alma, argumentando que el alma estaba destinada a vivir numerosas vidas sucesivas.

Pitágoras, conocido filósofo y matemático de la antigua Grecia, fundó una escuela de pensamiento que ha recibido el nombre de pitagorismo. Una de las enseñanzas más distintivas de Pitágoras es la doctrina de la metempsicosis o transmigración del alma.

Según esta doctrina, el alma es inmortal y pasa de un cuerpo a otro tras la muerte. Las almas pueden renacer en distintos cuerpos humanos o incluso en cuerpos animales, según el comportamiento y la evolución espiritual logrados durante la vida anterior.

Este concepto está estrechamente relacionado con la teoría de la reencarnación, muy extendida en muchas tradiciones espirituales y religiosas de todo el mundo. Pitágoras creía que a través de un ciclo de vidas sucesivas, las almas podían purificarse y progresar hacia una forma de perfección espiritual o conocimiento superior.

La doctrina de la transmigración del alma ha influido notablemente en el pensamiento filosófico y religioso de la Antigüedad y ha tenido un impacto duradero en la cultura occidental.

Pero este concepto también está muy presente en las tradiciones espirituales orientales, donde presenta una visión continua e ininterrumpida de la existencia del alma.

A lo largo de la historia, muchos científicos han explorado el tema de la inmortalidad del alma sin rechazar por completo el enfoque científico.

Carl Sagan, astrofísico, cosmólogo, escritor y divulgador científico, fue una figura destacada en el mundo de la ciencia y la difusión pública del conocimiento científico. Aunque conocido por su enfoque riguroso y racional de la ciencia, Sagan también se interesó por cuestiones existenciales y filosóficas que iban más allá de los límites de la ciencia convencional.

Sagan trató temas relacionados con la posibilidad de una dimensión trascendente de la existencia en varios de sus escritos y discursos, haciendo hincapié en la necesidad de mantener una mirada crítica y abierta ante las nuevas posibilidades y perspectivas que pueden ofrecer el conocimiento científico y la exploración del cosmos.

A pesar de su inclinación por el método científico y el rigor en el análisis de los fenómenos naturales, Sagan era respetuoso con las concepciones espirituales y filosóficas que van más allá de la pura materialidad, fomentando una visión del mundo integrada e inclusiva que abarque la complejidad del universo y de la experiencia humana.

Su enfoque ha inspirado a muchas personas a explorar los límites del conocimiento y reflexionar sobre cuestiones profundas relativas a la naturaleza del universo, la vida y la conciencia humana, promoviendo un diálogo constructivo entre ciencia y espiritualidad.

Recientemente se ha producido un gran avance en el campo de la neurociencia y la conciencia. Los estudios sobre experiencias cercanas a la muerte, como los realizados por el Dr. Sam Parnia, han supuesto un desafío a nuestras concepciones tradicionales del paso como límite definitivo. Estos estudios relatan experiencias de individuos que han vivido "cerca de la muerte" y afirman haber experimentado sensaciones de paz, lucidez y conexión espiritual.

Experimentos como la reanimación cardiopulmonar (RCP) y el uso de sustancias psicodélicas controladas en terapias experimentales guiadas han aportado algunas pruebas sugestivas de un posible acceso a dimensiones trascendentales de la conciencia. Sin embargo, es importante subrayar que estos experimentos requieren más investigación y evaluación para establecer conclusiones definitivas.

Los experimentos de reanimación cardiopulmonar (RCP) y el uso de sustancias psicodélicas controladas en terapias experimentales han despertado el interés por las posibles experiencias de conciencia trascendental que podrían surgir de tales situaciones.

La reanimación cardiopulmonar (RCP) es un procedimiento de emergencia que se realiza a las personas que han sufrido una parada cardiaca. El objetivo de la RCP es mantener el flujo de oxígeno a los tejidos vitales del cuerpo cuando el corazón deja de latir repentinamente o cuando cesa la respiración.

La reanimación cardiopulmonar combina la compresión torácica (masaje cardíaco) para mantener el flujo sanguíneo a través del cuerpo con la ventilación boca a boca o mediante dispositivos como un balón-válvula-máscara para llevar oxígeno a los pulmones.

Este procedimiento es vital para mantener con vida a una persona mientras espera una intervención médica más avanzada, como el uso de un desfibrilador para restablecer el ritmo cardiaco normal.

La reanimación cardiopulmonar debe realizarse lo antes posible en caso de parada cardiaca, ya que cada minuto sin reanimación disminuye significativamente las posibilidades de supervivencia de la persona afectada.

Por lo tanto, la RCP es una habilidad fundamental para socorristas, médicos, enfermeras y cualquier persona que quiera estar preparada para afrontar situaciones de parada cardiaca y salvar vidas en casos de emergencia. Es importante que cualquier persona aprenda las técnicas correctas de RCP para poder reaccionar con rapidez en situaciones críticas y aumentar así las posibilidades de supervivencia de las personas que sufren una parada cardiaca.

En el caso de la reanimación cardiopulmonar, algunas personas que han sido devueltas a la vida tras una parada cardiaca han testificado experiencias cercanas a la muerte o experiencias de conciencia no relacionadas con la actividad cerebral, que algunos han interpretado como posibles indicios de una experiencia más allá de la realidad ordinaria.

En cuanto al uso de sustancias psicodélicas controladas en terapias guiadas, ha habido informes de experiencias profundas y transformadoras que van más allá de los límites de la conciencia ordinaria, lo que ha llevado a algunos a considerar la posibilidad de acceder a dimensiones trascendentales de la conciencia a través de dichas sustancias.

Es importante subrayar que estos testimonios sugestivos no constituyen una prueba definitiva de las dimensiones trascendentales de la conciencia y que son necesarias más investigaciones y evaluaciones científicas para comprender plenamente la naturaleza de estas experiencias y evaluar su significado.

Seguir investigando en estos campos podría contribuir a comprender mejor el potencial de la mente humana y las experiencias de conciencia, pero es esencial mantener un enfoque riguroso y basado en pruebas para distinguir entre fenómenos reales e interpretaciones subjetivas.

En el lado espiritual, estudiosos como Deepak Chopra han contribuido a unir ciencia y espiritualidad en la búsqueda de la inmortalidad del alma. Chopra reflexiona sobre la física cuántica y la filosofía india para explorar la posibilidad de una conciencia inmortal que se extienda más allá del tiempo y el espacio.

Del mismo modo, la visión de Ken Wilber y su teoría de la evolución integral ofrecen un marco que incluye enfoques tanto científicos como espirituales.

Ken Wilber es un autor y filósofo contemporáneo conocido por desarrollar la teoría de la evolución integral, que pretende integrar planteamientos de distintas disciplinas, como la psicología, la filosofía, la espiritualidad y la ciencia. Su visión holística propone una imagen integral de la evolución del individuo y la conciencia humana.

Según Wilber, la evolución integral considera tanto los aspectos individuales como colectivos de la evolución humana, incluyendo el crecimiento personal y el desarrollo interior, así como la evolución social y cultural. Wilber sostiene que para comprender plenamente la evolución humana, tanto a nivel individual como colectivo, es necesario integrar los enfoques científico y espiritual.

Su teoría pretende superar las divisiones entre ciencia y espiritualidad, ofreciendo un modelo que abarca diferentes perspectivas sin excluir ninguna de ellas. Wilber reconoce el valor y la importancia tanto del conocimiento científico racional como de la experiencia espiritual y contemplativa, destacando la complementariedad de estos enfoques en la investigación de la naturaleza del hombre y del universo.

A través de su teoría de la evolución integral, Ken Wilber nos invita a considerar al ser humano como una entidad compleja que abarca dimensiones físicas, mentales, emocionales y espirituales, promoviendo un enfoque inclusivo e integrado de la comprensión de la realidad y la conciencia humanas.

En última instancia, Wilber sostiene que la ciencia y la espiritualidad pueden integrarse para comprender la inmortalidad del alma como parte de un proceso evolutivo que implica cuerpo, mente y espíritu.

En conclusión, el diálogo entre ciencia y espiritualidad sobre la posibilidad de la inmortalidad del alma refleja nuestra curiosidad humana innata y nuestra búsqueda incesante de sentido. Aunque la ciencia y la espiritualidad suelen seguir caminos separados, unirlas en un diálogo abierto y crítico puede dar lugar a nuevas perspectivas sobre la complejidad del ser humano. Este diálogo nos invita a seguir explorando las conexiones entre la mente, la conciencia y una posible dimensión trascendente de la existencia. Es un viaje que nos enfrenta a los retos del conocimiento científico, la búsqueda espiritual y las incertidumbres en torno a la inmortalidad del alma.

Teorías sobre la supervivencia tras el fallecimiento.

El eterno misterio del más allá ha fascinado a la humanidad desde los albores de su existencia. Muchos se han preguntado si el paso es realmente el final de todo o si existe la posibilidad de que el alma sobreviva más allá de los límites terrenales. Hoy en día, la ciencia se une a la especulación filosófica y al debate espiritual para explorar teorías sobre la conservación del alma y su posible existencia tras el paso.

La base de la conservación del alma se encuentra en las tradiciones antiguas. La creencia en la inmortalidad del alma tiene profundas raíces en las culturas del antiguo Egipto, donde se creía que una parte del ser humano sobrevivía a la muerte física y continuaba en otra dimensión. En las tradiciones gnósticas y las religiones orientales, la concepción del alma como una entidad eterna también desempeñaba un papel central.

¿Pesa el núcleo 21 gramos?

Sin embargo, la investigación científica sobre el tema ha cobrado mayor relevancia en las últimas décadas. Las investigaciones más crudas se han centrado en el llamado "pesaje de almas". Un ejemplo significativo es el estudio del médico británico Duncan MacDougall, realizado en 1907. MacDougall intentó medir el peso del alma humana en el momento del fallecimiento.

En su estudio, Duncan MacDougall planteó la hipótesis de que el alma abandona el cuerpo en el momento de la muerte, lo que provoca un cambio de peso.

Durante su experimento, observó una diferencia en el peso de los individuos en el momento de la muerte, especulando que esta discrepancia podría atribuirse a la partida del alma. De hecho, MacDougall midió el peso de seis individuos en el momento de fallecer, proporcionando datos que apoyaban su hipótesis de la existencia de un peso del alma. Los resultados de su investigación se publicaron en marzo de 1907 en el *New York Times* y en la revista *médica American Medicine*.

La idea de MacDougall, que atribuía el peso de 21 gramos al alma humana, fue acogida por la cultura popular a pesar de los recelos sobre la validez científica de sus estudios. La teoría de MacDougall influyó en obras cinematográficas como "21 gramos", dirigida por el director mexicano Alejandro González. En el campo de la música italiana, la canción "21 gramos" del dúo de hip-hop Duplici y una canción homónima del rapero Fedez también se inspiraron en los estudios de MacDougall.

Al final, la teoría de MacDougall era más útil para el entretenimiento que para la ciencia.

A pesar de los logros de MacDougall con el "Premio Ignobel", su trabajo ha alimentado un animado debate sobre la posibilidad de una manifestación física del alma y planteado interrogantes sobre la frontera entre ciencia y espiritualidad. Otros estudiosos, como el Premio Nobel Sir Roger Penrose, han propuesto teorías de la conciencia que desafían las concepciones tradicionales y abren nuevas perspectivas sobre la naturaleza de la mente humana y las experiencias posteriores a la muerte.

Capítulo 5. El final de la vida no es el final de todo.

"Lo que para la oruga es el fin del mundo, para el resto del mundo es una mariposa". (Lao Tzu)

El fin de la vida como misterio. Aproximaciones científicas y filosóficas a la inanición del alma.

En el panorama de creencias y teorías sobre la supervivencia del alma tras el fallecimiento, surgen múltiples imágenes y similitudes que reflejan la complejidad del eterno misterio que rodea a la vida después de la muerte. Este fascinante debate abarca la ciencia, la filosofía y la espiritualidad.

Uno de los pensadores más influyentes en este campo, el filósofo griego Platón, desarrolló la idea de la transmigración de las almas en la antigua Grecia, argumentando que el alma estaba destinada a viajar a través de reencarnaciones en un ciclo eterno de aprendizaje y purificación. Este punto de vista ha tenido eco en muchas tradiciones espirituales y religiosas que celebran el concepto de una continuidad del alma a través de múltiples existencias.

En la ciencia contemporánea, enfoques como la investigación de las experiencias cercanas a la muerte y los testimonios de individuos que afirman haber tenido contacto con dimensiones trascendentes ofrecen perspectivas interesantes. Estudiosos como Raymond Moody y Eben Alexander han recopilado numerosos relatos de experiencias cercanas a la muerte, que describen encuentros con una luz divina o visiones de paisajes de otro mundo. Estos relatos han dado lugar a profundas reflexiones sobre la existencia del alma más allá del cuerpo físico.

Un ejemplo emblemático de experimentación de supervivencia del alma se encuentra en las investigaciones del Dr. Ian Stevenson sobre la reencarnación. Mediante estudios minuciosos y meticulosos, Stevenson ha documentado casos de niños que afirman recordar vidas pasadas, aportando detalles sorprendentemente precisos sobre acontecimientos y personas de épocas anteriores que de otro modo no podrían conocer.

Algunos científicos también han explorado la naturaleza de la conciencia y su posible persistencia más allá del paso mediante experimentos como la reanimación cardiopulmonar (RCP) y el análisis de experiencias extracorpóreas.

En el marco de las pruebas, investigaciones y concepciones sobre la supervivencia del alma, surgen numerosas imágenes y símiles que incitan a la humanidad a interrogarse sobre su esencia y su relación con el infinito. Estas variadas representaciones abren una ventana a un mundo enigmático que va más allá de nuestra comprensión racional y abren el camino a una profunda reflexión sobre el destino del alma tras su paso a la dimensión terrenal.

Este diálogo polifacético entre ciencia, espiritualidad y filosofía sobre el tema de la conservación del alma tras la muerte sigue estimulando pensamientos, emociones y debates que alimentan la sed humana de conocimiento y significado.

El final de la vida como puerta a lo desconocido. La transición al más allá.

El misterio del final de la vida ha fascinado a la humanidad desde la noche de los tiempos, incitando a mentes curiosas a explorar lo desconocido que se esconde más allá de la delgada línea que separa la vida de la muerte. En esta profunda exploración surgen numerosas imágenes y símiles que intentan dar forma a lo que podría esperarnos al cruzar el umbral hacia el más allá.

Desde la antigüedad, muchas culturas y tradiciones han adoptado imágenes y metáforas para describir el paso como una puerta a un mundo misterioso y desconocido. Por ejemplo, en el antiguo Egipto, el concepto del final de la vida estaba imbuido de profundas creencias religiosas que influyeron fuertemente en la cultura y la sociedad egipcias. Para los antiguos egipcios, la muerte no representaba el fin absoluto de la existencia, sino el paso a otra forma de vida. Este concepto estaba asociado a la creencia en una vida después de la muerte en la que el alma del difunto sería juzgada y seguiría existiendo de algún modo.

Uno de los conceptos más conocidos relacionados con la muerte en el antiguo Egipto es el del "juicio final", representado por el mito del pesaje del alma. Según esta creencia, tras la muerte el difunto debía comparecer ante el dios Osiris y una serie de jueces para ser sometido al juicio final. En esta ceremonia, el corazón del difunto se colocaba en el platillo de una balanza con una pluma de la diosa Maat, símbolo del orden y el equilibrio cósmicos, en el otro platillo.

Si el corazón del difunto resultaba tan ligero como una pluma, significaba que la persona había llevado una vida recta en armonía con las enseñanzas divinas y, por tanto, podría entrar en el más allá y disfrutar de la vida eterna. Por el contrario, si el corazón resultaba ser más pesado que una pluma, esto indicaría que el difunto había realizado actos malvados o inmorales y sería devorado por un monstruo llamado Ammit, impidiéndole así llegar a la otra vida y condenándolo a la aniquilación del alma.

Este mito del pesaje del alma era, por tanto, un poderoso símbolo de la importancia de la moralidad y el equilibrio en la vida de los antiguos egipcios, que creían firmemente en la importancia de llevar una vida virtuosa para asegurarse una eternidad feliz después de la muerte.

Estas creencias y rituales relacionados con el final de la vida en el antiguo Egipto impregnaron la vida cotidiana y el arte de esta antigua civilización, dando lugar a elaboradas prácticas funerarias y a la construcción de monumentos como las pirámides, que servían de tumbas monumentales para los faraones y nobles egipcios, preparándoles para su viaje al más allá.

La metáfora de la puerta o el puente como paso entre el mundo de los vivos y el más allá es un tema recurrente en muchas culturas y religiones antiguas, ya que refleja la concepción de la existencia humana como un viaje a través de distintas etapas o dimensiones de la existencia.

En la mitología griega, el río Estigia representa en realidad una de las fronteras entre el mundo de los vivos y el reino de los muertos, conocido como Hades. Según la tradición griega, Estigia era un río divino que fluía por el inframundo y debía ser cruzado por los muertos para entrar en el reino de los muertos. Este cruce se consideraba un momento crucial y simbólico, ya que marcaba el paso definitivo de la vida terrenal al más allá.

El río Estigia no era el único elemento que actuaba como frontera entre los dos mundos en la mitología griega. También había otras deidades o lugares que representaban puntos de transición entre el mundo de los vivos y el de los muertos. Por ejemplo, Caronte era el barquero de los muertos, al que había que pagar para que los llevara al otro lado del río, y la entrada al reino de los muertos solía estar representada por una puerta custodiada por guardianes como Cerbero, el perro de tres cabezas.

Estos elementos simbólicos presentes en la mitología griega reflejan la profunda consideración de la muerte y la vida después de la muerte por parte de los antiguos griegos, que albergaban complejos rituales y creencias relacionados con el más allá y la supervivencia del alma tras la muerte. La presencia de estas figuras y lugares de transición subrayaba la importancia concedida al paso de una fase de la existencia humana a la siguiente y la necesidad de observar ciertos rituales y normas para garantizar un paso seguro y adecuado a la otra vida.

En el contexto contemporáneo, los estudios sobre las experiencias cercanas a la muerte han sacado a la luz una serie de testimonios que sugieren una posible conexión entre el paso y un mundo trascendente. Raymond Moody, pionero en el campo de las experiencias cercanas a la muerte, ha recogido testimonios de personas que afirman haber atravesado un estrecho túnel de luz o haber experimentado una sensación de paz y serenidad indicativa de un reino de otro mundo. Estas experiencias han inspirado la descripción del final de la vida como el paso a una realidad prometedora y altamente espiritual.

Algunos investigadores, como el Dr. Sam Parnia, han realizado amplios estudios sobre las experiencias cercanas a la muerte y la conciencia en el momento del fallecimiento. Mediante el análisis de sucesos cardíacos y de reanimación, Parnia ha observado que algunos pacientes informan de un conocimiento detallado de sucesos ocurridos durante su "muerte clínica", un periodo en el que se supone que ha cesado la actividad cerebral. Estos hallazgos ponen en entredicho la concepción tradicional del fallecimiento como punto final y abren el camino a una posible comprensión del fallecimiento como puerta de acceso a dimensiones desconocidas.

La filosofía también ha intentado interpretar esta transición hacia lo desconocido.

Albert Camus, filósofo y escritor existencialista francés del siglo XX, es conocido por su profundo y a menudo estremecedor análisis de la condición humana ante el absurdo de la vida y la muerte. Camus se interesó por la idea del paso a lo desconocido, tanto en el contexto de la muerte física como en un sentido más amplio, como transición entre distintos estados de la existencia humana.

Según Albert Camus, el encuentro con lo desconocido, que puede manifestarse a través de la muerte u otras experiencias liminales de la vida, es un momento crucial que enfrenta al ser humano con el absurdo metafísico. Este concepto de absurdo se refiere a la falta de sentido o significado intrínseco en el universo, a la disonancia entre el deseo humano de sentido y la realidad aparentemente desprovista de sentido y propósito.

Para Camus, el absurdo metafísico ante el tránsito a lo desconocido representa una revelación que nos obliga a enfrentarnos radicalmente al misterio de la existencia humana. Esta confrontación con el absurdo puede generar ansiedad, desorientación e incluso desesperación, pero al mismo tiempo puede conducir a una toma de conciencia más profunda de la condición humana y a una reflexión filosófica sobre la vida, la muerte y el sentido de la existencia.

En su principal obra, "La peste", Camus explora el tema de la muerte y la enfermedad como expresión del absurdo de la vida, destacando la fragilidad y la incertidumbre de la existencia humana ante la inevitabilidad de la muerte. A través de sus obras, Camus invita al lector a enfrentarse a la realidad del absurdo y a encontrar, si es posible, un sentido personal y una auténtica forma de vivir en un universo sin explicación última.

De este modo, la filosofía de Albert Camus ofrece una perspectiva profunda y provocadora sobre la transición hacia lo desconocido, sugiriendo que este encuentro con el absurdo metafísico puede ser una oportunidad para explorar la condición humana en toda su complejidad y contradicciones, y para buscar un sentido existencial a pesar de las incertidumbres y contradicciones de la vida.

Martin Heidegger, filósofo alemán del siglo XX, es conocido por su complejo e innovador pensamiento sobre el ser y la existencia humana. En el contexto del paso a lo desconocido, Heidegger abordó el tema del "ser en suspensión" y subrayó la importancia crucial que la conciencia de la muerte tiene en la vida humana.

Heidegger subrayó cómo el final de la vida es una de las condiciones fundamentales que definen la existencia humana. Según Heidegger, la conciencia de nuestra finitud y la posibilidad de la muerte es lo que nos impulsa a una reflexión más profunda sobre nuestra existencia y el sentido de la vida.

Para Heidegger, el paso a lo desconocido y la perspectiva de la muerte son fundamentales para comprender nuestra verdadera naturaleza y vivir con autenticidad. En lugar de considerar la muerte como un mero final de la vida, Heidegger nos invita a reflexionar sobre el hecho de que nuestra existencia también se define por su final, y que la conciencia de esta limitación temporal debe guiarnos hacia opciones vitales más significativas y auténticas.

La idea del "ser en suspensión", propuesta por Heidegger, sugiere que el final de la vida está siempre presente en nuestro horizonte existencial, sirviendo de recordatorio constante de una vida auténtica y consciente. Esta perspectiva nos invita a enfrentarnos a nuestra fugacidad y a vivir de acuerdo con nuestros valores más profundos, tomando conciencia de la brevedad y preciosidad de la vida.

En definitiva, a través de su filosofía del ser y de la muerte, Martin Heidegger nos anima a reflexionar sobre nuestra existencia en relación con nuestra finitud y la perspectiva de la muerte, invitándonos a vivir de forma auténtica, consciente y respetuosa con los retos y oportunidades que el paso a lo desconocido puede ofrecer a nuestra existencia.

En conclusión, las numerosas imágenes y símiles que rodean el pasaje nos ofrecen perspectivas diferentes y sugerentes sobre la transición al más allá. Desde el antiguo Egipto hasta la investigación moderna sobre las experiencias cercanas a la muerte, desde el arte hasta la filosofía, la humanidad busca dar sentido a este misterioso pasaje. Cada concepción, cada metáfora contribuye a nuestra comprensión colectiva, alimentando el deseo humano de saber qué hay más allá de la vida terrenal. El pasaje, así como sus numerosas imágenes y símiles, nos incita a reflexionar sobre el sentido de la propia existencia y a abrazar lo desconocido que nos espera más allá del umbral final.

La muerte como transición. Comparación de las concepciones antigua y moderna.

El final de la vida terrenal, un tema que siempre ha fascinado a la humanidad, ha sido objeto de diversas concepciones y representaciones a lo largo de los tiempos. Aún hoy, las imágenes y símiles que rodean este pasaje crucial siguen estimulando profundas reflexiones sobre su significado y la posible transición a otro estado de existencia.

En el mundo antiguo, muchas culturas atribuían a la muerte un significado de paso a una dimensión ulterior. Por ejemplo, las antiguas creencias griegas identificaban el reino de los muertos con el Hades, un lugar oscuro y misterioso. Según el filósofo Platón, el paso representaba la liberación del alma de la prisión del cuerpo, permitiendo la unión con el mundo eterno e inmortal de las ideas. Esta concepción también se refleja en las tradiciones egipcias, donde el proceso de momificación se consideraba esencial para garantizar un paso sin obstáculos al más allá.

A lo largo de los siglos, los avances científicos y las nuevas perspectivas filosóficas han contribuido a ampliar la reflexión sobre el final de la vida como transición. Estudios científicos, como los realizados sobre las experiencias cercanas a la muerte, han revelado vivencias y testimonios de individuos que afirman sentir sensaciones intensas y vívidas durante el momento crítico de la transición.

Trabajos como el de la psiquiatra suiza Elisabeth Kübler-Ross han contribuido a comprender las etapas emocionales por las que pasan los moribundos, subrayando la importancia de enfocar el final de la vida como un proceso de transición psicológica.

Elisabeth Kübler-Ross, nacida el 8 de julio de 1926 y fallecida el 24 de agosto de 2004, fue una prestigiosa psiquiatra que combinó su trabajo pionero en el campo de los estudios previos a la muerte con la redacción del famoso libro "*Sobre la muerte y la agonía*", publicado en 1969 y que se convirtió en un bestseller internacional. En esta obra fundamental, Kübler-Ross presentó su teoría de las cinco etapas del sufrimiento, ampliamente conocida como el "modelo Kübler-Ross".

En 1970, Kübler-Ross pronunció la prestigiosa "Ingersoll Lecture" en la Universidad de Harvard, centrada en las ideas expresadas en "On Death and Dying". En julio de 1982 impartió cursos sobre la muerte y el morir a miles de estudiantes en diversas instituciones académicas, hospitales y centros de asistencia social. En 1999, la Biblioteca Pública de Nueva York incluyó su libro "Sobre la muerte y el morir" entre los "Libros del siglo", y la revista Time la incluyó entre los "Cien pensadores más importantes" del siglo XX.

Su extensa producción literaria incluye 24 libros, de los que se han vendido más de 10 millones de ejemplares y se han traducido a 44 idiomas.

Elisabeth Kübler-Ross fue una pionera de la psiquiatría que revolucionó nuestra comprensión de la muerte y el duelo. Su trabajo se centra en las etapas emocionales por las que pasan las personas cuando se enfrentan a la muerte, allanando el camino para una mayor sensibilidad y compasión a la hora de afrontar este momento crucial de la vida humana.

La filosofía Kübler-Ross se basa en el concepto de las cinco etapas del duelo, comúnmente conocido como "modelo Kübler-Ross". Según esta teoría, las personas pasan por una serie de etapas emocionales en respuesta a su propia muerte o a la de un ser querido. Estas etapas incluyen la negación, la ira, la negociación, la depresión y la aceptación. Kübler-Ross subraya que estas fases no son necesariamente lineales y que las personas pueden pasar por ellas de forma diferente y no necesariamente en un orden concreto.

Además, Kübler-Ross subrayó la importancia de afrontar el final de la vida como un proceso de transición psicológica que requiere el apoyo emocional y la comprensión de los familiares, los cuidadores y la comunidad en general. Trabajó para eliminar el tabú y el silencio que suelen rodear a la muerte, animando a la gente a hablar abiertamente de sus sentimientos y temores sobre el final de la vida.

Las ideas de Kübler-Ross sobre la muerte se basan en la creencia de que la muerte es parte integrante de la vida y que afrontarla con sinceridad y aceptación puede conducir a una mayor conciencia de la propia existencia y de las conexiones con los demás. Animaba a la gente a ver la muerte como parte del ciclo natural de la vida y a encontrar sentido y valor a las experiencias emocionales de pérdida y duelo.

En última instancia, la filosofía de Elisabeth Kübler-Ross sobre la muerte se centra en la importancia de la empatía, la compasión y la comprensión hacia quienes se enfrentan al final de la vida, ofreciendo un enfoque humano y sensible de un momento profundamente personal y universal.

Hoy en día, los avances de la ciencia y la medicina permiten prolongar la vida humana y ofrecen una mejor comprensión de la dinámica que acompaña al final de la vida. Sin embargo, muchas personas siguen buscando un sentido más allá del paso físico, empujándose a investigar las posibles dimensiones espirituales o trascendentes de la existencia después de la vida terrenal. Estudiosos contemporáneos como el neurocirujano Eben Alexander, autor del libro Proof of Heaven (Pruebas del cielo), afirman haber tenido experiencias personales de la vida después del tránsito, desafiando las concepciones tradicionales y estimulando un debate en el ámbito científico.

Mientras que la filosofía antigua exploraba el final de la vida como un pasaje a un reino trascendente, la ciencia moderna trata de ofrecer explicaciones basadas en el empirismo y la racionalidad. Sin embargo, estos diferentes enfoques no son necesariamente incompatibles entre sí. La antigua concepción del paso como una transición puede considerarse una metáfora afortunada que evoca la esperanza y la continuidad de la existencia, mientras que los avances científicos contribuyen a una mayor comprensión de los mecanismos biológicos y las experiencias de los moribundos.

En conclusión, las numerosas imágenes y similitudes que rodean al pasaje nos invitan a una comparación entre las concepciones antiguas y modernas. Mientras que los antiguos veían el pasadizo como un puente hacia una morada trascendente, la ciencia contemporánea ofrece explicaciones basadas en la experiencia y la observación empírica. Sin embargo, estas concepciones no son necesariamente excluyentes entre sí. Al contrario, la comparación entre ambas perspectivas puede enriquecer nuestra comprensión del paso como una transición misteriosa y potencialmente significativa. A través de este diálogo y de la investigación en curso, la humanidad sigue buscando respuestas sobre la naturaleza de la existencia y el significado último de esta transición crucial.

La muerte como transición energética. Un análisis de los cuerpos sutiles.

El final de la vida, un enigma que ha fascinado a la humanidad desde la antigüedad, ha dado lugar a numerosas interpretaciones y representaciones que intentan explicar el paso del alma al más allá. Entre las diversas concepciones está la del paso como una transición energética, en la que el cuerpo físico da paso a los llamados "cuerpos sutiles".

Desde la perspectiva de las tradiciones espirituales y filosóficas orientales y esotéricas, los "cuerpos sutiles" se consideran envolturas o vehículos de energía que supuestamente existen más allá del cuerpo físico y forman una parte esencial del individuo. Estos cuerpos sutiles suelen verse como vehículos del alma o esencia espiritual del individuo y se consideran componentes cruciales de nuestra identidad y existencia.

Los cuerpos sutiles se describen como capas o dimensiones energéticas más sutiles y vibracionales que el cuerpo físico, y se cree que interactúan con los mundos físico y espiritual de diferentes maneras. Según algunas tradiciones, se cree que cada ser humano tiene varios cuerpos sutiles que interactúan entre sí y con el cuerpo físico, formando un sistema complejo e interconectado.

Los cuerpos sutiles se describen a menudo en términos de diferentes niveles de energía o conciencia, cada uno con funciones y características específicas. En general, los cuerpos sutiles más comunes mencionados en las tradiciones espirituales incluyen:

El cuerpo astral.

A menudo se describe como el cuerpo energético que transporta las emociones, los deseos y las experiencias oníricas. Se cree que es el vehículo que permite al individuo explorar los reinos no físicos durante el sueño, en meditación o en estados alterados de conciencia.

El cuerpo mental.

Este cuerpo sutil está asociado a la mente, el pensamiento y la conciencia. Se cree que opera a niveles energéticos más altos que el cuerpo astral, influyendo en la percepción, la racionalidad y la creatividad del individuo.

El cuerpo espiritual o causal.

Este cuerpo se asocia a menudo con la dimensión del alma o esencia espiritual del individuo. Se cree que representa la conexión con lo divino o la dimensión trascendente de la existencia.

La concepción de los cuerpos sutiles refleja la idea de que el ser humano no se limita simplemente a su cuerpo físico, sino que existe en múltiples niveles de realidad y conciencia. Esta perspectiva ofrece una forma de entender al ser humano como un ser complejo y multidimensional, cuyo desarrollo y evolución implican no sólo el plano físico, sino también el energético y el espiritual.

Muchas culturas y tradiciones espirituales, como la antigua filosofía india, han desarrollado una comprensión profunda de los cuerpos sutiles como parte integrante del ser humano. Según estas concepciones, el individuo no sólo está compuesto por el cuerpo físico, sino también por varias capas o niveles de energía sutil. Por ejemplo, en la tradición védica se habla de "koshas" o envolturas, que representan estos cuerpos sutiles.

El enfoque científico contemporáneo, aunque mantiene una perspectiva más objetiva, ha emprendido investigaciones para explorar las posibles dimensiones energéticas asociadas a la muerte. Un ejemplo es el creciente interés por el aura humana, un campo de energía que se cree que rodea al cuerpo físico y que puede seguir existiendo tras el fallecimiento.

El aura.

En la investigación científica contemporánea crece el interés por explorar las dimensiones energéticas relacionadas con la muerte, incluida la hipótesis de la existencia del aura humana. El aura se concibe como un campo de energía sutil e invisible que rodea el cuerpo físico y se cree que refleja el estado emocional, físico y espiritual de un individuo. Este campo energético es objeto de estudios e investigaciones encaminados a comprender mejor su naturaleza, propiedades y posible papel en la transición al más allá.

El interés por el aura humana nace de la creencia de que puede contener información significativa sobre las personas y su bienestar, y de que puede sobrevivir a la muerte del cuerpo físico. Algunos estudiosos e investigadores tratan de explorar científicamente la existencia y la naturaleza del aura mediante tecnologías y metodologías avanzadas, como la bioelectrónica, las imágenes energéticas y el bioelectromagnetismo.

La investigación sobre el aura humana pretende averiguar si este campo de energía puede persistir después de la muerte y si puede influir en la percepción del más allá o en la supervivencia del alma. No obstante, es importante subrayar que estas investigaciones se encuentran en una fase preliminar de estudio y que la cuestión de la existencia y naturaleza del aura humana sigue siendo objeto de debate e investigación en el contexto científico.

Las aproximaciones científicas contemporáneas a los aspectos energéticos de la muerte, incluida la exploración del aura humana, representan un intento de abordar de forma objetiva y racional conceptos tradicionalmente considerados más espirituales o metafísicos. Esta investigación promueve una mejor comprensión de los fenómenos energéticos en la experiencia humana y puede ofrecer nuevas perspectivas sobre la naturaleza de la conciencia y la transición hacia lo desconocido que acompaña a la muerte.

Fotografía Kirlian.

Varios investigadores han intentado analizar estas dimensiones sutiles mediante experimentos y estudios. Uno de los pioneros en este campo fue el erudito ruso Semyon Kirlian, que desarrolló una técnica fotográfica basada en descargas eléctricas para revelar la energía sutil que rodea a los objetos. Esta técnica se utilizó entonces en un intento de captar la energía sutil presente en los organismos vivos y, potencialmente, también en la fase posterior a la muerte.

Semyon Kirlian fue un pionero en el campo de la investigación de la dimensión energética sutil, famoso por desarrollar la técnica fotográfica conocida como "fotografía Kirlian" en la década de 1930. Esta innovadora técnica se basa en descargas eléctricas y pretende visualizar la energía sutil que rodea a los objetos, incluidos los organismos vivos.

La fotografía Kirlian ha suscitado un gran interés por su supuesta capacidad para captar y mostrar los campos de energía sutil que rodean los objetos fotografiados, ofreciendo así una posible representación visual de estas dimensiones invisibles pero que se cree que están presentes. El trabajo de Kirlian ha contribuido a estimular la investigación y la especulación sobre estas energías sutiles y su posible papel en las experiencias humanas, incluida la transición a través de la muerte.

Utilizando su técnica, los investigadores han tratado de examinar y analizar la energía sutil presente en los organismos vivos y han planteado la hipótesis de que esta energía puede persistir incluso después de la muerte física. Así, la fotografía Kirlian se ha utilizado para explorar la posibilidad de captar pruebas visuales de las dimensiones energéticas sutiles que podrían acompañar el paso de un individuo más allá de la vida terrenal.

Aunque la fotografía Kirlian ha despertado un gran interés y ha generado un debate sobre las energías sutiles y su impacto en nuestra comprensión de la realidad, es importante subrayar que las interpretaciones y aplicaciones de esta técnica siguen siendo objeto de debate y estudio científico. Sin embargo, la obra de Kirlian ha contribuido a catalizar la investigación y la exploración en los límites de la ciencia y la percepción humana, ofreciendo nuevas perspectivas sobre la complejidad y diversidad de los fenómenos energéticos que pueden estar implicados en nuestra experiencia de la vida y la muerte.

Otros, como el físico teórico Amit Goswami, promueven la idea de que se trata de una transición entre distintos estados energéticos. Según su perspectiva, más metafísica que científica, la energía del alma no se destruye.

Amit Goswami es conocido por su visión del mundo que integra conceptos de la física cuántica con la espiritualidad y la conciencia. Goswami promueve la idea de que la muerte es una transición entre distintos estados energéticos y que la energía del alma no se destruye, sino que se transforma en una forma distinta tras el fallecimiento del cuerpo físico.

Según la perspectiva de Goswami, la esencia de lo que somos, nuestra conciencia o alma, es una entidad energética que existe más allá de nuestro cuerpo físico. Cuando el cuerpo físico muere, la energía del alma no se elimina, sino que se libera y se transforma en una nueva forma de energía. Este concepto refleja una visión cíclica de la existencia en la que el final de la vida no representa un final absoluto, sino una transición a otra fase del ser.

Goswami señala que la física cuántica aporta ideas interesantes sobre esta visión de la muerte y la continuidad de la energía del alma. En la física cuántica, la materia y la energía se consideran interconectadas y la conciencia puede desempeñar un papel importante en la creación y la experiencia de la realidad.

Según la visión goswami, el final de la vida es el momento en que la energía del alma se libera de los confines del cuerpo físico y se reúne con la energía universal o cósmica. Esta transición bienvenida se ve como un paso a una nueva existencia o forma de energía que continúa su viaje en el universo.

En última instancia, la perspectiva de Amit Goswami sobre la muerte como transición entre distintos estados energéticos ofrece una visión que integra conceptos científicos con la espiritualidad, haciendo hincapié en la inmortalidad de la energía del alma y en la idea de que la muerte no es el fin absoluto, sino más bien un cambio de forma y una evolución continua en el mosaico infinito del universo.

Más allá de los aspectos científicos, muchas personas han compartido testimonios y experiencias personales que parecen apoyar la idea de una transición energética. Son relativamente frecuentes los relatos de encuentros con entidades espirituales o experiencias de la presencia de energías sutiles tras el fallecimiento de un ser querido.

En conclusión, la idea del paso como una transición energética a través de los cuerpos sutiles ofrece otra perspectiva en el discurso sobre el final de la vida y el destino del alma. Mientras que las antiguas tradiciones espirituales integraban conceptos de cuerpos sutiles en su comprensión del ser humano, la ciencia contemporánea trata de explorar estos aspectos mediante métodos empíricos y nuevos enfoques. Esto abre la puerta a nuevas investigaciones para comprender mejor las posibles dimensiones energéticas relacionadas con la muerte y, potencialmente, arrojar luz sobre lo que podría ocurrir tras la transición final. Gracias a estos esfuerzos de indagación y apertura mental, la humanidad puede seguir explorando las múltiples imágenes y similitudes de la transición, buscando respuestas que combinen razón y espiritualidad.

La muerte como trascendencia. Concepciones espirituales y místicas.

El concepto de trascendencia en el contexto del final de la vida se refiere a la posibilidad de que el individuo, al final o cerca del final de la vida, experimente un estado de trascendencia de los límites de la existencia terrenal y perciba una realidad o dimensión más allá de lo físico y material. Esta experiencia puede manifestarse de diferentes maneras y puede incluir sentimientos de paz, conexión con lo divino o el universo, visiones de luz o presencias espirituales y un sentimiento de unidad con el todo.

Para muchas personas, el momento del fallecimiento puede ser una oportunidad de trascendencia, en la que se abren posibilidades de experiencias espirituales y de conexión profunda más allá de la realidad tangible y cotidiana. Estas experiencias pueden abrir la puerta a una mayor conciencia de la propia existencia y del final de la vida como parte de un ciclo más amplio y significativo.

Algunas tradiciones espirituales y culturales ven la trascendencia al final de la vida como un paso a otra forma de existencia, una evolución espiritual o un retorno a una dimensión de unidad con la fuente creadora. Estas concepciones pueden ofrecer consuelo y sentido a la hora de afrontar la muerte y navegar por el misterio de lo desconocido.

Para quienes asisten o acompañan a una persona en su fallecimiento, contemplar la trascendencia puede brindar la oportunidad de reflexionar sobre los significados más profundos de la vida y la muerte, así como sobre la posibilidad de conexión y amor que trasciende el momento de la separación física.

En resumen, el concepto de trascendencia en el contexto del final de la vida se refiere a la posibilidad de experiencias espirituales, conexiones profundas o visiones de realidades más allá de la vida terrenal, que ofrecen una oportunidad de sentido, consuelo y esperanza en la transición al más allá.

El final de la vida, un enigma nunca del todo desentrañado, ha inspirado numerosas concepciones y teorías que se han desarrollado en círculos espirituales y místicos. Estas perspectivas ofrecen una imagen fascinante del paso como puerta de acceso a una realidad superior, más allá de los confines de la vida terrenal.

En muchas tradiciones religiosas y filosóficas, la transición se considera una trascendencia del alma, un viaje que conduce a una experiencia superior de conciencia. El antiguo pensamiento egipcio, por ejemplo, creía en la transición del difunto a la Duat, el reino del Más Allá, donde el alma continuaría su viaje hacia la inmortalidad. Conceptos similares se exploraron en otras culturas del pasado, como la concepción griega de la inmortalidad del alma o el concepto de Nirvana en el budismo.

El interés por el pasaje como trascendencia y por las experiencias místicas es un tema arraigado en la búsqueda del ser humano de una conexión más profunda con lo divino y con la esencia última de la realidad. Importantes figuras espirituales han contribuido significativamente a dar forma a esta perspectiva, ofreciendo valiosas perspectivas sobre la experiencia mística y la fusión del alma con lo Inefable o el "Uno" Divino.

San Juan de la Cruz, teólogo y místico español del siglo XVI, utilizó el concepto de "Noche oscura del alma" para describir un proceso interior a través del cual el alma, al purificarse de impurezas y deseos terrenales, puede alcanzar un nivel más profundo de unión con Dios. Este estado de trascendencia lleva al individuo a experimentar el éxtasis místico y la fusión del alma con la divinidad, lo que conduce a la realización de la propia naturaleza espiritual y a la conciencia de unidad con lo divino.

He aquí una cita significativa de "La noche oscura del alma" de San Juan de la Cruz:

> *"En la noche oscura, en el abismo donde el alma no encuentra punto de apoyo, sólo descubre lo que no es. Como no puede abarcar lo que no es, deriva de ello un malestar y un tormento indefinidamente crecientes."*

Esta cita refleja el concepto del autor de que el alma experimenta una profunda purificación y transformación interior. Durante este proceso, el alma se enfrenta a la oscuridad interior, los miedos y las incertidumbres, tratando de liberarse de las impurezas y las ataduras terrenales para alcanzar una unión más profunda con Dios. Este periodo de oscuridad y lucha interior se considera esencial para el viaje espiritual del alma hacia una mayor conciencia, purificación y unión divina.

Rumi, el famoso místico y poeta persa del siglo XIII, exploró el tema del amor divino y la fusión del alma con el "Uno" Divino a través de sus poemas ricos en símbolos y metáforas. Sus obras transmiten un profundo sentido de unión cósmica y éxtasis espiritual, invitando a los lectores a explorar la dimensión interior y la belleza trascendente de la conexión con lo divino. Así escribe Rumi:

> *"¿Dónde termino yo y dónde empiezas tú? / La frontera entre 'nosotros' no puede encontrarse / excepto donde el amor ha construido un molino de grano de cuatro pisos".*

Junto con otros maestros espirituales y místicos, San Juan de la Cruz y Rumi han contribuido a iluminar el viaje humano hacia la trascendencia y la fusión con la esencia última de la realidad. Sus perspectivas han inspirado y guiado a muchos en la búsqueda de la verdad espiritual y la profunda experiencia de la conexión con lo Inefable, ofreciendo un faro de sabiduría e iluminación en el vasto territorio de la experiencia humana y la búsqueda interior.

El concepto de trascendencia en el contexto del final de la vida se refiere a la idea de que, durante el proceso de aproximación a la muerte o en el momento mismo de la muerte, las personas pueden experimentar estados de conciencia y percepción que van más allá de la realidad física y material, abriendo la puerta a experiencias que implican dimensiones más amplias y profundas de la existencia.

Algunos estudiosos contemporáneos han explorado estas ideas. Por ejemplo, Stanislav Grof, psicólogo transpersonal famoso por su trabajo sobre la conciencia y las experiencias no ordinarias, ha realizado amplios estudios sobre el tema de la muerte y las experiencias trascendentales. Mediante el uso de sustancias psicodélicas controladas y la práctica de la "respiración holorespiratoria", Grof exploró la experiencia de la muerte inminente y la posibilidad de la trascendencia a través de estados ampliados de conciencia.

Las investigaciones de Grof han documentado una gran variedad de experiencias transpersonales asociadas a la muerte inminente, como encuentros con figuras espirituales, sentimientos de profunda paz, visiones místicas e ideas de conexión con el universo o la esencia divina. Estas experiencias, que parecen combinar el tránsito físico con la trascendencia de la conciencia, llevaron a Grof a plantear la hipótesis de la presencia de una dimensión espiritual o transpersonal que se manifiesta en el momento de la muerte o en situaciones límite.

A través de su obra, Grof puso de relieve el potencial que la experiencia de la muerte puede ofrecer para una transformación de la conciencia y la elevación de la percepción del individuo, sacando a la luz cuestiones profundas sobre la existencia, la espiritualidad y la interconexión universal. Sus investigaciones han contribuido al surgimiento de una perspectiva innovadora sobre la muerte como momento de transición y posible experiencia de trascendencia para el ser humano.

Apoyando la idea de una conciencia universal y una trascendencia más allá de la realidad material, Grof sugiere que el paso físico sólo puede ser un paso a una realidad más profunda y significativa.

Las anécdotas de experiencias cercanas a la muerte o despertares espirituales son compartidas habitualmente por quienes afirman haber pasado por experiencias cercanas a la muerte. En el famoso libro "Proof of Heaven", el neurocirujano Eben Alexander relata su experiencia de un viaje al más allá durante un coma, cuestionando la concepción tradicional del paso como un simple colapso de conciencia.

Sin embargo, es importante señalar que esta exploración del más allá y la trascendencia no se limita exclusivamente a experiencias individuales o testimonios personales. Algunos científicos intentan aportar una visión desde un punto de vista más objetivo, por ejemplo, utilizando la tecnología para recopilar datos correspondientes a estas experiencias cercanas a la muerte o adoptando enfoques de investigación subjetivos.

En conclusión, las numerosas imágenes y similitudes del final de la vida nos conducen a fascinantes concepciones espirituales y místicas. A través de religiones antiguas, experiencias individuales e investigaciones contemporáneas, surgen teorías que ven el fallecimiento como un paso a una realidad superior y trascendente.

El pasaje como iniciación. Concepciones místicas del más allá.

El final de la vida, una de las experiencias más misteriosas y universales de la humanidad, ha suscitado un interés constante por su conexión con el más allá y los conceptos de iniciación. Según algunas tradiciones antiguas y teorías esotéricas, el paso no es sólo el final de la vida, sino también la apertura a un nuevo estado de conocimiento y comprensión.

Uno de los ejemplos más significativos de esta perspectiva es *el antiguo culto griego de Eleusis*. Este rito mistérico, que se desarrolló a partir del siglo VIII a.C., implicaba un proceso de iniciación en el que los participantes esperaban adquirir conocimientos sobre el más allá. En el caso concreto del culto griego de Eleusis, la iniciación representaba un viaje simbólico a través de los estados de la existencia humana y, en particular, hacia la comprensión y aceptación de la muerte como parte integrante del ciclo de la vida.

Durante el rito de Eleusis, los participantes eran conducidos a través de diferentes etapas de purificación, enseñanzas y ritos secretos que culminaban en un momento de revelación o experiencia mística. Este proceso de iniciación simbolizaba el paso de la ignorancia al conocimiento, de la oscuridad a la luz, y a menudo incluía elementos de muerte y renacimiento para enfatizar la transformación interior del iniciado.

El objetivo de la iniciación en el contexto del culto de Eleusis era llevar a los participantes a una mayor conciencia de su naturaleza espiritual y del carácter cíclico de la vida y la muerte. A través de la experiencia de este rito iniciático, se esperaba que los adeptos superaran su miedo a la muerte, aceptaran su destino con serenidad y adquirieran una perspectiva más profunda del significado de la existencia humana.

En resumen, el concepto de iniciación en el contexto del misterio del final de la vida representa un proceso de transformación interior y de búsqueda de la sabiduría que implica la toma de conciencia de la mortalidad humana y la búsqueda de una comprensión más profunda del más allá y del sentido último de la vida.

Esta perspectiva iniciática del culto de Eleusis muestra cómo, a través de rituales, símbolos y enseñanzas secretas, las culturas antiguas trataban de proporcionar a sus seguidores una forma de superar el miedo y la angustia asociados a la muerte. El objetivo era transformar esta realidad inevitable en una oportunidad para el crecimiento espiritual y un conocimiento más profundo. La iniciación en el contexto del misterio del final de la vida no era una mera experiencia simbólica o teórica, sino un proceso profundamente transformador que implicaba el alma y la mente del iniciado en un viaje interior hacia la comprensión de las verdades últimas de la existencia. Este viaje iniciático permitía a los iniciados enfrentarse a sus miedos y limitaciones y abrazar la realidad de la muerte y el renacimiento como parte integrante del ciclo de la vida.

A través de la iniciación, los participantes esperaban adquirir una nueva perspectiva sobre su existencia, el sentido de la vida y la transformación interior necesaria para afrontar los retos de la vida y la inevitabilidad de la muerte con valentía y conciencia.

En resumen, el concepto de iniciación en el contexto del misterio del final de la vida representa un poderoso símbolo de la búsqueda humana de sentido y sabiduría ante la muerte, y demuestra cómo las antiguas prácticas rituales e iniciáticas pueden ofrecer una vía para aceptar la mortalidad y descubrir el secreto de la vida eterna a través del conocimiento interior y la iluminación.

Otros ejemplos de concepciones mistéricas del más allá se encuentran en diversas tradiciones religiosas y filosóficas. Por ejemplo, la antigua civilización egipcia consideraba el tránsito como una transición a un mundo eterno, en el que el alma del individuo tendría la oportunidad de alcanzar la inmortalidad. La figura del juicio del alma ante el dios Osiris, que representa la iniciación en el más allá, ocupaba un lugar central en su concepción de la vida después del tránsito.

El concepto de iniciación en relación con el misterio del final de la vida es un elemento clave en las tradiciones mistéricas y en muchas sociedades tradicionales. Mircea Eliade, uno de los historiadores de las religiones más importantes del siglo XX, contribuyó significativamente a la comprensión de estos ritos de paso e iniciación, destacando su importancia en el contexto de las culturas antiguas y tradicionales.

Según Eliade, el paso por los ritos de iniciación y misterio representa un momento crucial en la vida de un individuo, ya que marca una transición esencial que conduce a profundas transformaciones espirituales y psicológicas. La iniciación al más allá, o la preparación para el más allá, se considera un proceso a través del cual el individuo adquiere una nueva comprensión de la vida, la muerte y el sentido último de la existencia.

Eliade reconoce que los ritos iniciáticos no son meras ceremonias formales, sino verdaderos momentos de contacto con la dimensión sagrada y una realidad trascendente. Estos ritos no sólo preparan al individuo para la transición, sino que también le ayudan a superar los miedos relacionados con el final de la vida, a reconciliarse con el ciclo natural de nacimiento, muerte y renacimiento, y a adquirir una nueva conciencia de su naturaleza espiritual.

A través de la iniciación en el más allá, se creaba un puente entre el mundo terrenal y el reino divino, que permitía al individuo experimentar una comunión más profunda con lo divino y afrontar su existencia con valentía, sabiduría y aceptación. En este sentido, los ritos de iniciación representaban una forma de integrar la dimensión trascendente en la vida cotidiana y de encontrar un sentido más profundo y espiritual a la existencia humana.

Para Mircea Eliade, los ritos de iniciación en el misterio del final de la vida no sólo ofrecen a los individuos una transformación interior y una conciencia más profunda de su propia existencia, sino que también desempeñan un papel crucial en la construcción y organización de las sociedades tradicionales. Estos ritos representan una forma a través de la cual las culturas antiguas intentaban integrar la dimensión sagrada en la vida cotidiana y transmitir valores, conocimientos y sabiduría de una generación a la siguiente.

Según Eliade, el paso por la iniciación al más allá adquiere un significado simbólico de muerte y renacimiento que refleja la naturaleza cíclica de la vida y la continuidad de la existencia más allá de la muerte física. Este proceso iniciático permite a los individuos trascender los límites de su existencia terrenal y acceder a una dimensión más amplia y profunda del ser.

Además, Eliade señala que los ritos de iniciación suelen estar asociados a enseñanzas secretas, símbolos y mitos que transmiten sabiduría ancestral y conocimientos místicos sobre la naturaleza de la realidad y el universo. A través de la iniciación, los individuos pueden adquirir no sólo una comprensión intelectual, sino también un conocimiento intuitivo y espiritual que les guía en su camino hacia la conciencia y la realización personales.

En última instancia, el concepto de iniciación en relación con el misterio del final de la vida, tal como lo interpreta Mircea Eliade, revela la profunda interconexión entre las dimensiones humana y divina, y la importancia de los ritos de paso para ayudar a los individuos a integrar la muerte y la trascendencia en sus vidas, a superar los temores relacionados con el final y a descubrir un sentido más amplio y duradero de la existencia humana.

Mircea Eliade estudió y analizó numerosos ritos de iniciación presentes en diversas culturas y tradiciones religiosas de todo el mundo. Entre los ritos de iniciación más conocidos que Eliade analizó en su obra, destacan dos de manera significativa: el rito de iniciación chamánica y el rito de iniciación cosmológica.

Ritual de iniciación chamánica.

Este rito es especialmente significativo en las culturas indígenas en las que el chamán, o curandero espiritual, desempeña un papel central en la comunidad. En la visión de Eliade, el rito de iniciación chamánica representa el paso del iniciado a un estado de trance, durante el cual entra en contacto con el mundo de los espíritus y adquiere poderes chamánicos. Este proceso de iniciación chamánica suele implicar pruebas de resistencia y sufrimiento que simbolizan la muerte del viejo yo y el renacimiento como chamán, dotado de poderes sobrenaturales para curar y proteger a la comunidad.

Un lugar donde se ha practicado tradicionalmente el rito de iniciación chamánica es Siberia, una vasta región del norte de Rusia habitada históricamente por pueblos indígenas con ricas tradiciones chamánicas. Entre los pueblos siberianos que han mantenido prácticas chamánicas se encuentran los yakuti, buriati, evenki y tuvani, por nombrar sólo algunos.

Los chamanes siberianos son considerados figuras fundamentales dentro de sus comunidades, actuando como mediadores entre los mundos espiritual y terrenal para curar enfermedades, predecir el futuro, restablecer la armonía dentro de la comunidad y dirigir rituales sagrados. Los ritos de iniciación chamánica desempeñan un papel esencial en la formación de los chamanes, preparándolos para su tarea sagrada y dándoles acceso a los poderes y conocimientos necesarios para desempeñar sus funciones.

En el contexto siberiano, el rito de iniciación chamánica suele implicar un periodo de aislamiento, ayuno, meditación y pruebas físicas o psicológicas que ponen a prueba la resistencia y determinación del iniciado. Durante este proceso, el aprendiz de chamán entra en un estado de trance para entrar en contacto con los espíritus y recibir sus instrucciones, visiones y poderes sobrenaturales que luego utilizará en beneficio de la comunidad.

Siberia ha sido históricamente rica en prácticas chamánicas que muestran la profunda conexión entre los seres humanos y el mundo espiritual, y la importancia de los rituales de iniciación para transmitir la sabiduría ancestral y preparar a los individuos para asumir papeles significativos dentro de sus culturas indígenas.

Rito de iniciación cosmológica.

Este tipo de iniciación aborda la dimensión universal de la creación y la transformación. En el contexto de este ritual, el iniciado es conducido a través de una serie de símbolos y pruebas que representan la creación del mundo y el orden cósmico. La iniciación cosmológica pretende que el individuo experimente la unidad y la interconexión de todos los seres y elementos del universo, transmitiendo una profunda comprensión de la estructura cósmica y su relación con la humanidad.

Un pueblo al que se ha asociado con ritos de iniciación cosmológica similares a los descritos por Mircea Eliade son los aborígenes australianos.

Es importante tener en cuenta que las concepciones mistéricas del más allá no se limitan a la experiencia individual, sino que a menudo han estado arraigadas en creencias colectivas y tradiciones culturales. En muchas sociedades indígenas, como las de los aborígenes australianos, se creía que las experiencias de muerte y renacimiento eran esenciales para la adquisición de conocimientos profundos y la formación espiritual.

Las tradiciones espirituales de los aborígenes australianos son ricas en complejos sistemas de creencias cosmológicas y rituales iniciáticos que reflejan la profunda conexión entre los seres humanos, la tierra y el universo.

En las culturas aborígenes, la iniciación cosmológica suele ser parte integrante del camino de crecimiento y formación espiritual de los jóvenes miembros de la comunidad. Estos ritos pueden implicar una serie de ceremonias, danzas, relatos míticos y ensayos cuyo objetivo es proporcionar al iniciado una experiencia directa de la creación, la estructura cósmica y las leyes que rigen el universo.

Durante el ritual de iniciación cosmológica, se guía al iniciado para que comprenda y experimente de primera mano los conceptos de interconexión, armonía y unidad que subyacen a toda la existencia. A través de símbolos, mitos y rituales específicos, el individuo entra en contacto con la sabiduría ancestral y percibe la relación intrínseca que existe entre él mismo, la comunidad, la tierra y el cosmos.

Los aborígenes australianos consideran que el conocimiento cosmológico es esencial para vivir en armonía con la tierra y los demás seres vivos, y los ritos de iniciación desempeñan un papel crucial en la educación espiritual y moral de las nuevas generaciones. Estos ritos no sólo enseñan a los iniciados los secretos del universo, sino que también les preparan para asumir responsabilidades dentro de la comunidad y mantener vivas las tradiciones culturales y espirituales que definen la identidad aborigen.

Ambos tipos de ritos de iniciación muestran cómo, a través de símbolos, mitos y enseñanzas secretas, las culturas tradicionales trataban de guiar a los individuos hacia un mayor conocimiento y una conciencia más profunda de la realidad espiritual y cósmica, preparándolos así para asumir papeles cruciales en sus comunidades y en sus relaciones con lo divino.

En conclusión, explorar las múltiples imágenes y similitudes del paso al más allá como iniciación ofrece una interesante perspectiva sobre el significado de esta experiencia universal. Las concepciones místicas del más allá en las tradiciones antiguas, las aportaciones de los estudiosos modernos y los testimonios personales enriquecen nuestra comprensión de las posibilidades de trascendencia que ofrece la muerte.

Las anécdotas y relatos de experiencias o acontecimientos místicos al borde del pasaje enriquecen aún más este debate. Por ejemplo, el filósofo y escritor francés René Guénon compartió su propia experiencia en una serie de vivencias médicas y espirituales en torno al final de la vida. Creía que el paso era una oportunidad para que el alma continuara su viaje hacia una dimensión superior de la existencia.

René Guénon, filósofo y escritor francés del siglo XX, es conocido por sus profundas reflexiones sobre espiritualidad, tradición y metafísica. Guénon compartió experiencias místicas y reflexiones sobre el paso por la muerte que enriquecieron el debate sobre cuestiones existenciales y metafísicas relacionadas con el más allá.

Guénon creía que la muerte no era el fin absoluto de la existencia, sino más bien el paso a una dimensión superior de la realidad. Según su visión, el alma humana sobrevive a la muerte del cuerpo físico y prosigue su viaje hacia un plano superior de existencia. Este concepto se basa en la noción de un dualismo entre el mundo físico y el espiritual, en el que el final de la vida representa simplemente un momento de transición de una forma de existencia a otra.

Las experiencias médicas y espirituales de Guénon contribuyeron a conformar su perspectiva sobre el tránsito y el más allá. Estas experiencias podían incluir estados ampliados de conciencia, visiones interiores profundas o encuentros con la muerte inminente que influyeron en su comprensión de la naturaleza de la vida y del final de la vida.

Los testimonios de Guénon y otras personas que han tenido experiencias cercanas a la muerte o místicas ofrecen una perspectiva más sobre la posibilidad de existencias o realidades más allá de lo que se percibe con los sentidos físicos. Estas experiencias alimentan un antiguo y siempre presente debate sobre la naturaleza del alma, la existencia de planos de realidad no material y la continuidad de la conciencia tras la muerte física.

El final de la vida como transición dimensional. Concepciones de otras realidades en el más allá.

La muerte siempre ha sido objeto de fascinación e investigación para la humanidad, que busca comprender qué hay más allá de la vida terrenal. Un tema que ha despertado el interés de estudiosos e investigadores es la posibilidad del paso a otras dimensiones o realidades.

Un ejemplo de esta concepción puede encontrarse en antiguas tradiciones religiosas, como el hinduismo. Según la doctrina hindú, el tránsito no representa el final definitivo del individuo, sino el paso a una nueva encarnación o a una dimensión superior de la existencia. Las experiencias de muerte inminente relatadas por individuos de distintas culturas suelen afirmar haber vivido viajes o encuentros con seres de una realidad más allá de lo terrenal.

Una de las figuras más conocidas que ha explorado este concepto es el famoso psiquiatra suizo Carl Gustav Jung. En su obra, Jung introdujo el concepto de "inconsciente colectivo", una especie de dimensión arquetípica compartida.

La teoría del inconsciente colectivo desarrollada por Carl Gustav Jung representa uno de los conceptos fundamentales de su psicología analítica. Según Jung, el inconsciente colectivo es una capa profunda de la psique humana que contiene contenidos psíquicos compartidos por todos los seres humanos, más allá de las experiencias individuales y culturales.

El inconsciente colectivo está formado principalmente por arquetipos, que son imágenes innatas, símbolos y patrones universales de comportamiento que se manifiestan en todas las culturas y épocas históricas. Los arquetipos son esencialmente predisposiciones psíquicas que influyen en cómo percibimos el mundo, cómo reaccionamos ante él y cómo nos comportamos.

Jung creía que los arquetipos son la base de mitologías, religiones, cuentos de hadas e historias humanas, ya que surgen como representaciones simbólicas de conceptos universales y experiencias humanas comunes. Estos arquetipos pueden encarnarse en figuras como la madre, el padre, el hijo, el héroe, la sombra, el ánima, el ánimus y muchas otras.

Según Jung, el inconsciente individual está conectado con el inconsciente colectivo a través de estos arquetipos. Las experiencias personales de un individuo pueden activar y manifestar los arquetipos, dando lugar a procesos de individuación e integración cuyo objetivo es lograr el equilibrio y la armonía entre la conciencia y el inconsciente.

En esencia, la teoría de Jung sobre el inconsciente colectivo es un concepto complejo que ofrece una perspectiva intrigante sobre la esencia humana, la interconexión entre los individuos y la herencia simbólica compartida que forma parte de nuestra naturaleza profunda.

Según Jung, el final de la vida podría ser un pasaje a esta dimensión, donde el alma encontraría una conexión con la esencia universal de la humanidad.

En la perspectiva junguiana, el paso a esta dimensión arquetípica del inconsciente colectivo podría representar una experiencia de profunda transformación y conexión con las raíces más profundas de la humanidad. Este pasaje podría interpretarse como una oportunidad para la integración y una búsqueda más amplia de significado que va más allá del individuo para abarcar todo el tejido de la existencia humana.

En resumen, la teoría del inconsciente colectivo de Jung ofrece una visión rica y compleja de la esencia humana y su interconexión con el universo, lo que sugiere que el final de la vida podría concebirse como un paso a una dimensión universal y simbólica que abarca a toda la humanidad.

Los científicos contemporáneos no han permanecido indiferentes a la cuestión del final de la vida como transición dimensional, tratando de responder a la pregunta de si efectivamente existen otras realidades más allá de la material. Uno de los proyectos más conocidos fue el llevado a cabo por la Universidad de Southampton, en el Reino Unido, que estudió los efectos del fenómeno denominado *"EFC" (Experiencia Fuera del Cuerpo).* Mediante experimentos controlados, el equipo de investigación recogió testimonios de personas que afirmaban haber abandonado su cuerpo físico durante experiencias cercanas a la muerte, lo que aportó pruebas para apoyar la concepción de otras realidades en el más allá.

Además, existen numerosos relatos y anécdotas de personas que afirman haber tenido contactos o visiones de realidades alternativas tras el paso. El conocido médium británico Arthur Conan Doyle, creador del personaje Sherlock Holmes, afirmaba haber entrado en contacto con entidades de dimensiones más allá de lo terrenal. Algunos relatos de experiencias cercanas a la muerte describen encuentros con seres luminosos o la percepción de una realidad distinta, lo que confirmaría la idea de otras dimensiones en el más allá.

También hay estudiosos como el filósofo escocés David Hume, que abordó la cuestión de la posibilidad de otras realidades en el más allá. Hume sostenía que, aunque no podamos tener pruebas empíricas de estas dimensiones, no deberíamos rechazarlas de plano, ya que podrían ofrecer interesantes perspectivas sobre la naturaleza del universo y la existencia.

Hume, conocido por su estricto empirismo, destacaba la importancia de la experiencia sensorial y la razón en la formación de nuestro conocimiento. Sin embargo, no negaba la existencia de realidades más allá de lo que podemos percibir directamente. Hume reconocía que nuestras cogniciones son limitadas y que existen ámbitos de la realidad que pueden escapar a nuestra comprensión empírica.

En el contexto de la vida después de la muerte o de otras dimensiones de la existencia, Hume probablemente habría hecho hincapié en que, aunque no podamos demostrar empíricamente la existencia de estas realidades, no deberíamos rechazarlas automáticamente. Hume podría haber aceptado que hay límites a nuestra capacidad de percibir y comprender todo lo que existe, y que la mente humana podría no ser capaz de captar plenamente las dimensiones más sutiles o trascendentales de la existencia.

En este sentido, Hume puede haber instado a la cautela a la hora de afirmar con certeza la inaccesibilidad de otras realidades o dimensiones, reconociendo que la apertura a la exploración de visiones e ideas alternativas puede enriquecer nuestra comprensión del mundo y del universo sin comprometer el enfoque racional y crítico del conocimiento.

En resumen, aunque Hume no fue un teórico explícito de la vida después de la muerte o de realidades más allá de la experiencia empírica, su filosofía empírica y crítica podría ofrecer una perspectiva interesante para considerar el tema de otras dimensiones de la existencia y sus posibles implicaciones para nuestra comprensión de la naturaleza del universo y de la existencia.

En conclusión, la idea de otras realidades en el más allá como un pasaje dimensional ofrece una perspectiva fascinante sobre el final de la vida. La comprensión de antiguas tradiciones religiosas, el trabajo de eminentes eruditos y las experiencias personales relatadas nos invitan a considerar el más allá como un espacio donde el alma puede embarcarse en un viaje hacia realidades desconocidas. Mientras siguen surgiendo investigaciones científicas y testimonios de personas, el misterio del más allá permanece abierto a nuestra curiosidad y capacidad de explorar lo desconocido.

El final de la vida como liberación. Experiencias de reanimación y sensación de paz.

La muerte, a veces temida y misteriosa, también puede verse como una oportunidad de liberación y paz. Las experiencias de reanimación y los relatos de quienes han estado cerca de la muerte nos ofrecen una interesante perspectiva al respecto.

Si nos fijamos en los casos de reanimación, podemos encontrar numerosos ejemplos de personas que afirman haber experimentado una sensación de calma y serenidad durante el tiempo que estuvieron clínicamente muertas. Uno de los casos más famosos es el de Pam Reynolds, una mujer estadounidense que se sometió a cirugía cerebral y fue resucitada tras haber estado clínicamente muerta. Pam afirmó haber tenido una experiencia extracorpórea, encontrándose fuera de su cuerpo físico y experimentando una sensación de amor y paz totales.

La experiencia de Pam Reynolds durante su reanimación es un caso muy conocido en el campo de los estudios sobre experiencias cercanas a la muerte. Su testimonio ha suscitado interés y debate en la comunidad científica y entre los expertos en fenómenos relacionados con la conciencia. Además del caso de Pam Reynolds, existen otros ejemplos relevantes de experiencias similares.

Los experimentos de Deal Radin.

Desde una perspectiva científica, los experimentos de percepción remota realizados por el psicólogo Dean Radin han planteado interrogantes sobre el potencial de la mente humana para percibir información más allá de los límites convencionales de espacio y tiempo. A lo largo de los años se han realizado diversas investigaciones en este campo.

Las investigaciones de Dean Radin se llevaron a cabo en diversos momentos a lo largo de los años, en la segunda mitad del siglo pasado, en el Instituto de Investigación Noética, donde Radin ocupó el cargo de Científico Jefe.

Este acontecimiento es un ejemplo significativo de cómo la investigación científica puede desafiar nuestras concepciones tradicionales de la mente y su capacidad de percibir más allá de los límites espacio-temporales.

El Instituto de Investigación Noética está situado en Petaluma, California, en Estados Unidos. Este instituto se dedica al estudio de la conciencia, los fenómenos psíquicos y la investigación de la percepción, colaborando con diversos expertos e investigadores en los campos de la parapsicología, la psicología transpersonal y otras disciplinas afines.

En general, los experimentos de percepción remota implican la selección de "blancos" u objetivos remotos, en los que los participantes deben centrar su atención para percibir información a la que no pueden acceder a través de los sentidos convencionales. Los participantes pueden estar situados en lugares distintos del objetivo y, mediante protocolos controlados, se mide la información percibida correctamente.

La percepción remota es un fenómeno que implica la capacidad de percibir información sobre acontecimientos, lugares o situaciones lejanos en el tiempo y el espacio, a menudo sin utilizar los cinco sentidos convencionales. En concreto, la investigación realizada por Radin pretendía evaluar hasta qué punto las personas podían percibir información de lugares remotos sin tener ningún contacto directo con ellos.

Las implicaciones de estos estudios son profundas, ya que cuestionan nuestro paradigma científico actual, basado principalmente en los conceptos de espacio y tiempo como entidades separadas y definidas. Si la mente humana fuera realmente capaz de acceder a información más allá de estos límites, podríamos estar ante un nuevo panorama de comprensión de la realidad y de la propia conciencia.

En cualquier caso, los experimentos de percepción remota de Radin y otras investigaciones similares ofrecen una interesante oportunidad para explorar los límites del conocimiento científico y estimular una reflexión más amplia sobre la naturaleza de la mente, la percepción y la propia realidad. Estos estudios fomentan una visión más abierta e integradora de la realidad que no se limita a los límites convencionales de la ciencia, sino que abarca la complejidad y el misterio que aún rodean nuestra comprensión del mundo.

La esfera filosófica.

En el ámbito filosófico, las teorías de filósofos como René Descartes sobre la dualidad mente-cuerpo y David Chalmers sobre la conciencia como "fenómeno irreductible" han suscitado reflexiones sobre las implicaciones de las experiencias cercanas a la muerte para nuestra comprensión de la conciencia y la existencia humana.

En conclusión, al examinar casos de reanimación y relatos de experiencias cercanas a la muerte, es posible abrir nuevas perspectivas sobre la naturaleza de la conciencia y la existencia de dimensiones más allá de nuestra comprensión racional, lo que plantea importantes cuestiones sobre la vida, la muerte y el sentido de la existencia humana.

Esta perspectiva también es explorada por investigadores como el médico estadounidense Raymond Moody. En su libro *"La vida después de la vida", Moody* examina numerosos casos de experiencias cercanas a la muerte, destacando el elemento común de la sensación de paz y bienestar que experimentan las personas durante estas vivencias. Estos testimonios, según el estudioso, sugieren la existencia de una realidad más allá de la vida terrenal, en la que el alma puede encontrar paz y serenidad.

Los experimentos científicos sobre experiencias cercanas a la muerte también han arrojado resultados interesantes. En un estudio realizado por el médico holandés Pim van Lommel, se recogieron testimonios de pacientes que habían sufrido un paro cardíaco y relataron posteriormente experiencias detalladas cercanas a la muerte. El 62% de los participantes afirmaron haber experimentado una sensación de paz y armonía durante este periodo, lo que sugiere que el paso puede significar efectivamente una liberación de los tormentos de la vida terrenal. Hablaré extensamente de Pin van Lommel en el siguiente capítulo sobre las ECM (Experiencias Cercanas a la Muerte).

También hay numerosas anécdotas que apoyan la idea del paso como liberación y paz. El famoso escritor estadounidense Mark Twain, en una carta de 1900, describió el paso como "*el día más feliz de mi vida*". Twain veía en el pasaje el final de los sufrimientos y angustias de la vida terrenal, un momento en el que el alma podía por fin encontrar la paz.

En conclusión, el concepto de fallecimiento como liberación y paz surge a través de las experiencias de reanimación, del testimonio de quienes han estado cerca de la muerte y de la investigación científica sobre las experiencias cercanas a la muerte. Los relatos de individuos que afirman haber experimentado una sensación de calma y tranquilidad durante esos momentos ofrecen una visión fascinante del final de la vida.

La muerte como despertar espiritual. La iluminación al final de la vida.

El fallecimiento suele considerarse el final de la vida, pero algunas teorías afirman que también puede representar un momento de despertar espiritual. La idea de que el fallecimiento puede conducir a la iluminación o a una conexión espiritual más profunda ha sido investigada por muchos estudiosos e investigadores.

Una de las personas detrás de esta teoría es la psiquiatra suiza Elisabeth Kübler-Ross, famosa por sus estudios sobre experiencias de muerte inminente. Según Kübler-Ross, muchos pacientes terminales relatan experiencias de conexión espiritual o presencia divina a medida que se acercan a la muerte. Estas experiencias pueden caracterizarse por un sentimiento de paz, amor y luz intensa, lo que indica un posible despertar espiritual al final de la vida.

Un ejemplo notable de iluminación al final de la vida es el del gran místico indio Ramana Maharshi .

Ramana Maharshi fue un famoso sabio y místico indio del siglo XX, conocido por su sabiduría y su práctica de la autoindagación y el autoanálisis. Nacido en 1879 en Tamil Nadu (India), Ramana Maharshi vivió una vida de profunda meditación y enseñó el camino de la autoindagación como medio para alcanzar la iluminación y la realización espiritual.

Uno de los rasgos distintivos de su enseñanza era la práctica del "Atma-vichara", la autoindagación o autoanálisis, que consiste en hacerse la pregunta "¿Quién soy?" para descubrir la verdadera naturaleza de uno mismo más allá de la identificación con el cuerpo, la mente y las emociones.

Ramana Maharshi animaba a sus seguidores a practicar constantemente la autoindagación y a tratar de descubrir la fuente de su ser interior, donde residen la paz y la felicidad duraderas. Su tranquila presencia y su profunda sabiduría han inspirado a muchas personas de todo el mundo a buscar la verdad y la paz interiores.

Este ilustre maestro espiritual tuvo una experiencia de muerte simbólica en su juventud. Durante esta experiencia, Ramana afirmó haber experimentado un profundo despertar espiritual, que le llevó a la comprensión directa de su verdadero yo y a la realización de la unidad de todo el universo. Esta experiencia marcó el comienzo de su misión espiritual e influyó profundamente en sus enseñanzas.

Se han realizado experimentos científicos para investigar el efecto del fallecimiento inminente en la espiritualidad. Un estudio realizado en 2011 por la neuróloga eslovena

Zalika Klemenc-Ketiš y el psicólogo estadounidense Bruce Greyson examinó a un grupo de pacientes que habían tenido una experiencia cercana a la muerte. El estudio es interesante porque se centró en la investigación científica de las experiencias cercanas a la muerte y su impacto en la espiritualidad. Este tipo de investigación desafía los límites entre ciencia y espiritualidad, intentando dar una explicación racional a experiencias que suelen considerarse fenómenos espirituales o trascendentales.

En el estudio, los investigadores examinaron a un grupo de pacientes que habían tenido una experiencia cercana a la muerte. Estas experiencias se describen como vividas por personas que estaban clínicamente muertas o cerca de la muerte y luego fueron devueltas a la vida. Durante estas experiencias, algunas personas informan de sentimientos de paz, visiones de luz, encuentros con seres o figuras espirituales o la sensación de abandonar su cuerpo.

Los estudiosos utilizaron metodologías científicas para examinar los testimonios de los pacientes e intentar comprender mejor estos fenómenos. El objetivo era comprender si estas experiencias podían tener un impacto duradero en la espiritualidad de las personas y si existía una correlación entre estas experiencias y una mayor apertura espiritual o cambios de actitud ante la vida y la muerte.

El estudio puede haber contribuido a arrojar luz sobre una zona gris entre la ciencia y la espiritualidad, abriendo nuevas perspectivas de investigación sobre la experiencia humana y la conciencia. Este tipo de enfoque interdisciplinar es importante para ampliar nuestra comprensión del ser humano y sus experiencias más profundas y significativas.

La investigación reveló que muchos de ellos informaron de un profundo cambio en su sistema de valores y un aumento de la espiritualidad tras la experiencia de la muerte inminente, contradiciendo la idea de que la transición es sólo un momento final y sin sentido.

Las anécdotas y relatos de personas que han experimentado una muerte inminente ofrecen más pruebas de la iluminación al final de la vida. Uno de los casos más famosos es el de Eben Alexander, neurocirujano estadounidense que experimentó una muerte inminente tras caer gravemente enfermo. Alexander relató una especie de viaje al mundo espiritual, en el que experimentó una conexión con una entidad superior y comprendió el significado más profundo del amor y de la vida misma. Esta experiencia tuvo un impacto tan significativo en él que dedicó gran parte de su vida a compartir su historia y promover una visión más amplia y espiritual del pasaje.

En conclusión, las investigaciones sobre la iluminación al final de la vida sugieren la existencia de una posible conexión o despertar espiritual que puede acompañar a la transición.

El pasaje como transformación espiritual. La purificación del alma.

El final de la vida es un acontecimiento universal que puede considerarse una transformación espiritual, un momento de purificación del alma. Esta perspectiva, ampliamente explorada por estudiosos y filósofos, ofrece una interesante visión del final de la vida como paso a una nueva existencia espiritual.

Uno de los grandes pensadores que abordó este tema es el filósofo griego Platón. En su diálogo "Fedón", Platón presenta la idea de que el pasaje puede entenderse como una liberación del alma del cuerpo, lo que permite al alma alcanzar un estado superior de conocimiento y sabiduría. Según Platón, el pasaje es el momento en que el alma se libera de las pasiones y deseos terrenales, lo que permite una purificación y transformación espirituales.

Otras reflexiones sobre la purificación del alma en la muerte se encuentran en el pensamiento del místico persa Rumi. Rumi, que vivió en el siglo XIII, exploró temas profundos como el paso y la transformación del alma en sus poemas y escritos místicos. A través de sus palabras, Rumi expresa la creencia de que el paso es una travesía a través de la cual el alma se libera de sus ataduras terrenales y alcanza un estado de unión con lo divino.

Rumi ofreció profundas reflexiones sobre la purificación del alma y su unión con lo divino. Una de sus citas más famosas sobre este tema es la siguiente:

> *"Tu tristeza debe ser tan profunda que divida el corazón hasta abrirlo. La luz no puede entrar en un corazón cerrado".*

En esta cita, Rumi sugiere que a través de las dificultades y el sufrimiento, el alma puede purificarse y abrirse a la luz de lo divino. Rumi explora la transformación interior y la liberación del apego terrenal como vías para lograr una conexión más profunda con la esencia espiritual del universo. Sus poemas y escritos místicos siguen inspirando e iluminando a quienes buscan sabiduría y comprensión espirituales.

La investigación científica también ha contribuido al debate sobre la transformación espiritual en la muerte. Uno de los experimentos más famosos en el campo de las experiencias cercanas a la muerte lo realizó en 1988 el médico estadounidense Kenneth Ring. Ring entrevistó a varias personas que afirmaban haber tenido una experiencia de muerte inminente y descubrió que muchas de ellas informaron de una transformación radical de sus creencias y valores. Estos individuos manifestaban una mayor apertura espiritual, una mayor conciencia de sí mismos y de los demás, y una profunda conexión con el sentido último de la vida.

Un ejemplo interesante sobre el tema de la purificación del alma en la muerte es el de Carl Jung, el famoso psicólogo suizo. Jung vivió una intensa experiencia de enfermedad mortal en torno a los 40 años, en la que experimentó una profunda transformación interior. Este periodo de crisis personal le llevó a enfrentarse e integrar sus lados oscuros e inconscientes, un proceso que finalmente le llevó a desarrollar sus revolucionarias teorías psicológicas y a adquirir una mayor conciencia de sí mismo.

Por último, la idea de una purificación del alma a través del paso está relacionada con creencias religiosas de muchas tradiciones espirituales. Por ejemplo, en el budismo se sostiene que el paso puede ser un momento de consecución de la iluminación final, en el que el alma se libera de los sufrimientos cíclicos de la reencarnación. Del mismo modo, algunas concepciones religiosas ven el paso como una oportunidad para que el alma se purifique y se reconcilie con lo divino.

En conclusión, la investigación del final de la vida como transformación espiritual y purificación del alma nos muestra una perspectiva fascinante sobre la naturaleza profunda de la experiencia de la muerte. A través del pensamiento de grandes filósofos y pensadores, emerge la idea de que el final de la vida puede ser un pasaje hacia una nueva forma de existencia espiritual. Estas consideraciones nos invitan a abrazar la posibilidad de una profunda transformación que puede acompañar el momento final de nuestras vidas.

El fin de la vida como transformación energética. De la muerte material a la vida espiritual.

En el panorama de las cuestiones existenciales a las que se enfrenta la humanidad, la transformación de la energía de la muerte material a la vida espiritual emerge como una cuestión evolutiva, profunda y compleja. A lo largo de la historia y la filosofía, numerosos pensadores, eruditos y místicos han explorado esta transición de la existencia terrenal a la dimensión espiritual, sugiriendo que la muerte no es el fin absoluto, sino un pasaje a una realidad mayor y desconocida.

Uno de los puntos centrales de esta reflexión es la idea de que la energía vital, al final de la vida física, no se destruye sino que se transforma en una forma más sutil y espiritual. Este concepto encuentra apoyo en muchas tradiciones espirituales y filosóficas, incluida la antigua filosofía griega de Platón.

Más allá de los pensamientos filosóficos y místicos, la ciencia también se ha interesado por esta cuestión. Los estudios contemporáneos en el campo de la física cuántica, por ejemplo, sugieren que la energía no puede crearse ni destruirse, sino sólo transformarse de una forma a otra, lo que abre un espacio para la reflexión sobre las posibles conexiones entre ciencia y espiritualidad.

Investigadores de la Universidad de Harvard han realizado estudios sobre la experiencia mística y la espiritualidad, examinando cómo las prácticas espirituales pueden influir en la actividad cerebral y conducir a experiencias de transformación interior.

Los estudios de la Universidad de Harvard dirigidos por el neurocientífico Andrew Newberg han contribuido significativamente a nuestra comprensión de la experiencia mística, la espiritualidad y su conexión con la actividad cerebral. Newberg es conocido por sus investigaciones sobre el efecto de las prácticas espirituales en la mente y el cerebro, examinando cómo estas experiencias influyen en la actividad cerebral y pueden conducir a la transformación interior.

Una de las principales áreas de investigación de Newberg se refiere a los efectos de prácticas espirituales como la meditación, la oración y el recogimiento contemplativo en el funcionamiento del cerebro. Mediante imágenes cerebrales funcionales, Newberg y su equipo han observado cambios en la actividad cerebral que se producen durante experiencias espirituales intensas, como el sentimiento de conexión con lo divino o la experiencia de unidad con el universo.

Uno de los experimentos más conocidos de Newberg se publicó en su libro de 2001 "*Why God Won't Go Away: Brain Science and the Biology of Belief*". En el libro, Newberg examinaba las correlaciones entre las prácticas espirituales y la neurofisiología del cerebro. A través de estudios sobre monjes budistas, sufíes y practicantes de diversas tradiciones espirituales, Newberg documentó cómo el estado de meditación y contemplación produce efectos específicos en el cerebro, demostrando una correlación entre las experiencias espirituales y los cambios neurológicos.

Además, la investigación de Newberg tiene importantes implicaciones para comprender la naturaleza de la experiencia espiritual y la posible transformación interior que puede ofrecer. La idea de que las prácticas espirituales pueden influir de forma tangible en la actividad cerebral y conducir a experiencias de profunda conexión y realización abre nuevas perspectivas sobre la interacción entre la mente, el cerebro y las dimensiones espirituales del ser humano.

Gracias a sus estudios, Newberg y su equipo han arrojado nueva luz sobre cómo las experiencias espirituales pueden modular la percepción del yo, el mundo y la divinidad, contribuyendo así de forma importante a la comprensión de la transformación interior y la conexión entre las esferas material y espiritual.

Desde una perspectiva ética, la reflexión sobre la transformación de la energía de la muerte en vida espiritual plantea importantes cuestiones sobre la naturaleza de la supervivencia y el sentido de la vida terrenal. Algunos especialistas en ética sostienen que la idea de una existencia continuada después de la muerte podría influir positivamente en las opciones morales y el sentido de la finalidad en la vida de muchas personas, mientras que otros plantean su preocupación por la posible desviación de la responsabilidad hacia el mundo terrenal.

Para comprender plenamente la transformación de la energía de la muerte material a la vida espiritual, es esencial considerar también las experiencias individuales y los relatos de personas que afirman haber tenido experiencias cercanas a la muerte o contacto con dimensiones de otro mundo. Estos relatos proporcionan una perspectiva adicional sobre la posibilidad de una existencia más allá de la muerte física y la naturaleza de esta transición.

Personas como el médico e investigador Raymond Moody, autor del famoso libro "*La vida después de la vida*", han realizado estudios sobre las experiencias cercanas a la muerte y el contacto con realidades espirituales, destacando elementos recurrentes como la sensación de paz, luz y conexión con entidades no físicas durante estas experiencias.

Otros estudiosos contemporáneos, como el filósofo Thomas Nagel, han ofrecido perspectivas críticas sobre la idea de una existencia espiritual después de la muerte, cuestionando las posibles consecuencias de una eternidad de vida y la importancia de dar sentido y valor a nuestra finita existencia terrenal.

Conceptos como la reencarnación, frecuentes en tradiciones espirituales como el hinduismo y el budismo, ofrecen una interpretación alternativa de la transformación de la energía tras la muerte, sugiriendo un ciclo de nacimientos y muertes encaminado al crecimiento y la evolución del alma.

En última instancia, la cuestión de la transformación de la energía de la muerte material en vida espiritual sigue abierta a múltiples interpretaciones, estimulando la reflexión sobre quiénes somos, de dónde venimos y cuál puede ser nuestro destino último. Mediante un enfoque multidisciplinar que integre conocimientos científicos, filosóficos, espirituales y éticos, podemos seguir explorando los límites de la existencia humana y buscar respuestas a las preguntas más profundas que la humanidad se ha hecho siempre sobre la muerte y la vida más allá de ella.

El final de la vida como oportunidad de crecimiento. El significado evolutivo de las experiencias "post mortem".

El paso es una experiencia universal que plantea continuamente interrogantes sobre su significado y el destino del alma. A menudo nos centramos en la vida terrenal, pero hay estudios y testimonios que sugieren que el paso puede ser una oportunidad para el crecimiento y la evolución espiritual. En esta sección exploraremos el concepto de experiencias "post-mortem" y su importancia para comprender la vida después de la muerte.

Una de las figuras clave en este campo es el Dr. Raymond Moody. En su famoso libro de 1975, *Vida después de la vida*, Moody relata los testimonios de personas que afirman haber tenido experiencias de muerte inminente. Según sus descripciones, durante estas experiencias las personas experimentan sensaciones de paz, luz y se sienten separadas de su cuerpo físico. Muchos testimonios coinciden también en señalar el paso por un "túnel" y el encuentro con seres espirituales o difuntos. Moody cree que estas experiencias ofrecen una visión de un posible mundo espiritual más allá del paso.

La investigación científica también ha contribuido a este debate mediante estudios sobre regresiones hipnóticas. Michael Newton, psicólogo estadounidense, ha realizado numerosas sesiones hipnóticas con sus pacientes, durante las cuales éstos afirman recordar detalles de sus vidas pasadas, así como experiencias posteriores a la muerte. Newton afirma que estas sesiones ofrecen un testimonio de que las almas siguen evolucionando a través de diversas encarnaciones, lo que respalda una perspectiva de crecimiento espiritual a través de los ciclos de la vida y la muerte.

La investigación sobre la regresión hipnótica llevada a cabo por Michael Newton ha suscitado un gran interés en el debate sobre la reencarnación y la vida después de la muerte. Michael Newton se ha hecho famoso por sus trabajos en el campo de la regresión hipnótica, en particular con sus libros *Journey of* Souls y *Destiny of Souls*, en los que describe las experiencias de las almas entre vidas relatadas por sus pacientes durante sesiones hipnóticas.

Otros estudiosos también han contribuido a este campo de investigación sobre la regresión hipnótica y la reencarnación. Por ejemplo, el Dr. Ian Stevenson, investigador psiquiátrico que ha realizado estudios sobre miles de casos de supuestos recuerdos de vidas pasadas en todo el mundo, ha tratado de aportar pruebas científicas en apoyo de la reencarnación. Stevenson documentó casos en los que niños proporcionaron detalles precisos y verificables de vidas pasadas que no podían explicarse por otros medios.

Además, algunas personalidades famosas, como el Dalai Lama, líder espiritual del budismo tibetano, han expresado su apoyo a la perspectiva de la reencarnación. El propio Dalai Lama ha sido objeto de una tradición en la que se le reconoce como la reencarnación de varios líderes espirituales tibetanos.

En los círculos científicos, las regresiones hipnóticas y los casos de supuestos recuerdos de vidas pasadas han sido debatidos y criticados por la comunidad académica. Algunos científicos creen que las experiencias durante la regresión hipnótica son producto de la imaginación o la influencia del hipnotizador, mientras que otros siguen investigando estas experiencias en busca de explicaciones científicas.

En última instancia, las investigaciones llevadas a cabo por estudiosos como Michael Newton e Ian Stevenson han contribuido a sacar a la luz las experiencias de la vida después de la muerte y la reencarnación, ofreciendo interesantes aportaciones al debate sobre la naturaleza del alma y la posible continuidad de la conciencia entre una vida y otra.

Un elemento que se menciona a menudo en las experiencias "post mortem" es la revisión de la vida. El término "revisión de vida" fue acuñado por Kenneth Ring, otro conocido estudioso de las experiencias cercanas a la muerte.

La "revisión de vida" o repaso vital es un elemento recurrente en las experiencias post mortem relatadas por personas que han tenido una experiencia cercana a la muerte (ECM). Este proceso implica una especie de repaso detallado de la propia existencia, durante el cual la persona revive momentos significativos de su vida y experimenta las consecuencias emocionales y espirituales.

Según Ring y otros estudiosos, durante la revisión de vida, la persona no sólo revive sus actos y acciones, sino que también experimenta los efectos que éstos han tenido en los demás y en su propia evolución espiritual.

La "*revisión de vida*" suele describirse como un momento de gran claridad y comprensión, en el que la persona es capaz de captar el significado más profundo de sus actos y percibir las conexiones entre los acontecimientos de su vida. Algunas personas que han pasado por esta experiencia afirman sentir una aceptación incondicional y amorosa de sí mismas y de los demás, así como una mayor conciencia de sus elecciones y de la dirección de su existencia.

La "*revisión de vida*" representa, por tanto, un momento significativo de autorreflexión y crecimiento interior, que a menudo lleva a las personas a reconsiderar sus valores, relaciones y el sentido de sus vidas. Este fenómeno ha estimulado la reflexión sobre cuestiones relacionadas con la moralidad, la compasión, la empatía y la conexión con los demás, contribuyendo a una mayor comprensión de la experiencia humana y la espiritualidad.

Acontecimientos históricos como la *Asociación Internacional de Estudios sobre la Muerte Cercana* (IANDS) sirvieron de escenario a especialistas en la materia y a quienes deseaban compartir sus experiencias.

Esta conferencia es un importante acontecimiento que reúne a estudiosos, investigadores y personas interesadas en el tema de las ECM (Experiencias Cercanas a la Muerte) para debatir, compartir y profundizar en el conocimiento de estos intrincados y misteriosos fenómenos.

La conferencia IANDS se celebra periódicamente en distintos lugares del mundo y brinda una oportunidad única para explorar las experiencias cercanas a la muerte desde distintas perspectivas, incluidos los aspectos científicos, espirituales, psicológicos y filosóficos. Durante la conferencia se presentan estudios, casos clínicos, testimonios y reflexiones teóricas sobre las ECM.

Entre los participantes en las conferencias de la IANDS se encuentran expertos en los campos de la psicología, la medicina, la espiritualidad, la filosofía y la investigación científica. Entre los ponentes y participantes pueden encontrarse psicólogos como Kenneth Ring, médicos como Raymond Moody, investigadores como Bruce Greyson y otros académicos de renombre internacional que han dedicado parte de su carrera al estudio y la investigación de las ECM.

Las conclusiones de la conferencia IANDS suelen destacar la importancia de seguir investigando y estudiando las experiencias cercanas a la muerte para comprender mejor la naturaleza de la conciencia, la vida y la muerte. Los testimonios recogidos durante la conferencia pueden ofrecer interesantes perspectivas sobre nuestro conocimiento de la experiencia humana y la posibilidad de una realidad o dimensiones más allá de lo que percibimos con nuestros sentidos.

Las conferencias de la IANDS son, por tanto, un punto de referencia clave para la comunidad científica y espiritual interesada en las ECM, ya que ofrecen un espacio de debate y puesta en común que puede conducir a nuevos descubrimientos y a una mayor comprensión de estos fenómenos fascinantes y complejos.

También existen publicaciones científicas como el *Journal of Near-Death Studies* que aportan datos y pruebas de interés científico sobre los aspectos trascendentales del paso.

El *Journal of Near-Death Studies* es una revista científica dedicada a la publicación de investigaciones, estudios y artículos sobre experiencias cercanas a la muerte (ECM) y otros fenómenos relacionados. Esta revista ofrece un foro para estudiosos, investigadores y profesionales interesados en explorar y profundizar en la fenomenología e interpretación de las ECM desde diversas perspectivas, incluidos los aspectos médicos, psicológicos, espirituales y filosóficos.

La revista publica artículos basados en investigaciones científicas rigurosas, estudios de casos clínicos, revisiones bibliográficas, reflexiones teóricas y debates académicos sobre las ECM. Esta revista se considera un valioso recurso para quienes deseen profundizar en el conocimiento de estos fenómenos.

Las publicaciones del *Journal of Near-Death Studies* abarcan una amplia gama de temas, como análisis estadísticos de experiencias cercanas a la muerte, implicaciones filosóficas de las ECM, testimonios de pacientes que han tenido una experiencia similar y teorías sobre las raíces neurológicas o espirituales de estos fenómenos.

Esta revista es, por tanto, una fuente autorizada de información y conocimientos para quienes se interesan por las ECM y desean explorar estas experiencias desde una perspectiva científica y académica.

En el panorama filosófico, uno de los pensadores más influyentes sobre las experiencias post mortem fue Emanuel Swedenborg en el siglo XVIII. Swedenborg fue uno de los pensadores más influyentes en el campo de las experiencias post mortem y la metafísica en el siglo XVIII. Swedenborg, teólogo, científico, filósofo y místico sueco, es conocido por sus visiones, que creía que eran comunicaciones con el mundo de los espíritus y la dimensión espiritual.

Sus obras más importantes, como "*Cielo e Infierno*" y "*Arcana Coelestia*", ofrecen una exploración en profundidad de la vida después de la muerte, el mundo espiritual y las experiencias del alma más allá del límite de la muerte física. Swedenborg afirmó haber visitado varios reinos espirituales y haber interactuado con espíritus, proporcionando descripciones detalladas de estos encuentros y de los ambientes espirituales que experimentó.

Las visiones y comunicaciones de Swedenborg abrieron un nuevo diálogo sobre la naturaleza del alma, la estructura del cosmos y el significado de la vida más allá de la muerte. Sus concepciones de las dimensiones espirituales han influido en filósofos, teólogos y pensadores posteriores, dejando una huella duradera en el panorama de la filosofía de la religión y la espiritualidad.

Swedenborg también desarrolló una compleja teoría sobre la interconexión entre los mundos espiritual y material, argumentando que ambos forman parte de una única realidad divina en la que el alma continúa su viaje de evolución y aprendizaje incluso después de la muerte física.

Su visión de la vida después de la muerte como un proceso continuo de crecimiento y transformación espiritual ha inspirado a muchos a reflexionar sobre la naturaleza de la conciencia, el más allá y el sentido de la vida terrenal. Las obras de Swedenborg han desempeñado un importante papel en el enriquecimiento del debate filosófico y espiritual sobre las experiencias post mortem, influyendo en generaciones de pensadores y creyentes.

El fin de la vida como experiencia de fusión con el universo.

El final de la vida, un tema que a menudo evoca temores y aprensión, podría resultar en cambio un momento de profunda conexión con el universo.

Un pionero en este campo fue el filósofo alemán Friedrich Nietzsche. En su obra *"Así habló Zaratustra",* Nietzsche habla de la *"danza del eterno retorno*", en la que todas las existencias se repiten cíclicamente.

Friedrich Nietzsche, famoso filósofo alemán del siglo XIX, es conocido por sus provocadoras y radicales opiniones sobre la vida, la muerte y la condición humana. En su obra "*Así habló Zaratustra*", Nietzsche explora conceptos filosóficos complejos y profundos, entre ellos su idea del eterno retorno.

Nietzsche propone la idea de que cada momento de nuestra vida, junto con todos los acontecimientos y experiencias, se repite sin fin en un ciclo eterno. Este concepto tiene importantes implicaciones para nuestra comprensión de la muerte y el final de la vida.

Según Nietzsche, aceptar la idea del *eterno retorno* significa abrazar plenamente cada momento de la propia existencia, incluidos el sufrimiento y las dificultades. Saber que cada momento se repetirá eternamente invita a vivir cada experiencia con intenso fervor y pasión, haciendo de la vida misma una oportunidad única e irrepetible.

Una famosa cita de Nietzsche que refleja el concepto de eterno retorno y la invitación a vivir plenamente cada momento de la existencia con pasión es la siguiente:

> *"No quiero ser un cielo en el que ya no haya 'para siempre'. Soy partidario del eterno retorno".*
>
> *("Ich will kein Himmel sein, in dem euer 'Für immer' schwebt. Ich bin ein Verfechter der ewigen Wiederkehr").*

Esta cita pone de relieve el deseo de Nietzsche de abrazar cada momento y cada experiencia con la certeza de que todo se repetirá eternamente, subrayando la importancia de abrazar plenamente la totalidad de la vida, incluidos los momentos de alegría, pero también los sufrimientos y las dificultades.

Nietzsche no veía la muerte como un fin último, sino como parte integrante del ciclo eterno de la existencia. Su filosofía sugiere que cada individuo puede encontrar un sentido de conexión con el universo aceptando y abrazando la totalidad de su vida, incluida la perspectiva de la muerte.

El planteamiento de Nietzsche sobre el final de la vida y la mortalidad también puede interpretarse como una invitación a vivir con autenticidad y afrontar la propia existencia con valentía y conciencia. Su visión del eterno retorno desafía las concepciones tradicionales de la muerte y abre la puerta a una reflexión más profunda sobre la naturaleza de la realidad y nuestra relación con el universo.

En resumen, Nietzsche, a través de su filosofía del eterno retorno, invita a una reflexión existencial sobre la vida, la muerte y el sentido de la existencia humana, ofreciendo una perspectiva única y desafiante sobre el último acto de nuestra vida terrenal.

Para él, el paso no es el final, sino un regreso a la fuente del universo, una oportunidad de fundirse con la eternidad misma. Esta perspectiva filosófica ofrece una nueva forma de ver el paso como una experiencia de fusión con la totalidad de la existencia, superando la separación entre el individuo y el cosmos.

Algunos estudiosos modernos han adoptado perspectivas similares. El físico teórico y cosmólogo Brian Greene explora la teoría de cuerdas y sugiere que la transición podría ser una forma de disolución del individuo en el propio universo. Según Greene, cada partícula que nos compone forma parte en realidad de toda una red de conexiones cósmicas, por lo que la transición podría ser un retorno de estas partículas fundamentales al universo.

Brian Greene, reputado físico teórico y cosmólogo, abordó el tema del fin de la vida y la disolución del individuo en el universo de forma innovadora en su libro "*El Universo Elegante*". Greene, autor también de otros libros de éxito como "*La trama del cosmos*" y "*The Big Picture*", es conocido por su capacidad para comunicar conceptos complejos de física de forma accesible al público.

En el contexto de la teoría de cuerdas y la física moderna, Greene propone la idea de que cada partícula que compone nuestro ser forma parte en realidad de una compleja red de conexiones cósmicas. Este punto de vista sugiere que el individuo y el universo están interconectados de forma profunda e intrincada, y que la muerte puede interpretarse como el retorno de estas partículas fundamentales a la matriz cósmica mayor.

Según Greene, la disolución del individuo al morir podría verse como una forma de devolver nuestras energías, nuestra materia y nuestras partículas constituyentes al universo mismo. Esta perspectiva sugiere que la muerte no debe verse como el fin absoluto, sino como un proceso de transformación y retorno a la matriz universal de la que todo procede.

La aproximación de Greene al tema de la muerte y la conexión con el universo puede considerarse una interpretación moderna de la antigua idea de la interconexión de todas las cosas, reafirmando la noción de que todos formamos parte de una única realidad cósmica en evolución.

A través de su visión de la teoría de cuerdas y las interconexiones cósmicas, Brian Greene nos invita a considerar la muerte no como un final definitivo, sino como un momento de transformación y reencuentro con la esencia misma del universo, aportando así una perspectiva única y profunda sobre la vida, la muerte y nuestra relación con el cosmos.

Sin embargo, Greene no es especialmente conocido por expresarse explícitamente sobre la existencia después de la muerte de forma detallada o definitiva, ya que está más centrado en su labor científica. Al igual que muchos científicos, Greene tiende a considerar el concepto de vida después de la muerte como una cuestión ajena al ámbito de la ciencia, ya que actualmente no es verificable mediante métodos científicos.

Un aspecto interesante es el estudio realizado en 2012 por el neuroquímico Rick Strassman.

El trabajo de Strassman se refiere a un importante estudio sobre las experiencias inducidas por la dimetiltriptamina (DMT), una sustancia psicodélica que se encuentra en diversas plantas y animales, incluido el ser humano. La DMT se ha asociado a experiencias místicas, visiones intensas y la sensación de entrar en contacto con otras dimensiones o realidades mientras se toma.

En su estudio, Strassman administró DMT a voluntarios humanos en condiciones controladas para estudiar sus efectos sobre el estado mental y las percepciones. Los participantes relataron experiencias intensas y extraordinarias, a menudo descritas como encuentros con seres extraterrestres, visiones de mundos alternativos, experiencias extracorpóreas y sentimientos de profundo significado espiritual.

Este estudio aportó interesantes conocimientos sobre el cerebro humano y la conciencia, planteando cuestiones sobre la naturaleza de la realidad, la percepción, la experiencia mística y la relación entre mente y materia.

Trabajos como el de Strassman ofrecen interesantes perspectivas sobre el vínculo entre la química cerebral, la experiencia consciente y la percepción de la realidad, y suscitan debates sobre cuestiones filosóficas y científicas más amplias relativas a la naturaleza de la conciencia y la posibilidad de experiencias trascendentales o espirituales a través de la activación de procesos neuroquímicos específicos en el cerebro.

Según los testimonios de los participantes en el estudio, la experiencia con DMT provocó una sensación de fusión con una entidad mayor y un encuentro con mundos o dimensiones no terrenales. Estos resultados ofrecen una confirmación científica adicional de la posibilidad de una fusión con el universo durante las experiencias similares a la muerte.

Eventos como el *Simposio Internacional sobre Experiencias* Cercanas a la Muerte sirvieron de plataforma para debatir y compartir experiencias de muerte inminente y alucinaciones cercanas a la muerte. En estos contextos, expertos en el espíritu humano, como el neurofisiólogo Peter Fenwick, compartieron sus investigaciones y teorías sobre el significado de una experiencia de fusión con el universo durante el fallecimiento.

El Simposio es un importante acontecimiento que ofrece un espacio para debatir y compartir experiencias de muerte inminente, alucinaciones cercanas a la muerte y temas afines entre expertos, investigadores y personas interesadas en estas cuestiones. Este simposio permite explorar los matices de la experiencia humana en la frontera entre la vida y la muerte, abriendo el diálogo sobre temas espirituales, filosóficos, científicos y psicológicos relacionados con estos fenómenos.

El neurofisiólogo Peter Fenwick es uno de los investigadores más conocidos en este campo. Ha llevado a cabo numerosas investigaciones sobre las experiencias cercanas a la muerte, estudiando fenómenos como las ECM (Experiencias Cercanas a la Muerte) y las visiones durante el fallecimiento. Su investigación se centra en el análisis científico y psicológico de estos sucesos, explorando el significado de la experiencia de fusión con el universo durante el fallecimiento.

Fenwick ha mostrado un gran interés por comprender las experiencias que tienen las personas durante situaciones de riesgo vital o en presencia de la inconsciencia, explorando las posibilidades de la consciencia más allá de la vida física y los vínculos entre mente, cerebro y dimensiones más amplias de la realidad.

La investigación de Fenwick suele traspasar los límites de la ciencia convencional, explorando territorios más cercanos a la esfera de la conciencia, la espiritualidad y la experiencia humana. Sus teorías y estudios han sido significativos a la hora de estimular el debate y la profundización en el tema de las experiencias límite y la comprensión de la naturaleza de la conciencia, la muerte y la realidad.

Las anécdotas y testimonios de personas que han pasado por experiencias cercanas a la muerte (ECM) aportan datos interesantes sobre esta perspectiva. Hablaré de ello en un capítulo posterior. El cardiólogo Pim van Lommel, en su libro *Consciousness Beyond Life (La conciencia más allá de la vida)*, presenta una serie de casos en los que personas afirman haber experimentado una sensación de fusión con todo el universo durante su ECM. Los testimonios describen una sensación de unidad, paz y armonía que va más allá de la comprensión tradicional de la individualidad.

Las nuevas perspectivas sobre la conciencia durante el tránsito nos invitan a abrirnos a un amplio abanico de posibilidades. Las teorías filosóficas de Nietzsche, los conocimientos científicos de Greene y Strassman, los relatos de experiencias de muerte inminente y los acontecimientos de intercambio internacional ofrecen una base sólida para considerar el paso como un momento de fusión con el universo. En lugar de ver el paso como el final de todo, podríamos abrirnos a la posibilidad de que sea un umbral hacia una experiencia de profunda conexión con la totalidad de la existencia.

El final de la vida como transformación. Comparación de las filosofías oriental y occidental.

El final de la vida es un tema universal que suscita profundas reflexiones en las filosofías orientales y occidentales. Ambas tradiciones ofrecen diferentes perspectivas sobre la muerte como momento de transformación. Exploraremos sus concepciones contrapuestas, abriendo un diálogo entre filosofías orientales, como el budismo y el hinduismo, y occidentales, como el platonismo y el cristianismo.

En la filosofía oriental, el pasaje suele considerarse un paso clave para alcanzar la iluminación o la liberación. En el budismo, por ejemplo, una de las principales concepciones se refiere al ciclo de renacimientos, en el que el paso ofrece la oportunidad de salir del ciclo de sufrimiento kármico y renacimiento. Mediante meditaciones y prácticas espirituales, se busca desarrollar la conciencia de la mortalidad y darse cuenta de la verdadera naturaleza de la existencia. Un ejemplo de esta perspectiva es la enseñanza de Buda sobre *la impermanencia*, que subraya que la vida y el paso son aspectos inseparables y que la conciencia de esta realidad conduce a la liberación del ciclo de nacimientos y muertes.

En el contexto de la filosofía occidental, se puede encontrar una visión similar en el platonismo. Según Platón, el pasaje representa la liberación del alma del cuerpo. El alma, que es inmortal y eterna, está atrapada en el cuerpo, pero a través del pasaje puede finalmente separarse y alcanzar el estado de pureza y verdad. Platón imagina el pasaje como una oportunidad para que el alma se reúna con las ideas etéreas y alcance un nivel superior de conocimiento y sabiduría. Esta concepción del pasaje como transformación espiritual ha sido muy influyente en la tradición filosófica occidental.

Experimentos científicos han intentado explorar esta cuestión. Un ejemplo notable es el estudio realizado en 2014 por el neurocirujano estadounidense Eben Alexander. En su libro "*Proof of Heaven*", Alexander comparte su propia experiencia de muerte inminente, en la que afirma haber entrado en un reino espiritual. Esta experiencia personal llevó a Alexander a considerar el final de la vida como un paso a una dimensión superior de la existencia, en línea con las ideas espirituales orientales.

Otra comparación interesante entre las filosofías oriental y occidental puede encontrarse en la comparación entre el hinduismo y el cristianismo. En el hinduismo, el pasaje se considera una etapa en la secuencia interminable de reencarnaciones, con el objetivo último de alcanzar la liberación del ciclo de nacimiento y muerte. El cristianismo, en cambio, se centra en la idea de una vida eterna más allá del paso, con una resurrección corporal y la posibilidad de reunirse con Dios. Estas visiones contrapuestas reflejan las diferencias culturales y teológicas entre Oriente y Occidente.

En conclusión, la comparación entre las filosofías oriental y occidental ofrece una perspectiva rica y compleja de la muerte como momento de transformación. Mientras que filosofías orientales como el budismo hacen hincapié en la liberación de la existencia cíclica, filosofías occidentales como el platonismo hacen hincapié en el ascenso del alma a una realidad superior. Más allá de las diferencias culturales y religiosas, reflexionar sobre las imágenes y similitudes del pasaje nos invita a explorar el significado más profundo de esta experiencia universal y a considerar las múltiples perspectivas que pueden enriquecer nuestro viaje espiritual.

3 - UN VIAJE A OTRAS CULTURAS.

"Nunca hubo un tiempo en que no existiéramos, tú y yo, ni dejaremos de existir en el futuro. Por eso el sabio no se turba ante la visión de la muerte física".

(Bhagavad Gita) (Hinduismo).

Capítulo 6. Cultura oriental .

"La muerte es sólo otra puerta; a través de ella se pasa a otra habitación".
(Dalai Lama)

Creencias sobre la vida después de la muerte en las antiguas culturas orientales.

En el panorama de las creencias sobre el destino post mortem, las antiguas culturas orientales ofrecen un rico terreno para el análisis y la reflexión. Las concepciones de la vida después de la muerte en estas tradiciones están impregnadas de profundas visiones filosóficas, espirituales y cosmológicas que han conformado las sociedades y los pensamientos de generaciones enteras.

Una de las creencias más fascinantes sobre el final de la vida es la de la antigua religión védica, base del hinduismo. En la antigua tradición védica, la gente creía en la reencarnación, un proceso en el que el alma, llamada *Atman*, se reencarna en diferentes formas en un ciclo sin fin conocido como *Samsara*. Esta creencia tiene profundas raíces en los *Upanishads*, textos sagrados indios que datan de alrededor del 700-600 a.C. y tratan de la naturaleza del ser y del alma.

Otra contribución importante a las creencias sobre la vida después de la muerte procede del budismo. El Buda Siddhartha Gautama enseñó que el alma humana, o *Atman*, no existe y que, en cambio, la existencia se caracteriza por un ciclo de nacimiento y renacimiento determinado por *el karma*. Según el budismo, el objetivo último es alcanzar *el Nirvana*, un estado de dicha absoluta y liberación del ciclo de renacimientos.

Otra cultura oriental que ha desarrollado ideas complejas sobre la reencarnación es la taoísta china. Según el taoísmo, la esencia del ser humano, llamada *Dao*, es inmortal y se reencarna en distintas formas para perfeccionar su naturaleza. El concepto *del yin y el yang*, el equilibrio de fuerzas opuestas, desempeña un papel crucial en la comprensión del ciclo vital y la reencarnación.

Uno de los ejemplos más sorprendentes de estas creencias es la historia de Zhuangzi, un filósofo taoísta de la antigua China. Zhuangzi cuenta la historia de un hombre que sueña que es una mariposa y al despertar se pregunta si es un hombre que soñó que era una mariposa o una mariposa que ahora sueña que es un hombre, cuestionando la naturaleza misma de la realidad y la identidad.

Estudios contemporáneos realizados por eruditos como Carl Jung, filósofo y psicólogo suizo, e Ian Stevenson, psiquiatra e investigador de la reencarnación, han contribuido aún más a la comprensión de las creencias sobre el final de la vida en las culturas orientales, proponiendo debates sobre la naturaleza de la conciencia y la continuidad del alma.

En conclusión, las creencias sobre el destino post mortem en las antiguas culturas orientales representan una fascinante mezcla de filosofía, religión y espiritualidad que ha conformado la visión del mundo de millones de individuos durante siglos. Estas concepciones ofrecen profundos conocimientos sobre la naturaleza de la existencia y del alma, y siguen ejerciendo una influencia significativa en la cultura contemporánea y en la humanidad en su conjunto.

La muerte como un nuevo comienzo: una visión oriental optimista de la transición al más allá.

En el contexto de las culturas orientales, la muerte suele verse no como un final definitivo, sino como un nuevo comienzo, una transición a otro estado de existencia o de conciencia. Esta perspectiva optimista se refleja en muchas tradiciones y creencias que abordan el tema de la transición a la otra vida de forma profunda e iluminadora.

Una de las visiones más emblemáticas de esta transición optimista se encuentra en el concepto budista de Nirvana. El Nirvana representa no sólo la cesación del sufrimiento y del ciclo de renacimientos, sino también un nuevo estado de conciencia y realización espirituales. Siddhartha Gautama, el Buda, enseñó que mediante la consecución del Nirvana se puede superar el dolor y alcanzar la iluminación completa, liberándose de la rueda de los renacimientos.

En la filosofía china, el concepto de Wu Wei, "acción no actuada" o "acción sin esfuerzo", representa una idea de transición armoniosa tras la muerte. Según el taoísmo, esta forma de no actuar conscientemente permite fluir con el *Tao*, el principio cósmico, y emprender un viaje sin obstáculos hacia nuevas formas de existencia.

Otra perspectiva optimista de la muerte se encuentra en el hinduismo, donde la muerte se considera parte de un ciclo natural de vida, muerte y renacimiento. La creencia en la reencarnación ofrece la posibilidad de una evolución continua del alma a través de diferentes experiencias en un viaje constante de aprendizaje y crecimiento espiritual.

Desde el punto de vista científico, los estudios recientes sobre la experiencia cercana a la muerte (ECM) han aportado interesantes conocimientos sobre la naturaleza de la transición tras la muerte. Las personas que han experimentado una ECM suelen referir sentimientos de paz, luz y amor incondicional, lo que sugiere la presencia de una dimensión más allá de la vida terrenal.

La optimista visión oriental de la muerte como un nuevo comienzo ofrece una visión profunda y desafiante de la naturaleza de la transición al más allá. A través de conceptos como el Nirvana en el budismo, el Wu Wei en el taoísmo y la reencarnación en el hinduismo, estas culturas nos enseñan que la muerte puede verse como un paso a una realidad más elevada y consciente, abierta a infinitas posibilidades de evolución y crecimiento espiritual.

Estas concepciones de la muerte como un nuevo comienzo en las culturas orientales proporcionan un contexto espiritual significativo que reafirma que la vida no termina con la muerte física, sino que se transforma en una nueva forma de existencia o conciencia.

En la antigua cultura japonesa, por ejemplo, existe una profunda veneración por los espíritus de los antepasados y la firme creencia de que siguen viviendo e influyendo en la vida de los vivos. Esta conexión entre los vivos y los muertos a través de rituales de honra y recuerdo de los difuntos se basa en la idea de que las almas de los muertos siguen presentes y pueden comunicarse con el mundo terrenal.

En el arte y la literatura orientales también podemos encontrar reflejos de esta visión positiva de la muerte como transición a una nueva existencia. Obras como el "*Bardo Thodol*" tibetano, que guía al alma a través de las distintas etapas tras la muerte hacia el renacimiento o la iluminación, ofrecen un mapa de las posibles experiencias de ultratumba y la posibilidad del despertar espiritual.

Filósofos como Laozi, Confucio y Zhuangzi han ofrecido enseñanzas que desafían la concepción lineal del tiempo y la existencia, sugiriendo una interconexión universal que trasciende la muerte física y abre la puerta a una comprensión más profunda del significado de la vida y la muerte.

En última instancia, la concepción oriental de la muerte como un nuevo comienzo ofrece una perspectiva consoladora e iluminadora sobre un aspecto universal de la existencia humana. A través de una mezcla de creencias espirituales, filosóficas y científicas, estas culturas nos invitan a considerar la muerte no como un punto final, sino como un pasaje fluido en un vasto mosaico de experiencias y conocimientos que van más allá de la comprensión racional, abriendo así la puerta a una visión más amplia y profunda de la vida y su final.

El hogar de los antepasados. Ritos ancestrales y veneración de los antepasados en la cultura oriental.

En las culturas orientales, la muerte no sólo marca el final de un ciclo vital individual, sino un momento de transición que también implica la continuidad con las generaciones pasadas. La importancia de los ritos ancestrales y la veneración de los antepasados ocupa un lugar central en muchas tradiciones orientales, proporcionando un vínculo tangible entre los vivos y los muertos que se manifiesta a través de prácticas rituales y simbólicas profundas y significativas.

Uno de los ejemplos más emblemáticos de esta práctica es el culto a los antepasados en la cultura china. Los chinos conceden gran importancia a la memoria de los antepasados, considerados guardianes de la sabiduría y la benevolencia que siguen influyendo en la vida de los descendientes. Rituales ancestrales como *el Festival Qingming* y *el Festival del Fantasma Hambriento* son ocasiones en las que las familias se reúnen para honrar y celebrar a sus predecesores, ofreciéndoles comida, incienso y respeto en sus tumbas.

En Japón, el *Festival Bon* es una fiesta que conmemora a los espíritus de los antepasados, en la creencia de que regresan en esas fechas para visitar a sus parientes vivos. Durante el Bon, las casas se decoran con linternas flotantes para guiar a los espíritus y se preparan comidas especiales para alimentarlos y honrarlos.

En el contexto del budismo, la conmemoración de los muertos es un importante ritual que se realiza para propiciar el renacimiento favorable del difunto y facilitar su camino en la vida después de la muerte. Las ceremonias funerarias budistas suelen incluir oraciones y ofrendas a los antepasados, así como prácticas para facilitar su transición y prestar apoyo espiritual al difunto.

Anécdotas célebres, como la del monje budista chino Xuanzang, que viajó a la India en busca de textos sagrados, demuestran la importancia de la continuidad con el pasado y la transmisión de conocimientos entre generaciones, con vistas a la veneración de los antepasados.

Estudios recientes de antropólogos como Victor Turner y sociólogos como Emile Durkheim han puesto de relieve el papel fundamental de los rituales ancestrales y la veneración de los antepasados en las sociedades orientales, destacando cómo estas prácticas pueden contribuir a reforzar la identidad cultural, fomentar el sentimiento de comunidad y garantizar la memoria colectiva de las raíces y la sabiduría de los predecesores.

En última instancia, el hogar ancestral en las culturas orientales actúa como puente entre el pasado, el presente y el futuro, proporcionando un vínculo espiritual y cultural que nutre y guía a las generaciones a lo largo de la vida y más allá. La práctica de venerar a los antepasados enuncia la continuidad de la existencia y la importancia de honrar y preservar el legado de nuestros predecesores, transmitiendo así una esencia de continuidad y gratitud que impregna el tejido mismo de la vida oriental.

A través de los rituales ancestrales y la veneración de los antepasados, las culturas orientales no sólo preservan la memoria de sus ancestros, sino que también promueven valores fundamentales como el respeto a los mayores, la importancia de la familia y el sentimiento de pertenencia a una historia más amplia y compartida.

Estudios antropológicos realizados en contextos orientales han demostrado que los rituales ancestrales no son sólo un acto de devoción, sino también un aspecto crucial de la cohesión social y la transmisión de valores culturales dentro de las comunidades. Estos rituales contribuyen a reforzar los lazos familiares, mantener vivas las tradiciones y dar un sentido de continuidad e identidad a las generaciones presentes y futuras.

En un mundo cada vez más globalizado y que tiende a la fragmentación de las tradiciones, la práctica de la veneración de los antepasados en las culturas orientales representa un precioso tesoro de sabiduría y conciencia que sigue transmitiéndose a través de los siglos, ofreciendo un ánfora de riqueza cultural y espiritual que alimenta el alma y el sentimiento de pertenencia a una comunidad más amplia y duradera.

Cuentos de hadas y mitos sobre la vida después de la muerte. Ilustraciones de la visión oriental.

En el corazón de las culturas orientales yace un rico tesoro de cuentos de hadas y mitos que pintan vívidas imágenes de la vida después de la muerte, ofreciendo una perspectiva única y fascinante del destino del alma una vez que cruza el umbral de la vida terrenal. Estas narraciones están impregnadas de símbolos, metáforas y enseñanzas que revelan verdades profundas sobre la naturaleza del cosmos y la propia existencia.

Uno de los cuentos de hadas más famosos de la tradición oriental es el del *Cazador y el Tigre*, una antigua historia china que ilustra el concepto de reencarnación a través del viaje del alma entre diversas formas de vida. En este cuento de hadas, el cazador se transforma en tigre después de la muerte y experimenta el mundo desde la perspectiva de una criatura diferente, abriendo así nuevas perspectivas sobre la vida y la naturaleza cíclica de la existencia.

En el budismo japonés, el mito del Bodhisattva Kannon representa una entidad compasiva que guía a las almas difuntas a través del Bardo, el periodo intermedio entre la muerte y el renacimiento. Este mito simboliza la esperanza, la misericordia y la ayuda divina en el viaje del alma hacia la transformación y la evolución espiritual.

La mitología india también ofrece ricos relatos sobre la vida después de la muerte. El mito de Yama, el dios hindú del reino de los muertos, descrito en textos sagrados como el Mahabharata y el Ramayana, ofrece una imagen detallada de los distintos destinos donde pueden residir las almas en función de sus acciones en la tierra.

Yama es considerado el señor del reino de los muertos y el juez de las almas, responsable de decidir el destino post-mortem de cada individuo en función de sus acciones terrenales. Yama es considerado el señor del reino de los muertos y el juez de las almas, responsable de decidir el destino post-mortem de cada individuo en función de sus acciones terrenales.

Los textos sagrados describen cómo Yama guía a las almas de los difuntos a través del reino de los muertos, donde se examinan sus acciones y el karma acumulado durante la vida. Basándose en este juicio, las almas son enviadas a diversos destinos, que reflejan las consecuencias de sus acciones en la tierra.

Las almas de quienes han llevado una vida virtuosa y recta son recompensadas con una residencia feliz en un lugar de dicha y paz, mientras que quienes han realizado actos negativos o inmorales pueden ser condenados a una vida de sufrimiento y tormento en lugares infernales.

Esta visión del reino de los muertos y de las consecuencias kármicas de las acciones humanas sirve de advertencia e incentivo para que los fieles hindúes lleven una vida virtuosa, ética y justa con el fin de asegurarse un destino positivo en el más allá y un ciclo de reencarnaciones más favorable.

El mito de Yama y sus representaciones en los textos sagrados hindúes ofrecen así una imagen detallada de los distintos destinos de las almas en la otra vida, subrayando la importancia del karma y las acciones morales en la vida de un individuo según la tradición hindú.

Estudios realizados por eruditos como Joseph Campbell, experto en mitología comparada, han destacado las resonancias entre los mitos orientales y las narraciones universales sobre la vida después de la muerte que se encuentran en muchas culturas y tradiciones religiosas de todo el mundo, subrayando la importancia de los mitos para comprender lo invisible y explorar las dimensiones espirituales de la existencia humana.

En la cultura japonesa, el mito de los cuarenta y nueve días de paso, un periodo crítico tras la muerte en el que el alma está en transición antes de alcanzar su destino final, revela la complejidad y delicadeza del viaje más allá de la muerte.

En conclusión, los cuentos de hadas y los mitos sobre el más allá en las culturas orientales constituyen un rico patrimonio narrativo que ilumina y enriquece nuestra comprensión de la naturaleza del alma y del destino más allá del velo de la muerte. A través de símbolos y alegorías, estos relatos nos ofrecen un mapa del viaje del alma y de las facetas de la realidad espiritual, invitándonos a explorar las profundidades de la existencia en un continuo que abarca las dimensiones de lo visible y lo invisible.

Estos cuentos de hadas y mitos orientales no son sólo relatos fantásticos, sino vehículos de sabiduría y enseñanzas que ofrecen una visión de la vida, la muerte y el más allá. A través de personajes simbólicos, acontecimientos extraordinarios y viajes místicos, estas narraciones nos incitan a contemplar la naturaleza de la realidad, la fugacidad de la existencia y la continua evolución del alma a través del ciclo de la vida, la muerte y el renacimiento.

Otro ejemplo significativo son los Cuentos Jataka, una colección de relatos budistas que narran las vidas pasadas del Buda Gautama en diversas formas como animales, demostrando el concepto de renacimiento y la búsqueda de la iluminación a través de múltiples existencias. Estas historias enseñan importantes lecciones morales y espirituales sobre el karma, la compasión y la sabiduría.

En el taoísmo, los cuentos de hadas y los mitos exploran a menudo el concepto de inmortalidad y la naturaleza cíclica del tiempo, ofreciendo perspectivas únicas sobre la eternidad del alma y su conexión con el cosmos. El mito de la Isla de los Bienaventurados, por ejemplo, representa un lugar donde las almas pueden residir en paz y armonía después de la muerte, subrayando la importancia de vivir en armonía con la naturaleza y el espíritu interior.

La investigación científica y filosófica moderna, inspirada en estas antiguas narraciones, sigue explorando los límites de la realidad y cuestionando las posibilidades de existencias más allá de la vida terrenal. Los estudios sobre la experiencia cercana a la muerte, la conciencia y las ECM (experiencias cercanas a la muerte) han aportado nuevos ángulos de observación sobre la naturaleza del alma y su destino tras la muerte.

En conclusión, los cuentos de hadas y los mitos sobre la vida después de la muerte en las culturas orientales son tesoros de sabiduría que nos permiten visualizar e interpretar la realidad bajo el velo de la muerte. A través de símbolos, metáforas y narraciones convincentes, estas historias nos llevan a un viaje espiritual e intelectual que nos invita a explorar las profundidades de la existencia y contemplar el misterio de la vida y su continuación más allá de la muerte.

Deidades patronas del paso en las culturas orientales.

En las creencias y prácticas sobre el final de la vida de las culturas orientales, desempeñan un papel importante las deidades protectoras del tránsito, seres sobrenaturales que asisten y guían a las almas durante la transición de la vida terrenal al más allá. Estas deidades suelen estar asociadas a rituales, ceremonias y creencias que se centran en las distintas etapas del proceso de paso y en la protección del alma durante este viaje místico.

En la tradición china, una de las deidades protectoras más importantes es Yanluo Wang, el Rey de los Muertos. Yanluo Wang preside el reino de los muertos y el juicio de las almas, decidiendo el destino de cada una en función de sus acciones terrenales. Durante la transición de la existencia física a la vida después de la muerte, se cree que Yanluo Wang y sus ayudantes guían a las almas a través de diversas pruebas y transiciones para determinar su destino final.

En Japón, la figura de Jizo Bosatsu es venerada como protectora de las almas de los niños y de los difuntos. A menudo se representa a Jizo Bosatsu como una figura compasiva que acompaña a las almas al reino de los muertos, ofreciéndoles consuelo y protección durante su viaje al más allá. Se suelen colocar estatuas de Jizo Bosatsu en los cementerios y a lo largo de las carreteras para proteger a las almas errantes y ayudarlas a alcanzar su nuevo estado de existencia.

En el budismo tibetano, la deidad Buda Amitabha es considerada el señor del Paraíso Occidental, un lugar de paz y felicidad donde las almas pueden residir después de la muerte. El Buda Amitabha acoge a las almas difuntas en su reino y les ofrece la oportunidad de alcanzar la iluminación y el nirvana, convirtiendo así la transición tras la muerte en una oportunidad para el crecimiento espiritual y la realización final.

Los estudios de antropólogos como Mircea Eliade y estudiosos de las religiones como Huston Smith han destacado la importancia de las deidades que protegen el paso en las culturas orientales como símbolos de consuelo, guía y transformación durante la transición a la otra vida.

En última instancia, las deidades protectoras del paso en las culturas orientales encarnan la idea de un guía compasivo y amoroso que acompaña a las almas en su viaje más allá de la muerte. Estas figuras simbólicas proporcionan un punto de referencia espiritual y una fuente de consuelo para quienes se enfrentan a la transición de la existencia terrenal a la que está más allá del velo de la vida, subrayando la importancia de los rituales, oraciones y prácticas que ayudan y apoyan a las almas en su viaje hacia nuevas dimensiones de existencia y conciencia.

En el folclore y las creencias de las culturas orientales, las deidades protectoras del paso no sólo son guardianes de la otra vida, sino que también encarnan valores fundamentales como la compasión, la misericordia y la justicia, ofreciendo un reflejo de los ideales espirituales y éticos que guían el camino de las almas más allá de la muerte.

En la India, la figura de Yama, el dios de la muerte, es un ejemplo significativo de deidad protectora de paso. Yama es considerado el juez supremo de las almas, responsable de determinar el destino de las personas tras la muerte en función de sus acciones terrenales. Su presencia en las creencias hindúes y budistas indica el papel central de la justicia y la rectitud en el viaje del alma hacia su destino final.

En la mitología taoísta, la deidad Meng Po es venerada como guardiana de las almas que deben reencarnarse en el ciclo de la vida y la muerte. Meng Po sirve un caldo que puede borrar la memoria de las almas antes de que renazcan, borrando así los recuerdos de vidas pasadas y permitiéndoles comenzar un nuevo ciclo de existencia sin la carga de errores o sufrimientos anteriores....

Las deidades protectoras del pasaje revelan un universo de simbolismo y significado que explora la naturaleza de la existencia humana, la continuidad del alma y el destino eterno. A través de estas figuras divinas, las culturas orientales ofrecen una interpretación profunda y compleja de la muerte y la transición tras la vida terrenal, destacando la complejidad y belleza del más allá y sus múltiples dimensiones.

Los estudios realizados por antropólogos como James George Frazer y estudiosos de las religiones como Joseph Campbell han puesto de relieve la presencia generalizada de deidades protectoras del paso en diversas tradiciones orientales y el papel crucial que desempeñan estas figuras en el proceso de transición y transformación del alma más allá de la muerte.

En conclusión, las deidades protectoras del paso en las culturas orientales representan un foco de espiritualidad, sabiduría y consuelo durante el paso del alma más allá de los límites de la vida terrenal. Estas figuras divinas atestiguan la presencia de un guía amoroso y compasivo que acompaña a las almas en su viaje eterno, ofreciéndoles esperanza, protección y un camino iluminado hacia el renacimiento y la realización espiritual última.

Estudiosos de la filosofía, la religión y la antropología, como Mircea Eliade, Carl Jung y Karen Armstrong, han profundizado en el conocimiento de estas deidades protectoras y su significado simbólico dentro de las culturas orientales. A través de sus investigaciones y análisis, se ha puesto de manifiesto el papel fundamental de estas figuras en el entramado cultural y espiritual de las sociedades orientales, así como la influencia que ejercen en la configuración de creencias, valores y rituales relacionados con la muerte y la transición tras la vida terrenal.

Existencia de guías espirituales. Una investigación sobre el papel de los seres espirituales en el más allá oriental.

En el panorama de creencias y concepciones relacionadas con la vida después de la muerte en las culturas orientales, un aspecto destacado es la presencia de espíritus guías, seres espirituales que acompañan y ayudan a las almas en su viaje más allá de la vida terrenal. Estos espíritus desempeñan un papel importante en el tejido de las creencias orientales, encarnando el apoyo, la guía y una fuente de sabiduría para las almas en su viaje al más allá.

En Japón, la figura de los "ancianos de la montaña" o "yamabushi" se ha asociado tradicionalmente a la idea de guías espirituales que velan por las almas difuntas y las guían a través de las distintas etapas de transición tras la muerte. Estos ancianos espirituales se consideran mediadores entre el mundo terrenal y el más allá, y ofrecen consuelo y ayuda a las almas en transición.

En la cultura china, la idea de "Zhuji" o "Maestros del Bambú" representa a seres espirituales que actúan como guías y protectores de las almas difuntas en su camino al más allá. A menudo se representa a estos espíritus como sabios y compasivos, que ofrecen apoyo y orientación a las almas en el momento crítico de su tránsito.

Estudios realizados por psicólogos como Carl Gustav Jung y parapsicólogos como Raymond Moody han investigado la presencia de guías espirituales en las ECM, sugiriendo que estas entidades espirituales podrían representar manifestaciones del inconsciente colectivo o dimensiones de la conciencia más allá de la vida terrenal.

Además, antropólogos como James George Frazer y sociólogos como Emile Durkheim han explorado el papel de los guías espirituales en las prácticas rituales y las creencias de las sociedades orientales, destacando su importancia como puentes entre lo humano y lo divino, lo visible y lo invisible.

Anécdotas y testimonios de personas que han experimentado el contacto con guías espirituales ofrecen más datos sobre la presencia de estas entidades en el contexto de la vida después de la muerte, alimentando el debate sobre la naturaleza del más allá y las conexiones entre las dimensiones espiritual y material de la existencia.

En conclusión, la existencia de guías espirituales en las culturas orientales representa un elemento clave en el panorama de las creencias sobre la vida después de la muerte, ya que ofrecen a las almas apoyo, orientación y una presencia amorosa en su viaje más allá de los confines de la vida terrenal. Estas figuras espirituales encarnan la idea de un vínculo eterno entre los seres humanos y lo divino, ofreciendo consuelo y sabiduría en los retos y transformaciones del más allá.

En el budismo, la figura del Bodhisattva Avalokiteshvara representa una esencia compasiva y sanadora que acompaña a las almas en su viaje a través de los ciclos del nacimiento y la muerte, ofreciendo protección y consuelo durante las transiciones kármicas. Las enseñanzas budistas sobre el concepto de *Anatta* (no-yo) sugieren una interconexión entre las almas y los espíritus guías, subrayando la naturaleza transitoria e interdependiente de todas las formas de existencia.

En la tradición sintoísta japonesa, los "*Kami*" se consideran seres espirituales que residen en la naturaleza, objetos o individuos, y actúan como espíritus guardianes y protectores. Estos Kami pueden ser venerados e invocados para recibir apoyo y guiar a las almas a través de las etapas de transición y transformación tras la muerte.

Estudios realizados por psicólogos como Stanislav Grof e investigadores de experiencias cercanas a la muerte han informado de encuentros con guías espirituales durante estados alterados de conciencia, lo que sugiere que estas entidades pueden actuar como puentes entre la vida terrenal y el reino del más allá, ofreciendo consuelo e iluminación durante la transición.

La literatura filosófica oriental, con obras como el "*Tao Te Ching*" de Laozi y los sutras budistas, menciona a menudo la presencia de seres espirituales guías que ayudan a las almas en su camino evolutivo y en la realización de la sabiduría y la compasión.

Rituales funerarios tradicionales. Celebración de la vida tras el fallecimiento en las culturas orientales.

Los rituales funerarios tradicionales son una parte fundamental de las culturas orientales, ya que brindan la oportunidad de honrar y celebrar la vida de quienes han traspasado el velo de la muerte. Estos rituales atestiguan el respeto, el amor y la devoción por las personas fallecidas y proporcionan un tiempo de transición y curación para los que quedan. A través de rituales antiguos y profundamente arraigados, las culturas orientales expresan la conexión eterna con sus antepasados y con el misterio de la existencia más allá de la vida terrenal.

En Japón, el ritual funerario conocido como "Ohakamairi" consiste en visitar la tumba de los seres queridos para honrarlos y ofrecer oraciones y regalos en su memoria. Este ritual, que tradicionalmente se realiza a intervalos regulares tras la muerte de una persona, simboliza el respeto a los antepasados y la continuidad del amor y los lazos familiares más allá de la muerte física.

En el budismo tibetano, el "Phowa" es un rito funerario que se centra en ayudar al alma del difunto a abandonar el cuerpo en paz y continuar su viaje al más allá sin obstáculos. Este rito invoca las bendiciones y la protección de seres iluminados para que guíen al alma en su paso por los distintos estados de la existencia.

Antropólogos como Victor Turner y estudiosos de las ceremonias rituales como Arnold van Gennep han teorizado sobre el significado y las funciones de los rituales funerarios en las sociedades humanas, destacando el papel de dichas prácticas para facilitar el proceso de duelo y la transformación de la pérdida en una oportunidad de transformación y continuidad.

Acontecimientos históricos como la expansión del budismo y el hinduismo en Asia han contribuido a configurar los rituales funerarios de las culturas orientales, integrando elementos de prácticas religiosas y espirituales en las ceremonias de despedida y transformando la muerte en un momento sagrado de transición y renacimiento.

En conclusión, los rituales funerarios tradicionales de las culturas orientales representan un momento importante de celebración de la vida después de la muerte, subrayando el vínculo inquebrantable entre los vivos y los muertos y proporcionando un espacio para la curación, la reverencia y la continuidad del amor y la memoria. A través de estos ritos, las culturas orientales rinden homenaje a la naturaleza cíclica de la existencia y a la conexión eterna con las generaciones pasadas, celebrando la vida y la espiritualidad más allá de la muerte.

En la India, la práctica de la incineración, conocida como "Antyeshti", es un ritual funerario fundamental en muchas comunidades hindúes. Este ritual simboliza el paso del alma hacia la liberación y la transformación, permitiendo al individuo desprenderse de los grilletes terrenales y emprender su viaje al más allá.

En el budismo zen japonés, el "Sesshin" es un retiro de meditación en silencio dedicado a honrar a los muertos, durante el cual se recitan oraciones y mantras para acompañar a las almas en su viaje tras la muerte. Este ritual refleja la práctica de la atención plena y la compasión para apoyar a los deudos y a las almas en transición.

Las aportaciones de estudiosos como Alan Dundes y Joseph Campbell subrayan la importancia de los rituales funerarios como vehículos de significado cultural, duelo y conexión con fuerzas espirituales para abordar el misterio de la muerte y la transformación.

Los acontecimientos históricos y culturales, como las fusiones entre tradiciones autóctonas e influencias extranjeras, han dado forma a los rituales funerarios de las culturas orientales a lo largo de los siglos, creando una sinergia de elementos antiguos y contemporáneos que se unen para celebrar la vida tras el fallecimiento en un contexto de continuidad y renovación.

En última instancia, los rituales funerarios tradicionales de las culturas orientales son un testimonio de la sabiduría ancestral, la profunda espiritualidad y la compasión universal que impregnan la relación de la humanidad con la muerte y el más allá. A través de estas ceremonias de transformación y transición, las culturas orientales celebran la belleza y el misterio de la vida después de la muerte, ofreciendo un rito de paso que une pasado, presente y futuro en un abrazo eterno de amor y conciencia.

La vida eterna y el elixir de la inmortalidad.

En las profundidades de la cultura oriental, la aspiración a la vida eterna y la inmortalidad tiene raíces ancestrales, entrelazando mitos, filosofías y prácticas espirituales destinadas a penetrar en el misterio de la existencia más allá del velo de la muerte.

En el taoísmo chino, la idea de inmortalidad está estrechamente ligada al concepto de "Xian", seres humanos que han alcanzado un estado de perfección espiritual y física que les permite vivir eternamente o ascender a una dimensión superior de la existencia.

El taoísmo fomenta la práctica de la meditación, la alquimia interna y la vida en armonía con la naturaleza como medios para aspirar a la longevidad y la inmortalidad.

El budismo Mahayana, con su visión del Bodhisattva, propone un camino espiritual que se centra en ayudar a los demás a alcanzar la iluminación antes de perseguir uno mismo la liberación última. En este marco, la inmortalidad se percibe a través de la eternidad del servicio desinteresado y la compasión hacia todos los seres sintientes.

Los estudios realizados por psicólogos como Carl Jung y Joseph Campbell han explorado el concepto de inmortalidad como arquetipo universal presente en el subconsciente colectivo de la humanidad. Estas reflexiones ponen de relieve la aspiración humana a la continuidad de la existencia y la búsqueda de sentido más allá de la dimensión material.

Acontecimientos históricos como el descubrimiento de los antiguos textos taoístas sobre longevidad e inmortalidad y la influencia de las prácticas yóguicas y meditativas indias en las filosofías espirituales orientales han contribuido a configurar las concepciones y prácticas relacionadas con la búsqueda de la inmortalidad en las culturas orientales.

En conclusión, la búsqueda espiritual oriental de la inmortalidad y la vida eterna refleja un profundo deseo humano de trascender los límites físicos y explorar las dimensiones espirituales de la existencia. A través de mitos, enseñanzas filosóficas y prácticas espirituales, las culturas orientales ofrecen caminos y visiones que ponen de relieve la posibilidad de una existencia que trasciende el tiempo y el espacio, abriendo el alma del individuo a un universo de posibilidades más allá de la muerte y la finitud humana.

En la búsqueda espiritual oriental de la inmortalidad surgen conceptos fundamentales como la transmutación del ser, la purificación del alma y la experiencia de la conciencia universal, que ofrecen una perspectiva amplia y profunda sobre la naturaleza de la existencia y la idea de la vida eterna.

En Japón, la práctica del "Amrita", la bebida de los dioses que confería la inmortalidad, es un tema recurrente en la mitología japonesa y la cultura sintoísta. Esta bebida simbólica representa el deseo intrínseco de la humanidad de superar los límites de la mortalidad y acceder a una dimensión privilegiada y eterna de la vida.

La investigación metafísica de la inmortalidad en el hinduismo contempla el concepto de "Atman", el alma individual eterna e inmutable que se une con "Brahman", el absoluto cósmico, en la experiencia de la unidad eterna y la liberación última del ciclo de renacimientos. Esta perspectiva ofrece un paradigma de vida eterna a través del conocimiento y la realización de nuestra verdadera naturaleza espiritual.

Estudios de eruditos como Frits Staal y Mircea Eliade han investigado las prácticas yóguicas, tántricas y meditativas de las tradiciones orientales, destacando técnicas y principios que aspiran a superar las limitaciones físicas y explorar la dimensión de la inmortalidad a través de la experiencia interior.

Acontecimientos culturales históricos como la difusión de la alquimia taoísta, con su objetivo de transformar el cuerpo físico en un recipiente de inmortalidad, y la influencia de la filosofía neoconfuciana en la idea de alcanzar la inmortalidad mediante la práctica de las virtudes morales y la disciplina interior, dan fe de la amplia gama de perspectivas y enfoques de la búsqueda de la inmortalidad en las culturas orientales.

En conclusión, la búsqueda espiritual oriental de la inmortalidad y la vida eterna se manifiesta como un viaje emprendido por el ser humano para reconocer su esencia divina y trascendental, más allá de las limitaciones de la vida física. A través de un entretejido de prácticas espirituales, mitologías y sabidurías milenarias, las culturas orientales ofrecen una invitación a explorar la posibilidad infinita de la existencia más allá de la muerte y a descubrir la inmortalidad que reside en el núcleo mismo de la conciencia universal.

En el corazón de la búsqueda espiritual oriental de la inmortalidad está la visión de un viaje interior hacia la realización de la propia naturaleza divina y la liberación de la ilusión de la muerte, que conduce a la contemplación de una vida eterna que trasciende la temporalidad y la dualidad.

El concepto de "Yin y Yang". Equilibrio y dualidad en la visión china del más allá.

En la visión tradicional china del mundo y el universo, el concepto fundamental del "Yin y el Yang" representa el equilibrio dinámico y la dualidad complementaria que impregnan la existencia. Este concepto se extiende también a la esfera del más allá, ofreciendo una perspectiva única sobre la continuidad de las almas más allá de la muerte y la naturaleza cíclica de la existencia.

Yin y Yang" simboliza las fuerzas opuestas pero interconectadas de la naturaleza, como la oscuridad y la luz, lo femenino y lo masculino, la muerte y el renacimiento. En China, la vida después de la muerte se considera un periodo de transición en el que las almas se mueven a través del ciclo eterno del "Yin y el Yang", experimentando la dualidad de los opuestos para progresar en su camino espiritual.

En el taoísmo, el "yin y el yang" se considera parte integrante de la naturaleza cósmica y de la vida humana, en la que energías opuestas se funden y alternan para crear la armonía y el equilibrio necesarios para el bienestar del individuo y del universo. Este principio también guía la percepción del más allá como un continuo de transformación y equilibrio entre las distintas polaridades de la existencia.

Los estudios realizados por filósofos como Confucio y Laozi, fundadores de las tradiciones chinas, exploraron el concepto del "Yin y el Yang" como clave para comprender el orden cósmico y moral del universo. A través de su reflexión sobre esta dualidad, los pensadores chinos ofrecieron una perspectiva única sobre la continuidad de la existencia y las fases de transición en el más allá.

El enfoque holístico e interconectado de la medicina tradicional china incorpora el concepto del "Yin y el Yang" en el análisis y tratamiento de las enfermedades, considerando también los desequilibrios energéticos desde la perspectiva de esta dualidad. Esta visión integrada se refleja también en la forma de percibir la transición de las almas en el más allá, como parte de un complejo sistema de armonía y dualidad en constante cambio.

En conclusión, el concepto del "Yin y el Yang" en la visión china de la vida después de la muerte representa una interpretación profunda y rica de la naturaleza cíclica y la dualidad de la existencia humana y cósmica. Esta perspectiva ofrece una imagen única y articulada de la continuidad de las almas más allá de la vida terrenal, destacando la importancia del equilibrio y la complementariedad de fuerzas opuestas para comprender el más allá y sus misterios.

El concepto de "Yin y Yang" en la visión china de la vida después de la muerte va más allá de la propia dualidad, representando también la interconexión entre los mundos material y espiritual, y la continuidad de la energía vital que fluye a través de todas las formas de existencia. Esta perspectiva subraya la importancia del equilibrio y la armonía en el proceso de la vida y la muerte, ofreciendo un marco conceptual para comprender el eterno ciclo de transformación y regeneración que caracteriza la experiencia humana.

En la antigua filosofía china, "Yin y Yang" tiene profundas raíces en el Tai Chi, un símbolo visual de dualidad complementaria que expresa el flujo constante entre fuerzas opuestas. Este concepto también se refleja en la visión del más allá como un tiempo de transición en el que las almas se mueven a través de las distintas esferas del "Yin y el Yang", completando su ciclo de evolución y aprendizaje.

Los estudios de antropólogos como Marcel Granet y Joseph Needham han investigado la persistencia del concepto del "Yin y el Yang" en las prácticas culturales chinas, destacando su impacto en las creencias, rituales y concepciones de la vida después de la muerte. Estos estudiosos subrayan la centralidad de esta dualidad en la comprensión de la existencia humana y su continuación más allá de la muerte.

En la práctica del Feng Shui, el arte chino de armonizar los entornos para fomentar el bienestar y la prosperidad, se aplica el principio del "Yin y el Yang" para crear un equilibrio energético y armonioso. Esta visión también se extiende al concepto del más allá, donde las almas se consideran parte de un sistema de energías en constante movimiento y transformación.

A través de la rica herencia filosófica y cultural china, el concepto del "Yin y el Yang" en el contexto del más allá ofrece una perspectiva global e interconectada sobre la naturaleza de la existencia y la continuidad de las almas más allá de la muerte. Esta visión integrada fomenta una profunda comprensión de la naturaleza cíclica de la vida, la muerte y el renacimiento, y pone de relieve la sabiduría milenaria que impregna la visión china del reino espiritual y el más allá.

En la visión china del más allá, impregnada por el concepto del "Yin y el Yang", surge un profundo entrelazamiento entre la dualidad de las fuerzas cósmicas y el equilibrio dinámico que caracteriza la existencia más allá de la vida terrenal. Esta perspectiva no sólo refleja una visión filosófica y metafísica de la realidad, sino que también se traduce en prácticas culturales y rituales que guían a las almas en su viaje al reino del más allá.

En textos antiguos como el "Libro de los Ritos" (Liji) y el "Yijing" (Libro de los Cambios), el dualismo del "Yin y el Yang" se considera clave para comprender el flujo constante de energías cósmicas y transformaciones que caracterizan el universo y la vida misma. Estos textos permiten comprender la naturaleza cíclica de la existencia y la continuidad de las almas en su camino evolutivo más allá de la muerte.

En la práctica de las artes marciales chinas, el concepto del "Yin y el Yang" se integra como parte fundamental de la filosofía y la práctica física, simbolizando el equilibrio entre fuerza y flexibilidad, mente y cuerpo. Estos elementos también se encuentran en la visión de la "otra vida" como un proceso de integración y armonización de las polaridades del ser...

Filósofos como Zhuangzi y Han Feizi exploraron los conceptos de dualidad y unidad desde una perspectiva china, haciendo hincapié en el dinamismo y la interconexión de los opuestos. Estas reflexiones filosóficas han influido en la visión cultural china del más allá como un momento de síntesis y convergencia de las dualidades que caracterizan la existencia humana y cósmica.

Acontecimientos históricos como la difusión del taoísmo y el confucianismo en China y otros países asiáticos han contribuido a configurar las percepciones culturales del más allá a través del prisma del "Yin y el Yang", enucleando un marco de continuidad, transformación y armonía en la evolución de las almas más allá de la frontera terrenal.

La relación entre el alma y el cuerpo. Perspectivas filosóficas orientales sobre la vida después de la muerte.

En las culturas orientales, el concepto de la relación entre el alma y el cuerpo desempeña un papel central en las reflexiones sobre la vida después del tránsito, arrojando luz sobre la naturaleza de la existencia espiritual y corpórea y el vínculo indisoluble entre estas dimensiones esenciales del ser humano.

En el budismo, la noción de *anatman*, la ausencia de una entidad individual permanente como el alma, está relacionada con el concepto de impermanencia e interdependencia de todas las cosas. Según esta perspectiva filosófica, la idea misma de una entidad trascendente o de un alma eterna se considera una ilusión, ya que la esencia última del individuo está conectada a la naturaleza universal de la propia existencia.

El taoísmo chino ofrece una visión más fluida y orgánica de la relación entre alma y cuerpo, considerando la esencia espiritual humana como parte integrante del Tao, el principio cósmico del universo. En esta perspectiva, el alma se ve como un flujo de energía vital que anima el cuerpo temporal, y la muerte como un retorno armonioso a la matriz universal de la existencia.

El filósofo chino del siglo IV a.C. Zhuangzi expresó su opinión sobre la naturaleza del alma y el cuerpo en su obra *"Tao Te Ching"*, destacando la interconexión entre ambas realidades y su reciprocidad dentro de la unidad cósmica. Sus reflexiones influyeron profundamente en la concepción china de la vida después del tránsito, haciendo hincapié en la dimensión cíclica y armoniosa de la existencia.

Estudios en neurociencia y psicología, como los realizados por Richard Davidson y Daniel Goleman sobre el impacto de la meditación en la conciencia y el bienestar mental, han indicado que las prácticas contemplativas orientales pueden modular la autopercepción y la relación mente-cuerpo, e incluso ofrecer ideas sobre el posible destino del alma después de la muerte.

Acontecimientos históricos como la difusión de las filosofías orientales en el mundo occidental, a partir del siglo XIX con el movimiento de la Nueva Era y la difusión del budismo zen y el yoga en Occidente, han contribuido a la difusión de las perspectivas orientales sobre la relación entre el alma y el cuerpo y el destino de la esencia espiritual más allá de la vida terrenal.

En conclusión, las perspectivas filosóficas orientales sobre la relación entre el alma y el cuerpo ofrecen un amplio marco conceptual para comprender la naturaleza de la existencia y la vida después de la muerte. Estos puntos de vista ponen de relieve la interconexión, armonía y unidad entre las dimensiones espiritual y física del ser humano, invitando a contemplar la continuidad del alma y la naturaleza cíclica de la existencia más allá de la frontera de la muerte.

Al seguir explorando la compleja relación entre el alma y el cuerpo en las perspectivas filosóficas orientales sobre la vida después de la muerte, surgen conceptos y visiones que desafían las concepciones dualistas tradicionales e invitan a contemplar una realidad más profunda e interconectada.

En la visión hindú, el concepto de "*Atman*", el alma individual eterna e inmutable, está entrelazado con el concepto de "*Brahman*", el absoluto cósmico, que representa la realidad última. Esta perspectiva sugiere que, tras la muerte del cuerpo físico, el Alma puede regresar a su esencia inmanente y espiritual, en un eterno continuo de renacimiento y transformación.

La perspectiva del Alma Gemela, presente en algunas tradiciones espirituales orientales como el taoísmo y el hinduismo, propone la idea de que las almas están destinadas a reunirse y completarse mutuamente en un viaje evolutivo más allá de la muerte física. Este concepto refleja la búsqueda de la unidad y la totalidad espiritual que anima la naturaleza del Ser.

Filósofos contemporáneos como Ken Wilber y Deepak Chopra han explorado el concepto de "*conciencia global*" y la idea de una red interconectada de energías e información que constituyen la realidad más allá del plano material, sugiriendo que el Alma puede seguir existiendo en un campo universal de conciencia después de la muerte.

Los experimentos de la ciencia cognitiva y la neurociencia, como los realizados por Sam Parnia sobre el estudio de las experiencias cercanas a la muerte en pacientes reanimados, han planteado interrogantes sobre el destino del alma y su posible existencia más allá de la muerte corporal, ofreciendo también perspectivas orientales.

Acontecimientos históricos como la difusión de las filosofías orientales en el mundo occidental con el movimiento de la Nueva Era y la difusión del budismo zen y el yoga en Occidente, han contribuido a la difusión de las perspectivas orientales sobre la relación entre el alma y el cuerpo, y sobre el destino de la esencia espiritual más allá de la vida terrenal....

En conclusión, las perspectivas filosóficas orientales sobre la relación entre el alma y el cuerpo en el más allá abren un espacio para la reflexión profunda sobre la esencia espiritual del ser humano y su continuación más allá del límite de la vida física. Estas visiones nos invitan a explorar la naturaleza interconectada y universal del alma, sugiriendo posibilidades de existencia y evolución que van más allá de los límites de la comprensión racional y se adentran en el misterio infinito de la vida y el más allá.

El final de la vida como oportunidad de crecimiento espiritual. Versos de la poesía oriental.

En las culturas orientales, el concepto del final de la vida no es sólo un momento de transición física, sino también una oportunidad para el crecimiento espiritual y el descubrimiento de la esencia más profunda del ser humano. Las ricas tradiciones poéticas orientales nos ofrecen un acceso emocional y espiritual a este tema, explorando la belleza, la sabiduría y la transformación que pueden acompañar la transición de la existencia terrenal a una dimensión más allá de la muerte.

Los poemas de Rumi, un místico persa del siglo XIII, reflejan la visión del alma como una gota que regresa al océano divino tras la muerte, reencontrándose con la totalidad y la unidad con el universo. Los versos de Rumi exploran la dualidad de la experiencia humana y la vida después de la muerte, invitando a contemplar la eternidad y el amor universal que subyacen a la existencia.

En la poesía japonesa haiku, por ejemplo, encontramos una forma de expresión que captura la esencia de lo eterno en el presente, celebrando la naturaleza cíclica de la vida y la constante transformación que caracteriza la existencia. Versos de poetas como Matsuo Basho y Yosa Buson exploran la delicadeza de la naturaleza, la fugacidad del tiempo y la continuidad del alma más allá del velo de la muerte.

La obra del poeta chino del siglo VIII Li Bai refleja la profunda conexión entre el hombre y el universo, revelando la belleza y la armonía que impregnan la vida y el más allá. Sus versos exploran la fluidez del alma y la continuidad de la existencia más allá de la mortalidad del cuerpo, sugiriendo la posibilidad de un crecimiento espiritual que se extiende más allá de los límites de la vida corporal.

Los estudios de psicólogos como Carl Jung y James Hillman han investigado el poder terapéutico y transformador de la poesía y el arte para abordar la cuestión de la muerte y la espiritualidad. Estos estudiosos destacan el valor de la poesía oriental para facilitar la reflexión, la toma de conciencia y el crecimiento interior en respuesta a los retos de la existencia y la transición más allá de la vida terrenal.

Acontecimientos históricos como la difusión de la poesía oriental en Occidente y su influencia en la literatura y la filosofía modernas atestiguan el valor universal e intemporal de estas expresiones artísticas. Son versos que siguen ofreciendo inspiración y consuelo a los buscadores de la verdad y el sentido en culturas de todo el mundo.

En conclusión, los versos de la poesía oriental sobre el final de la vida ofrecen una experiencia emocional y espiritual que trasciende las palabras y llega a lo más profundo del alma humana. Estas obras poéticas iluminan el camino hacia el crecimiento espiritual, la comprensión de la muerte como parte integrante de la vida y la apertura a la infinita belleza y sabiduría que residen en las esferas más allá de la frontera de la muerte.

Los poemas japoneses del periodo Heian, como el "Cuento de Genji" de Murasaki Shikibu, reflejan la visión del amor, la belleza y la fugacidad de la existencia humana, ofreciendo una luz reflexiva sobre el significado de la vida y la muerte en la cultura japonesa. Estas obras literarias exploran las dimensiones emocionales y relacionales del ser humano, así como su conexión con lo divino y lo eterno.

El monje budista Saigyo, conocido por sus *poemas waka* y su búsqueda espiritual en el siglo XII, transmitió en su obra una profunda sensibilidad hacia la naturaleza, el tiempo y la fugacidad de la vida. Sus composiciones poéticas revelan una contemplación de su propia mortalidad y una búsqueda de sentido y conexión con la dimensión cósmica de la existencia eterna.

En el antiguo texto taoísta "Tao Te Ching", atribuido a Laozi, fundador del taoísmo, encontramos versos que exploran la sabiduría de vivir en armonía con el Tao, el camino cósmico y universal. Estas enseñanzas sugieren una visión de la muerte como parte integrante del ciclo natural de la existencia, fomentando una profunda comprensión de la transformación del alma más allá de los confines del cuerpo material.

En la poesía zen, como la escrita por los maestros del budismo zen en Japón, los versos cortos e incisivos captan la esencia de la experiencia directa e inmediata, revelando la verdadera naturaleza de la realidad y del alma más allá de las formas convencionales de la palabra y el pensamiento. Estos versos zen ofrecen una forma de explorar la no dualidad y la inmensidad de la existencia espiritual más allá de las limitaciones de la mente racional.

Juntos, estos versos de poesía oriental nos llevan en un viaje emocional y espiritual hacia la comprensión y la contemplación de la vida, la muerte y el más allá, ofreciendo una forma de experimentar la belleza, la sabiduría y la transformación que acompañan el paso a través del velo de la muerte hacia una realidad más amplia y profunda del ser humano.

El poeta chino del siglo VIII Du Fu exploró en sus poemas la fragilidad de la vida humana y su interconexión con el ciclo natural del universo. Sus palabras revelan una profunda conciencia de la fugacidad de la existencia y la búsqueda de sentido y consuelo ante la muerte y el paso a lo desconocido.

Otros poetas chinos, como Li Qingzhao, abordaron el tema de la pérdida, el amor y la esperanza desde la perspectiva de la trascendencia y la continuidad del alma más allá de los confines de la vida terrenal. Sus poemas revelan una fe inquebrantable en la eternidad de la esencia espiritual y en la belleza de la vida que se manifiesta más allá de la muerte.

En la cultura india, la lírica bhakti de místicos como Mirabai, Tulsidas y Kabir celebra el amor divino y la unión del alma individual con la divinidad suprema, sugiriendo que el final de la vida es un momento de reunificación y realización espiritual para la esencia eterna. Estos versos exploran la dimensión del amor, la devoción y la trascendencia que atraviesa el velo de la muerte.

En definitiva, a través de los versos de la poesía oriental, podemos sumergirnos en un universo de belleza, sabiduría y trascendencia que nos abre la puerta a la reflexión, la comprensión y el crecimiento espiritual ante el misterio del fin de la vida y la vida más allá de la muerte. Estas obras poéticas nos guían en un viaje interior y universal en busca de la verdad, la belleza y el consuelo en la eternidad del alma y la maravilla infinita del ser humano.

El más allá como juicio. Conceptos de castigo y redención en las creencias orientales.

En las tradiciones y filosofías orientales, el concepto del más allá como juicio está profundamente entrelazado con las creencias sobre el castigo y la redención, ofreciendo un marco interpretativo para comprender el destino del alma más allá de la muerte y el papel de la conducta moral y espiritual en la eternidad de la existencia.

En el budismo, por ejemplo, la visión del karma como una ley universal de causa y efecto informa la concepción de la vida después de la muerte como una continuación de las acciones e intenciones realizadas durante la vida terrenal. Según esta perspectiva, el alma transita por planos de existencia determinados por sus acciones kármicas, experimentando las consecuencias de lo que ha sembrado en el eterno ciclo de renacimiento y transformación.

En el jainismo, una de las antiguas tradiciones indias, el más allá se concibe como un lugar donde las almas son juzgadas en función de sus acciones e intenciones, lo que determina su posterior destino en el sistema de renacimientos. La ética de *la ahimsa* y la no violencia guía el camino espiritual de los creyentes hacia la redención y la liberación de la ilusión del mundo material.

En la mitología y cosmología chinas, el concepto del Yin y el Yang expresa la dualidad de las fuerzas cósmicas y la complementariedad de los opuestos en el proceso de juicio y destino del alma más allá de la muerte. El más allá se considera un reino de equilibrio y armonía, donde las almas son evaluadas en función de su integridad espiritual y su relación con el universo.

Los estudios de antropólogos como Victor Turner y Clifford Geertz han investigado las prácticas rituales y las creencias de las culturas orientales en relación con el juicio y la redención en el más allá, destacando la centralidad de estos conceptos en la construcción de la conciencia moral y la vida espiritual de las comunidades.

Acontecimientos históricos como la difusión del confucianismo y el taoísmo en China y otras partes de Asia contribuyeron a conformar las opiniones orientales sobre la moralidad, la justicia y la redención en las visiones del más allá, haciendo hincapié en la importancia de equilibrar las fuerzas opuestas y buscar la armonía con el orden cósmico.

En conclusión, los conceptos de castigo y redención en la otra vida en las creencias orientales ofrecen una perspectiva compleja y llena de matices sobre la naturaleza de la conciencia moral y la responsabilidad espiritual de los seres humanos en la eternidad de la existencia. Estas concepciones fomentan una vida de virtud, compasión y sabiduría como forma de comprender y aceptar el destino del alma más allá de la vida terrenal y de emprender el camino de la redención y la liberación espiritual en el misterio infinito del más allá.

Existencia de guías espirituales. Una investigación sobre el papel de los seres espirituales en el más allá oriental.

En las culturas orientales, la presencia y el papel de los espíritus guía ocupan un lugar central en la interpretación de la existencia después de la muerte, ofreciendo apoyo, guía y protección a las almas en su viaje más allá de los confines de la vida terrenal. Este fascinante concepto pone de relieve la profunda conexión entre los mundos espiritual y material, abriendo la puerta a una comprensión más amplia de la vida después de la muerte en las tradiciones orientales.

En el budismo tibetano, por ejemplo, los lamas y las deidades budistas se consideran seres espirituales elevados que guían a las almas difuntas a través del Bardo, el periodo de transición entre la muerte y el renacimiento. Estos espíritus guía ofrecen enseñanzas, protección y apoyo para facilitar el viaje del alma hacia un renacimiento iluminado y liberado del ciclo del samsara, la rueda de renacimientos.

En las tradiciones chamánicas e indígenas de Asia Oriental, como en Corea y Japón, los espíritus de los antepasados y los guardianes de la naturaleza desempeñan un papel fundamental en el más allá, proporcionando protección, curación y consejo a las almas difuntas. Estos guías espirituales se consideran puentes entre los mundos terrenal y espiritual, facilitando la comunicación y la transición entre las dos dimensiones de la existencia.

Estudios realizados por psicólogos como Carl Jung y James Hillman han analizado el concepto de guías espirituales como arquetipos del inconsciente colectivo, símbolos de la sabiduría interior y la guía espiritual que pueden surgir en el proceso de individuación y evolución personal. Estos estudiosos asemejan las figuras de los espíritus guías a manifestaciones del alma y la psique humanas que acompañan al individuo en su camino de crecimiento y transformación.

Acontecimientos históricos como las prácticas de los médiums espirituales y el contacto con el mundo de los espíritus que se han desarrollado en diversas culturas orientales a lo largo de los siglos atestiguan la persistencia y la importancia de la relación entre los seres humanos y los guías espirituales en el más allá. Estas tradiciones reflejan el deseo humano de conectar con la esencia espiritual y recibir ayuda divina para navegar por la vida después de la muerte.

En conclusión, la existencia de guías espirituales en las culturas orientales es testimonio de la profunda creencia en la presencia de entidades espirituales que acompañan y animan a las almas en su viaje más allá de la vida terrenal. Estos seres espirituales ofrecen consuelo, sabiduría y protección, desempeñando un papel significativo en el destino y la evolución de las almas en el más allá, reforzando el vínculo indisoluble entre el hombre y lo divino en la visión oriental de la vida después del paso.

El karma colectivo y el más allá. Cómo nuestras acciones se reflejan también después del paso.

En las tradiciones y filosofías orientales, el concepto de karma colectivo y su relación con el más allá representa una perspectiva fascinante que hace hincapié en las consecuencias de las acciones humanas no sólo en la vida terrenal, sino también en la existencia más allá de la muerte. Este enfoque filosófico y espiritual proporciona un marco interpretativo para comprender el vínculo indisoluble entre las acciones humanas y el destino del alma en el eterno ciclo de renacimientos y transformaciones.

En el budismo, el concepto de interconexión (o "*anatman*") subraya el vínculo entre todas las formas de vida y su influencia mutua, creando un tejido invisible de relaciones que se reflejan en todas partes. Según esta perspectiva, las acciones individuales contribuyen al karma colectivo de la humanidad y el universo, determinando las condiciones en que las almas se reencarnarán y los destinos que encontrarán en la otra vida.

El filósofo indio Mahatma Gandhi, con su práctica de *la ahimsa* (no violencia) y la compasión hacia todas las formas de vida, encarna el ideal del karma colectivo positivo y la transformación social a través de la conciencia y la acción moral. Sus enseñanzas reflejan la creencia en la capacidad de la humanidad para influir en su propio destino y en el de todo el cosmos mediante el poder de acciones justas y compasivas.

En las tradiciones hindúes, el concepto de "loka-samgraha" hace hincapié en el deber moral del individuo de contribuir al bienestar de la comunidad y garantizar un equilibrio armonioso de las fuerzas cósmicas a través de sus acciones. Las prácticas de *bhakti* (devoción) y *seva* (servicio desinteresado) encarnan el ideal del karma colectivo positivo y la redención de toda la humanidad en el ciclo del renacimiento.

Los estudios de psicólogos como Daniel Goleman y Richard Davidson han explorado los vínculos entre las acciones compasivas, la empatía y el bienestar individual y colectivo, destacando el potencial transformador del comportamiento altruista y solidario a la hora de configurar el karma colectivo y dirigir el destino de las almas más allá de la muerte.

Acontecimientos históricos como las revoluciones sociales y espirituales encabezadas por líderes como Martin Luther King Jr. en Estados Unidos y Nelson Mandela en Sudáfrica dan fe del poder del karma colectivo positivo para superar la injusticia y fomentar la transformación social y espiritual de las comunidades. Estos ejemplos encarnan la posibilidad de que la humanidad reescriba su propio destino y cree un futuro más brillante gracias al poder de las acciones justas y compasivas.

En conclusión, el concepto de karma colectivo y su relación con el más allá en las culturas orientales reflejan la profunda visión de la responsabilidad individual y colectiva en la configuración del presente y el futuro de la humanidad y el universo. Esta perspectiva invita a la autorreflexión, a la conciencia de las consecuencias de nuestros actos y a la práctica constante de la virtud y la compasión como herramientas para influir positivamente en el karma colectivo y guiar a las almas hacia un renacimiento iluminado y liberado de las ataduras del pasado.

El concepto de meritocracia.

En las culturas orientales, el concepto de meritocracia en la otra vida es un pilar fundamental para entender la visión de la justicia y la recompensa en el mundo espiritual. Esta perspectiva enfatiza el vínculo entre las acciones humanas, los méritos adquiridos y las consecuencias que se reflejan en la existencia después de la muerte, proporcionando un sistema de valores y creencias que guían el comportamiento y las elecciones de los individuos durante su vida terrenal.

En el budismo, la noción de *"karma-vipaka"* hace hincapié en el concepto de acción y consecuencia, según el cual el karma acumulado durante la vida determina las condiciones y experiencias del alma en la otra vida y en los siguientes renacimientos. Las acciones virtuosas y compasivas conducen a recompensas positivas, mientras que las negativas generan consecuencias dolorosas, creando un sistema meritocrático de justicia cósmica que refleja el mérito moral y espiritual del individuo.

Uno de los principios fundamentales del taoísmo es el equilibrio entre el yin y el yang, que recuerda la importancia de actuar en armonía con el flujo natural del universo para obtener beneficios y ganar méritos en la otra vida. La práctica de la virtud, la sabiduría y la humildad se considera una forma de acumular méritos y fomentar un destino positivo tras la muerte, en línea con los principios de equilibrio y justicia de la filosofía taoísta.

En las tradiciones hindúes, el concepto de "*dharma*" representa el deber moral y la acción correcta según la ley divina universal, que conduce a la acumulación de méritos y recompensas en la otra vida. Las acciones realizadas de acuerdo con *el dharma* conducen al crecimiento espiritual y a la realización del potencial divino del individuo, lo que garantiza una posición privilegiada en la otra vida y en las encarnaciones posteriores.

Los estudios de filósofos como Alan Watts y Joseph Campbell han examinado el concepto de meritocracia en la otra vida como símbolo de justicia inmanente y recompensa basada en el mérito moral y espiritual de los individuos en el ciclo eterno de renacimientos y transformaciones. Estos pensadores subrayaron la importancia de la integridad, la virtud y la compasión como pilares para construir un destino positivo y una recompensa divina en la otra vida.

Acontecimientos históricos como las fundaciones de instituciones religiosas y espirituales en las civilizaciones orientales, como los monasterios budistas e hinduistas y los santuarios taoístas, atestiguan la importancia del concepto del más allá para estructurar las comunidades espirituales y mantener un orden moral y espiritual.

En conclusión, el concepto de meritocracia en la otra vida en las culturas orientales representa una esencia fundamental de las creencias y prácticas espirituales que informan el comportamiento, las elecciones y las aspiraciones de los individuos en su camino hacia una vida después de la muerte iluminada y recompensada. Esta visión de la justicia y la recompensa basada en el mérito moral y espiritual constituye un baluarte contra la injusticia y el pecado, ofreciendo un objetivo ético y trascendente para obtener una posición de honor y bendición en la otra vida según la regla y la ley del universo cósmico.

Sabiduría oriental sobre la impermanencia.

En las antiguas filosofías y tradiciones espirituales orientales, el concepto de impermanencia es una piedra angular esencial para comprender el sentido del fallecimiento y la búsqueda de la paz interior en el momento de morir. Esta sabiduría milenaria ofrece profundas enseñanzas sobre cómo afrontar la fugacidad de la vida y encontrar la serenidad ante la muerte, abriendo la puerta a una nueva perspectiva de la existencia y la eternidad del alma.

El concepto de impermanencia en Oriente es una doctrina fundamental que se encuentra en muchas tradiciones espirituales, como el budismo, el hinduismo y el taoísmo. Este concepto se refiere a la naturaleza transitoria y cambiante de todas las cosas del universo.

En el budismo, por ejemplo, la impermanencia se considera una de las tres características fundamentales de la existencia, junto con el concepto de sufrimiento (*dukkha*) y la ausencia de un yo permanente (*anatta*). Las enseñanzas budistas subrayan que todas las cosas, incluidos nuestros mundos interior y exterior, están sujetas a cambios y transformaciones constantes. No hay nada permanente ni inmutable, y tratar de aferrarse a algo impermanente conduce inevitablemente al sufrimiento.

En el hinduismo, la impermanencia se considera igualmente parte del ciclo eterno de creación, conservación y destrucción del universo. Este concepto se refleja en el concepto de samsara, el ciclo de renacimientos y muertes por el que pasa todo ser hasta que alcanza la liberación (*moksha)* de la rueda del karma.

En el taoísmo, la impermanencia se considera parte del flujo natural del universo, donde todo cambia constantemente siguiendo el principio del Tao. Las enseñanzas taoístas indican que fluir con el cambio en lugar de oponerse a él conduce a la paz interior y a la armonía con el cosmos.

En general, el concepto de impermanencia en Oriente invita a reflexionar sobre la naturaleza efímera de la vida y a cultivar una actitud de aceptación y no apego a las cosas que cambian. Esta enseñanza pretende aportar un sentido de conciencia, ecuanimidad y sabiduría a las experiencias cotidianas, reconociendo que nada permanece inmutable y que la verdadera felicidad sólo puede hallarse en la aceptación de este flujo constante de la vida.

El budismo zen, con su énfasis en la impermanencia (*Anicca*) como uno de los tres signos de la condición humana, enseña la importancia de aceptar el constante flujo y reflujo de la vida como parte integrante de la existencia. Maestros como Thich Nhat Hanh han guiado a millones de seguidores en la práctica de la atención plena y la meditación para abrazar la impermanencia y encontrar la paz en el presente, preparando así la transición a otra forma de existencia.

En el taoísmo, la filosofía del Wu Wei, o "*actuar sin actuar*", aboga por seguir el flujo natural del universo y adaptarse al cambio sin oponer resistencia. Laozi, el legendario filósofo taoísta, enseñó que aceptar la impermanencia y confiar en el curso de la vida conduce a la quietud del alma y a la reconciliación con el destino, preparando al individuo para un paso pacífico y armonioso a la otra vida.

En la cultura japonesa, la práctica del arte del té, Chanoyu, encarna el ideal zen de la impermanencia y la esencia del momento presente. Ceremonias como la del té, realizadas con cuidado y conciencia, sirven como rituales de meditación sobre la impermanencia de la vida y el énfasis en apreciar el momento presente, ofreciendo una valiosa guía para afrontar el paso con gracia y contemplación.

Estudios de psicólogos como Jon Kabat-Zinn y Eckhart Tolle han examinado los beneficios de la atención plena y la práctica meditativa para afrontar el miedo a la muerte y abrazar la impermanencia como parte integrante de la existencia humana. Estos estudiosos subrayaron la importancia de vivir el momento presente y cultivar una mente abierta y acogedora para encontrar la paz interior ante la transición a la dimensión más allá del velo de la vida terrenal.

Acontecimientos históricos como la difusión de los principios budistas y taoístas en el mundo occidental han contribuido a concienciar sobre la importancia de la impermanencia y la sabiduría oriental en el proceso de afrontar la muerte y la transición a una existencia transitoria. Estas enseñanzas sobre la impermanencia ofrecen una visión renovada de la vida y la muerte como partes complementarias de un gran ciclo cósmico, alimentando la esperanza de una transformación interior y una paz duradera más allá de los confines de la mortalidad.

El concepto de Nirvana. Un análisis filosófico y espiritual de la liberación.

En el contexto de las culturas orientales, el concepto de Nirvana representa la cúspide de la iluminación y la liberación espiritual, ofreciendo una profunda perspectiva sobre el más allá de la vida y la búsqueda de la paz y la plenitud definitivas. Este concepto tiene raíces ancestrales en las tradiciones religiosas y filosóficas de la India y Oriente, impregnando las visiones del destino del alma y el camino hacia la trascendencia.

A menudo se asocia al Buda Shakyamuni, fundador del budismo, con la primera y más clara expresión del concepto de Nirvana como estado de liberación definitiva del ciclo de renacimientos y del dolor de la existencia condicionada. Buda enseñó que para alcanzar el Nirvana es necesario comprender la naturaleza de la ilusión y el deseo, y practicar el "*óctuple sendero*" para lograr la completa extinción del deseo y la ignorancia.

La práctica del "*óctuple sendero*".

El "*Óctuple Sendero*" es un concepto clave en el budismo, sobre todo en la tradición Theravada. Este camino, a menudo llamado también el "*Noble Óctuple Sendero*", es una de las principales enseñanzas del Buda Siddhartha Gautama para lograr la completa extinción del deseo y la ignorancia, que se consideran las causas del sufrimiento humano (*dukkha*). El *Noble Óctuple Sendero* se divide en ocho aspectos interconectados y complementarios que sirven de guía para una vida ética, consciente e iluminada. Estos ocho aspectos son:

Vista correcta.
Incluye la comprensión correcta de la realidad, en particular los conceptos de sufrimiento, impermanencia y no-yo.

Intención correcta.
Se trata de la búsqueda de objetivos y motivaciones justos, como la compasión, la bondad y el desapego de los deseos egoístas.

Palabra correcta.
Indica el uso de las palabras para expresar la verdad, la bondad y la armonía.

Acción correcta.
Se refiere a la conducta ética y al respeto por la vida, la propiedad y la sexualidad.

Medio de vida correcto.
Implica ganarse la vida de forma honrada y respetuosa, evitando profesiones que perjudiquen a los demás.

Esfuerzo correcto.
Incluye el esfuerzo constante por cultivar el bien y reducir el mal en las propias acciones, palabras y pensamientos.

Atención correcta.
Representa la conciencia del momento presente, observando los estados mentales y las acciones sin juzgar.

Concentración correcta.
Indica el desarrollo de una mente tranquila a través de la meditación, centrando la atención y liberando la mente de distracciones.

Seguir *el Óctuple Sendero* se considera esencial para alcanzar la plena realización y la liberación del ciclo del samsara, lo que conduce a la cesación del deseo y la ignorancia que están en la raíz del sufrimiento humano. La práctica de estos ocho aspectos ayuda a purificar la mente, desarrollar la sabiduría y alcanzar el estado de Nirvana, que representa la completa extinción del sufrimiento y la consecución de la paz interior y la iluminación espiritual.

En las escrituras budistas, como el *Sutra del Corazón* y el Dhammapada, se encuentran profundas enseñanzas sobre el Nirvana como un estado de paz perfecta, sabiduría y compasión absoluta, más allá de las dualidades y limitaciones de la existencia terrenal. Esta visión del Nirvana como meta suprema de la búsqueda humana inspira a millones de seguidores budistas a seguir el camino de la atención plena y la compasión para alcanzar la liberación última.

En el budismo Mahayana, el concepto de Bodhisattva representa a aquellos que renuncian temporalmente al Nirvana personal para permanecer en el mundo y guiar a otros hacia la liberación. Este ideal de compasión y altruismo encarnado por los Bodhisattvas subraya la importancia de extender el beneficio de la liberación a todos los seres sensibles, reflejando la profundidad de la enseñanza budista sobre el Nirvana como manifestación del amor universal.

Los estudios de filósofos y eruditos como D.T. Suzuki y Thich Nhat Hanh han explorado el concepto de Nirvana como una realidad experiencial inmediata y tangible accesible a través de la práctica de la meditación, la atención plena y la transformación interior. Estos autores han destacado el poder transformador de la atención plena para liberarse del ciclo del deseo y el sufrimiento y alcanzar el estado de Nirvana aquí y ahora.

Acontecimientos históricos como la propagación del budismo en Asia y Occidente han contribuido a difundir el concepto de Nirvana como objetivo último de la búsqueda espiritual y promesa de paz y felicidad duraderas más allá de la vida terrenal. Estos acontecimientos han moldeado culturas y mentalidades, inspirando a millones de personas a contemplar la posibilidad de alcanzar la liberación y la serenidad mediante la práctica de los principios budistas.

En conclusión, el concepto de Nirvana en las culturas orientales representa un faro de esperanza y sabiduría para quienes buscan la liberación y la realización espiritual más allá de la vida terrenal. Esta visión de la liberación como un estado de paz, sabiduría y compasión perfectas ofrece una perspectiva única sobre la eternidad del alma y la transformación interior, invitando a los individuos a explorar las profundidades de su propia conciencia y a recorrer el camino hacia la liberación definitiva y la realización de la esencia divina que reside dentro de cada ser humano.

El poder de las oraciones por las almas de los difuntos

En las culturas orientales, el poder de las oraciones por las almas de los difuntos desempeña un papel importante a la hora de acompañar a los espíritus al más allá y ofrecer apoyo y consuelo a las almas en su tránsito más allá de los confines de la vida terrenal. Esta práctica milenaria está impregnada de profundos significados espirituales y culturales que conforman las creencias y relaciones entre el mundo de los vivos y el de los muertos en las tradiciones orientales.

En el budismo, las oraciones y ceremonias por la paz y el bienestar de las almas de los difuntos se consideran actos de compasión y generosidad que pueden influir positivamente en el destino de las almas en el más allá. El ritual del *Bardo Thodol*, o *Libro Tibetano de los Muertos*, guía a las almas a través del proceso de transición y reencarnación, mientras que las oraciones de monjes y devotos ofrecen consuelo y esperanza a los espíritus en tránsito hacia nuevas formas de existencia.

En las tradiciones hindúes, las oraciones y rituales por los antepasados difuntos son parte integrante de la práctica religiosa y la devoción familiar. En Pitri Paksha, el periodo anual dedicado a la veneración de los antepasados, las familias ofrecen alimentos y recitan mantras por el bienestar de las almas de sus predecesores, creando un vínculo espiritual y una continuidad entre generaciones gracias al poder de las oraciones y las ofrendas sagradas.

La práctica del Jodo Shinshu en Japón, con la recitación del Nenbutsu en honor de las almas de los difuntos, es un ejemplo de cómo las oraciones pueden ser un medio de manifestar compasión y gratitud hacia quienes nos han precedido, alimentando así el ciclo de interconexión y benevolencia en el mundo espiritual y terrenal.

Los estudios de antropólogos y estudiosos de las religiones como Mircea Eliade y Joseph Campbell han explorado el significado y la eficacia de las oraciones por las almas de los muertos en las culturas orientales, destacando la centralidad del concepto de continuidad y conexión entre los vivos y los muertos a través de la intercesión de oraciones y ceremonias sagradas.

Acontecimientos históricos como las festividades dedicadas a los difuntos en diversas tradiciones orientales, como el *Festival Qingming* en China o el *Obon* en Japón, atestiguan la importancia de rezar por las almas de los muertos en homenaje y respeto a quienes nos precedieron, celebrando así el recuerdo y la presencia constante de los espíritus en el ámbito familiar y social.

En conclusión, el poder de las oraciones por las almas de los difuntos en las culturas orientales representa un vínculo de compasión y respeto entre los mundos visible e invisible, ofreciendo un puente de comunicación y amor que conecta nuestras vidas terrenales con las de los antepasados y los difuntos en el reino del infinito. Estas prácticas profundas y sagradas atestiguan la continuidad del amor y la devoción más allá de las fronteras de la vida y la muerte, alimentando así la fe y la esperanza en la unidad y la benevolencia que impregnan el universo y el destino de las almas más allá del velo de la muerte.

La paradoja del vacío en el más allá.

En el corazón de las tradiciones filosóficas orientales, la paradoja del vacío en el más allá es un concepto profundo que desafía las concepciones occidentales de la muerte y el más allá. Esta reflexión filosófica oriental explora las implicaciones del concepto de vacío, o *Sunyata* en sánscrito, en el contexto del tránsito y la vida más allá de la muerte, ofreciendo una fascinante perspectiva sobre la esencia del ser y la idea misma de existencia en el cosmos.

El filósofo indio Nagarjuna, uno de los pensadores budistas más eminentes, destacó el concepto de *Sunyata* como la naturaleza fundamental de la realidad, en la que todas las formas de existencia e inexistencia están interconectadas y son interdependientes. Esta visión del vacío no como falta de sentido, sino como totalidad incondicionada y más allá del dualismo, arroja luz sobre el misterio de la vida después de la muerte y la naturaleza ilusoria de la separación entre la vida y la muerte.

En el budismo zen, el concepto de *Sunyata* es fundamental para la práctica de la meditación y la contemplación de la naturaleza efímera de la vida y la identidad personal. La conciencia del vacío como manifestación de la interconexión y la vacuidad de las formas materiales y espirituales abre la mente a la comprensión del más allá como un estado de conciencia sin límites ni definiciones, donde el alma encuentra su unidad con la esencia universal.

El taoísmo, con el concepto de Wu Wei y el Tao como principio generador y transformador del universo, ofrece otra perspectiva del vacío en la otra vida como manifestación de la naturaleza espontánea y armoniosa de la existencia sin fin. La aceptación del flujo natural del ser y la entrega al Tao como fuerza vital universal apoyan la visión de la muerte como un retorno a la fuente del vacío creativo y la totalidad cósmica.

Los estudios realizados por filósofos e investigadores como Alan Watts y Dasetsu Suzuki han explorado el concepto del vacío en el más allá como el corazón palpitante de la realidad y como el fundamento sobre el que se asienta el misterio de la vida y la muerte. Estos estudiosos han destacado el poder transformador de la conciencia de la vacuidad como medio para superar los miedos e ilusiones asociados a la muerte y abrazar la centralidad de todo en el universo infinito.

Acontecimientos históricos como las ceremonias funerarias y las prácticas rituales de las culturas orientales atestiguan la importancia del concepto de vacío en el más allá como símbolo de la no dualidad y la unidad universal que impregna todos los aspectos de la existencia. Estos actos celebran la transformación de los espíritus a través de la conciencia del vacío como clave para comprender el significado último de la vida y la muerte.

En conclusión, la paradoja del vacío en el más allá en las culturas orientales representa una invitación a la contemplación profunda sobre la esencia del ser y la realidad última del más allá. Esta reflexión filosófica oriental postula que el vacío no es un estado de ausencia, sino de presencia total e interconexión universal que acoge todas las formas de existencia e inexistencia en el abrazo eterno del infinito. Mediante el reconocimiento y la aceptación de esta paradoja, se abre la puerta a la comprensión del misterio de la vida y la muerte y a la paz que proviene de la conciencia del vacío como verdadera esencia y fundamento de nuestra existencia en el cosmos.

Testimonios de retornos del más allá. Encrucijada entre ciencia y espiritualidad en Oriente.

En las culturas orientales, los relatos de retornos del más allá constituyen un valioso vínculo entre las dimensiones científica y espiritual, pues ofrecen perspectivas únicas sobre la experiencia de la muerte y el posible destino del alma tras el fallecimiento. Estos relatos, ricos en sugerencias y múltiples significados, arrojan luz sobre las profundas conexiones entre ciencia y espiritualidad en el contexto de las creencias orientales sobre el más allá.

En el budismo se cuentan historias de retornos del más allá en diversas tradiciones, con el concepto de vuelta a la vida terrenal tras experiencias de muerte inminente o trances profundos. Maestros iluminados como Milarepa relataron viajes al más allá y encuentros con deidades y espíritus que configuraron su viaje espiritual y su comprensión del universo. Estos testimonios ofrecen perspectivas para explorar la conciencia más allá del velo de la muerte y rastrear las conexiones entre los seres humanos y las dimensiones sutiles de la existencia.

El taoísmo, con su visión de la armonía entre los mundos visible e invisible, recurre a la evidencia de los retornos del más allá como confirmación de la continuidad del alma y de la capacidad de alcanzar planos superiores de conciencia y conocimiento espiritual. Rituales como el Festival Qingming y las prácticas taoístas de comunicación con los espíritus representan puentes entre la vida terrenal y el más allá, donde los retornos del más allá permiten vislumbrar la naturaleza cambiante de la realidad y el vínculo inquebrantable entre vivos y muertos.

Investigadores de la parapsicología y la psicología transpersonal, como Raymond Moody y Stanislav Grof, han explorado los relatos de retornos del más allá como fenómenos que desafían las concepciones convencionales de la muerte y la vida después de la muerte. Mediante experimentos de muerte inminente y regresión hipnótica, estos estudiosos han puesto de relieve la presencia de experiencias de ultratumba que revelan la existencia de dimensiones desconocidas y realidades no materiales que interactúan con el mundo físico.

Acontecimientos históricos como las narraciones de viajes al más allá en las epopeyas y escritos sagrados de las culturas orientales proporcionan un marco para entender los relatos de regresos del más allá como historias de transformación e iluminación. Estos relatos míticos transmiten una sensación de continuidad y renacimiento que traspasa las fronteras de la vida y la muerte, inspirando así la esperanza en una realidad más amplia y compleja que la que percibimos con nuestros sentidos materiales.

En conclusión, los relatos de retornos del más allá en las culturas orientales son una demostración del poder de la mente y la conciencia para explorar los límites de la realidad y cruzar el velo entre la vida y la muerte. Estos relatos entrecruzan ciencia y espiritualidad, abriendo un fructífero diálogo sobre la naturaleza del alma, la continuidad de la existencia y la posibilidad de conocer y comprender las dimensiones ocultas de la conciencia humana.

Los maestros espirituales orientales y sus enseñanzas sobre la vida después de la muerte.

En los numerosos caminos espirituales de las culturas orientales, los maestros espirituales ocupan un lugar central al ofrecer profundas enseñanzas sobre la vida después de la muerte y las dimensiones de ésta. Estos sabios, iluminados por una sabiduría milenaria y unos conocimientos transmitidos a través de los tiempos, ofrecen una perspectiva única sobre las aventuras y posibilidades que aguardan al alma más allá de los confines del mundo físico.

Uno de los ejemplos más famosos de maestro espiritual oriental que abordó el tema de la vida después de la muerte es Sri Ramana Maharshi, el luminoso santo indio conocido por su práctica de la autoindagación y la autorrealización. Ramana Maharshi enseñó que la muerte no es el final, sino una transición a una dimensión más sutil de la existencia, donde el alma continúa su viaje evolutivo hacia la realización de la unidad cósmica.

En el budismo, maestros como Padmasambhava, el legendario gurú indio que llevó el budismo al Tíbet, y Nagarjuna, el filósofo budista indio, ofrecieron enseñanzas sobre una vida después de la muerte compleja y llena de posibilidades. Padmasambhava, con sus prácticas tántricas, guiaba a los discípulos por las etapas del paso a las tierras de la paz, mientras que Nagarjuna enseñaba el concepto de Sunyata como el vacío y la no dualidad que impregnan la realidad más allá del velo de la muerte.

En el taoísmo, maestros como Laozi y Zhuangzi ofrecieron fascinantes visiones de la vida después de la muerte y de las dimensiones espirituales. Laozi, autor del *Tao Te Ching*, enseñó la importancia de fluir con el Tao incluso después de la muerte, abrazando la armonía universal y regresando a la fuente cósmica. Zhuangzi, con sus parábolas filosóficas, exploró la naturaleza ilusoria de la separación entre la vida y la muerte, invitando a aceptar el eterno ciclo de transformación.

Los estudios realizados sobre la meditación y las experiencias de conciencia alterada han ofrecido nuevas perspectivas sobre las dimensiones de la vida después de la muerte sugeridas por los maestros espirituales orientales. Los experimentos de visión remota y exploración de la conciencia han abierto nuevas perspectivas sobre el potencial de la mente humana para viajar más allá del mundo físico y conectar con realidades sutiles y trascendentales.

Los acontecimientos históricos, como los relatos de las vidas y milagros de los maestros espirituales de Oriente, atestiguan la sabiduría y profundidad de las perspectivas sobre el más allá ofrecidas por estos iluminadores. Las experiencias personales de iluminación, visiones místicas y revelaciones trascendentales narradas por los maestros orientales son fuente de inspiración y guía para quienes buscan luz sobre las dimensiones de la vida después de la muerte y las aventuras que aguardan al alma tras fallecer.

En conclusión, la perspectiva de los sabios sobre las dimensiones del más allá en las culturas orientales encarna un camino hacia una comprensión más profunda de la vida después de la muerte y de las aventuras que aguardan al alma más allá del velo de la fisicalidad. A través de las enseñanzas de los maestros espirituales, se abre un espacio para la contemplación y la exploración de las realidades no materiales y del potencial infinito que aguarda al ser más allá del límite terrenal, ofreciendo así una valiosa guía hacia la comprensión de la esencia eterna e inmortal del ser humano.

El concepto de Moksha. Liberación de la rueda del samsara en el hinduismo.

En el contexto del hinduismo, el concepto de Moksha representa el objetivo último de las personas que buscan liberarse de la naturaleza cíclica del renacimiento (samsara) y alcanzar la realización espiritual suprema. Este principio esencial del hinduismo ofrece una profunda perspectiva sobre la naturaleza del alma, el karma y el destino humano más allá de la vida terrenal.

Moksha se considera el punto culminante del camino espiritual, donde el alma alcanza la realización completa y se libera de los grilletes del deseo y el engaño. Mediante el conocimiento, la práctica espiritual y la dedicación a la búsqueda de la verdad, se cree que el individuo puede alcanzar la liberación definitiva y unirse a la Esencia divina universal (Brahman).

En el hinduismo, antiguos textos sagrados como los Vedas, los Upanishads y los Puranas contienen enseñanzas que subrayan la importancia de la búsqueda de Moksha como objetivo supremo de la vida humana. Estos textos narran historias de sabiduría, iluminación y sacrificio como medios para superar las ilusiones del mundo material y alcanzar la completa realización espiritual.

Maestros espirituales indios como Ramana Maharshi, Swami Vivekananda y Sri Aurobindo han impartido enseñanzas sobre el camino hacia Moksha a través de la meditación, el examen de conciencia y la práctica de la moralidad y la compasión. Estas luminarias han guiado a generaciones de seguidores por el camino de la liberación espiritual, ofreciendo sabiduría e iluminación sobre cómo superar el ciclo del samsara y comprender la verdadera naturaleza del ser.

Los estudios realizados sobre la meditación, el karma y el concepto de reencarnación dentro del hinduismo han enriquecido la comprensión de la importancia de Moksha como objetivo último de la existencia humana. Las investigaciones sobre la atención plena y la integración de las prácticas espirituales en la vida cotidiana han confirmado el papel fundamental de la búsqueda espiritual y la libertad interior en el camino hacia la liberación.

Actos tradicionales como el festival de Diwali, que celebra la victoria de la luz sobre la oscuridad, y las ceremonias de yagna y puja, que honran a las deidades e invocan bendiciones para Moksha, son ejemplos de la práctica del hinduismo de elevar el espíritu y preparar el alma para su camino hacia la liberación suprema.

En conclusión, el concepto de Moksha en el hinduismo representa la búsqueda profunda de la liberación espiritual y la realización última de la verdad cósmica. Los maestros espirituales hindúes han transmitido valiosas enseñanzas que guían a las personas por el camino de la liberación del ciclo del renacimiento y el sufrimiento, invitándolas a perseguir la realización de su propia esencia divina y a unirse con el Brahman infinito más allá de los confines de la vida terrenal.

Karma y reencarnación. El ciclo interminable de la vida según la filosofía india.

En el contexto de la filosofía india, el concepto de karma y reencarnación representa uno de los pilares fundamentales que guían la comprensión del más allá. Esta profunda visión del ciclo infinito de la vida ofrece una perspectiva única sobre la continuidad del alma y su evolución a través de muchas existencias, conformando así las creencias y prácticas espirituales de innumerables individuos en las culturas orientales.

l concepto de karma, derivado de la palabra sánscrita que significa "acción", está intrínsecamente ligado a la ley de causa y efecto y a la responsabilidad individual en la dirección del destino del alma. Según la filosofía india, cada acción realizada durante la vida terrenal genera una huella kármica que determina la calidad de las experiencias futuras y el camino evolutivo del alma a través del ciclo de renacimientos.

Uno de los maestros espirituales indios más conocidos por sus enseñanzas sobre el karma y la reencarnación es Sri Aurobindo, filósofo y místico indio del siglo XX. Aurobindo desarrolló un concepto evolutivo del alma que hace hincapié en la superación del karma negativo mediante la práctica espiritual y el trabajo interior para lograr la liberación definitiva de la rueda del renacimiento.

La reencarnación, o *samsara*, representa el ciclo continuo de nacimientos y muertes a través del cual el alma evoluciona y progresa hacia la realización última de su naturaleza divina. Maestros como Paramahansa Yogananda han enseñado que el objetivo del alma es lograr la liberación del ciclo de la reencarnación y realizar su unión con la Conciencia Universal, superando así las limitaciones del karma y los renacimientos.

Los antiguos textos sagrados indios, como los Vedas, los Upanishads y los Puranas, contienen enseñanzas detalladas sobre el karma y la reencarnación, y ofrecen un mapa metafísico del universo y las leyes que rigen el destino del alma. Estos textos narran historias de vidas pasadas, acciones y consecuencias kármicas, y enseñanzas impartidas por sabios y maestros que iluminan el camino del alma a través del cosmos.

Los estudios de filósofos y académicos como Deepak Chopra, Alan Watts y Fritjof Capra han integrado las perspectivas filosóficas indias sobre la reencarnación y el karma con los descubrimientos modernos de la física cuántica y la psicología transpersonal. Estos autores destacaron la coherencia entre la visión del universo como un campo de energía interconectado y la idea de la evolución del alma a través de múltiples existencias basadas en la acción y la causalidad.

Hechos históricos como las tradiciones rituales y espirituales de la India y los países orientales atestiguan la profundidad y amplitud del concepto de karma y reencarnación en la vida de las personas. Prácticas como la meditación, la puja y el karma yoga proporcionan vías para equilibrar el karma, purificar el alma y progresar hacia una mayor conciencia y realización espiritual en los ciclos de renacimiento.

En conclusión, el concepto de karma y reencarnación en la filosofía india ofrece una visión completa y compleja de la vida después de la muerte, revelando el vínculo indisoluble entre acción, consecuencia y evolución del alma en el cosmos. A través de las enseñanzas de los maestros espirituales indios y de la sabiduría transmitida en los textos antiguos, se esboza un camino de comprensión y transformación. Este camino invita al individuo a explorar su papel en el gran diseño del universo y a progresar hacia la realización de la esencia divina que reside en cada uno de nosotros.

El karma y el balance de existencias.

En las culturas orientales, el concepto de karma representa el fundamento ético y espiritual que rige el equilibrio de las acciones humanas y el destino del alma tras la muerte. Los maestros espirituales orientales han transmitido profundas enseñanzas sobre el karma y su interacción con el más allá, ofreciendo una visión única de la justicia en la otra vida y del destino de las almas en función de sus acciones.

Uno de los maestros más influyentes a la hora de esbozar la perspectiva oriental sobre el karma y la justicia en la otra vida es Gautama Buda, fundador del budismo. Buda enseñó que cada acción, palabra y pensamiento genera la siembra de un karma que influirá en las vidas futuras del individuo. La ley del karma impartida por Buda subraya la importancia de realizar acciones positivas y compasivas para liberarse del ciclo de dolor y renacimiento.

En el contexto del hinduismo, maestros como Krishna y Rama ofrecen sabiduría sobre la importancia del karma para determinar el destino de las almas tras la muerte. En el famoso texto épico "Bhagavad Gita", el Señor Krishna guía al príncipe Arjuna para que comprenda el deber y la responsabilidad de las propias acciones, haciendo hincapié en el concepto de karma como ley universal que rige la reciprocidad de las acciones y sus consecuencias.

La filosofía taoísta, con maestros como Laozi y Zhuangzi, también subraya la importancia del karma como ley cósmica que rige el equilibrio y la armonía del universo. Laozi, en el "*Tao Te Ching*", llama a la práctica de la no acción y al respeto por el flujo natural de la vida, subrayando que toda acción genera una reacción que vuelve al emisor como una forma de karma en la interconexión de las cosas.

Los estudios de estudiosos como el filósofo y cosmólogo Brian Swimme han integrado la visión del karma en el marco de la teoría del caos y la teoría de los sistemas complejos, destacando cómo las acciones de cada individuo pueden tener repercusiones ilimitadas que se propagan por todo el universo. Esta esclarecedora perspectiva interdisciplinar ofrece una nueva visión de la justicia en el más allá y del papel del karma en la definición del destino de las almas.

Acontecimientos históricos como las ceremonias funerarias y las prácticas rituales de las culturas orientales atestiguan la importancia del karma y la justicia en la otra vida como aspectos centrales de la espiritualidad y la práctica religiosa. Las ofrendas de sacrificio, las oraciones y los ritos de purificación representan formas en que las comunidades orientales tratan de equilibrar las acciones y mantener la armonía y el orden en el mundo y en la otra vida.

La perspectiva oriental sobre el karma y el equilibrio de las acciones ofrece una visión de la justicia en la otra vida basada en el equilibrio y la responsabilidad individual. Los maestros espirituales orientales han transmitido enseñanzas que subrayan la importancia de vivir en armonía con las leyes universales del karma para garantizar el equilibrio y el crecimiento espiritual tanto en la vida terrenal como en la otra vida. Este enfoque de la justicia en la otra vida refleja la profunda conexión entre las acciones humanas y el destino de las almas, ofreciendo así un camino de concienciación y transformación que guía al individuo hacia una comprensión más profunda de su papel en el universo.

Karma y renacimiento. Interpretaciones contemporáneas de la doctrina oriental.

En el panorama contemporáneo, la doctrina oriental del karma y el renacimiento sigue ejerciendo un profundo impacto en la conciencia global, ofreciendo ideas e investigación tanto en el ámbito espiritual como en el científico. Los maestros espirituales orientales han transmitido enseñanzas que han inspirado muchas interpretaciones y reflexiones contemporáneas sobre la naturaleza del karma y el renacimiento, allanando el camino a nuevas perspectivas sobre la experiencia de la vida después de la muerte.

Uno de los maestros espirituales contemporáneos que ha contribuido a la comprensión del karma y el renacimiento es el Dalai Lama, líder espiritual del budismo tibetano y figura destacada en la promoción de la paz y la compasión en el mundo. El Dalai Lama interpreta el karma como la ley de las acciones y sus consecuencias, y fomenta la práctica de la bondad y la compasión como medios para influir positivamente en el destino presente y futuro a través del renacimiento.

En el campo de la psicología transpersonal, estudiosos como Stanislav Grof y Ken Wilber han explorado la dimensión del karma y el renacimiento desde una perspectiva moderna, integrando puntos de vista orientales con conceptos occidentales de psicología y conciencia. Grof analizó las experiencias del nacimiento y el paso por narraciones de vidas pasadas en sus estudios sobre la experiencia del paso y la evolución del alma, ofreciendo una perspectiva psicológica del ciclo del renacimiento.

En el campo de la física cuántica, científicos como Amit Goswami y Deepak Chopra han explorado las implicaciones de la doctrina oriental del karma sobre la naturaleza de la realidad y la conciencia humana. Goswami, físico cuántico y erudito espiritual, ha destacado cómo la teoría cuántica apoya la idea de que la intención y las acciones humanas influyen en la creación de la realidad, proporcionando así una base científica para entender el concepto de karma como una interacción entre mente y materia.

Los experimentos llevados a cabo en el campo de la parapsicología y la investigación sobre las experiencias cercanas a la muerte han aportado nuevas ideas para una comprensión moderna de la reencarnación y el karma. Los estudios de casos documentados de niños que recuerdan vidas pasadas y las investigaciones sobre la continuidad de la conciencia más allá de la muerte han contribuido significativamente a la comprensión de estas dinámicas...

La difusión de la práctica de la meditación y la *atención plena* en el mundo occidental atestigua el creciente interés por los conceptos de karma y renacimiento en la sociedad contemporánea. Estas prácticas, también enseñadas por maestros espirituales orientales, ofrecen herramientas para explorar el propio karma y cultivar una conciencia que nos guíe hacia una vida más armoniosa y significativa con vistas a un posible renacimiento futuro.

En conclusión, las interpretaciones contemporáneas del karma y el renacimiento en la cultura oriental representan un puente entre la sabiduría antigua y las nuevas perspectivas sobre la naturaleza de la vida y la muerte. Los maestros espirituales orientales y los eruditos contemporáneos están ayudando a iluminar la complejidad y riqueza de estos conceptos, ofreciendo herramientas y puntos de vista para explorar el significado más profundo de nuestra existencia y cultivar una conciencia que trascienda el paso entre vidas en el eterno ciclo del karma y el renacimiento.

El concepto de equilibrio kármico. Un análisis filosófico de las leyes orientales del destino.

En el corazón de las antiguas tradiciones espirituales orientales se encuentra el concepto de equilibrio kármico, una noción que hace hincapié en la interconexión entre las acciones de un individuo y las consecuencias que generan en el transcurso de sus múltiples existencias.

El concepto de equilibrio kármico es fundamental en las tradiciones espirituales hindú, budista y muchas otras orientales. Se basa en la idea de que las acciones de un individuo influyen en su destino presente y futuro a través del karma, es decir, la ley de acción y reacción.

Según el concepto de karma, toda acción realizada por un individuo, buena o mala, genera consecuencias que le afectan en esta vida o en la siguiente. Así, el equilibrio kármico se refiere al balance de las acciones positivas y negativas de una persona y las consecuencias resultantes.

Cuando una persona realiza acciones positivas y altruistas, se dice que acumula karma positivo que conducirá a resultados positivos y beneficiosos en el futuro. Por el contrario, las acciones negativas generan karma negativo que provocará sufrimiento o dificultades en el futuro.

El objetivo de muchos practicantes espirituales es actuar de forma noble y compasiva para acumular buen karma y lograr un equilibrio kármico positivo que promueva el crecimiento espiritual y el bienestar tanto personal como colectivo.

Por ello, el concepto de equilibrio kármico invita a las personas a reflexionar sobre sus actos, conscientes de que toda elección tiene consecuencias y de que el karma es un mecanismo universal que regula el destino de las personas en función de sus acciones pasadas y presentes.

Los maestros espirituales orientales han transmitido profundas enseñanzas sobre estas leyes del karma y el destino, ofreciendo una perspectiva esclarecedora sobre la naturaleza del equilibrio en el universo y la responsabilidad individual a la hora de forjar el propio destino.

Uno de los maestros espirituales que ha investigado a fondo el concepto de equilibrio kármico es Paramahansa Yogananda, el famoso gurú indio que llevó las enseñanzas del yoga y la meditación al mundo occidental. Yogananda enseñó que cada acción realizada por un individuo genera una reacción correspondiente, influyendo así en el patrón de su vida pasada, presente y futura. Mediante la práctica del yoga y la meditación, uno puede tratar de armonizar su karma para elevar la conciencia y transformar el destino.

En el contexto del budismo Mahayana, maestros como Bodhidharma y Nagarjuna exploraron el concepto de equilibrio kármico y su impacto en el ciclo del renacimiento. Bodhidharma, el legendario fundador del budismo zen, enseñó que la conciencia del propio karma y la práctica del despertar espiritual pueden conducir a la liberación de las cadenas del destino condicionado. Nagarjuna, filósofo budista indio, subrayó la importancia de la vacuidad y la interdependencia para comprender el equilibrio kármico como parte del camino hacia la liberación.

En el taoísmo, maestros como Chuang Tzu ofrecieron perspectivas únicas sobre el equilibrio kármico como parte integrante de la armonía universal. Chuang Tzu, con sus parábolas filosóficas, ilustró la delicadeza del equilibrio entre acción y reacción, invitando a aceptar el flujo natural de la vida sin resistencia. Para el taoísmo, alcanzar el equilibrio kármico significa vivir en armonía con el Tao, el principio cósmico que impregna todas las cosas.

Los estudios en los campos de la psicología transpersonal y la neurociencia han explorado el concepto de equilibrio kármico a la luz de nuestra comprensión actual de la mente y la conciencia. Investigadores como Carl Jung y Stanislav Grof han examinado las conexiones entre las experiencias psicológicas individuales y el concepto de karma como arquetipo universal que influye en el destino de los individuos. Los experimentos con la mente, como los realizados a través de la meditación y la regresión hipnótica, han aportado más datos sobre la comprensión del equilibrio kármico y su impacto en nuestra realidad personal y colectiva.

Los acontecimientos históricos, como las prácticas rituales y las ceremonias de purificación en las culturas orientales, atestiguan la importancia que se concede al mantenimiento del equilibrio kármico como parte integrante del camino espiritual y la evolución del alma. Las ofrendas propiciatorias, las oraciones y las prácticas de purificación representan formas en las que las comunidades orientales buscan equilibrar las acciones y consecuencias kármicas con el fin de construir un destino armonioso y próspero tanto para uno mismo como para los demás.

En última instancia, el análisis filosófico de las leyes orientales del destino y del concepto de equilibrio kármico revela una profunda comprensión de la naturaleza del universo y de nuestro papel en él. Los maestros espirituales orientales han transmitido enseñanzas que nos invitan a considerar el significado y la importancia de nuestras acciones y sus consecuencias en la economía cósmica. A través de la conciencia del karma y del equilibrio kármico, podemos emprender un camino de crecimiento interior, transformación y elevación espiritual que nos acerque a la realización de nuestra verdadera naturaleza y al logro de la armonía universal.

La reencarnación en las filosofías orientales.

La doctrina de la reencarnación representa uno de los conceptos fundamentales de las filosofías orientales y ofrece una perspectiva profunda y compleja del ciclo continuo de muerte y renacimiento del alma. Los maestros espirituales orientales han transmitido enseñanzas que iluminan la naturaleza de la reencarnación y su importancia en el proceso evolutivo del ser humano, abriendo así una ventana de comprensión a las leyes universales que rigen el destino del alma.

Entre los maestros espirituales que han dado voz a la doctrina de la reencarnación se encuentra Paramahansa Yogananda, el famoso gurú indio que difundió las enseñanzas del yoga y la meditación en el mundo occidental. Yogananda enseñó que el alma atraviesa múltiples existencias terrenales para aprender las lecciones necesarias para su progreso espiritual, hasta alcanzar la liberación final de la ilusión del ciclo de nacimiento y muerte.

En el contexto del budismo, Siddhartha Gautama Buda es considerado el precursor de las doctrinas sobre la reencarnación en el subcontinente indio. Buda enseñó que todo ser pasa por un proceso de renacimiento determinado por el karma acumulado en vidas pasadas. El concepto de *samsara*, el ciclo continuo de nacimiento y muerte, constituye el núcleo del budismo y subraya la necesidad de romper este ciclo mediante la iluminación y la consecución del Nirvana.

Uno de los textos fundamentales que tratan de la reencarnación es el "Bhagavad Gita", epopeya india que narra el diálogo entre el príncipe guerrero Arjuna y el Señor Krishna. En este texto sagrado, Krishna explica a Arjuna el concepto de reencarnación y la importancia de cumplir con el deber sin apego a los frutos de las acciones, ya que el alma es eterna y pasa por múltiples encarnaciones hasta alcanzar la unión con la Divinidad.

Los estudios modernos realizados en los campos de la psicología, la parapsicología y la física cuántica han ayudado a explorar la reencarnación desde una perspectiva científica e interdisciplinar. Los trabajos de estudiosos como Ian Stevenson, que ha estudiado casos de supuestos recuerdos de vidas pasadas en niños, y Brian Weiss, que ha llevado a cabo terapias basadas en la regresión a vidas anteriores, ofrecen perspectivas sobre el fenómeno de la reencarnación y su posible influencia en las vidas individuales.

Los acontecimientos históricos y los relatos personales de personas que han tenido experiencias de vidas pasadas proporcionan un marco tangible para la idea de la reencarnación en las filosofías orientales. Los relatos de niños que recuerdan detalles precisos de existencias anteriores o de personas que experimentan regresiones hipnóticas a acontecimientos pasados añaden un elemento de concreción al concepto de la continuidad del alma a través del tiempo y el espacio.

En conclusión, la reencarnación en las filosofías orientales representa un pilar fundamental de la visión cósmica y espiritual que impregna las culturas de Asia. A través de las enseñanzas de los maestros espirituales, la investigación científica y los testimonios individuales, la concepción de la reencarnación ofrece una visión amplia y profunda de la naturaleza del alma, la vida y el destino, invitando al individuo a explorar las profundidades de su propia existencia y a contemplar el flujo constante del ser a través de las épocas y más allá de los límites de la vida y la muerte.

Ciencia y reencarnación. El debate en el contexto oriental.

El tema de la reencarnación siempre ha estado en el centro del debate entre espiritualidad y ciencia, y en el contexto oriental este debate adquiere una profundidad y complejidad particulares. Los maestros espirituales orientales han ofrecido profundas enseñanzas sobre la reencarnación, una creencia arraigada en las filosofías orientales que se enfrenta continuamente a los retos e investigaciones de la ciencia moderna.

Uno de los estudiosos contemporáneos más conocidos que han abordado el tema de la reencarnación es el Dr. Ian Stevenson, psiquiatra e investigador estadounidense que se ha dedicado al estudio científico de casos de supuestos recuerdos de vidas pasadas. A través de sus investigaciones, documentadas en numerosas publicaciones científicas, Stevenson exploró casos de niños que afirmaban recordar detalles concretos de vidas anteriores, ofreciendo una perspectiva científica sobre la experiencia de la reencarnación.

En el contexto oriental, la reencarnación ha sido objeto de investigaciones realizadas por estudiosos como el Dr. Jim Tucker, de *la Universidad de Virginia*, que ha continuado el trabajo de Stevenson examinando casos de supuesta reencarnación en países asiáticos. Sus investigaciones sugieren que los relatos de niños que recuerdan detalles específicos de vidas pasadas podrían indicar una continuidad del alma a través de las generaciones, ofreciendo así pruebas sólidas para apoyar la creencia en la reencarnación.

Los acontecimientos históricos y los relatos tradicionales de las culturas orientales ofrecen anécdotas y pruebas de la presencia generalizada de la creencia en la reencarnación. Por ejemplo, las tradiciones hindú, budista y taoísta incluyen relatos de maestros espirituales que narran experiencias de vidas pasadas y renacimientos, alimentando la fe y la comprensión de la naturaleza cíclica de los destinos individuales en el más allá.

En el campo de la neurociencia, los experimentos realizados sobre los fenómenos de la conciencia y la memoria han dado lugar a interesantes hallazgos que podrían interpretarse a la luz de la reencarnación. Los estudios sobre la memoria celular y los mecanismos de conservación de las experiencias personales abren una ventana a la posibilidad de que la información genética y la experiencia individual trasciendan de algún modo la vida individual e influyan en las experiencias futuras, apoyando indirectamente la idea de la reencarnación.

El diálogo entre ciencia y espiritualidad sobre la reencarnación sigue evolucionando a través de conferencias, publicaciones académicas y debates entre expertos de ambas disciplinas. La comparación de los datos empíricos recogidos por investigadores como Stevenson y Tucker con las tradiciones milenarias de las culturas orientales ofrece perspectivas y retos fascinantes para la investigación de este misterioso fenómeno que sigue intrigando a la humanidad.

En conclusión, el debate sobre la reencarnación en el contexto oriental representa una encrucijada entre la riqueza de las tradiciones espirituales y la racionalidad de la ciencia moderna. Mientras que los maestros espirituales orientales ofrecen profundas enseñanzas sobre este ciclo de muerte y renacimiento, la investigación científica trata de centrarse en las pruebas que apoyan o cuestionan esta creencia. Este diálogo interdisciplinar ofrece un espacio fértil para la investigación, la exploración y la reflexión sobre el significado más profundo de la vida y las experiencias más allá de la frontera de la muerte.

La reencarnación como búsqueda de la iluminación. Enseñanzas espirituales del hinduismo.

En las profundas raíces del hinduismo, la reencarnación desempeña un papel central como mecanismo de evolución del alma hacia la realización de la iluminación, transformando la muerte en un pasaje significativo de la vida. Los maestros espirituales del hinduismo han transmitido enseñanzas que invitan a las personas a entender el ciclo continuo de nacimiento y muerte como una oportunidad para progresar espiritualmente hacia la liberación final.

Uno de los conceptos fundamentales del hinduismo en relación con la reencarnación es el de "*Karma*", según el cual las acciones de un individuo influyen en su destino y determinan las condiciones de su renacimiento. Este principio subraya la importancia de las acciones positivas, la devoción y la búsqueda espiritual como vías para liberarse de las ataduras del karma negativo y progresar hacia estadios superiores de conciencia.

El Bhagavad Gita, uno de los textos sagrados más importantes del hinduismo, ofrece profundas enseñanzas sobre la reencarnación y el camino hacia la iluminación. En este diálogo entre el príncipe guerrero Arjuna y el dios Krishna, se exploran los temas de la responsabilidad por las acciones, el sacrificio personal y la naturaleza eterna del alma, esbozando una compleja visión de la reencarnación como vehículo de crecimiento espiritual.

Maestros espirituales como Swami Vivekananda y Sri Aurobindo han impartido perspicaces enseñanzas sobre la importancia de la reencarnación en la búsqueda de la iluminación. Vivekananda, figura clave en la difusión del hinduismo en Occidente, enseñó que la reencarnación ofrece al alma la oportunidad de aprender, evolucionar y progresar hacia la unión con la divinidad. Sri Aurobindo, místico y filósofo indio, profundizó en la perspectiva de la reencarnación como parte de un proceso evolutivo hacia la conciencia divina.

Las enseñanzas del hinduismo sobre la reencarnación también revelan el concepto de "*moksha*", la liberación del ciclo de renacimientos y del dolor de la existencia material. Esta liberación se considera el objetivo último de la búsqueda espiritual, donde el alma se une con la conciencia cósmica y se disuelve en el infinito, poniendo fin a su viaje a través de las encarnaciones materiales.

Estudios realizados por eruditos como Brian Weiss y Jim Tucker han investigado casos de supuestos recuerdos de vidas pasadas y experiencias de reencarnación, aportando pruebas que apoyan la creencia en la eternidad del alma y su evolución a través de las reencarnaciones. Estos estudios ofrecen interesantes perspectivas sobre la comprensión de la reencarnación y su conexión con la ascensión espiritual.

Los acontecimientos históricos, como las antiguas prácticas rituales y ceremonias sagradas del hinduismo, atestiguan el profundo arraigo de la reencarnación como búsqueda de la iluminación en las culturas orientales. Celebraciones, mantras y prácticas devocionales ofrecen una vía para purificar el karma, desarrollar la conciencia y progresar hacia la realización de la unidad con lo divino, en el camino constante hacia la liberación.

En conclusión, los maestros espirituales del hinduismo han transmitido profundas enseñanzas sobre la reencarnación como herramienta en la búsqueda de la iluminación y la liberación final. Mediante la comprensión de la naturaleza cíclica del renacimiento, la acción del karma y la búsqueda de la verdad interior, las enseñanzas del hinduismo invitan a los individuos a explorar su naturaleza espiritual más profunda y a avanzar hacia la realización de la unidad con la conciencia universal, más allá de las múltiples encarnaciones y desafíos de la vida material.

La raíz india del concepto de reencarnación en la filosofía oriental.

En las profundidades de la filosofía oriental, la reencarnación se erige como un concepto central enraizado en el conocimiento y la sabiduría ancestrales de la India. A lo largo de los siglos, los maestros espirituales indios han transmitido profundas enseñanzas sobre la naturaleza cíclica de la vida y la continuidad del alma a través de múltiples existencias, conformando así el pensamiento filosófico y espiritual de las culturas orientales.

Uno de los pilares de la filosofía india que ha contribuido a la difusión del concepto de reencarnación es el hinduismo, una de las religiones más antiguas del mundo. Los textos sagrados hindúes, como los Vedas y los Upanishads, contienen himnos y enseñanzas que exploran la naturaleza eterna del alma, la ley del karma y el ciclo del renacimiento como parte integral del viaje espiritual del individuo.

Entre las figuras clave en la expansión y profundización de la doctrina de la reencarnación se encuentra el filósofo indio Kapila, considerado uno de los padres del pensamiento samkhya, una de las seis escuelas clásicas de la filosofía india. Kapila exploró la naturaleza del alma, su relación con la materia y el proceso de encarnación como parte del camino de la evolución individual hacia la liberación.

En el contexto del budismo, Siddhartha Gautama Buda ofreció una perspectiva innovadora sobre la reencarnación a través de la teoría del karma, que describe cómo las acciones condicionan el destino del alma y su camino a través del ciclo de renacimientos.

Acontecimientos históricos significativos, como la difusión del hinduismo y el budismo en Asia y en todo el mundo, han contribuido a la difusión e interpretación de la reencarnación como parte integrante de la visión cósmica y espiritual de las culturas orientales. Prácticas rituales, ceremonias sagradas y festivales religiosos celebran la naturaleza cíclica de la vida y la continuidad del alma a través del tiempo y el espacio, alimentando así la creencia y la comprensión de la reencarnación como parte del designio divino.

En conclusión, la raíz india del concepto de reencarnación en la filosofía oriental se entrelaza con siglos de sabiduría, tradiciones y enseñanzas de los maestros espirituales indios. Esta visión profunda de la vida y la muerte, de la causa y el efecto de las acciones y de la evolución continua del alma es un pilar fundamental de las culturas orientales y una invitación a la reflexión y la investigación interior para comprender el ciclo eterno del renacimiento y el destino del ser más allá de los confines de la existencia única.

Pruebas científicas del fenómeno de la reencarnación. Estudios de casos en Asia.

En el contexto del fenómeno de la reencarnación, Asia ha sido un terreno fértil para los estudios científicos destinados a investigar y documentar supuestos casos de recuerdos de vidas pasadas y la continuidad del alma a través de múltiples existencias. Estos estudios ofrecen una interesante convergencia entre la tradición espiritual oriental y el enfoque racional de la ciencia, abriendo así nuevas perspectivas sobre el más allá y el eterno ciclo del renacimiento.

Uno de los primeros estudiosos en investigar científicamente el fenómeno de la reencarnación en Asia fue el Dr. Ian Stevenson, psiquiatra e investigador que llevó a cabo minuciosos estudios de casos de niños que afirmaban recordar detalles precisos de vidas pasadas. Mediante una investigación exhaustiva y entrevistas sistemáticas, Stevenson documentó cientos de casos con sugerentes elementos de veracidad y coherencia en las narraciones de los niños.

En su libro "*Children Who Remember Other Lives*" (*Niños que recuerdan otras vidas*), el Dr. Ian Stevenson describe 12 estudios de casos de diferentes culturas y zonas geográficas. Resumo aquí el caso de Bongkuch Promsin.

El caso de Bongkuch Promsin.

Bongkuch Promsin, natural de DonKha, en la provincia de Pamo Sawan (Tailandia), es hijo de Pamorn Promsin, un modesto director de escuela respetado por su cultura a pesar de sus limitados recursos económicos. De niño, Bongkuch manifestó recuerdos detallados de una supuesta vida pasada en Hua Tanon, a 9 km de DonKha. Dio el nombre de la persona cuya encarnación sentía que era Chamrat, y también recordó los nombres de sus padres. También describió objetos y detalles concretos, como un cuchillo, una bicicleta y dos vacas pertenecientes a su antigua familia. Afirmó haber sido asesinado por dos hombres durante una fiesta en el pueblo, le robaron el reloj y la cadena y lo enterraron en un campo. Todo esto lo contó cuando aún era un niño de dos años.

El padre de Bongkuch conocía a los maestros de Hua Tanon por su trabajo, pero no tenía vínculos sociales significativos con ese pueblo. Aunque potencialmente la noticia del asesinato de Chamrat más de una década antes podría haberse extendido hasta DonKha, teniendo en cuenta la frecuencia de los asesinatos en la zona, no era de extrañar que los detalles quedaran ocultos en la memoria de la gente. Cuando los rumores sobre las afirmaciones de Bongkuch llegaron a oídos de la familia de Chamrat, algunos parientes viajaron a DonKha para reunirse con él, confirmando gran parte de su relato.

Posteriormente, Bongkuch y su familia visitaron Hua Tanon, donde muchos detalles de su supuesta vida pasada coincidían con la realidad, aunque algunos aspectos no pudieron confirmarse debido a la falta de autopsia tras el asesinato. Uno de los presuntos asesinos había escapado y el otro, aunque detenido temporalmente, fue puesto en libertad por falta de pruebas. Sin embargo, sorprendentemente, algunos policías confirmaron la información dada por Bongkuch, incluidos los nombres de los sospechosos.

En la India y Sri Lanka, el Dr. Jim Tucker, psiquiatra y colaborador de Stevenson, continuó esta labor investigando nuevos casos de reencarnación centrados en Asia. Sus estudios examinaron detalles concretos relatados por los niños, como lugares, nombres y sucesos relacionados con supuestas vidas pasadas, ofreciendo así un análisis preciso y científico de estos fenómenos.

Otros investigadores y estudiosos, como el Dr. Erlendur Haraldsson y el Dr. Satwant Pasricha, han aportado investigaciones detalladas y minuciosas de casos de reencarnación en Asia y otras partes del mundo. Sus estudios han puesto de relieve los recuerdos tempranos y detallados de los niños en relación con vidas pasadas, demostrando la complejidad y autenticidad de tales experiencias más allá de las explicaciones convencionales.

Los experimentos realizados por estos estudiosos han proporcionado documentación detallada de casos de reencarnación, destacando la coherencia de los relatos de los niños con lugares y acontecimientos pasados que no podrían conocerse por medios ordinarios. Estas pruebas han abierto nuevas perspectivas en el debate entre espiritualidad y ciencia sobre la naturaleza de la conciencia, el alma y la continuidad de la experiencia humana a través de las vidas.

Acontecimientos históricos y testimonios personales de individuos que han experimentado la reencarnación o que han tenido contacto con casos de recuerdos de vidas pasadas confirman la interconexión entre cultura, tradición y fenómenos de reencarnación en Asia. Estos testimonios contribuyen a enriquecer el debate sobre la existencia de una realidad más allá de la vida terrenal y la posibilidad de una persistencia del alma más allá de la muerte.

En conclusión, los estudios científicos realizados sobre el fenómeno de la reencarnación en Asia ofrecen un enfoque riguroso y analítico de un tema profundamente arraigado en la tradición y la espiritualidad orientales. La interacción entre la ciencia y los relatos de supuestas reencarnaciones arroja luz sobre la posibilidad de una continuidad del alma a través de las existencias, lo que conduce a una mayor comprensión de la naturaleza del más allá y del destino del ser humano más allá de la vida terrenal.

Budismo y Nirvana. La aspiración a una nueva existencia más allá del paso.

En el contexto del budismo, el concepto de Nirvana representa la cumbre de la aspiración espiritual y la búsqueda de una nueva existencia más allá del paso de la vida terrenal. Los maestros espirituales budistas han transmitido profundas enseñanzas sobre la naturaleza del Nirvana como estado de realización última del ser, ofreciendo así una perspectiva única sobre el significado de la vida después de la muerte.

El fundador del budismo, Siddhartha Gautama Buda, enseñó que el Nirvana representa el estado de liberación total del ciclo de renacimientos y del dolor de la existencia material. Mediante la superación del apego y el sufrimiento, los individuos pueden alcanzar la iluminación y acceder a la paz eterna del Nirvana, uniendo así su conciencia con la conciencia universal.

En el budismo Mahayana, maestros como Nagarjuna exploraron el concepto de Nirvana como la comprensión de la interconexión de todas las cosas y la realización de la vacuidad y la interdependencia de la realidad. El Nirvana no es sólo un objetivo personal, sino también una toma de conciencia de la unidad universal y de la naturaleza ilusoria del yo individual.

Estudios realizados por eruditos budistas e investigadores modernos han explorado la neurociencia y la psicología para comprender mejor el estado de conciencia asociado al Nirvana. La investigación sobre la meditación y las experiencias de iluminación ha revelado cambios significativos en la actividad cerebral y la autopercepción durante los estados de meditación profunda y realización espiritual, lo que ofrece ideas para la investigación científica del Nirvana.

Acontecimientos históricos y anécdotas narrativas de maestros espirituales budistas ofrecen relatos inspiradores sobre la aspiración al Nirvana y la experiencia de la iluminación. Las historias de monjes que alcanzaron la realización espiritual, como el maestro zen Hakuin Ekaku o el monje tibetano Milarepa, ilustran el camino hacia el Nirvana como un viaje de transformación interior y superación de la ilusión de separación.

En la India, la tradición budista ha influido profundamente en la cultura y la espiritualidad a través de las enseñanzas sobre el Nirvana y el camino hacia la liberación. Acontecimientos como las ceremonias de Kalachakra y las celebraciones de Vesak, que conmemoran el nacimiento, la iluminación y la muerte de Buda, representan momentos de reflexión y práctica espiritual para aspirar a la realización del Nirvana.

En conclusión, el budismo y el concepto de Nirvana ofrecen un camino de búsqueda espiritual y realización personal dedicado a la liberación de la ilusión del ego y a la consecución de la paz interior y la unidad con el cosmos. Los maestros espirituales budistas siguen inspirando a millones de seguidores a seguir el camino del Nirvana como meta suprema de la vida y como clave de una nueva existencia más allá de la transición de la vida terrenal.

Reinos celestiales e infernales. Las distintas dimensiones del más allá en el budismo tibetano.

El budismo tibetano, con su rica cosmología y visión de la vida después de la muerte, ofrece una perspectiva compleja y detallada de los reinos celestiales e infernales que puede atravesar un alma en su viaje más allá del paso terrenal. Los maestros espirituales tibetanos han transmitido profundas enseñanzas que describen las distintas dimensiones de la vida después de la muerte y las experiencias que pueden acompañar al alma en su transición.

En esta visión, el budismo tibetano reconoce diferentes reinos de existencia en los que los seres pueden renacer según el karma acumulado durante su vida terrenal. Los reinos celestiales se caracterizan por la felicidad, la alegría y la abundancia, reflejo de las virtudes y acciones positivas realizadas durante el último ciclo de vida. Al mismo tiempo, los reinos "infernales" expresan sufrimiento, tormento y castigo extremo, resultado de las acciones negativas y destructivas del individuo.

Uno de los aspectos más distintivos del budismo tibetano es la práctica del *Bardo*, que se refiere al periodo de transición entre la muerte y el renacimiento de un alma. Durante el Bardo, el alma queda suspendida en un estado de transitoriedad en el que puede experimentar visiones y encuentros con seres celestiales, demonios y otras entidades que influyen en su destino futuro. Este periodo es de crucial importancia para guiar al alma hacia un renacimiento exitoso.

Maestros espirituales como el Dalai Lama, líder espiritual del budismo tibetano, han ofrecido esclarecedoras enseñanzas sobre las dimensiones celestiales e infernales del más allá. El Dalai Lama subraya la importancia del equilibrio kármico, la compasión y la sabiduría para determinar el destino del alma tras la muerte, por lo que anima a llevar una vida virtuosa y consciente para influir positivamente en el futuro de uno más allá del paso.

El estudio del Bardo y las experiencias de ultratumba ha sido profundizado por eruditos como Robert Thurman, experto en estudios tibetanos y budistas que ha explorado los textos antiguos y las prácticas espirituales del budismo tibetano. Thurman ha contribuido a difundir el conocimiento y la comprensión de los reinos celestial e infernal entre el público occidental, ofreciendo una perspectiva académica sobre los conceptos complejos y simbólicos de la vida después de la muerte.

Los acontecimientos históricos y los relatos tradicionales del budismo tibetano cuentan historias de maestros espirituales que atravesaron los reinos celestiales e infernales para alcanzar la sabiduría y la iluminación. La historia del Maestro Milarepa, que superó las pruebas y tentaciones de los reinos de otro mundo para alcanzar el estado de Buda, atestigua el poder del alma en el camino hacia la realización espiritual.

En conclusión, el budismo tibetano ofrece una visión articulada y detallada de las diferentes dimensiones de la otra vida, los reinos celestiales e infernales que un alma puede atravesar en su camino hacia el renacimiento. Los maestros espirituales tibetanos, a través de sus enseñanzas y la práctica del Bardo, guían a las personas para que comprendan las complejidades de la vida después de la muerte y cultiven las virtudes necesarias para influir positivamente en su camino más allá del paso terrenal.

El concepto de "Gaya" en el budismo. Un puente entre el mundo físico y el espiritual.

En el contexto del budismo, el concepto de "*Gaya*" representa un punto de conexión entre el mundo físico y el espiritual, que ofrece una visión profunda y significativa del viaje del alma tras abandonar la vida terrenal. Los maestros espirituales budistas han transmitido enseñanzas que llevan a explorar este concepto como un puente que guía al individuo en la transición a una nueva existencia.

El Maestro Gautama Buda, fundador del budismo, explicó el concepto de "Gaya" como el punto de conexión entre la realidad materialista y la espiritual, por donde el alma transita tras la muerte para emprender el viaje hacia el renacimiento. Gaya representa un momento de transición y reflexión en el que el alma se libera de las ataduras terrenales y se prepara para un nuevo destino kármico.

El budismo Mahayana amplía el concepto de "Gaya" incluyendo elementos de compasión, sabiduría y amor universal en la transición del alma. Estas enseñanzas invitan al individuo a desarrollar la conciencia y la compasión durante el paso por la Gaya para influir positivamente en su destino en la otra vida.

Los estudios realizados sobre las prácticas de meditación y visualización en el budismo tibetano han profundizado en el concepto de "Gaya" como espacio para la transformación y la evolución espiritual. Las investigaciones realizadas por eruditos como Lama Yeshe y Lama Zopa Rinpoche han destacado el papel de la Gaya como punto de conexión con las energías cósmicas y espirituales, guiando al alma en su viaje hacia la liberación.

Acontecimientos tradicionales como el festival de Wesak, que conmemora el nacimiento, la iluminación y la muerte de Buda, son también un momento significativo para reflexionar sobre el concepto de "Gaya" en el budismo. Durante este festival, los fieles se entregan a la meditación y la oración para conectar con el puente espiritual que guía a las almas en la transición entre la vida terrenal y el más allá.

Otros aspectos de la práctica espiritual en el budismo, como la recitación de mantras y la práctica de la compasión hacia todos los seres sensibles, ayudan a preparar el alma para el paso por Gaya y el encuentro con el propio destino kármico. Estas prácticas ofrecen guía espiritual y protección durante la fase de transición entre existencias.

En conclusión, el concepto de "Gaya" en el budismo representa un puente simbólico y espiritual que conecta el mundo físico con el espiritual, guiando al alma a través de la transición entre la vida terrenal y la otra vida. Los maestros espirituales budistas enseñan que, a través de la atención plena, la compasión y la práctica espiritual, el individuo puede prepararse para el paso por la Gaya y la continuación de su viaje hacia nuevas experiencias y nuevas lecciones en la otra vida.

La hipótesis Gaia de Lovelock.

El concepto de Gaya no debe confundirse con la hipótesis Gaia, introducida mucho más recientemente.

La hipótesis Gaia, presentada por primera vez por el científico británico James Lovelock en 1979 en el libro "*Gaia. Una nueva mirada a la vida en la Tierra*", fue desarrollada conjuntamente con la microbióloga Lynn Margulis en la década de 1970. Según esta teoría, los organismos vivos interactúan con los elementos no vivos que los rodean para crear un sistema sinérgico y autorregulado que ayuda a mantener unas condiciones favorables para la vida en nuestro planeta.

Lovelock bautizó esta hipótesis con el nombre de Gaia, la antigua deidad griega que personificaba la Tierra. Los argumentos que apoyan esta teoría incluyen la idea de que la biosfera y la evolución de los organismos influyen en la estabilidad de la temperatura global, la salinidad del agua de mar, los niveles de oxígeno en la atmósfera y la presencia de agua líquida en la hidrosfera, entre otras variables ambientales que determinan las condiciones de la vida en la Tierra.

Al principio, la hipótesis Gaia fue criticada por considerarse teleológica y contraria a los principios de la selección natural. Sin embargo, posteriores perfeccionamientos han integrado la hipótesis Gaia con conceptos de campos como la ciencia de los sistemas terrestres, la biogeoquímica y la ecología de sistemas. A pesar de los esfuerzos por alinear la teoría Gaia con estas disciplinas científicas, la hipótesis sigue suscitando debate: muchos científicos consideran que no se sustenta en pruebas experimentales o que incluso está en desacuerdo con ellas.

La microbióloga Lynn Margulis, aunque apoya la hipótesis Gaia, ha expresado sus reservas sobre el pensamiento de Lovelock, por considerarlo excesivamente influido por el vitalismo.

En 2006, la *Sociedad Geológica de Londres* también concedió a Lovelock la Medalla Wollaston en reconocimiento a sus trabajos sobre la hipótesis Gaia.

Filosofía Zen. Principios, enseñanzas y significado.

La filosofía Zen, nacida del encuentro entre el budismo Mahayana y la cultura china, representa una vía espiritual dirigida hacia la percepción intuitiva y la comprensión profunda de la realidad. Fundado en los principios esenciales de la conciencia, la sencillez y la presencia en el momento, el Zen ofrece enseñanzas que van más allá de las palabras e invitan a la experiencia directa de la verdad interior.

La palabra *"Zen"* deriva del chino "*Chan*", que a su vez procede del sánscrito "*Dhyana*", que significa meditación. La práctica central del Zen se centra en la iluminación instantánea, la intuición dirigida hacia la naturaleza fundamental de la realidad y la conciencia vigilante del momento presente.

Los principios fundamentales de la filosofía zen incluyen el concepto de no dualidad, la importancia de la práctica meditativa (zazen) como medio para alcanzar la iluminación y el énfasis en la enseñanza directa del maestro al alumno (transmisión del dharma). Se trata de una enseñanza que va más allá de las formalidades y las palabras para transmitir una verdad viva e inmediata.

Entre los maestros icónicos de la tradición Zen se encuentran Bodhidharma, el legendario monje que llevó el budismo Chan a China, y Dogen, el fundador de la escuela Soto Zen en Japón. El maestro tibetano Chögyam Trungpa Rinpoche, conocido por su enfoque único e innovador de la práctica del Zen en Occidente, ha contribuido a difundir la sabiduría Zen en un contexto contemporáneo.

Las enseñanzas fundamentales del Zen se centran en la importancia de la presencia mental en el momento presente, la aceptación total de la realidad tal y como es y la transformación interior a través de la iluminación. La práctica meditativa del Zen como medio para calmar la mente, desarrollar la conciencia y contemplar la naturaleza de la realidad sin prejuicios ha suscitado interés y adhesión en todo el mundo.

Los estudios científicos sobre las prácticas meditativas Zen han demostrado beneficios para la salud mental y física, como la reducción del estrés, el aumento de la concentración y la conciencia, y el fomento del bienestar general. Los experimentos realizados con monjes zen han mostrado cambios significativos en la actividad cerebral relacionada con la meditación, lo que confirma los efectos positivos de estas prácticas milenarias sobre la mente y el cuerpo.

Acontecimientos históricos como la transmisión de las doctrinas zen a lo largo de los siglos, los relatos de iluminación personal de los maestros y las tradiciones de práctica meditativa en los monasterios zen proporcionan pruebas tangibles de la importancia y eficacia de la filosofía zen en el camino del crecimiento espiritual y la comprensión profunda de la vida y la muerte.

Para terminar, la filosofía Zen representa una antigua tradición espiritual que sigue ofreciendo sabiduría e iluminación a través de sus principios de escucha profunda, presencia consciente y aceptación del flujo de la vida. Los maestros espirituales zen nos guían hacia una comprensión más profunda de la realidad y de nuestra naturaleza interior, sentando así las bases para nuestra búsqueda de sentido y conexión con el más allá de la vida.

La muerte como paso al Nirvana. Reflexiones desde el budismo zen.

En el budismo zen, la muerte se considera un paso crucial en el viaje del alma hacia la realización del Nirvana, el estado de liberación completa e iluminación espiritual. Los maestros espirituales zen ofrecen una visión profunda de la naturaleza de la muerte y del significado de este pasaje crucial en la evolución del ser.

Desde la perspectiva del budismo zen, la muerte se considera una oportunidad para que el alma se libere de las ataduras terrenales y emprenda un viaje transformador hacia la conciencia y la realización última. Se anima a los practicantes zen a contemplar la muerte como parte del ciclo natural de la existencia y a prepararse para ella mediante la práctica de la atención plena, la meditación y la compasión.

Maestros zen como Thich Nhat Hanh, monje vietnamita y autor de renombre, han transmitido enseñanzas que invitan a las personas a afrontar el final de la vida como una oportunidad para profundizar en su comprensión de la vida y centrarse en la importancia de la atención plena en el presente. La práctica de la presencia mental durante el proceso de transición se considera crucial en el budismo zen para facilitar el paso del alma a un estado de paz e iluminación.

Los estudios científicos sobre el impacto de las prácticas meditativas zen en la perspectiva del final de la vida y la aceptación del tránsito final han demostrado importantes beneficios para la salud mental y espiritual. Los experimentos realizados con practicantes zen han demostrado una mayor capacidad para afrontar el final de la vida con serenidad y compasión, subrayando así la importancia de la preparación interior para este momento crucial de la vida.

Acontecimientos históricos y rituales espirituales, como las ceremonias de paso del budismo zen, atestiguan la profunda comprensión y aceptación del final de la vida como parte integrante de la experiencia humana. Las anécdotas de monjes que abordan el paso con calma y sabiduría, transmitiendo enseñanzas sobre la impermanencia y la importancia de abrazar la vida y la muerte con igual serenidad, son ejemplos tangibles de cómo el budismo zen aborda esta cuestión.

En resumen, la perspectiva del final de la vida en el budismo zen se presenta como un momento crucial de transformación y posibilidad de realización espiritual. Los maestros espirituales zen ofrecen profundas enseñanzas sobre el proceso de transición a la muerte y la importancia de abordar este pasaje con conciencia y compasión, preparando así el alma para el viaje al Nirvana, el estado final de paz y liberación.

La filosofía zen y el reto de comprender el más allá de las palabras.

En el contexto de la filosofía zen, la idea del más allá plantea un reto profundo y fundamental a las personas que buscan comprender la naturaleza de la existencia más allá de la vida terrenal. Los maestros espirituales zen enseñan que la verdad sobre el más allá está más allá de las palabras y las explicaciones racionales, invitando a la experiencia directa y a la conciencia del misterio del más allá.

En la práctica zen, la comprensión del más allá no se alcanza a través de conceptos o teorías, sino más bien mediante la iluminación personal y la experiencia directa de la realidad última. Maestros zen como D.T. Suzuki, un influyente pensador zen del siglo XX, subrayaron la importancia de la meditación, la atención plena y la búsqueda del alma como medios para sondear los misterios del más allá y penetrar en el velo de la existencia más allá de la muerte.

Las historias y anécdotas transmitidas en el contexto zen ofrecen valiosas perspectivas sobre el reto de comprender el más allá más allá de las palabras. Los relatos de maestros zen que afrontaron y aceptaron la muerte con serenidad y sabiduría, como el maestro Hakuin Ekaku, ilustran la práctica de la atención plena y el desapego como claves para comprender el paso a la otra vida.

Los estudios científicos sobre la práctica meditativa zen han confirmado los beneficios de esta disciplina en la preparación para el más allá, aportando pruebas de la eficacia de la meditación para promover la serenidad interior, la conciencia de la muerte y la preparación para la transición más allá del paso terrenal. Los experimentos con practicantes del Zen han demostrado cambios positivos en las actitudes hacia la muerte y la aceptación de lo desconocido.

Actos tradicionales como la ceremonia del té zen y el festival de Vesak, que celebran el nacimiento, la iluminación y la muerte de Buda, sirven de guía en la práctica de la atención plena al paso de la vida terrenal. Estas celebraciones ofrecen momentos de reflexión y contemplación sobre el más allá y la transformación espiritual que conduce a la liberación final.

En conclusión, la filosofía zen desafía a las personas a ir más allá de las limitaciones de las palabras y las explicaciones conceptuales para penetrar en la verdad del más allá a través de la experiencia directa y la conciencia profunda. Los maestros espirituales zen nos guían para mirar más allá del velo de la muerte y afrontar el misterio de la existencia más allá de la vida terrenal, invitándonos a abrazar el flujo constante de la realidad y a prepararnos interiormente para el paso a lo desconocido con serenidad y conciencia.

Migajas de filosofía zen.

"El silencio es una fuente de gran fuerza". - Laozi.

"Mira profundamente en la naturaleza y lo entenderás todo mejor". - Albert Einstein.

"Si conoces al enemigo y te conoces a ti mismo, no debes temer el resultado de cien batallas". - Sun Tzu.

"El viaje de mil millas comienza con un paso". - Laozi.

"El corazón humano es como un jarrón de agua. Si pones agua sobre la mesa, toma la forma del jarrón". - Zen.

"El pasado ya se ha ido y el futuro aún no ha llegado. Sólo existe este momento". - Buda.

"No busques la verdad, sólo deja de sostener opiniones equivocadas". - Zen.

"La verdad resiste la prueba del tiempo". - Zen.

"Di una mentira una vez y todas tus verdades serán cuestionadas". - Zen.

"El secreto de todo Buda es saber que Buda no tiene secretos". - Zen Shin.

"Cada mañana es un nuevo comienzo. Toma una bocanada de aire y empieza de nuevo". - Buda.

"Perderse a uno mismo es el camino para encontrarse". - Buda.

"En la mente del principiante hay muchas posibilidades, en la mente del experto hay pocas". - Shunryu Suzuki.

"Cuando camines, camina. Cuando comas, come. Cuando te sientes, siéntate". - Zen.

"El cambio es una puerta que sólo puede abrirse desde dentro". - Zen.

"Cuando el dedo señala la luna, el tonto mira el dedo". - Zen

"El sol brilla sin distinguir lo débil de lo fuerte". - Zen.

"El camino del corazón no conoce obstáculos". - Zen.

"No busques la iluminación lejos de ti mismo. El agua no tiene sed de sí misma". - Buda.

Confucianismo.

El confucianismo, filosofía y sistema de pensamiento ético con profundas raíces en China, ofrece una perspectiva única sobre el más allá y la vida después de la muerte. Las doctrinas confucianas destacan la importancia de la virtud, la moralidad y la búsqueda de la perfección humana como fundamentos para abordar el destino del alma más allá de la muerte física.

Fundado en las enseñanzas de Confucio (551-479 a.C.), filósofo y maestro chino cuyas máximas y preceptos moldearon la cultura y la sociedad de Extremo Oriente durante siglos, el confucianismo hace hincapié en la ética de las relaciones humanas, la armonía social y la búsqueda de la perfección moral como formas de actuar de acuerdo con el Cielo y el camino (*Dao*) que rige el universo.

En el confucianismo, la vida después de la muerte suele considerarse una continuación de la existencia terrenal, en la que las relaciones éticas y morales establecidas durante la vida tienen una influencia significativa en el destino del alma. Confucio enseñaba que el individuo debe vivir en armonía con los principios éticos de humanidad, justicia, equidad y respeto para cultivar el alma y prepararla para el paso más allá de la vida terrenal.

Las obras clásicas del confucianismo, como los "Cuatro Libros" y los "Cinco Clásicos", contienen los preceptos morales, las enseñanzas filosóficas y las máximas de Confucio y sus discípulos. Estas obras ofrecen claves para comprender la visión confuciana de la vida después de la muerte y el camino espiritual del alma. Conceptos como la importancia de la devoción filial, el respeto a los mayores y los deberes familiares son fundamentales en la doctrina confuciana de la vida después de la muerte.

Los estudios realizados sobre la difusión e influencia del confucianismo a lo largo de la historia china ponen de relieve el impacto duradero de esta filosofía y sus enseñanzas sobre el más allá dentro de la cultura oriental. Acontecimientos históricos como el nacimiento de imperios y dinastías basados en los principios confucianos atestiguan la pertinencia y relevancia de esta tradición de pensamiento en el mundo oriental.

Maestros espirituales y eruditos modernos, como Tu Weiming y Wing-tsit Chan, han seguido explorando e interpretando los textos y conceptos confucianos relacionados con el más allá, ofreciendo nuevas perspectivas y conocimientos sobre la comprensión de la vida después del paso según la visión confuciana.

En conclusión, el confucianismo ofrece una visión única y profunda de la otra vida, basada en la ética, la moral y la búsqueda de la perfección humana como fundamento del destino del alma más allá de la vida terrenal. Los maestros espirituales y los textos clásicos confucianos siguen guiando a las generaciones en la búsqueda de la sabiduría y la virtud como preparación para el paso a la desconocida otra vida.

El confucianismo y el final de la vida.

El confucianismo, una de las filosofías más antiguas e influyentes de Extremo Oriente, ofrece una visión articulada sobre la naturaleza de la vida después de la muerte. Fundada en las enseñanzas del filósofo chino Confucio (551-479 a.C.), esta tradición espiritual hace especial hincapié en la ética, la moral y las relaciones humanas como piedras angulares para comprender el destino del alma más allá de la muerte física.

Dentro del confucianismo, el final de la vida se considera un momento de transición clave en el que el individuo se enfrenta a su destino espiritual en función de las acciones realizadas en vida. Confucio enseñaba que el respeto a la autoridad, la virtud de la lealtad y la observancia de los rituales eran elementos clave que influían en el destino del alma tras la muerte.

Los clásicos confucianos como los "*Cinco clásicos*" y los "*Cuatro libros*" contienen los dictados y máximas éticas de Confucio y sus seguidores, proporcionando así un amplio marco para comprender el concepto confuciano del fin de la vida. Conceptos como la importancia de la rectitud (*yi*) y la humanidad (*ren*) se consideran pilares de la actitud correcta ante la vida presente y futura.

Las anécdotas sobre la vida y el pensamiento de Confucio, como sus reflexiones sobre la importancia de la filialidad y la devoción a la familia, demuestran el énfasis en la continuidad de las relaciones morales y sociales más allá de la vida terrenal. El culto a los antepasados y los ritos funerarios dentro de la tradición confuciana son manifestaciones tangibles de cómo el confucianismo aborda el tema del final de la vida con respeto y reverencia hacia los muertos.

Estudiosos modernos como Tu Weiming, Yu Dan y Jeffrey Riegel han profundizado en la comprensión del confucianismo y su enfoque de la vida tras pasar por análisis textuales e interpretaciones filosóficas. Sus reflexiones han ayudado a esclarecer aún más la visión confuciana de la muerte como parte integrante de un ciclo continuo de relaciones y obligaciones morales.

Acontecimientos históricos como la influencia del pensamiento confuciano en las dinastías e instituciones políticas chinas demuestran la perdurable relevancia e influencia de esta tradición filosófica en Extremo Oriente. La práctica constante de los valores confucianos en la vida cotidiana y el respeto por la continuidad de las relaciones humanas y morales representan un vínculo significativo con la visión confuciana del final de la vida.

En conclusión, el confucianismo ofrece una perspectiva única y sustancial sobre la naturaleza del final de la vida a través de sus principios fundamentales de ética y moralidad. Los maestros espirituales confucianos nos guían hacia una interpretación profunda y respetuosa de la muerte como parte integrante de un orden moral y social más amplio, invitándonos a vivir una vida que prepare adecuadamente al alma para su destino tras la muerte.

Experiencias previas a la muerte y vida después de la muerte en el confucianismo.

En el confucianismo, el enfoque de las experiencias cercanas a la muerte y el más allá se basa en una perspectiva clara y respetuosa de la continuidad de la vida y las relaciones humanas más allá del paso terrenal. En esta tradición filosófica, la muerte se aborda con gran respeto por los muertos y haciendo hincapié en honrar la memoria y las virtudes de los antepasados.

Confucio enseñó la importancia de la lealtad a quienes nos han precedido y de mantener buenas relaciones interpersonales incluso en el periodo posterior a la muerte. Este enfoque influye profundamente en la interpretación de las experiencias cercanas a la muerte y después de la muerte dentro de la visión confuciana.

Estudiosos modernos del confucianismo, como Tu Weiming y Roger T. Ames, han profundizado en la comprensión de cómo trata esta tradición la muerte y las experiencias cercanas a la muerte. Mediante el análisis de textos clásicos y la reflexión filosófica, han contribuido a iluminar las perspectivas confucianas sobre el más allá y la vida después de la muerte.

La práctica del culto a los antepasados, rito central del confucianismo, es una importante manifestación de respeto a los muertos y a la continuidad de las relaciones más allá de la muerte. Este rito subraya la importancia de honrar la memoria y las virtudes de los antepasados, manteniendo viva la conexión entre las generaciones pasadas, presentes y futuras.

Las anécdotas sobre la devoción filial y el respeto a los padres que se encuentran en los relatos de la tradición confuciana ilustran la importancia de perpetuar los valores y virtudes de los antepasados incluso en la otra vida.

Muchos textos clásicos confucianos contienen reflexiones y enseñanzas sobre la vida después de la muerte y las virtudes que guían el destino del alma más allá del paso terrenal. Estos textos contienen preceptos éticos y morales que señalan un camino de continuidad y respeto por la vida y la memoria de los muertos.

En definitiva, en el confucianismo se encuentra una visión respetuosa y acorde con la tradición de la vida después de la muerte, basada en la importancia de la continuidad de las relaciones humanas y la preservación de las enseñanzas morales de las generaciones pasadas.

La conexión entre los mundos visible e invisible en el taoísmo.

En el vasto panorama de las concepciones sobre la vida después de la muerte, el taoísmo destaca por su perspectiva única y fascinante sobre la conexión entre los mundos visible e invisible. En esta perspectiva filosófica y espiritual oriental, el final de la vida se ve como una transformación y no como el fin absoluto de la existencia.

El taoísmo es una antigua tradición china que hunde sus raíces en el Tao Te Ching, atribuido a Laozi (que vivió en torno al siglo VI a.C.).

El taoísmo propone una idea de continuidad entre el mundo material y el espiritual, con vistas al respeto mutuo y la armonía. Según la visión taoísta, existen varios niveles de realidad interconectados, y la muerte es sólo un paso de un plano a otro.

Maestros espirituales como Zhuangzi (que vivió en el siglo IV a.C.) hacían hincapié en la fluidez de la existencia y la naturaleza cíclica de la vida y la muerte. Zhuangzi cuenta la historia de un hombre que soñó que era una mariposa y al despertar se preguntó si era un hombre que soñaba que era una mariposa o una mariposa que soñaba que era un hombre, subrayando así la naturaleza ilusoria de la distinción entre la vida y la muerte.

En el taoísmo se habla a menudo del Yin y el Yang, dos fuerzas complementarias e interdependientes que constituyen la esencia misma del universo. La muerte se considera parte integrante del ciclo vital, en el que la transición de lo visible a lo invisible representa una oportunidad de transformación y crecimiento espiritual.

Los estudios contemporáneos sobre el taoísmo y el concepto de conexión entre el mundo visible y el invisible han sacado a la luz interesantes correlaciones con las modernas teorías cuánticas sobre la interconexión de todo el universo. Algunos científicos han teorizado sobre la posibilidad de que la conciencia sea una forma de energía que sobrevive a la muerte biológica, abriendo así nuevas perspectivas sobre la vida después de la muerte.

En conclusión, la concepción taoísta de la conexión entre los mundos visible e invisible ofrece alimento para una profunda reflexión sobre la naturaleza de la existencia y la continuidad del alma más allá de la muerte. A través de las palabras y las enseñanzas de los maestros espirituales orientales, podemos contemplar una nueva forma de entender el misterio que rodea al final de la vida y las posibilidades que hay más allá de ella.

La profundización en la conexión entre los mundos visible e invisible en el taoísmo nos sumerge en un universo de símbolos, metáforas y prácticas que hacen hincapié en la armonía entre el ser humano y el cosmos. Un aspecto central de esta visión es la práctica de la meditación, que nos permite experimentar directamente la profunda interconexión de todas las cosas y superar las barreras entre los planos físico y espiritual.

En la tradición taoísta se cuentan historias de maestros espirituales como Laozi y Zhuangzi que, mediante la práctica de la meditación y la contemplación de la naturaleza, alcanzaron niveles de conciencia que les permitieron percibir los secretos del universo y comunicarse con los espíritus de sus antepasados.

Varios estudiosos contemporáneos, como el filósofo chino Chung-Ying Cheng, han analizado a fondo el concepto taoísta de la conexión entre los mundos visible e invisible a la luz de la filosofía occidental y la ciencia moderna. Cheng ha destacado cómo el taoísmo ofrece una perspectiva única sobre la naturaleza de la realidad y la relación entre los seres humanos y el universo, sugiriendo que la muerte puede verse como una simple transformación de la energía vital y no como un final definitivo.

Además, la investigación científica sobre la conciencia y la experiencia al borde de la muerte ha descubierto testimonios de personas que afirman haber tenido experiencias de tipo místico durante sucesos cercanos a la muerte, describiendo sentimientos de paz, luz y conexión con una realidad superior. Estos testimonios encuentran una sorprendente resonancia en las descripciones de estados elevados de conciencia que se encuentran en las tradiciones espirituales orientales, incluido el taoísmo.

La conexión entre los mundos visible e invisible en el taoísmo representa, pues, un fascinante punto de convergencia entre las cosmovisiones antiguas y los descubrimientos científicos modernos. Esta conexión ofrece materia para la reflexión y la contemplación sobre el sentido último de la vida y la posibilidad de una existencia que trascienda los límites de la materia y el tiempo.

Al explorar el tema del final de la vida y lo que ocurre después, las culturas orientales ofrecen fascinantes visiones que se entrelazan con profundas visiones filosóficas y sugerentes hipótesis científicas. Entre estas visiones, el taoísmo destaca por su concepción de la conexión entre los mundos visible e invisible, representando un puente entre la sabiduría antigua y la investigación científica moderna.

Una figura destacada que ha contribuido a poner de relieve esta conexión es el físico teórico Fritjof Capra, más conocido por su libro "*El Tao de la Física*", publicado en 1975. En esta obra, Capra explora los paralelismos entre los principios de la física cuántica y los conceptos fundamentales del taoísmo, destacando cómo ambos investigan la naturaleza fundamental de la realidad y el papel del observador en su creación.

El taoísmo, con sus antiguas raíces perdidas en la noche de los tiempos, propone una concepción dinámica e interconectada del universo, en la que el equilibrio entre el Yin y el Yang representa la base misma de la existencia. En esta visión, la muerte se considera una etapa de transformación en la que la energía vital se perpetúa en una nueva forma, manteniendo un vínculo con el mundo visible.

Maestros espirituales como Zhuangzi y Laozi han transmitido enseñanzas que hacen hincapié en la centralidad de la armonía entre el hombre y el universo, invitando a contemplar el flujo natural de la vida y la muerte como parte de un único proceso cíclico. Las prácticas taoístas, como la meditación y la búsqueda del equilibrio interior, sirven de puente para percibir la conexión entre los planos visible e invisible de la realidad.

Más allá de las tradiciones ancestrales, la investigación científica moderna también ha arrojado luz sobre la complejidad de la conciencia y la posibilidad de una dimensión más allá de la materialidad. Los estudios sobre la conciencia después de la muerte y fenómenos como las experiencias al límite de la vida han sacado a la palestra testimonios de individuos que afirman haber percibido un estado de conciencia distinto durante momentos extremos.

En resumen, la conexión entre los mundos visible e invisible en el taoísmo representa un puente entre la sabiduría ancestral y el conocimiento contemporáneo, ofreciendo perspectivas sobre el misterio del más allá y la naturaleza multidimensional de la existencia humana. A través de la intersección de antiguas enseñanzas taoístas, estudios científicos y obras de autores como Fritjof Capra, podemos acercarnos a una comprensión más profunda de la naturaleza de la realidad y de nuestro lugar en ella.

Los monjes taoístas y sus viajes al más allá. Un estudio de las experiencias místicas.

Una mirada en profundidad a las experiencias místicas de los monjes taoístas en sus viajes al más allá nos ofrece una visión fascinante de supuestos contactos con lo divino y visiones de mundos más allá de la dimensión terrenal.

Los monjes taoístas, inmersos en la práctica del ascetismo, la meditación y la investigación espiritual, son conocidos por sus experiencias de contacto con la dimensión espiritual. Uno de los relatos más famosos es el del monje taoísta Zhang Daoling, que vivió en el siglo II d.C. y afirmaba haberse comunicado con los espíritus de los antepasados y viajado al más allá durante sus profundas meditaciones.

El monje taoísta Zhang Daoling es una figura importante de la tradición taoísta por sus supuestas experiencias místicas y viajes al más allá, que han inspirado a generaciones de practicantes espirituales. Zhang Daoling está considerado el fundador *del "taoísmo religioso"*, conocido como "*taoísmo de la Escuela de Maestros Celestiales*".

Según relatos históricos y legendarios, Zhang Daoling era conocido por su profunda espiritualidad y sus prácticas ascéticas encaminadas a lograr una conexión más profunda con lo divino y los mundos más allá de la dimensión terrenal.

Uno de los aspectos más destacados de las experiencias de Zhang Daoling se refería a sus viajes al más allá, donde se dice que obtuvo visiones y revelaciones sobre asuntos espirituales y metafísicos. A través de estas experiencias, Zhang Daoling habría adquirido conocimientos y sabiduría que conformarían su práctica espiritual y la enseñanza a sus discípulos.

La narración de Zhang Daoling y sus viajes al más allá hunde sus raíces en la tradición taoísta, que cree en el paso del alma tras la muerte y en la posibilidad de interacción con los espíritus de los antepasados y los mundos no materiales. Estas experiencias místicas se interpretan a menudo como prueba de la vitalidad y profundidad de la espiritualidad taoísta, y ofrecen una intrigante perspectiva sobre la naturaleza del alma y su continuidad más allá de la vida terrenal.

Las visiones y experiencias místicas de monjes taoístas como Zhang Daoling representan un aspecto rico y evocador de la tradición espiritual china, que sigue ejerciendo una amplia influencia en quienes buscan el conocimiento y la conexión con dimensiones más amplias de la realidad. Estas historias nos invitan a explorar la frontera entre lo visible y lo invisible, abriendo nuevas perspectivas sobre la vida, la muerte y el misterio de la existencia humana.

A lo largo de los siglos, son numerosos los relatos de monjes taoístas que afirman haber tenido experiencias más allá de la realidad cotidiana, entrando en estados de trance o visiones extáticas en los que acceden a conocimientos ocultos y dimensiones no tangibles. Estos relatos suelen estar impregnados de elementos simbólicos y metafóricos que sugieren una realidad distinta y más profunda que la visible.

Los estudios sobre estas experiencias han despertado un gran interés entre los estudiosos contemporáneos de la espiritualidad y la psicología, que tratan de comprender la naturaleza y el origen de estas visiones místicas. Algunos estudiosos, como Carl Gustav Jung, han teorizado sobre la importancia de estas experiencias en la individuación e integración de las partes más profundas del ser.

La investigación de las experiencias místicas de los monjes taoístas ofrece la oportunidad de reflexionar sobre el concepto de realidad multidimensional y la posibilidad de explorar espacios más allá del conocimiento racional. Estas experiencias, cuando se interpretan a la luz de las tradiciones taoístas, pueden revelar una compleja red de significados simbólicos y arquetípicos que se entrelazan con nuestra percepción de la vida y la muerte.

En última instancia, las experiencias místicas de los monjes taoístas en sus viajes al más allá representan un capítulo fascinante y enigmático de la espiritualidad oriental, pues ofrecen la oportunidad de explorar las profundidades del alma humana y contemplar la posibilidad de mundos y realidades más allá de lo que percibimos con nuestros sentidos materiales.

Sintoísmo.

El sintoísmo, una antigua religión japonesa arraigada en las tradiciones espirituales indígenas de Japón, ofrece una perspectiva única sobre el tema del final de la vida y lo que ocurre después de la muerte. Esta tradición religiosa, profundamente conectada con la naturaleza y los kami (espíritus o deidades), ha conformado las creencias y prácticas de millones de individuos a lo largo de los siglos.

En el sintoísmo, la muerte no se ve como un final definitivo, sino como parte de un ciclo continuo de renacimiento y transformación. Los practicantes del sintoísmo creen que, tras la muerte, el alma de una persona puede unirse a los espíritus ancestrales y convertirse en un "kami", para seguir influyendo en la vida terrenal y proteger a sus descendientes.

Uno de los aspectos distintivos del sintoísmo es el concepto de pureza y armonía con la naturaleza y los espíritus de la tierra. Esta profunda conexión con el mundo natural influye profundamente en la forma en que el sintoísmo entiende la vida después del tránsito, indicando una interconexión entre el más allá y la vida terrenal.

Figuras históricas y míticas de la tradición sintoísta, como la diosa del sol Amaterasu y el dios del viento y la tormenta Susanoo, encarnan las fuerzas de la naturaleza y representan la presencia e influencia de los dioses en el mundo material. Las prácticas y ceremonias rituales sintoístas pretenden honrar y venerar a estos kami, creando un vínculo directo entre lo divino y lo humano.

Estudiosos como John Breen y Mark Teeuwen han investigado las creencias y prácticas del sintoísmo en relación con la muerte y el más allá, destacando cómo el concepto sintoísta de la continuidad del alma tras la muerte está estrechamente entrelazado con su visión de la interconexión entre los seres vivos y los espíritus etéreos.

John Breen y Mark Teeuwen son dos estudiosos contemporáneos que se han dedicado a analizar las creencias y prácticas del sintoísmo, centrando su atención en la visión de la muerte y el más allá dentro de esta antigua tradición religiosa japonesa. Sus investigaciones arrojan luz sobre la concepción sintoísta de la continuidad del alma tras la muerte, ofreciendo una interpretación más profunda de cómo esta religión aborda y entiende la transición de la vida terrenal a la espiritual.

En el sintoísmo, la muerte se considera parte del ciclo natural de la existencia y no un punto final. Las creencias sintoístas sugieren que el alma de una persona puede seguir existiendo tras abandonar la vida terrenal, manteniendo una conexión con los espíritus de los antepasados y el mundo divino. Esta visión de la continuidad del alma tras la muerte es fundamental en el contexto del sintoísmo, que valora profundamente los lazos con la historia familiar y el mundo de los espíritus.

A través de sus investigaciones y estudios, Breen y Teeuwen han analizado las prácticas rituales y las formas de comunicarse con los espíritus en el contexto del sintoísmo, destacando cómo éstas son un medio de mantener una conexión con los antepasados y el mundo sobrenatural incluso después de la muerte física. Estas prácticas rituales se consideran formas de honrar y mantener viva la memoria de los difuntos, permitiéndoles seguir influyendo y protegiendo las vidas de los vivos.

Además, Breen y Teeuwen investigaron los elementos simbólicos y mitológicos presentes en las creencias sintoístas relativas a la muerte y el más allá, destacando cómo estas representaciones contribuyen a configurar la concepción sintoísta del alma y su destino tras la muerte. Las investigaciones de estos estudiosos han contribuido a una mejor comprensión de la visión sintoísta de la continuidad del alma y han puesto de relieve la importancia de los vínculos entre los vivos y los muertos en la práctica religiosa y espiritual del sintoísmo.

En definitiva, el trabajo de John Breen y Mark Teeuwen ha sacado a la luz una perspectiva rica y articulada sobre la visión sintoísta de la muerte y el más allá, poniendo de relieve la profunda conexión entre pasado, presente y futuro en la concepción espiritual y cultural de esta antigua tradición religiosa japonesa.

El sintoísmo ha influido profundamente en la cultura japonesa y en su visión de la muerte y la espiritualidad. Acontecimientos como el Obon, un festival de verano que honra a los espíritus de los muertos, y los rituales de purificación en los templos sintoístas son ejemplos de prácticas que mantienen viva la conexión entre los vivos y los muertos.

En conclusión, el sintoísmo ofrece una visión rica y polifacética sobre la vida después de la muerte, haciendo hincapié en la importancia de la relación entre los seres humanos, los espíritus y la naturaleza. A través de sus creencias y prácticas, el sintoísmo invita a reflexionar sobre la continuidad del alma y la interconexión entre los reinos visible e invisible, ofreciendo una perspectiva única y profunda sobre la naturaleza de la vida y la muerte.

4 - EXPERIENCIAS AL FINAL DE LA VIDA.

"Tú no eres tu cuerpo. Casi cualquiera que haya tenido una experiencia cercana a la muerte te dirá que tuvo una percepción muy fuerte. En su percepción, el alma, el espíritu, la personalidad, cualquier parte de sí mismos, estaba muy separada de su cuerpo físico."

(Eben Alexander)

Capítulo 7 ECM: Testimonios de otra realidad.

"La experiencia cercana a la muerte me mostró que el cuerpo es sólo un vehículo temporal para nuestra alma, que es eterna y está conectada al universo infinito".

(Raymond Moody)

En este capítulo nos sumergimos en las experiencias de la muerte prematura y en los testimonios de quienes están cerca del paso y han relatado vivencias más allá de la realidad ordinaria.

Durante estas experiencias, las personas suelen hablar de percibir una luz intensa, salir de su cuerpo y observar escenas que parecen pertenecer a otra dimensión. Muchos relatos incluyen descripciones de un túnel que conduce a un lugar lleno de calma y paz. Las experiencias *cercanas a la muerte* (ECM) han sido estudiadas por diversos investigadores a lo largo de los años.

Un estudio del Dr. Raymond Moody, psiquiatra y filósofo, contribuyó a difundir el interés por las ECM. Moody entrevistó a numerosas personas que habían experimentado experiencias cercanas a la muerte y describió sus historias en su libro *La vida después de la vida.* Otros estudiosos, como la Dra. Elisabeth Kübler-Ross, han abordado el tema de las experiencias cercanas a la muerte como parte de su trabajo sobre la muerte y el morir.

Las experiencias al final de la vida son un fenómeno que suscita debates e interrogantes. Mientras algunos escépticos intentan explicar estas experiencias por causas biológicas o procesos neuronales, otros sostienen que pueden representar un anticipo de la vida después de la muerte. Los relatos de experiencias al final de la vida son sugerentes y pueden aportar ideas interesantes sobre la existencia de una realidad más allá del fin de la vida terrenal.

Las experiencias al final de la vida ofrecen una perspectiva única sobre el paso y la supervivencia del alma en el contexto de la metafísica cuántica. Son un tema intrigante que desafía las concepciones tradicionales de la realidad y nos invita a explorar la interconexión de la mente, la conciencia y el universo.

Experiencias extracorporales. El desprendimiento del cuerpo como prueba de supervivencia.

Las experiencias extracorpóreas, un fenómeno fascinante y controvertido, suscitan desde hace siglos un profundo interés en las ciencias de la mente, la filosofía y la espiritualidad. Los testimonios de individuos que afirman haber salido de sus cuerpos durante situaciones cercanas a la muerte o en estados alterados de conciencia abren debates sobre la naturaleza de la mente, la conciencia e incluso la vida más allá de la muerte.

Explorando el filón de las experiencias extracorpóreas, nos encontramos con numerosos casos emblemáticos que han fascinado al público y a la comunidad científica. Un caso famoso es el de Pam Reynolds, una paciente que fue operada de un aneurisma cerebral en 1991. Durante la operación, Reynolds afirmó haber salido de su cuerpo y observado la escena desde arriba, describiendo con detalle los instrumentos utilizados por los médicos y las conversaciones que tuvieron lugar durante la operación. Este testimonio avivó el debate sobre la autenticidad de las experiencias extracorpóreas.

También se pueden encontrar referencias a experiencias similares en contextos históricos. Platón, en su obra "Fedón", relata el mito de Er, según el cual un guerrero volvió a la vida tras haber sido dado por muerto, narrando un viaje al Hades donde observó almas en transición.

En el diálogo platónico, Er, un soldado muerto en combate, vuelve milagrosamente a la vida tras ser dado por muerto durante doce días. Durante este tiempo, Er cuenta que viajó al Hades, el reino de los muertos en la mitología griega, donde presenció un curioso espectáculo: las almas de los muertos esperaban un juicio divino que determinaba su destino futuro.

Platón, a través del relato de Er, introduce conceptos como la transmigración del alma, la justicia cósmica y la posibilidad de que las elecciones morales influyan en el destino post mortem del individuo. Este mito, a pesar de ser una construcción literaria y filosófica, ha influido profundamente en las concepciones occidentales de la vida después de la muerte y de las dimensiones trascendentales de la existencia.

El mito de Er no es el único relato que aborda el tema del viaje al más allá y las experiencias post mortem. En muchas tradiciones culturales y religiosas encontramos relatos similares que describen un reino de los muertos, un juicio final y un destino de ultratumba para las almas.

Por ejemplo, en el antiguo Egipto, el Libro de los Muertos y las creencias sobre el más allá ofrecen una descripción fascinante de cómo concebían los egipcios el paso a la otra vida y la importancia de las prácticas funerarias para garantizar una existencia post mortem feliz y eterna.

El mito de Er y otros relatos históricos similares alimentan las reflexiones filosóficas y científicas sobre la supervivencia del alma y la posibilidad de existir más allá de la muerte física. De Aristóteles a Kant, de Freud a Jung, filósofos y psicólogos han abordado el dilema de la vida después de la muerte desde distintas perspectivas, planteándose preguntas sobre el sentido de la existencia y la naturaleza del ser.

En la época contemporánea, los estudios sobre la conciencia, la física cuántica y la parapsicología ofrecen pistas sobre el misterio de la vida más allá de la muerte. Experimentos previos a la muerte, como los realizados por el Dr. Sam Parnia, subrayan la necesidad de un enfoque científico riguroso para investigar el fenómeno de las experiencias extracorpóreas y las visiones terminales.

El mito de Er de Platón y otras mitologías similares ponen de relieve la omnipresencia de las reflexiones y narraciones sobre el más allá en diversas culturas y tradiciones humanas. Estas narraciones actúan como puente entre el pasado y el presente, entre lo literario y lo filosófico, abriendo nuevas perspectivas en la exploración del mayor misterio que se ha planteado el hombre: qué ocurre después de la muerte.

Varios estudiosos modernos, como el Dr. Raymond Moody, autor del famoso libro "La vida después de la vida", y el Dr. Eben Alexander, neurocirujano estadounidense, han investigado a fondo las experiencias extracorpóreas. Moody ha entrevistado a miles de personas que han tenido experiencias cercanas a la muerte, señalando similitudes en los relatos y proponiendo hipótesis sobre la naturaleza de la conciencia.

Alexander, por su parte, compartió su propia experiencia cercana a la muerte tras una meningitis bacteriana grave, durante la cual afirma haber viajado a un reino de otro mundo y experimentado una realidad más allá de la vida terrenal, aunque en estado de coma profundo.

Desde una perspectiva filosófica y trascendental, las experiencias extracorpóreas plantean profundos interrogantes sobre la naturaleza de la realidad, el alma y el vínculo entre mente y cuerpo. Filósofos como Descartes teorizaron la separación entre mente y cuerpo, abriendo reflexiones sobre el dualismo que impregna nuestra existencia.

En el ámbito espiritual, tradiciones como el chamanismo, el budismo y el hinduismo contemplan la posibilidad de salidas de la realidad ordinaria y viajes del alma a mundos invisibles.

Las experiencias extracorpóreas representan un capítulo fascinante y complejo en la exploración de la relación entre mente, cuerpo y dimensiones más allá de nuestra comprensión racional. Aunque la ciencia intenta explicar estos fenómenos mediante mecanismos neurológicos y psicológicos, los relatos personales y las reflexiones filosóficas nos llevan a considerar posibilidades que van más allá de nuestra comprensión actual del cosmos.

ECM y formas similares.

Las ECM suelen describirse como experiencias extracorpóreas en las que un individuo en estado crítico se encuentra en un estado de muerte clínica o muerte inminente. Durante esta experiencia, las personas relatan una serie de sensaciones y percepciones extraordinarias que parecen trascender la dimensión física. Hablan de encuentros con una luz intensa, túneles, paisajes paradisíacos, encuentros con seres espirituales y un sentimiento de paz, amor y conexión universal.

Uno de los primeros estudiosos en investigar las ECM fue el Dr. Raymond Moody, que en su libro "*La vida después de la vida*", publicado en 1975, analizó los relatos de pacientes que habían experimentado una muerte inminente. Moody encontró notables similitudes en los relatos, señalando elementos comunes como la percepción de abandonar el cuerpo, viajar por un túnel y encuentros con seres espirituales. Estos testimonios sorprendieron e intrigaron al mundo académico, iniciando una nueva dirección de investigación.

Otros estudios han sido realizados por investigadores como el Dr. Pim van Lommel, cardiólogo y autor del libro "*Consciousness Beyond Life*", publicado en 2010. Van Lommel examinó a pacientes que habían informado de experiencias de muerte inminente durante episodios de parada cardiaca. Sus estudios mostraron que un porcentaje significativo de pacientes informaron de un aumento de la intensidad de la consciencia y la conciencia durante el periodo en el que sus cerebros deberían estar inactivos. Estos resultados indican la posibilidad de que la conciencia sobreviva incluso cuando las funciones cerebrales parecen suspendidas.

También hay ejemplos de experiencias similares a las ECM en otras culturas y tradiciones espirituales. Por ejemplo, en el budismo tibetano y en el *Bardo Thodol,* conocido como el *Libro tibetano de los muertos*, hay descripciones de experiencias trascendentales y visiones que se producen durante la transición de la vida a la muerte. Estos relatos, que se remontan a siglos atrás, subrayan la presencia de elementos similares a las ECM actuales en las experiencias humanas de enfrentarse a la muerte.

El término "*Bardo*" designa un estado intermedio entre la muerte y el renacimiento, una fase en la que el alma transita por distintos planos de existencia. Según la cosmología budista tibetana, durante este periodo el alma experimenta visiones y manifestaciones que reflejan su karma y el condicionamiento mental acumulado durante su vida terrenal. Este estado de transición ofrece la oportunidad de alcanzar la liberación definitiva, pero también puede estar marcado por ilusiones y temores derivados de las pasiones y apegos del difunto.

El *Bardo Thodol* es un texto antiguo y venerado que guía al alma en su viaje por los distintos estados de conciencia que siguen a la muerte. A través de descripciones detalladas de experiencias trascendentales, visiones y encuentros con figuras simbólicas, el libro ofrece un mapa para guiar al alma por el laberinto del más allá, permitiéndole superar las ilusiones y tentaciones que amenazan su liberación espiritual.

Las experiencias descritas en el bardo de Thodol presentan interesantes paralelismos con los relatos de ECM de Occidente. Por ejemplo, la percepción de una luz brillante, la sensación de separarse del propio cuerpo y los encuentros con figuras angelicales o guerreras son elementos recurrentes tanto en las ECM como en las visiones narradas en el Libro tibetano de los muertos. Estos hallazgos similares subrayan la universalidad de ciertas experiencias humanas más allá de las diferencias culturales y religiosas.

La exploración de experiencias similares a las ECM en culturas espirituales como el budismo tibetano pone de relieve la complejidad y la riqueza de los puntos de vista sobre el más allá y la naturaleza de la transición de la vida a la muerte. Estos testimonios nos invitan a reflexionar sobre conceptos como la continuidad del alma, la naturaleza de la experiencia tras la muerte y la posibilidad de trascender el ciclo del nacimiento y la muerte. Nos enfrentan a profundos retos e interrogantes sobre la naturaleza última de la realidad y la conciencia, arrojando nueva luz sobre el misterio del paso más allá del umbral de la vida terrenal.

Estudiosos como el famoso psiquiatra suizo Carl Gustav Jung han explorado el concepto de arquetipos presentes en las experiencias cercanas a la muerte, destacando su resonancia con las tradiciones espirituales orientales.

En un mundo cada vez más orientado hacia la racionalidad científica, el análisis de experiencias similares a ECM en distintas culturas y tradiciones espirituales arroja nueva luz sobre el misterio de la vida y la muerte. A través del entrelazamiento de relatos, visiones e hipótesis científicas y filosóficas, surgen puentes que vinculan lo humano con lo divino, lo temporal con lo eterno, allanando el camino para una comprensión más profunda del final de la vida y de lo que podría suceder tras el paso final.

Al comparar los relatos de las ECM con las visiones trascendentales de tradiciones espirituales como el budismo tibetano, uno se enfrenta a un universo de sugerencias que desafían las nociones convencionales de la vida y la muerte. Este diálogo interdisciplinar entre ciencia, espiritualidad y filosofía abre nuevas perspectivas sobre la naturaleza de la existencia y la continuidad del alma, invitándonos a reflexionar sobre lo que puede deparar el misterioso más allá que aguarda al viajero más allá del umbral final de la vida terrenal.

La ciencia ha intentado explicar las ECM mediante diversas teorías. Algunos estudiosos sugieren que las experiencias de muerte inminente podrían ser el resultado de reacciones químicas en el cerebro durante situaciones de estrés o falta de oxígeno. Otros proponen que las ECM son el resultado de la activación de circuitos cerebrales específicos que inducen sentimientos de intimidad, bienestar y conexión universal. Sin embargo, aún no existe una explicación definitiva que aborde plenamente la inmensidad y singularidad de estas experiencias.

Eventos como el Congreso Internacional sobre Experiencias Cercanas a la Muerte (INES) han brindado la oportunidad de reunirse a expertos y personas que han tenido experiencias similares. En estos eventos, estudiosos, investigadores y testigos se reunieron para compartir sus historias y teorías sobre las ECM, allanando el camino para un estimulante diálogo interdisciplinar.

En conclusión, las experiencias de muerte inminente y formas similares siguen desafiando nuestra comprensión de la realidad y la conciencia. Gracias a los estudios de científicos como Moody y van Lommel, hemos empezado a explorar estos fenómenos en mayor profundidad, tratando de encontrar explicaciones científicas y filosóficas. Sin embargo, las ECM siguen siendo un misterio en gran medida inexplicable, y sólo a través de una mayor investigación y exploración podremos tal vez llegar a una comprensión más completa de estas experiencias extraordinarias.

Pensadores y estudiosos más influyentes sobre las experiencias post mortem.

Hay varios pensadores y estudiosos que han tenido un impacto significativo en el campo de las experiencias posteriores a la muerte y las ECM (*Experiencias Cercanas a la Muerte*). He aquí algunos de los pensadores más influyentes en este tema:

Raymond Moody.

Autor del libro "*La vida después de la vida*", publicado en 1975, Raymond Moody está considerado uno de los principales pioneros en el estudio científico de las experiencias cercanas a la muerte. Ha contribuido significativamente a dar a conocer el tema de las ECM al público y a la comunidad científica.

En el libro mencionado, Moody analizó los testimonios de pacientes que experimentaron una muerte inminente. Su investigación reveló elementos comunes entre estas experiencias, como la sensación de abandonar el cuerpo, viajar por un túnel y encuentros con seres espirituales. Moody propuso la hipótesis de que estas experiencias son la prueba de que el alma sobrevive a la muerte del cuerpo y de que existe otra dimensión de la realidad más allá de la física.

Elisabeth Kübler-Ross.

Conocida principalmente por su trabajo sobre las etapas del duelo, Elisabeth Kübler-Ross también ha estudiado las experiencias de muerte inminente y ha contribuido a una mayor comprensión de la experiencia de la transición a la muerte.

Kenneth Ring.

Otro destacado estudioso es el Dr. Kenneth Ring, autor del libro "*NDEs: Evidence of Life After Passing*", publicado en 1980. Ring ha realizado estudios exhaustivos de personas que han experimentado una muerte inminente y ha identificado una serie de efectos transformadores que estas experiencias pueden tener en la vida de las personas. Introdujo el concepto de "efecto ECM", que describe los cambios positivos en la visión de la vida, la sensación de conexión universal y la pérdida del miedo a fallecer que suelen surgir tras una experiencia de este tipo. Las teorías de Ring proporcionaron una base sólida para seguir investigando las implicaciones espirituales y psicológicas de las ECM.

Las cinco etapas de Kenneth Ring.

Las cinco etapas de Kenneth Ring se refieren a un patrón de experiencias vividas por individuos que han tenido experiencias cercanas a la muerte, según las describe el psicólogo Kenneth Ring. Las etapas son las siguientes:

1-Sensaciones de paz y bienestar.

Esta fase comienza con una sensación de profunda paz y ausencia de dolor. Las personas que han tenido una experiencia de ECM suelen describir una sensación de calma y tranquilidad.

2-Experiencia en túneles o percepción de túneles

En esta fase, las personas describen la sensación de atravesar un túnel oscuro. Este túnel puede verse como un pasaje a otra dimensión o realidad.

3- Encuentros con seres espirituales o guías.

Durante esta fase, las personas pueden informar de encuentros con seres espirituales, guías o seres queridos fallecidos. Estos encuentros suelen describirse como cariñosos y tranquilizadores.

4-Revisión de la propia vida.

En esta fase, las personas reviven los momentos más destacados de su vida y suelen hacer un análisis imparcial de sus propios actos y de las consecuencias que tienen en los demás. Esta revisión puede conducir a una mayor comprensión y crecimiento espiritual.

5-El regreso.

En la última fase, las personas que han tenido una ECM describen el regreso a su cuerpo físico y el posterior despertar. Este regreso puede ir acompañado de sentimientos encontrados, como la tristeza por tener que abandonar la experiencia espiritual y el deseo de compartir con los demás lo que han vivido.

Estas fases se han observado en muchas experiencias ECM y han contribuido a crear un patrón común de lo que la gente experimenta en estas experiencias.

Michael Sabom y las tres categorías de experiencia.

Michael Sabom es un cardiólogo e investigador que ha estudiado las ECM. Sabom ha propuesto una división de las experiencias ECM en tres categorías principales, basándose en las características comunes que se encuentran en los relatos de las personas que han tenido este tipo de experiencias. Las tres categorías de ECM según Michael Sabom son:

Cognitivo.

Las ECM cognitivas se centran en la adquisición de conocimientos o comprensión durante la experiencia. Las personas describen la recepción de información con una claridad y profundidad que no son típicas de su experiencia de la vida cotidiana. Pueden tener visiones explicativas sobre acontecimientos pasados o futuros, o adquirir una nueva conciencia y comprensión de su propia existencia y propósito.

Emocional.

Las ECM emocionales se centran en las emociones y sentimientos intensos que experimentan las personas. Estas emociones suelen incluir un sentimiento de paz, amor incondicional, alegría y conexión con el universo o entidades espirituales. Las personas que experimentan una ECM emocional suelen declarar una profunda transformación de sus emociones y del modo en que se perciben a sí mismas y al mundo.

Percepciones extrasensoriales.

Las ECM con percepciones extrasensoriales implican la capacidad de percibir información más allá de los cinco sentidos convencionales. Las personas que tienen este tipo de experiencias pueden describir haber visto u oído acontecimientos fuera de su alcance visual o auditivo, haberse comunicado telepáticamente con otras entidades o haber tenido una percepción intuitiva de conceptos inaccesibles de otro modo.

La categorización propuesta por Michael Sabom ofrece una forma de explorar las distintas dimensiones y tipos de experiencias ECM y de comprender mejor la complejidad de estas experiencias más allá de las simples narraciones de encuentros con el más allá.

Bruce Greyson.

Otra figura destacada en el campo de las ECM es el Dr. Bruce Greyson, conocido por sus investigaciones sobre la experiencia de las personas ante la muerte. Greyson ha realizado numerosos estudios sobre pacientes que han experimentado ECM y ha descubierto que estas experiencias tienen un impacto significativo en la psicología de las personas. Ha observado un mayor sentido de la vida, más gratitud, una conexión renovada con los demás y una actitud más compasiva. Las teorías de Greyson sugieren que las ECM pueden indicar la presencia de algo más grande y misterioso que va más allá de nuestra comprensión de la realidad física.

Las cuatro categorías de Bruce Greyson.

Bruce Greyson estudió las experiencias cercanas a la muerte (ECM), y propuso una subdivisión de las ECM en cuatro categorías principales, basadas en las características comunes encontradas en los relatos de las personas que han tenido tales experiencias. Las cuatro categorías de ECM según Bruce Greyson son:

Experiencias cognitivas.

Esta categoría se refiere a las ECM caracterizadas por un aumento del intelecto o la conciencia. Las personas que experimentan ECM cognitivas pueden describir una mayor claridad mental, una comprensión profunda, la capacidad de resolver problemas complejos o de adquirir conocimientos que parecen ir más allá de su experiencia vital ordinaria.

Experiencias afectivas.

En las experiencias afectivas de las ECM, las personas describen emociones intensas, sentimientos de paz, amor incondicional, alegría profunda o conexión espiritual. Estas experiencias pueden provocar cambios duraderos en la forma en que las personas se perciben a sí mismas y al mundo que las rodea.

Experiencias paranormales.

Las ECM con elementos paranormales incluyen fenómenos como percepciones extrasensoriales, visiones precognitivas, viajes extracorpóreos o encuentros con entidades espirituales. Estas experiencias desafían las explicaciones convencionales y abren la puerta a una comprensión más amplia de la realidad.

Experiencias trascendentales.

Las experiencias trascendentales de las ECM implican la percepción de realidades o dimensiones más allá de las conocidas. Las personas que tienen experiencias trascendentales pueden describir sentimientos de unión con el universo, momentos de éxtasis místico o la sensación de fundirse con la esencia divina o cósmica.

La categorización propuesta por Bruce Greyson ofrece un marco para examinar y comprender las diversas facetas y tipos de experiencias ECM, mostrando cómo estas experiencias pueden implicar no sólo aspectos cognitivos y emocionales, sino también dimensiones paranormales y trascendentales que desafían nuestras concepciones normales de la realidad.

Ian Stevenson.

El Dr. Ian Stevenson fue un eminente psiquiatra e investigador conocido por su labor pionera en el campo de las ECM y, en particular, por sus investigaciones sobre los recuerdos anteriores al nacimiento y de vidas pasadas.

Ian Stevenson se hizo famoso por su trabajo en el estudio de casos de supuestas reencarnaciones y recuerdos de vidas pasadas en individuos de diferentes culturas y partes del mundo. Dedicó muchos años a recopilar y analizar detalladamente los relatos de niños que afirmaban recordar detalles concretos de sus supuestas vidas pasadas, a menudo con una precisión asombrosa.

Con su trabajo, Ian Stevenson ha tratado de aplicar el rigor científico a la investigación de fenómenos que desafían nuestras concepciones normales del tiempo, el espacio y la identidad personal. Su investigación ha consistido en comparar los detalles proporcionados por los sujetos con hechos verificables y comparar posibles explicaciones psicológicas, alternativas y sobrenaturales de estos fenómenos aparentemente inexplicables.

La metodología y el enfoque científico de Stevenson han hecho que su trabajo sea ampliamente respetado y debatido en el campo de la investigación sobre los fenómenos paranormales y la conciencia. Ha publicado numerosos estudios y libros que documentan los casos que ha examinado y sus observaciones sobre las implicaciones de tales fenómenos para nuestra comprensión de la naturaleza humana y de la propia existencia.

Ian Stevenson ha sido una figura significativa en el campo de la parapsicología y la investigación de los fenómenos del más allá, contribuyendo a plantear importantes cuestiones sobre las posibilidades de una continuación de la conciencia más allá de la vida terrenal. Sus investigaciones han inspirado otros estudios y debates sobre los misterios de la conciencia, la memoria y la supervivencia del alma, abriendo nuevas perspectivas y enfoques en la exploración de la inmensidad de la experiencia humana.

Michael Newton.

Michael Newton es un psicólogo y escritor famoso por sus estudios sobre regresiones hipnóticas que han descubierto recuerdos de vidas pasadas y experiencias después de la muerte. Sus libros más conocidos, Journey of Souls y *Destiny of Souls*, ofrecen una exploración en profundidad de las experiencias del alma entre vidas, revelando detalles sorprendentes sobre el proceso de reencarnación y la evolución espiritual.

A través de sus sesiones de hipnosis regresiva realizadas con cientos de personas, Michael Newton ha obtenido una imagen detallada de las experiencias de las almas tras la muerte física y antes de la posterior encarnación. Los testimonios recogidos esbozaban un viaje espiritual a través de diferentes etapas y escenarios, revelando una organización y estructura aparentemente coherentes tras el velo de nuestra experiencia terrenal.

La perspectiva del "*alma en evolución*" propuesta por Newton se basa en sus estudios y en los testimonios de sujetos en estado hipnótico, que hablan de encuentros con guías espirituales, sesiones de revisión de vidas pasadas, entornos de aprendizaje y crecimiento espiritual, así como de la selección de nuevas experiencias terrenales para el avance del alma.

Las investigaciones de Michael Newton han contribuido a una visión más amplia y detallada del ciclo de la vida y la muerte, integrando conceptos de reencarnación, evolución espiritual y continuidad del alma a través de diversas existencias. Sus obras han inspirado a muchos a considerar la experiencia terrenal en un contexto más amplio y a explorar las profundidades de su propia espiritualidad y conciencia.

A través de su trabajo, Michael Newton ha proporcionado un marco rico y atractivo para comprender la complejidad de nuestra existencia y el significado oculto tras las transiciones vitales. Su investigación ha alimentado importantes discursos sobre el misterio del alma y ha abierto la puerta a una contemplación más profunda de nuestro propósito y conexión con el universo divino de la existencia.

Pim van Lommel.

Pim van Lommel es un reputado cardiólogo holandés conocido por sus trabajos sobre experiencias cercanas a la muerte y ECM. Es autor del libro "*Consciousness Beyond Life: The Near-death Experience*", en el que expone los resultados de sus investigaciones y observaciones clínicas sobre las experiencias cercanas a la muerte de pacientes que han sobrevivido a una parada cardiaca.

Van Lommel realizó un largo y profundo estudio con pacientes que experimentaron experiencias cercanas a la muerte durante una parada cardiaca. En sus estudios, examinó las experiencias subjetivas relatadas por los pacientes, incluidos detalles como abandonar el cuerpo, ver una luz brillante, encuentros con seres espirituales, revisión de la propia vida y sensación de paz y bienestar.

Una de las principales conclusiones de van Lommel es que las experiencias cercanas a la muerte ofrecen pruebas de la existencia de una conciencia independiente del cerebro físico y sugieren la posibilidad de una continuidad de la conciencia incluso después de la muerte del cuerpo. Esta perspectiva tiene importantes implicaciones para nuestra comprensión de la naturaleza de la conciencia, la muerte y la vida después de la muerte.

El trabajo de Pim van Lommel ha supuesto una importante contribución a la literatura científica sobre experiencias cercanas a la muerte y ha suscitado interés y debate en círculos científicos y espirituales. Su investigación apoya la idea de que las experiencias cercanas a la muerte pueden ofrecer una ventana a una realidad más amplia y compleja de lo que estamos acostumbrados a percibir, planteando importantes cuestiones sobre la naturaleza de la conciencia y la existencia más allá de la vida terrenal.

Eben Alexander.

Eben Alexander es neurocirujano y autor del libro "Proof of Heaven", en el que relata su experiencia personal de ECM La historia de Alexander se ha hecho famosa por su singularidad, ya que es un médico escéptico sobre las experiencias ECM. Sin embargo, él mismo tuvo una experiencia extraordinaria durante una encefalitis vírica que le llevó al borde de la muerte en 2008.

En el libro mencionado, Eben Alexander detalla su experiencia durante el coma inducido por la encefalitis, en la que afirma haber sido catapultado a un reino paradisíaco lleno de luz, belleza y amor incondicional. Durante esta experiencia, Alexander afirma haber tenido encuentros con seres espirituales, haber estado rodeado de una sensación de paz y haber experimentado una profunda conexión con el universo.

La perspectiva de Eben Alexander es única en el sentido de que, siendo médico, aportó su formación científica y racional para evaluar e interpretar su propia experiencia de las ECM. Esto hizo que su testimonio resultara especialmente intrigante para muchos, ya que trató de integrar su experiencia personal con su comprensión científica del mundo.

El relato de Eben Alexander ha suscitado el debate y la reflexión en el campo de las experiencias cercanas a la muerte, poniendo en primer plano la cuestión de la compatibilidad entre ciencia y experiencias espirituales. A pesar de las opiniones encontradas sobre su experiencia, el relato de Alexander ha contribuido a concienciar sobre el tema de las ECM y ha inspirado a muchos especialistas a estudiar las experiencias más allá de la vida terrenal....

Melvin Morse.

Melvin Morse es un pediatra conocido por su trabajo sobre las ECM y las experiencias cercanas a la muerte en niños, en el que explora cómo estas experiencias pueden afectar a su visión del mundo y a su bienestar emocional y espiritual. A través de su investigación, Morse ha tratado de comprender mejor el impacto de estas experiencias en los niños y sus familias, ofreciendo perspectivas únicas sobre las dimensiones espirituales y trascendentales de la vida.

Uno de los aspectos más destacados del trabajo de Melvin Morse ha sido su implicación en escuchar y documentar los relatos de primera mano de niños que han tenido experiencias cercanas a la muerte. Mediante entrevistas y estudios en profundidad, Morse ha tratado de comprender mejor la naturaleza de estas experiencias y su significado para quienes las experimentan.

Los libros escritos por Melvin Morse han contribuido a difundir el conocimiento y la comprensión de las experiencias cercanas a la muerte en niños, ofreciendo perspectivas únicas e inspiradoras sobre un tema delicado pero importante. Su obra ha proporcionado información valiosa a cualquier persona interesada en explorar las experiencias cercanas a la muerte a través de los ojos de los más pequeños.

Janice Miner Holden.

Janice Miner Holden es una profesora universitaria e investigadora que ha realizado importantes contribuciones al estudio científico de las experiencias cercanas a la muerte y las ECM. Ha publicado numerosos artículos académicos sobre el tema, profundizando en nuestra comprensión de estas experiencias extraordinarias y sus implicaciones para la ciencia y la psicología.

Holden ha dedicado gran parte de su carrera académica al estudio de las ECM, realizando investigaciones empíricas y colaborando con otros expertos en la materia para explorar los diversos aspectos de estas experiencias, incluidos los elementos comunes, las transformaciones personales resultantes y las implicaciones para nuestra comprensión de la conciencia y la realidad.

Como investigadora en el campo de las ECM, Janice Miner Holden ha contribuido a promover una visión científica y académica de un tema que a menudo se considera más propio del ámbito de la espiritualidad y la metafísica. Su trabajo ha ayudado a aportar un mayor rigor metodológico al estudio de estas experiencias, contribuyendo a una mayor aceptación y reconocimiento de la importancia de los enfoques científicos para comprender fenómenos aparentemente inexplicables.

A través de su docencia, investigación y publicaciones, Janice Miner Holden ha desempeñado un papel clave en la profundización del conocimiento de las experiencias cercanas a la muerte y en la promoción de una mayor conciencia y comprensión de estas extraordinarias experiencias que tienen profundas implicaciones para nuestra percepción de la conciencia, la vida y la muerte.

Los sentidos experimentados en la otra vida:

Las experiencias cercanas a la muerte (ECM) suelen caracterizarse por una vivencia sensorial intensa y única que desafía nuestra comprensión convencional del mundo. En este apartado, informo sobre testimonios recogidos por estudiosos del tema. Se trata de los relatos de quienes han tenido una experiencia cercana a la muerte. El objetivo es comprender los sentidos experimentados en el más allá, para arrojar luz sobre cómo estas experiencias pueden revelar una realidad ulterior.

Numerosos relatos de ECM informan de una expansión de los sentidos y de la percepción de un mundo más allá de lo físico. El famoso caso de Pam Reynolds, cantante y compositora estadounidense, suele citarse como ejemplo de experiencia sensorial extraordinaria. En 1991, Reynolds fue sometida a una delicada operación cerebral, durante la cual se enfrió su cuerpo y se cortó la circulación sanguínea. Aunque estuvo clínicamente muerta durante unos minutos, Reynolds declaró haber tenido una ECM en la que experimentó una visión de 360 grados, oyó voces y sonidos extraordinariamente claros y profundos, y experimentó intensas sensaciones táctiles.

La ciencia ha tratado de comprender estos sentidos agudizados en el más allá. En un estudio realizado en 2018 por científicos de la Universidad de Southampton (Reino Unido) participaron más de 2.000 pacientes que habían experimentado una muerte inminente. Los resultados mostraron que muchos de ellos afirmaron percibir sensaciones táctiles más intensas, como el tacto de una luz divina o la sensación de verse envueltos por una presencia amorosa. Estos testimonios sugieren que los sentidos en el más allá pueden ir más allá de los límites de nuestro mundo físico y permitir una experiencia sensorial más completa y profunda.

Los estudios sobre las ECM también han revelado la posibilidad de percepciones extrasensoriales durante la experiencia cercana a la muerte. El Dr. Ian Stevenson, psiquiatra e investigador pionero en el campo de las experiencias cercanas a la muerte y el estudio de casos de supuestas reencarnaciones, ha recopilado relatos en los que personas afirmaban tener la capacidad de "ver" a través de paredes, "oír" los pensamientos de otros o "comunicarse" telepáticamente con seres espirituales. Estos relatos sugieren una posible apertura de los sentidos a una dimensión más allá de nuestra realidad física.

Sin embargo, algunos estudiosos cuestionan la interpretación de estas experiencias como prueba de una vida después de la muerte. El Dr. Steven Novella, neurólogo y profesor de la Universidad de Yale, señala que las experiencias de muerte inminente podrían explicarse por procesos neurológicos y no indican necesariamente una experiencia de vida después de la muerte. Novella sostiene que la manipulación de los receptores sensoriales durante un estado alterado de conciencia podría dar lugar a percepciones distorsionadas e inusuales.

Sin embargo, para muchas personas que han experimentado la experiencia de enfrentarse a la muerte, estos sentidos agudizados se consideran reales y significativos.

Las sensaciones físicas en las ECM: del éxtasis al terror.

Las experiencias de muerte inminente suelen caracterizarse por un amplio espectro de sensaciones físicas, que van del éxtasis al terror. Las sensaciones físicas de las ECM pueden variar mucho de una persona a otra. Algunos individuos informan de un estado de tranquilidad y dicha extrema, como si estuvieran envueltos en una cálida luz de amor. Uno de los ejemplos más citados es la experiencia de Anita Moorjani, autora de "Morir para ser yo", publicado en 2012. Moorjani, que experimentó una ECM debido a un cáncer terminal, describe la sensación de estar rodeada de una alegría y un amor inconmensurables, dejando de lado cualquier miedo o dolor.

A pesar de estas sensaciones positivas, algunas personas también relatan experiencias espeluznantes y aterradoras durante las ECM. El profesor Karl Jansen, psiquiatra británico, ha señalado que algunas personas experimentan una sensación de aniquilación o desintegración del cuerpo, acompañada de un profundo terror. Estas experiencias pueden ser muy intensas y dejar una huella indeleble en la psique de quienes las experimentan.

Para comprender mejor estas sensaciones físicas en las ECM, los estudiosos realizaron diversos experimentos. El Dr. Pim van Lommel realizó un estudio pionero en el campo de las ECM, teniendo en cuenta la experiencia de más de 300 pacientes que habían sufrido una parada cardiaca. Los resultados demostraron que muchas personas habían experimentado sensaciones físicas intensas, como la sensación de flotar fuera del cuerpo y la capacidad de percibir acontecimientos que ocurrían a su alrededor mientras estaban clínicamente muertas.

Otro experimento digno de mención fue el realizado por el Dr. Michael Persinger, neurocientífico canadiense. Persinger utilizó un casco magnético para estimular el cerebro de las personas de forma similar a las sensaciones que se producen en las ECM. Los participantes dijeron experimentar sensaciones similares a las de una experiencia de muerte inminente, lo que confirma la hipótesis de que estas sensaciones físicas pueden crearse mediante una estimulación cerebral específica.

En cuanto a eventos y momentos dedicados al tema, la conferencia internacional *"Más allá del límite: explorando las experiencias cercanas a la muerte"* es una ocasión importante en la que expertos y supervivientes ayudan a arrojar luz sobre la amplia gama de sensaciones físicas de las ECM .

La conferencia es un gran acontecimiento que se celebra anualmente desde 2010 en varias ciudades del mundo. Esta conferencia reúne a expertos en el campo de las experiencias ECM y a supervivientes que comparten sus testimonios y conocimientos sobre este fascinante y misterioso tema.

Entre los temas tratados en la conferencia figuran las sensaciones físicas durante las ECM, las percepciones extrasensoriales, los efectos psicológicos y espirituales de las experiencias cercanas a la muerte, el efecto sobre las creencias personales y mucho más.

La conferencia *Beyond the Edge* es una oportunidad única para profundizar en el conocimiento de estos fenómenos y crear un diálogo entre quienes estudian las ECM desde una perspectiva científica y quienes las han experimentado de primera mano.

Encontrará información actualizada sobre la próxima edición y su ubicación concreta en el sitio web oficial del evento.

En conclusión, las experiencias de muerte inminente pueden provocar una gama increíblemente amplia de sensaciones físicas. Mientras que algunos individuos informan de una paz y un éxtasis extraordinarios, otros pueden experimentar sensaciones terribles y aterradoras. Los estudios realizados por van Lommel y Persinger nos ofrecen una perspectiva científica de la experiencia sensorial de las ECM, pero aún quedan muchas preguntas por responder.

Visiones y símbolos del más allá en las experiencias ECM: ¿un lenguaje universal?

Los relatos de ECM informan a menudo de la presencia de símbolos significativos y visiones que parecen trascender las limitaciones del espacio y el tiempo. Un ejemplo muy conocido es la experiencia de Betty Eadie, autora del libro "Embraced by the Light", publicado en 1992. Durante su ECM, Eadie describió un paisaje luminoso y sereno en el que los colores eran vivos y las formas se manifestaban de un modo más real que en la realidad terrenal. Esta descripción es paralela a los relatos de muchas otras personas que han tenido una experiencia similar.

La presencia de símbolos recurrentes durante las experiencias de muerte inminente ha atraído la atención de los estudiosos. El Dr. Raymond Moody ha identificado una serie de símbolos comunes entre los relatos de los supervivientes. Entre ellos se encuentran atravesar un túnel, encontrarse con una luz divina, encontrarse con seres espirituales o fallecidos y ver un repaso de la propia vida. Moody sostiene que estos símbolos podrían ser a menudo interpretaciones personales de una experiencia común, lo que sugiere la existencia de un lenguaje universal en el más allá.

Los experimentos realizados en el campo de las ECM pueden aportar más pruebas de la existencia de un lenguaje universal en los testimonios. El Dr. Kenneth Ring creó un libro de imágenes con símbolos abstractos, que presentó a participantes que habían experimentado una muerte inminente. La mayoría de los participantes identificaron las imágenes como representaciones simbólicas de sus experiencias ante la muerte, lo que confirma la idea de un lenguaje simbólico compartido.

Todas las sensaciones típicas de una ECM.

En 1975, el primer texto de Raymond Moody sobre las experiencias cercanas a la muerte (ECM) presentaba 12 elementos únicos de estas experiencias. Moody señaló que la mayoría de los sujetos experimentan sólo algunos de estos elementos durante una ECM; es raro que se experimenten todos juntos. Cada ECM es única y se experimenta como un acontecimiento coherente y no como una serie de elementos distintos. El orden en que se experimentan estos elementos puede variar ligeramente de un individuo a otro.

En su libro "Consciousness Beyond Life", Pin Van Lommel enumera 12 elementos característicos de las experiencias cercanas a la muerte:

1. La inefabilidad de la experiencia.
2. Las personas experimentan una sensación de paz y tranquilidad, el dolor desaparece.
3. Las personas tienen conciencia de estar muertas, a menudo seguida de un ruido.

4. Las personas tienen una experiencia extracorpórea (EFC), es decir, presencian su reanimación o intervención quirúrgica observando la escena desde un punto situado fuera y por encima de su cuerpo.
5. Las personas perciben un espacio oscuro. Este espacio se percibe como temible en el 15% de los casos.
Otras veces (alrededor del 1-2% de los casos) la experiencia se describe como aterradora o infernal. Las personas se sienten atraídas por una pequeña luz que brilla como un alfiler en ese espacio oscuro. A veces, esta atracción se describe como una experiencia en un túnel que conduce rápidamente a la luz.
6. La gente percibe un entorno de otro mundo, un paisaje asombroso con bellos colores, flores fantásticas y, a veces, incluso música.
7. Las personas pueden reunirse y comunicarse con personas fallecidas, principalmente familiares
8.Las personas ven una luz brillante o un Ser de luz. 9.Las personas experimentan una sensación de aceptación total y amor incondicional. 9.Las personas sienten que tienen acceso a un conocimiento y una sabiduría más profundos.
9. Las personas tienen una visión panorámica de sí mismas, o un repaso de la vida desde su nacimiento. La gente ve su vida fluir rápidamente delante de ellos. A la gente le parece que no hay tiempo ni distancia, que todo ocurre a la vez. Después, la gente puede hablar durante días de un repaso de su vida que duró sólo unos minutos.
10. Las personas experimentan presciencia o visiones repentinas del futuro. Las personas tienen la impresión de estar presenciando parte de la vida que está por venir.
11. Las personas tienen la percepción de un límite, y son conscientes de que si lo cruzan, nunca podrán volver a su cuerpo.
12. Hay un retorno consciente al cuerpo de la persona acompañado de una gran decepción por haber tenido que renunciar a algo muy hermoso.

Las ECM y el miedo a morir.

Las ECM han sido un tema de gran interés y debate en las últimas décadas. Pero, ¿cómo influyen estas experiencias en nuestra percepción del paso y en nuestro miedo a él?

Una de las primeras psicólogas en profundizar en este tema fue Elisabeth Kübler-Ross. En su *libro "Death: Last Stages of Growth"*, publicado en 1969, Kübler-Ross investigó a fondo las experiencias de pacientes terminales. Descubrió que muchos de ellos relataban experiencias de ECM, que incluían visiones de luz, sensaciones de paz y calma y encuentros con seres espirituales. Kübler-Ross argumentó que estas experiencias pueden ayudar a las personas a superar el miedo y la ansiedad asociados a la muerte, ofreciendo una perspectiva tranquilizadora sobre la continuidad de la existencia.

Otra aportación notable fue la de Kenneth Ring, psicólogo y estudioso de las ECM. En su obra "*NDEs: Evidence of Life After Death*", publicada en 1980, Ring analizó entrevistas con más de 100 personas que habían experimentado una muerte inminente. Los testimonios recogidos mostraban que las ECM tenían un impacto significativo en las personas, disminuyendo el miedo a fallecer y dando lugar a una visión más positiva de la vida. Ring acuñó el término "*efecto ECM*" para indicar el cambio positivo que estas experiencias pueden provocar en la visión que las personas tienen del tránsito y de la vida misma.

La comunidad científica también ha realizado estudios sobre las implicaciones psicológicas de las ECM. El psicólogo Bruce Greyson, conocido por sus investigaciones en el campo de las experiencias cercanas a la muerte, ha llevado a cabo amplios estudios sobre pacientes que han experimentado ECM. Uno de sus hallazgos más interesantes ha sido la presencia de un mayor sentido de propósito y cambios positivos en las prioridades vitales de las personas que han tenido una experiencia cercana a la muerte. Estos cambios pueden incluir una mayor gratitud por la vida, una conexión renovada con los demás y una actitud más compasiva.

El túnel de luz en las experiencias ECM.

Desde los primeros informes sobre las ECM, muchas personas han descrito la experiencia de entrar en un túnel de luz tras abandonar su cuerpo. Uno de los casos más conocidos se refiere al testimonio del Dr. Eben Alexander. Alexander relató sentirse envuelto por una intensa sensación de paz y ser arrastrado a través de un túnel de vivos colores iluminado por una luz divina.

Los estudios realizados sobre la experiencia del túnel de luz sugieren que puede estar relacionada con procesos neurológicos y psicológicos. El Dr. Pim van Lommel sugiere que el túnel de luz podría ser el resultado de una percepción alterada del tiempo y el espacio durante una experiencia de muerte inminente. Según su teoría, cuando el cerebro se encuentra en un estado de estrés extremo o falta de oxígeno, podría activar una respuesta neurológica que provoca una sensación de movimiento a través de un túnel.

Otro aspecto interesante es el efecto que el túnel de luz puede tener en la percepción de la muerte. El Dr. Raymond Moody sugiere que el túnel puede servir de puerta simbólica entre la vida terrenal y la siguiente. Para quienes experimentan una muerte inminente, el túnel representa un pasaje a otra dimensión, una especie de puerta a la realidad divina.

También se pueden encontrar muchos relatos de túneles de luz en las experiencias ECM de quienes han tenido encuentros con seres espirituales en su viaje. Por ejemplo, en el libro "*Encuentros con ángeles*", publicado en 1995, la autora Doreen Virtue relata numerosos testimonios de personas que experimentaron una muerte inminente y atravesaron un túnel de luz guiados por presencias angélicas. Estos relatos ofrecen otros elementos a tener en cuenta para comprender el significado simbólico y espiritual del túnel de luz en las ECM.

Los eventos sobre ECM y las ECM que se celebran periódicamente en distintas partes del mundo ofrecen una oportunidad única para que estudiosos, expertos y testigos compartan sus experiencias y debatan sus teorías sobre el túnel de luz en las ECM. Durante estos eventos se analizan testimonios directos, se presentan investigaciones científicas y se indaga sobre el significado y la interpretación de este fenómeno.

En conclusión, el túnel de luz en las ECM es un elemento recurrente en los testimonios de los supervivientes. Los relatos de personas como el Dr. Alexander y los testimonios recogidos por estudiosos como Van Lommel y Moody nos ofrecen elementos de reflexión sobre la naturaleza de la realidad y la conciencia. Las teorías avanzadas por estos estudiosos, que implican aspectos neurológicos, psicológicos y espirituales, nos animan aún más a explorar la complejidad de estas experiencias y a cuestionar sus implicaciones para nuestra comprensión de la vida y el fallecimiento.

El túnel de luz se describe a menudo como un pasaje a otra dimensión o a un lugar divino. Numerosos pacientes han compartido experiencias similares, como falta de aliento, sensación de flotar y una luz brillante que atrae. Uno de los casos más famosos es el testimonio de Betty Eadie, autora de "Embraced by the Light", publicado en 1992.

En este libro, Eadie describe su encuentro con un túnel de luz durante su ECM y lo describe como un acontecimiento que cambió radicalmente su percepción de la vida y del paso.

Los estudiosos que han investigado la experiencia del túnel de luz han propuesto varias teorías para explicar este fenómeno. El Dr. Kenneth Ring, uno de los principales expertos en ECM, planteó la hipótesis de que el túnel podría ser el resultado de un proceso de transición entre el cuerpo físico y el espiritual. Según su teoría, el alma se desprende del cuerpo y entra en una dimensión energética superior, representada por el túnel luminoso.

Los estudiosos que han investigado la experiencia del túnel de luz han propuesto varias teorías para explicar este fenómeno. El Dr. Kenneth Ring, uno de los principales expertos en ECM, planteó la hipótesis de que el túnel podría ser el resultado de un proceso de transición entre el cuerpo físico y el espiritual. Según su teoría, el alma se desprende del cuerpo y entra en una dimensión energética superior, representada por el túnel de luz.

Otros estudiosos, como el Dr. Raymond Moody y el Dr. Bruce Greyson, han sugerido que el túnel de luz podría ser una manifestación de la conciencia en transición a otra realidad. La luz brillante representaría una energía espiritual que atrae y guía al individuo hacia el más allá. Estas teorías se basan en el análisis sistemático de los testimonios de supervivientes de ECM, lo que refuerza la idea de que el túnel luminoso es significativo y puede ofrecer una visión de la naturaleza de la existencia tras la transición.

En las últimas décadas, los científicos han realizado experimentos para intentar comprender mejor las experiencias de túnel de luz. El Dr. Olaf Blanke, neurólogo suizo, estudió a pacientes que tenían experiencias parecidas a túneles de luz durante ataques epilépticos. Su investigación sugirió que estas sensaciones podrían estar causadas por la estimulación de los lóbulos parietales del cerebro, responsables de la percepción del espacio y del cuerpo. Sin embargo, estas explicaciones científicas aún no son capaces de explicar plenamente la profundidad y espiritualidad asociadas a la experiencia del túnel de luz en las ECM.

Similitudes entre el túnel de las experiencias ECM y el parto.

El túnel de las experiencias ECM y el parto son dos momentos significativos y profundos que representan una transición entre dos estados de conciencia. Las similitudes entre ambos pueden observarse en varios aspectos:

Transformación y transición.
Tanto el túnel de las experiencias ECM como el parto son momentos de transición y transformación profunda. En el túnel de las experiencias ECM, quienes lo atraviesan suelen describir sensaciones de paz, luz y serenidad, similares a las asociadas al parto. Ambos representan el paso de una realidad a otra, de una dimensión a otra.

Misterio e incertidumbre.
Tanto el túnel de las experiencias ECM como el parto están envueltos en una sensación de misterio e incertidumbre. Durante ambos procesos, existe un elemento de lo desconocido, del paso a algo desconocido y más allá de la comprensión humana.

Conflicto y dolor.
En ambos casos, suele haber una fase de conflicto y sufrimiento. En el túnel de las experiencias ECM, algunas personas relatan sentimientos de angustia o miedo antes de alcanzar la luz; en el parto, la madre pasa por un proceso doloroso antes de dar a luz una nueva vida.

Nueva vida y renacimiento.
Al final del túnel de las experiencias ECM, a menudo se habla de un sentimiento de renacimiento, de una nueva conciencia y comprensión de la vida; similar al nacimiento de un niño en el parto, que representa el comienzo de una nueva vida, de nuevas posibilidades y esperanzas.

Conexión con el más allá y lo divino.
Ambos momentos suelen asociarse a experiencias espirituales y trascendentes, a sentimientos de conexión con el más allá o con una dimensión divina. En el túnel de las experiencias ECM se habla de encuentros con seres espirituales o familiares fallecidos, mientras que el parto suele considerarse un momento sagrado y espiritual.

En conclusión, el túnel de las experiencias ECM y el parto comparten muchas similitudes profundas que ponen de relieve la naturaleza transformadora y misteriosa de la vida y la muerte, el paso de una existencia a otra y la centralidad de la espiritualidad y el renacimiento en ambos procesos.

Experiencias previas a la muerte. Testimonios de otra realidad.

Las experiencias previas a la muerte son un fenómeno que suscita debate e interrogantes. Mientras algunos escépticos intentan explicar estas experiencias por causas biológicas o procesos neuronales, otros sostienen que pueden representar un anticipo de la vida después del tránsito. Los relatos de experiencias cercanas a la muerte son sugerentes y pueden aportar ideas interesantes sobre la existencia de una realidad más allá del paso.

Las experiencias previas a la muerte ofrecen una perspectiva única sobre la muerte y la supervivencia del alma en el contexto de la metafísica cuántica. Son un tema intrigante que desafía las concepciones tradicionales de la realidad y nos invita a explorar la interconexión de la mente, la conciencia y el universo.

Los testimonios de ECM están llenos de descripciones de una luz radiante y envolvente que transmite una sensación de paz, amor y aceptación total. Uno de los casos más conocidos es el de Anita Moorjani, autora del libro "Morir para ser yo", publicado en 2012. Moorjani compartió su experiencia ECM, en la que experimentó una intensa conexión con una luz divina y recibió un mensaje de amor incondicional. Esta experiencia cambió radicalmente su perspectiva de la vida, la llevó a recuperarse de una grave enfermedad e inspirar a otros con su historia de transformación espiritual.

Los estudios sobre las ECM realizados en las últimas décadas han reforzado la idea de que estas experiencias son una fuente de inspiración espiritual. El Dr. Jeffrey Long, fundador de la *Near Death Experience Research Foundation (Fundación para la Investigación de Experiencias Cercanas a la Muerte*), ha analizado cientos de testimonios de ECM y ha descubierto que la inmensa mayoría de los implicados informan de un profundo cambio en su espiritualidad. A menudo estas personas manifiestan una mayor compasión, un sentido de conexión universal y una apertura al amor incondicional.

Los experimentos llevados a cabo por el Dr. Bruce Greyson, profesor de psiquiatría de la Universidad de Virginia, revelaron que las ECM pueden influir positivamente en la vida de las personas, conduciéndolas a una mayor apreciación de la vida misma y a un sentido más profundo de propósito.

En conclusión, las experiencias cercanas a la muerte nos revelan una realidad de luz y amor que puede convertirse en fuente de inspiración espiritual. Los testimonios de personas como Anita Moorjani nos muestran cómo estas experiencias pueden conducir a una transformación profunda y a una conexión más profunda con lo divino. Estudios científicos, experimentos y eventos dedicados a las ECM confirman la importancia y el impacto que estas experiencias pueden tener en el desarrollo espiritual de las personas. El más allá, tal y como se describe en las ECM, transmite un mensaje de esperanza, curación y amor incondicional que puede iluminar nuestro camino y enriquecer nuestra comprensión de la vida misma.

Crisis de fe. Cómo han influido las ECM en las opiniones religiosas sobre la muerte.

Las experiencias cercanas a la muerte han tenido un impacto significativo en las opiniones religiosas sobre la muerte. Una figura importante en el debate sobre la influencia de las ECM en la religión es el Dr. Raymond Moody. En sus estudios pioneros sobre los encuentros cercanos a la muerte, Moody señaló que muchos de los testimonios de ECM comparten características comunes, como la experiencia de una luz radiante, la sensación de separación del cuerpo y la conexión con una realidad espiritual. Estos testimonios han cuestionado algunas concepciones religiosas sobre la vida después de la muerte, abriendo nuevos horizontes de comprensión.

Las experiencias cercanas a la muerte han llevado a menudo a las personas a experimentar un estado de dicha, paz y profunda conexión, que a veces contrasta con las visiones más ominosas del más allá que se encuentran en algunas tradiciones religiosas.

Por ejemplo, el testimonio de Eben Alexander ofrece una perspectiva totalmente distinta al paradigma tradicional.

Alexander, que vivió una experiencia cercana a la muerte tras una enfermedad muy grave, describe un encuentro con una figura espiritual que le condujo a un reino de amor y belleza inimaginables, desafiando así su anterior visión limitada del más allá.

Eventos como la conferencia "Ciencia y no-dualidad" abrieron un espacio para el diálogo entre ciencia y espiritualidad, destacando cómo las ECM pueden influir en la comprensión religiosa de la muerte. En este contexto, estudiosos como Sam Parnia y Bruce Greyson compartieron sus investigaciones sobre la experiencia de la muerte inminente, destacando cómo muchas personas informan de encuentros con seres espirituales, sentimientos de unidad y revelaciones divinas que a menudo contradicen las doctrinas religiosas tradicionales.

Sin embargo, no todas las religiones han visto afectada su credibilidad por las ECM. Por ejemplo, algunas tradiciones religiosas orientales, como el budismo y el hinduismo, han integrado las experiencias cercanas a la muerte en sus sistemas de creencias. Los relatos de personas que han experimentado ECM influidas por el budismo o el hinduismo apuntan a una continuidad entre sus experiencias y los principios espirituales de sus respectivas tradiciones religiosas, consolidando así las creencias existentes y ampliando la comprensión colectiva de la vida después de la muerte.

En conclusión, las experiencias cercanas a la muerte han desencadenado una crisis de fe en las tradiciones religiosas que ven el más allá como un lugar de expiación, puro sufrimiento o alegría limitada.

Experiencias premortales en los relatos de viajeros astrales. Una simbiosis de ciencia y espiritualidad.

Las experiencias previas a la muerte, a menudo asociadas a los sucesos de los viajeros astrales, se han convertido en objeto de una interesante sinergia entre ciencia y espiritualidad.

Los viajes astrales, también conocidos como proyección astral o experiencias extracorporales, son fenómenos en los que una persona tiene la sensación de separar su conciencia de su cuerpo físico y viajar a un espacio alternativo, a menudo denominado "*plano astral*". Durante estas experiencias, se dice que la persona percibe entornos y realidades distintos a los del mundo físico, interactúa con seres o entidades no físicas y tiene experiencias inusuales o espirituales.

Los practicantes y defensores de la experiencia astral creen que es posible alcanzar este estado mediante técnicas de relajación profunda, meditación, visualización u otros métodos que inducen estados alterados de conciencia. Algunas personas afirman tener experiencias extracorpóreas espontáneas durante el sueño o en situaciones de peligro o estrés.

Cabe destacar que las experiencias astrales se consideran en general dentro del ámbito de las creencias espirituales, esotéricas o paranormales, y que la comunidad científica no suele aceptarlas ni respaldarlas como fenómenos demostrables o validados empíricamente. Muchos estudiosos señalan que las experiencias astrales pueden ser el resultado de procesos neurológicos, sugestión, estados oníricos o alucinaciones, más que de una separación real de la conciencia del cuerpo físico.

Los viajeros astrales son personas que creen ser capaces de separar su conciencia de su cuerpo físico y explorar otros planos de existencia o dimensiones a través de la llamada "proyección astral". Esta práctica se basa en creencias espirituales y metafísicas según las cuales el alma o la conciencia pueden explorar libremente el universo fuera del cuerpo durante el sueño, en un estado de meditación profunda o mediante técnicas específicas de inducción de estados alterados de conciencia. Los viajeros astrales afirman que pueden experimentar lugares reales o astrales e interactuar con seres o entidades espirituales durante estas experiencias extracorporales.

El fenómeno de los viajes astrales, o experiencias fuera del cuerpo (EFC), ha llamado la atención de diversos estudiosos. Uno de los pioneros en este campo fue el famoso psicólogo y filósofo William Buhlman. A través de sus investigaciones y escritos, como "*Aventuras más allá del cuerpo*" y "*Experiencias con el mundo espiritual*", Buhlman documentó las experiencias cercanas a la muerte de viajeros astrales. Exploró sensaciones de flotación y ligereza, encuentros con entidades espirituales y la experiencia de otra dimensión de la conciencia. Estos relatos han servido de trampolín para un nuevo diálogo entre ciencia y espiritualidad.

Otra figura destacada en el campo de los viajes astrales es Robert Monroe, fundador del *Instituto Monroe para la Investigación de los Estados de Conciencia*. En sus numerosos libros, como "Viajes fuera del cuerpo" y "Viajes lejanos", Monroe compartió sus experiencias cercanas a la muerte en el contexto de los viajes astrales. Sus testimonios y experimentos apoyaban la idea de que la conciencia puede separarse del cuerpo y explorar realidades alternativas, abriendo así una nueva perspectiva sobre lo que podría ocurrir durante la experiencia de la muerte.

Las anécdotas de los viajeros astrales se entrelazan a menudo con estudios científicos. Uno de nuestros referentes científicos en este campo es el psicólogo escocés Dr. David Fontana, profesor emérito de la *Universidad de Gales*. Fontana ha investigado a fondo el fenómeno de los viajes astrales y ha documentado la experiencia cercana a la muerte como una prolongación natural de tales experiencias. Su trabajo ha arrojado nueva luz sobre cómo la ciencia y la espiritualidad pueden coexistir y enriquecerse mutuamente.

En conclusión, las experiencias cercanas a la muerte en los relatos de viajeros astrales representan una fascinante simbiosis de ciencia y espiritualidad. Los testimonios de figuras como Buhlman, Monroe, Campbell y Nicholls ofrecen una perspectiva única sobre las experiencias cercanas a la muerte, vinculando la experiencia extracorpórea a realidades alternativas y abriendo nuevos horizontes de comprensión de la conciencia. Los eventos dedicados al viaje astral han contribuido a fomentar el diálogo entre ciencia y espiritualidad, dando voz a las experiencias de los viajeros astrales y enriqueciendo la comprensión colectiva de realidades desconocidas. Gracias a esta simbiosis, nuestra perspectiva de la vida después del tránsito se enriquece con nuevas dimensiones, allanando el camino para nuevas investigaciones y descubrimientos sobre la naturaleza de la conciencia y la existencia humana.

Campos de energía y ECM. El misterio del alma después del paso.

Las experiencias ECM despiertan un intenso interés entre científicos, filósofos y espiritistas por la posibilidad que ofrecen de sondear el misterio del alma tras el paso. En esta sección exploraremos el papel de los campos de energía en las ECM y cómo esto puede aportar una comprensión más profunda de lo que ocurre más allá del velo del paso.

Uno de los puntos centrales de la investigación sobre las ECM se refiere al concepto de campo energético que rodea e impregna nuestro cuerpo. El Dr. Gary Schwartz, profesor de psicología de la Universidad de Arizona, ha estudiado los campos de energía y su relación con las experiencias cercanas a la muerte. En su libro "*The Energy Healing Experiments*" (2007), Schwartz presenta los resultados de sus investigaciones de laboratorio sobre los efectos de las energías sutiles en el cuerpo y la mente. También trató de entender cómo los campos de energía podrían estar implicados en las experiencias extracorpóreas de las que se informa en las ECM.

Varios testimonios de pacientes que han tenido una experiencia cercana a la muerte han sido objeto de análisis por parte de investigadores en el campo de las energías sutiles. Uno de los casos más conocidos es el de Pam Reynolds, relatado por Michael Talbot en su libro de 1992 "*El Universo Holográfico*". Reynolds se sometió a una delicada operación cerebral, que requirió bajar su temperatura corporal a niveles peligrosos. Durante la operación, experimentó una ECM descrita con gran detalle, a pesar de estar clínicamente muerta. Este caso suscitó dudas sobre si los campos de energía pueden preservar las experiencias y la conciencia durante una operación.

Los experimentos realizados por el Dr. Melvin Morse, neurocientífico y autor de "*Closer to the Light*" (1990), son otro ejemplo relevante. Morse examinó la relación entre los campos de energía y las ECM a través de sus investigaciones con niños que habían tenido una experiencia cercana a la muerte. Descubrió que muchas de estas experiencias estaban asociadas a una mayor sensibilidad a los campos de energía y a una percepción del espíritu que trascendía el cuerpo físico. Estos hallazgos llevaron a Morse a plantear la hipótesis de que los campos de energía son cruciales para comprender la supervivencia del alma tras el fallecimiento.

En conclusión, el estudio de los campos de energía en las experiencias cercanas a la muerte puede ofrecer una perspectiva fascinante sobre el misterio de la vida después de la muerte. Las investigaciones de estudiosos como Gary Schwartz y Melvin Morse, junto con los testimonios detallados de pacientes como Pam Reynolds, ofrecen pistas sobre la presencia e importancia de los campos de energía durante las experiencias cercanas a la muerte. Las conferencias internacionales sobre ECM también proporcionan un entorno para intercambiar ideas y profundizar los conocimientos en este campo.

A pesar de los retos y las cuestiones abiertas sobre la naturaleza y la validez científica de las ECM, los estudios de los campos energéticos ofrecen una perspectiva fascinante sobre la posibilidad de que la experiencia humana sobreviva más allá del fin corpóreo.

Explorar el vínculo entre los campos energéticos y las ECM abre un amplio abanico de preguntas y posibilidades en la búsqueda científica del alma tras la transición.

Larry Dossey argumentó que los campos de energía, en particular el campo de coherencia, podrían estar relacionados con la naturaleza del alma y la continuidad de la conciencia más allá del paso. Su trabajo ha llamado la atención sobre terapias energéticas alternativas, como *el Reiki* y la *sanación pránica*, que se basan en la manipulación y el equilibrio de los campos energéticos para promover el bienestar e influir en la salud.

Otra autora importante es la Dra. Elisabeth Kübler-Ross, que ha dedicado gran parte de su carrera a investigar las experiencias cercanas a la muerte y a acompañar a enfermos terminales. A través de su obra, Kübler-Ross destacó la importancia de las experiencias cercanas a la muerte para afrontar el miedo y la transformación personal. Aportó testimonios detallados de personas que afirmaban entrar en contacto con campos de energía vital y ser guiadas a otro estado de conciencia durante las ECM.

A pesar de los testimonios y las investigaciones sobre el tema, los escépticos sostienen que las ECM podrían ser simplemente el resultado de un funcionamiento alterado del cerebro debido al efecto de sustancias químicas liberadas durante un estado de estrés o peligro inminente. Sin embargo, los testimonios detallados y coherentes de algunas personas cuestionan las explicaciones convencionales...

El futuro de la investigación de las ECM y los campos energéticos se basa en una combinación de enfoques científicos y espirituales, con una mente abierta a la posibilidad de una realidad ulterior más allá de la que podemos experimentar directamente con nuestros sentidos. La integración de distintas disciplinas -desde la física cuántica hasta la neurociencia y la psicología transpersonal- podría ofrecer una imagen más completa de la experiencia humana y de su existencia continuada más allá del paso.

En última instancia, el misterio de las experiencias cercanas a la muerte y su relación con los campos de energía plantean cuestiones fundamentales sobre la naturaleza del alma y la conciencia tras el fallecimiento.

NDES, OBES, CMES. Las diferencias.

En el vasto panorama de las experiencias al final de la vida, *las Experiencias* Cercanas a la Muerte (ECM) y las *Experiencias Fuera del Cuerpo* (*EFC*) representan uno de los temas más fascinantes y controvertidos, pues arrojan luz sobre lo que podría aguardar al individuo más allá del umbral de la muerte. Son experiencias que ponen en tela de juicio nuestras concepciones convencionales de la realidad, la conciencia y la existencia, suscitando una reflexión más profunda sobre la naturaleza del ser y el sentido de la vida misma.

Las Experiencias *Cercanas a la Muerte*, fenómeno ampliamente estudiado y documentado en las últimas décadas, son vivencias experimentadas por individuos que han estado cerca de la muerte y han relatado entonces sensaciones extraordinarias, como la percepción de abandonar el propio cuerpo, el encuentro con seres espirituales o difuntos, el viaje a través de un túnel de luz y la revisión de la propia vida. Uno de los pioneros en el estudio de las ECM es el médico Raymond Moody, autor del famoso libro "La vida después de la vida", publicado en 1975, que contribuyó a sacar a la luz estas experiencias y a despertar un amplio interés por el tema.

Por otro lado, *las Experiencias Fuera del Cuerpo* implican la sensación de abandonar el propio cuerpo físico y flotar o viajar fuera de él, a menudo con una lucidez y conciencia sorprendentes. Pioneros como Robert Monroe, fundador del Instituto Monroe, que llevó a cabo investigaciones sobre las EFC y experiencias similares, ayudaron a explorar estos fenómenos y a desarrollar un cuerpo de conocimientos sobre las experiencias extracorporales.

La delgada línea que separa las ECM de las EFC es objeto de debate entre los estudiosos del tema. Mientras que las ECM suelen asociarse a la muerte y, por tanto, a las experiencias cercanas a la muerte, las EFC pueden producirse en contextos diferentes y sin implicar necesariamente una situación de riesgo vital. Sin embargo, ambas experiencias comparten elementos comunes de separación entre la conciencia y el cuerpo físico, lo que abre profundos interrogantes sobre la naturaleza del alma y la realidad.

Los estudios científicos, como los realizados por Pim van Lommel, autor de "*Consciousness Beyond Life*" (*La conciencia más allá de la vida*), han intentado ofrecer un análisis racional de las ECM, sugiriendo que estas experiencias pueden ser el resultado de una actividad cerebral peculiar en determinadas condiciones fisiológicas. Sin embargo, las interpretaciones científicas no excluyen la posibilidad de una dimensión trascendente o espiritual subyacente a estas experiencias.

En medio de estas reflexiones filosóficas y científicas, nos encontramos en una sugestiva encrucijada que nos lleva a cuestionarnos no sólo qué ocurre después de la muerte, sino sobre todo quiénes somos, cuál es nuestro verdadero propósito y cuál es nuestra conexión con el universo que nos rodea. Las ECM y las EFC, con su difusa línea entre la vida y la muerte, arrojan un haz de luz sobre este misterio milenario, invitándonos a explorar las profundidades de nuestra existencia con ojos nuevos y mente abierta.

En un mundo salpicado de experiencias extraordinarias y preguntas sin respuesta, las ECM y las EFC nos empujan a reconsiderar nuestra comprensión tradicional de la realidad y de la vida misma, abriendo la puerta a una nueva visión que abarca la infinita complejidad del universo y de nuestra conciencia.

Las ECM (*Experiencias de Paso de la Muerte*), también conocidas como ECM (*Experiencias de Paso de la Muerte*) o ECM (*Comunicación Tras la Muerte*), son experiencias que algunas personas dicen haber tenido cerca de la muerte o tras un suceso traumático. Estas experiencias pueden incluir sensaciones de abandono del cuerpo, visiones de luz intensa, encuentros con seres espirituales o fallecidos, una revisión de la propia vida o sentimientos de paz y profundo bienestar.

Las ECM suelen asociarse a las ECM, pero se diferencian de éstas en que no implican necesariamente una situación de peligro inminente o potencialmente mortal. Las personas que han experimentado ECM pueden describir sentimientos de serenidad, conexión con una energía superior o profunda comprensión de su propia existencia.

Estas experiencias pueden tener un impacto significativo en la vida de las personas que las experimentan, y a menudo conducen a una mayor apertura espiritual, una reducción del miedo a la muerte y una perspectiva renovada de la vida y el sentido de la existencia.

Las ECM son objeto de estudio e interés por parte de diversos investigadores y estudiosos, tanto en el campo de la psicología como en el de la espiritualidad y la religión. Explorar estas experiencias puede aportar interesantes conocimientos sobre la naturaleza del ser humano, la percepción de la muerte y la posibilidad de una dimensión más allá de la realidad física que conocemos.

El papel del amor en la experiencia del más allá. Un análisis de los testimonios de ECM.

Los relatos de las ECM están impregnados de historias de amor incondicional y omnipresente que abraza al individuo durante la experiencia de cruzar al otro lado. Uno de los ejemplos más conocidos son los testimonios recogidos por el Dr. Kenneth Ring, en sus estudios en la Universidad de Connecticut. Los relatos de quienes experimentaron una muerte inminente, recogidos por Ring en las décadas de 1970 y 1980, dan cuenta de una sensación de amor intenso y conexión profunda que va más allá de los individuos y se extiende a todo el universo. Este amor se describe como una fuerza omnipresente, capaz de curar, sostener y conectar a todos los seres vivos.

Eventos como los congresos internacionales sobre ECM y la Asociación Internacional de Estudios sobre Muertes Cercanas sirven de escenario para debatir el papel del amor en las ECM. En estas ocasiones, expertos y personas que han experimentado una muerte inminente comparten sus testimonios, ofreciendo perspectivas sobre el poder del amor en el contexto de la experiencia de ultratumba.

Una anécdota interesante que pone de relieve la importancia del amor en las ECM es la de Howard Storm, antiguo profesor de arte que escribió el libro "Mi descenso a la muerte" tras experimentar una muerte inminente en 1985. Storm describe la ausencia de amor en el reino del fallecimiento, su desesperación y la posterior transformación que experimentó cuando aceptó la ayuda y el amor de seres espirituales que le guiaron hacia la luz y el amor incondicional.

En conclusión, el amor desempeña un papel fundamental en los relatos de las ECM. Las experiencias cercanas a la muerte, descritas por autores como Kenneth Ring, Pim van Lommel y Howard Storm, nos ofrecen una perspectiva única del poder curativo y transformador del amor incondicional. Los estudios científicos y los eventos dedicados a las ECM ofrecen la oportunidad de explorar los vínculos entre las ECM y el amor, fomentando una comprensión más profunda del papel vital que desempeña el amor en nuestras vidas. Estos testimonios nos animan a reflexionar sobre la importancia de cultivar el amor, la bondad y la compasión en las relaciones humanas, creando así un mundo en el que el amor sea el principal motor de la curación, la conexión y la transformación.

En su libro "*Conciencia más allá de la vida*", Pin Lommel escribe lo siguiente:

> *Una ECM es tanto una crisis existencial como una experiencia intensa e instructiva. Las personas se transforman al encontrarse, aunque sea fugazmente, en una dimensión donde el tiempo y el espacio no juegan ningún papel, donde pueden ver el pasado el futuro, donde se sienten completas y sanadas, y donde pueden experimentar la sabiduría infinita y el amor incondicional. Estas transformaciones se alimentan principalmente de la visión de que el amor y la compasión por uno mismo, los demás y la naturaleza son esenciales. Tras una ECM, la gente se da cuenta de que todo y todos estamos conectados, de que cada pensamiento tiene un impacto en uno mismo y en los demás, y de que nuestra conciencia sobrevive a la muerte física. Cuando las personas piensan que la muerte es el final de todo, optan por invertir en lo efímero, en lo material, en las cosas externas y se vuelven menos proclives a respetar el medio ambiente, es decir, el mundo futuro de nuestros hijos y nietos. Nuestra mente moldea nuestra percepción del mundo. Cuando estamos enamorados el mundo es bello, cuando estamos deprimidos el mundo es terrible y cuando nos asustan los periódicos de los políticos nuestro mundo se convierte en un lugar aterrador. Tenemos que cambiar nuestra forma de pensar para cambiar nuestra forma de vivir y nuestro mundo. Todos los cambios en el mundo empiezan por nosotros mismos. Como me escribió una mujer estadounidense que tuvo una ECM: "Cuando el poder del amor se hace más fuerte que nuestro amor al poder, el mundo cambia".*

Capítulo 8. Diálogo con los muertos. Diálogo con los muertos.

"La conciencia de un ser querido sobrevive en el diálogo entre afectos y recuerdos".
(Jean-Paul Sartre).

Encuentros con los muertos. Comunicaciones del más allá.

La idea de poder comunicarse con los muertos y establecer una conexión con el más allá ha fascinado a la humanidad durante siglos.

Un punto clave en la investigación sobre la comunicación con los muertos se refiere a la ciencia de la parapsicología. El doctor Raymond Moody está considerado uno de los pioneros en el estudio de las experiencias cercanas a la muerte y la comunicación con los muertos. Moody recogió numerosos testimonios en los que personas afirmaban haber tenido contacto con sus seres queridos fallecidos a través de visiones, sueños y otras formas de percepción extrasensorial. Moody ayudó a crear una base para comprender estas experiencias, aunque a menudo son objeto de escepticismo por parte de la comunidad científica dominante.

Una figura destacada en el campo de la comunicación con los muertos es el médium británico Derek Acorah. Su carrera como médium se ha centrado en transmitir mensajes de los difuntos a sus seres queridos, lo que le ha granjeado una audiencia internacional. Sin embargo, Acorah también ha sido objeto de críticas y acusaciones de fraude por parte de los escépticos, que afirman que sus habilidades se basan en trucos de ilusionismo o artificios psicológicos.

En las últimas décadas, la tecnología ha abierto nuevas posibilidades en la investigación de la comunicación con los muertos. Un ejemplo de ello es el uso de herramientas electrónicas como el circuito de comunicación Frank's Box, desarrollado por el científico Frank Sumption. Este dispositivo está diseñado para amplificar y sacar voces o mensajes de los difuntos a través del ruido de fondo generado por las ondas de radio y otras frecuencias. Sin embargo, la validez y fiabilidad científicas de estos instrumentos siguen siendo objeto de debate y escrutinio.

A lo largo de las décadas se han organizado numerosas conferencias y ferias dedicadas a la comunicación con los muertos, como la *Feria Psíquica* de Lily Dale, en Estados Unidos.

La *Feria Psíquica* de Lily Dale es un acontecimiento popular que se celebra en la comunidad espiritual de Lily Dale, en el estado de Nueva York, en Estados Unidos. Lily Dale es famosa por ser uno de los centros espirituales más antiguos y reconocidos de Estados Unidos, con una larga historia de médiums, psíquicos y personas interesadas en la espiritualidad.

La Feria Psíquica ofrece a los visitantes la oportunidad de consultar a médiums, videntes, cartas del destino y otros expertos del mundo espiritual para obtener lecturas y consejos. Es un lugar donde muchos creen que pueden ponerse en contacto con seres queridos fallecidos o recibir mensajes del más allá.

Durante la Feria Psíquica se puede participar en talleres, conferencias y otras actividades relacionadas con el crecimiento personal, la espiritualidad y el bienestar. Es un evento que atrae a muchas personas interesadas en buscar respuestas, consuelo y orientación en un entorno que promueve la conciencia espiritual y el bienestar.

Estos eventos brindan a psíquicos, médiums y estudiosos la oportunidad de compartir sus experiencias y métodos de comunicación con el mundo de los espíritus. Sin embargo, es importante señalar que en muchos casos estas experiencias pueden considerarse subjetivas y abiertas a diferentes interpretaciones.

A pesar de los retos y controversias científicas que rodean la comunicación con los muertos, muchas personas afirman haber tenido experiencias personales significativas de contacto con sus seres queridos fallecidos. Estos testimonios contribuyen a un debate abierto sobre la existencia de otra realidad y la posibilidad de comunicarse con quienes han fallecido.

En conclusión, los esfuerzos por comunicarse con los muertos requieren una delicada combinación de ciencia, espiritualidad y amplitud de miras. Gracias al trabajo de Raymond Moody, Derek Acorah y otros, hemos empezado a explorar el más allá y a buscar conexiones con quienes han dejado este mundo. Aunque persisten retos y controversias evidentes, el deseo de conectar con otra realidad sigue alimentando la investigación y el estudio de este fascinante campo.

Visiones de las almas de los muertos. ¿Certeza o ilusión?

Uno de los aspectos más controvertidos se refiere a las visiones de las almas de los muertos. Algunos las consideran pruebas concretas de una existencia ulterior, mientras que otros las descartan como meras ilusiones o efectos del subconsciente.

Sin embargo, las visiones de las almas de los muertos no son aceptadas sin cuestionamientos por la comunidad científica. Uno de los más críticos es el neurólogo Oliver Sacks, autor de "*El alma honesta*" (2015), quien afirmó que estas experiencias representan un producto del cerebro bajo estrés o alterado, sin conexión con una realidad metafísica. Según Sacks, la idea de ver las almas de los muertos es el resultado de ilusiones y de una intensa actividad cerebral en momentos de crisis.

Los esfuerzos científicos por probar o refutar las visiones de las almas de los muertos se han centrado en estudios de experiencias cercanas a la muerte y fenómenos relacionados. Por ejemplo, el estudio AWARE (*AWAreness during REsuscitation*), dirigido por el Dr. Sam Parnia, pretendía registrar experiencias cercanas a la muerte durante procedimientos de reanimación cardiaca. Los resultados preliminares del estudio parecen sugerir que algunos pacientes pueden tener experiencias conscientes incluso cuando sus cerebros están clínicamente inactivos, pero se necesitan más investigaciones para sacar conclusiones definitivas.

En conclusión, el debate sobre las visiones de las almas de los muertos sigue abierto y complejo. Mientras algunos testimonios personales e investigaciones apuntan a la posibilidad de una experiencia más allá del tránsito, otros escépticos atribuyen estas visiones a ilusiones o procesos neurológicos. Los estudios científicos siguen intentando comprender mejor estos fenómenos y sus implicaciones para nuestra comprensión de la existencia humana. Hasta entonces, las visiones de las almas de los muertos seguirán siendo un misterio fascinante sujeto a distintas interpretaciones.

La comunicación con el más allá en la cultura occidental-

Durante siglos, la idea de comunicarse con los muertos ha fascinado al imaginario colectivo. En la cultura occidental, existen numerosos testimonios y creencias que avalan la posibilidad de establecer contacto con quienes han fallecido. En esta sección, exploraremos la supuesta comunicación con el más allá en la cultura occidental, examinando figuras históricas, experimentos y acontecimientos significativos que han contribuido a dar forma a esta creencia.

Un ejemplo notable de comunicación con los muertos en la cultura occidental es la técnica de los practicantes del "arte mediúmnico".

En el siglo XIX surgieron en Europa y Estados Unidos varias médiums famosas que afirmaban poder comunicarse con los muertos mediante la escritura o el dibujo automáticos. Uno de los casos más famosos es el de Leonora Piper, médium estadounidense que se hizo muy conocida por sus sesiones de espiritismo y su capacidad para proporcionar información detallada sobre los muertos y las familias de sus clientes.

La popularidad de los médiums se extendió aún más con el fenómeno del espiritismo, que alcanzó su apogeo a finales del siglo XIX y principios del XX. El movimiento espiritista promovía la comunicación directa con los espíritus de los muertos a través de los médiums y la "ouija".

La "ouija" es un juego de mesa que se utiliza en las sesiones de espiritismo para comunicarse con supuestas entidades paranormales. Consiste en un tablero marcado con letras del alfabeto, números y otras palabras, junto con un pequeño objeto señalizador (a menudo llamado "planchette") que se mueve por el tablero para componer mensajes.

Es importante señalar que muchas personas consideran que la ouija no es más que un juego y que no tiene ninguna base o respaldo científico para sus afirmaciones de comunicación con espíritus o entidades paranormales.

Además de las prácticas mediúmnicas, el espiritismo también incluía la filosofía de la reencarnación y la búsqueda científica de pruebas de la existencia del alma y del más allá.

A lo largo de los años, estudiosos e investigadores han intentado investigar científicamente la comunicación con los muertos. Uno de los nombres más destacados en este campo fue el profesor Gary Schwartz, que realizó varios experimentos con médiums para demostrar que la información obtenida durante las sesiones no podía proceder de fuentes humanas. Sin embargo, las conclusiones de Schwartz fueron muy discutidas, ya que los escépticos afirmaban que los médiums podían utilizar trucos psicológicos o técnicas de lectura en frío para simular la comunicación con los difuntos.

No podemos excluir la cultura popular cuando se trata de la comunicación con los muertos en la cultura occidental. Películas, libros y series de televisión han tratado a menudo el tema de la supuesta comunicación con los espíritus de los muertos. Entre las películas más famosas está "*Ghost*" (1990), en la que un hombre fallecido intenta comunicarse con su amada a través de una médium, mientras que en la serie de televisión "*Medium*" (2005-2011), el protagonista posee la capacidad de comunicarse con los muertos y utiliza estas habilidades para resolver crímenes.

Por último, es importante mencionar la contribución de los escépticos en el campo de las comunicaciones con los muertos. Personas como el mago e ilusionista James Randi han dedicado su vida a desenmascarar los trucos y fraudes asociados a las comunicaciones con los muertos. Mediante experimentos controlados y métodos científicos, han demostrado que muchos médiums utilizan trucos e ilusiones para engañar al público.

En conclusión, la supuesta comunicación con el más allá en la cultura occidental ha tenido un impacto significativo en la sociedad y el imaginario colectivo. Del arte mediúmnico al movimiento espiritista, de los experimentos científicos a la cultura popular, esta creencia ha fascinado y dividido las opiniones de la gente a lo largo de los siglos. Mientras algunos creen firmemente en la comunicación con los muertos, otros escépticos discuten la validez científica de tales experiencias. El debate continúa a medida que surgen nuevas formas de comunicación con el más allá en la sociedad contemporánea.

Existencia del más allá: investigaciones sobre supuestas pruebas y fenómenos paranormales.

La idea de una vida después de la muerte, de una existencia ulterior más allá del paso, ha fascinado a la humanidad durante milenios. Aunque la ciencia dominante siempre ha intentado explicarla mediante explicaciones racionales, hay un gran número de supuestas pruebas y fenómenos paranormales que han alimentado esta esperanza de otra realidad. En esta sección, exploraremos algunas de estas investigaciones que han planteado interrogantes y ofrecido pistas sobre la posible existencia del más allá.

Un ejemplo famoso de investigaciones sobre la existencia del más allá se encuentra en la obra del ilustre investigador de fenómenos paranormales Sir Arthur Conan Doyle. Conocido por ser el creador del famoso detective Sherlock Holmes, Doyle dedicó gran parte de su vida a la búsqueda del más allá. En su libro de 1918 "*La Nueva Revelación*", recogió testimonios y supuestas pruebas de comunicaciones con los espíritus de los muertos a través de diversas formas de mediumnidad. Estos hechos y sus creencias provocaron debates y discusiones, estableciendo un vínculo entre el mundo racional y el oculto.

Intrigantes fenómenos paranormales como las materializaciones, las experiencias de regresión hipnótica y las visiones post mortem han estimulado el debate sobre la existencia del más allá. Por ejemplo, los estudios realizados sobre la mediumnidad de Helen Duncan en las décadas de 1930 y 1940 han suscitado dudas sobre su capacidad para establecer contacto con los difuntos y proporcionar detalles precisos sobre sus vidas pasadas. Aunque la mediumnidad suele ser objeto de controversia, estas experiencias han llevado a muchos a considerar la posibilidad de que sea posible establecer una conexión con otra dimensión después de fallecer.

Las "Experiencias Vardøger.

Las "experiencias Vardøger" son un interesante y misterioso fenómeno relacionado con la percepción extrasensorial que se da en algunas culturas nórdicas, sobre todo en Noruega. La palabra "*Vardøger*" deriva del nórdico "*vardøgr*", que significa "*precursores*" o "*presencias-anticipadas*".

Estas experiencias consisten en situaciones en las que una persona tiene la sensación de percibir la presencia o las acciones de alguien con antelación, aunque todavía no haya nadie físicamente presente. Por ejemplo, alguien puede oír pasos, ver sombras o tener la sensación de una presencia poco antes de que alguien entre realmente en la habitación.

Las experiencias de Vardøger pueden interpretarse como una especie de anticipación psíquica o precognición de acontecimientos futuros, sobre todo en relación con la presencia de una persona en un lugar determinado. Este fenómeno ha sido objeto de folclore y leyendas en las tradiciones noruegas y otras culturas nórdicas, despertando interés y fascinación por su naturaleza enigmática.

Las "*experiencias Vardøger*" constituyen un intrigante fenómeno presente en varias culturas orientales, en las que se producen encuentros premonitorios con las almas de los difuntos o con presencias espirituales tras el paso a la dimensión más allá de la vida terrenal. Estos sucesos, cargados de misterio y significado, ofrecen una visión única de la interacción entre los vivos y los muertos en las tradiciones espirituales de Oriente, provocando profundas reflexiones sobre el más allá y la continuidad del alma.

En el budismo tibetano, las experiencias Vardøger se asocian a menudo con la manifestación de espíritus o almas de los difuntos como señales de presencia o advertencia para los que permanecen en el mundo material. El lamaísmo, con sus prácticas de comunicación con los espíritus y los muertos, ofrece espacios para estos encuentros premonitorios, en los que el alma de los difuntos puede manifestarse en formas sutiles para proteger, guiar o advertir a los vivos.

En las tradiciones espirituales japonesas, como el sintoísmo y el budismo zen, las experiencias Vardøger se interpretan como signos de otra dimensión de la realidad que se manifiesta en lo cotidiano para quienes son sensibles a las presencias espirituales. Ceremonias como el Bon-Odori y los rituales funerarios ofrecen la oportunidad de percibir la presencia de las almas de los difuntos en el mundo terrenal, creando un puente entre los dos planos de existencia.

La filosofía india, con sus antiguas concepciones del karma y la reencarnación, proporciona un contexto espiritual para entender las experiencias Vardøger como signos de la interconexión e interdependencia de los individuos incluso después de fallecer. Las prácticas yóguicas y meditativas de la antigua India fomentan la sensibilidad y la clarividencia para percibir las manifestaciones sutiles de las almas desencarnadas y recibir los mensajes que pueden transmitir.

Los estudios realizados por investigadores de la parapsicología y la fenomenología de las experiencias cercanas a la muerte, como Raymond Moody y Elisabeth Kübler-Ross, han explorado los relatos de encuentros premonitorios con las almas de los difuntos como fenómenos que desafían las concepciones tradicionales de la muerte y el más allá. Estos estudiosos han destacado la importancia de considerar las experiencias Vardøger como una ventana a la complejidad de la vida y la muerte, y como una invitación a explorar las dimensiones más profundas de la existencia.

Los acontecimientos históricos, como las narraciones de encuentros con las almas de los muertos en las epopeyas y leyendas mitológicas de las culturas orientales, atestiguan la arraigada presencia de las experiencias Vardøger en las creencias populares y las prácticas espirituales de las sociedades orientales. Estos relatos ofrecen una visión de la complejidad de la interacción entre los mundos visible e invisible, iluminando la continua presencia e influencia de los espíritus más allá del velo de la muerte.

En conclusión, las experiencias Vardøger en las culturas orientales dan testimonio vívido de la continuidad del alma y de la comunicación entre el mundo terrenal y el más allá. Estos encuentros premonitorios con las almas de los muertos ofrecen una oportunidad única para reflexionar sobre la naturaleza de la vida y la muerte, la esencia de la existencia y el complejo entramado de realidades materiales y espirituales que definen nuestra relación con el misterio del más allá en las culturas orientales.

5 - INFORMACIÓN CUÁNTICA.

La profunda preocupación por la información cuántica es que refina y unifica nuestra comprensión de las leyes y principios físicos de un modo que la teoría clásica de la información no ha conseguido.

(David Deutsch)

Capítulo 9 El papel de la información en el cosmos .

El universo no está compuesto de átomos, sino de historias".
(Muriel Rukeyser)

El papel de la información en el cosmos cuántico: una perspectiva revolucionaria.

En la realidad del cosmos cuántico, donde las reglas de la física clásica parecen ya no tener control, está surgiendo un concepto revolucionario que acapara la atención de científicos e investigadores: el papel de la información. Este capítulo se propone explorar en profundidad cómo encaja la información en el tejido mismo de la realidad cósmica, ofreciendo una perspectiva que va más allá de la mera materia y energía.

La realidad cósmica, como nos enseñan las teorías cuánticas, no se reduce simplemente a materia y energía. La materia es responsable de la formación de las cosas, mientras que la energía las agrega mediante fuerzas fundamentales.

¿Qué es la materia?

El concepto de materia en física se refiere a todas las sustancias que componen nuestro universo y que tienen masa y ocupan espacio. La materia está compuesta por partículas elementales como quarks, leptones, bosones y otras partículas subatómicas que interactúan a través de fuerzas fundamentales como la fuerza electromagnética, la fuerza nuclear fuerte, la fuerza nuclear débil y la fuerza gravitatoria.

Las partículas elementales que constituyen la materia interactúan entre sí mediante el intercambio de otras partículas (bosones mediadores de las fuerzas fundamentales) y a través de fenómenos cuánticos que determinan el comportamiento de las partículas a nivel subatómico. La materia puede existir en distintos estados de agregación, como sólido, líquido, gaseoso o plasmático, en función de las condiciones de temperatura y presión.

Además, la materia se caracteriza por propiedades físicas como la masa, la carga y el espín, que influyen en las interacciones y transformaciones que experimenta. Mediante amplios estudios de física de partículas y física cuántica, los investigadores han tratado de comprender mejor la estructura de la materia y las leyes que rigen su comportamiento.

En el contexto de la relatividad general de Einstein, la materia se considera responsable de la curvatura del espacio-tiempo, influyendo directamente en la geometría del universo y en las trayectorias de los objetos en movimiento. Así pues, la materia es esencial para la constitución del universo que observamos, contribuyendo de forma significativa a su estructura y evolución a lo largo del tiempo.

El concepto de materia representa uno de los elementos fundamentales de la física moderna y de nuestra comprensión del universo, lo que subraya la importancia de los estudios en profundidad para penetrar en sus entresijos y mecanismos subyacentes a la realidad que nos rodea.

¿Qué es la energía?

En física, la energía es una magnitud fundamental que representa la capacidad de un sistema para realizar trabajo o transferir calor. La energía puede adoptar muchas formas y manifestaciones, pero en el ámbito físico representa la capacidad de un sistema para realizar cambios o producir acciones.

Las distintas formas de energía son:

Energía cinética: está asociada al movimiento de un objeto. La energía cinética depende de la masa y la velocidad del objeto.

Energía potencial: se debe a la posición o configuración de un objeto dentro de un campo de fuerzas. Las distintas formas de energía potencial incluyen, por ejemplo, la energía gravitatoria y la energía elástica.

Energía térmica: está relacionada con la temperatura de un sistema. La energía térmica representa la energía asociada a los movimientos térmicos de las partículas dentro de un sistema.

Energía luminosa: está asociada a la emisión y absorción de luz y radiación electromagnética.

Energía química: está presente en los enlaces entre átomos y moléculas dentro de una sustancia química.

Energía nuclear: relacionada con los procesos nucleares en los que interviene el núcleo de los átomos.

Según el principio de conservación de la energía, también conocido como primera ley de la termodinámica, la energía total de un sistema aislado permanece constante a lo largo del tiempo; puede cambiar de forma, pero no puede crearse ni destruirse. Este principio tiene una importancia fundamental en el análisis de los procesos energéticos y la interpretación de las transformaciones en las que interviene la energía.

La energía desempeña un papel esencial en muchos fenómenos naturales y procesos tecnológicos, influyendo directamente en el funcionamiento de máquinas, vehículos, organismos vivos y mucho más. Su comprensión y manipulación son cruciales para el desarrollo de nuevas tecnologías sostenibles, la generación de energía, el funcionamiento de dispositivos electrónicos y muchos otros aspectos de la vida moderna.

En resumen, la energía es un concepto fundamental de la física y la ciencia en general, esencial para comprender el funcionamiento del universo y para el desarrollo de nuevos descubrimientos y aplicaciones tecnológicas.

La pregunta que debemos hacernos es la siguiente: ¿es la energía una fuerza inteligente? Es decir, la influencia que la energía ejerce sobre la materia, por ejemplo agregándola en sus diversas formas, ¿responde a un diseño de la propia energía, o el diseño procede de una fuente externa?

La influencia de la energía en la materia y el misterio de las instrucciones celulares.

En el paisaje del universo, la interacción entre energía y materia representa un intrigante enigma que ha mantenido en vilo a estudiosos, filósofos e investigadores durante siglos. Una de las cuestiones clave que se plantean en este contexto es si la propia energía, manifestada en los procesos que agregan materia en formas complejas como las células, opera según un diseño intrínseco o si recibe directrices de fuentes externas.

A esta reflexión contribuye la cuestión de la naturaleza de las instrucciones que guían las funciones celulares. ¿Provienen estas instrucciones de la energía que anima a la propia célula o de una causa primordial externa? La raíz de este misterio se encuentra en las profundidades del tiempo, en una época primordial en la que aparecieron las primeras formas de vida en la Tierra.

El reputado biólogo y filósofo Rupert Sheldrake ha planteado interesantes hipótesis sobre conceptos como el "*campo morfogenético*", que sugieren la existencia de una memoria no local que guía el desarrollo y funcionamiento de los sistemas biológicos. Según Sheldrake, las instrucciones intrínsecamente contenidas en la materia no pueden explicarse plenamente mediante las leyes físicas conocidas.

En la fascinante encrucijada de la ciencia, la filosofía y la espiritualidad, el debate sobre el "fin de la vida" se expande hacia horizontes misteriosos y a veces insondables. En este contexto, el reputado biólogo y filósofo Rupert Sheldrake destaca por sus audaces hipótesis en torno al concepto de "*campo morfogenético*", arrojando nueva luz sobre las dimensiones potenciales de la existencia más allá de nuestra comprensión ordinaria.

Las raíces de estas reflexiones se encuentran en las teorías de Sheldrake sobre las "*memorias de la naturaleza*" y los campos morfogenéticos, una especie de archivo no físico capaz de influir en las formas y procesos biológicos. Estos conceptos, propuestos por el autor en su obra pionera "*Una nueva ciencia de la vida*" en 1981, sientan las bases para explorar la idea de que la vida y la conciencia tienen una extensión más allá de los límites de nuestro breve paso terrenal.

Resultan intrigantes los paralelismos que surgen entre las teorías de Sheldrake y las tradiciones espirituales y filosóficas de diversas culturas de todo el mundo. Por ejemplo, se encuentran visiones similares en las creencias hindúes sobre el Jiva, la esencia individual en constante evolución, o en las interpretaciones celtas de las energías que impregnan la realidad. Esta intersección de ciencia y espiritualidad sugiere la posibilidad de una integración de enfoques racionales y metafísicos en la exploración del misterio de la vida y la muerte.

Entre los estudiosos que han contribuido a este debate figuran pensadores como Carl Jung, cuyo concepto de "*inconsciente colectivo*" tiene afinidades con la idea de los campos morfogenéticos. Jung señalaba una especie de herencia psíquica compartida, una red de experiencias y simbolismos que conforman nuestra percepción del mundo. En otro orden de cosas, el psicólogo William James exploró las experiencias místicas y paranormales como fenómenos dignos de estudio, abriendo un debate que sigue suscitando interés y debate en la actualidad.

Más allá de las dimensiones filosóficas y culturales, las recientes investigaciones científicas parecen abrir nuevas vías de exploración sobre el tema de la vida después de la muerte. Estudios sobre la conciencia más allá de la muerte, como los realizados por la *Universidad de Arizona* o el *Life Research Institute de la Universidad de Virginia*, sugieren la persistencia de fenómenos inexplicables y enigmáticos que desafían las explicaciones convencionales.

A pesar de la complejidad de este tema, las hipótesis de Sheldrake siguen estando en el centro de un debate vivo y estimulante. Sus teorías ofrecen una audaz visión de una realidad polifacética y multifacética, donde la vida y la muerte se entrelazan en un intrincado patrón que sigue desvelando nuevos secretos y misterios.

La paradoja inherente es que la materia, en sí misma desprovista de inteligencia, funciona de forma extraordinariamente organizada y compleja. Si la energía que anima las células no contiene la información operativa necesaria para su funcionamiento, ¿quién o qué dio las instrucciones a la primera célula que inició la vida en la Tierra?

Se abre así la sugerente hipótesis de una energía primordial, una fuerza cósmica dotada de una sabiduría intrínseca que ha modelado el curso de la vida en nuestro universo. Este concepto evoca visiones metafísicas e incita a reflexionar sobre los misterios más profundos de la naturaleza y la existencia.

En conclusión, el enigma de la energía que influye en la materia y las instrucciones celulares sigue estando en el centro de un debate que trasciende los límites de la ciencia convencional, invitándonos a explorar nuevos horizontes del conocimiento y a plantearnos preguntas fundamentales sobre la naturaleza misma del universo y la vida.

El debate sobre el origen de las instrucciones celulares representa una fascinante encrucijada entre ciencia, filosofía y espiritualidad, que alimenta el insaciable deseo humano de comprender el misterio de la existencia.

El vínculo entre la energía y las instrucciones celulares.

Para profundizar en esta intrincada cuestión, es importante considerar el concepto de *emergencia*, relacionado con la complejidad y el orden que surgen espontáneamente de sistemas aparentemente desordenados. Este fenómeno, ampliamente estudiado en la teoría de los sistemas complejos, ofrece interesantes perspectivas sobre cómo podrían evolucionar y manifestarse las instrucciones celulares a través de la interacción dinámica entre energía y materia.

Además de Sheldrake, otros estudiosos como Stuart Kauffman y James A. Shapiro aportaron ideas innovadoras al debate sobre el origen de las instrucciones celulares y la evolución de los sistemas biológicos. Kauffman, por ejemplo, propuso el concepto de "autoorganización" de los sistemas vivos, haciendo hincapié en cómo pueden surgir espontáneamente estructuras complejas a partir de sistemas dinámicos en interacción.

El concepto de "autoorganización" de los sistemas vivos propuesto por Stuart Kauffman describe un fascinante puente entre la complejidad de la vida y su posible continuación más allá de la muerte.

Kauffman, biólogo teórico y uno de los pioneros de la ciencia de la complejidad, revolucionó la forma de entender la evolución biológica y la formación de estructuras complejas en la naturaleza. En su obra fundamental "*Los orígenes del orden*", de 1993, Kauffman introdujo la idea de que las estructuras ordenadas y complejas pueden surgir espontáneamente de sistemas dinámicos en interacción sin necesidad de guía externa.

Este concepto de "autoorganización" arroja nueva luz sobre la dinámica de la vida y su posible persistencia más allá de la muerte física. Si las estructuras biológicas pueden surgir espontáneamente y autoorganizarse en patrones complejos, podríamos plantear la hipótesis de que el mismo principio se aplica también a niveles superiores de organización, como la conciencia o formas de vida desconocidas para nosotros.

Las investigaciones de Kauffman, apoyadas en experimentos y modelos matemáticos, demostraron cómo la complejidad puede surgir de interacciones sencillas entre los componentes de un sistema, sin necesidad de supervisión externa. Todo por demostrar.

Los experimentos realizados en el campo de la biología evolutiva, en particular los relacionados con la evolución de los mecanismos genéticos y la plasticidad de los sistemas biológicos, ofrecen ideas relevantes sobre cómo podrían haberse generado y transmitido las instrucciones celulares en el curso de la evolución.

En un contexto más amplio, la reflexión sobre una supuesta "*energía primordial*" que proporcionó las instrucciones a la primera célula plantea profundos interrogantes sobre la naturaleza del universo y las fuerzas que lo rigen. Esta visión teórica encaja en el debate más amplio sobre la conciencia, el origen de la vida y la interconexión de todos los seres vivos.

Independientemente de las perspectivas científicas, filosóficas o espirituales que se adopten, el misterio de la energía que influye en la materia y en las instrucciones celulares sigue siendo un enigma que impulsa a la humanidad a buscar nuevas fronteras del conocimiento y la comprensión.

En un diálogo constante entre ciencia y conciencia, entre materia y energía, el cuestionamiento de los orígenes de las instrucciones celulares es una invitación a explorar las profundidades de la naturaleza y a contemplar el milagro de la vida en todas sus facetas.

Cuáles son las fuerzas fundamentales y su papel.

Las fuerzas fundamentales de la física son las interacciones fundamentales que rigen el comportamiento de la materia y las partículas en el universo. Desempeñan un papel crucial en la estructura y evolución del propio universo. Existen cuatro fuerzas fundamentales principales.

Fuerza gravitatoria.

Es responsable de la atracción entre cuerpos con masa y determina la estructura de los astros, como planetas, estrellas y galaxias. Es siempre una fuerza de atracción y su intensidad depende de la masa y la distancia entre los cuerpos.

La fuerza gravitatoria, descrita por la ley de la gravitación universal de Newton y desarrollada por la relatividad general de Einstein, es responsable de la formación de los cuerpos celestes, de la órbita de los planetas alrededor del Sol y de las interacciones a escala cósmica que conforman la estructura del propio universo.

Fuerza electromagnética.

Se produce entre cargas eléctricas y produce tanto atracción como repulsión. Es responsable de las interacciones entre partículas cargadas, la estructura atómica y las propiedades de los materiales conductores.

La fuerza electromagnética gobierna una amplia gama de fenómenos, desde los enlaces químicos que sustentan la vida en la Tierra hasta la radiación electromagnética que impregna el espacio. Sin ella, la luz, la electricidad, el magnetismo y muchas otras interacciones fundamentales que caracterizan nuestro mundo no existirían.

Fuerza nuclear fuerte.

Esta fuerza opera a nivel del núcleo atómico y es responsable de mantener unidas las partículas subatómicas, como los protones y los neutrones, mediante intercambios de partículas llamadas piones. Sin esta fuerza, el núcleo no podría existir, ya que los protones con una carga similar (positiva) se repelerían provocando la explosión del núcleo.

Fuerza nuclear débil.

Esta fuerza regula la desintegración de las partículas subatómicas y ciertos tipos de desintegración radiactiva. Es responsable de fenómenos como la transformación de neutrones en protones y viceversa.

Cada una de estas fuerzas desempeña un papel específico en la naturaleza y el universo, contribuyendo a la estabilidad de las estructuras atómicas, la formación y evolución de las estrellas, la interacción entre partículas subatómicas y el funcionamiento de los procesos físicos que observamos en el mundo que nos rodea. Comprender estas fuerzas y los mecanismos que las rigen es esencial para profundizar en nuestra comprensión de la física y del propio universo.

Estudiar las fuerzas fundamentales de la física significa explorar las profundidades del universo, escudriñar los límites de nuestro entendimiento e intentar descifrar los secretos que rigen la materia, la energía y la propia estructura de la realidad que nos rodea.

Intrínsecamente ligadas al tejido del universo, estas fuerzas fundamentales son las claves para abrir la puerta al conocimiento más profundo de la naturaleza y contemplar la belleza y la complejidad del universo en toda su magnificencia.

Armonía cósmica. El inestimable papel de las fuerzas fundamentales.

La interacción sinérgica de las fuerzas fundamentales de la física da lugar a un intrincado equilibrio que da forma al universo en el que vivimos, desde lo infinitamente pequeño hasta lo infinitamente grande. Estas fuerzas, cada una con sus propias características y peculiaridades, trabajan juntas para regular la compleja danza cósmica que constituye el tejido mismo de la realidad.

En el microcosmos subatómico, las fuerzas nucleares fuertes y débiles se combinan para mantener la integridad de los núcleos atómicos e impulsar las interacciones que dan lugar a nuevas partículas y formas de materia. Estos procesos meticulosamente orquestados tienen un impacto crucial en nuestro mundo y en la evolución del universo en su conjunto.

Al mismo tiempo, la fuerza gravitatoria impregna el espacio interestelar, curvando el tejido del espacio-tiempo y creando las condiciones necesarias para la formación de galaxias, estrellas y planetas. Es esta fuerza la que mantiene unidas las estructuras cósmicas e impulsa el movimiento de las masas celestes en un ballet cósmico sin fin.

La fuerza electromagnética, con su dualidad de atracción y repulsión, subyace a fenómenos tan diversos como la propagación de la luz, la interacción de los átomos en las reacciones químicas y la conducción de la electricidad. Sin ella, el mundo que conocemos no podría existir en toda su variedad y complejidad.

Juntas, estas fuerzas primordiales crean un universo de extraordinaria riqueza y diversidad, en el que materia y energía se entrelazan en una armonía cósmica que desafía nuestra imaginación y nos incita a cuestionar el misterio más profundo de la creación.

El ballet cósmico de las fuerzas fundamentales.

En el tejido mismo del universo, las fuerzas fundamentales danzan en armonía, tejiendo los destinos de partículas, estrellas y galaxias en un intrincado mosaico cósmico. Este ballet cósmico, regido por leyes precisas e interacciones sutiles, representa la quintaesencia de la física y de la propia naturaleza.

Cada fuerza, con su firma única y su papel distintivo, contribuye a dar forma al universo en el que vivimos, creando las condiciones para la vida, para la formación de estructuras celestes y para la maravillosa belleza de la realidad que nos rodea. En cada momento, en cada rincón del universo, estas fuerzas operan de forma imperceptible pero poderosa, dando vida a las maravillas de la existencia.

A través de la búsqueda constante del conocimiento y la comprensión de las fuerzas fundamentales, la humanidad se acerca cada vez más a la revelación de los secretos más profundos del universo. La investigación científica, la reflexión filosófica y la contemplación cósmica se combinan en un único esfuerzo por desvelar las leyes ocultas que dan forma a la realidad.

Observando las estrellas en el cielo nocturno, las delicadas intersecciones de los átomos y las enérgicas reacciones a la radiación electromagnética, podemos percibir la inmensa complejidad y belleza del universo, una manifestación tangible de las fuerzas fundamentales que lo dominan.

En este viaje intemporal hacia la comprensión del universo y de las fuerzas que lo mantienen en equilibrio, nos adentramos cada vez más en el oscuro reino de la física teórica y experimental, dejando que la luz del conocimiento ilumine nuestro camino.

Cada descubrimiento, cada intuición y cada pregunta nos acercan a la revelación de las leyes últimas de la naturaleza, llevándonos a reflexionar sobre nuestro lugar en el paisaje infinito del universo y nuestra conexión con las fuerzas primordiales que dan forma a la realidad misma.

En el flujo perpetuo de la energía y la materia, en las complejidades de las partículas y las ondas, en el estruendoso silencio del espacio cósmico, podemos percibir el eco de los secretos que guardan las fuerzas fundamentales, una invitación a maravillarse y contemplar la armonía que impregna el universo.

En busca de la verdad última. El intrigante entrelazamiento de fuerzas cósmicas.

Cada descubrimiento científico, cada experimento y cada teoría avanzada representan un paso adelante en nuestra comprensión de las fuerzas que gobiernan el universo. Desde las teorías unificadas hasta los nuevos descubrimientos en las fronteras de la astronomía y la física de partículas, la humanidad se acerca poco a poco a la verdad última que se esconde tras la aparente complejidad del cosmos.

Cada galaxia, cada estrella, cada partícula subatómica está íntimamente ligada a fuerzas fundamentales, que actúan como hilos invisibles que tejen el manto de la propia existencia. Estas fuerzas, con su poder y su delicadeza, crean el orden y la estructura que admiramos en el universo, revelando una belleza y una perfección más allá de lo imaginable.

En la búsqueda de la verdad última sobre las fuerzas cósmicas, nos sumergimos en un viaje sin fin hacia una comprensión más profunda de la realidad y de nuestra propia existencia. Cada pregunta formulada, cada misterio investigado, nos acerca un paso más al corazón palpitante del universo, a su esencia última que se oculta tras el velo del misterio.

En este esfuerzo constante por desvelar los secretos del universo, la humanidad abraza la belleza de lo desconocido y se sumerge en el océano infinito del conocimiento, tratando de descifrar las leyes que rigen el cosmos y de captar la armonía que impregna todos los aspectos de la existencia.

En busca de inteligencia.

En un universo tan complejo y fascinante como el nuestro, surge espontáneamente una pregunta en la mente de quienes se interesan por la naturaleza fundamental de la realidad que nos rodea: ¿son inteligentes las fuerzas fundamentales? ¿Contienen el plano de la realidad que ayudan a modelar y construir? A través de un viaje por la física moderna y una reflexión más amplia sobre el universo, intentamos arrojar luz sobre esta fascinante cuestión.

Las fuerzas fundamentales, cuatro pilares de la física conocidos como fuerza gravitatoria, fuerza electromagnética, fuerza nuclear fuerte y fuerza nuclear débil, rigen todas las interacciones que se producen en el universo observable. Estas fuerzas, estudiadas a través de complejas teorías físicas como la relatividad general y el Modelo Estándar de partículas elementales, son responsables de la estructura y evolución del cosmos a escala cosmológica y subatómica.

Pero, ¿qué significa atribuir inteligencia a estas fuerzas? En la física tradicional, las fuerzas fundamentales se describen mediante leyes matemáticas precisas que definen su acción e interacción con partículas y cuerpos. Sin embargo, paradójicamente, el funcionamiento de la naturaleza es extraordinariamente coherente y armonioso, lo que lleva a algunos estudiosos a plantear la hipótesis de una especie de "*inteligencia*" inherente a las leyes que rigen el universo.

Inteligencia y libre albedrío.

En la encrucijada de la ciencia, la filosofía y la espiritualidad se encuentra el debate sobre la relación entre el libre albedrío y la inteligencia de las fuerzas fundamentales de la naturaleza. ¿Puede la inteligencia prescindir del libre albedrío para desplegar todo su potencial, o es este último un requisito previo para que la inteligencia se exprese plenamente? Así pues, nos planteamos la siguiente pregunta: ¿pueden considerarse inteligentes las fuerzas fundamentales de la naturaleza, como la gravedad, el electromagnetismo, la interacción fuerte y la interacción débil, o funcionan según leyes deterministas desprovistas de libre albedrío?

Para explorar este tema complejo e intrigante, nos sumergimos en el magma de culturas, historias y reflexiones filosóficas y científicas que han conformado nuestra comprensión de la inteligencia y el libre albedrío.

A modo de excursus histórico, podemos referirnos a filósofos antiguos como Aristóteles y Epicteto, que debatieron sobre la causalidad y la libertad humana. En la modernidad, las reflexiones de filósofos como Kant y Schopenhauer sobre el libre albedrío y el determinismo han contribuido a configurar el pensamiento occidental sobre el tema.

En ciencia, experimentos como los realizados por la neurociencia moderna nos enfrentan a preguntas sobre la relación entre los actos de pensamiento y las acciones determinadas por procesos biológicos. Estudiosos contemporáneos como Daniel Dennett y Sam Harris han ofrecido perspectivas divergentes sobre la ilusión del libre albedrío y las implicaciones que este concepto tiene para la inteligencia y la acción humanas.

Sin embargo, si desviamos la mirada hacia las fuerzas fundamentales de la naturaleza, surge un intrigante desafío conceptual. La gravedad, que mantiene unido el universo, o el electromagnetismo, que rige las interacciones entre partículas, actúan según leyes físicas que parecen predeterminadas y sin margen para el libre albedrío intencionado.

Sin embargo, algunos estudiosos como Rupert Sheldrake han planteado hipótesis sobre el concepto de "*mente extendida*", que propone una interconexión mental entre todos los seres vivos e incluso entre las propias fuerzas naturales. Esta perspectiva abre un espacio de reflexión sobre la inteligencia diseminada por el universo, superando el rígido binomio entre determinismo y libre albedrío.

En conclusión, la inteligencia presupone el libre albedrío para expresar plenamente su potencial humano, pero cuando se trata de las fuerzas fundamentales de la naturaleza, la cuestión se vuelve más compleja. Las fuerzas físicas funcionan según leyes precisas que parecen excluir el libre albedrío intencional, pero quedan puertas abiertas a la reflexión filosófica y científica sobre las posibles inteligencias subyacentes a esas leyes, que escapan a nuestra comprensión actual.

Uno de los conceptos clave que apoyan una especie de "*inteligencia*" inherente a las leyes que rigen el universo es el de "*orden implícito*", acuñado por el físico teórico David Bohm. Según esta perspectiva, el universo contiene un orden oculto e implícito, una inteligencia intrínseca que da forma a la realidad que observamos. Las fuerzas fundamentales podrían ser parte integrante de este orden, manifestando un diseño subyacente que sustenta la existencia misma del universo.

Dentro de las múltiples interpretaciones de la realidad que ofrece la física cuántica, surgen ideas interesantes. Algunos estudiosos creen que las propiedades "inteligentes" de las fuerzas fundamentales surgen de forma no lineal, manifestándose en patrones complejos que pueden interpretarse como información subyacente o códigos de la realidad.

En última instancia, la idea de que las fuerzas fundamentales son inteligentes y contienen el plano de la realidad que ayudan a construir representa una perspectiva sugerente que abre nuevos horizontes en la comprensión del universo. Aunque por el momento siga siendo una hipótesis especulativa, el debate en torno a este tema empuja a la comunidad científica a explorar los límites y las posibilidades del conocimiento humano.

En un universo tan intrincado y misterioso como el nuestro, el análisis de las fuerzas fundamentales no sólo desde un punto de vista matemático y experimental, sino también desde una perspectiva más filosófica y epistemológica, puede enriquecer nuestra comprensión de la naturaleza profunda de la realidad que nos rodea. La búsqueda de la verdad sobre esta fascinante cuestión sigue abierta, invitándonos a explorar los límites de nuestra comprensión del universo y de nosotros mismos.

La información, una fuerza inteligente fundamental.

Para comprender plenamente el funcionamiento de este complejo universo, hay que introducir un tercer elemento más allá de la materia y la energía: la información. Las instrucciones que impulsan la energía y dan forma a la materia sólo pueden comprenderse, y los proyectos ejecutarse, a través de la información.

Pero, ¿cómo definir este concepto de información en el contexto del cosmos? Aquí es donde el reto se vuelve aún más fascinante. La información no puede remontarse simplemente a un valor físico como la materia o la energía, sino que se presenta como una entidad inmaterial o psíquica, desafiando nuestras concepciones tradicionales de la realidad determinista. La información no tiene cuerpo físico, de lo que se desprende claramente una afirmación: si no tiene cuerpo físico, no está sujeta a la corrupción, transformación y decadencia del paso.

Uno de los pilares en los que se basa esta visión es la famosa expresión acuñada por el fundador de la informática John Archibald Wheeler:

La información es información, no es materia ni energía".

Este concepto encuentra eco en los trabajos de teóricos como David Bohm, quien propuso que la información es un elemento fundamental que regula el comportamiento de la realidad a nivel cuántico.

Recientes experimentos de mecánica cuántica han descubierto fenómenos que parecen confirmar la importancia crucial de la información a la hora de determinar el comportamiento de las partículas subatómicas. Un ejemplo sorprendente es el experimento de reflexión de Wheeler, que muestra cómo la intervención tardía del observador puede influir retroactivamente en el pasado, subrayando el papel central de la información en la creación del tejido mismo de la realidad.

Teorías fascinantes como la hipótesis de la simulación cósmica avanzada por estudiosos como Nick Bostrom abren nuevos escenarios para la reflexión sobre la naturaleza de la información y su impacto en el cosmos cuántico. Si consideramos nuestro universo como una especie de simulación impulsada por grandes cantidades de información, los límites entre lo real y lo simulado se vuelven cada vez más difusos.

La "hipótesis de la simulación cósmica" es una teoría fascinante que cuestiona los fundamentos mismos de la realidad que percibimos. Propuesta por estudiosos de la talla del filósofo Nick Bostrom, esta hipótesis plantea profundos interrogantes sobre la naturaleza de la información, la conciencia y la propia estructura del cosmos cuántico....

La simulación cósmica sugiere que el universo en que vivimos podría ser una especie de simulación informática, creada por una civilización avanzada con extraordinarias capacidades tecnológicas. Esta perspectiva abre escenarios de reflexión sobre cómo la información subyace a la realidad que percibimos y cómo la manipulación de ésta puede influir en nuestro mundo y en nuestras propias vidas. Es una hipótesis que, aunque aparentemente de ciencia ficción, se nutre de conceptos profundos de la física cuántica y la teoría de la información.

Para comprender plenamente el encanto de esta teoría, es necesario dar un salto en el tiempo y el espacio de las ideas. El filósofo sueco Nick Bostrom formuló en 2003 su famoso "*trilema de la simulación*", en el que sostenía que una de las tres hipótesis siguientes debe ser cierta:

- las civilizaciones avanzadas no quieren crear simulaciones, de lo contrario nuestro mundo sería una simulación;
- civilizaciones avanzadas no tienen la capacidad tecnológica para hacerlo;
- en realidad formamos parte de una simulación.

Este concepto, aunque especulativo, se cuela en el debate filosófico y científico sobre el origen y la naturaleza de la realidad. El apoyo teórico a la simulación cósmica también tiene su origen en experimentos de física cuántica como los de la paradoja de Bell y el principio de no localidad, que sugieren que existe una conexión misteriosa e instantánea entre partículas distantes, que aparentemente supera las leyes de la física clásica.

Más allá de las implicaciones científicas, esta teoría plantea profundas cuestiones sobre la naturaleza de la conciencia, la identidad y el sentido mismo de la existencia. Si viviéramos en una simulación, ¿quiénes seríamos realmente? Seríamos una monstruosidad. ¿Cuáles serían las consecuencias éticas, existenciales y espirituales de esta revelación?

Abordar el tema del final de la vida desde esta perspectiva conduce a una dimensión aún más escurridiza: ¿qué ocurriría tras nuestra "muerte" si viviéramos en una simulación? ¿Sobreviviría nuestra conciencia a la desconexión de la matriz? Cada cultura, con sus historias, mitos y creencias, ofrece una perspectiva única sobre esta cuestión universal.

En conclusión, las teorías de la simulación cósmica nos invitan a explorar territorios inexplorados de nuestra comprensión del universo y de nosotros mismos. Quizá, en la búsqueda incesante de lo eterno, encontremos respuestas que desafíen nuestras concepciones más arraigadas de la realidad y de nuestras existencias. Al fin y al cabo, como dijo una vez el magnífico Alan Watts,

> *"Somos nuestro propio sueño".*

El misterio del final de la vida se desvela así en un caleidoscopio de culturas, historias, hipótesis científicas y filosóficas, ofreciendo un espectáculo fascinante e inagotable de preguntas y reflexiones que nos incitan a mirar más allá del horizonte con la esperanza de descubrir la verdad última de la existencia humana.

Así pues, el papel de la información en el cosmos cuántico plantea un fascinante desafío a nuestra comprensión de la realidad. A través de un enfoque interdisciplinario en el que participen la física, la informática, la filosofía y otros campos, podemos esperar arrojar nueva luz sobre uno de los misterios más profundos del universo.

En esta aventura hacia una comprensión más profunda del cosmos cuántico, también es importante tener en cuenta las aportaciones de mentes brillantes del pasado y del presente que han sentado las bases de nuestra comprensión actual de la información en el universo.

Alan Turing y su "máquina".

Alan Turing fue un pionero de la informática e hizo importantes contribuciones a la teoría de la información y la computación, abriendo nuevas perspectivas sobre la naturaleza de la información en sí misma. Sus ideas han influido profundamente en la forma en que entendemos los conceptos de información y computación, sentando las bases de la era digital en la que vivimos hoy.

Alan Turing es conocido sobre todo por desarrollar el concepto de *máquina de Turing*, un modelo teórico abstracto de dispositivo que realiza cálculos siguiendo instrucciones almacenadas. Este concepto constituye la base de todo lo que hoy entendemos por "*ordenador*" y sentó las bases de la teoría de la computación.

Las máquinas de Turing son modelos teóricos abstractos de un dispositivo que manipula símbolos en una tira de cinta de acuerdo con un conjunto de reglas definidas. Este concepto fue introducido por Alan Turing en la década de 1930 y se ha convertido en fundamental para la teoría de la computación. He aquí algunos puntos clave. Una máquina de Turing consta de:

- una cinta sin fin dividida en celdas,
- un cabezal de lectura/escritura que lee y escribe los símbolos en la cinta,
- una unidad de control que interpreta las instrucciones y determina las acciones que deben realizarse.

La máquina de Turing funciona siguiendo un conjunto de reglas o *instrucciones* definidas. En función del estado actual y del símbolo leído en la cinta, la máquina puede escribir, leer, moverse a izquierda o derecha y cambiar de estado.

Como continuación, Turing introdujo el concepto de "máquina *de Turing universal*", capaz de simular el funcionamiento de cualquier otra máquina de Turing. Esta característica permitió demostrar la computabilidad de determinados problemas y conceptos teóricos.

Turing demostró que existen problemas que no pueden ser resueltos por una entidad computacional, como *el "problema de la parada".* Este problema indica que no existe un algoritmo general para determinar si un programa terminará o no su ejecución.

Las máquinas de Turing abrieron la puerta a la teoría de la computación moderna y a la comprensión de lo que puede "*calcularse algorítmicamente*", es decir, lo que es computable.

Se dice que un problema o función matemática es "*computable*" si existe un algoritmo que pueda resolverlo o computarlo de forma determinista. En informática, este concepto se utiliza a menudo para referirse a lo que puede resolver un ordenador siguiendo una secuencia de pasos bien definida.

Valor filosófico asociado a la Máquina de Turing.

El valor filosófico asociado a la *Máquina de Turing* es diverso. Uno de los principales es la computabilidad y los límites de la inteligencia artificial. La Máquina de Turing ayudó a delinear los límites de la computabilidad y la inteligencia artificial. Ayudó a definir lo que puede ser computado algorítmicamente y destacó los problemas que no son inherentemente resolubles por una entidad computacional.

Además, la noción de máquina de Turing y los conceptos de computación simbólica han estimulado profundos debates filosóficos sobre la naturaleza de la mente y la inteligencia. La cuestión de si las máquinas pueden pensar, planteada por Turing en su artículo de 1950, ha tenido un impacto duradero en las reflexiones sobre la conciencia y la IA.

La Máquina de Turing también planteó importantes cuestiones éticas relacionadas con la IA y la responsabilidad humana en la implantación y uso de sistemas basados en inteligencia artificial.

La Máquina de Turing también plantea importantes cuestiones éticas relacionadas con la IA y la responsabilidad humana en la implantación y uso de sistemas basados en la inteligencia artificial. Promueve la reflexión sobre la ética de la automatización y la toma de decisiones computacional.

La idea de una máquina universal que pueda simular cualquier otra máquina ha sido fuente de reflexión sobre la libertad y la autonomía humanas, dando lugar a un debate más amplio sobre la importancia del control humano en el diseño y uso de la tecnología.

En general, la Máquina de Turing tiene un importante valor filosófico, ya que estimula el discurso sobre conceptos clave como la inteligencia, la mente, la autonomía, la ética y la relación entre el hombre y la máquina. Ha influido profundamente en la filosofía de la tecnología, la filosofía de la mente y la ética aplicada, dando lugar a una comprensión más rica de las implicaciones filosóficas de las innovaciones tecnológicas.

A través del concepto de máquina de Turing, Turing demostró que existen problemas que no pueden ser resueltos por un ordenador, como el problema de la parada. Este concepto contribuyó significativamente a la comprensión de las limitaciones de la computación y allanó el camino para la lógica matemática computacional.

Aunque la teoría de la información suele asociarse a Claude Shannon, Turing realizó importantes aportaciones conceptuales. Su idea de máquina universal influyó en la definición de complejidad algorítmica y compresión de datos, aspectos clave de la teoría de la información.

En resumen, Alan Turing fue un gigante en los campos de la informática, la teoría de la información y la lógica matemática. Sus revolucionarias contribuciones han dado forma al mundo de la computación y siguen influyendo en múltiples campos hasta nuestros días.

Información cuántica.

La información cuántica es un campo de la física que estudia el procesamiento, transmisión y manipulación de la información utilizando los principios de la mecánica cuántica. A diferencia de la información clásica, que se basa en bits que sólo pueden tomar los valores 0 ó 1, la información cuántica se basa en qubits, que pueden estar simultáneamente en estado 0, 1 o en una superposición de ambos debido a los principios de superposición e interferencia cuántica.

Entre los conceptos fundamentales de la información cuántica están la superposición cuántica, el entrelazamiento cuántico y la medición cuántica. El entrelazamiento cuántico permite la correlación instantánea entre partículas cuánticas, independientemente de la distancia que las separe, lo que hace posible transmitir información de forma segura y eficaz mediante el fenómeno del teletransporte cuántico.

La información cuántica ha despertado gran interés por su potencial en los campos de la criptografía cuántica, la computación cuántica y la comunicación cuántica, donde la seguridad y la eficacia de los sistemas mejoran enormemente en comparación con los métodos clásicos.

Enumero algunos pioneros de los estudios sobre información cuántica.

Gracias a las aportaciones de estas y otras muchas luminarias del pensamiento científico y filosófico, estamos asistiendo a una revolución conceptual que pone en tela de juicio nuestras creencias más arraigadas sobre la naturaleza del universo.

Richard Feynman.

Richard Feynman, famoso físico teórico y Premio Nobel, hizo importantes aportaciones a la mecánica cuántica, pero también se centró en la importancia de la información en el contexto de la física. El concepto de "información cuántica" introducido por Feynman abrió nuevas perspectivas sobre la teoría de la información y las conexiones entre la información y la realidad física a nivel cuántico.

El concepto de "información cuántica" es clave en el campo de la física cuántica y la información. Feynman fue uno de los pioneros en reconocer la importancia de considerar la información desde una perspectiva cuántica.

En la visión de Feynman, la información cuántica se basa en las leyes de la mecánica cuántica y se centra en la manipulación y transmisión de información a través de sistemas cuánticos en lugar de objetos clásicos. Este concepto condujo a la evolución de la teoría de la información cuántica, que tiene aplicaciones en ámbitos como la criptografía cuántica, la informática cuántica y las comunicaciones seguras.

Una de las principales aportaciones de Feynman fue señalar que los ordenadores cuánticos podrían realizar cálculos mucho más rápido que los convencionales, gracias a la capacidad de los qubits (unidades de información cuántica) de estar en varios estados simultáneamente.

Este concepto ha abierto nuevas perspectivas en el campo de la computación y la transmisión segura de información.

En resumen, la información cuántica representa un campo interdisciplinar que ha revolucionado nuestra comprensión de la propia información y de las posibilidades computacionales.

Roger Penrose.

Roger Penrose es un eminente físico matemático y filósofo británico conocido por sus importantes contribuciones a la física teórica, la cosmología y la teoría de la mente.

Ha explorado en profundidad las intersecciones entre la física cuántica, la teoría de la relatividad y la información, ofreciendo nuevos enfoques y perspectivas para comprender el universo y la mente.

Sus teorías sobre la interpretación de la información en el cosmos cuántico han provocado intensos debates y reflexiones sobre la naturaleza de la propia realidad. He aquí algunos de los conceptos y aportaciones clave de Penrose:

Conjeturas sobre la analogía cerebro-conciencia-cuántica.

Penrose propuso la idea de que la conciencia podría derivar de procesos cuánticos en el cerebro, abriendo una puerta a una nueva comprensión de la relación entre la física cuántica y la conciencia humana.

Teoría de la gravedad cuántica.

Penrose contribuyó significativamente a la comprensión de la gravedad cuántica al intentar integrar la relatividad general y la mecánica cuántica en un marco más completo y coherente.

Teoría objetiva del colapso ondulatorio.

Penrose trabajó en modelos de mecanismos objetivos de colapso de ondas, tratando de dar explicaciones plausibles a la transición del mundo cuántico al clásico y a las llamadas implicaciones "macroscópicas" de la mecánica cuántica.

La investigación científica y filosófica de Penrose ha abierto nuevos caminos en la exploración de la física fundamental, la naturaleza de la mente y la relación entre información, realidad y conciencia. Sus teorías han estimulado sin duda una intensa reflexión y debate en la comunidad científica y filosófica, influyendo en nuestra comprensión del universo y de nuestra propia existencia.

Hablaremos ampliamente de Penrose en los siguientes capítulos en relación con su teoría de la conciencia cuántica inmortal.

Max Tegmark.

El cosmólogo sueco Max Tegmark propuso audaces hipótesis sobre el universo matemático y la importancia de la información como fundamento de la propia realidad. Su visión del universo como estructura matemática autónoma sitúa la información en el centro de una interpretación cósmica cuántica radicalmente distinta de la visión clásica.

Lothar Schäfer. Información cuántica inmortal.

El físico cuántico Lothar Schäfer ha sugerido que la información cuántica no se destruye con la muerte, sino que puede conservarse en un campo cuántico intrínseco al universo, un concepto que resuena con la noción religiosa de un alma eterna.

Lothar Schaefer es uno de los pioneros de esta provocadora idea, que sugiere que la información cuántica, a diferencia de la clásica, puede sobrevivir a la muerte física y conservarse en un campo cuántico universal. Esta propuesta no es sólo una revelación científica, sino que está profundamente entrelazada con antiguas nociones religiosas de un alma eterna.

La información cuántica es un concepto muy diferente de la información clásica. Mientras que esta última se basa en estados definidos y claramente interpretables, la información cuántica existe en una superposición de estados hasta el momento de la observación. Según Schäfer, tras la muerte física, la información que constituye nuestra conciencia no se destruiría, sino que se trasladaría a un campo cuántico intrínseco al universo. Esta información se almacenaría de un modo que evoca la idea de un almacén cósmico de conocimiento y conciencia, una especie de "*campo del alma*".

Esta teoría tiene profundas implicaciones, no sólo para el campo de la física, sino también para la filosofía y la teología. En efecto, la idea de que la conciencia puede sobrevivir a la muerte resuena en muchas tradiciones religiosas que postulan la eternidad del alma. En el cristianismo, por ejemplo, se habla de la inmortalidad del alma y de la vida eterna. En otras religiones, como el hinduismo y el budismo, se cree en la reencarnación y en la continuación del ciclo de vida, muerte y renacimiento, en el que el alma o la conciencia transmigran a un nuevo cuerpo.

Schäfer imagina que tal movimiento no tendría lugar en un reino sobrenatural, sino dentro de las estructuras profundas del universo cuántico. Aquí, la conciencia se conservaría como una forma de información cuántica, interactuando con el universo de formas aún misteriosas y no comprendidas. Esta teoría, por tanto, no sólo se hace eco de la forma en que muchas religiones describen el alma eterna, sino que también sugiere un posible mecanismo científico subyacente a estas creencias.

A pesar de la fascinación y las poderosas implicaciones de esta teoría, sigue siendo altamente especulativa. La ciencia moderna exige que las hipótesis se apoyen en pruebas empíricas y reproducibles. En la actualidad, la teoría de Schaefer carece de esas pruebas fehacientes. Por ello, la comunidad científica mantiene una actitud de cauteloso escepticismo, manteniendo la puerta abierta a nuevas investigaciones y verificaciones experimentales, pero sin aceptar ciegamente la idea sin escrutarla.

La investigación de la supervivencia post mortem de la conciencia a través del prisma de la física cuántica no ha hecho más que empezar. La investigación futura podría centrarse en varios aspectos:

Experimentos cuánticos.

Idear experimentos que puedan probar la presencia y el almacenamiento de información cuántica relacionada con la conciencia.

Modelos teóricos.

Desarrollar modelos matemáticos y teóricos que expliquen cómo puede traducirse y conservarse la información cuántica tras la muerte física.

Interdisciplinariedad.

Colaboraciones entre físicos, neurocientíficos, filósofos y teólogos para explorar las implicaciones de estos descubrimientos desde perspectivas tanto empíricas como humanísticas.

La teoría de la conciencia cuántica como entidad inmortal ofrece un intrigante puente entre ciencia y espiritualidad, planteando cuestiones fundamentales sobre el sentido de la vida, la muerte y la propia existencia. Mientras esperamos con impaciencia pruebas empíricas que puedan apoyar o refutar esta teoría, nos invita a considerar nuestra realidad desde una perspectiva radicalmente nueva, en la que la física y la filosofía se encuentran en un campo cuántico que puede albergar los secretos de nuestra existencia eterna.

Información clásica y cuántica.

En el panorama actual de la información destacan dos paradigmas como pilares del conocimiento: la información clásica y la información cuántica. Estas dos perspectivas no sólo conforman nuestra forma de entender el mundo, sino que también configuran el futuro de las tecnologías y de una sociedad digital cada vez más interconectada.

Información clásica. De los papiros sumerios al código de Shannon.

La información clásica tiene sus raíces en las antiguas civilizaciones sumerias, que transmitían conocimientos a través de papiros y tablillas. Sin embargo, es con la llegada de la teoría de la información en el siglo XX cuando la información clásica encuentra su cenit.

Claude Shannon, padre de la teoría de la información, sentó las bases de nuestra comprensión de la información como un flujo de bits. Esta teoría, nacida de la comunicación de masas y la revolución digital, ha dado forma a la sociedad moderna, dando origen a la era de la información.

Claude Shannon fue el genio que sentó las bases para comprender la naturaleza de la propia información. En 1948, Shannon revolucionó el panorama científico con su obra "*Una teoría matemática de la comunicación*", que marcó una época y abrió la puerta a una nueva forma de concebir y manipular los flujos de información.

La teoría de la información de Shannon se basa en la visión de la información como un flujo de bits que transmiten un mensaje o una idea a través de un canal con ruido e interferencias. Esta idea fundamental ha tenido un impacto transformador no sólo en la ciencia, sino también en la sociedad moderna, dando forma a la era de la información en la que vivimos hoy.

Para comprender plenamente el alcance de la teoría de Shannon, debemos analizar sus conceptos clave. Son fundamentales los conceptos de fuente de información, canal de comunicación y destino o receptor. Shannon estableció el concepto de entropía como medida de la incertidumbre asociada a una fuente de información e introdujo los conceptos de información media y capacidad de transmisión del canal.

Un ejemplo paradigmático de la aplicación práctica de la teoría de Shannon son las modernas tecnologías de la comunicación, como la transmisión de datos y la compresión de la información. Gracias a su teoría, podemos enviar mensajes a través de redes digitales con una precisión y velocidad impensables antes de su trabajo pionero.

La obra de Claude Shannon no se ha limitado al mundo académico, sino que ha impregnado la cultura popular y ha inspirado a generaciones de informáticos, ingenieros y científicos de la información. Su influencia se extiende también a la filosofía, con profundas implicaciones sobre la naturaleza de la información y el propio conocimiento.

Además, Shannon desempeñó un papel crucial en el desarrollo de la cibernética y la inteligencia artificial, anticipándose a los retos y oportunidades de la era digital en la que vivimos. Su teoría de la información sigue siendo un pilar fundamental para entender nuestra sociedad hiperconectada, en la que el flujo de información influye en todos los aspectos de nuestras vidas.

Gracias al genio visionario de Claude Shannon, el mundo ha conocido una nueva forma de percibir y gestionar la información. Su legado sigue vivo en cada bit que pasa por lo digital, reforzando la noción de que la información es la moneda de nuestro tiempo, moldeada por los cimientos que Shannon sentó con su revolucionaria teoría.

La información cuántica y el principio de incertidumbre de Heisenberg.

La información cuántica, por su parte, surgió de las mentes inquietas de los pioneros de la mecánica cuántica. A principios del siglo XX, Werner Heisenberg sentó las bases de la incertidumbre, sugiriendo que la medición de una partícula influía inevitablemente en su estado.

El principio de incertidumbre de Heisenberg representa uno de los conceptos fundamentales de la física cuántica que ha revolucionado nuestra comprensión del mundo a nivel microscópico. Formulado por Werner Heisenberg en 1927, este principio afirma que es imposible conocer con precisión y simultáneamente la posición y el momento de una partícula subatómica.

Este principio se deriva de la naturaleza dual de la luz y la materia, según la cual partículas como los electrones pueden comportarse a la vez como ondas y como partículas puntuales. Cuando se intenta medir la posición de una partícula con mayor precisión, inevitablemente se introduce una perturbación en su impulso, y viceversa. Esto significa que la medición de una variable (posición o impulso) influirá en la medición de la otra variable de forma impredecible.

El principio de incertidumbre de Heisenberg tiene profundas implicaciones filosóficas y prácticas. Implica un límite a la precisión con la que podemos medir las propiedades de una partícula y subraya la importancia del concepto de probabilidad en la física cuántica. Además, este principio ha propiciado la aparición de conceptos como la incertidumbre fundamental en el universo microscópico, aportando una nueva perspectiva sobre la propia naturaleza de la realidad.

Uno de los experimentos que confirmó el principio de incertidumbre de Heisenberg fue el experimento de las dos rendijas de Young. En este experimento, se hace pasar un haz de partículas a través de dos rendijas, generando un patrón de interferencia que demuestra la naturaleza ondulatoria de la materia. Este fenómeno demuestra que las partículas subatómicas no tienen una trayectoria definida hasta que son observadas.

En conclusión, el principio de incertidumbre de Heisenberg representa una pieza fundamental en la construcción de la teoría cuántica, desafiando nuestras intuiciones clásicas sobre la naturaleza de la realidad y abriendo el camino a una nueva era de descubrimientos e innovaciones en la física y la ciencia en general.

Pero fue con el experimento mental de Schrödinger, el famoso "gato" en la caja, cuando la información cuántica adquirió notoriedad. Las partículas suspendidas en un estado superpuesto de muerte y vida incitaron a la comunidad científica a reflexionar sobre el significado de la propia información.

La teoría cuántica de la información, desarrollada en las décadas siguientes por luminarias como John Bell y David Deutsch, reveló las fantasmagóricas conexiones que unen a las partículas en un estado cuántico. El entrelazamiento cuántico, definido por Einstein como "*espeluznante acción a distancia*", sugiere que la información puede viajar instantáneamente entre partículas distantes, rompiendo toda lógica clásica.

Hoy en día, el panorama de la información se encuentra en la encrucijada entre estas dos perspectivas. Los bits clásicos, transportados por ondas electrónicas en circuitos integrados, siguen dominando nuestras comunicaciones digitales. Sin embargo, los qubits cuánticos, suspendidos en un estado de superposición, prometen una velocidad y una potencia de cálculo inimaginables.

Rasgos distintivos.

En el contexto de la información, dos mundos chocan y se entrecruzan en una intrigante danza de bits y qubits: la información clásica y la información cuántica. Estos dos paradigmas no sólo representan enfoques diferentes de la transmisión y el tratamiento de datos, sino que también reflejan las distintas visiones del mundo que han conformado nuestra comprensión de la realidad. Examinémoslos de cerca.

La información clásica, hija de la era digital y de la teoría de la información de Claude Shannon, se basa en los bits, la unidad fundamental de información que puede asumir dos estados distintos: 0 y 1. En este universo de bits, la información se transporta mediante señales eléctricas que viajan a través de circuitos integrados a velocidades increíbles.

Uno de los ejemplos más clásicos de información clásica es el teléfono, un aparato que transmite señales vocales mediante impulsos eléctricos a través de líneas telefónicas. Este sistema se basa en las reglas de la lógica binaria, donde cada bit de información está representado por una señal que puede activarse (1) o desactivarse (0), creando así secuencias de bits que constituyen los mensajes transmitidos.

La información cuántica, en cambio, se caracteriza por sus propiedades sorprendentes y contraintuitivas, que tienen su origen en la mecánica cuántica. En el mundo de los qubits, unidad fundamental de la información cuántica, una partícula puede estar en estado de superposición, es decir, puede ser al mismo tiempo 0 y 1, gracias al principio de superposición cuántica.

Un ejemplo emblemático de información cuántica son los experimentos de teletransporte cuántico, como el realizado en 1997 por un equipo de científicos dirigido por Anton Zeilinger. En este experimento, se transfirió información cuántica de una partícula a otra de forma instantánea, explotando la superposición cuántica y el fenómeno de entrelazamiento....

Las diferencias entre la información clásica y la información cuántica son radicales. Mientras que la primera se basa en bits clásicos que siguen las leyes de la lógica clásica, la segunda se basa en qubits cuánticos que desafían las leyes de la lógica convencional. Mientras que la información clásica se desplaza de forma lineal y determinista, la información cuántica lo hace de forma no local y probabilística.

Sin embargo, a pesar de estas diferencias aparentemente irreconciliables, la información clásica y la cuántica demuestran ser complementarias y estar interconectadas. Tecnologías emergentes como la criptografía cuántica y los ordenadores cuánticos están abriendo nuevas perspectivas en la forma de concebir y utilizar la información, combinando lo mejor de ambos mundos para crear un futuro en el que la comunicación y la computación se revolucionarán de formas inimaginables.

La diferencia fundamental.

En el ámbito de la información clásica, la solidez y tangibilidad de los soportes físicos desempeñan un papel fundamental. Pensemos en libros, periódicos, discos duros: instrumentos que almacenan y transmiten información mediante esquemas electrónicos o mecánicos. Sin embargo, la fragilidad de estos soportes se hace evidente cuando el tiempo marca su inexorable paso.

Un ejemplo emblemático es la decadencia de un libro a lo largo de los siglos. La acumulación de polvo, el desgaste de las páginas, el desgaste del material: todos ellos signos tangibles de la fugacidad de la información clásica. Incluso en el mundo digital, los soportes físicos pueden fallar, los discos duros corromperse, los servidores estropearse, provocando pérdidas irreparables de datos.

En cambio, la información cuántica desafía las convenciones de la materialidad, mostrando su inherente no-localidad. En este reino, los qubits se entrelazan en un estado de entrelazamiento que supera las barreras espacio-temporales, haciendo que la información resista el deterioro de los medios físicos. Un ejemplo elocuente es el experimento de Alain Aspect, que desveló la realidad del entrelazamiento, es decir, la existencia de conexiones cuánticas que superan las distancias físicas.

El entrelazamiento cuántico, la capacidad de las partículas de interactuar instantáneamente a distancia, es la piedra angular de la información cuántica. Este fantástico fenómeno sugiere que la información cuántica, por su característica de no localidad, puede sobrevivir a la transitoriedad de los cuerpos físicos, irradiando una nueva luz sobre la naturaleza misma de la existencia y la comunicación.

En virtud de estas características diametralmente opuestas, la información clásica y la cuántica se presentan como polos de una única visión más amplia. Mientras que la primera se nutre de la concreción de los medios materiales, la segunda se eleva en la impalpable red del entrelazamiento cuántico. Este dualismo nos incita a reflexionar sobre el significado de la propia información, revelando su naturaleza cambiante y mutable.

A medida que nos adentramos en los significados de la información, la sinergia entre estos dos mundos podría dar forma a una realidad aún más compleja e interconectada de lo que podemos imaginar. El viaje de la información clásica a la cuántica es tortuoso, pero lleno de promesas y sorpresas que podrían redefinir nuestra forma de percibir el mundo.

Concluyo con las palabras de Arthur Clarke:

Cualquier tecnología suficientemente avanzada es indistinguible de la magia".

Y en un mundo que se acerca cada vez más a esta magia, la información, tanto clásica como cuántica, podría ser la llave que abra las puertas a mundos aún inexplorados.

Información en el cosmos cuántico.

En el corazón del cosmos cuántico, la información se erige como un pilar invisible pero omnipresente, dando forma a la propia realidad con una maestría que desafía nuestra comprensión. Esta sección pretende abrir la puerta a nuevas reflexiones, estimulando una visión más amplia e integrada de nuestra existencia en el vasto paisaje del universo.

Mientras escrutamos el cielo estrellado en busca de respuestas a nuestras preguntas más profundas, no podemos ignorar el papel crucial de la información en el intrincado mosaico del cosmos cuántico. Ya sea una ilusión, una simulación o la realidad misma, la información se presenta como el hilo que une los hilos de la creación, invitándonos a explorar con nuevos ojos el gran misterio de la existencia.

Esos secretos ocultos en el corazón del cosmos esperan pacientemente a ser revelados, mientras los humanos seguimos levantando el velo de la ignorancia, guiados por la luz de la información en nuestro eterno viaje hacia el conocimiento y la comprensión.

Y a medida que profundizamos en los misterios del cosmos cuántico, es inevitable considerar las implicaciones filosóficas y metafísicas que se derivan del análisis del papel de la información.

Las preguntas que se plantean son múltiples y complejas: ¿cuál es la naturaleza última de la información? ¿De dónde procede este sustrato universal de códigos que regula el tejido de la realidad? ¿Y cómo encaja el observador humano en este intrincado patrón de información que da forma al cosmos?

En el cosmos cuántico, la información pasa de ser un mero instrumento de medición y comunicación a un protagonista activo de la propia existencia. Cada interacción, cada fenómeno, cada entidad parece estar impregnada de rastros de este elemento intangible pero poderoso.

A través del análisis de la información en el cosmos cuántico, nos encontramos ante un punto de inflexión epocal que nos invita a reconsiderar los fundamentos mismos de la realidad. La idea de que la información es el "tejido" fundamental del universo nos obliga a mirar más allá de las manifestaciones materiales y energéticas, allanando el camino hacia una nueva comprensión de la existencia.

Los retos que este concepto plantea a nuestra visión del mundo son inmensos y estimulantes. Debemos abandonar nuestras convenciones conceptuales para abrazar un paradigma en el que la información se desmenuza y recompone constantemente, dando forma a las realidades que percibimos y a las que quizá aún nos son desconocidas.

En esta búsqueda de la verdad y el significado, seguiremos explorando el papel de la información en el cosmos cuántico con una mente abierta y un corazón curioso, conscientes de que las respuestas que buscamos pueden conducirnos no sólo al descubrimiento de nuevas leyes de la naturaleza, sino también a la revelación de verdades más profundas sobre nuestra propia existencia.

Un viaje a través de los retos del conocimiento.

Abordar la cuestión de las instrucciones celulares y la influencia de la energía en la materia nos sumerge en una investigación tan fascinante como compleja, que trasciende los límites de la ciencia convencional para abarcar una perspectiva multidisciplinar que se sumerge profundamente en la esencia misma de la existencia.

A lo largo de la historia, numerosas teorías han intentado explicar el origen de las instrucciones que impulsan las maravillas del reino biológico. Desde la evolución darwiniana hasta la hipótesis de una inteligencia divina, los puntos de vista sobre los mecanismos que dan forma a la vida han sido muchos y a veces contradictorios, pero todos convergen hacia un punto focal: la búsqueda de la comprensión última de los procesos vitales que animan nuestro mundo.

La invitación a contemplar una posible "energía primordial" que proporcionó las primeras instrucciones a la célula original nos incita a reflexionar no sólo sobre la naturaleza de la vida, sino también sobre los límites de nuestra propia capacidad para comprender el universo y su misterio inherente.

En este fascinante viaje en busca de los orígenes, es crucial reconocer la importancia de mantener abiertas todas las perspectivas y abrazar la complejidad y diversidad de puntos de vista que nos rodean. La interdisciplinariedad y el diálogo entre las distintas disciplinas científicas y filosóficas resultan cruciales para avanzar en nuestra comprensión de un enigma tan intrincado y fascinante.

En una época en la que los conocimientos evolucionan a un ritmo acelerado y en la que las fronteras de la ciencia no dejan de ampliarse, la cuestión de las instrucciones celulares y del origen de la energía que anima la materia representa uno de los retos más estimulantes y significativos de nuestro tiempo.

Cualquiera que abrace el espíritu indagador y esté abierto al maravilloso misterio de la existencia puede embarcarse en este viaje hacia una comprensión más profunda de lo que se esconde tras la entretejida red de energía y materia que constituye el fundamento mismo de la vida.

Agujeros negros, el paradigma cósmico de la muerte.

Los agujeros negros son regiones del espacio donde la fuerza de gravedad es tan intensa que nada, ni siquiera la luz, puede escapar de ellos. Son el resultado del colapso de una masa extremadamente densa en un espacio tan pequeño que genera un campo gravitatorio increíblemente potente.

En el contexto cósmico, los agujeros negros desempeñan un papel importante. Se consideran el paradigma de la muerte cósmica, ya que representan el destino final de muchas estrellas masivas que agotan su combustible nuclear y colapsan sobre sí mismas. Además, la teoría de la relatividad general de Einstein predice que objetos como los agujeros negros también pueden influir significativamente en el espacio y el tiempo a su alrededor, configurando así el universo a nivel macroscópico.

Los misteriosos y fascinantes agujeros negros: las puertas a lo desconocido del universo.

Desde su descubrimiento, los agujeros negros han cautivado la imaginación y la curiosidad de la humanidad como ninguna otra entidad cósmica. Pero, ¿qué son exactamente estos enigmáticos fenómenos? Descubiertos hace relativamente poco, los agujeros negros son regiones del espacio donde la gravedad es tan intensa que absorbe todo lo que se acerca, incluso la luz.

La historia de los agujeros negros comienza con el genio teórico Albert Einstein, que presentó su teoría de la relatividad general en 1915. No fue hasta 1916, cuando el físico alemán Karl Schwarzschild resolvió las ecuaciones de Einstein para un cuerpo masivo y denso, que la idea de una entidad tan compacta que captura la luz empezó a tomar forma.

Sin embargo, hasta 1967 el astrónomo John Archibald Wheeler no acuñó el término *"agujero negro"* para describir esta peculiaridad de la física cósmica. Nuestra comprensión de los agujeros negros ha aumentado considerablemente gracias a pioneros como Stephen Hawking, cuyos trabajos sobre la radiación emitida por los agujeros negros han redefinido nuestra visión de estos astros.

Un momento crucial en nuestra comprensión de los agujeros negros se produjo en 2019, cuando el telescopio EHT captó una imagen de un agujero negro en el centro de la galaxia M87, confirmando así la presencia de estas entidades extraordinarias y proporcionando pruebas visuales sin precedentes de su existencia.

Los científicos siguen estudiando los agujeros negros con instrumentos cada vez más sofisticados, como el satélite LIGO, que ha observado ondas gravitacionales producidas por la fusión de dos agujeros negros separados por miles de millones de años luz. Estos esfuerzos son sólo el principio de lo que promete ser una era dorada en la exploración de los misterios del universo.

Los agujeros negros siguen siendo uno de los fenómenos más fascinantes y misteriosos del universo. Su descubrimiento y la evolución de los conocimientos asociados a ellos representan un capítulo extraordinario de la historia de la ciencia cosmológica, y siguen inspirando a generaciones de investigadores y aficionados a la astronomía de todo el mundo.

Cómo funciona un agujero negro.

Los agujeros negros funcionan según las leyes de la física definidas por la relatividad general de Einstein. Al acercarse a un agujero negro, la gravedad se hace cada vez más intensa. Si un objeto cruza el llamado *"horizonte de sucesos"* de un agujero negro (el punto de no retorno más allá del cual nada puede escapar a su gravedad), es atraído irremediablemente hacia su centro.

Si una persona cayera en un agujero negro, experimentaría un fenómeno conocido como "espaguetización". Debido al fuerte gradiente gravitatorio, las fuerzas de marea se vuelven tan intensas que estiran y desgarran el objeto hasta darle forma de espagueti antes de ser aplastado en el núcleo del agujero negro, un lugar de densidad y presión extremas.

Los efectos sobre un objeto espacial que cae en un agujero negro incluyen la aceleración extrema debida al aumento de la gravedad, el calentamiento debido a la compresión en la región de acreción y, posiblemente, la emisión de radiación antes de ser engullido.

La comparación de un agujero negro con un "agente de la muerte cósmica" se deriva del hecho de que cualquier cosa que caiga en un agujero negro no puede escapar de él, ni siquiera la propia luz. Así que, en cierto sentido, los agujeros negros representan el destino último de cualquier objeto. Cualquier objeto que cae en un agujero negro deja de existir. Este concepto evoca la idea de una especie de "muerte cósmica", ya que una vez atrapado en un agujero negro, cualquier cosa se ve inexorablemente impulsada hacia un destino desconocido e irremediable.

La oscuridad y el misterio que rodean a los agujeros negros los convierten en objetos fascinantes para la investigación científica y la especulación cosmológica, ya que plantean profundos interrogantes sobre la naturaleza misma del espacio, el tiempo y la materia en el universo.

El descubrimiento fundamental de Jacob Bekenstein y Stephen Hawking.

En la década de 1970, Jacob Bekenstein llevó a cabo una investigación pionera en el campo de los agujeros negros, proponiendo la revolucionaria idea de que los *horizontes de sucesos* (la boca) de estos objetos cósmicos tienen una superficie asociada a una cantidad específica de información. Esta superficie, que más tarde se conoció como *superficie Bekenstein-Hawking*, actúa como una especie de *"memoria"* que almacena todos los detalles de las partículas y objetos que caen en el agujero negro.

Posteriormente, Stephen Hawking desarrolló aún más la idea de Bekenstein, demostrando que los agujeros negros no son simples "vórtices" de materia. *El* concepto de *radiación de Hawking* selló una importante conexión entre la termodinámica y la gravedad de los agujeros negros, impulsando a la comunidad científica a reconsiderar las características especiales de estos objetos.

Stephen Hawking desarrolló más tarde esta idea, demostrando lo que había planteado como hipótesis, a saber, que los agujeros negros no son simples "devoradores" de materia que se lo tragan todo, sino entidades termodinámicas que emiten radiación y, por tanto, pierden energía con el tiempo. Este concepto representa una importante conexión entre la termodinámica y la gravedad de los agujeros negros.

Pero... ¿un agujero negro se traga y aniquila todo?

La imagen de un agujero negro como un "*devorador de todo*", una fuerza oscura e insaciable que mata y engulle sin piedad todo lo que encuentra a su paso, ha fascinado a generaciones de aficionados a la astronomía. Pero, ¿hasta qué punto esta representación mítica se corresponde con la realidad? Nuestra comprensión de los agujeros negros ha sido revolucionada por mentes brillantes como la de Stephen Hawking, cuyo trabajo pionero ha ampliado nuestros horizontes sobre estas maravillas cósmicamente extrañas.

Las teorías clásicas sugieren que nada puede escapar a la atracción gravitatoria de un agujero negro una vez traspasado su horizonte de sucesos. Sin embargo, la visión de Hawking supuso un gran avance en nuestra comprensión de estas entidades cósmicas. En 1974, Hawking propuso que los agujeros negros emiten radiación, conocida como radiación de Hawking, que acaba provocando su "*evaporación*" en el tiempo cósmico.

Este concepto radicalmente innovador ha abierto nuevas perspectivas sobre la idea tradicional de los agujeros negros como tumbas cósmicas sin retorno. En lugar de limitarse a ser "devoradores de estrellas", los agujeros negros también podrían sufrir procesos de emisión de energía y reducción de su masa a lo largo del tiempo.

Experimentos como los realizados en el telescopio EHT, que captó la imagen sin precedentes de un agujero negro en 2019, han contribuido significativamente a nuestra comprensión de estos fenómenos. La imagen de M87 proporcionó una verificación visual de la presencia de agujeros negros e impulsó nuevas investigaciones sobre su naturaleza y comportamiento.

Aunque los agujeros negros son fantásticos por su extrema fuerza gravitatoria, su interacción con la entropía y la radiación de Hawking sugiere una realidad más compleja que la simple idea de "*muerte cósmica*" que los ha marcado durante décadas. Estos enigmáticos gigantes cósmicos siguen inspirando y desafiando nuestra comprensión del universo, demostrando que, en la ciencia como en la vida, la verdad puede ser mucho más intrincada de lo que imaginamos.

El concepto de radiación de Hawking arroja nueva luz sobre el destino último de los agujeros negros y plantea importantes cuestiones sobre la conservación de la información y el futuro de la energía contenida en ellos. Hawking, audaz y atrevido como pocos científicos pueden serlo, ha abierto las puertas a nuevas fronteras de la física teórica, desafiando nuestros conocimientos y obligándonos a reconsiderar los fundamentos de nuestra comprensión del universo.

Mentes brillantes como Hawking, que desafiaron nuestras concepciones del cosmos con audacia e ingenio, quedarán grabadas para siempre en la historia de la ciencia como guías e inspiraciones para las generaciones futuras. Gracias a su trabajo y a su pasión por explorar el universo, hemos adquirido una comprensión más profunda y matizada de los agujeros negros, allanando el camino para nuevas investigaciones y descubrimientos que siguen dando forma a nuestros conocimientos.

El agujero negro mata "el cuerpo", pero no "el alma".

La radiación de Hawking, teorizada por Stephen Hawking en 1974, representa un fenómeno extraordinario que ha hecho añicos nuestras concepciones de los agujeros negros. Esta radiación, emitida por los agujeros negros debido a efectos cuánticos cerca del horizonte de sucesos, conlleva profundas implicaciones para la conservación de la información y la evolución de los cuerpos negros en el tiempo cósmico.

La radiación Hawking y la paradoja de la información de los agujeros negros.

Una de las cuestiones más controvertidas asociadas a la radiación Hawking es la *paradoja de la información del agujero negro*. Según las leyes de la mecánica cuántica, la información que caracteriza el estado de un objeto que cae en un agujero negro debería conservarse y no perderse en el abismo gravitatorio. Sin embargo, si los agujeros negros emiten radiación y acaban "evaporándose", como propone Hawking, esto podría implicar la pérdida irreversible de esta información, violando así uno de los principios fundamentales de la física.

Muchos estudiosos, entre ellos el astrofísico teórico Leonard Susskind y el propio Hawking, se han enfrentado en torno a esta provocadora cuestión. Susskind y Gerard 't Hooft plantearon la hipótesis de que la información puede almacenarse a través de la radiación emitida cuánticamente por los agujeros negros, sugiriendo que la información del objeto "tragado" puede codificarse en los cambios cuánticos de la propia radiación de Hawking.

En este contexto, experimentos conceptuales como la *paradoja de la información de los agujeros negros* de Thorne-Hawking-Preskill han avivado el debate y planteado nuevas preguntas sobre la naturaleza de la información en un universo gobernado por agujeros negros y la radiación que emanan.

Así, mientras la radiación de Hawking ofrece una ventana fascinante a la física de los agujeros negros, el destino de la información de un objeto "devorado" desafía a los científicos a reconciliar las leyes de la mecánica cuántica con los misterios del universo gravitatorio y cosmológico.

En el panorama de la física teórica, la radiación de Hawking se erige como uno de los descubrimientos más revolucionarios del siglo XX, al abrir una puerta a un mundo de profundas conexiones entre la mecánica cuántica y la gravedad.

Sin embargo, la cuestión de la información propia de un objeto "devorado" por un agujero negro ha intrigado y dividido a los científicos con un desafío trascendental. Este dilema implica el concepto de pérdida de información en el contexto de la mecánica cuántica, que preserva la completitud unitaria de la evolución cuántica. En resumen, ¿qué ocurre con la información contenida en un objeto que cae en un agujero negro?

La comunidad científica está dividida. Por un lado, están los que creen que la información se destruye (un concepto materialista que desafía el principio de reversibilidad temporal de la física) y, por otro, los que creen que la información se conserva de algún modo. Estos últimos creen que la información se transporta de vuelta al exterior del agujero negro, junto con la radiación de Hawking.

Una de las voces más influyentes a favor de la conservación de la información es sin duda Leonard Susskind, un notable físico teórico estadounidense. Él, en oposición a la idea original de Hawking, posteriormente corregida, de pérdida de información, defendió la teoría de la equivalencia .

En la búsqueda de respuestas sobre la naturaleza del fin de la vida y el destino que nos aguarda más allá de la muerte, contamos con un amplio abanico de disciplinas y teorías que se entrelazan en una intrincada red de conocimientos científicos, filosóficos y culturales. En este contexto de profunda especulación aparece la figura de Leonard Susskind, uno de los físicos teóricos más influyentes de nuestro tiempo, más conocido por su concepción de la teoría de equivalencias y su contribución a la formulación de la teoría de cuerdas.

Leonard Susskind, nacido en 1940, ha tenido un impacto significativo en el campo de la física teórica, realizando aportaciones fundamentales a la comprensión de la relatividad general y a la búsqueda de una teoría unificada que pueda explicar las fuerzas fundamentales del universo. Su teoría de la equivalencia, en particular, se centra en la idea de que fuerzas aparentemente diferentes pueden ser en realidad distintas manifestaciones de la misma fuerza fundamental, lo que conduce a una visión unificada de los fenómenos físicos.

En el contexto del final de la vida y lo que ocurre después, la teoría de la equivalencia de Susskind puede ofrecer ideas interesantes. Si consideramos la muerte como la transición de una forma de existencia a otra, podríamos interpretar esta transición a la luz de la equivalencia de Susskind, donde el final de la vida no representa necesariamente el fin absoluto, sino más bien un cambio de estado, una transformación que conduce de un nivel de realidad a otro.

Este concepto tiene eco en muchas tradiciones culturales y filosóficas que han propuesto visiones de la vida después de la muerte como una especie de transición a otra dimensión de la existencia. Por ejemplo, la filosofía hindú y budista considera la muerte como parte de un ciclo continuo de renacimiento y reconocimiento de la naturaleza impermanente de la vida. Del mismo modo, algunas corrientes de la filosofía occidental, como el pensamiento platónico, contemplan la idea de un alma inmortal que sobrevive a la muerte del cuerpo.

En conclusión, Leonard Susskind y su teoría de la equivalencia ofrecen valiosos elementos de reflexión sobre el final de la vida y las hipótesis sobre el destino que nos aguarda tras la muerte. Combinando su rigurosa visión científica con perspectivas culturales y filosóficas milenaristas, podemos embarcarnos en un viaje de exploración y cuestionamiento sobre la naturaleza última de nuestra existencia y la intrincada relación entre la vida, la muerte y el más allá.

Otra importante contribución al debate llegó en 2012 con el experimento realizado por Juan Maldacena, un conocido físico teórico argentino. El experimento proporcionó indicios experimentales a favor de la teoría de la equivalencia y la conservación de la información, arrojando más luz sobre esta intrincada cuestión.

La información de un cuerpo siempre sobrevive a su destrucción.

Esta frase subraya un principio fundamental de la física que implica el concepto de conservación de la información. Esta afirmación es un principio central en el debate en torno a la teoría de la pérdida de información, especialmente cuando se consideran fenómenos como el colapso de un cuerpo en un agujero negro.

En física cuántica, la conservación de la información es un principio básico que postula que la información relativa al estado cuántico de un sistema aislado debe conservarse en el tiempo y no perderse dentro de ningún proceso dinámico o evolución del propio sistema. Es evidente que el principio también se aplica al proceso de muerte física de un individuo Este concepto está estrechamente relacionado con la reversibilidad temporal de la mecánica cuántica y subraya la importancia de mantener la coherencia y la exhaustividad en las descripciones de los fenómenos físicos.

En el contexto de los agujeros negros y la radiación de Hawking, la cuestión de la información que se pierde en su interior ha generado un vivo debate entre los físicos teóricos. La hipótesis inicial, planteada por el propio Stephen Hawking, sugería que un cuerpo que cayera en un agujero negro también se "llevaría consigo" la información de ese objeto. De este modo, el objeto perdería irreversiblemente sus características peculiares.

Inicialmente, Hawking planteó la hipótesis de que los agujeros negros podían provocar la pérdida irreversible de información de un objeto que cayera en su interior, defendiendo esencialmente la llamada "paradoja de la información de los agujeros negros".

Este concepto, aunque revolucionario, causó una considerable controversia en la comunidad científica, ya que entraba en conflicto con el principio general de conservación de la información de la física cuántica. Durante los años siguientes, Hawking se dedicó activamente a buscar una solución a la paradoja de la información y a su hipótesis inicial sobre la pérdida total de información en el interior de un agujero negro.

En el transcurso de su carrera, Hawking, junto con otras luminarias como Leonard Susskind, se dio cuenta de las profundas implicaciones de este enigma y de la importancia de reconsiderar sus posiciones. Más tarde, Hawking revisó su postura sobre la pérdida de información de un agujero negro.

A lo largo de las décadas de 1980 y 1990, Hawking hizo evolucionar su visión sobre la cuestión, sugiriendo nuevas líneas de investigación e hipótesis que pretendían encontrar una resolución más acorde con los principios de la mecánica cuántica, en particular con el concepto de conservación de la información. Hawking se sumó al debate intelectual sobre el tema, contribuyendo a dar forma a una comprensión más reflexiva y profunda de la dinámica de los agujeros negros y del destino de la información que contienen.

Por tanto, aunque la postura inicial de Hawking sobre la información en los agujeros negros presentaba contradicciones conceptuales con los principios fundamentales de la física, su pensamiento evolucionó con el tiempo, lo que le llevó a explorar nuevas perspectivas y adoptar una visión más armónica con las leyes de la mecánica cuántica.

Así, la afirmación de que "*la información de un cuerpo siempre sobrevive a su destrucción*" refleja la lucha por mantener intactos los fundamentos de la física cuántica incluso ante fenómenos extremos como los agujeros negros. Gracias a este principio, muchos físicos aceptan las nuevas teorías y conceptos relativos a la conservación de la información inherente a los objetos que han caído en agujeros negros, haciendo avanzar la investigación hacia una comprensión más profunda del universo y de las leyes que lo rigen.

El concepto de alma y el concepto de información.

Ahora sabemos que nada, ni siquiera un agujero negro, puede destruir la información sobre cualquier objeto físico o ser biológico que haya existido en el cosmos.

En el complejo entramado del pensamiento humano, dos conceptos aparentemente distantes encuentran convergencia: el concepto ancestral de alma y el concepto moderno de información. Mientras que, por un lado, el alma evoca sugerencias espirituales y místicas, por otro, la información se configura como la materia prima del conocimiento y la comunicación digital en la era contemporánea. Pero, ¿cómo se entrelazan estos dos mundos conceptuales?

La idea del alma, arraigada en las tradiciones y creencias religiosas de muchas culturas, concibe la existencia de una parte inmaterial y eterna del ser humano. Según esta perspectiva, el alma se considera una especie de entidad divina transmitida a los individuos en el momento del nacimiento y destinada a un juicio superior en el momento del tránsito. Esta visión filosófica refleja la idea de una esencia intrínseca e inmutable que da sentido y valor a la vida humana.

Al otro lado del espectro conceptual se sitúa la información, concepto que representa la base fundacional de la civilización digital. La información es omnipresente: desde los bits que fluyen en los circuitos electrónicos hasta la complejidad de los sistemas biológicos, toda entidad lleva consigo un conjunto de datos, configuraciones, significados. En el contexto de los seres vivos, la información adopta la forma de conciencia, es decir, la suma de elecciones, experiencias e interacciones que conforman la identidad y la percepción de uno mismo y del mundo circundante.

En esta perspectiva de conjunción entre lo antiguo y lo moderno, surge la sugerencia de un "*alma informacional*", un concepto híbrido que abarca tanto el aspecto espiritual e inmaterial del alma como la esencia digital y dinámica de la información. Este nuevo enfoque conceptual nos invita a considerar al ser humano como un nodo evolutivo de datos y significados, una síntesis armoniosa de lo trascendente y lo contingente, lo metafísico y lo empírico.

Aunque las raíces del concepto de alma se sumergen en la sacralidad del misterio y la trascendencia, y el de información se proyecta en la concreción de la tecnología y la ciencia, ambos convergen en la definición de la esencia existencial del individuo. El alma informacional se configura así como el punto de encuentro entre la sabiduría de los siglos y el frenesí del presente, entre lo inmutable y lo mutable, entre lo divino y lo terrenal.

En un momento en que la búsqueda de sentido y significado se entrelaza con la proliferación incontrolada de datos e información, reflexionar sobre la interconexión entre alma e información nos invita a explorar las profundidades del ser humano y a inspirarnos en un fructífero diálogo entre la sabiduría antigua y el conocimiento moderno. En busca de la esencia humana, pues, nos adentramos en el territorio inexplorado del alma informacional, donde lo divino y lo digital se funden en una melodía cósmica.

En esta sinfonía conceptual surgen cuestiones profundas que invitan a la reflexión y al debate. ¿Cómo se manifiesta el alma informacional en la era de la información global y la inteligencia artificial? ¿Cómo influyen las nuevas tecnologías y los descubrimientos científicos en nuestra concepción del alma y la identidad? ¿Cuáles son las implicaciones éticas y filosóficas de esta fusión de lo antiguo y lo moderno, lo espiritual y lo tecnológico?

La evolución de la sociedad y la cultura nos obliga a redefinir continuamente los límites y matices de conceptos fundamentales como alma e información. Mientras la tecnología nos acerca cada vez más al ideal del conocimiento omnisciente y la comunicación global, persiste la llamada de las antiguas preguntas existenciales, que nos instan a explorar las profundidades del ser humano y a afrontar los retos éticos y espirituales de nuestro tiempo.

Al seguir esta narrativa que entrelaza pasado y presente, tradición e innovación, la búsqueda del alma informativa se revela como un viaje de descubrimiento de las múltiples dimensiones del ser humano, una invitación a contemplar la complejidad y la belleza del universo interior y exterior que nos rodea.

Así, mientras nos esforzamos por descifrar los secretos del universo material e inmaterial, mientras tratamos de dar sentido a nuestra existencia y nuestro destino, el alma informativa nos interroga, nos desafía, nos fascina, empujándonos a explorar los horizontes nunca sospechados de nuestra naturaleza y nuestro ser en el mundo.

En este diálogo constante entre lo antiguo y lo moderno, entre la fe y la ciencia, entre la espiritualidad y la tecnología, descubrimos que el alma informativa no es sólo un concepto teórico o filosófico, sino una realidad viva y palpitante que impregna el tejido mismo de nuestra existencia.

El alma informativa y la conciencia.

La diferencia entre los conceptos de "alma informativa" y "conciencia" radica en su naturaleza y alcance de significado, aunque comparten ciertos matices de conexión.

El alma informacional es un concepto hipotético que combina las dimensiones espiritual e inmaterial del alma con el aspecto dinámico y fluido de la información. Este concepto sugiere que los individuos son esencialmente un conjunto de datos, significados y configuraciones en constante evolución. El alma informacional se centra en la idea de que lo que constituye a un individuo va más allá de lo puramente físico y biológico, incluyendo las experiencias, relaciones e interacciones que conforman la conciencia y la identidad.

La conciencia, por su parte, se refiere al conocimiento subjetivo que el individuo tiene de sí mismo y de su entorno. Es un estado mental que nos permite percibir, pensar, sentir y ser conscientes de nuestras propias experiencias. La conciencia está asociada a la capacidad de reflexionar, racionalizar e interpretar el mundo que nos rodea, junto con nuestras emociones, pensamientos y acciones.

Naturaleza.
El alma informacional se centra en la idea de que la esencia del individuo está formada por datos e información en evolución, mientras que la conciencia se refiere a la percepción subjetiva y la experiencia interior del individuo.

Temporalidad y permanencia.
El alma informativa sugiere un concepto más dinámico y cambiante, en constante evolución a lo largo del tiempo, mientras que la conciencia es una experiencia inmediata e individual que se manifiesta en el presente.

Profundidad conceptual.
Mientras que la conciencia se centra en la experiencia subjetiva y la autoconciencia, el alma informacional alude a un concepto más amplio que abarca tanto la dimensión espiritual como la informacional/relacional de los seres humanos.

En resumen, mientras que la conciencia representa un aspecto más inmediato y personal del ser humano, el alma informacional amplía el campo conceptual para incluir la idea de información, datos y significados que conforman la identidad y la percepción del mundo.

Así, mientras el sol se pone sobre el horizonte del conocimiento humano, salimos de esta reflexión enriquecidos con nuevas perspectivas, listos para continuar nuestro viaje en busca de la armonía entre el alma y la información, entre la quietud de lo eterno y el encanto del momento presente. En esta maraña de conceptos y significados, el alma informativa es un faro que guía en el proceloso mar del entendimiento humano, iluminando el camino hacia el descubrimiento de nosotros mismos y del mundo que nos rodea.

6 - CONCIENCIA CUÁNTICA.

"Creo que todo el universo es informacional y que la conciencia es la forma en que el universo se conoce a sí mismo".

(Ervin Laszlo)

Capítulo 10. Nace el concepto de conciencia .

"El universo está impulsado por la información y la conciencia. Cada pensamiento crea una vibración, cada conciencia genera un impacto".
(Federico Faggin).

Conceptos tradicionales del alma.

El alma es un concepto profundamente arraigado en la historia de la humanidad, presente en diversas culturas y tradiciones religiosas. El concepto de alma ha suscitado acalorados debates y discusiones a lo largo de los siglos en nuestro intento de comprender su verdadera naturaleza y su papel en la vida humana.

Las raíces del concepto de alma se remontan a la antigua Grecia, donde filósofos como Platón y Aristóteles desarrollaron ideas divergentes sobre el alma humana. Platón consideraba el alma como una realidad distinta del cuerpo, una entidad inmortal que poseemos antes de nacer y que seguimos experimentando después de fallecer. Según Platón, el alma es etérea y divina, mientras que el cuerpo es una mera prisión para ella. En cambio, Aristóteles creía que el alma y el cuerpo están inextricablemente unidos y que el alma es la forma organizadora de un organismo vivo.

La influencia del pensamiento griego se extendió también a las tradiciones religiosas, como el cristianismo. En el cristianismo, el alma se considera la parte inmortal del individuo, dotada de libre albedrío y destinada a una vida eterna tras la muerte. El concepto de alma está ligado a las ideas de salvación y juicio final, donde el alma será recompensada o condenada según sus acciones en la tierra. Importantes figuras como Santo Tomás de Aquino contribuyeron de forma decisiva a la definición teológica del alma, combinando las principales ideas filosóficas con la doctrina religiosa.

Las tradiciones hindú y budista también han ofrecido una interpretación única del alma. En el hinduismo, el concepto de alma se designa como "*atman*" y representa la esencia individual e inmortal del individuo, que conecta con el principio universal llamado "*Brahman*". Esta conexión entre atman y Brahman desempeña un papel fundamental en la comprensión del alma en el contexto hindú. En el budismo, sin embargo, se propone una visión más compleja: el alma o "*anatta*" se considera la ausencia de una entidad individual permanente. Según la doctrina budista, la idea de un alma separada es una ilusión, que conduce a la búsqueda de la liberación de todas las ataduras y apegos.

Además de las fuentes filosóficas y religiosas, estudios científicos recientes han ofrecido diferentes perspectivas sobre el alma. El destacado psicólogo suizo Carl Gustav Jung desarrolló su teoría del "*alma*" como representación simbólica del inconsciente, parte integrante del individuo. Según Jung, el alma representa el aspecto emocional y espiritual del ser humano.

En conclusión, los orígenes y conceptos tradicionales del alma hunden sus raíces en la filosofía antigua y en distintas tradiciones religiosas. Del platonismo al hinduismo, del cristianismo a la psicología de Jung, el concepto de alma se ha interpretado y estudiado de forma diferente a lo largo de los siglos. Esto ha dado lugar a diversas opiniones y debates sobre su verdadera naturaleza y función. La comprensión del alma sigue siendo un tema rico en interpretaciones personales, filosóficas y culturales, que continúa estimulando la reflexión humana sobre nuestra existencia y el sentido más profundo de la vida.

Referencias históricas y religiosas sobre el alma como entidad inmaterial.

El alma ha sido objeto de debate y especulación a lo largo de los siglos, tanto en el ámbito filosófico como en el religioso.

Los primeros vestigios de la concepción del alma como entidad inmaterial se encuentran en civilizaciones antiguas, como Egipto, donde la creencia en la inmortalidad del alma estaba muy extendida. *El* antiguo libro de los egipcios, "*El Libro de los Muertos*", atestigua su creencia de que el alma (conocida como "*ka*" o "*ba*") sobrevivía al cuerpo físico tras fallecer y emprendía un viaje al más allá. Estas referencias históricas revelan la antigua concepción del alma como una realidad distinta de nuestra envoltura física.

La filosofía griega clásica también abordó la idea del alma como algo inmaterial. Platón, por ejemplo, describió el alma como una parte divina del ser humano, distinta y separada del cuerpo. Según su teoría, el alma presidía las facultades racionales y espirituales del individuo. Estos conceptos también influyeron en la tradición filosófica posterior, en particular en el neoplatonismo, que se basaba en la interpretación de Platón del alma como entidad inmaterial.

Las tradiciones religiosas han desempeñado un papel fundamental en la definición del alma como entidad inmaterial. En el cristianismo, por ejemplo, el alma se concibe como eterna e inmaterial, creada por Dios y destinada a unirse a Él tras la muerte. Las tradiciones religiosas han desempeñado un papel fundamental en la definición del alma como entidad inmaterial. En el cristianismo, por ejemplo, el alma se concibe como eterna e inmaterial, creada por Dios y destinada a unirse a él tras el paso. Esta idea está estrechamente vinculada a los conceptos de "salvación eterna" y "redención del alma" mediante la fe y la práctica religiosa. Importantes figuras teológicas como Agustín de Hipona y Tomás de Aquino elaboraron el concepto del alma como entidad inmaterial y lo incorporaron a la teología cristiana... Importantes figuras teológicas como Agustín de Hipona y Tomás de Aquino elaboraron el concepto del alma como entidad inmaterial y lo incorporaron a la teología cristiana.

Gracias a los avances de la ciencia moderna, han surgido perspectivas alternativas sobre la naturaleza del alma. En el campo de la neurociencia, por ejemplo, los estudios sobre la actividad cerebral y la conciencia están abriendo nuevas posibilidades de comprensión. Estos descubrimientos científicos ofrecen una perspectiva más para entender el alma como una entidad inmaterial.

En conclusión, la investigación histórica y religiosa sobre el alma como entidad inmaterial nos ofrece una visión general de las distintas concepciones de esta realidad supersensible. Desde los antiguos egipcios hasta la filosofía griega y tradiciones religiosas como el cristianismo y el hinduismo, el alma se ha interpretado como una parte eterna e inmaterial del ser humano. Sin embargo, la ciencia moderna sigue desafiando estos puntos de vista tradicionales, planteando nuevas preguntas sobre la naturaleza del alma y abriendo nuevas perspectivas de comprensión. Cada individuo es libre de interpretar el alma según sus propias perspectivas culturales, filosóficas y personales.

De Platón a nuestros días. La influencia del concepto de alma en la definición de la conciencia.

El concepto de alma, tal y como lo entendieron filósofos antiguos como Platón, ha dejado una huella indeleble en la definición de la conciencia y en nuestra comprensión de la vida después de la muerte. A lo largo del camino que va desde Platón hasta nuestros días, el legado de esta concepción del alma como principio inmaterial e inmortal ha seguido moldeando la forma en que concebimos la conciencia y su papel en el universo.

Platón, en el "Fedón", esbozó una visión articulada del alma como entidad eterna y divina, que sobrevive al cuerpo y viaja a mundos superiores tras la muerte. Esta visión influyó profundamente en la filosofía y la teología occidentales, encauzando el pensamiento hacia la idea de un principio inmaterial y trascendente que anima a los seres humanos y los conecta con dimensiones metafísicas.

A lo largo de los siglos, el concepto de alma fue objeto de reinterpretación y crítica por parte de pensadores como Aristóteles, que propuso una visión más racional y terrenal del alma como forma del cuerpo, integrando el elemento espiritual con el material. Estos debates influyeron en el pensamiento medieval y dieron lugar a distintas concepciones del alma entre los diversos filósofos y teólogos de la época.

Con la llegada de la Edad Moderna y la Ilustración, el concepto de alma empezó a ser cuestionado por pensadores como Descartes, que introdujo el concepto de dualismo mente-cuerpo, separando el alma inmaterial del cuerpo material. Esta visión dualista influyó en el debate filosófico sobre el concepto de conciencia y llevó a concebir la mente como una entidad separada y autónoma del cuerpo.

En el siglo XIX, con el desarrollo de la psicología y la biología científicas, las teorías de la evolución y el instinto llevaron a considerar el alma y la conciencia como productos de procesos biológicos y adaptativos. Freud y otros psicólogos profundizaron en el análisis del inconsciente y los procesos mentales, sugiriendo una visión del yo como sujeto a influencias biológicas y psicológicas.

En las últimas décadas, el concepto de conciencia se ha transformado aún más, influido por los descubrimientos y teorías de la neurociencia y la filosofía de la mente. Los estudios sobre la actividad cerebral durante los estados alterados de conciencia, los experimentos de neuroimagen y la investigación sobre la conciencia fenoménica han llevado a considerar la conciencia como un fenómeno emergente del cerebro, conectado a complejas estructuras neuronales e interconexiones bioquímicas.

Hoy en día, el legado del concepto de alma se refleja en la riqueza y complejidad de los debates actuales sobre la naturaleza de la conciencia y el yo. Autores contemporáneos como Antonio Damasio, Daniel Dennett, David Chalmers y otros siguen explorando las raíces e implicaciones de este legado. Estos estudiosos tratan de integrar las visiones del pasado con los conocimientos científicos y filosóficos modernos para comprender mejor la naturaleza de la conciencia y su conexión con la esencia misma del ser humano.

La evolución del concepto de alma hacia la conciencia.

A lo largo de la historia de la humanidad, el concepto de alma ha experimentado una profunda transformación, evolucionando hacia el de conciencia y abriendo nuevos horizontes en la investigación de la naturaleza del ser humano, su existencia más allá de la muerte y el funcionamiento de la mente. Este viaje a través de los siglos revela una narrativa compleja y fascinante, salpicada de momentos cruciales y protagonistas que han contribuido a dar forma a nuestra comprensión de la conciencia como fenómeno universal e individual.

Las raíces de la idea del alma se remontan a las civilizaciones antiguas y sus cosmovisiones, en las que el alma se consideraba la esencia inmaterial y eterna que impregnaba a los seres humanos y los conectaba con los reinos divinos o espirituales. Ejemplos de estas concepciones se encuentran en culturas antiguas como la egipcia, la griega y la hindú, en las que el alma se consideraba el principio vital e inmortal que regía la vida y el más allá.

A medida que avanzaba la filosofía antigua, pensadores como Platón y Aristóteles desarrollaron sofisticadas teorías sobre el alma, concibiéndola como una realidad separada del cuerpo y capaz de sobrevivir a la muerte física. Platón expuso la visión de un alma aprisionada en el cuerpo, a la espera de liberarse para ascender al reino de las ideas. Estas concepciones influyeron en el pensamiento occidental durante siglos, contribuyendo a conformar las visiones religiosas y filosóficas de la vida y la muerte.

Con la llegada de la Edad Moderna y la Revolución Científica, el concepto de alma empezó a cuestionarse y reinterpretarse. El dualismo cartesiano de Descartes separaba claramente mente y cuerpo, abriendo una nueva visión de la conciencia como entidad separada y autónoma. Este dualismo afectó profundamente a la definición de la conciencia como objeto de estudio e investigación, dando lugar a una mayor racionalización e interpretación científica del concepto.

En el siglo XIX, el pensamiento evolucionista de Darwin y la emergente psicología como disciplina científica contribuyeron a una visión de la mente y la conciencia como productos de la naturaleza y la evolución. Freud y Jung, en el siglo XX, profundizaron en su análisis del inconsciente y la dinámica de la psique, destacando las complejidades del yo y la conciencia como resultado de procesos inconscientes y relaciones sociales.

En las últimas décadas, la neurociencia y la investigación sobre la conciencia han permitido nuevos avances en la comprensión de la transición del alma a la conciencia. Los estudios sobre las bases neuronales de la conciencia, los experimentos de alteración de la conciencia y las teorías sobre la naturaleza fenoménica de la conciencia están arrojando nueva luz sobre la complejidad de este fenómeno y sus conexiones con la experiencia individual y colectiva.

Este recorrido histórico desde la idea del alma hasta la comprensión moderna de la conciencia representa un viaje matizado de cambios conceptuales, marcado por visiones dualistas, materialistas, espirituales y científicas. Explorar esta evolución nos permite apreciar la complejidad y vastedad de nuestra concepción de nosotros mismos, abriendo nuevas preguntas y perspectivas sobre la naturaleza del ser y de la vida.

Entre el mito y la realidad: la evolución del concepto de alma y conciencia.

Las raíces del concepto de alma se remontan a las civilizaciones antiguas y a sus concepciones mitológicas del más allá. En Egipto, el alma se consideraba una entidad inmortal que sobrevivía a la muerte física y se trasladaba al más allá, lo que influyó en el pensamiento posterior sobre el destino post mortem. En Grecia, las reflexiones de filósofos como Platón y Aristóteles contribuyeron a esbozar una idea más articulada del alma, concebida como una realidad trascendente y distintiva capaz de sobrevivir a la muerte del cuerpo.

Con la llegada de las grandes religiones monoteístas, como el cristianismo y el islam, el concepto de alma adquirió un significado más teológico, vinculado a la redención, la salvación y el juicio divino. La idea de un alma inmortal como entidad moral y espiritual ha impregnado el pensamiento religioso durante siglos, influyendo en las creencias y prácticas de las comunidades religiosas de todo el mundo.

A lo largo de la historia moderna, la investigación científica y filosófica ha conducido a una transformación gradual del concepto de alma hacia el de conciencia como fenómeno psicológico y biológico. Desde el dualismo cartesiano de René Descartes, que separaba claramente alma y cuerpo, hasta la psicología analítica de Carl Gustav Jung, que ahondaba en la dinámica profunda de la psique, el concepto de conciencia ha asumido un papel central en la interpretación del yo y de la realidad.

En el siglo XX, con el desarrollo de la neurociencia, la investigación sobre la conciencia condujo a una nueva comprensión de su naturaleza y su base neuronal. Los estudios sobre la conciencia alterada, las experiencias de conciencia extracorpórea y las correlaciones entre la actividad cerebral y los estados de conciencia arrojaron nueva luz sobre la complejidad de este fenómeno, subrayando su conexión con las funciones cerebrales y la biología humana.

Hoy en día, de mito a realidad, la investigación sobre la conciencia sigue siendo un campo de investigación interdisciplinar en el que intervienen la filosofía, la ciencia cognitiva, la psicología y la neurociencia. Estudiosos como Antonio Damasio, Daniel Dennett, Christof Koch y otros están ayudando a unificar las distintas perspectivas sobre la conciencia, abriendo nuevas fronteras de conocimiento y comprensión sobre la naturaleza del ser y su destino más allá de la vida terrenal.

En conclusión, la evolución del concepto de alma y conciencia a lo largo de los siglos refleja la búsqueda humana por desentrañar el misterio de la existencia y su continuidad más allá de la muerte. Navegando entre el mito y la realidad, entre la fe y la razón, nuestra comprensión de la conciencia como fundamento de nuestra identidad y del propio universo se enriquece con nuevas perspectivas y retos, abriendo un camino hacia el descubrimiento de la verdad y el sentido de la existencia humana.

El cambio de enfoque del alma a la conciencia en el debate filosófico.

A lo largo de la historia del pensamiento filosófico, se ha producido un cambio significativo en el enfoque, que ha pasado de la idea tradicional del alma a una concepción más contemporánea y compleja de la conciencia. Este cambio ha impregnado el debate filosófico sobre lo que sucede después de la vida y la esencia misma del ser humano, lo que ha llevado a centrarse cada vez más en el papel y la naturaleza de la conciencia en la interpretación de estos enigmas existenciales.

En la Antigüedad, filósofos como Platón y Aristóteles desarrollaron ideas fundamentales sobre el alma, considerándola la esencia inmaterial y trascendente que animaba el cuerpo y persistía más allá de la muerte. Platón, en el "Fedón", esbozó la inmortalidad del alma y su separación del cuerpo, proponiendo un dualismo entre el mundo material y el mundo de las ideas. Aristóteles, por el contrario, concebía el alma como la forma del cuerpo, unida a él en una relación de mutua dependencia.

Con el advenimiento de las religiones monoteístas, la idea del alma adquirió significados cada vez más teológicos y morales, vinculados a la redención y al destino eterno del individuo. El pensamiento cristiano dio una peculiar interpretación del alma como entidad inmortal, dotada de libre albedrío y destinada a la salvación espiritual. Estas concepciones influyeron profundamente en el pensamiento occidental durante siglos, orientando la reflexión sobre la existencia humana y su destino trascendente.

En la modernidad, con la llegada del racionalismo y el empirismo, se empezó a cuestionar el concepto de alma. El renacimiento y la Ilustración condujeron a un progresivo desplazamiento de la atención hacia la naturaleza y el funcionamiento de la mente y la conciencia. René Descartes, con su dualismo mente-cuerpo, enfatizó la distinción entre alma y cuerpo como dos sustancias separadas, allanando el camino para una nueva visión del ser humano como una combinación de una entidad racional inmaterial y un cuerpo material extendido.

En el siglo XIX, con el desarrollo de la psicología y la ciencia cognitiva, el concepto de alma fue sustituido cada vez más por el de conciencia como objeto de estudio científico y filosófico. Autoridades como William James y Wilhelm Wundt contribuyeron a investigar la naturaleza de la conciencia, propiciando la aparición de la psicología como disciplina autónoma e introduciendo nuevas perspectivas sobre la fenomenología de la mente.

Hoy en día, gracias a la investigación interdisciplinar en neurociencia, filosofía de la mente y ciencia cognitiva, el tema de la conciencia ha cobrado protagonismo en el debate filosófico sobre la esencia del ser humano y su destino después de la vida terrenal. Estudiosos contemporáneos como David Chalmers, Daniel Dennett y Antonio Damasio avanzan teorías revolucionarias sobre el origen, la naturaleza y el significado de la conciencia, abriendo nuevas perspectivas y preguntas sobre lo que nos convierte en seres conscientes y lo que ocurre después de nuestra existencia terrenal.

En conclusión, el paso de la idea tradicional del alma a la concepción moderna de la conciencia en el debate filosófico refleja una evolución significativa en la forma de entendernos a nosotros mismos y al mundo que nos rodea. Este cambio de paradigma ha llevado a centrarse cada vez más en la experiencia subjetiva, la mente y la conciencia como claves para comprender nuestra existencia y el misterio que se esconde más allá de la vida terrenal.

La evolución del concepto de conciencia: de fenómeno espiritual a objeto de estudio científico.

La historia de la humanidad ha estado marcada por un profundo cambio en la interpretación de la conciencia, que ha pasado de ser un misterioso fenómeno espiritual a un objeto de estudio científico.

En la antigüedad, la conciencia se consideraba a menudo un don divino, una manifestación del espíritu o el alma que impregnaba al ser humano. Las filosofías y religiones antiguas veían la conciencia como un vínculo entre el hombre y lo divino, como una herramienta para comprender el mundo y explorar el misterio de la existencia. Esta perspectiva espiritual caracterizó gran parte de la cosmovisión clásica e influyó en el pensamiento filosófico y religioso durante siglos.

Con el florecimiento de la Edad Moderna, sobre todo a partir del Renacimiento, la observación de los fenómenos naturales y el desarrollo de la ciencia condujeron a una nueva visión de la conciencia. Pensadores como René Descartes introdujeron un enfoque racionalista y dualista, distinguiendo claramente entre mente y cuerpo. Este dualismo sentó las bases de una visión de la conciencia como entidad separada y autónoma que debía estudiarse con métodos más empíricos y científicos.

En los siglos siguientes, la conciencia empezó a convertirse en objeto de estudio sistemático. Los trabajos de filósofos como John Locke, David Hume e Immanuel Kant contribuyeron a un análisis más detallado de la mente y la conciencia, lo que condujo a la aparición de la psicología como disciplina científica. Con el tiempo, la psicología experimental y la neurociencia surgieron como campos de investigación dedicados al estudio de la conciencia humana y sus mecanismos.

En el siglo XIX, experimentos pioneros como la introspección de Wilhelm Wundt y las investigaciones de Ivan Pavlov e Ivan Sechenov sobre la actividad cerebral contribuyeron a una mayor comprensión de los procesos mentales y la conciencia.

El siglo XX vio el desarrollo del psicoanálisis de Sigmund Freud, junto con las teorías del conductismo de B.F. Skinner y la psicología cognitiva de Ulric Neisser. Estas teorías hicieron hincapié en la importancia del estudio de la conciencia y su conexión con la mente y el cerebro.

Hoy, gracias a los avances tecnológicos y a la investigación interdisciplinar, la conciencia se ha convertido en un objeto de estudio cada vez más complejo y fascinante. Estudiosos como Daniel Dennett, Steven Pinker, Christof Koch y otros siguen sondeando los límites de la mente y la conciencia, utilizando métodos científicos y filosóficos para explorar sus bases neuronales, mecanismos e implicaciones para la naturaleza humana.

La evolución del concepto de conciencia desde un fenómeno espiritual a un objeto de estudio científico representa una importante transformación en la forma en que la humanidad se aproxima al misterio del ser y de la mente. Este cambio refleja una creciente conciencia de la complejidad de la conciencia y de su papel en la definición de la identidad humana, abriendo nuevas perspectivas para nuestra comprensión de la naturaleza y el destino de la mente humana.

Uno de los pasos cruciales de esta evolución es la sustitución del concepto de alma por el de conciencia. Este cambio era necesario para hacer el objeto de estudio más accesible a la experimentación clásica y a las metodologías científicas, que exigen una forma de mensurabilidad y reproducibilidad.

Un pionero en el estudio científico de la conciencia fue el neurocientífico Benjamin Libet, que con sus experimentos sobre los impulsos cerebrales y el momento de la conciencia allanó el camino para una mayor comprensión de los procesos mentales asociados a la conciencia. Mediante mediciones precisas, Libet demostró que la conciencia puede correlacionarse con actividades cerebrales específicas, realizando así una contribución fundamental a la investigación en este campo.

Sin embargo, estos intentos de restringir el estudio de la conciencia al plano racionalista pronto se toparon con una realidad diferente.

Otros destacados estudiosos que han contribuido a redefinir el concepto de conciencia en el contexto científico son David Chalmers, con su teoría del "problema difícil" de la conciencia, y Christof Koch, con sus investigaciones sobre la interacción entre mente y cerebro. Estos y otros expertos han alimentado un debate lleno de matices sobre la naturaleza de la conciencia como entidad capaz de relacionarse con el cerebro pero independiente de él.

La física cuántica, con sus leyes que desafían el sentido común, ha añadido un nuevo elemento de complejidad al discurso sobre la conciencia. Varios científicos, entre ellos Roger Penrose y Stuart Hameroff, han teorizado sobre la existencia de vínculos entre los fenómenos cuánticos y los procesos neuronales, sugiriendo que la conciencia podría estar influida por mecanismos cuánticos aún desconocidos.

La transición del alma a la conciencia. Implicaciones filosóficas y científicas.

El camino desde la concepción tradicional del alma hasta la comprensión moderna de la conciencia se encuentra en la encrucijada de las reflexiones filosóficas y los estudios científicos sobre la esencia del ser humano y su destino más allá de la vida terrenal.

En las culturas antiguas, el alma se consideraba la esencia inmaterial y trascendente que daba vida y conciencia al ser humano. Filósofos como Platón y Aristóteles desarrollaron elaborados conceptos del alma como una entidad separada e inmortal, distinta del cuerpo y del mundo material. Estas visiones influyeron en el pensamiento occidental durante siglos, sentando las bases de una interpretación dualista de las dimensiones humanas.

El dualismo cartesiano de René Descartes en el siglo XVII sentó las bases de la distinción entre alma y cuerpo, introduciendo una concepción que separaba la mente de la materia. Este dualismo influyó en la filosofía y la ciencia, subrayando la centralidad de la conciencia como entidad separada y distinta del cuerpo físico.

En los siglos siguientes, la ciencia y la filosofía empezaron a investigar la naturaleza y las bases biológicas de la conciencia. Los experimentos en neurociencia, psicología y filosofía de la mente han contribuido a una mayor comprensión de los procesos neuronales relacionados con la conciencia y el yo. Estudios recientes sobre la conciencia fenoménica, las experiencias de conciencia alterada y el funcionamiento del cerebro han ofrecido nuevas perspectivas sobre la relación entre el alma y la conciencia.

Estudiosos contemporáneos como Christof Koch, Giulio Tononi y Daniel Dennett están llevando a cabo investigaciones pioneras sobre la naturaleza de la conciencia y su base neuronal. Las teorías de la integración informacional, la conciencia global y el materialismo emergente están contribuyendo a una comprensión más profunda de la conciencia como producto complejo de la actividad cerebral.

Las implicaciones filosóficas y científicas de la transición del alma a la conciencia plantean retos fundamentales a la visión tradicional del ser humano. La confrontación entre los conceptos espiritual y materialista de la mente humana, entre dualismo y monismo, entre subjetividad y objetividad, proporciona un terreno fértil para una comprensión más profunda de la naturaleza de la conciencia y del papel que desempeña en nuestra existencia.

La transición del alma a la conciencia supone un viaje a través de la historia del conocimiento humano, desde la antigua concepción de una entidad trascendente hasta la moderna comprensión científica de la mente y la conciencia. Esta evolución sigue planteando interrogantes fundamentales sobre la naturaleza del ser y su destino después de la vida, ofreciendo perspectivas sobre la identidad humana y el sentido de la existencia.

Conciencia y alma: análisis comparativo de la perspectiva metafísica y científica.

Entre las cuestiones existenciales que asolan a la humanidad, pocas son tan antiguas y apremiantes como la de la naturaleza de la conciencia y el alma, y su destino después de la muerte. Este tema, que ha fascinado a filósofos, científicos y teólogos durante siglos, se revela como una encrucijada entre metafísica y ciencia, entre creencias milenarias y recientes adquisiciones en el campo de la neurociencia y la física cuántica.

Sin embargo, la ciencia moderna ha planteado un nuevo desafío a estas concepciones tradicionales con sus investigaciones sobre la naturaleza de la conciencia y el cerebro. Los estudios neurocientíficos de investigadores como Christof Koch y Giulio Tononi han intentado identificar la base biológica de la conciencia, sugiriendo que puede surgir de complejos procesos neuronales en los que intervienen redes cerebrales interconectadas.

En este contexto, experimentos como los realizados por Michael Graziano sobre la atención consciente y la autoconciencia en primates han puesto de relieve la correlación entre la actividad cerebral y la conciencia, sugiriendo que esta última puede ser una propiedad emergente del cerebro complejamente organizado.

La teoría de la información integrada de Tononi, en particular, propone que la conciencia puede medirse por la complejidad e integración de la información procesada por el cerebro, lo que añade una dimensión científica más a este viejo debate.

Esta convergencia entre ciencia y metafísica se manifiesta en el concepto de transición del alma a la conciencia, donde el alma entendida como entidad inmaterial y trascendente se funde con la conciencia considerada como manifestación orgánica y funcional del cerebro. Si bien esta transición abre nuevas posibilidades para comprender el fenómeno de la conciencia mediante instrumentos científicos, también plantea profundos interrogantes sobre la naturaleza misma de la realidad y la vida.

En conclusión, el análisis comparativo de las perspectivas metafísica y científica sobre la conciencia y el alma revela un terreno fértil para el debate filosófico y la investigación empírica. Mientras que la metafísica nos insta a explorar las profundidades del ser humano y su destino trascendente, la ciencia nos invita a escudriñar los secretos de la mente y el cerebro. Quizá en este fructífero diálogo entre lo antiguo y lo moderno, entre la espiritualidad y la biología, resida la clave para desentrañar el misterio último de nuestra existencia.

Entre el alma y la conciencia. Un puente entre el mundo metafísico y el científico.

El destino de nuestro ser tras el fallecimiento, el paso de una dimensión terrenal a otra desconocida, es una de las preguntas más antiguas y fascinantes que se ha planteado la humanidad desde los tiempos más remotos. En el centro de esta antigua reflexión se encuentran las nociones de alma y conciencia, entidades inmateriales que siempre han alimentado nuestra curiosidad y nuestras esperanzas ante el misterio de la muerte.

En la visión tradicional, el alma se ha concebido como la esencia espiritual e inmortal del ser humano, un principio eterno que sobrevive al cuerpo y se eleva a mundos más sublimes. Filósofos como Platón y Aristóteles dieron forma a este concepto milenario con ideas que impregnaron el pensamiento occidental durante siglos.

Sin embargo, el advenimiento de la ciencia moderna ha abierto escenarios inesperados en este debate ancestral. La neurociencia, con sus avances en la comprensión del cerebro y la mente, ha arrojado nueva luz sobre la naturaleza de la conciencia, llevándonos a explorar los límites entre lo material y lo inmaterial, entre lo que podemos observar y medir y lo que escapa a nuestra percepción.

Antonio Damasio resumió la complejidad de esta cuestión con su teoría del yo y el origen de la conciencia, que propone una perspectiva unificada entre los procesos biológicos y los fenómenos mentales complejos. Según este punto de vista, la conciencia surge de una intrincada interacción entre cerebro, cuerpo y entorno, ofreciendo una visión menos dualista y más integradora que las concepciones tradicionales del alma.

En este marco de convergencia entre los mundos metafísico y científico, surgen experimentos y estudios que intentan tender puentes entre estas perspectivas complementarias. Las investigaciones sobre el efecto placebo y el poder de la mente sobre la salud, como las realizadas por Ted Kaptchuk y otros, ponen de relieve el papel crucial de la conciencia en la modulación del bienestar físico y psicológico.

Experiencias como las cercanas a la muerte (ECM), narradas por personas que han cruzado la frontera de la muerte y han vuelto a la vida, también ofrecen indicios sobre la naturaleza de la conciencia más allá del cuerpo físico, abriendo interrogantes que desafían las fronteras actuales de la ciencia.

En esta intrincada red de teorías, experimentos y percepciones, nos enfrentamos al reto de integrar las perspectivas espiritual y científica sin negar una en favor de la otra. La búsqueda de la verdad sobre la naturaleza de la conciencia y su posible continuidad tras la muerte exige un compromiso constante para explorar territorios desconocidos, desafiar nuestras creencias y permanecer abiertos a las sorpresas que nos depara la realidad.

En la confrontación entre el alma y la conciencia, entre el mundo visible y el invisible, surge la conciencia de que el puente entre la metafísica y la ciencia no es una brecha insalvable, sino más bien una vía de conexión que nos invita a explorar la complejidad de la existencia humana en toda su profundidad y maravilla.

En el debate sobre la existencia del alma y la influencia de la conciencia en nuestro mundo material, surge un interesante punto de convergencia que implica a la teoría cuántica y las reflexiones sobre el final de la vida. La noción de conciencia cuántica, a menudo citada en el contexto de la física cuántica, se propone como clave para comprender aspectos profundos de la realidad que van más allá de la concepción tradicional del alma.

Durante mucho tiempo, las cuestiones relacionadas con el alma se abordaron principalmente desde una perspectiva religiosa, siendo los conceptos metafísicos y espirituales el centro de los debates filosóficos y teológicos. Sin embargo, la ciencia moderna, en particular la física cuántica, ofrece una perspectiva más tangible y mensurable para explorar el papel de la conciencia en el universo.

Uno de los conceptos fundamentales de la teoría cuántica es la idea de que la realidad está influida por el observador, es decir, que la conciencia del observador tiene un impacto directo en los acontecimientos que ocurren a nivel subatómico. Este concepto, elocuentemente expresado por el famoso experimento de la doble rendija, pone de relieve cómo la conciencia es parte integrante de la propia realidad.

Uno de los pioneros en vincular la conciencia a la física cuántica fue el físico alemán Werner Heisenberg, quien teorizó que la conciencia podría desempeñar un papel fundamental en el colapso de la función de onda, determinando la manifestación de una realidad concreta entre muchas posibles. Esta idea sugiere que la conciencia influye directamente en la propia estructura de la realidad, allanando el camino para una visión más holística e interconectada del universo.

Otros estudiosos contemporáneos, como el físico teórico Amit Goswami, han profundizado en esta perspectiva, proponiendo modelos que integran la conciencia en la descripción de la realidad cuántica. Goswami avanzó la hipótesis de que la conciencia es la raíz misma de la existencia, argumentando que la materia deriva de la conciencia y no al revés, como suele creerse.

En el ámbito médico, la cuestión de la conciencia y su relación con el cerebro se vuelve especialmente sensible al considerar el tema del final de la vida. Los estudios y casos documentados de personas que han tenido experiencias cercanas a la muerte o han entrado en estados de conciencia alterada han planteado profundos interrogantes sobre el espacio de la conciencia más allá de las funciones cerebrales físicas.

Las investigaciones de neurocientíficos como Christof Koch y Giulio Tononi han abordado el problema de la conciencia en relación con el cerebro, proponiendo modelos que integran elementos de la física cuántica para explicar fenómenos como la conciencia no local y la conciencia en estados alterados.

En conclusión, el debate sobre la conciencia cuántica en el contexto del final de la vida ofrece materia para una profunda reflexión sobre la naturaleza de la realidad y de la propia conciencia. Mientras la ciencia intenta desentrañar los conceptos tradicionales de las nuevas fronteras de la física cuántica, el reto de comprender plenamente el vínculo entre conciencia, cerebro y realidad sigue abierto, allanando el camino hacia una visión más inclusiva e integrada del universo y de nuestras experiencias de vida y muerte.

De la fe a la razón: el cambio de paradigma del alma a la conciencia.

La evolución de las concepciones sobre el más allá de la vida, la naturaleza del ser y nuestra existencia más allá de la muerte ha experimentado una larga transformación, pasando de la fe a los argumentos racionales, de la noción de alma al descubrimiento de la conciencia como objeto de estudio y reflexión. Este cambio de paradigma, desde antiguas creencias arraigadas en la tradición religiosa hasta nuevas perspectivas basadas en la ciencia y la filosofía, representa un paso fundamental en el camino de la humanidad hacia una comprensión más profunda y articulada de su propia naturaleza y destino.

Las concepciones tradicionales del alma como entidad inmortal y trascendente, presentes en muchas tradiciones religiosas y filosóficas, han constituido durante siglos la base de la visión del ser humano como compuesto de un cuerpo material y un principio espiritual inmaterial. Esta concepción del alma, que se encuentra, por ejemplo, en las obras de Platón, Aristóteles y los escritos sagrados de las principales religiones, configuró la cosmovisión de las sociedades antiguas y medievales e influyó profundamente en el arte, la cultura y la moral.

Sin embargo, con el advenimiento de la era de la razón y el progreso de la ciencia, el paradigma del alma como entidad independiente e inmortal empezó a cuestionarse. Figuras clave de la Ilustración como Voltaire, Kant y Descartes introdujeron nuevas perspectivas crítico-racionales sobre la naturaleza del ser y la validez de las creencias tradicionales, allanando el camino para una visión más empírica y científica del mundo.

El concepto de conciencia, entendido como una manifestación de la mente en relación con los procesos neuronales del cerebro, ha ido ocupando gradualmente el lugar del alma como objeto de estudio e investigación en la psicología, la neurociencia y la filosofía de la mente modernas. Los estudios sobre la actividad cerebral durante los estados alterados de conciencia, los experimentos de neuroimagen y las teorías sobre la naturaleza subjetiva de la experiencia han contribuido a una nueva comprensión de la conciencia como un fenómeno emergente y dinámico, más que como una entidad separada e inmutable.

El cambio de paradigma del alma a la conciencia también se refleja en el desafío planteado por la filosofía contemporánea a las antiguas concepciones dualistas, con autores como Dennett, Churchland y Blackmore. Estos estudiosos cuestionan la idea de una entidad inmaterial y proponen una visión materialista y fundamentada neurocientíficamente de la mente y la conciencia..

En este proceso de transición, en el que la fe se enfrenta a la razón, la esencia del ser humano se redefine a través del prisma de la ciencia y la filosofía secular. El paso de una imagen del hombre como alma inmortal a una visión más compleja e interconectada de la conciencia como producto emergente del cerebro y su dinámica conlleva una profunda reconsideración de nuestra relación con el cosmos que nos rodea...

Sustituciones paradigmáticas

En el vasto panorama de las reflexiones sobre la existencia humana, el concepto de conciencia destaca como un elemento fundamental que abarca siglos de pensamiento y conocimiento. El nacimiento y la evolución del concepto de conciencia representaron una transformación cultural y científica de considerable importancia, especialmente en relación con el concepto tradicional de "alma".

El camino que condujo a la sustitución del concepto de alma por el de conciencia en la ciencia tiene raíces antiguas que se remontan a la filosofía y la cultura occidentales. Ya en la antigua Grecia, pensadores como Platón y Aristóteles se ocuparon de la naturaleza del alma, que representaba la esencia inmaterial y eterna del ser humano.

Con el advenimiento del pensamiento racionalista en la era moderna, el concepto de alma comenzó a ser cuestionado, ya que no podía ser encontrado a través de los métodos empíricos típicos de la ciencia. Así fue como, durante los siglos XVIII y XIX, dado que el concepto de alma no podía borrarse, la psicología y la ciencia cognitiva empezaron a preferir el concepto de conciencia como fenómeno que podía observarse y estudiarse.

Uno de los momentos cruciales en la sustitución del alma por la conciencia fue la aportación del filósofo y psicólogo alemán Wilhelm Wundt, considerado el fundador de la psicología experimental. A través de sus estudios pioneros sobre el estudio de la conciencia como objeto de investigación científica, Wundt contribuyó a promover una visión de la mente humana basada en la observabilidad y la mensurabilidad.

Durante el siglo XX, figuras destacadas como Sigmund Freud y Carl Gustav Jung hicieron nuevas aportaciones a la comprensión de la conciencia en la psicología y el psicoanálisis, subrayando la importancia de la experiencia personal y la conciencia en la formación de la identidad y el comportamiento humanos.

La llegada de la neurociencia supuso un nuevo impulso para sustituir el concepto de alma por el de conciencia, ofreciendo pruebas concretas de la interconexión entre los procesos cerebrales y las manifestaciones de conciencia. Los estudios sobre el cerebro realizados por científicos como Antonio Damasio, V.S. Ramachandran y Christof Koch ayudaron a consolidar la visión de la conciencia como resultado de complejos procesos neuronales.

Hoy en día, la conciencia está en el centro de los debates científicos y filosóficos destinados a explorar los límites y el potencial de la mente humana. El progreso tecnológico y la colaboración multidisciplinar permiten profundizar cada vez más en el conocimiento de la conciencia, abriendo nuevas perspectivas sobre la naturaleza de la existencia y la identidad humanas.

En esta evolución de la ciencia y la cultura, la sustitución del concepto de alma por el de conciencia es un paso significativo hacia una visión más integrada y científicamente fundamentada del ser humano y su experiencia de la vida y la muerte.

Conciencia y alma: una investigación crítica sobre sus relaciones y diferencias.

El tema de la conciencia y el alma, con sus intrincadas relaciones y diferencias, ha sido siempre uno de los puntos cruciales de reflexión de la humanidad sobre el destino último del ser humano. Por un lado, el alma se ha concebido como la esencia inmaterial y eterna que anima el cuerpo y sobrevive a la muerte, mientras que la conciencia representa el núcleo de nuestra experiencia subjetiva y autoconciencia.

La idea de un alma inmortal se remonta a la Antigüedad, y las civilizaciones del antiguo Egipto, Grecia e India desarrollaron concepciones complejas y articuladas sobre ella. Platón, en su diálogo "Fedón", explora el concepto de la inmortalidad del alma y su separación del cuerpo al morir, introduciendo el concepto de metempsicosis y reencarnación. Esta visión ha contaminado las cosmovisiones occidentales durante siglos, influyendo también en creencias religiosas y filosóficas posteriores.

En cambio, la ciencia moderna ha adoptado un enfoque diferente para comprender la conciencia, tratando de analizarla a través del estudio del cerebro y los procesos neuronales. Experimentos realizados por neurocientíficos como Marcus Raichle y Giulio Tononi han puesto de relieve correlaciones entre la actividad cerebral y los estados de conciencia, sugiriendo que la conciencia puede surgir de complejas interacciones neuronales más que de una entidad incorpórea como el alma.

Otra divergencia entre alma y conciencia surge en el concepto de identidad subjetiva y continuidad. Mientras que el alma suele asociarse a una identidad individual persistente que trasciende el tiempo y el espacio, la conciencia se manifiesta en flujos únicos de experiencias y percepciones que son vulnerables a la mutabilidad y contingencia de la experiencia humana. Este contraste entre la inmortalidad del alma y la fluidez de la conciencia plantea profundos interrogantes sobre la naturaleza del yo y sus conexiones con el cosmos.

Un enfoque crítico de estas cuestiones requiere un análisis exhaustivo de las teorías y pruebas que sustentan cada perspectiva. La investigación sobre las experiencias cercanas a la muerte (ECM) llevada a cabo por Pim van Lommel y otros, por ejemplo, ofrece relatos sugerentes sobre la experiencia más allá de la muerte y la relación entre la conciencia individual y la realidad trascendente.

Además, las hipótesis de una inteligencia cósmica propuesta por pensadores como Rupert Sheldrake o de una conciencia extendida más allá de los confines del cerebro avanzada por David Chalmers amplían el marco de referencia en la comprensión de la conciencia y su relación con el alma.

En conclusión, la indagación crítica sobre las relaciones y diferencias entre conciencia y alma nos invita a un enfoque dialéctico e integrador, capaz de dar cabida a las múltiples facetas de este debate milenario. Entrelazando los puntos de vista tradicionales con las adquisiciones científicas más recientes, podemos esperar acercarnos a la comprensión de uno de los misterios más profundos de la existencia humana.

El camino de la dualidad a la complejidad. Alma, conciencia y su relación a lo largo del tiempo.

En un intento por asomarnos más allá del velo de la muerte y comprender el destino del ser humano, nos sumergimos en un viaje de la dualidad a la complejidad, explorando las nociones de alma y conciencia y su evolución a lo largo del tiempo. Desde antiguas creencias hasta teorías científicas, nuestra perspicacia nos guía a través de las etapas cruciales de este viaje impregnado de misterio y significado.

La idea de un alma inmortal, distinta del cuerpo y destinada a continuar su viaje más allá de la vida terrenal, ha caracterizado la cosmovisión de muchas culturas y tradiciones religiosas. El concepto del alma como principio vital y trascendente hunde sus raíces en la Antigüedad, poblando el pensamiento de filósofos como Platón y Aristóteles con visiones más o menos articuladas de su naturaleza y destino.

A lo largo de los siglos, la aparición de la ciencia moderna ha planteado nuevas preguntas y desafíos a estas concepciones ancestrales. La investigación sobre la conciencia, las bases neuronales del pensamiento y la naturaleza de la mente ha ofrecido una perspectiva diferente y más intrincada sobre la esencia misma del ser. Los estudios de científicos como Daniel Dennett sobre la naturaleza de la conciencia como emergente de procesos neuronales han planteado interrogantes sobre la naturaleza del alma y su relación con la complejidad de la mente humana.

El camino de la dualidad a la complejidad también se manifiesta en el debate filosófico contemporáneo, en el que teóricos como Thomas Nagel y Susan Blackmore exploran los matices de la conciencia y sus implicaciones para nuestra comprensión del universo. Por un lado, la idea del alma como entidad separada e inmutable se ve cuestionada por la visión de la conciencia como un fenómeno fluido que depende del contexto y la experiencia.

Este cambio continuo de la dualidad a la complejidad, del concepto de un alma inmutable a la comprensión de la conciencia como un fenómeno dinámico y polifacético, nos lleva a reflexionar sobre la naturaleza misma del yo y su conexión con todo el universo.

Reflexiones sobre la naturaleza del ser humano: el papel del alma y la conciencia.

La antigua cuestión de la naturaleza del ser humano, su destino y su esencia está inextricablemente entrelazada con las nociones de alma y conciencia, desafiando al intelecto humano a explorar los límites entre lo tangible y lo intangible. En esta reflexión en profundidad, pretendemos arrojar luz sobre el papel esencial que desempeñan el alma y la conciencia en la configuración de nuestra identidad y nuestra experiencia del mundo, indagando profundamente en las raíces y perspectivas de estos conceptos fundamentales.

La idea de un alma inmortal, una chispa divina que habita el cuerpo y persiste más allá de la muerte, tiene sus raíces en la filosofía antigua y en las tradiciones espirituales de todo el mundo. Platón, pinta un cuadro fascinante de la muerte como la liberación del alma del cuerpo, preparada para emprender un viaje a mundos superiores. Esta concepción, con distintos matices, impregna el pensamiento occidental a lo largo de los siglos, influyendo en el pensamiento teológico y en la visión de la vida después de la vida.

La complejidad de la conciencia, por otra parte, ha sido objeto de innumerables estudios y especulaciones a lo largo de la historia, dando lugar a una multiplicidad de teorías y enfoques diferentes. Desde Descartes con su distinción entre *res cogitans* y *res extensa* hasta el debate contemporáneo entre el reduccionismo materialista y el dualismo mente-cuerpo, la conciencia ha seguido eludiendo una definición definitiva, ofreciendo un campo fértil para la reflexión y la investigación.

La comparación entre alma y conciencia nos lleva al vértice de un debate milenario, en el que la dualidad entre un principio inmaterial y un fenómeno neurofisiológico (si ésta es una forma correcta de definir la conciencia) se convierte en terreno abonado para profundas cuestiones existenciales. Filósofos como David Chalmers, con su teoría de la experiencia subjetiva, y neurocientíficos como Christof Koch, con sus investigaciones sobre las bases neuronales de la conciencia, intentan tender puentes entre estas perspectivas aparentemente antitéticas, ofreciendo nuevas claves interpretativas y nuevos escenarios de conocimiento.

En este intrincado enigma de la existencia humana, donde el alma y la conciencia se entrelazan y superponen, surgen nuevos retos y oportunidades de comprensión. Mediante la reflexión crítica y la apertura a la multidimensionalidad de la realidad, podemos embarcarnos en un viaje interior que nos lleve a abrazar la totalidad del ser humano, explorando las profundidades del alma y las alturas de la conciencia en una armonía que refleja la complejidad y la belleza del propio universo.

La transición a la conciencia. Teorías del yo.

En la búsqueda de respuestas por parte de la humanidad sobre el destino del ser tras la muerte y la naturaleza de la identidad individual, la transición de conceptos como el de alma al más "moderno" de conciencia marcó un paso crucial en la comprensión del yo y su papel en el entramado de la existencia. A través de un análisis histórico de las teorías del yo, podemos discernir las vías evolutivas que han conformado nuestra concepción de nosotros mismos como seres conscientes y únicos.

Las teorías sobre el yo tienen raíces muy antiguas, que se remontan al pensamiento de los filósofos griegos y los estudiosos de las tradiciones espirituales orientales. Platón y Aristóteles, con sus concepciones del alma y la sustancia, sentaron las bases de las primeras ideas de una entidad inmaterial y trascendente que caracteriza la esencia del ser humano. Estas visiones se incorporaron después al pensamiento cristiano, judío, hindú y budista, influyendo en las visiones del yo como entidad espiritual, eterna y distintiva.

A medida que progresaba el pensamiento científico y filosófico, el concepto de conciencia empezó a surgir como objeto de estudio y reflexión entre los siglos XVIII y XIX. Filósofos como Descartes, Locke y Hume sentaron las bases de una visión del yo como resultado de experiencias sensoriales, procesos mentales e interacciones sociales, reduciendo la entidad del alma a una construcción psicológica y cognitiva.

A principios del siglo XX creció el interés por la psicología y el psicoanálisis, lo que llevó a teóricos como Freud y Jung a explorar las profundidades del inconsciente y la dinámica del yo. Freud, con su teoría de la estructura de la personalidad dividida en "Yo", "Superyo" y "Es", ofrecía una visión compleja y estratificada del yo como producto de conflictos internos e interacciones sociales.

En el campo de la neurociencia, la investigación sobre el origen y la naturaleza de la conciencia ha llevado a estudiosos como Antonio Damasio y Stanislas Dehaene a investigar las bases neuronales de la identidad y la subjetividad. La idea emergente es la de un yo dinámico, flexible y en constante evolución, conformado por redes neuronales, procesos emocionales y experiencias sensoriales que dan forma a nuestra percepción de nosotros mismos y del mundo.

El análisis histórico de las teorías del yo nos muestra cómo el concepto de identidad ha evolucionado de visiones dualistas y estáticas a visiones más dinámicas influidas por la complejidad de las relaciones con el entorno y los demás. Esta evolución sigue desafiando y enriqueciendo nuestra comprensión del yo y de la conciencia, abriendo nuevas fronteras de investigación y descubrimiento en nuestro intento de delinear los límites borrosos y cambiantes de lo que somos y de lo que podemos llegar a ser.

En conclusión, la transición a la conciencia refleja las perspectivas cambiantes sobre el yo y sus componentes, desde las visiones míticas y teológicas hasta las investigaciones empíricas y científicas. A través del análisis histórico de las teorías del yo, podemos apreciar el viaje de autodescubrimiento de la humanidad, plagado de contradicciones, retos y oportunidades para ampliar la conciencia de la naturaleza del ser humano.

La evolución de las teorías del yo refleja no sólo el progreso del pensamiento humano, sino también las complejas intersecciones entre distintas disciplinas como la filosofía, la psicología, la neurociencia y la espiritualidad. El estudio del yo se ha enriquecido con aportaciones de múltiples enfoques y metodologías, ofreciendo perspectivas cada vez más amplias y polifacéticas sobre la naturaleza humana y la percepción que tenemos de nosotros mismos.

En el panorama contemporáneo, el debate sobre el yo se enriquece con nuevos retos y estimulantes preguntas. Conceptos como la autoconciencia, la identidad de género, el yo digital y la conciencia ampliada surgen como nodos cruciales en esta compleja red de significados e interpretaciones. Los estudios sobre la conciencia social, la empatía y la percepción de las relaciones humanas amplían aún más nuestra comprensión de la complejidad del yo y la conciencia.

Acontecimientos como la crisis ecológica, la globalización y el desarrollo tecnológico plantean nuevos retos éticos y filosóficos respecto a nuestra relación con el mundo y con los demás seres humanos, cuestionando los fundamentos mismos de nuestra identidad y nuestro papel en el universo. La reflexión sobre uno mismo se convierte así no sólo en un ejercicio de conocimiento individual, sino también en una práctica política, social y espiritual que nos invita a explorar las profundas conexiones que nos unen a la Tierra y a la humanidad en su conjunto.

En este contexto siempre cambiante, las teorías del yo se presentan como un viático para comprender mejor quiénes somos, de dónde venimos y adónde podríamos ir. El análisis histórico de las concepciones del yo y de la conciencia no sólo nos ayuda a sondear las raíces de nuestro conocimiento, sino que también nos muestra las posibles direcciones de nuestro futuro, en un viaje de exploración y descubrimiento que nos empuja a ir más allá de los límites de nuestro saber y a abrazar la complejidad y diversidad del ser humano.

En este escenario en el que fe y razón, tradición e innovación se entrelazan de forma cada vez más intrincada, la reflexión sobre el yo y la conciencia sigue siendo uno de los retos más significativos y fructíferos para la humanidad, empeñada en la búsqueda de sentido, identidad y conexión con el misterio de la vida y el universo.

Del alma a la conciencia: la transición del plano metafísico al científico.

El cambio conceptual de la idea tradicional del alma al concepto moderno de conciencia ha marcado una profunda transformación en la forma en que la humanidad interpreta su naturaleza y destino más allá de la vida terrenal.

En la Antigüedad, el alma era un concepto fundamental para muchas civilizaciones, a menudo asociado a una entidad espiritual inmortal que impregnaba el cuerpo humano. Filósofos como Platón y Aristóteles desarrollaron sofisticadas concepciones del alma como principio vital y trascendente. En la Edad Media, el pensamiento teológico cristiano influyó en la visión del alma como una entidad divina, vinculada a la salvación eterna del individuo.

Con la llegada del Renacimiento y la Ilustración, la visión dualista de la mente y el cuerpo, avanzada por filósofos como René Descartes, hizo más evidente la distinción entre alma y materia. Este dualismo sentó las bases de una concepción científica de la mente y la conciencia, allanando el camino para la separación de la metafísica y la ciencia.

A lo largo de los siglos, la conciencia fue objeto de una creciente investigación científica. Los estudios sobre la actividad cerebral, como los realizados por Giovanni Aldini en el siglo XVIII y por neurocientíficos contemporáneos como Antonio Damasio y V.S. Ramachandran, aportaron pruebas empíricas sobre el vínculo entre las funciones cerebrales y los estados de conciencia.

En la filosofía contemporánea, el concepto de conciencia ha sido objeto de amplios debates y reflexiones. Filósofos como Thomas Metzinger, David Chalmers y Daniel Dennett han ampliado el debate sobre la conciencia, proponiendo nuevas teorías y modelos basados en planteamientos científicos y filosóficos integrados.

Las ciencias cognitivas han contribuido significativamente a la comprensión de la conciencia como un proceso cognitivo complejo. Los estudios de las funciones cerebrales durante la experiencia consciente, como los realizados con técnicas de neuroimagen y neurociencia cognitiva, han aportado nuevos conocimientos sobre la relación entre la actividad cerebral y la fenomenología de la conciencia.

El paso del enfoque metafísico al científico en la concepción de la conciencia tiene profundas implicaciones para la hermenéutica filosófica y la práctica científica. La integración de las teorías filosóficas con los hallazgos empíricos de la neurociencia ofrece nuevas perspectivas sobre la naturaleza de la mente y la conciencia, desafiando el dualismo tradicional y abriendo nuevas interpretaciones del ser humano.

En conclusión, la transición del alma a la conciencia representa un punto de inflexión en la forma en que la humanidad aborda la comprensión de sí misma y de su lugar en el universo. Este viaje desde el enfoque metafísico al científico nos invita a explorar los matices de la conciencia humana desde una perspectiva interdisciplinar que abarca la filosofía, la ciencia y la práctica empírica, abriendo nuevas perspectivas sobre el significado y la naturaleza de la vida y la muerte.

Referencias a las aportaciones de científicos y filósofos sobre la conciencia y el alma.

La distinción entre conciencia y alma es una cuestión de enorme importancia filosófica y científica. A lo largo de los siglos, ilustres filósofos y científicos han intentado delimitar las diferencias entre estos conceptos fundamentales. En esta sección exploraremos brevemente las aportaciones de dos grandes pensadores: René Descartes e Immanuel Kant, que ofrecieron importantes ideas sobre la conciencia y el alma.

René Descartes, uno de los filósofos más importantes del siglo XVII, teorizó una visión dualista de la existencia, distinguiendo entre sustancia mental (res cogitans) y sustancia material (res extensa). Según Descartes, la conciencia pertenece a la esfera de la mente y constituye un aspecto independiente y esencial del ser humano. En su famosa obra *Las Meditaciones Metafísicas*, Descartes afirmaba que la conciencia era una realidad innata, inalienable e irreductible. Según Descartes, ni siquiera la muerte podría borrar la conciencia.

En cambio, Immanuel Kant, considerado uno de los filósofos más influyentes de la Ilustración, aportó una perspectiva diferente sobre la conciencia y el alma. Según Kant, la conciencia es una facultad cognitiva que nos permite adquirir conocimientos y comprender el mundo que nos rodea. El alma, en cambio, representa un concepto metafísico que no puede verificarse empíricamente. Kant sostiene que el alma pertenece al reino de las ideas trascendentales y que su existencia no puede establecerse mediante observaciones o experimentos científicos.

Curiosamente, las posturas de Descartes y Kant tuvieron un impacto significativo en el desarrollo del pensamiento científico. Mientras que Descartes separó claramente la conciencia de la materia, allanando el camino para el dualismo mente-cuerpo, Kant impulsó una visión más empírica y racional de la conciencia.

Sin embargo, el tema de la distinción entre conciencia y alma sigue siendo objeto de debate y reflexión. Filósofos contemporáneos como Daniel Dennett y John Searle han iniciado discusiones en profundidad sobre el tema. Dennett sostiene que la conciencia es un producto de la actividad cerebral y que no es necesario recurrir a conceptos como el alma para explicar esta fenomenología. Por otro lado, Searle, en su teoría conocida como "*la habitación china*", subraya la importancia para entender la conciencia de la experiencia subjetiva y la irreductibilidad de ésta a simples procesos neuronales.

La teoría de la "habitación china" es un argumento propuesto por el filósofo John Searle para criticar la idea de que una máquina pueda realmente pensar y comprender como un ser humano, aunque supere la Prueba de Turing.

El argumento se basa en la idea de un experimento hipotético en el que una persona se encuentra en una habitación llamada "habitación china" con un libro que contiene instrucciones sobre cómo manipular símbolos chinos sin entender la lengua china. Fuera de la habitación, la gente entrega a la persona encerrada papelitos con preguntas en chino y ésta compara los ideogramas del libro y copia las respuestas correspondientes. De este modo, la persona parece dar respuestas en chino que parecen coherentes.

Searle afirma que, aunque las respuestas puedan parecer inteligentes a los observadores externos, la persona que está dentro de la sala no entendería el idioma chino, sólo actuaría siguiendo instrucciones sin tener una comprensión real del significado de las palabras o respuestas que da.

Esta analogía pretende demostrar que, aunque una máquina pueda programarse para procesar información de forma que imite la inteligencia humana, esto no implica que tenga una verdadera comprensión o conciencia de lo que está haciendo, como la mente humana. La teoría de la habitación china se utiliza a menudo para criticar las posturas firmes de la inteligencia artificial que afirman que las máquinas pueden alcanzar una forma de conciencia y comprensión similar a la humana.

El interés por la conciencia y el alma no se limita al ámbito filosófico, sino que también implica a la ciencia. Los neurocientíficos, por ejemplo, estudian la actividad neuronal e intentan comprender cómo se correlaciona la actividad cerebral con la experiencia subjetiva de la conciencia. La investigación en el campo de la inteligencia artificial también se centra en imitar la conciencia humana, tratando de entender qué significa ser consciente y si es posible reproducir este fenómeno en una máquina u otra forma de inteligencia artificial.

En conclusión, el debate sobre la diferencia entre conciencia y alma es complejo e implica a un amplio abanico de filósofos y científicos. El dualismo de Descartes, el racionalismo de Kant y las reflexiones contemporáneas de Dennett y Searle han contribuido a conformar nuestra comprensión de estos conceptos. Sin embargo, el misterio de la conciencia y la interacción entre mente y materia siguen siendo temas abiertos a nuevas investigaciones y reflexiones. Los avances científicos y filosóficos seguirán arrojando nueva luz sobre la complejidad de estos fenómenos, empujándonos a desenterrar más fundamentos inestimables de nuestra comprensión del ser humano.

Las raíces metafísicas de la conciencia en la evolución del pensamiento.

La búsqueda de las raíces metafísicas de la conciencia representa un viaje a través de siglos de percepciones, reflexiones y especulaciones sobre el misterio de la mente humana y su conciencia. En esta sección exploraremos los orígenes metafísicos de la conciencia y cómo el pensamiento filosófico ha conformado e influido en nuestra comprensión de este fenómeno fundamental para la existencia humana.

Antigüedad griega: Platón y Aristóteles.

Las raíces metafísicas de la conciencia se remontan a la antigüedad griega, con las elaboraciones de filósofos como Platón y Aristóteles. Platón, en el "Fedón", exploró la inmortalidad del alma y su separación del cuerpo como fundamento de la conciencia individual. Aristóteles, por su parte, concibió el alma como un principio vital inseparable del cuerpo, subrayando su unidad con la materia corpórea.

Filosofía medieval: Agustín y Tomás de Aquino.

En la Edad Media, la reflexión metafísica sobre la conciencia se vio enriquecida por las obras de pensadores como Agustín de Hipona y Tomás de Aquino. Agustín exploró la naturaleza inmortal y espiritual del alma como fundamento de la conciencia individual, mientras que Tomás de Aquino integró las perspectivas aristotélica y cristiana, afirmando que el alma era la forma del cuerpo y el principio del intelecto.

Renacimiento e Ilustración: Descartes y Leibniz.

Con el Renacimiento y la Ilustración, figuras como René Descartes y Gottfried Wilhelm Leibniz hicieron importantes aportaciones a la metafísica de la conciencia. Descartes introdujo el dualismo entre *res cogitans* y *res extensa*, subrayando la distinción entre mente y cuerpo. Leibniz, con su teoría de las mónadas, exploró la naturaleza indivisible de la unidad de la conciencia desde una perspectiva metafísica y racional.

Confluencias con la filosofía y la espiritualidad orientales.

Las raíces metafísicas de la conciencia no se limitan al pensamiento occidental, sino que también se encuentran en las tradiciones filosóficas y prácticas espirituales orientales. Conceptos como la iluminación budista, el Atman vedántico y el Tao chino añaden nuevos matices a la comprensión de la conciencia como fundamento de la experiencia y la existencia humanas.

Filosofía moderna y contemporánea: Husserl y la fenomenología

En la filosofía moderna y contemporánea, Edmund Husserl y la fenomenología exploraron las raíces fenomenológicas de la conciencia. Husserl profundizó en la noción de conciencia como intencionalidad, es decir, la capacidad de dirigir la atención a objetos mentales y fenómenos internos, sentando las bases para una comprensión más rica y detallada de la conciencia subjetiva.

La fenomenología es una corriente filosófica que se originó en la Europa del siglo XIX, especialmente con el filósofo alemán Edmund Husserl. El término "fenomenología" deriva del griego "*phainomenon*", que significa "lo que aparece", y "*logos*", que significa "estudio" o "discurso". La fenomenología se centra en el análisis y la descripción de los objetos tal y como aparecen en la conciencia, tratando de captar su esencia y significado tal y como surgen de la experiencia directa.

Algunos conceptos clave de la fenomenología son:

Época fenomenológica: Husserl introduce el concepto de reducción fenomenológica, un método por el cual los objetos de investigación se toman tal y como se presentan en la conciencia, suspendidos de toda preconcepción y juicio.

Intencionalidad: La fenomenología subraya que la conciencia es siempre conciencia de algo, la intencionalidad indica el hecho de que siempre hay un objeto o significado en nuestra conciencia hacia el que se dirige la conciencia.

Eidética: La fenomenología se ocupa de la esencia de los objetos, tratando de identificar sus estructuras y significados universales que surgen de la experiencia.

Fenómeno y noumenon: Contrariamente a la distinción kantiana entre *fenómeno* (lo que aparece a los sentidos) y *noumenon* (el mundo en sí mismo), la fenomenología hace hincapié en el fenómeno como objeto privilegiado de estudio, al considerar que el mundo se revela exclusivamente a través de los fenómenos.

La fenomenología ha influido en varios ámbitos del pensamiento filosófico, como el existencialismo, la filosofía de la mente y la filosofía de la percepción. Filósofos como Martin Heidegger, Jean-Paul Sartre y Maurice Merleau-Ponty han desarrollado y ampliado el pensamiento fenomenológico en distintas direcciones, contribuyendo a convertirlo en una de las corrientes más influyentes y debatidas de la filosofía contemporánea.

En conclusión, explorar las raíces metafísicas de la conciencia nos sumerge en un cuestionamiento multidimensional de la naturaleza y el significado de nuestra existencia. A través de siglos de pensamiento, especulación y contemplación, la conciencia se revela como uno de los misterios fundamentales del ser humano, un punto de convergencia entre filosofía, ciencia y espiritualidad que sigue desafiando e inspirando a la humanidad en la búsqueda del sentido último de la vida y del universo.

De la teología a la neurociencia: el camino de la conciencia de la religión a la ciencia.

El viaje de la conciencia de la teología a la neurociencia representa un pasaje epocal que refleja la evolución del pensamiento humano en la búsqueda de respuestas a las profundas cuestiones existenciales relacionadas con el fin de la vida y el destino del ser humano. En esta sección, exploraremos cómo el concepto de conciencia ha transitado de la esfera religiosa a la científica, destacando las transformaciones conceptuales que han marcado esta transición crucial en el camino de la humanidad.

Teología y concepción religiosa de la conciencia.

Durante siglos, la concepción de la conciencia se ha abordado a través de la lente de la teología y la religión. Las distintas tradiciones religiosas veían la conciencia como un don divino, un signo de la intervención divina en la vida humana. En el contexto cristiano, por ejemplo, el alma se consideraba la esencia inmortal y trascendente que anima al hombre, otorgándole la conciencia y la capacidad de autorreflexión.

Desde el punto de vista teológico, la conciencia se ha considerado a menudo un don divino, un reflejo de la imagen de Dios en el hombre. Este punto de vista es particularmente evidente en la tradición cristiana, donde el alma se ha considerado durante mucho tiempo como la esencia inmortal y trascendente que dota al hombre de la capacidad de autorreflexión y percepción moral. En el contexto del final de la vida, la cuestión de la conciencia se vuelve aún más delicada y compleja, ya que implica no sólo la dimensión biológica y psicológica del ser humano, sino también la espiritual y metafísica.

Un ejemplo significativo de cómo la teología ha abordado la cuestión de la conciencia al final de la vida es la doctrina de la redención dentro del cristianismo. Según esta doctrina, la muerte no es el fin absoluto, sino un paso a otra forma de existencia en la que la conciencia individual permanece presente y se enfrenta a su propio destino eterno. Este punto de vista ofrece consuelo y esperanza a quienes se enfrentan a una muerte inminente, proporcionando un significado más profundo al sufrimiento y al dolor que a menudo acompañan a este momento crucial de la vida.

Algunos estudiosos contemporáneos han integrado las perspectivas teológicas sobre la conciencia con los recientes descubrimientos de la física cuántica, tratando de arrojar nueva luz sobre el misterio de la conciencia y su relación con el universo. El físico teórico Amit Goswami, por ejemplo, propone una visión de la conciencia como esencia fundamental del universo, que se manifiesta de distintas formas a través del principio de no localidad y la interconexión cuántica.

En un experimento realizado por un equipo de investigadores de la Universidad de Princeton en 1982, conocido como "*Experimento de Conciencia Global*", se descubrió que la conciencia humana podía influir en el comportamiento de dispositivos aleatorios, lo que sugería una posible interacción entre la mente humana y la estructura fundamental de la realidad.

El Experimento de *la Conciencia* Global, realizado por la Universidad de Princeton en 1982, es un estudio extraordinario que ha suscitado interés y debate en los campos de la psicología, la parapsicología y la física cuántica. Este experimento se propuso explorar la posible influencia de la conciencia humana en los sucesos aleatorios, desafiando las concepciones actuales de la realidad y la causalidad. En el contexto de este experimento, los investigadores utilizaron un *Generador de Números* Aleatorios (*RNG*) como herramienta para medir la aleatoriedad de una serie de sucesos. El RNG es un dispositivo capaz de producir secuencias de números aleatorios, que deberían distribuirse de forma uniforme e impredecible en ausencia de influencias externas.

Se pidió a los participantes en el experimento que centraran su intención en un posible cambio en los números generados aleatoriamente por el dispositivo. Sorprendentemente, los resultados mostraron desviaciones significativas de la aleatoriedad esperada cuando los participantes centraron su atención en determinadas secuencias o resultados.

Estos hallazgos han sugerido la posibilidad de que la conciencia humana pueda interactuar de forma sutil con el mundo exterior, influyendo en el comportamiento de dispositivos sensibles a la cuántica como el RNG. Algunos han interpretado este fenómeno como un indicio de la capacidad de la mente humana para influir directamente en la realidad física a través de la intención y la concentración.

Ya he descrito este experimento en mi página de Facebook (en italiano) "Cenacolo Jung Pauli". El experimento se llama "Conciencia Global".

Se trata de una investigación en curso que forma parte del proyecto creado en los años 80 por los profesores Robert Jahn y Brenda Dunne en la Universidad de Princeton, el *Princeton Engineering Anomalies Researh.*

Este proyecto nació cuando los diversos experimentos sugirieron que podría existir realmente una conciencia colectiva global.

Los estudios consistieron en probar los efectos psicocinéticos en unas pequeñas máquinas, generadores electrónicos de números aleatorios, en términos técnicos RNG (Random *Number Generator*)

Los números pueden ser pares o impares, de modo que, como en el lanzamiento de una moneda, tras un número razonable de lanzamientos el resultado se vuelve plano (50-50). Se pidió a los participantes en el experimento que intentaran influir en el resultado de los números, y se comprobó que, efectivamente, los voluntarios podían generar variaciones interesantes en la estadística.

Posteriormente, se llegó a comprobar que, incluso sin que nadie intentara influir en los generadores RNGi, los resultados eran diferentes de los que se podían predecir estadísticamente; por lo tanto, se llegó a imaginar que existía una conciencia colectiva que podía influir en los generadores independientemente de la voluntad de los individuos.

En los años siguientes, los interesantes resultados y la creciente sofisticación de las tecnologías permitieron que muchos otros institutos se unieran al proyecto (que adoptó el nombre de Proyecto Conciencia Global). Se colocaron generadores de números aleatorios prácticamente en todo el mundo, desde Europa a EE.UU., pasando por Rusia y, posteriormente, también en Japón, Brasil, China, Sudamérica, Australia y África. Estos generadores, que siguen funcionando hoy en día, realizan la tarea de los voluntarios, generando números aleatorios (unos o ceros) cientos de veces por segundo, y al mismo tiempo hacen una predicción, comprobando después si han acertado.

Se pudo comprobar que, antes de que se produjeran acontecimientos colectivos de importancia significativa, los generadores acertaban sus predicciones con mucha más frecuencia que la media, como si su funcionamiento ordinario estuviera influido por los acontecimientos que se producirían poco después.

En la práctica, los RNG son capaces de registrar un cambio significativo en la conciencia colectiva de las comunidades de su radio de influencia, que se expresa en predicciones más precisas.

Si el acontecimiento puede afectar a todo un continente, todos los generadores de ese continente registran las mismas variaciones. Para confirmarlo, se observaron enormes picos en las predicciones exactas unas horas antes del atentado contra las Torres Gemelas de Nueva York el 11 de septiembre de 2001.

En su libro "*Mentes interconectadas*", Dean Radin, que participa en el proyecto, describe así el comportamiento de los dispositivos RNG:

> *"Nos dimos cuenta de que ese día ocurría algo inusual. El 11 de septiembre de 2001, la curva del gráfico se desvió drásticamente en comparación con los demás días examinados. Resultó que esta curva alcanzó su nivel máximo unas dos horas antes de que el avión secuestrado se estrellara contra la primera de las Torres Gemelas, en Nueva York, a las 8.46 hora local, y cayó a su nivel más bajo hacia las 14.00, unas ocho horas después."*

Como siempre, los resultados del experimento "Conciencia global" han sido objeto de debate y críticas dentro de la comunidad científica, y algunas voces han planteado dudas sobre la validez de los resultados y la solidez de la metodología empleada.

A pesar de las impugnaciones e incertidumbres, el experimento ha contribuido a seguir reflexionando sobre la interacción entre la conciencia humana y la realidad cuántica, abriendo nuevas perspectivas de investigación sobre el papel potencial de la mente en la interpretación y creación de la realidad que nos rodea.

En el contexto del final de la vida, la presencia de la conciencia cuántica podría ofrecer nuevas perspectivas sobre el significado y el destino del alma, allanando el camino para una visión más integradora y holística de la vida y la muerte. La concepción de la conciencia como una realidad fundamental del universo podría enriquecer el debate ético y espiritual sobre el final de la vida, ofreciendo nuevos recursos para abordar los retos y dilemas que plantea a la humanidad.

En conclusión, la cuestión de la conciencia en relación con el final de la vida representa una encrucijada entre la teología, la filosofía, la ciencia y la espiritualidad, que ofrece perspectivas sobre lo que significa ser humano ante el misterio de la existencia y la muerte. A través de un diálogo abierto e integrador entre diferentes disciplinas y perspectivas, podemos enriquecer la forma en que entendemos y tratamos el final de la vida, allanando el camino para nuevas formas de conciencia y compasión ante el misterio último de la vida humana...

Del dualismo al materialismo. La contribución de la filosofía.

En la larga e intrincada historia de la humanidad, el debate sobre la naturaleza de la conciencia siempre ha fascinado a filósofos, científicos y pensadores de todas las épocas. La evolución del pensamiento filosófico sobre la relación entre mente y cuerpo ha marcado una importante transición de una perspectiva dualista a otra materialista, allanando el camino a nuevas interpretaciones y enfoques científicos del misterio de la conciencia humana.

Uno de los puntos de partida de este viaje conceptual se encuentra en el pensamiento de René Descartes, filósofo del siglo XVII, que propuso una clara distinción entre mente y cuerpo. Descartes, en su famoso "*Cogito, ergo sum*", subrayó la naturaleza incorpórea y pensante de la mente, distinta y separada del cuerpo físico. Este dualismo cartesiano ha dominado durante mucho tiempo el panorama filosófico occidental, contribuyendo a conformar la visión occidental de la conciencia y la realidad.

Sin embargo, a medida que avanzaban la ciencia y el conocimiento, el dualismo cartesiano empezó a mostrar signos de debilidad. Poco a poco, filósofos materialistas como Thomas Hobbes propusieron un punto de vista opuesto, argumentando que la realidad consiste exclusivamente en materia y que la propia conciencia es el producto de procesos materiales en el organismo.

Este cambio crucial de la concepción dualista a la materialista tuvo importantes implicaciones para el estudio de la conciencia y la investigación científica en general. Filósofos como Hobbes sentaron las bases de un enfoque científico de la mente y la conciencia, allanando el camino a pensadores posteriores como los materialistas franceses del siglo XIX, entre ellos Auguste Comte y Émile Durkheim, que sostenían que la conciencia es un fenómeno social determinado por las condiciones materiales.

Paralelamente a estos avances filosóficos, el mundo científico ha prestado cada vez más atención a las bases biológicas de la conciencia. Estudios recientes en el campo de la neurociencia han puesto de relieve cómo los procesos cerebrales y la actividad neuronal están estrechamente relacionados con la experiencia consciente, ofreciendo un apoyo empírico a la perspectiva materialista sobre la naturaleza de la conciencia.

Además, la física cuántica ha introducido un elemento más de reflexión sobre la conciencia humana. Algunos estudiosos, como el físico británico Roger Penrose, han especulado con la posibilidad de que los fenómenos cuánticos de la actividad cerebral intervengan en la generación de la conciencia, lo que abre nuevas perspectivas sobre la relación entre la física cuántica y la experiencia subjetiva.

En conclusión, el viaje desde la visión dualista a la materialista de la conciencia ha sido largo y complejo, marcado por importantes contribuciones filosóficas, científicas y físicas. A través de la comparación de distintos puntos de vista y enfoques, hemos llegado a una comprensión más articulada e interdisciplinar de la conciencia humana, que sigue desafiando y estimulando nuestras mentes en una fascinante búsqueda del significado y la verdad.

Experimentos y estudios en neurociencia.

El advenimiento de la neurociencia representó un hito crucial en nuestra comprensión de la conciencia humana. Mediante experimentos pioneros y herramientas de investigación cada vez más sofisticadas, los científicos han empezado a arrojar nueva luz sobre la compleja relación entre la actividad cerebral y los estados de conciencia, abriendo fascinantes escenarios en la investigación de la esencia misma de nuestra experiencia subjetiva.

Una aportación fundamental a este campo de estudio fue la realizada por Wilder Penfield, un conocido neurocirujano canadiense, que llevó a cabo revolucionarios experimentos de estimulación cerebral en pacientes epilépticos en la década de 1950. Penfield, mediante la estimulación de zonas específicas del cerebro durante una intervención quirúrgica, consiguió suscitar recuerdos y sentimientos en los pacientes, demostrando la estrecha correlación existente entre la actividad cerebral y la experiencia subjetiva. Estos experimentos contribuyeron significativamente a nuestra comprensión de la localización de las funciones cerebrales y el vínculo entre la actividad neuronal y los fenómenos conscientes.

Hoy en día, las modernas técnicas de imagen cerebral, como la resonancia magnética funcional (RMf) y la electroencefalografía (EEG), permiten a los científicos estudiar en tiempo real la actividad cerebral relacionada con los estados de conciencia. Estudios recientes han demostrado, por ejemplo, cómo determinados patrones de actividad neuronal se asocian a estados alterados de conciencia, como durante el sueño o bajo la influencia de ciertas sustancias psicoactivas.

Además, las investigaciones realizadas con pacientes en estados alterados de conciencia, como el coma o los estados vegetativos, han revelado patrones distintivos de actividad cerebral que pueden proporcionar pistas valiosas sobre el estado de conciencia del sujeto. Estos estudios han abierto nuevas perspectivas para el diagnóstico y el tratamiento de los trastornos relacionados con la conciencia, así como para una comprensión más profunda de los mecanismos neuronales que subyacen a la experiencia consciente.

Destacados estudiosos del campo de la neurociencia, como Antonio Damasio y Christof Koch, han subrayado la importancia de integrar los enfoques neurocientíficos y las teorías de la conciencia para llegar a una visión holística y completa del fenómeno. Mediante una combinación de experimentación empírica y reflexión teórica, la investigación neurocientífica sigue avanzando en su reto de desentrañar el misterio de la conciencia y sus vínculos inseparables con la actividad cerebral.

Los experimentos y estudios en neurociencia representan un hito importante en el camino hacia la comprensión de la conciencia humana. Mediante el análisis detallado de la actividad cerebral y su relación con los estados de conciencia, los científicos están allanando el camino hacia nuevos descubrimientos y una comprensión cada vez más profunda de la esencia misma de lo que nos hace conscientes.

Principales aportaciones de la investigación contemporánea.

En la investigación contemporánea sobre la conciencia cuántica, estudiosos de gran talla como Christof Koch, Giulio Tononi, Susan Greenfield y otros han realizado importantes aportaciones al debate científico. Mediante enfoques multidisciplinares y técnicas de vanguardia, estos investigadores han explorado la intrincada dinámica neuronal subyacente al fenómeno de la conciencia, abriendo nuevas perspectivas para comprender las conexiones entre mente, cerebro y conciencia.

Un nombre destacado en este campo es Christof Koch, neurocientífico e investigador pionero en el estudio de la conciencia. Su trabajo se centra en el papel de las redes neuronales en la generación de la experiencia consciente. Mediante sofisticados experimentos y complejos modelos computacionales, Koch ha contribuido a desentrañar los mecanismos neuronales que subyacen a los procesos de percepción y conciencia, arrojando nueva luz sobre el funcionamiento de la mente y el cerebro.

Giulio Tononi, otro destacado erudito en el campo de la neurociencia de la conciencia, desarrolló la Teoría de *la Información Integrada* (TII), que propone una perspectiva innovadora de la conciencia como resultado de la integración y la información dinámica entre distintas partes del cerebro. Mediante estudios empíricos y simulaciones computacionales, Tononi ha proporcionado un sólido marco teórico para comprender cómo las redes neuronales pueden generar estados de conciencia complejos e integrados.

Susan Greenfield, neurocientífica y divulgadora científica, también ha realizado importantes aportaciones al campo de la conciencia. Sus estudios se han centrado en la plasticidad cerebral y el impacto de las modernas tecnologías digitales en la experiencia consciente. Mediante enfoques interdisciplinarios que combinan neurociencia, psicología y filosofía, Greenfield ha puesto de relieve la importancia de la dinámica cerebral en la modulación de la conciencia, aportando nuevas perspectivas sobre el papel del entorno externo en la configuración de nuestra experiencia subjetiva.

Gracias a los avances en las tecnologías de imagen cerebral y a sofisticadas técnicas de análisis de datos, los investigadores contemporáneos están explorando correlaciones neuronales, firmas neuronales y dinámicas cerebrales asociadas a la conciencia de formas nunca vistas. Los experimentos con *resonancia magnética funcional* (IRMf), *electroencefalografía* (EEG) y otras metodologías avanzadas están ayudando a consolidar nuestra comprensión de la complejidad y diversidad de los procesos neuronales que subyacen a nuestros estados de conciencia.

Implicaciones éticas y filosóficas.

La transición de la concepción de la conciencia del dominio de la religión al de la ciencia ha allanado el camino a profundas reflexiones y debates sobre cuestiones éticas y filosóficas fundamentales relativas a la esencia misma del ser humano. Este cambio ha sacudido los cimientos de nuestras creencias, generando nuevas perspectivas sobre el libre albedrío, la identidad personal y la naturaleza intrínseca de la conciencia.

Uno de los aspectos más debatidos en este contexto es el concepto de libre albedrío. Mientras que la visión religiosa tradicional atribuía a la conciencia un papel central en la toma de decisiones humanas, la ciencia ha introducido elementos de determinismo y causalidad en la ecuación. Los estudios neurocientíficos han demostrado que muchas de nuestras elecciones y acciones están predeterminadas por procesos neuronales inconscientes, lo que plantea dudas sobre la existencia real de un libre albedrío independiente del funcionamiento cerebral.

En este contexto, las reflexiones filosóficas sobre la identidad personal asumen un papel destacado. La comprensión científica de la conciencia y la mente suscita preguntas sobre la continuidad de la identidad personal a lo largo del tiempo y la relación entre cuerpo y mente. Filósofos como Derek Parfit han destacado cómo la identidad personal puede ser más fluida y compleja de lo que tradicionalmente se ha concebido, abriendo nuevas interpretaciones sobre la naturaleza del individuo y su experiencia subjetiva.

Las implicaciones éticas de esta transición son igualmente significativas. La forma en que entendemos la conciencia y su relación con el cerebro afecta directamente a cuestiones morales cruciales, como la responsabilidad individual, la dignidad humana y el tratamiento de los enfermos terminales o los pacientes con alteraciones de la conciencia. Los estudios y experimentos sobre los correlatos neuronales de la conciencia plantean cuestiones éticas sobre los límites de la manipulación cerebral, la autodeterminación individual y la ética del tratamiento de pacientes con trastornos de conciencia.

Desde un punto de vista filosófico, la nueva perspectiva científica de la conciencia tiende puentes entre las tradiciones racionalista y empírica, proporcionando un terreno común para un debate interdisciplinar sobre la naturaleza del ser humano. Estudiosos como Thomas Metzinger han explorado las implicaciones filosóficas de una visión neurocientífica de la conciencia, sugiriendo nuevas formas de integrar los hallazgos científicos con las tradiciones filosóficas y espirituales.

La transición de la conciencia de la religión a la ciencia ha generado profundas implicaciones éticas y filosóficas que invitan a una reflexión profunda y crítica sobre el significado de la identidad humana, el libre albedrío y la responsabilidad moral. Este terreno fértil para la confrontación entre distintos enfoques y disciplinas promete enriquecer nuestro bagaje cultural y abrir nuevas perspectivas sobre la compleja relación entre ciencia, ética y filosofía en nuestra comprensión de la conciencia humana.

Diferencias sustanciales entre alma y conciencia.

La comprensión de la conciencia y el alma ha fascinado a filósofos, teólogos y científicos durante siglos. Aunque a menudo se utilizan como conceptos intercambiables, es importante distinguir entre conciencia y alma para comprender mejor la naturaleza y la esencia del ser humano.

El alma es un concepto que se inspira en diversas tradiciones religiosas y filosóficas. A menudo considerada como la esencia espiritual o la parte inmortal del individuo, el alma ha sido objeto de especulación desde la antigüedad. Por ejemplo, en la filosofía platónica, el alma se considera algo separado del cuerpo físico, una entidad que vive más allá del paso. Conceptos similares se encuentran también en muchas religiones, como en la concepción cristiana del alma como una parte del individuo que se comunica con Dios.

Por otro lado, la conciencia es un término que refleja la experiencia subjetiva del individuo, su conciencia de sí mismo y del mundo que le rodea. La conciencia es un fenómeno que se manifiesta en toda forma de vida con un sistema nervioso complejo, como los seres humanos y todos los organismos biológicos. La conciencia permite la percepción, el pensamiento, la emoción y la reflexión. A través de la conciencia vivimos, interactuamos con el mundo y tomamos decisiones.

En el enmarañado mundo de las teorías sobre la conciencia, se abre un fascinante debate sobre su carácter universal. Algunos expertos sostienen que la conciencia no es exclusiva de los seres humanos, sino algo compartido por toda forma de vida biológica dotada de autoconciencia. Otros, yendo aún más lejos, sostienen que incluso las entidades más básicas, como los átomos y las partículas subatómicas, pueden poseer una forma de conciencia basada en su capacidad de agregación.

Esta visión radical sugiere la idea de una entidad universal de conciencia que impregna toda la creación, un concepto que desafía nuestras concepciones tradicionales de identidad e individualidad. Para comprender plenamente las implicaciones de estas teorías, es necesario explorar distintas áreas del conocimiento humano.

Uno de los pioneros de esta perspectiva es el filósofo David Chalmers, conocido por sus trabajos sobre la conciencia y la mente. Chalmers teorizó sobre la existencia de una "*conciencia fundamental*" que podría estar presente en todos los aspectos del universo. Sus reflexiones desafían los límites entre materia y conciencia, allanando el camino a nuevas visiones de la realidad.

En el ámbito científico, investigadores como el físico teórico Roger Penrose han planteado la hipótesis de la existencia de procesos cuánticos en la conciencia, sugiriendo que fenómenos aún no comprendidos por la física clásica podrían desempeñar un papel clave en nuestra experiencia consciente.

El mundo espiritual también ofrece valiosas perspectivas sobre este misterio. Tradiciones milenarias como el budismo y el hinduismo contemplan la idea de una conciencia universal, una esencia inmutable que conecta todas las formas de vida en el universo entero.

Un experimento que se ha hecho famoso por explorar la interconexión entre la conciencia humana y el mundo exterior es el de la doble rendija. Esta prueba, realizada por físicos cuánticos, demostró cómo el mero acto de observar una partícula puede influir en su comportamiento, sugiriendo un vínculo íntimo entre el observador y lo observado que va más allá de la mera materia.

En última instancia, el concepto de conciencia universal abre un abanico de posibilidades y reflexiones que trascienden nuestras concepciones habituales del yo y del mundo. La idea de una inteligencia cósmica que impregna toda la creación nos invita a reflexionar sobre nuestro papel en el universo y el sentido último de nuestra existencia.

En un paisaje tan polifacético, es crucial mantener una mente abierta dispuesta a explorar nuevos horizontes de pensamiento. Quizá algún día, mediante una armoniosa fusión de ciencia, filosofía y espiritualidad, seamos capaces de arrojar nueva luz sobre el mayor misterio de todos: la naturaleza de la conciencia universal.

A lo largo de la historia, muchas culturas y tradiciones han ofrecido diferentes perspectivas sobre la naturaleza de la conciencia y su supuesta universalidad. Por ejemplo, la tradición hindú considera el Atman, el alma individual, como parte integrante de una esencia cósmica llamada Brahman, que impregna todo el universo. Esta visión de unidad e interconexión entre todas las formas de vida refleja de algún modo la idea de una conciencia universal que brilla a través de las diversas manifestaciones de la existencia.

En el contexto de la filosofía moderna, pensadores como Rupert Spira y Eckhart Tolle también han explorado conceptos similares, sugiriendo que nuestra percepción individual puede ser sólo una manifestación temporal de una conciencia más amplia y unificada. Mediante la práctica de la atención plena y la meditación, nos invitan a explorar las profundidades de nuestra propia conciencia y a descubrir una dimensión de unidad con el todo.

Al mismo tiempo, la neurociencia cognitiva trata de arrojar luz sobre los mecanismos físicos que subyacen a la conciencia humana. Estudios recientes han puesto de relieve la complejidad y multiplicidad de los procesos neuronales que sustentan nuestra experiencia consciente, pero aún quedan muchas cuestiones abiertas sobre los orígenes últimos de este fenómeno fundamental.

En una perspectiva más amplia, algunas teorías de la física cuántica sugieren una visión del universo como un campo de posibilidades e interconexiones, donde la conciencia podría desempeñar un papel crucial en la configuración de la realidad. Estas especulaciones abren escenarios sorprendentes sobre la propia naturaleza de la realidad y su relación con la conciencia, avanzando la idea de una inteligencia universal que impregna todos los aspectos de la existencia.

En un mundo sometido a rápidos cambios y a un debate constante sobre estas profundas cuestiones, nos enfrentamos a un reto fascinante y complejo. La búsqueda de la verdad sobre la naturaleza de la conciencia universal nos empuja a explorar los límites del conocimiento humano y a adoptar nuevas perspectivas que pueden enriquecer nuestra comprensión del mundo y de nosotros mismos.

Por último, la cuestión de la verdadera naturaleza de la conciencia y de su presencia universal sigue abierta, suscitando un interés cada vez mayor entre estudiosos, filósofos, científicos y místicos. Tal vez, a través de un diálogo interdisciplinar rico en confrontación y apertura de miras, algún día podamos acercarnos a una comprensión más profunda de este antiguo enigma que impregna la esencia misma de nuestra existencia.

Estudiosos como René Descartes investigaron la relación entre el alma y la conciencia. Descartes consideraba el alma como una entidad separada del cuerpo, mientras que la conciencia era la esencia del ser humano manifestada a través del intelecto. Sin embargo, esta clara división entre alma y conciencia fue cuestionada por otros pensadores, como John Locke, que sostenía que la conciencia es parte integrante del individuo y deriva de la experiencia sensorial.

Otras aportaciones al estudio de la conciencia y el alma proceden del avance de la neurociencia. Los estudios sobre el cerebro y la mente han dado lugar a interesantes descubrimientos sobre el vínculo entre la conciencia y el funcionamiento cerebral. Por ejemplo, en 2010, un estudio del neurocientífico Christof Koch demostró que la conciencia está estrechamente relacionada con la actividad y las interacciones de las neuronas en el cerebro. Estos hallazgos plantean nuevos interrogantes sobre la naturaleza de la conciencia y su relación con el alma.

A pesar de las diversas interpretaciones y debates, la diferencia entre conciencia y alma sigue siendo una cuestión de interpretación personal y filosófica. Muchos creen que el alma y la conciencia son entidades separadas y distintas, mientras que otros ven la conciencia como parte integrante del alma o viceversa. Comprender estos complejos conceptos sigue siendo en gran medida un misterio y continúa siendo objeto de debate y especulación.

La diferencia fundamental.

El alma, según muchas tradiciones espirituales y religiosas, suele concebirse como la esencia inmortal y trascendente del ser humano, una entidad de una dimensión superior que anima al cuerpo durante la vida terrenal y, en el momento de la muerte, se separa de él para emprender un viaje hacia otra forma de existencia. Esta concepción se remonta a civilizaciones antiguas como el antiguo Egipto, donde se creía que el alma era acompañada por el cuerpo hasta la tumba para afrontar el juicio divino y el paso al más allá.

Pensemos también en las reflexiones de Platón sobre el alma como entidad eterna e inmutable, claramente separada del cuerpo temporal y material. El concepto de transmigración de las almas, presente en varias tradiciones espirituales de la India y Oriente, subraya esta continuidad del alma a través de ciclos de nacimiento, muerte y renacimiento.

En resumen, el alma es un "objeto-regalo" religioso que se entrega al nacer y debe devolverse al morir para ser sometida a juicio.

Por otro lado, la conciencia, entendida como la capacidad de percibir, de ser consciente de uno mismo y del mundo que nos rodea, ha resultado ser un enigma aún más complejo. Estudiosos contemporáneos como Christof Koch, neurocientífico y teórico de la conciencia, proponen que la conciencia es un fenómeno emergente de la función cerebral, producto de la complejidad de las redes neuronales y la actividad sináptica.

Los experimentos de neuroimagen y los estudios cerebrales nos han proporcionado pistas importantes sobre la ubicación y los mecanismos de la conciencia, pero el dilema de su naturaleza esencial sigue sin resolverse. El célebre filósofo de la mente David Chalmers acuñó el concepto de "problema difícil" de la conciencia para subrayar el reto que supone explicar cómo y por qué las experiencias subjetivas y los qualia se manifiestan en nuestra experiencia consciente.

Esta dicotomía entre alma y conciencia abre la puerta a preguntas intrigantes sobre el destino del ser humano después de la muerte. Mientras que el alma podría verse como un don divino que hay que cuidar y contabilizar, la conciencia aparece como algo intrínseco a la existencia de la materia, conectado a ella pero distinto de ella. La distinción radica en que mientras la materia es corruptible, la conciencia, entendida como información cuántica, no lo es. Mientras que el alma es un concepto metafísico, la conciencia es un concepto científico. Un aspecto unificador del alma y la conciencia es su inmortalidad.

En conclusión, la diferencia entre conciencia y alma es un tema de profunda importancia filosófica y teológica. Mientras que el alma se asocia a menudo con conceptos espirituales y religiosos, la conciencia refleja la experiencia subjetiva y la conciencia del individuo. Los estudios científicos también han ayudado a investigar la base neuropsicológica de la conciencia. Sin embargo, es importante reconocer que la definición e interpretación de estos conceptos siguen siendo subjetivas y continúan estimulando la reflexión y la exploración de nuestra naturaleza humana.

Ilustración de estudios científicos sobre la conciencia.

La conciencia, uno de los misterios más fascinantes del ser humano, siempre ha estimulado la curiosidad y el interés de filósofos, teólogos y científicos. En la era moderna, el progreso de la ciencia nos ha permitido estudiar la conciencia bajo una luz completamente nueva, utilizando herramientas y metodologías avanzadas. En esta sección, exploraremos los estudios científicos sobre la conciencia, centrándonos en dos importantes herramientas: la electroencefalografía (EEG) y la imagen funcional del cerebro (fMRI), que nos permiten hojear las páginas del misterio de la mente humana.

La electroencefalografía (EEG) fue una de las primeras técnicas utilizadas para estudiar la actividad cerebral relacionada con la conciencia. La EEG, que se remonta a la década de 1920, registra las ondas cerebrales a través de electrodos colocados en el cuero cabelludo. Gracias a esta técnica, los científicos han podido identificar distintas etapas del sueño y distintas formas de actividad neuronal asociadas a diferentes estados de conciencia. Por ejemplo, el EEG demostró que las ondas cerebrales de baja frecuencia dominan durante el sueño profundo, mientras que las ondas de alta frecuencia se correlacionan con un estado despierto.

La imagen cerebral funcional (IRMf) es otra potente técnica que permite explorar la conciencia. Mediante resonancia magnética, la IRMf mapea los cambios en el flujo sanguíneo cerebral que se producen durante la actividad cerebral. Esta técnica nos permite identificar qué áreas del cerebro están implicadas en procesos mentales y estados de conciencia específicos. Por ejemplo, un estudio realizado en 2008 por un equipo de investigadores de la Universidad de Harvard utilizó la IRMf para identificar un área del cerebro asociada a la autoconciencia, que se activa cuando las personas reflexionan sobre su estado mental.

Algunos estudios científicos también pretenden analizar la experiencia subjetiva de la conciencia. Un ejemplo notable es el experimento de la "cámara Ganzfeld". En la década de 1970, el parapsicólogo Charles Honorton utilizó esta técnica para investigar la percepción extrasensorial, y descubrió que las personas que participaban en el experimento informaban de sensaciones amplificadas de presencia y conciencia. A pesar de ello, los resultados de este experimento no han sido ampliamente aceptados por la comunidad científica, pero han abierto, no obstante, un debate sobre el vínculo entre percepción subjetiva y conciencia.

No podemos pasar por alto las teorías y estudios de destacados neurocientíficos que han contribuido a nuestra comprensión de la conciencia. Susan Greenfield, neurocientífica y académica británica, indicó que la conciencia podría ser el resultado de la compleja interacción entre neuronas. Christof Koch, uno de los pioneros en este campo, desarrolló la teoría de que los fenómenos relacionados con la conciencia pueden explicarse mediante el estudio de los mecanismos cerebrales. Estos estudiosos abrieron nuevos caminos en la investigación de la conciencia y ayudaron a conformar nuestra comprensión de los procesos neuronales asociados a la conciencia.

En conclusión, los estudios científicos sobre la conciencia nos han proporcionado nuevas herramientas y enfoques para sumergirnos en el corazón de este misterio humano. Gracias a la electroencefalografía (EEG) y la imagenología cerebral funcional (fMRI), podemos explorar la actividad cerebral relacionada con la conciencia e identificar las distintas etapas y estados de conciencia. Gracias a las teorías y estudios de neurocientíficos de renombre, hemos avanzado en la comprensión de los mecanismos neuronales relacionados con la conciencia. A pesar de los progresos realizados, aún queda mucho por descubrir y comprender sobre este fascinante aspecto de la mente humana, que sigue fascinando a científicos y filósofos de todo el mundo.

Comentario de los estudios científicos sobre la conciencia.

En las últimas décadas, los estudios científicos sobre la conciencia se han enfrentado al reto de penetrar en los misterios más profundos de nuestra mente y del universo que nos rodea. La búsqueda de la conciencia ya no se limita a la mera comprensión de los procesos neuronales del cerebro, sino que va más allá, en busca de una dimensión cuántica que podría arrojar nueva luz sobre quiénes somos realmente y nuestro papel en el universo.

En un contexto en el que la visión materialista domina el pensamiento científico, la física cuántica emerge como un faro que ilumina nuevas vías por explorar. La visión reduccionista según la cual la conciencia no es más que el producto de complejos procesos cerebrales está dando paso poco a poco a una perspectiva más amplia e interconectada que contempla la idea de una conciencia que va más allá de los confines del cerebro y se entrelaza con las leyes fundamentales de la física cuántica.

Uno de los ejemplos más esclarecedores de esta nueva perspectiva son los estudios realizados sobre el fenómeno del entrelazamiento cuántico, que pone de relieve la presencia de conexiones no locales que desafían la concepción tradicional del espacio y el tiempo.

La lección de la física cuántica no es sólo un rompecabezas abstracto que hay que resolver en los laboratorios, sino que conlleva implicaciones profundas y radicales para nuestra visión del mundo y de nosotros mismos. Como señaló el Premio Nobel de Física Niels Bohr:

"Quien no se asombra de la mecánica cuántica es porque no la entiende.

Es precisamente en este asombro ante la complejidad del universo donde podríamos encontrar las claves para una mayor comprensión de la conciencia y su papel en el entramado de la realidad.

Pregunta sin respuesta.

Pero la cuestión principal sigue sin respuesta científica: ¿la conciencia surge de los circuitos cerebrales o es un "conductor" externo que se sienta en la consola y utiliza estos circuitos?

Merece la pena reflexionar sobre lo que ha surgido de los estudios de la conciencia en el campo de la física cuántica y considerar cómo puede influir no sólo en el mundo de la ciencia, sino también en nuestra percepción del fin de la vida y la naturaleza de la propia realidad. Quizá mirando más allá de los límites de lo material encontremos respuestas inesperadas y revolucionarias que nos ayuden a explorar las profundidades de la conciencia y descubrir nuevos horizontes de comprensión y conciencia en el universo que nos rodea.

Los estudios científicos sobre la conciencia continúan con una admirable obstinación en querer encontrar las raíces de la conciencia donde no están, es decir, en el cerebro. Esto no es obstinación, es la defensa de una concepción secular según la cual no hay más que materia. La lección de la física cuántica, que desmontó todas las certezas de la física newtoniana, no ha ayudado.

Así pues, la lección de Copérnico, que desmontó el concepto ptolemaico del universo, no era necesaria.

Ahora es seguro que la física cuántica desmontará también todas las certezas del materialismo y los prejuicios sobre la existencia de un componente psíquico del Universo.

Capítulo 11. Introducción a la teoría cuántica.

"La física cuántica representa una revolución en la forma de concebir la realidad; nos muestra que el universo es mucho más extraño, maravilloso y fascinante de lo que habíamos imaginado".

(Stephen Hawking).

Esta introducción a la teoría cuántica nos adentra en un territorio fascinante y complejo, donde la realidad dominada por el orden da paso a una visión más sutil y profunda de la naturaleza del universo.

Esta incursión en un campo puramente científico nos permite comprender mejor el concepto tratado en el capítulo siguiente, la conciencia cuántica, que se encuentra en el centro de los estudios actuales sobre la supervivencia al final de la vida.

La metafísica cuántica, nacida en la intersección de la metafísica y la física cuántica, nos invita a explorar nuevos paradigmas que desafían los conceptos establecidos.

Uno de los pilares fundamentales de la teoría cuántica es la dualidad onda-partícula, según la cual todas las partículas subatómicas pueden existir a la vez como ondas y como partículas. Algo así como que la misma cantidad de agua puede existir simultáneamente en estado líquido hirviendo y en estado helado. Una noción absurda que desafía nuestro sentido común. Esta característica única de la materia nos lleva a reconsiderar la naturaleza misma de la realidad.

Un acontecimiento crucial en la historia de la teoría cuántica fue el experimento de la doble rendija. En 1909, el experimento realizado por Robert A. Millikan demostró que los resultados de las observaciones a nivel subatómico dependían de la presencia de un observador consciente, sentando así las bases de la interpretación subjetiva de la realidad cuántica.

La comprensión de los conceptos cuánticos se amplió en años posteriores gracias al trabajo de físicos como Werner Heisenberg, Erwin Schrödinger, Max Planck y Albert Einstein. Estos pioneros visionarios ayudaron a desarrollar el enfoque cuántico del universo, revelando una realidad intrincada e intrigante que va más allá de la simple visión determinista del mundo.

Los conceptos fundamentales de la teoría cuántica.

Los pilares de la teoría cuántica: una visión general.

En el fascinante mundo de la física cuántica, los conceptos fundamentales que forman la base de esta disciplina son como pilares sobre los que se asienta el edificio de nuestro conocimiento sobre la realidad más profunda del universo. Gracias a los estudios, experimentos e intuiciones de ingeniosos científicos, se han formulado teorías que desafían nuestro sentido común y nos abren a nuevas perspectivas sobre la naturaleza de la propia realidad.

Uno de los primeros pilares de la teoría cuántica es sin duda el concepto de dualidad onda-partícula, formulado por Albert Einstein en 1905 y perfeccionado por otras luminarias como Niels Bohr y Max Planck. Según esta teoría, las partículas subatómicas pueden manifestarse como partículas discretas o como ondas, dependiendo de las condiciones experimentales. Este fenómeno fue confirmado por el experimento de la doble rendija realizado por Thomas Young en 1801, un resultado que aún hoy suscita asombro y perplejidad entre los estudiosos.

Otra piedra angular de la teoría cuántica es la superposición cuántica, introducida por Erwin Schrödinger en 1925 con el famoso experimento del gato de Schrödinger. Este concepto afirma que una partícula subatómica puede existir simultáneamente en varios estados cuánticos, una superposición de posibilidades que sólo se manifiesta cuando se mide. La superposición cuántica tiene profundas implicaciones filosóficas para la naturaleza de la realidad y el propio concepto de existencia.

Una vez más, no podemos dejar de mencionar el principio de incertidumbre de Heisenberg, enunciado en 1927 por Werner Heisenberg. Este principio afirma que es imposible conocer simultáneamente con precisión la posición y el momento de una partícula subatómica; cuanto más sabemos sobre una de estas magnitudes, con menos precisión podemos conocer la otra. Este principio pone límites a nuestra capacidad de observar el mundo a nivel cuántico, desafiando el propio concepto de determinismo.

Por último, una última piedra angular de la teoría cuántica es la decoherencia cuántica, una teoría desarrollada en la década de 1980 por Wojciech Zurek y otros investigadores. La decoherencia cuántica explica cómo los sistemas cuánticos pierden su coherencia y se comportan de forma clásica al interactuar con su entorno, ofreciendo una explicación de la transición de la descripción cuántica a la clásica del mundo.

Teoría cuántica: conciencia y realidad.

En la confrontación entre la física cuántica y nuestra percepción de la realidad, uno de los temas centrales es la conciencia y el papel que desempeña en la configuración de nuestra comprensión del mundo. La teoría cuántica nos invita a renunciar a certezas adquiridas, explorar territorios desconocidos y reconsiderar nuestras creencias más arraigadas sobre la naturaleza de la realidad y la conciencia.

Uno de los conceptos clave que se desprenden de la teoría cuántica es el protagonismo de la conciencia en la construcción de la realidad. Según esta perspectiva, la realidad no existe independientemente del observador, sino que se co-crea a través de la interacción entre el observador y lo observado. Este concepto, expresado en la paradoja del gato de Schrödinger, desafía la visión tradicional de un mundo objetivo e independiente, incitándonos a reconsiderar el papel activo que nosotros mismos desempeñamos en la determinación de la realidad.

Algunos estudiosos, como el físico David Bohm, han sugerido que la realidad cuántica podría estar interconectada a través de un "orden implicado" subyacente, un nivel de realidad más profundo y unificado que nuestra percepción superficial. Esta idea nos lleva a reflexionar sobre el hecho de que la realidad podría ser más compleja e interconectada de lo que comúnmente creemos, y que nuestra conciencia podría desempeñar un papel fundamental en la interpretación y percepción de esta realidad.

Además, la teoría cuántica nos invita a renunciar a las certezas adquiridas y a abrazar la naturaleza probabilística de la realidad cuántica. El principio de superposición cuántica nos muestra que las partículas subatómicas pueden existir en múltiples estados simultáneamente hasta que son observadas. En ese momento, el sistema colapsa a un estado definido. Esta incertidumbre fundamental apunta a la necesidad de aceptar la naturaleza esquiva y no determinista de la realidad, abriéndonos a una visión del mundo en la que la certeza deja paso a la fluidez y la indeterminación.

Por último, la teoría cuántica nos desafía a explorar la interfaz entre la conciencia y la realidad, sugiriendo que nuestra percepción del mundo podría influir en su manifestación subyacente. Esta perspectiva abre nuevas interpretaciones de la naturaleza de la conciencia y su relación con la realidad externa, sugiriendo que la conciencia podría ser un elemento clave en la construcción e interpretación de nuestra experiencia del mundo.

Más allá del sentido común.

En el ámbito de la física cuántica nos enfrentamos a conceptos que escapan a nuestra racionalidad e intuición cotidianas. Nada en la física cuántica es inmediatamente intuitivo, lo que ha llevado a eminentes científicos como Richard Feynman a calificar la disciplina de "absurda". Explorar los fundamentos de la teoría cuántica significa aventurarse en un territorio desconocido, donde las reglas familiares de la física clásica no se aplican y donde nuestra percepción de la realidad se ve desafiada.

Uno de los conceptos más contrarios al sentido común es la dualidad onda-partícula, según la cual las partículas subatómicas pueden manifestarse como ondas o como partículas, dependiendo de las condiciones experimentales. Este fenómeno, propuesto por Louis de Broglie en los años veinte y confirmado por numerosos experimentos, desafía nuestra concepción tradicional de lo que puede ser una partícula y abre la puerta a una visión más matizada y compleja de la realidad cuántica.

Otro principio fundamental de la teoría cuántica que choca con el sentido común es el concepto de superposición cuántica, introducido por Schrödinger en los años veinte.

Según este principio, una partícula subatómica puede existir en múltiples estados cuánticos al mismo tiempo, creando una especie de superposición de posibilidades que sólo se hace patente en el momento de la medición. Esta idea, que choca con nuestra visión lineal y determinista del mundo, cuestiona la naturaleza misma de la realidad y nos invita a considerar la complejidad y la incertidumbre que caracterizan al mundo a nivel cuántico.

El principio de incertidumbre de Heisenberg, enunciado en 1927, representa otro hito de la teoría cuántica que desafía nuestro sentido común. Este principio establece que es imposible conocer simultáneamente con precisión la posición y el momento de una partícula subatómica, introduciendo un elemento fundamental de incertidumbre en el mundo cuántico. Esta limitación de la precisión de las mediciones nos obliga a reconsiderar el concepto mismo de causalidad y determinismo en el mundo subatómico.

De hecho, los fundamentos de la teoría cuántica nos llevan mucho más allá del sentido común, desafiando nuestras intuiciones más profundas sobre la naturaleza de la realidad y de la propia física. A través de conceptos como la dualidad onda-partícula, la superposición cuántica y el principio de incertidumbre, nos adentramos en un territorio de extrañeza y asombro, en el que se subvierten las reglas conocidas y se cuestiona constantemente nuestra comprensión de la realidad. Sólo abrazando esta extrañeza y aceptando lo absurdo de lo que propone la teoría cuántica podemos aspirar a captar los matices más profundos y significativos del tejido mismo del universo.

Mecánica cuántica: claves conceptuales para su comprensión.

La mecánica cuántica, uno de los pilares de la física moderna, representa un terreno denso de conceptos complejos y paradójicos que desafían nuestra comprensión intuitiva de la realidad. Para abordar esta disciplina con eficacia, es crucial adoptar un enfoque desprejuiciado y humilde, abierto al reto de reconsiderar nuestras visiones del mundo de forma radical.

Uno de los conceptos clave de la mecánica cuántica es sin duda el principio de superposición cuántica, introducido por Erwin Schrödinger en 1925 como parte de la ecuación que lleva su nombre. Este principio establece que una partícula subatómica puede existir simultáneamente en varios estados cuánticos, hasta que se mide y el sistema colapsa a un estado definido. Este concepto, expresado paradigmáticamente por el experimento del gato de Schrödinger, nos lleva a reconsiderar la naturaleza de la propia realidad y a comprender cómo influye nuestra observación en la manifestación del mundo.

Otro concepto fundamental es el principio de incertidumbre de Heisenberg, formulado por Werner Heisenberg en 1927. Este principio afirma que es imposible conocer simultáneamente con precisión la posición y el momento de una partícula subatómica, introduciendo un elemento fundamental de incertidumbre en el mundo cuántico. Esta incertidumbre no es una simple limitación tecnológica, sino que refleja una característica intrínseca del mundo a nivel subatómico.

Además, la dualidad onda-partícula representa otro aspecto crucial de la mecánica cuántica. Este concepto, que se hizo famoso con el experimento de la doble rendija realizado por Thomas Young a finales del siglo XVIII, subraya que las partículas subatómicas pueden manifestarse como ondas o como partículas discretas según las circunstancias experimentales. Esta dualidad nos obliga a reconsiderar nuestras nociones de materia y luz, abriendo el camino a una comprensión más profunda de la realidad cuántica.

Para comprender plenamente la mecánica cuántica es esencial adoptar un enfoque humilde y desprejuiciado, dispuesto a cuestionar nuestras creencias más arraigadas sobre la naturaleza de la realidad. En un contexto en el que el sentido común suele caer inesperadamente bajo el hechizo de fenómenos asombrosos, la humildad se convierte en una virtud crucial para abordar la complejidad y el misterio que rodean al mundo a nivel cuántico.

En conclusión, las claves conceptuales de la mecánica cuántica nos conducen a un territorio de asombro y desafío, donde no se aplican las reglas ordinarias de la física clásica y la realidad se manifiesta de formas sorprendentes y a menudo contrarias a nuestra intuición. Sólo desde la humildad y la apertura de miras podremos acercarnos a una comprensión más profunda y significativa de esta extraordinaria disciplina que desvela las profundidades ocultas de la naturaleza.

Teoría cuántica: fundamentos de la realidad a nivel microscópico.

Los fundamentos de la realidad a nivel microscópico se revelan a través del estudio del átomo, considerado como la base última de la materia. Pero, ¿qué es el átomo y cuáles son las representaciones más actuales y adherentes de la realidad cuántica? A través de un recorrido histórico y conceptual, podemos explorar esta unidad fundamental de la materia y su interpretación en el contexto de la física cuántica.

El átomo, tal como lo conocemos hoy, ha sido objeto de numerosas teorías y representaciones a lo largo de la historia de la física. Uno de los primeros modelos significativos fue el modelo atómico de Bohr, propuesto por Niels Bohr en 1913. Este modelo postulaba que los electrones orbitan el núcleo atómico en órbitas discretas, cada una asociada a niveles de energía específicos. El modelo de Bohr contribuyó significativamente a la comprensión del átomo y a los fundamentos de la mecánica cuántica.

Sin embargo, fue el modelo atómico de Schrödinger, derivado de la ecuación de Schrödinger en 1926, el que ofreció una visión más avanzada y completa del átomo basada en la mecánica ondulatoria. Este modelo describe los electrones no como partículas puntuales que orbitan alrededor del núcleo, sino como ondas de probabilidad distribuidas en el espacio alrededor del núcleo. Según este punto de vista, la posición de los electrones no está definida con precisión, sino que viene dada por una nube de electrones que representa la probabilidad de encontrar el electrón en una posición determinada.

Uno de los experimentos clave que ayudaron a dar forma a nuestra comprensión del átomo y a confirmar los principios de la mecánica cuántica es el experimento de la doble rendija, realizado por primera vez por Thomas Young a finales del siglo XVIII. En este experimento, se hace pasar un haz de partículas subatómicas a través de dos rendijas, mostrando un patrón de interferencia típico de las ondas. Este fenómeno puso de relieve la naturaleza ondulatoria de las partículas subatómicas y ayudó a consolidar la visión cuántica del átomo.

En la actualidad, la representación más cercana de la realidad cuántica del átomo es la que ofrece la mecánica cuántica y el modelo atómico cuántico, que se basa en el principio de superposición de estados cuánticos y en el concepto de nubes de electrones como regiones de mayor probabilidad de encontrar electrones.

Así, el átomo ya no es un pequeño planeta con electrones que giran a su alrededor como minúsculos satélites, sino un conjunto de vibraciones que no se definen más que probabilísticamente. Resulta realmente difícil comprender cómo la materia sólida puede estar compuesta por estas "entidades" que ya no son definibles como "objetos diminutos", como lo eran en la tradición que se remonta a Demócrito.

Esta descripción avanzada del átomo nos invita a considerar la naturaleza probabilística y fluida de la realidad a nivel microscópico, subrayando la importancia de la mecánica cuántica para comprender las unidades fundamentales de la materia.

En última instancia, el átomo, en el contexto de la física cuántica, se revela como una entidad compleja y polifacética, cuyas representaciones más actuales y adherentes de la realidad cuántica nos conducen a un mundo de probabilidad, incertidumbre y asombro. Mediante el estudio y la comprensión de los intrincados detalles del átomo a nivel microscópico, podemos acceder a una visión más profunda y significativa de los fundamentos de la propia realidad.

Cuantización, el primer descubrimiento básico.

En el vasto y enigmático mundo de la mecánica cuántica, uno de los conceptos más fascinantes y misteriosos es sin duda el de la cuantificación de las magnitudes físicas. Este inquietante fenómeno va en contra de la intuición ordinaria de que lo que nos rodea puede medirse continuamente, revelando en su lugar un tejido más sutil e intrincado de valores discretos y discontinuos. Pero, ¿qué significa realmente que las magnitudes físicas se cuantifiquen y cuál es la diferencia fundamental entre valores discretos y continuos?

Para entender bien esta distinción, primero hay que explorar el concepto de continuidad en el contexto físico. En la física clásica, las magnitudes físicas como la posición de una partícula o su energía pueden adoptar un número infinito de valores intermedios entre dos puntos cualesquiera. Por ejemplo, si consideramos la posición de una partícula en un espacio tridimensional, podemos imaginar que puede estar en cualquier punto dentro de ese espacio, sin limitaciones específicas sobre los desplazamientos entre un punto y otro. En este escenario, toda posición es potencialmente accesible y medible, lo que hace que la escala de valores implicada sea continua e ilimitada.

En contraste con este punto de vista, la cuantificación de las magnitudes físicas en la mecánica cuántica introduce la peculiar característica de que estas magnitudes sólo pueden adoptar valores discretos y bien definidos. Esto significa que, por ejemplo, la posición de una partícula no puede estar en cualquier punto del espacio, sino que está ligada a valores específicos determinados por las propiedades cuánticas del sistema considerado. En otras palabras, la posición de una partícula sólo podría estar en determinadas posiciones discretas del espacio, creando una especie de cuadrícula invisible que limita las posibles localizaciones de la partícula.

Para comprender mejor esta distinción, consideremos un ejemplo sencillo relativo a la cuantificación de la energía en un sistema ligado, como un oscilador armónico cuántico. En el caso de un oscilador clásico, la energía asociada al movimiento oscila continuamente entre valores infinitesimales, sin restricciones específicas sobre los valores que puede tomar. Sin embargo, en un oscilador armónico cuántico, la energía del sistema está cuantificada y sólo puede ser un múltiplo entero de un valor base, conocido como la energía del fotón asociada a una frecuencia de oscilación determinada. Así, mientras que en un sistema clásico la energía puede variar con fluidez entre valores continuos, en un sistema cuántico la energía se limita a niveles discretos determinados por la naturaleza cuántica del propio sistema.

Estos ejemplos ilustran claramente la distinción fundamental entre cantidades físicas cuantificadas y no cuantificadas, y ponen de relieve cómo la física cuántica desafía nuestras intuiciones clásicas y nos empuja a explorar un mundo en el que la realidad se revela de formas sorprendentes y enigmáticas. La naturaleza discreta de las magnitudes físicas en la mecánica cuántica no sólo subraya la profundidad de nuestra ignorancia sobre cómo funciona el mundo al nivel más básico, sino que también abre la puerta a nuevas y fascinantes perspectivas sobre las leyes que rigen el universo.

La paradoja de Zenón.

En el mundo de la teoría cuántica, donde las reglas del juego parecen hacer añicos la lógica clásica y empujan nuestro pensamiento hacia territorios inexplorados, un antiguo enigma filosófico reaparece bajo una nueva apariencia: la paradoja de Aquiles y la tortuga. Este fascinante cambio de cartas nos obliga a reconsiderar nuestras concepciones del espacio, el tiempo y el movimiento, arrojando una luz inesperada sobre las implicaciones de la cuantificación de las magnitudes físicas.

En el corazón de esta paradoja se esconde un reto aparentemente insuperable, un cortocircuito conceptual que pone a prueba nuestra intuición más básica sobre el concepto de infinitésimo y continuidad. La historia cuenta que Aquiles, rápido y veloz como el viento, el majestuoso héroe de los antiguos mitos griegos, decide desafiar a la lenta y pesada Tortuga en una carrera. Debido a la disparidad innata de velocidad entre los dos contendientes, Aquiles acepta dar ventaja a la Tortuga. Así pues, Aquiles se pone en marcha tras la Tortuga. Podríamos imaginar que la adelantaría en pocas zancadas. En cambio, el héroe nunca consigue alcanzar a la Tortuga.

En un sistema clásico, en el que el espacio y el tiempo se consideran continuos e ilimitados, este desafío parece destinado a tener un resultado paradójico: Aquiles parecería condenado a perseguir eternamente a la Tortuga sin poder alcanzarla nunca del todo. Cada vez que Aquiles alcance el punto en el que se encontraba inicialmente la Tortuga, ésta habrá avanzado un poco más, generando una serie infinita de distancias que superar, arrastrando a Aquiles a un callejón sin salida aparente.

En un sistema clásico, en el que el espacio y el tiempo se consideran continuos e ilimitados, este desafío parece destinado a tener un resultado paradójico: Aquiles parecería condenado a perseguir eternamente a la Tortuga sin poder alcanzarla nunca por completo. Cada vez que Aquiles alcance el punto en el que se encontraba inicialmente la Tortuga, ésta habrá avanzado un poco más, generando una serie interminable de distancias que superar, arrastrando a Aquiles a un callejón sin salida aparente.

Sin embargo, la revolución conceptual introducida por la teoría cuántica arroja nueva luz sobre esta antigua paradoja y abre la puerta a una solución sorprendente. En el contexto de un sistema discreto, en el que el espacio y el tiempo se cuantifican y adquieren valores discretos en lugar de continuos, Aquiles podría correr más que la Tortuga. En este contexto cuántico, los movimientos de Aquiles y la Tortuga podrían definirse por pasos discretos, lo que permitiría a Aquiles reducir progresivamente la distancia que le separa de la Tortuga sin emprender una hazaña infinita. En efecto, en un sistema cuantizado, las posiciones intermedias entre dos puntos no son infinitas, sino que vienen dadas por: la distancia entre los dos puntos dividida por el valor de "un cuanto de distancia". El "cuanto de distancia", por pequeño que sea, determina un sistema discreto en el que los valores no son infinitos.

El núcleo de la paradoja de Aquiles y la Tortuga reside en la transición de la continuidad a la discreción, de lo infinitesimal a lo discreto, una transición que revela las profundas complejidades de la realidad cuántica. La solución cuántica a la paradoja nos invita a reconsiderar nuestra percepción del espacio y el tiempo, sugiriendo que en un mundo de valores discretos y saltos cuánticos, incluso un desafío tan enigmático como el de Aquiles y la Tortuga puede encontrar una conclusión sorprendentemente contraria a la sutil lógica de Zenón.

Así, en el laberinto de historias antiguas y enigmas modernos, la paradoja de Aquiles y la tortuga se convierte en un ejemplo emblemático de la intersección entre filosofía y física cuántica, ofreciéndonos una fascinante visión de un universo en el que la realidad se despliega de formas inesperadas y sorprendentes. En última instancia, la cuantificación de las magnitudes físicas en la mecánica cuántica representa uno de los pilares sobre los que descansa nuestra comprensión del mundo subatómico, lo que subraya la importancia de adoptar un enfoque radical e innovador para desentrañar los misterios más profundos de la naturaleza. Esta singularidad de la teoría cuántica nos invita a explorar las fronteras del conocimiento científico y a desafiar nuestras concepciones tradicionales de la realidad, allanando el camino hacia una visión más completa y profunda del universo que nos rodea.

El descubrimiento de la cuantificación. Nacimiento del concepto y confirmaciones.

El nacimiento del concepto de cuantificación se remonta a la revolucionaria hipótesis formulada por Max Planck en 1900. El físico alemán, abordando el problema de la radiación del cuerpo negro, propuso que la energía de los osciladores en el interior de un cuerpo negro sólo podía tomar valores discretos, múltiplos enteros de una cantidad mínima que más tarde tomó el nombre de energía "cuántica". Esta reveladora idea allanó el camino para el nacimiento de la mecánica cuántica y sentó las bases para la formulación de una nueva visión de la naturaleza a nivel microscópico.

Uno de los experimentos clave que confirman la naturaleza cuántica de la realidad es el efecto fotoeléctrico, estudiado por Albert Einstein en 1905. Su observación de que la luz que incidía sobre una superficie metálica sólo producía electrones si su energía superaba un determinado umbral, independientemente de la intensidad de la propia luz, representó un hito en la comprensión de la naturaleza cuántica de la luz y los electrones, confirmando así la idea de cuantificación de la energía propuesta por Max Planck.

Otra confirmación sustancial de la cuantificación se encuentra en la espectroscopia atómica, donde los espectros de emisión y absorción de los átomos revelan la presencia de líneas espectrales discretas que corresponden a los niveles de energía cuantificados de los electrones dentro de los átomos. Este fenómeno, estudiado por pioneros como Niels Bohr, Ernest Rutherford y otros, contribuyó a consolidar la idea de que las magnitudes físicas, como la energía y el momento angular, están cuantificadas y adoptan valores discretos en el mundo subatómico.

El descubrimiento de la cuantificación tiene profundas implicaciones no sólo en física, sino también en nuestra comprensión de la propia realidad. Este concepto empuja los límites de nuestra comprensión de la naturaleza, revelando un tejido profundo y misterioso donde las reglas del mundo clásico ya no se aplican y donde la discontinuidad y la discreción guían el destino de las partículas elementales y los fenómenos microscópicos.

En conclusión, el descubrimiento de la cuantificación representa un capítulo fundamental de la historia de la física, un hito que ha transformado radicalmente nuestra forma de ver la realidad. A través de las ideas de mentes brillantes como Planck, Einstein, Bohr y otros, nos hemos adentrado en un viaje extraordinario a las profundidades del universo cuántico, donde la cuantificación revela un universo de potencial y misterio que sigue estimulando nuestra curiosidad e imaginación.

Definición y valor de "cuánto".

En física, el concepto de "cuanto" representa la unidad discreta e indivisible más pequeña de una cantidad dada, derivada de la palabra latina "quantum", que significa cantidad. A veces, el término también se utiliza para referirse a partículas elementales ligadas a un campo de fuerza.

Esta idea se extendió más tarde a la teoría cuántica de campos, donde el "cuanto" representa la partícula elemental asociada a un campo de fuerza. Por ejemplo, en la teoría cuántica de la electrodinámica, los fotones se consideran los cuantos del campo electromagnético, que facilitan la interacción entre partículas cargadas.

La constante de Planck, simbolizada por h, es una constante física básica de la mecánica cuántica, introducida por primera vez por Max Planck y Albert Einstein a principios del siglo XX en su estudio de la radiación del cuerpo negro y el efecto fotoeléctrico. Subyace al concepto de dualismo onda-partícula y permite la cuantización de cantidades como la energía, el momento y el momento angular. No informo aquí del valor matemático del cuanto de Planck porque es un número con una representación absolutamente compleja y no útil en la economía de este libro. Sin embargo. como se puede adivinar, la constante de Plank es un valor extremadamente pequeño.

La constante de Planck también se conoce como "cuanto de acción" y tiene las dimensiones de "energía multiplicada por tiempo".

El valor de lo cuántico no sólo concierne a la energía, sino que se extiende a todas las magnitudes físicas, como el momento angular, la carga eléctrica y muchos otros parámetros que rigen el comportamiento de las partículas subatómicas. La cuantificación de estas magnitudes se manifiesta de forma sorprendente, revelando un universo en el que la continuidad deja espacio a la discreción, donde las mediciones adquieren valores bien definidos a nivel cuántico.

Determinar el valor de este cuanto ha tenido un profundo impacto en nuestra comprensión de la propia naturaleza. A través de las mentes luminosas de físicos como Niels Bohr, Werner Heisenberg, Erwin Schrödinger y otros, el concepto de cuanto se ha ido refinando e integrando en una teoría coherente que proporciona una descripción precisa del mundo microscópico. Esta sutil escala de magnitud, que impregna el tejido de la realidad a nivel cuántico, nos muestra la esencia misma de la física cuántica: un universo de cantidades discretas y fenómenos sorprendentes que desafían nuestra imaginación.

En conclusión, el "cuanto" representa la base sobre la que descansa el edificio conceptual de la física cuántica, una cantidad crucial que revela la estructura íntima del universo a nivel microscópico. A través de su definición y valor, tenemos acceso a un mundo de posibilidades y maravillas que nos incitan a explorar los límites del conocimiento y contemplar la belleza y complejidad de la realidad cuántica.

Entre la continuidad y la discreción. El corazón cuantificado de las cantidades físicas.

En la física cuántica, donde las estructuras microscópicas se entrelazan en un intrincado mosaico de probabilidades y ondas, surge un enigma que fascina y desafía nuestra forma tradicional de percibir la realidad: la naturaleza discreta de las magnitudes físicas. Este concepto, fundamental para entender la teoría cuántica, saca a la luz un universo de posibilidades en el que la continuidad del mundo clásico se hace añicos ante la naturaleza cuantificada de la materia y la energía.

Para penetrar en las profundidades de esta dicotomía entre continuidad y discontinuidad, hay que partir de los fundamentos de la propia teoría cuántica. Entre los pioneros de esta revolución científica, el físico alemán Max Planck destacó por su intuición revolucionaria al introducir el concepto de cuantificación de la energía en los sistemas físicos. Su intuición abriría la puerta a una nueva comprensión del universo a nivel microscópico.

Otro gigante de la física cuántica, Niels Bohr, contribuyó significativamente al desarrollo de la teoría cuántica al introducir el concepto de cuantificación de los niveles de energía de los átomos, allanando el camino para el nacimiento de la mecánica cuántica. A través de sus experimentos y reflexiones, Bohr demostró que ciertas magnitudes físicas, como la energía de los electrones de un átomo, sólo podían adoptar valores discretos, revelando así un aspecto fundamental de la naturaleza cuántica de la realidad.

Uno de los experimentos clave que ponen de relieve la naturaleza discreta de las magnitudes físicas es el experimento de la doble rendija. Desde los tiempos de Young en 1801, se ha observado que los fotones y otras partículas subatómicas actúan a la vez como partículas y como ondas, y la distribución de los fotones en la pantalla tras pasar por dos rendijas crea un patrón de interferencia que sugiere la naturaleza ondulatoria de la materia. Sin embargo, la observación directa de fotones individuales también demuestra la naturaleza discreta de su distribución en las pantallas, lo que subraya la ambigüedad fundamental de la naturaleza de las partículas elementales.

El enfoque cuantificado de la descripción de las magnitudes físicas ofrece una nueva perspectiva de la estructura íntima del universo, revelando un universo donde la continuidad coexiste con la discreción, donde las mediciones se cuantifican y los fenómenos se manifiestan a través de un complejo entretejido de probabilidad y determinismo. En este escenario fascinante y misterioso, la conciencia humana se enfrenta a un profundo enigma: ¿estamos nosotros, los observadores conscientes, dando forma a la realidad cuántica mediante el acto de observación?

De los átomos a las estrellas. El mundo cuantificado de las magnitudes físicas.

En el fascinante marco en el que se entrelazan el fin de la vida, la conciencia cuántica y los conceptos esenciales de la teoría cuántica, se ofrece una profunda reflexión en el mundo cuantificado de las magnitudes físicas, que abarca desde los átomos resplandecientes hasta las lejanas estrellas del universo infinito.

Para sumergirnos en este tema, debemos situarnos en el paisaje de la física cuántica, que nos introduce en un reino de extrañezas y sorpresas donde las leyes de la física clásica parecen anularse a sí mismas. En el centro de este paradigma está el concepto de cuantificación, que nos muestra que las magnitudes físicas son discretas, ya que se expresan en cantidades discretas de energía, momento y otras propiedades fundamentales de la materia y la luz.

La cuantificación, que reina en el universo microscópico de los átomos y las partículas elementales, se extiende también con elegancia al macrocosmos de las estrellas y los cuerpos celestes. Esta visión unificadora nos muestra cómo los mismos principios cuánticos que rigen el comportamiento de las partículas subatómicas actúan en las estrellas que adornan el cielo nocturno, dando lugar a un tejido intrínseco de interconexiones que abarca todo el cosmos.

A través del estudio de las magnitudes físicas cuantificadas, nos acercamos a una comprensión profunda de la naturaleza misma de la realidad. En la danza armoniosa entre las leyes de la mecánica cuántica y los fenómenos observados en el reino celeste, descubrimos el hilo rojo que une lo infinitamente pequeño a lo infinitamente grande, mostrándonos la belleza y la complejidad de la creación.

Reflexionar sobre el mundo cuantificado de las cantidades físicas nos invita a contemplar nuestra existencia y nuestro lugar en el universo desde una perspectiva totalmente nueva. La idea de que también nosotros estamos hechos de átomos cuantificados, de que las estrellas lejanas emiten su luz en cantidades discretas de energía, nos conduce a una visión más profunda y poética del mundo que nos rodea.

Pequeños pasos, grandes saltos. Cómo la cuantificación revoluciona nuestra visión del mundo.

En el entrelazamiento del final de la vida, la conciencia cuántica y los conceptos básicos de la teoría cuántica, un tema emergente crucial es cómo la cuantificación revoluciona nuestra visión del mundo. A través de pequeños pasos y grandes saltos en la física cuántica, estamos asistiendo a una profunda transformación en nuestra comprensión de la realidad que nos rodea.

Para adentrarnos en este fascinante territorio, debemos ahondar en la historia de la física moderna, que culmina con el nacimiento de la teoría cuántica a principios del siglo XX. Un ejemplo fundamental de esta revolución conceptual es el experimento de los rayos X realizado por Max Planck en 1900. Su observación de la radiación electromagnética emitida por un cuerpo calentado le llevó a formular la hipótesis de que la energía electromagnética no podía emitirse de forma continua, sino sólo en paquetes discretos de energía, llamados cuantos.

Este concepto marcó el inicio de una nueva era en la física, que culminó con la formulación de la ecuación de Schrödinger en 1925 por Erwin Schrödinger y la definición de las reglas del juego cuántico con la teoría cuántica de Max Born, Werner

Heisenberg y Niels Bohr. El principio de incertidumbre de Heisenberg, que establece límites a la precisión con que pueden medirse determinados pares de magnitudes físicas complementarias, sentó las bases para comprender la naturaleza ondulatoria de la materia y sus implicaciones cuánticas.

Otro hito crucial en la historia de la cuantificación fue el trabajo de Paul Dirac, que acuñó la teoría cuántica de campos en su esfuerzo por unificar la física cuántica con la relatividad especial de Einstein. Su revolucionario planteamiento matemático condujo al descubrimiento de la antimateria y abrió la puerta a nuevas fronteras del conocimiento científico.

Hoy en día, la cuantificación sigue perturbando nuestras concepciones tradicionales de la realidad, influyendo en campos que van desde la física de partículas a la informática cuántica. La existencia de números cuantificados a nivel atómico y subatómico se refleja en nuestras tecnologías modernas, como los ordenadores cuánticos, que prometen resolver problemas de otro modo insolubles con algoritmos clásicos.

En conclusión, a través de los pequeños pasos dados por pioneros como Planck y Dirac hasta los grandes saltos conceptuales de la teoría cuántica moderna, nos damos cuenta de cómo la cuantificación ha revolucionado y sigue revolucionando nuestra visión del mundo. Este viaje nos empuja a explorar los límites de la realidad y a descubrir la belleza y la complejidad de un universo cuantificado que se revela paso a paso ante nuestros ojos.

Dualidad onda-partícula.

En el ámbito de la física cuántica, la observación de objetos cuánticos como electrones y fotones ha revelado un enigma fascinante: la dualidad onda-partícula. Este desconcertante fenómeno, que caracteriza la naturaleza de los pequeños componentes básicos de la materia y la luz, los hace oscilar entre el comportamiento ondulatorio y el corpuscular, ofreciéndonos un espectáculo de flexibilidad conceptual que desafía nuestras intuiciones fundamentales sobre la realidad física.

Uno de los ejemplos más emblemáticos de esta dualidad es el experimento de la doble rendija, un pilar de la física cuántica que se remonta a los experimentos realizados por Thomas Young a finales del siglo XVIII. En él, se hace pasar un haz de luz o una partícula subatómica a través de dos rendijas adyacentes, generando un patrón de interferencia típico de las ondas. Este comportamiento ondulatorio se ha observado no sólo con la luz, sino también con electrones, neutrones y otras partículas, revelando la naturaleza dualista de los objetos cuánticos.

La profundización en la dualidad onda-partícula se vio aún más influida por la formulación de la ecuación de onda por Erwin Schrödinger en 1925. Esta ecuación proporcionaba una descripción matemática de la mecánica ondulatoria de la materia, permitiendo predecir la probabilidad de encontrar una partícula en una posición o estado determinados. La formulación de Schrödinger contribuyó significativamente a la comprensión de la dualidad y a la interpretación de la realidad física a nivel cuántico.

Otro ejemplo emblemático de la dualidad onda-partícula son los experimentos de difracción e interferencia de electrones realizados por Clinton Joseph Davisson y Lester Germer en 1927, que confirmaron inequívocamente el comportamiento ondulatorio de las partículas cargadas. Esta demostración experimental consolidó la concepción de una realidad cuántica en la que la naturaleza dual de los objetos elementales es una característica intrínseca y fundamental.

La comprensión de la dualidad onda-partícula ha alimentado acalorados debates y reflexiones filosóficas sobre la naturaleza de la realidad y el papel del observador en la determinación del comportamiento de las partículas. La teoría cuántica ha demostrado que los objetos cuánticos pueden mostrar un comportamiento tanto ondulatorio como corpuscular en función de las condiciones experimentales, lo que subraya la importancia del enfoque cuántico para describir con precisión los fenómenos físicos a nivel microscópico.

En conclusión, la danza de la dualidad onda-partícula en objetos cuánticos como electrones y fotones constituye uno de los enigmas más fascinantes de la física moderna. A través de experimentos y teorías desarrollados por mentes brillantes como Young, Schrödinger, Davisson y Germer, nos sumergimos en un universo de posibilidades y complejidad que desafía y enriquece nuestra visión de la realidad y de la naturaleza del propio universo.

La magia de la dualidad cuántica.

En el corazón de la física cuántica subyace una enigmática dualidad que desafía las concepciones tradicionales de la realidad y la materia: la dualidad onda-partícula. Este aspecto fundamental del mundo cuántico ha cautivado la imaginación de científicos y filósofos durante décadas, dando lugar a profundas reflexiones sobre la naturaleza misma del universo y la conciencia humana.

a esencia de esta dualidad está encapsulada en el experimento de la doble rendija, un pilar de la física cuántica que pone de relieve la extraordinaria versatilidad de la realidad a nivel cuántico. Cuando una onda o partícula atraviesa dos rendijas y se disuelve en la pantalla de detección, el comportamiento observado puede variar en función de cómo se realice el experimento.

Por un lado, al observar la luz como una onda, vemos un patrón de interferencia típico de las ondas, con franjas brillantes y barras oscuras que se superponen de forma característica. Por otro lado, al observar la luz como una partícula, vemos un patrón diferente de distribución en la pantalla, con partículas discretas que parecen golpear puntos precisos como lo harían las balas.

Esta dualidad onda-partícula se extiende más allá de la luz e implica a todas las entidades cuánticas, abriendo la puerta a un universo de posibilidades y paradojas. La magia de la dualidad cuántica reside precisamente en la capacidad de las partículas para manifestar tanto un comportamiento ondulatorio como corpuscular, en función de las condiciones experimentales y del contexto de observación.

En este contexto, surge también el papel de la conciencia humana y del proceso de observación en la interpretación de los fenómenos cuánticos. La teoría cuántica sitúa al observador en el centro de la acción, haciendo hincapié en cómo la presencia y la interacción con el sistema observado pueden influir directamente en su comportamiento y propiedades.

La conciencia cuántica se insinúa así en el tejido mismo del universo, ofreciendo perspectivas sobre la naturaleza de la realidad y las interconexiones entre mente y materia. A través de la lente de la dualidad onda-partícula, nos enfrentamos a un universo de potencial e incertidumbre, donde la magia de la física cuántica se entrelaza con los límites de nuestro entendimiento.

Cuando la realidad se divide entre ondas y partículas.

En el microcosmos del mundo cuántico, la dualidad onda-partícula proyecta una sombra enigmática sobre la naturaleza misma de la realidad. Es un concepto que desafía nuestras intuiciones más profundas, nos lleva al límite de la comprensión y nos revela un universo de maravillosa complejidad. Mediante sofisticados experimentos y observaciones, los científicos han intentado traspasar el velo de este misterio y desentrañar la extrañeza que nos ofrece la física cuántica.

Uno de los experimentos clave que ponen de manifiesto la dualidad onda-partícula es el emblemático experimento de la doble rendija. Este experimento, que data de finales del siglo XVIII y se llevó a cabo con gran cuidado y exactitud durante las décadas siguientes, demostró de forma clara e inequívoca que la luz y la materia pueden comportarse como partículas distintas y como ondas que interfieren.

Desde entonces, la dualidad onda-partícula ha sido objeto de numerosos estudios y experimentos que han ampliado nuestra comprensión de la física cuántica. Estudiosos como Niels Bohr, Erwin Schrödinger y Werner Heisenberg han contribuido significativamente a la interpretación y formulación teórica de la dualidad, haciendo avanzar su estudio y comprensión.

Un hecho intrigante se refiere a la paradoja del gato de Schrödinger, un experimento mental propuesto por el propio Schrödinger para ilustrar las rarezas de la mecánica cuántica. En este escenario, se coloca un gato en una caja cerrada junto con una fuente radiactiva y un dispositivo que libera un veneno si se activa la fuente. Según la teoría cuántica, el gato se encuentra en un estado superpuesto vivo y muerto a la vez hasta que es observado, lo que demuestra la extrañeza de la realidad a nivel cuántico.

Así, cuando la realidad se divide entre ondas y partículas, entramos en un reino de infinitas posibilidades y aparentes contradicciones que desafían nuestra comprensión del mundo. La dualidad onda-partícula representa la frontera entre la física clásica y la cuántica, donde la propia realidad se manifiesta de formas enigmáticas y sorprendentes, invitándonos a explorar las profundidades de la conciencia y a abrazar la complejidad del cosmos.

Electrones y fotones. Viajar entre dos mundos con la dualidad onda-partícula.

En el ámbito de la física cuántica, la dualidad onda-partícula se manifiesta en toda su majestuosidad a través de la exploración de entidades fundamentales como los electrones y los fotones. Estas partículas, que forman el tejido mismo de la realidad a nivel cuántico, resultan ambiguas y escurridizas, viajando entre dos mundos distintos debido a su naturaleza dualista.

Uno de los experimentos clave que ponen de manifiesto esta extraordinaria dualidad es el experimento de la doble rendija, que ha fascinado a generaciones de científicos y filósofos por sus increíbles resultados. Los electrones, partículas fundamentales dotadas tanto de masa como de carga negativa, al ser lanzados a través de dos rendijas muestran un comportamiento que desafía las concepciones tradicionales de la materia.

La luz, representada por los fotones, muestra un comportamiento similar cuando se somete al mismo experimento, revelando su doble naturaleza de partícula y onda. Estos pequeños cuantos de luz han sido objeto de estudio de luminarias de la física como Max Planck y Albert Einstein, que han contribuido notablemente a nuestra comprensión de la naturaleza de la luz y de la dualidad onda-partícula.

Otro experimento fundamental en el que intervienen electrones es el de difracción de electrones, que demostró claramente que los electrones pueden mostrar un comportamiento ondulatorio cuando interactúan con las estructuras adecuadas. Este fenómeno pone aún más de relieve la naturaleza ambigua y multidimensional de las partículas subatómicas, que pueden cruzar la delgada línea que separa las ondas de las partículas con sorprendente facilidad.

En las últimas décadas, la dualidad onda-partícula ha sido objeto de una amplia investigación por parte de estudiosos como Richard Feynman, que contribuyó significativamente a la formulación de la teoría cuántica y a nuestra comprensión de los fenómenos cuánticos. Las implicaciones de esta dualidad van más allá de la simple física y se extienden a la filosofía, la conciencia y la naturaleza del propio universo.

Mientras electrones y fotones viajan entre dos mundos con la dualidad onda-partícula, nos enfrentamos a un fascinante enigma que nos invita a explorar los límites de la realidad y contemplar las maravillas del mundo cuántico. En este viaje a través de la dualidad, descubrimos la belleza y la complejidad del universo, donde las partículas se convierten en ondas y las ondas en partículas, revelando un cosmos impregnado de misterio y magia.

A través del espejo cuántico.

Uno de los aspectos más fascinantes de la dualidad onda-partícula es la idea de que las partículas subatómicas pueden mostrar un comportamiento tanto ondulatorio como corpuscular, dependiendo de las circunstancias experimentales y observacionales. Esta dualidad ha quedado demostrada en experimentos emblemáticos como el de la doble rendija, que ponen de relieve la flexibilidad y complejidad de entidades cuánticas como electrones y fotones.

Uno de los pilares de la física cuántica, Niels Bohr, subrayó la importancia de la complementariedad para entender la dualidad onda-partícula. Según Bohr, no se puede considerar una partícula sólo como onda o sólo como partícula, sino que hay que aceptar ambas representaciones como válidas y complementarias, creando así una visión más rica y polifacética de la realidad cuántica.

El experimento del gato de Schrödinger, propuesto por el propio físico Erwin Schrödinger, plantea profundas cuestiones filosóficas sobre la naturaleza de la realidad y la observación. En él, un gato es colocado en un estado superpuesto de vida y muerte hasta que es observado, ilustrando provocativamente las paradojas de la mecánica cuántica y su relación con la conciencia.

Richard Feynman, uno de los padres de la teoría cuántica, subrayó el papel crucial de nuestra percepción y observación para determinar el comportamiento de las partículas. Su famosa frase:

"Nadie ha visto nunca una partícula: sólo hemos visto las huellas que dejan".

subraya la necesidad de considerar el papel del observador en la definición de la realidad cuántica.

En este intrincado laberinto de dualidad y complejidad, emerge la cuestión fundamental de la naturaleza de la realidad y de la propia conciencia. La dualidad onda-partícula nos incita a reflexionar sobre nuestro papel en el universo, el sentido de nuestra existencia y la relación entre mente y materia en un contexto cuántico, allanando el camino para una nueva forma de conciencia filosófica.

A través del espejo cuántico de la dualidad onda-partícula, nos sumergimos en un viaje que desafía nuestras creencias y nos invita a explorar los límites del conocimiento humano. En este mundo más allá de la apariencia, las reflexiones filosóficas se entrelazan con la investigación científica, creando un espacio fértil para la contemplación y el descubrimiento de nuevas verdades sobre la naturaleza del universo y de nosotros mismos.

El experimento de la doble rendija.

En los anales de la física cuántica, pocas experiencias han catalizado el interés y la incredulidad como el experimento de la doble rendija. Esta enigmática prueba, que desvela la extrañeza del mundo cuántico, ha dejado atónitos a científicos y filósofos durante generaciones, arrojando una sombra de incertidumbre sobre la propia naturaleza de la realidad.

El experimento de la doble rendija, ideado por Thomas Young a finales del siglo XVIII, es un clásico de la historia de la física cuántica. En él, una corriente de partículas subatómicas, como los electrones, se dispara a través de una barrera con dos rendijas, creando así dos patrones distintos en la pantalla más allá de la barrera. Lo que hace que este experimento sea tan extraordinario es el comportamiento de las partículas. Cuando las partículas no se observan, se comportan como ondas, generando un patrón de interferencia; pero cuando se observan o miden, se comportan como partículas distintas, mostrando un comportamiento no ondulatorio.

Esta extraordinaria dualidad, en la que la realidad puede ser partícula u onda dependiendo de si se observa o no, constituye el núcleo del enigma de la conciencia cuántica. Físicos famosos como Niels Bohr, Werner Heisenberg y Erwin Schrödinger han contribuido a dar forma a las interpretaciones de este fenómeno, subrayando la importancia del papel del observador en la determinación del estado de la realidad cuántica. Como afirmó Bohr

No hay fenómeno cuántico hasta que se observa".

El experimento de la doble rendija abrió la puerta a profundos debates filosóficos sobre la naturaleza de la realidad, el libre albedrío y el papel de la conciencia en la creación de la propia realidad. Estudios más recientes han complicado aún más la cuestión. Algunos experimentos han demostrado la influencia retroactiva de la observación en el comportamiento de las partículas subatómicas, desafiando las concepciones tradicionales de causa y efecto.

En un momento en que la ciencia y la espiritualidad se tocan cada vez más, el experimento de la doble rendija se erige como un faro de luz en las oscuras profundidades de la realidad, invitándonos a reflexionar sobre lo que significa realmente ser consciente en un universo cuántico. Como ejemplifican elocuentemente la paradoja de Schrödinger y la Interpretación de Copenhague, la conciencia humana parece desempeñar un papel fundamental en la determinación de la naturaleza última de la materia, arrojando un velo de misterio sobre lo que podríamos llegar a saber realmente.

En conclusión, el experimento de la doble rendija sigue siendo uno de los pilares fundamentales de la física cuántica y de nuestra comprensión de la propia realidad. Su celebridad reside en su sencillez y elegancia conceptual, y en su capacidad para desafiar nuestra comprensión convencional de la física, convenciéndonos de que quizá el mundo no sea tan lineal y determinista como podríamos pensar.

Nacimiento del experimento de la doble rendija.

El experimento de la doble rendija es un hito en la historia de la física cuántica, que ha fascinado a generaciones de científicos y desconcertado a filósofos por sus profundas implicaciones sobre la naturaleza de la realidad. Esta fascinante prueba, que ha suscitado curiosidad y acalorados debates, tiene raíces antiguas y una increíble historia detrás.

El creador original de este revolucionario experimento fue la lumbrera científica Thomas Young, figura destacada del siglo XIX. Young, nacido en 1773, fue un erudito polifacético que contribuyó significativamente a los campos de la física, la fisiología y la lingüística. Su mente ecléctica e inquisitiva le llevó a explorar los caminos menos transitados de la ciencia, lo que le condujo al descubrimiento de fenómenos extraordinarios como la interferencia de las ondas luminosas.

En 1801, Young diseñó un experimento innovador para demostrar la naturaleza ondulatoria de la luz, que más tarde se convertiría en el experimento de la doble rendija. Su ingeniosa idea consistía en hacer pasar la luz a través de dos rendijas estrechas, creando un patrón de interferencia en una pantalla sensible situada más allá de las rendijas. Esta prueba reveló de forma clara e inequívoca que la luz se comportaba como una onda, refutando así las teorías predominantes de la época que la consideraban un flujo de partículas.

La motivación que impulsó a Young a concebir el experimento de la doble rendija fue doble. En primer lugar, quería refutar la teoría corpuscular de la luz propuesta por Isaac Newton, que afirmaba que la luz estaba formada por partículas. En segundo lugar, Young quería demostrar que la luz poseía una naturaleza ondulatoria, allanando así el camino para la nueva física ondulatoria que revolucionaría el pensamiento científico.

En esencia, el experimento inicial de Young confirmó una hipótesis predecible, por lo tanto, nada extraordinario.

Sin embargo, el legado de Young en la física es innegable, ya que su experimento no sólo sentó las bases de la teoría ondulatoria de la luz, sino que también sentó las bases para comprender la naturaleza cuántica de la realidad. A lo largo de los siglos, su perspicacia y determinación para explorar los límites del conocimiento científico han inspirado y guiado a generaciones enteras de físicos, contribuyendo a modelar nuestra forma de ver el mundo.

En última instancia, el experimento de la doble rendija no sólo representa un momento crucial en la historia de la ciencia, sino que también encarna la perseverancia y el genio de un hombre cuya audaz visión iluminó los rincones más oscuros del universo. Young, con su inquebrantable búsqueda de la verdad y el conocimiento, dotó a la humanidad de una poderosa herramienta para sondear los misterios de la conciencia cuántica y de la propia realidad, dejando una huella indeleble en la historia de la ciencia moderna.

El experimento de Young se repitió de forma cada vez más avanzada a lo largo del tiempo, siguiendo la evolución de la técnica, hasta que los resultados fueron absolutamente asombrosos.

La ejecución del experimento de la doble rendija en la época moderna.

Los primeros estudios sobre la doble rendija se remontan al siglo XVIII, cuando el físico Thomas Young realizó un experimento para demostrar la naturaleza ondulatoria de la luz. Young hizo pasar luz a través de dos rendijas y observó un patrón de interferencia en la pantalla más allá de la propia rendija. Este fenómeno sugería que la luz se comportaba como una onda, curvándose e interfiriendo consigo misma.

El gran avance en la comprensión de la dualidad onda-partícula se produjo en el siglo XX con la llegada de la física cuántica. En 1927, Clinton Davisson y Lester Germer realizaron el experimento de la doble rendija con electrones, que confirmó que las partículas subatómicas también mostraban un comportamiento ondulatorio. Este sorprendente resultado allanó el camino a una nueva visión de la realidad, en la que las partículas ya no podían considerarse entidades distintas y separadas, sino entidades que se comportan a la vez como ondas y como partículas en función de las condiciones experimentales y los actos de medición.

Las partículas se lanzaban hacia una barrera con una única rendija abierta. Tras atravesarla, las partículas cortaban un punto en la pantalla trasera, demostrando un comportamiento similar al de un proyectil. Pero si las partículas se lanzaban hacia una barrera con dos rendijas abiertas, las partículas atravesaban ambas rendijas, dibujando patrones de interferencia en la pantalla trasera, lo que demostraba que se habían atravesado ambas barreras.

En las últimas décadas, el experimento de la doble rendija se ha perfeccionado y ampliado. Gracias a la tecnología moderna, los físicos han realizado estudios cada vez más sofisticados para explorar los límites de la teoría cuántica. Un experimento significativo fue el realizado en 1998 por Anton Zeilinger y su equipo, que demostraron la naturaleza probabilística del comportamiento de las partículas en un experimento de interferencia cuántica con fotones individuales.

En esta siguiente evolución del experimento, se lanzó un único fotón hacia la barrera. Pues bien, ese *único* fotón demostró ser capaz de atravesar *ambas* rendijas simultáneamente, dibujando el patrón de interferencia en la pantalla trasera. Esto ocurre normalmente en experimentos similares. Es decir, un único fotón es capaz de estar en dos lugares a la vez, es decir, en las dos rendijas. Una vez atravesadas las rendijas, el fotón interfiere consigo mismo y graba el patrón de interferencia en la pantalla.

Increíbles avances en el experimento de la doble rendija.

La revelación de la capacidad del fotón para atravesar ambas rendijas impulsó a los investigadores a investigar más a fondo el experimento.

Se decidió colocar un detector en una rendija para comprobar si el fotón la atravesaba realmente.

Al lanzar de nuevo un solo fotón hacia las dos rendijas (una vigilada y la otra no), el fotón sólo pasaba por la rendija vigilada. Esto se comprobó por el hecho de que el fotón golpeó un punto de la pantalla trasera en esa rendija, como lo habría hecho una bala. .

Moviendo el detector a la otra rendija, el fotón sólo pasaría por ésa.

Al eliminar el detector, el fotón volvió a pasar por ambas rendijas dibujando ondas de interferencia.

Se trata sin duda de uno de los experimentos más realizados y más desconcertantes en el campo de la física cuántica.

Se diría que la partícula única posee propiedades milagrosas y es capaz de predecir con antelación:

- cuántas grietas encontrará en su camino,
- si se vigilan las grietas,
- que se vigilarán las grietas.

Pero la observación más sorprendente es otra: el observador, colocando, moviendo o retirando el detector, puede determinar el comportamiento de la partícula. Este aspecto, descrito a continuación, se denomina "papel del observador" e implica que la voluntad, o más bien la conciencia del observador puede influir en el comportamiento de la materia.

Es comprensible que la doble rendija siga representando una encrucijada entre la ciencia y la filosofía, ya que plantea cuestiones fundamentales sobre la naturaleza de la realidad y el papel del observador en su creación. Hay estudiosos, como el físico teórico John Wheeler, que sostienen que sin el observador consciente no existiría una realidad definida, sino un mar de posibilidades cuánticas.

En conclusión, el experimento de la doble rendija sigue siendo un pilar de la física cuántica, una ventana enigmática a la naturaleza de la realidad. A través de su realización e interpretación en los tiempos modernos, lo que emerge es un mundo de incertidumbre y potencial, en el que las distinciones entre materia y onda, entre observador y observado, se difuminan en una intrincada red de posibilidades.

Los dogmas de la física clásica cuestionados por el experimento de la doble rendija.

En el campo de la física cuántica, el experimento de la doble rendija se ha erigido en un pilar fundamental capaz de desafiar los dogmas de la física clásica. Este experimento, que consiste en el comportamiento de los fotones u otras partículas subatómicas cuando atraviesan dos rendijas separadas, ha abierto la puerta a un nuevo mundo de comprensión científica que desafía las nociones tradicionales de la realidad.

Uno de los conceptos más desconcertantes del experimento de la doble rendija es la dualidad onda-partícula. Este principio sostiene que entidades cuánticas como los fotones pueden comportarse como ondas o como partículas, dependiendo de las condiciones experimentales.

Otra consecuencia del experimento de la doble rendija es la paradoja de la medición. Según la física cuántica, la mera observación de una partícula puede influir en su estado, dando lugar a la superposición cuántica. Este concepto, destacado por

Schrödinger en su famoso Pensamiento del Gato, pone de relieve el papel crucial del observador en la determinación de la realidad.

El efecto fundamental observado en el experimento de la doble rendija es la formación de patrones de interferencia cuando los fotones atraviesan las dos rendijas. Este fenómeno, descrito por primera vez por Thomas Young y estudiado posteriormente en detalle por Feynman, indica que las partículas se comportan como si pasaran por ambas rendijas al mismo tiempo, mostrando un comportamiento poco intuitivo en comparación con la física clásica.

En conclusión, el experimento de la doble rendija sacude los cimientos de la física clásica y pone de relieve la necesidad de un nuevo paradigma para comprender plenamente el mundo cuántico. Estudiosos como Max Planck, Niels Bohr, Werner Heisenberg y Richard Feynman han contribuido significativamente a nuestra comprensión de estos fenómenos aparentemente contradictorios.

El experimento de la doble rendija sigue intrigando y desafiando a la comunidad científica, planteando cuestiones fundamentales sobre la naturaleza de la realidad y nuestra percepción de ella. Por su complejidad y ambigüedad, este experimento sienta las bases de una nueva era del conocimiento en la que las fronteras entre materia y conciencia, entre física clásica y cuántica, se hacen cada vez más difusas.

Por último, el experimentador de un fenómeno cuántico nunca puede considerarse "externo" al fenómeno, como podría hacer un agente de tráfico que mide la velocidad de un vehículo. Es evidente que ese medidor no influye en la velocidad que mide. Por el contrario, cualquier medidor (observador) de un fenómeno cuántico afecta al propio fenómeno: esto significa que el observador es siempre una parte indivisible del fenómeno que observa.

Implicaciones científicas del experimento de la doble rendija.

El experimento de la doble rendija es un hito de la física cuántica que tiene profundas y revolucionarias implicaciones científicas. Este experimento, que examina el comportamiento de las partículas subatómicas a través de dos rendijas, pone de manifiesto una serie de consecuencias que desafían los fundamentos de nuestra comprensión de la realidad cuántica.

Una implicación inmediata del experimento de la doble rendija es la falta de determinismo en el mundo cuántico. La incertidumbre introducida por la mecánica cuántica, claramente ilustrada por este experimento, desafía nuestra concepción tradicional de una realidad predeterminada. La famosa frase de Einstein, "*Dios no juega a los dados con el universo*", refleja su resistencia a esta interpretación probabilística de la física cuántica.

Otra implicación significativa es el papel del observador en la determinación de la realidad. El experimento de la doble rendija demuestra que el acto de observar un fenómeno cuántico puede influir en su comportamiento, provocando la desaparición de la superposición cuántica, es decir, el "colapso cuántico". Este concepto, destacado por pensadores como Schrödinger y von Neumann, plantea profundas cuestiones sobre la naturaleza de la conciencia y su relación con la realidad física.

El experimento de la doble rendija empuja a la ciencia hacia una comprensión más profunda de la realidad, reclamando un nuevo enfoque de la física que pueda integrar fenómenos tan aparentemente contradictorios. Estudiosos como John Wheeler, Eugene Wigner y David Bohm han contribuido al debate sobre la conciencia cuántica y sus múltiples implicaciones.

El experimento de la doble rendija nos obliga a reconsiderar la naturaleza misma de la realidad. La idea de que las partículas pueden existir en múltiples estados simultáneamente y que el acto de observación puede influir en su comportamiento plantea cuestiones epistemológicas fundamentales sobre la naturaleza del conocimiento y la percepción humanos.

En conclusión, el experimento de la doble rendija tiene implicaciones científicas que van más allá de la propia física, tocando el corazón de nuestra comprensión de la realidad y la conciencia. A través de la exploración de conceptos como la dualidad onda-partícula, el papel del observador y la falta de determinismo, surgen nuevas perspectivas que desafían nuestra comprensión establecida.

Bajo la dualidad onda-partícula subyace una profunda cuestión filosófica: ¿qué significa ser a la vez onda y partícula? Este enigma inspiró a pensadores como Niels Bohr y Werner Heisenberg a reflexionar sobre la naturaleza fundamental de la realidad y la relación entre el mundo subatómico y nuestro mundo macroscópico. Nils Bohr afirmó

"Quien no se escandalice por la física cuántica es que no la ha entendido".

Esta frase subraya la necesidad de aceptar la incertidumbre y la ambigüedad en nuestra comprensión del mundo.

Otro aspecto crucial de la dualidad onda-partícula es el papel del observador en la determinación del comportamiento de la partícula. La interpretación de Copenhague de Bohr y Heisenberg subraya cómo la decisión del observador de medir una partícula como onda o como partícula influye directamente en su estado. Esto pone en tela de juicio el carácter objetivo de la realidad y plantea interrogantes sobre la base misma del conocimiento.

Al afrontar el misterio de la dualidad onda-partícula, nos enfrentamos a los límites de la racionalidad humana y a la inevitable confrontación con la irracionalidad de la materia cuántica. Esto nos lleva a reconsiderar nuestra relación con el mundo natural y a cuestionar la naturaleza misma de la realidad y la existencia.

La dualidad onda-partícula, fundamentada en el experimento de la doble rendija, nos invita a explorar las profundidades del misterio cuántico y a superar las limitaciones de nuestra comprensión convencional del mundo. Mediante la integración de perspectivas científicas, filosóficas y espirituales, podemos acercarnos a una visión más holística de la realidad que abarque la interconexión de mente, materia y conciencia.

Hay muchas interpretaciones de la física cuántica.

Las interpretaciones de la física cuántica son diferentes perspectivas o modelos conceptuales que intentan explicar el significado y las implicaciones de los resultados experimentales de la física cuántica. Aunque la teoría cuántica es extremadamente potente y precisa a la hora de describir el mundo a nivel subatómico, su interpretación sigue siendo tema de discusión y debate entre físicos y filósofos de la ciencia.

Hay muchas razones por las que existen múltiples interpretaciones de la física cuántica:

Complejidad del fenómeno cuántico.

La física cuántica introduce conceptos y fenómenos, como la dualidad onda-partícula, la superposición cuántica y el entrelazamiento cuántico, que desafían nuestra intuición y comprensión de la realidad. Esta complejidad lleva a diferentes interpretaciones para intentar dar sentido a estos fenómenos.

Diferentes interpretaciones filosóficas.

Las interpretaciones de la física cuántica suelen reflejar las creencias filosóficas de físicos y filósofos de la ciencia. Las diferencias en los planteamientos epistemológicos y ontológicos pueden dar lugar a divergencias en las interpretaciones de la teoría cuántica.

Debates sobre el papel del observador.

El papel del observador en la interpretación de los resultados cuánticos es un punto clave de controversia. Algunas interpretaciones atribuyen un papel activo a la conciencia en la evolución del sistema cuántico, mientras que otras prefieren un enfoque más objetivo.

Numerosas paradojas.

La física cuántica está llena de paradojas y situaciones aparentemente contradictorias. A menudo, distintas interpretaciones tratan de resolver estas paradojas de maneras diferentes, lo que da lugar a la coexistencia de múltiples puntos de vista.

Algunas de las interpretaciones más conocidas de la física cuántica son la interpretación de Copenhague, la teoría de los muchos mundos, la interpretación de las ondas piloto, la interpretación de la decoherencia y otras. Cada una de estas interpretaciones ofrece una forma única de ver el mundo cuántico y profundizar en nuestra comprensión de la realidad a un nivel más profundo.

En última instancia, la presencia de múltiples interpretaciones en la física cuántica da fe de la complejidad y profundidad de la teoría, y alimenta un rico debate que sigue impulsando la investigación científica y filosófica en busca de respuestas más completas sobre la naturaleza del mundo. En este libro me refiero a la interpretación más popular, la de Copenhague.

La interpretación de Copenhague

La Interpretación de Copenhague, desarrollada principalmente por Niels Bohr y Werner Heisenberg, es uno de los pilares de la física cuántica en su intento de explicar el comportamiento de las partículas subatómicas, en particular mediante el experimento de la doble rendija. Esta interpretación ofrece una perspectiva única sobre la naturaleza fundamental de la realidad y sus interacciones con el observador.

La interpretación de Copenhague se basa en una serie de conceptos clave, como el principio de complementariedad de Bohr y el principio de incertidumbre de Heisenberg. Estos principios subrayan la idea de que ciertas magnitudes físicas, como la posición y el momento de una partícula, no pueden medirse simultáneamente con precisión infinita, lo que lleva a la necesidad de una comprensión no determinista de la realidad cuántica.

Un aspecto central de la interpretación de Copenhague es el papel crucial del observador en la determinación del estado de una partícula. Según este enfoque, una partícula existe en una superposición de posibles estados físicos hasta que es observada, momento en el que el potencial se reduce a una única configuración. Este concepto, reiterado por Bohr en numerosos escritos y debates con otros estudiosos, subraya la importancia de la conciencia en la interpretación de la realidad cuántica.

Uno de los puntos más debatidos de la interpretación de Copenhague es la paradoja del acto de medir. Según Heisenberg, el simple acto de medir una cantidad cuántica afecta a la propia cantidad, introduciendo una incertidumbre intrínseca a la naturaleza cuántica de las partículas. Este concepto, expresado en la famosa relación de incertidumbre de Heisenberg, tiene profundas implicaciones para nuestra comprensión de la precisión y la causalidad en el mundo subatómico.

La interpretación de Copenhague influyó notablemente en el desarrollo de la física cuántica y generó fructíferos debates sobre la naturaleza de la realidad y la validez de un enfoque probabilístico de la ciencia. Algunos estudiosos, como Einstein, Podolsky y Rosen, plantearon objeciones a la visión probabilística propuesta por la Escuela de Copenhague, haciendo hincapié en la necesidad de una comprensión más completa y determinista de la realidad cuántica.

La Interpretación de Copenhague representa una pieza fundamental en el mosaico de la física cuántica, ofreciendo una lente a través de la cual explorar el mundo subatómico y las interacciones entre materia y observador. A través de una comprensión más profunda de este enfoque, podemos refinar nuestra visión de la realidad y el papel crucial de la conciencia en la formulación de la verdad científica.

El papel del observador.

En física cuántica, uno de los aspectos más debatidos es el papel central del observador en la determinación de la realidad cuántica. Este concepto, fundamental para nuestra comprensión de la naturaleza de la conciencia y del mundo subatómico, plantea profundos interrogantes sobre la relación entre el proceso de observación y la manifestación de la realidad. Descubramos juntos el intrincado vínculo que existe entre el observador y la realidad cuántica.

Uno de los aspectos más significativos de la influencia del observador en la física cuántica lo pone de relieve la dualidad onda-partícula. El comportamiento de las partículas subatómicas como ondas o partículas depende del acto de observación, lo que pone de relieve el papel decisivo que desempeña la conciencia a la hora de definir la naturaleza de una partícula. Este fenómeno, explorado por físicos como Niels Bohr y Werner Heisenberg, pone de relieve la íntima interacción entre el observador y la realidad cuántica.

El observador, con su conciencia y su capacidad de percibir y medir, se convierte en un elemento fundamental en la creación de la realidad cuántica. La paradoja del observador consciente se manifiesta cuando se considera el hecho de que el acto de observar una partícula puede determinar su estado y ubicación, lo que sugiere una profunda interconexión entre sujeto y objeto, entre mente y materia. Esta compleja interacción subraya el poder transformador de la conciencia en la realidad cuántica.

En la teoría cuántica, las partículas pueden existir en un estado de superposición de múltiples estados hasta que son observadas, momento en el que el sistema colapsa en un estado definido. Este fenómeno, conocido como "evanescencia de la función de onda" o "colapso cuántico", pone de relieve la delicadeza del vínculo entre el observador y la realidad cuántica, donde el acto de observar determina la manifestación de un único resultado de entre una multitud de posibilidades.

El intrincado vínculo entre el observador y la realidad cuántica plantea profundas cuestiones filosóficas sobre la naturaleza de la conciencia, la percepción y el libre albedrío. Reflexionar sobre la interacción entre la mente humana y el tejido mismo de la realidad cuántica nos lleva a una comprensión más amplia de nuestro papel en el universo y de la importancia de la conciencia para configurar nuestra experiencia del mundo.

En conclusión, el intrincado vínculo entre el observador y la realidad cuántica nos invita a explorar las profundidades de la conciencia y la creación de la realidad. Al ser conscientes de nuestra influencia en la naturaleza de la realidad cuántica, podemos desempeñar un papel activo en la exploración y comprensión de los misterios que yacen en las profundidades del universo cuántico.

Mediante una síntesis de ciencia y filosofía, podemos abrazar la interconexión de la conciencia, la observación y la realidad cuántica, abriéndonos a las maravillas y los retos de un universo cada vez más complejo y fascinante.

El observador como arquitecto de la realidad cuántica.

Afirmar que el observador actúa como creador de la realidad puede parecer audaz, pero los fundamentos de la teoría cuántica conducen a esta sorprendente conclusión. Exploremos juntos esta convincente perspectiva que sitúa la conciencia en el centro de la creación de la realidad cuántica.

Uno de los pilares de la teoría cuántica es la dualidad onda-partícula, que subraya el comportamiento ambiguo de las partículas subatómicas en presencia de observación. El acto de observar una partícula puede hacer que se comporte como onda o como partícula, lo que subraya el papel crucial del observador en la definición del estado de la partícula. Estudiosos como Niels Bohr y Max Planck contribuyeron a la formulación de esta revolucionaria perspectiva.

En ninguna parte es más evidente la importancia del observador en la física cuántica que en el experimento de la doble rendija. Cuando un solo fotón se comporta a la vez como onda y como partícula en función de la observación, surge la pregunta fundamental: ¿qué realidad se manifiesta sin observador? Este enigma pone de relieve el efecto determinante de la observación sobre el resultado experimental, sugiriendo que el observador contribuye activamente a la creación de la realidad cuántica.

La teoría de los muchos mundos, propuesta por Hugh Everett, sugiere que cada decisión u observación divergente crea una ramificación del universo, generando una multiplicidad de realidades alternativas. Este concepto amplía la noción de que el observador no sólo interpreta la realidad, sino que la co-crea a través de sus acciones y elecciones, ampliando la propia definición de la realidad en la que vive.

La idea de que el observador es un arquitecto de la realidad cuántica plantea cuestiones fundamentales sobre la naturaleza de la conciencia, el libre albedrío y nuestra relación con el universo. Si la conciencia humana puede influir directamente en la manifestación de la realidad, ¿qué implicaciones tiene esto sobre el sentido de nuestra existencia y nuestra capacidad para moldear el mundo que nos rodea?

La idea de que el observador es un arquitecto de la realidad cuántica nos impulsa hacia una nueva comprensión de la relación entre mente y materia, entre conciencia y universo. Al ser conscientes de nuestra capacidad para influir y dar forma a la sutil dinámica del mundo cuántico, podemos adoptar un papel activo en la cocreación de la realidad que nos rodea, abriendo la puerta a una visión más amplia y profunda de nuestro lugar en el universo.

Los límites difusos entre observador y observado en la física cuántica.

En el laberinto conceptual de la física cuántica, la frontera entre el observador y lo observado se disuelve en una intrigante danza que desafía los fundamentos de nuestra comprensión de la realidad. En esta exploración de los límites difusos entre el observador y lo observado, nos sumergimos en un universo rico en implicaciones filosóficas y científicas que revelan la profundidad de la conexión entre la conciencia y el mundo cuántico.

La superposición cuántica, un fenómeno clave de la física cuántica, pone de relieve que las partículas pueden existir simultáneamente en múltiples estados hasta que son observadas, momento en el que se manifiesta un único resultado. Esto implica que el acto de observación no sólo revela la realidad, sino que contribuye activamente a su definición, sugiriendo que la frontera entre observador y observado es permeable y está interconectada. Eruditos como Erwin Schrödinger y John Bell han contribuido a la comprensión de este sorprendente fenómeno.

Ningún experimento encarna mejor el entrelazamiento de observador y observado que la doble rendija. Cuando un solo fotón atraviesa dos rendijas separadas, se comporta a la vez como una onda y como una partícula en función de la observación. Esta paradoja desafía a la propia realidad, revelando que el acto de observar no es neutro sino activo, ya que moldea el destino de las partículas subatómicas. Los estudios de Niels Bohr y Richard Feynman contribuyeron a arrojar luz sobre esta intrincada interacción.

La paradoja del observador consciente pone de relieve el papel crucial de la conciencia en la determinación de la realidad. El observador no es un mero espectador pasivo, sino un participante activo en la creación e interpretación de la realidad cuántica. Esto lleva a reflexionar sobre la naturaleza de la propia conciencia y su impacto en la percepción del mundo. Los trabajos de Werner Heisenberg y Eugene Wigner han influido en la comprensión de este enigma.

Al contemplar las difusas fronteras entre observador y observado en la física cuántica, surgen cuestiones filosóficas fundamentales sobre la naturaleza de la realidad, el conocimiento y la existencia. La conexión entre conciencia y materia se revela como un puente entre mundos aparentemente separados, ofreciendo una visión más amplia de nuestra relación con el universo y con nosotros mismos.

En este viaje más allá de la mirada, nos acercamos a los difusos límites entre observador y observado en la física cuántica, reconociendo la profundidad de nuestra conexión con el mundo cuántico. A través del filtro de la conciencia, la realidad se manifiesta y evoluciona, revelando un universo de maravillas y misterios que nos incitan a explorar las interacciones íntimas entre la mente, la materia y el universo.

Reflexiones sobre el papel de la conciencia en el acto de observar.

A través de una lente filosófica, exploramos las implicaciones de la existencia y la conciencia en el acto de observar, y la naturaleza de la realidad que surge de este entrelazamiento de observador y observado.

La dualidad onda-partícula, uno de los pilares de la física cuántica, demuestra que las partículas pueden comportarse como ondas o como partículas en función de la observación. Este desconcertante fenómeno arroja luz sobre la íntima relación entre el acto de observación y la manifestación de la realidad.

El experimento de la doble rendija revela cómo el comportamiento de las partículas subatómicas cambia radicalmente en presencia del observador. La capacidad de la observación para influir en la realidad cuántica plantea profundos interrogantes sobre la naturaleza de la conciencia y su impacto en la creación de la realidad. El papel fundamental del observador en la determinación del resultado experimental ha interesado a mentes tan brillantes como Werner Heisenberg y Richard Feynman.

La física cuántica desafía las distinciones tradicionales entre sujeto y objeto, mente y materia. Las implicaciones filosóficas de esta teoría nos llevan a reflexionar sobre la naturaleza de la realidad y del propio conocimiento. La noción de que el observador puede moldear activamente la realidad revela el potencial trascendental de la conciencia en la creación del universo.

La idea de que el observador tiene un papel trascendental en la física cuántica nos invita a reconsiderar nuestra percepción de la realidad y de nuestra propia existencia. La conciencia ya no se ve como un espectador pasivo, sino como una fuerza creativa que participa activamente en la construcción de la realidad. Este nuevo paradigma nos insta a explorar las profundidades de la conciencia y a abrazar una visión más amplia e integrada de la naturaleza de la realidad.

En esta exploración de las implicaciones filosóficas de la física cuántica y el papel trascendental del observador, nos acercamos al umbral de una comprensión más profunda de la conciencia y la realidad. A través del prisma de la física cuántica, descubrimos un universo fascinante en el que la conciencia no sólo observa, sino que construye activamente el tejido mismo de la existencia.

Ondas potenciales y realidad fija. El conflicto entre mente y materia en la física cuántica.

La superposición cuántica, concepto fundamental de la física cuántica, sugiere que las partículas subatómicas pueden existir simultáneamente en múltiples estados hasta que son observadas. Este estado de superposición representa una onda de potencial, una fluctuación entre múltiples realidades posibles, lo que pone de relieve la naturaleza fluida y probabilística de la realidad cuántica. Físicos como Erwin Schrödinger y Hugh Everett III han contribuido a la comprensión de este fenómeno revolucionario.

El colapso de la función de onda representa la transición de la superposición cuántica a una realidad coherente y definida. Este acontecimiento marca el momento en que la onda potencial (onda probabilística) se transforma en realidad física, creando una realidad fija y observable. El conflicto entre la indefinición de la onda potencial y la concreción de la realidad física plantea cuestiones fundamentales sobre la transición de la posibilidad a la certeza.

El famoso experimento del gato de Schrödinger representa de forma tangible la paradoja entre las ondas potenciales y la realidad fija. En este experimento hipotético, un gato se encuentra en un estado superpuesto de vida y muerte hasta que es observado, momento en el que la onda potencial colapsa en una realidad fija. Este paradigma provoca una profunda reflexión sobre el papel del observador y la dualidad entre posibilidad y certeza.

El conflicto entre las ondas de potencial y la realidad fija nos lleva a explorar la compleja relación entre mente y materia. Esta dicotomía cuestiona la naturaleza de la experiencia humana y la percepción de la realidad, sacando a la luz el papel central de la conciencia en el proceso de observación y creación de la realidad. En este debate han participado pensadores como Werner Heisenberg y David Bohm, que han contribuido a ampliar la visión del universo cuántico.

En esta exploración de las ondas de potencial y realidad enmarcada en la física cuántica, nos enfrentamos al corazón palpitante de un universo incierto y cambiante. El conflicto entre mente y materia, entre posibilidad y certeza, nos invita a reflexionar sobre el poder y la complejidad de la conciencia en el entretejido de mundos sutiles y manifiestos. A través de esta búsqueda, podemos acercarnos a la esencia misma del cosmos, entre las olas de potencial que nos rodean y las realidades que toman forma bajo nuestra atenta mirada.

Principio de superposición.

El principio de superposición, uno de los conceptos más sorprendentes de la física cuántica, desafía nuestra concepción tradicional de la realidad. Según este principio, un sistema cuántico puede existir simultáneamente en varios estados mientras no se realice ninguna medición para determinar un estado concreto. Esta peculiar característica abre la puerta a un mundo de posibilidades y complejidad que nos lleva a examinar más de cerca la naturaleza de la conciencia y de la propia realidad.

Erwin Schrödinger, uno de los padres fundadores de la física cuántica, ilustró el concepto de superposición con el famoso experimento del "gato de Schrödinger". En este escenario hipotético, un gato se encuentra en un estado superpuesto de vida y muerte simultáneamente hasta que es observado. Este experimento ficticio simboliza de forma clara y provocativa la extraordinaria naturaleza de la superposición cuántica.

Según la interpretación de Copenhague de Niels Bohr, es el acto de observación el que determina qué estado del sistema cuántico se manifiesta. Hasta que se observa, el sistema existe en un estado superpuesto de posibilidad. Este concepto subraya el papel crucial del observador en la definición de la realidad cuántica, destacando el vínculo íntimo entre conciencia y manifestación.

El principio de superposición plantea profundas cuestiones filosóficas sobre la naturaleza de la realidad, la percepción del conocimiento y la propia naturaleza de la existencia. La posibilidad de que un sistema pueda existir simultáneamente en múltiples estados abre la puerta a una visión más amplia y compleja de la realidad que desafía nuestras intuiciones convencionales sobre concreción y definición.

En conclusión, el principio de superposición en la conciencia cuántica nos catapulta a un universo de maravilla y misterio, donde la realidad se manifiesta como una red de posibilidades y potencialidades. Este principio revela el poder transformador de la conciencia en la evolución y creación de la realidad, abriendo la puerta a una visión más profunda de la complejidad y la incertidumbre que impregnan el mundo cuántico.

En el corazón de lo desconocido. La danza de la probabilidad en la mecánica cuántica.

La mecánica cuántica, un campo fascinante y complejo de la física, nos introduce en un mundo en el que partículas elementales como electrones y fotones se comportan de formas que desafían nuestras intuiciones clásicas. Uno de los aspectos más intrigantes y debatidos de esta teoría es el principio de superposición, que conlleva la sugerente idea de que una partícula puede existir en varios estados simultáneamente hasta que se mide.

El concepto de superposición fue introducido por uno de los padres fundadores de la mecánica cuántica, Erwin Schrödinger, en 1935, mediante el famoso experimento del gato de Schrödinger. Según la mecánica cuántica, hasta que se abre la caja, el gato existe simultáneamente vivo y muerto. Se trata de una superposición de estados, una verdadera peculiaridad del mundo cuántico....

Uno de los pilares en los que se basa nuestra comprensión de la superposición y el baile de probabilidades en mecánica cuántica es el experimento de la doble rendija. Este experimento clásico consiste en el paso de partículas a través de dos rendijas para crear un patrón de interferencia, que sólo puede explicarse considerando la superposición de los estados de las partículas implicadas.

La interpretación del significado de la superposición ha sido objeto de acalorados debates entre los físicos cuánticos a lo largo de los años. Por un lado, encontramos la escuela de pensamiento de Copenhague, en la que Werner Heisenberg y Niels Bohr defendían que la superposición simplemente representa nuestra ignorancia de los verdaderos estados cuánticos antes de la medición. Por otro, tenemos el punto de vista de interpretaciones más alternativas, como la decoherencia cuántica, propuesta por Wojciech Zurek y Hans Dieter Zeh, que sugiere que la interacción con el entorno conduce a la rápida pérdida de la superposición.

Un ejemplo elocuente de la sutileza de la superposición lo encontramos en el experimento del interferómetro Fabry-Pérot realizado en 1899, que demostró la complejidad de los fenómenos relacionados con la interacción de las partículas con los instrumentos de medida.

En última instancia, la conciencia cuántica nos ofrece una visión privilegiada de un universo de probabilidades, superposiciones e incertidumbres, que desafía nuestras concepciones clásicas de la realidad. Este mundo incierto y vibrante, en el que las partículas danzan en un espacio de posibilidades, sigue estando en el centro de uno de los mayores retos intelectuales y filosóficos de la ciencia contemporánea.

Más allá de la realidad objetiva. La revolución de la probabilidad cuántica.

La mecánica cuántica representa un fascinante campo de la física que ha revolucionado nuestra concepción de la realidad, introduciéndonos en conceptos sorprendentes como la superposición cuántica. Este principio, que establece que una partícula puede existir simultáneamente en múltiples estados hasta que es observada, desafía nuestras creencias más arraigadas sobre la naturaleza fundamental del mundo que nos rodea.

La revolución de la probabilidad cuántica ha planteado profundas cuestiones filosóficas sobre la naturaleza de la realidad y la relación entre el observador y el mundo observado. En la escuela de pensamiento de Copenhague, defendida por físicos como Werner Heisenberg y Niels Bohr, se argumenta que la superposición simplemente representa nuestra incertidumbre e ignorancia sobre los verdaderos estados cuánticos antes de la medición, lo que echa por tierra el concepto de realidad objetiva en el que se basaba la física clásica.

A la comprensión de la superposición y la probabilidad cuántica contribuyeron estudiosos como Hugh Everett III, que en 1957 propuso la interpretación de los muchos mundos, argumentando que cada resultado posible de una medición cuántica ocurre en un universo paralelo. Esta visión radical de la realidad amplió aún más el debate sobre la naturaleza de la existencia y la conciencia en el contexto cuántico.

Navegar más allá de la realidad objetiva y sumergirse en la revolución de la probabilidad cuántica es abrazar un universo de fluctuaciones, incertidumbres y posibilidades que trascienden los límites de nuestra concepción tradicional de la realidad. Es un viaje que nos impulsa a explorar no sólo el mundo físico, sino también el papel intrínseco de la conciencia en la configuración de nuestra comprensión de la verdad fundamental que subyace en el universo que nos rodea.

Funciones de onda y destino incierto. La naturaleza probabilística de la realitỳ cuántica.

La función de onda es una entidad matemática que describe el estado cuántico de un sistema y conlleva la naturaleza incierta y probabilística de la realitỳ que nos rodea.

Una función de onda representa la probabilidad de encontrar una partícula en una posición determinada en el espacio y el tiempo. Esta representación matemática fue introducida por Erwin Schrödinger en 1926 mediante la ecuación que lleva su nombre, y desde entonces se ha convertido en una herramienta esencial para describir los sistemas cuánticos.

Uno de los fenómenos más conocidos que ponen de relieve la naturaleza probabilística de la realitỳ cuántica es el experimento de la doble rendija. Otro experimento crucial que confirma la importancia de las funciones de onda en la descripción cuántica es el experimento del átomo de Bohm. Propuesto por David Bohm en 1952, este experimento demostró que la función de onda de una partícula puede influir significativamente en su comportamiento, confirmando así la profunda conexión entre la descripción matemática y la realidad física.

Este experimento representa una importante contribución a nuestra comprensión de la naturaleza cuántica de la realidad. David Bohm, físico teórico de origen estadounidense, es conocido por sus trabajos en el campo de la física cuántica y por sus ideas sobre la naturaleza del universo y la conciencia.

El experimento del átomo de Bohm se diseñó para demostrar el efecto de la función de onda cuántica en la dinámica de los átomos. Bohm propuso un experimento mental en el que observadores independientes se sitúan en dos caminos diferentes: uno observa la trayectoria de los átomos, mientras que el otro vigila la función de onda de los átomos.

La idea central de Bohm era que la presencia de observadores independientes podía demostrar cómo la función de onda de los átomos influía realmente en su comportamiento.

Aunque el experimento del átomo de Bohm es un experimento mental, tiene el mérito de poner de relieve la importancia de las funciones de onda en la mecánica cuántica y sugerir que éstas no son simples herramientas matemáticas, sino elementos que tienen un impacto real en los fenómenos físicos observados.

El planteamiento de Bohm sobre la física cuántica se consideró a menudo una contrapropuesta a la opinión predominante de la interpretación de Copenhague, ya que defendía la idea de que existe una realidad objetiva independiente del observador y que el papel de las funciones de onda sería crucial para llegar a una descripción precisa de los fenómenos cuánticos.

En última instancia, el experimento del átomo de Bohm representa un hito significativo en la búsqueda de la naturaleza probabilística de la realitỳ cuántica, incitando a profundas reflexiones sobre la relación entre las matemáticas y la física, y sobre la propia naturaleza del universo que nos rodea.

La naturaleza probabilística de la realidad cuántica plantea un desafío fundamental a nuestra visión determinista del mundo. El principio de superposición, combinado con la presencia de funciones de onda, nos incita a abrazar una visión en la que el destino incierto y las múltiples posibilidades se entrelazan en un ballet de probabilidadeѕ̀ y potencialidadeѕ̀ ilimitadas.

Estudios recientes en el campo de la conciencia cuántica y las funciones de onda han dado lugar a teorías e hipótesis cada vez más fascinantes, como la interpretación de muchos mundos propuesta por Hugh Everett III, que sugiere la existencia de universos paralelos en los que se manifiestan todos los resultados cuánticos posibles. Estas ideas empujan a la humanidad a explorar los límites del conocimiento y a enfrentarse a la inmensidad y complejidad de la realitỳ cuántica.

Las fronteras de la existencia vistas a través de la superposición de estados...

La mecánica cuántica, con su principio fundamental de superposición, abre la puerta a una visión de la realidad que va más allá de la mera existencia, introduciéndonos en un campo de investigación que toca las fronteras mismas del ser humano y del universo que nos rodea. A través de la superposición de estados, entramos en un reino de potencialidades y probabilidades que desafían nuestra comprensión convencional de la naturaleza de las cosas y la conciencia.

Uno de los aspectos más intrigantes de la superposición de estados es su capacidad para ofrecer una visión privilegiada de la naturaleza misma de la realidad. En física cuántica, una partícula puede existir simultáneamente en múltiples estados, una superposición que nos invita a reflexionar sobre la naturaleza multidimensional del universo y de nuestra propia existencia.

El experimento de la doble rendija es una ilustración elocuente de cómo la superposición de estados abre la puerta a nuevos conocimientos sobre la naturaleza de la realidad. Cuando las partículas cruzan dos rendijas y se produce un patrón de interferencia, nos enfrentamos a un fenómeno que revela la complejidad y riqueza de las situaciones que rigen el ámbito cuántico.

Más allá de la mera existencia física, la superposición de estados nos impulsa a explorar las profundidades de la conciencia humana. Estudiosos como Max Planck y Albert Einstein han sugerido que la propia realidad podría estar moldeada de algún modo por la conciencia, allanando el camino para una perspectiva en la que nuestra percepción y conciencia desempeñan un papel fundamental en la configuración del mundo que nos rodea.

La visión de la realidad que ofrece la superposición de estados nos invita a considerar al ser humano no sólo como un observador pasivo del mundo, sino como un participante activo en la creación de la propia realidad. Esta perspectiva radical nos empuja a explorar las fronteras del ser y a cuestionar nuestras certezas sobre el sentido de la existencia y la conciencia.

Pero entonces, ¿qué es una partícula antes de ser medida?

¿Qué es una partícula antes de ser medida? Esta pregunta nos lleva a explorar las profundidades de la realidad cuántica y a enfrentarnos a conceptos fundamentales como el principio de superposición, que desafía nuestras concepciones más arraigadas sobre la propia naturaleza del universo.

Antes de medir una partícula, ésta se encuentra en un estado de superposición, es decir, en una combinación lineal de diferentes estados cuánticos. Este concepto fundamental, introducido por pioneros como Erwin Schrödinger y Werner Heisenberg, significa que la partícula puede estar simultáneamente en múltiples posiciones, en múltiples estados de espín o en diferentes configuraciones de propiedades físicas, hasta que es observada o medida.

Una de las implicaciones más revolucionarias de la superposición de estados es que, hasta que una partícula no es observada o interactúa con su entorno, no existe en un estado definido, sino que puede abarcar una multiplicidad de posibilidades. Este sugerente escenario nos trae a la mente la vieja pregunta filosófica: si un árbol cae en un bosque y nadie está allí para oírlo, ¿hace ruido?

Experimentos icónicos como el de la doble rendija ofrecen una ventana privilegiada a la realidad cuántica antes de la observación. En este experimento, cuando una partícula atraviesa dos rendijas, su comportamiento se rige por la superposición de sus estados. Este fenómeno da lugar a un patrón de interferencia que se revela en la placa de detección, demostrando la naturaleza probabilística y ondulatoria de las partículas antes de que se realice una medición.

Amplios estudios de físicos y filósofos han dado lugar a distintas teorías e interpretaciones de la naturaleza de la realidad cuántica no observada. Algunos teóricos sostienen que una partícula existe en una superposición de estados hasta que se mide, mientras que otros postulan la existencia de realidades latentes subyacentes que determinan el comportamiento de la partícula incluso antes de la observación.

En última instancia, la pregunta de qué es una partícula antes de ser medida no tiene respuesta, o mejor dicho, la respuesta es: no lo sabemos. Esto nos lleva a reflexionar sobre la relación entre observador y observado, el papel de la conciencia en la creación de la realidad y el significado más profundo de la naturaleza de la materia y el universo.

El concepto de localidad y no localidad .

En el corazón de la teoría cuántica, la comparación entre el concepto de localidad, tal como lo define la física clásica, y la no localidad cuántica arroja luz sobre un intrigante enigma que revela las profundas diferencias entre dos visiones del mundo aparentemente irreconciliables. Este debate es de crucial importancia en el contexto del final de la vida y la conciencia cuántica, ya que pone de relieve los sutiles matices del universo que escapan a nuestra percepción ordinaria.

La localidad es un principio fundamental de la física clásica, formulado elocuentemente por Albert Einstein. Según esta concepción, todo acontecimiento físico sólo se ve influido por causas que "actúan directamente sobre él" en el mismo punto del espacio y el tiempo. Este principio de separación espacial y temporal de las interacciones físicas ha constituido durante siglos la base de nuestra comprensión del mundo.

Sin embargo, la física cuántica desafía radicalmente este principio al introducir el concepto de no localidad. La no localidad cuántica sugiere que partículas subatómicas como los electrones pueden correlacionarse instantáneamente, independientemente de la distancia espacial que las separe. Este fenómeno, conocido como "entrelazamiento cuántico", ha sido objeto de intensa investigación y experimentación en el campo de la física cuántica.

Uno de los experimentos que más contribuyó a la comprensión de la no localidad fue el de Aspect, realizado por Alain Aspect en 1982. En este experimento, se envió un par de fotones correlacionados a distancias considerables el uno del otro. La observación del estado de un fotón influyó instantáneamente en el estado del otro, confirmando la presencia de correlaciones no locales entre las partículas.

La no localidad cuántica representa una ruptura radical con la visión determinista y local de la realidad que ofrece la física clásica. Esta característica del mundo cuántico desafía nuestras intuiciones más profundas sobre la naturaleza de la realidad y plantea cuestiones fundamentales sobre el concepto de espacio y tiempo, y la propia naturaleza de la conciencia.

La comparación entre la localidad de Einstein y la no localidad cuántica ofrece una visión privilegiada de las contradicciones y maravillas que impregnan el tejido mismo del universo. A través de las mentes brillantes de pioneros como Einstein, Aspect y otros estudiosos que exploraron los límites de la física cuántica, nos enfrentamos a una encrucijada conceptual que invita a una profunda reflexión sobre las dimensiones ocultas de la existencia.

En este viaje a través de la complejidad del concepto de localidad y no localidad, nos aventuramos en el reino de la física cuántica, donde se desafían y reescriben las reglas de la realidad ordinaria. Este diálogo entre dos visiones del mundo aparentemente opuestas nos lleva a explorar la conexión entre el fin de la vida, la conciencia y los profundos misterios que impregnan el tejido mismo del universo.

El concepto de localidad en la física clásica.

El marco de la física clásica, fundamento de nuestra comprensión del mundo físico durante siglos, se ha basado firmemente en el principio del localismo. Este principio afirma que los acontecimientos y las interacciones de nuestro universo están limitados por fronteras espaciales definidas y que las acciones de un objeto sólo repercuten en su entorno inmediato, sin influencia a distancias considerables.

Uno de los pilares de la física clásica que sustenta el concepto de localismo es la teoría de la relatividad de Albert Einstein. Einstein, con sus revolucionarias ecuaciones de campo, como las ecuaciones de Maxwell, proporcionó un sólido marco matemático para describir las fuerzas e interacciones entre los objetos de nuestro universo. La teoría de la relatividad refuerza el concepto de localismo al establecer límites a la velocidad de la luz, que actúan como "fronteras" más allá de las cuales las influencias de un suceso no pueden propagarse instantáneamente.

Otro ejemplo clave que pone de relieve el localismo en la física clásica es el experimento de la doble rendija. Este experimento, realizado por Thomas Young en el siglo XIX, demostró de forma convincente el comportamiento ondulatorio de la luz, pero el resultado podía interpretarse en el contexto del localismo. La observación de fotones individuales pasando por las dos rendijas era compatible con la idea de que cada fotón actuaba como una partícula localizada con una trayectoria bien definida.

Sin embargo, con el avance de la física cuántica en el siglo XX, la visión localista de la física clásica se puso a prueba. El fenómeno del entrelazamiento cuántico, descrito por Erwin Schrödinger en 1935, es uno de los conceptos clave que arrojan luz sobre la no localidad en el mundo de las partículas subatómicas. El entrelazamiento implica una correlación instantánea entre las propiedades de dos partículas, independientemente de la distancia que las separe, desafiando así el principio del localismo.

El famoso debate entre Einstein y Niels Bohr sobre la naturaleza probabilística de la mecánica cuántica ahondó aún más en la cuestión de la localidad frente a la no localidad. Einstein, con su famosa afirmación "*Dios no juega a los dados*", trataba de defender una interpretación determinista y localista del mundo físico, mientras que Bohr defendía la validez de una visión no localista del universo a nivel cuántico.

En conclusión, el concepto de localismo de la física clásica constituía una base sólida para comprender nuestro mundo físico, pero con la llegada de la física cuántica y sus fenómenos aparentemente no locales, se ha hecho necesario reconsiderar y cuestionar este fundamento. La investigación y discusión sobre la localidad y la no localidad sigue siendo un área de gran interés y debate en la comunidad científica, arrojando luz sobre uno de los enigmas más fascinantes de la naturaleza de nuestro universo.

"Localidad": el pilar de la física clásica. "No localidad": el misterio cuántico...

La comparación entre localidad y no localidad es un tema de debate arraigado en los fundamentos mismos de nuestra comprensión del mundo físico. La física clásica siempre ha defendido el concepto de localismo, con sus leyes deterministas y la idea de que los acontecimientos están limitados en el espacio. En cambio, la física cuántica ha sacado a la luz fenómenos misteriosos que cuestionan este punto de vista, abriendo nuevas perspectivas sobre la naturaleza de la realidad.

El concepto de localidad ha sido el pilar en el que se ha basado la física clásica durante siglos. Galileo Galilei, en el siglo XVII, con sus estudios sobre la aceleración gravitatoria, contribuyó a definir las leyes del movimiento que rigen el comportamiento de los objetos en el espacio tridimensional, confirmando la idea de que las acciones de un objeto están limitadas por su posición en el espacio y que la interacción sólo se produce con los objetos circundantes.

La obra de Isaac Newton, con su inmortal ley de la gravitación universal, consolidó aún más el concepto de localidad dentro de la física clásica. Las ecuaciones de Newton, que describen con precisión el movimiento de los cuerpos celestes y terrestres, son un ejemplo elocuente de cómo la visión localista permitió predecir y explicar con gran exactitud los fenómenos físicos en un contexto determinista.

Sin embargo, con el advenimiento de la física cuántica en el siglo XX, la escena científica se vio sacudida por revelaciones sobre la no localidad, sacando a la luz un misterio que desafía los fundamentos de nuestra comprensión del mundo. El experimento de Bell, realizado por John Bell en 1964, demostró de forma inequívoca que las partículas subatómicas pueden correlacionarse de forma no local, es decir, con una interconexión instantánea que trasciende las distancias espaciales.

Las aportaciones de físicos cuánticos como Niels Bohr, Werner Heisenberg y Erwin Schrödinger han ampliado nuestra comprensión de la no localidad y el dualismo onda-partícula que caracterizan al mundo cuántico. El principio de incertidumbre de Heisenberg y el principio de superposición cuántica ponen de relieve la naturaleza probabilística y no determinista de los fenómenos a nivel subatómico, desafiando la concepción localista de la realidad.

En conclusión, la confrontación entre localidad y no localidad representa uno de los retos más profundos y estimulantes para la física contemporánea. Mientras que la física clásica abordaba el mundo desde una perspectiva localista estricta y determinista, la física cuántica ha abierto la puerta a un escenario de fenómenos aparentemente paradójicos y misteriosos que nos invitan a reinterpretar nuestra visión del mundo y de la propia realidad. Este debate en evolución sigue inspirando e intrigando a investigadores y curiosos que se preguntan por la naturaleza última de la conciencia y el universo que nos rodea.

Enredo y paradojas. El corazón de la divergencia entre el mundo clásico y el cuántico.

Para comprender plenamente el entrelazamiento, debemos viajar en el tiempo hasta los albores de la física cuántica. Fue en 1935 cuando Albert Einstein, junto con Boris Podolsky y Nathan Rosen, publicó un artículo que cuestionaba los pilares de la mecánica cuántica. El artículo presenta un experimento mental que muestra una increíble correlación entre dos partículas que, una vez que interactúan, parecen mantener una conexión instantánea que desafía el concepto de localidad espacio-temporal. El artículo pretende demostrar la imposibilidad de esta teoría y, en consecuencia, de la teoría cuántica. El experimento propuesto pasó a conocerse como la "Paradoja EPR", como acrónimo de los nombres de los proponentes.

En cambio, un experimento icónico que demostró el entrelazamiento es el propuesto en 1964 por John Bell y realizado por Alain Aspect en 1982. El famoso teorema de Bell sentó las bases para verificar experimentalmente la no localidad de los fenómenos cuánticos. Mediante una serie de mediciones en pares de partículas entrelazadas, fue posible demostrar que las correlaciones cuánticas no pueden explicarse por ninguna teoría local, revelando así uno de los aspectos más intrigantes de la realidad cuántica.

Sin embargo, el concepto de entrelazamiento no se limita al mundo de las partículas elementales: también se ha extendido a la biología cuántica, planteando profundos interrogantes sobre la naturaleza de la conciencia. El biólogo teórico Stuart Hameroff, en colaboración con el físico Sir Roger Penrose, ha planteado la hipótesis de que los microtúbulos de las células cerebrales pueden desempeñar un papel clave en la aparición de la conciencia a través de fenómenos de entrelazamiento cuántico.

En este escenario visionario, la conciencia humana se convierte en una intrincada red de conexiones cuánticas que se extienden hasta el nivel subatómico, desafiando las concepciones tradicionales de separación y distancia. El filósofo alemán Arthur Schopenhauer, si viviera hoy, encontraría en el laberinto cuántico una confirmación de su visión del universo como manifestación de una misma realidad indivisible.

En conclusión, el entrelazamiento cuántico y las paradojas de la no localidad representan una fascinante frontera en la ciencia y la filosofía. A través de asombrosos experimentos, pioneros como Niels Bohr, Erwin Schrödinger y Werner Heisenberg sentaron las bases para comprender un universo en el que la separación entre entidades se disuelve en un entrelazamiento cuántico que abarca toda la realidad.

Separados pero unidos: la no localidad cuántica.

En el laberinto de la física cuántica, la no localidad emerge como una de las cuestiones más desafiantes y contraintuitivas que cuestionan el concepto mismo de espacio y separación. La no localidad cuántica, junto con el concepto de entrelazamiento, constituye un pilar fundamental que desafía nuestras intuiciones más arraigadas sobre la realidad y la conciencia.

Para comprender plenamente la no localidad cuántica, debemos dar un salto atrás en el tiempo hasta los experimentos pioneros realizados en el siglo XX. Uno de los experimentos clave que pusieron de relieve la no localidad son los estudios realizados por Alain Aspect en la década de 1980. Utilizando sistemas de pares de partículas enredadas, Aspect demostró que las correlaciones cuánticas entre partículas no podían explicarse con teorías locales, confirmando así la presencia de una conexión íntima más allá del espacio y el tiempo.

La contribución de físicos teóricos como David Bohm no puede subestimarse en este debate. Bohm propuso una visión del universo en la que la no-localidad es intrínseca al tejido mismo de la realidad, sugiriendo que cada parte del universo está conectada con todas las demás de una forma profunda y misteriosa que trasciende la distancia espacial.

Las teorías de la Interpretación de Copenhague de Niels Bohr y Werner Heisenberg también plantearon cuestiones cruciales sobre la naturaleza de la no localidad. La idea de que una partícula pueda influir instantáneamente en otra, aunque se encuentren a enormes distancias, ha llevado a las mentes más brillantes del campo a reconsiderar los fundamentos mismos de la física moderna.

En un mundo en el que la separación aparece como una ilusión tramada por nuestra limitada percepción, la no localidad cuántica enfrenta la mirada humana a un enigma que elude la comprensión racional. A través de "conexiones" cuánticas que atraviesan el universo, nos enfrentamos a la percepción de una realidad en la que estamos separados pero, al mismo tiempo, unidos en una red irrompible de conexiones invisibles.

En este extraordinario contexto, la no localidad cuántica nos invita a reconsiderar la naturaleza misma de la realidad, abriendo la puerta a nuevas fronteras del conocimiento y la conciencia. A través del oscuro velo de la no localidad, la física cuántica nos recuerda que, aunque estemos muy alejados en el espacio, nuestras existencias están entrelazadas en un patrón más amplio y misterioso, que unifica todo lo que existe en una danza íntima de interconexión.

Localidad y no-localidad. La confrontación de época entre Einstein y la física cuántica.

En la física del siglo XX, un choque trascendental animó el debate entre el genio indiscutible Albert Einstein y las nuevas teorías de la física cuántica: el enfrentamiento entre localidad y no localidad. Este duelo intelectual avivó el fuego de una polémica que fue testigo de la ruptura entre las cosmovisiones clásica y cuántica, dando lugar a uno de los capítulos más fascinantes de la historia de la ciencia.

El campo de batalla en esta confrontación era la naturaleza del propio universo: Einstein, con su teoría de la relatividad, defendía la idea de una realidad determinista regida por leyes físicas que respetaban la noción de localidad espacio-temporal. Por otro lado, la física cuántica, con sus enigmas desconcertantes y su no localidad cuántica, ofrecía el retrato de un universo regido por leyes probabilísticas y conexiones intrínsecas más allá del espacio y el tiempo.

Uno de los experimentos clave que sacó a la luz la cuestión de la no localidad fue el propuesto por Einstein, Podolsky y Rosen en el famoso artículo de 1935 conocido como la "Paradoja EPR". En él, los tres científicos ponían de relieve una aparente conexión instantánea entre partículas enredadas, señalando cómo esto desafiaba la noción de separación espacio-tiempo y cuestionaba los fundamentos de la física clásica.

Otros experimentos cruciales que exploraron la cuestión de la no localidad son las investigaciones realizadas por John Bell en la década de 1960, que culminaron en su teorema que ponía a prueba la validez de las teorías locales con respecto a los fenómenos cuánticos. La violación de las desigualdades de Bell por experimentos reales confirmó que los fenómenos cuánticos no pueden explicarse mediante teorías que respeten la localidad, abriendo el camino a un panorama de conexiones insospechadas a través del espacio y el tiempo.

El debate entre Einstein y los padres fundadores de la física cuántica, como Niels Bohr, Werner Heisenberg y Erwin Schrödinger, catalizó una intensa reflexión tanto sobre la naturaleza de la realidad física como sobre nuestra percepción de ella. Las ideas contrapuestas de Einstein y los físicos cuánticos delinearon una fina línea entre dos mundos conceptuales, poniendo de relieve el profundo abismo que separa la visión determinista y local de Einstein de la visión probabilística y no local de la mecánica cuántica.

En este fascinante duelo de ideas y conceptos, el desafío entre localidad y no localidad ha demostrado ser un hito en la historia del pensamiento científico, incitándonos a reconsiderar nuestras arraigadas creencias sobre la naturaleza de la realidad y la conciencia humana. Mientras Einstein y la física cuántica siguen conversando a través de los siglos, el enfrentamiento entre localidad y no localidad sigue siendo uno de los mayores enigmas de la humanidad por resolver, y promete desvelar nuevos conocimientos sobre la naturaleza esencial del universo que nos rodea.

Indeterminación de Heisenberg.

Este principio, formulado por el célebre físico alemán Werner Heisenberg en 1927, es uno de los pilares fundamentales de la teoría cuántica y revela una realidad sorprendente: no podemos conocer simultáneamente con precisión tanto la posición como el momento de una partícula.

Heisenberg, figura destacada de la física del siglo XX, emprendió esta revolucionaria investigación en mecánica cuántica, sentando las bases de una visión del mundo en la que la ambigüedad y la incertidumbre reinan a nivel microscópico. Mediante el uso de complejos formalismos matemáticos y el análisis detallado de experimentos, Heisenberg demostró que existe un límite intrínseco a la precisión con la que podemos medir las magnitudes físicas de una partícula elemental.

En un famoso experimento mental que consistía en medir simultáneamente la posición y el momento de un electrón, Heisenberg señaló que cualquier intento de precisión en la medición de una de estas magnitudes conduce inevitablemente a un aumento de la incertidumbre en la otra. Este fenómeno, conocido como principio de incertidumbre, desafía nuestro sentido común, que espera un conocimiento preciso y definitivo de la realidad física que nos rodea.

Las paradojas e implicaciones filosóficas de la indeterminación de Heisenberg han alimentado acalorados debates entre científicos y filósofos durante décadas. Algunos estudiosos, como Niels Bohr y Max Born, sostienen que la indeterminación es una característica intrínseca de la naturaleza cuántica de la realidad y que debemos aceptarla como parte del entramado de la física moderna.

Otros, como Albert Einstein, se sintieron profundamente perturbados por la aparente aleatoriedad e incertidumbre inherentes a la mecánica cuántica, llegando a exclamar la famosa frase "*Dios no juega a los dados con el universo*".

Sin embargo, las numerosas confirmaciones experimentales de la indeterminación de Heisenberg mediante experimentos como la difracción de electrones y la espectroscopia atómica han consolidado su estatus como uno de los principios fundamentales de la naturaleza...

Hoy en día, la indeterminación de Heisenberg sigue estimulando la investigación científica y abriendo nuevas perspectivas sobre la naturaleza de la realidad. Sus implicaciones van mucho más allá de la propia física, pues arrojan luz sobre cuestiones más profundas relativas al papel del observador en la determinación de la realidad y a la naturaleza de la propia conciencia.

En un momento en que las fronteras entre ciencia y espiritualidad parecen cada vez más difusas, la conciencia cuántica y la indeterminación de Heisenberg nos plantean un enigma convincente. Podemos preguntarnos: ¿hasta qué punto nuestro mundo está determinado por las leyes de la física clásica y hasta qué punto lo está por nuestra propia percepción y conciencia?

Así, al explorar las profundidades del universo cuántico, debemos reconocer que la indeterminación de Heisenberg no es sólo un enigma científico por resolver, sino también una invitación a reflexionar sobre la naturaleza misma de la realidad y de nuestra existencia.

En conclusión, la indeterminación de Heisenberg representa una de las etapas más significativas del viaje humano hacia la comprensión del mundo cuántico, un viaje que nos empuja a reconsiderar nuestras concepciones más arraigadas sobre la naturaleza de la realidad y de la propia conciencia. En este diálogo constante entre mente y materia, entre observador y observado, estamos llamados a explorar nuevas fronteras del conocimiento y a abrazar la incertidumbre como parte integrante de la belleza y la complejidad del universo que nos rodea.

Bailando en la indeterminación. El misterio del principio de Heisenberg.

Este pilar fundamental de la teoría cuántica, enunciado por Werner Heisenberg allá por 1927, nos ofrece una visión fascinante y profunda de la naturaleza misma de la realidad, un viaje que nos invita a danzar entre los matices de la incertidumbre.

Heisenberg, figura destacada de la física del siglo XX, abordó el misterio de la naturaleza a nivel microscópico con un espíritu de audaz exploración. En sus estudios de mecánica cuántica, se dio cuenta de que, a diferencia de lo que predecía la física clásica, no podemos conocer simultáneamente con absoluta precisión la posición y el momento de una partícula elemental. Este concepto, manifestado como principio de incertidumbre, revela un vibrante mundo de ambigüedad y sutil interconexión entre las magnitudes físicas.

Al examinar las implicaciones de este principio, nos encontramos con una intrincada danza entre partículas subatómicas, en la que nuestra propia observación afecta al comportamiento de las entidades más pequeñas del universo. Se cuenta que en un famoso encuentro entre Heisenberg y su colega Niels Bohr en Copenhague en 1927, las brillantes mentes de ambos físicos se enfrentaron en torno a estos conceptos aparentemente paradójicos. Bohr, ardiente defensor de la interpretación cuántica probabilística, sostenía que la indeterminación es inherente a la propia naturaleza de las partículas, mientras que Heisenberg, con su precisión alemana, intentaba socavar los fundamentos de esta opinión con sus agudas matemáticas.

El inolvidable experimento mental de la colisión entre una partícula y un fotón, que Heisenberg utilizó para ilustrar el principio de incertidumbre, nos incita a cuestionar la frontera entre lo que podemos saber y lo que queda por resolver en el universo cuántico. La difracción de electrones a través de una doble rendija, el experimento que arrojó luz sobre la naturaleza ondulatoria de la materia, es otro hito que confirma la esquiva esencia de las partículas elementales.

Pero el misterio de la indeterminación de Heisenberg va más allá de las páginas de los manuales de física y los laboratorios científicos. El contexto más amplio de la conciencia humana y la realidad misma se entrelaza con este principio, planteando profundas cuestiones existenciales sobre la naturaleza de nuestra percepción y nuestro papel en el universo.

En un momento en que la física cuántica y la espiritualidad se funden en un fructífero diálogo, "Danza en la indeterminación" nos invita a reconsiderar el concepto mismo de realidad y conocimiento. Tal vez, en este vasto escenario de incertidumbre, resida la belleza y la profundidad del universo, una invitación a contemplar el misterio con humildad y asombro.

Así pues, mientras bailamos en la indeterminación de Heisenberg, dejémonos embelesar por la misteriosa música del universo cuántico, donde la realidad se revela y se oculta en un intrincado juego de ambigüedad y asombro.

Entre posición y velocidad. La imposibilidad del conocimiento absoluto.

En el fascinante reino de la física cuántica, uno de los conceptos más relevantes e intrigantes es la imposibilidad de conocer al mismo tiempo la posición absoluta y el momento (velocidad) de una partícula, tal y como establece el famoso principio de incertidumbre de Heisenberg. Este pilar fundamental de la teoría cuántica revela un universo de matices y desafíos a nuestra comprensión tradicional de la realidad.

El principio de incertidumbre afirma que cuanto más preciso es nuestro conocimiento de la posición de una partícula, más incierta resulta la información sobre su momento, y viceversa. Este concepto sacude los cimientos de la física clásica, basada en una visión determinista y precisa de la realidad.

Para comprender plenamente esta dicotomía entre posición y momento, podemos reflexionar sobre un experimento emblemático como el de la doble rendija, que pone de relieve la naturaleza ondulatoria de la materia. En este contexto, la incertidumbre de Heisenberg se manifiesta con toda su fuerza, obligándonos a reconsiderar nuestro sentido intuitivo de la precisión y el determinismo.

En el debate en torno a estas cuestiones participaron mentes brillantes de la física cuántica como Niels Bohr, que defendía que la indeterminación es parte integrante de la realidad cuántica y que debemos aceptarla como parte del tejido mismo del universo. Por otro lado, científicos ilustres como Albert Einstein chocaron con la aparente aleatoriedad e imprevisibilidad del principio de Heisenberg, poniendo de manifiesto las tensiones entre la mecánica cuántica y el sentido común.

Además, el papel del observador en la determinación de la realidad ha cobrado una importancia crucial en este contexto. Los experimentos sobre la acción del observador y su influencia en el comportamiento de las partículas ponen de relieve la complejidad de la relación entre lo observado y el observador, abriendo nuevas puertas a la naturaleza de la propia conciencia.

El observador se convierte en parte integrante del experimento, influyendo en el propio resultado con su acto de observación. Esta combinación de sujeto y objeto abre la puerta a una nueva forma de entender la relación entre la mente y el mundo exterior.

A la luz de todo esto, entramos en el reino de la incertidumbre con humildad y asombro, conscientes de que la propia física revela sus límites cuando se trata de sondear las profundidades del universo cuántico. El salto de la incertidumbre nos invita a explorar nuevas perspectivas sobre la naturaleza de la realidad, el papel de la conciencia y la danza encantada de las partículas elementales, suspendidas entre la posición y el impulso, entre lo conocido y lo desconocido.

Probabilidad cuántica. La función de onda.

Imagínese que busca a un amigo y le pregunta dónde puede encontrarlo. La física clásica respondería: está en piazza Mazzini, en el Sports Bar, sentado fuera, tercera mesa a la derecha, la silla más al norte. La física cuántica, en cambio, respondería: probablemente esté en la plaza Mazzini.

Dado que la indeterminación de Heisenberg nos impide fijar la partícula en un lugar preciso, sólo podemos imaginar dónde es más probable que se encuentre. Aquí es donde la función de onda viene en nuestra ayuda. Se trata de una herramienta matemática que describe la probabilidad de encontrar una partícula en una determinada posición o estado.

En el mágico reino de la física cuántica surge un concepto fundamental que constituye la savia de esta fascinante disciplina: la función de onda. Esta revolucionaria herramienta matemática, utilizada en mecánica cuántica, nos ofrece una visión profunda y penetrante de la probabilidad de encontrar una partícula en una determinada posición o estado, desvelando los secretos más recónditos del universo subatómico.

La función de onda es la piedra angular de la mecánica cuántica, un formalismo matemático que describe el comportamiento de las partículas a nivel microscópico de forma probabilística. Introducida en 1925 por Erwin Schrödinger con la famosa ecuación que lleva su nombre, representa un audaz salto más allá de las concepciones clásicas de la física, donde la realidad no se determina con precisión, sino a través de una superposición de estados posibles.

A través de la función de onda, ya no podemos describir la trayectoria definitiva de una partícula, sino la probabilidad de encontrarla en una determinada posición o estado. Este concepto revolucionario fue desarrollado por luminarias como Niels Bohr y Werner Heisenberg en el marco de la interpretación de Copenhague de la mecánica cuántica, que hacía hincapié en el carácter probabilístico e indeterminista del mundo subatómico.

Un experimento paradigmático que subraya la importancia de la función de onda es el experimento de las dos rendijas. Cuando se hace pasar un haz de partículas a través de dos rendijas, se observa un patrón de interferencia que sólo puede explicarse plenamente mediante la descripción probabilística que proporciona la función de onda. Este desconcertante fenómeno pone de manifiesto la naturaleza ondulatoria de las partículas y la complejidad de la realidad cuántica.

El papel de la función de onda como herramienta de predicción fue confirmado por numerosos experimentos durante el siglo XX, como la espectroscopia atómica y la difracción de electrones, que arrojaron resultados experimentales acordes con las predicciones de la mecánica cuántica. Estos éxitos experimentales han reforzado la validez e importancia de la función de onda como fundamento de nuestra comprensión de la realidad cuántica.

En última instancia, la función de onda se presenta como el puente entre la realidad observada y la probabilidad oculta de la física cuántica, ofreciéndonos una visión privilegiada del sutil mundo de las partículas elementales.

Ondas de probabilidad, es decir, universo de posibilidades..

La función de onda es una entidad matemática asombrosa, fundamental para la descripción probabilística de la realidad cuántica, que abre la puerta a un universo de posibilidades y probabilidades, tejiendo la trama misma de la conciencia cuántica.

La función de onda representa el corazón palpitante de la mecánica cuántica, una teoría que desafía los cánones de la física clásica introduciendo conceptos que revelan una realidad misteriosa y vibrante. En 1925, Erwin Schrödinger formuló la ecuación que lleva su nombre, una ecuación que describe la evolución temporal de una partícula a través de su función de onda, abriendo una ventana a la delicadeza y complejidad de la realidad cuántica.

A través de la función de onda, entramos en un universo de probabilidad y superposición de estados, donde la posición y el estado de las partículas no se definen con certeza, sino con una sombra de incertidumbre que revela la naturaleza misma de la realidad subatómica. Este concepto revolucionario sentó las bases de la interpretación de Copenhague de la mecánica cuántica, llevando a estudiosos como Niels Bohr y Werner Heisenberg a reconsiderar radicalmente la naturaleza del universo.

Las aplicaciones prácticas de la función de onda se han visto confirmadas por una serie de experimentos y observaciones a lo largo del siglo XX, que han demostrado la validez y eficacia de esta herramienta predictiva para describir fenómenos a nivel atómico y subatómico. El experimento de difracción de electrones y la espectroscopia atómica son sólo dos de los ejemplos que han consolidado la función de onda como fundamental para nuestra comprensión de la realidad cuántica.

En conclusión, al sumergirnos en las ondas de la probabilidad y el universo de posibilidades que ofrece la función de onda, nos enfrentamos a un mundo extraordinario de maravilla y complejidad, donde la realidad se revela en su forma más íntima y misteriosa. Explorar la teoría cuántica a través de la lente de la función de onda significa enfrentarse a la infinita variedad de posibilidades que ofrece el universo, abriendo nuevos e inexplorados horizontes sobre la naturaleza de la propia existencia.

Entre los sueños y la realidad. La perspectiva probabilística de la mecánica cuántica.

En la fascinante danza entre los sueños y la realidad, la física cuántica y la física clásica se enfrentan con perspectivas divergentes que revelan la complejidad intrínseca del universo. En el centro de este conflicto conceptual se encuentra la oposición entre la perspectiva probabilística de la mecánica cuántica, basada en la función de onda, y la perspectiva localista de la física clásica, basada en leyes deterministas y definitivas.

La función de onda, baluarte de la mecánica cuántica, se presenta como una herramienta matemática que describe la probabilidad de encontrar una partícula en una determinada posición o estado. Esta forma probabilística de descripción del mundo subatómico contrasta con la visión localista de la física clásica, que propone que la posición y el estado de una partícula pueden predecirse con certeza en cualquier instante, en consonancia con las concepciones deterministas del mundo físico.

La ecuación de Schrödinger, formulada en 1925 por Erwin Schrödinger, es el fundamento de la descripción probabilística de la realidad cuántica. Mediante esta ecuación, la función de onda evoluciona en el tiempo según reglas precisas que delinean un mapa de probabilidades que sólo se manifiesta en el momento de la observación. Este enfoque probabilístico abre la puerta a universos de posibilidades en los que la determinación absoluta se disuelve en el ámbito de la probabilidad.

Desde otra perspectiva, la física clásica, con sus leyes deterministas y localistas, ha dominado durante mucho tiempo el panorama científico, ofreciendo una visión del mundo basada en una certeza aparentemente inexpugnable. Sin embargo, la llegada de la mecánica cuántica ha puesto en entredicho estos cimientos, revelando un fino tejido de probabilidad e incertidumbre que impregna la realidad subatómica.

El experimento de las dos rendijas, en el que las partículas subatómicas muestran un comportamiento de interferencia que sólo la descripción probabilística de la función de onda puede explicar, demuestra claramente la divergencia entre ambas perspectivas. Mientras que la física clásica se esfuerza por comprender el mundo a través de una visión de determinismo absoluto, la mecánica cuántica nos invita a contemplar la realidad en un caos indeterminable de posibilidades siempre cambiantes.

Sobre este telón de fondo de conflicto conceptual entre sueños y realidad, entre probabilidad y determinismo, nos encontramos en una encrucijada epistemológica que nos empuja a explorar las profundidades del universo y de la propia conciencia. Mientras que la función de onda nos adentra en el laberinto de la incertidumbre, la perspectiva localista nos ofrece un anclaje en la ilusoria certidumbre de la física clásica.

Así, entre sueños de probabilidad y realidad determinista, nos sumergimos en un viaje sin fin a través de los límites del entendimiento humano, explorando las paradojas y contradicciones que definen el corazón palpitante de la física cuántica y nuestra percepción del universo.

La alquimia de lo improbable. Funciones de onda y destino incierto en la conciencia cuántica.

En el intrincado tejido de la física cuántica, vislumbramos un rasgo distintivo que revela la belleza y complejidad del universo: el uso de funciones de onda para describir el sutil mundo de la probabilidad cuántica. Este elemento fundamental de la mecánica cuántica nos introduce en un reino donde lo improbable baila al unísono con lo incierto, revelando la alquimia de la imprevisibilidad que caracteriza la realidad cuántica.

Las funciones de onda, herramientas matemáticas utilizadas para explorar la probabilidad de encontrar una partícula en una posición o estado determinados, se erigen como las llaves mágicas que abren las puertas del reino cuántico. Introducidas magistralmente por figuras tan ilustres como Erwin Schrödinger en 1925, estas funciones de onda representan los cimientos sobre los que descansa nuestra comprensión de la realidad subatómica, un mundo en el que la imprevisibilidad y la incertidumbre danzan junto a lo improbable.

Mediante el uso de funciones de onda, nos adentramos en un intrincado territorio en el que el destino de una partícula no está predeterminado, sino que evoluciona en una orquestación probabilística de estados posibles. Esta perspectiva contrasta fuertemente con la visión determinista de la física clásica, en la que cada acontecimiento es la causa de un efecto preciso, esbozando un panorama en el que la alquimia de lo improbable se entrelaza con la danza incierta del cosmos.

El experimento de las dos rendijas, ejemplo paradigmático de la interferencia de partículas subatómicas, ilustra claramente el efecto de las funciones de onda sobre la realidad cuántica. Sólo a través del enfoque probabilístico que proporcionan las funciones de onda podemos explicar el complejo patrón de interferencia que surge cuando las partículas cruzan las rendijas, poniendo de relieve la naturaleza esquiva y cambiante de la realidad cuántica.

La divergencia entre la perspectiva probabilística que ofrecen las funciones de onda y la visión determinista de la física clásica alimentó acaloradas discusiones entre científicos de renombre mundial como Niels Bohr y Albert Einstein durante el siglo XX. Mientras Bohr defendía la validez del enfoque probabilístico de la mecánica cuántica, Einstein seguía mostrándose escéptico ante la visión indeterminista que ofrecían las funciones de onda, lo que dio lugar a un enfrentamiento epistemológico de rara intensidad.

En esta danza tumultuosa entre la alquimia de lo improbable y el destino incierto, nos enfrentamos a una encrucijada de posibilidades y maravillas que desafían los fundamentos mismos de nuestra comprensión del universo. A través de las funciones de onda, nos adentramos en un laberinto de probabilidad e incertidumbre, donde el destino se revela en su inefable esplendor, ofreciéndonos una visión privilegiada de la infinita variedad de posibilidades que impregnan la realidad cuántica.

Experimento del gato de Schrödinger

En el campo de la física cuántica, pocos conceptos despiertan tanta fascinación y perplejidad como el experimento del gato de Schrödinger. Este enigmático escenario, ideado por el brillante físico austriaco Erwin Schrödinger en 1935, es un icono de la extrañeza y complejidad del mundo subatómico.

Pero, ¿en qué consiste exactamente este famoso experimento? Imagina que encierras a un gato en una caja junto con una fuente de radiación y un recipiente con veneno. Si se produce una desintegración en la fuente de radiación, como es probable que ocurra, esto hace que el veneno se propague y el gato muera. Según la teoría cuántica, hasta que no se abre la caja para mirar, el gato existe en un estado superpuesto, simultáneamente vivo y muerto, lo que crea una situación paradójica.

Este enigma conceptual plantea importantes cuestiones sobre la naturaleza de la realidad y el papel del observador a la hora de determinar el resultado de un experimento cuántico. De hecho, la física cuántica nos muestra cómo las partículas subatómicas pueden estar en estados de superposición hasta que son observadas, revelando un mundo en el que las leyes de la lógica ordinaria parecen tambalearse.

Uno de los aspectos más interesantes de esta paradoja es su impacto en la comprensión de la interpretación de la mecánica cuántica. Entre los distintos puntos de vista expuestos a lo largo de los años, el debate entre los defensores de la interpretación de Copenhague de Niels Bohr y los críticos como el propio Schrödinger ha alimentado una ferviente reflexión sobre la naturaleza de la realidad cuántica.

Es importante señalar que el experimento del gato de Schrödinger, aunque se propuso como argumento teórico para ilustrar las ambigüedades de la mecánica cuántica, nunca llegó a realizarse en la práctica por razones éticas obvias. Probablemente Schrödinger pensó en un gato porque tenía uno en casa. Sin embargo, su impacto filosófico y conceptual ha sido enorme, influyendo en generaciones de científicos y pensadores.

Entre los estudiosos más ilustres que han lidiado con esta paradoja se encuentran no sólo Schrödinger y Bohr, sino también Albert Einstein y Werner Heisenberg, protagonistas de acaloradas discusiones sobre el significado y las implicaciones de la física cuántica. Las diferentes visiones e interpretaciones de estos gigantes de la ciencia han enriquecido el debate y estimulado nuevas perspectivas sobre nuestra comprensión del mundo a nivel subatómico.

En conclusión, el experimento del gato de Schrödinger representa una cumbre de la complejidad y la incertidumbre que caracterizan a la física cuántica. A través de este enigmático escenario, se nos incita a cuestionar los fundamentos de la realidad, el papel del observador y la naturaleza del propio cosmos. En un universo en el que la lógica clásica deja paso a la ambigüedad cuántica, el gato de Schrödinger sigue siendo un símbolo indeleble de nuestra búsqueda permanente de sentido en el desconcertante mundo de las partículas elementales.

Historia y contextos del experimento del gato de Schrödinger.

El experimento del gato de Schrödinger representa uno de los ejemplos más conocidos y fascinantes de paradojas y contradicciones que desafían nuestra comprensión del mundo subatómico. Este experimento, propuesto en 1935 por el físico austriaco Erwin Schrödinger, ha suscitado acalorados debates y reflexiones filosóficas sobre la naturaleza de la realidad y la propia conciencia.

Para comprender plenamente la importancia y complejidad de este experimento, es necesario rastrear su historia y analizar los contextos científico y filosófico en los que surgió. Schrödinger formuló este experimento mental como una crítica a las interpretaciones de la mecánica cuántica que parecían implicar la coexistencia de estados contradictorios.

En resumen, el experimento del gato de Schrödinger consiste en encerrar a un gato imaginario en una caja junto con una fuente radiactiva, un contador Geiger y un frasco de veneno. Si el átomo radiactivo se desintegra, el contador Geiger detecta la radiación y provoca la liberación del veneno que mata al gato. Sin embargo, según la teoría cuántica, hasta que no se observe directamente, el estado del gato se describe mediante una superposición de estados, "gato vivo" y "gato muerto".

Este escenario aparentemente absurdo planteó profundas cuestiones sobre la naturaleza de la realidad y la importancia del observador a la hora de determinar el resultado de un experimento cuántico. El propio Schrödinger se quedó perplejo ante esta implicación de su teoría y utilizó el experimento del gato para poner de relieve las aparentes contradicciones de la mecánica cuántica.

En el contexto histórico de la época, el experimento del gato de Schrödinger reflejaba las controversias y los retos conceptuales a los que se enfrentaba la física cuántica. En la década de 1930, la comunidad científica estaba dividida entre los partidarios de distintas interpretaciones de la teoría cuántica, como la de Niels Bohr (Escuela de Copenhague) y la de los muchos mundos de Hugh Everett III.

El debate sobre el experimento del gato de Schrödinger no se ha limitado al mundo académico, sino que también ha implicado a la cultura popular y la filosofía. Filósofos como Ludwig Wittgenstein y Karl Popper han debatido el significado y la interpretación de la mecánica cuántica, alimentando un interés generalizado por las implicaciones más profundas de esta teoría.

A pesar de las críticas y la controversia, el experimento del gato de Schrödinger sigue siendo un pilar de la física cuántica, estimulando continuas reflexiones sobre la naturaleza de la realidad y la conciencia humana. Su historia y contextos representan un capítulo importante de la investigación científica y la filosofía de la ciencia, poniendo de relieve los retos intelectuales que acompañan al descubrimiento de las leyes fundamentales del universo.

En conclusión, el experimento del gato de Schrödinger plantea preguntas sin respuesta y empuja a la humanidad a explorar los límites del conocimiento y la comprensión. Sobre todo, este experimento es una invitación a seguir reflexionando sobre la relación entre mente y materia, abriendo nuevas perspectivas para la ciencia y la filosofía.

Diario de un experimento mental. Ejecución imaginaria del Gato de Schrödinger.

Primer día.

Con fervor científico y una pizca de curiosidad mezclada con una pizca de asombro, estoy a punto de comenzar un experimento que desafía el sentido común y la lógica convencional. Hoy, en mi laboratorio, comienzo la ejecución del audaz experimento del gato de Schrödinger. Los preparativos han sido meticulosos y los dispositivos están listos: la caja con el gato, la fuente radiactiva, el contador Geiger y la botella de veneno.

Día 2.

El experimento ya está en marcha. La caja está sellada y la fuente radiactiva se ha preparado para la desintegración. El destino del gato, tanto vivo como muerto, está suspendido en un limbo cuántico. Me remito a las teorías de Schrödinger, forjando mi comprensión de la superposición de estados y el papel crucial del observador.

Día 3.

La tensión en el laboratorio aumenta. El tiempo se dilata a medida que el gato, en su doble condición, se convierte en el centro de mi investigación. Me cuestiono la naturaleza de la conciencia y su impacto en la interpretación de los resultados de este experimento. Las teorías de pensadores como Eugene Wigner y John Archibald Wheeler me guían en esta profunda contemplación.

Día 4.

Se acerca el veredicto. Hoy es el momento crítico en el que debo decidir si abro la caja y observo el destino del gato. La tensión es palpable al enfrentarme a la naturaleza de la observación cuántica y a la paradoja de la superposición de estados. Las ideas de Hugh Everett III sobre el multiverso y sus implicaciones amplían mi horizonte de pensamiento. En efecto, según Hugh Everett III, la apertura de la caja provocaría el nacimiento de otro universo. Si el gato estuviera vivo en este universo, seguramente moriría en otro, y viceversa.

Día 5

Ha llegado el gran final del experimento. Con una mezcla de emoción y temor, abro la caja y miro al gato. ¿Está vivo? ¿Está muerto? Mi observación determina el resultado final en un momento crucial de interacción entre materia y conciencia. El significado y las implicaciones de este experimento resuenan en mis reflexiones.

En este "experimento mental" del gato de Schrödinger, por supuesto, no había gato de por medio. Experimentamos un viaje al abismo de la física cuántica y la conciencia humana. A través de esta narración, intentamos captar la esencia del desafío intelectual y filosófico que representa este experimento, acercándonos a la frontera entre ciencia y metafísica. Esté vivo o muerto el gato, el verdadero descubrimiento reside en la pregunta que su destino plantea a nuestra comprensión del mundo.

Las intenciones de Schrödinger tras el gato cuántico.

Pero, ¿cuál era la intención de Schrödinger tras la concepción de este extraordinario escenario?

Erwin Schrödinger, galardonado con el Premio Nobel de Física en 1933 por su formulación de la ecuación de onda de la mecánica cuántica, mostró un profundo interés por las implicaciones filosóficas y conceptuales de la nueva teoría. El experimento del gato representó el intento de Schrödinger de cuestionar la interpretación convencional de la mecánica cuántica, en particular la visión de Niels Bohr sobre la indeterminación y el papel del observador.

Schrödinger creía que la interpretación de Copenhague de Bohr, según la cual un sistema cuántico está en un estado de superposición hasta que se mide, conducía a callejones sin salida lógicos y conceptuales difíciles de conciliar con el sentido común. El experimento del gato de Schrödinger, con su representación extrema de una superposición de estados, pretendía demostrar lo absurdo de un enfoque puramente fenomenológico de la mecánica cuántica.

Muchos estudiosos han interpretado la intención de Schrödinger como una crítica a la falta de una explicación completa y coherente de la realidad a nivel cuántico. Algunos, como David Bohm, han intentado desarrollar interpretaciones alternativas de la teoría que evitaran las ambigüedades y paradojas que surgieron del experimento del gato. Otros, como Max Planck y Albert Einstein, compartían los recelos de Schrödinger ante la interpretación convencional de la mecánica cuántica.

El legado del experimento del gato de Schrödinger se extiende mucho más allá de su contexto original y sigue inspirando nuevas reflexiones y debates en los campos de la física teórica y la filosofía de la ciencia. El enigma del gato cuántico sigue siendo un símbolo de la complejidad y los retos conceptuales que caracterizan nuestra comprensión del mundo a nivel subatómico, invitándonos a explorar las fronteras del conocimiento y de la propia conciencia.

En última instancia, las intenciones de Schrödinger tras el gato cuántico eran plantear cuestiones profundas sobre la naturaleza de la realidad y la necesidad de una comprensión más profunda y completa de la mecánica cuántica. El experimento del gato representa así un puente entre la ciencia y la filosofía, un enigma que sigue desafiando a las mentes más brillantes y estimulando la búsqueda de una visión unificada del mundo cuántico.

El experimento del gato de Schrödinger es un ejemplo paradigmático de cómo la física cuántica desafía nuestras intuiciones sobre la naturaleza de la realidad. Sin embargo, tras la fascinación y complejidad de este experimento se esconde un equívoco inevitable: el intento de trasladar conceptos y fenómenos del mundo subatómico al macroscópico.

La mecánica cuántica, nacida para describir el comportamiento de la materia a nivel microscópico, ha demostrado ser un caldo de cultivo de fenómenos paradójicos y contradictorios. Conceptos como la superposición de estados y la indeterminación cuántica, que reinan en el reino de los átomos y las partículas, se vuelven desconcertantes cuando se aplican a objetos y sistemas a escala macroscópica.

El experimento del gato de Schrödinger encarna este desafío conceptual, sacando a la luz la ambigüedad inherente a la extensión de los principios de la física cuántica al mundo real que nos rodea.

La superposición de estados (gato vivo y muerto al mismo tiempo) es una característica peculiar de la mecánica cuántica que choca con nuestra percepción ordinaria de la realidad. Mientras que a nivel subatómico esta superposición es comúnmente observada y aceptada, aplicarla a un objeto macroscópico como un gato lleva a una contradicción evidente con la experiencia cotidiana. Este conflicto entre la teoría y la experiencia directa del mundo físico pone de manifiesto el malentendido implícito en el experimento del gato de Schrödinger.

Académicos y filósofos llevan mucho tiempo lidiando con esta cuestión, tratando de entender cómo conciliar la coherencia interna de la mecánica cuántica con la realidad tangible que nos rodea. Las interpretaciones del experimento del gato varían, desde propuestas para reducir el colapso de la función de onda hasta teorías de muchos mundos, pero todas reconocen la complejidad y ambigüedad inherentes al intento de extender los principios cuánticos a lo macroscópico.

En última instancia, la equivocidad implícita en el experimento del gato de Schrödinger nos recuerda la necesidad de cautela epistemológica al transponer conceptos subatómicos a contextos macroscópicos. Mientras la física cuántica sigue asombrándonos y desafiándonos con sus peculiaridades, es importante reconocer los límites entre las distintas capas de la realidad y mantener un enfoque crítico y consciente en nuestro interrogatorio del mundo cuántico y de la conciencia que lo observa.

La paradoja de la luna que no existe a menos que la mires.

En el laberinto de paradojas y rarezas que caracteriza a la física cuántica se encuentra un enigma fascinante conocido como la "paradoja de la luna". Según esta paradoja, la luna no existe a menos que la miremos. Este enigmático concepto pone de relieve la naturaleza ambigua y desconcertante de la realidad a nivel cuántico, desafiando nuestras concepciones tradicionales del espacio, el tiempo y la materia.

La paradoja se ilustra con un experimento mental en el que uno se imagina lanzando un haz de luz a la superficie de la luna. Según la teoría cuántica, la luz implica una onda y una partícula llamada fotón. Cuando el fotón choca contra la superficie de la luna, se crean interferencias típicas de la naturaleza ondulatoria de la luz. Sin embargo, si no hay un observador que registre la interferencia, la luna prácticamente no existe en un momento dado.

Esta paradoja pone de relieve el concepto fundamental de "coherencia cuántica", según el cual la realidad no existe en un estado definido hasta que se observa o mide. El hecho de que la luna pueda desaparecer cuando no se observa cuestiona profundamente nuestro sentido común de la realidad y la continuidad de la existencia más allá de la observación humana.

Esta paradoja y otras similares fueron objeto de estudio y debate por eminentes físicos cuánticos como Niels Bohr, Werner Heisenberg y Erwin Schrödinger durante el siglo XX. Estos pioneros de la física cuántica contribuyeron a configurar nuestras concepciones de la realidad a nivel microscópico, poniendo de relieve la extraordinaria complejidad y ambigüedad que caracterizan al mundo subatómico.

El uso de paradojas como la de la luna invisible fuera de la observación ha desempeñado un papel crucial en el desarrollo de la teoría cuántica, estimulando la reflexión y la innovación en el campo de la física teórica. Estas paradojas actúan como catalizadores de nuestra comprensión de la realidad cuántica e incitan a los científicos a reconsiderar nuestras intuiciones más arraigadas sobre la naturaleza de la materia y el universo.

En su complejidad y naturaleza contradictoria, paradojas cuánticas como la de la luna invisible nos invitan a explorar las profundidades del universo cuántico y a cuestionar los fundamentos mismos de la realidad.

Entrelazamiento cuántico.

En el corazón de la física cuántica subyace un fenómeno extraordinario que desafía nuestras intuiciones más profundas sobre la naturaleza de la realidad: el entrelazamiento cuántico. Este concepto revolucionario arroja luz sobre una conexión íntima y misteriosa entre partículas cuánticas, de tal manera que el estado de una partícula afecta instantáneamente al estado de otra, incluso a enormes distancias. Mediante experimentos y reflexiones, la comunidad científica ha explorado las extraordinarias implicaciones de este fenómeno que arroja nueva luz sobre los fundamentos del universo.

Uno de los experimentos más famosos que demuestran el entrelazamiento cuántico es el experimento de Bell, propuesto en 1964 por John Stewart Bell y realizado en 1982 por Alain Aspect. Este experimento, diseñado para poner a prueba las predicciones de la mecánica cuántica sobre la correlación entre partículas entrelazadas, arrojó resultados que desafían las predicciones de la física clásica. Las partículas entrelazadas parecen comunicarse entre sí de forma instantánea, superando la velocidad de la luz y desafiando el concepto mismo de localidad y causalidad.

Todos los experimentos posteriores de entrelazamiento cuántico han confirmado la realidad de esta correlación no local entre partículas. El experimento de Alain Aspect aportó la prueba experimental de la no localidad cuántica y estableció el entrelazamiento como uno de los pilares de la física cuántica.

El entrelazamiento cuántico ha sido objeto de intensos debates e interpretaciones filosóficas por parte de estudiosos como Niels Bohr, Albert Einstein, Erwin Schrödinger y muchos otros. Estos pensadores han contribuido a conformar nuestra comprensión del entrelazamiento y sus implicaciones, ofreciendo diferentes perspectivas sobre la naturaleza de la realidad y la estructura del universo.

El concepto de entrelazamiento cuántico representa un puente entre la física clásica y la cuántica, desafiando nuestras concepciones tradicionales de causalidad y determinismo. Las implicaciones de este fenómeno sobre la naturaleza de la realidad y nuestra percepción del mundo son inmensas, abriendo el camino a nuevos descubrimientos y a una comprensión más profunda de la naturaleza fundamental del universo.

A través del entrelazamiento cuántico, las partículas demuestran una conexión íntima que va más allá del espacio y el tiempo, revelando las sutiles maravillas y contradicciones del reino cuántico. Este extraordinario fenómeno nos invita a explorar los límites de nuestra comprensión, sugiriendo que la realidad puede ser mucho más misteriosa e interconectada de lo que jamás imaginamos.

Más allá del espacio y el tiempo. Misterios y maravillas del entrelazamiento cuántico.

Uno de los conceptos más fascinantes y enigmáticos de la física moderna es sin duda el del entrelazamiento cuántico, que nos lleva al vértigo de un mundo más allá del espacio y el tiempo tal y como los concebimos. Este fenómeno, que implica una conexión instantánea entre partículas distantes, ha puesto en tela de juicio los fundamentos de nuestra comprensión de la realidad, arrojando luz sobre aspectos de una naturaleza que va mucho más allá de nuestra percepción común.

Uno de los primeros en darse cuenta del alcance de esta extraordinaria peculiaridad de la física cuántica fue Albert Einstein, junto con Boris Podolsky y Nathan Rosen, que formularon la famosa paradoja EPR (Einstein-Podolsky-Rosen) en 1935. Esta paradoja puso de relieve el concepto de correlaciones cuánticas de largo alcance, subrayando lo absurdo del propio concepto de no localidad.

Sin embargo, sólo con experimentos realizados posteriormente el entrelazamiento cuántico reveló toda su asombrosa realidad. Uno de los experimentos más famosos, realizado en 1982 por Alain Aspect y su equipo, confirmó inequívocamente la no localidad de las partículas cuánticas. Este experimento, a menudo denominado "prueba de Aspect", marcó un hito en la confirmación experimental del entrelazamiento cuántico.

Paralelamente, los avances teóricos en el campo de la mecánica cuántica, con aportaciones de luminarias como Niels Bohr, Erwin Schrödinger y John Bell, han enriquecido el marco conceptual que subyace al entrelazamiento cuántico. Conceptos como la superposición cuántica y las mediciones cuánticas han contribuido a arrojar nueva luz sobre cuestiones fundamentales acerca de la realidad última de la naturaleza.

Uno de los aspectos más extraordinarios del entrelazamiento cuántico es su capacidad para trascender las limitaciones espacio-temporales que han definido nuestra relación con el mundo físico durante siglos. La conexión instantánea entre partículas entrelazadas sugiere un profundo grado de interconexión y unidad subyacente a la realidad, desafiando las nociones convencionales de causa y efecto.

Además, el entrelazamiento cuántico ha encontrado aplicaciones prácticas revolucionarias en los campos de la criptografía cuántica y la computación cuántica, allanando el camino a nuevas fronteras tecnológicas que podrían transformar radicalmente nuestra forma de entender la información y la comunicación.

En conclusión, el entrelazamiento cuántico representa un enigma fascinante que nos empuja a reconsiderar los fundamentos mismos de la realidad. A través de experimentos, teorías e ingeniosas reflexiones, el mundo de la física cuántica nos invita a explorar territorios inexplorados del universo, donde el espacio y el tiempo se pliegan ante la misteriosa danza de partículas enredadas, revelando una armonía oculta que subyace a la esencia misma de la existencia.

Historia y ejecución práctica del experimento de Alain Aspect.

Pocos experimentos han cautivado la imaginación y la curiosidad del público como el realizado por Alain Aspect y su equipo en 1982. Fue el experimento que confirmó inequívocamente la no localidad de las partículas cuánticas a través del entrelazamiento. Este experimento, conocido como la "prueba de Aspect", representó un avance fundamental en la comprensión de la naturaleza de la realidad cuántica y arrojó nueva luz sobre los misterios de la conciencia y el entrelazamiento cuántico.

El contexto en el que se realizó este experimento es rico en retos y descubrimientos anteriores. Desde los tiempos de Einstein, Podolsky y Rosen y su famosa paradoja, el tema del entrelazamiento cuántico había fascinado a los físicos teóricos. Sin embargo, no fue hasta la llegada de la tecnología y de metodologías experimentales más sofisticadas cuando Alain Aspect pudo poner en práctica el experimento sugerido por John Stewart Bell e inspirado en la paradoja EPR. La realización de Aspect permitió demostrar de forma concluyente la realidad de este fenómeno.

En el experimento de Aspect se utilizaron pares de partículas correlacionadas que luego se separaron a distancias considerables. Al medir las correlaciones entre las propiedades de las partículas a distancia, el experimento demostró que, a cualquier distancia que se colocaran, estas partículas mantenían una conexión cuántica instantánea, superando las predicciones de la física clásica.

El resultado de este experimento confirmó de forma abrumadora la no localidad de la realidad cuántica, sugiriendo una forma de interconexión más allá del espacio y el tiempo tal y como los conocemos habitualmente. Esto abrió un nuevo capítulo en nuestra comprensión de la conciencia y su relación con la realidad física, abriendo posibilidades intrigantes y retos conceptuales que todavía hoy estimulan la investigación y el debate científico.

Alain Aspect, con su visión pionera y sus conocimientos técnicos, ha contribuido significativamente a nuestra comprensión del entrelazamiento cuántico y su relación con la conciencia. Su experimento ha influido en generaciones de físicos e investigadores, inspirando nuevas líneas de investigación y abriendo nuevas perspectivas sobre la propia naturaleza de la realidad.

En conclusión, el experimento de Alain Aspect representa un capítulo fundamental en la historia de la física cuántica, pues subraya la necesidad de adoptar conceptos radicales e imaginar un universo en el que las leyes de la física convencional puedan ponerse en tela de juicio. A través de su ejecución práctica y sus sorprendentes resultados, nos invita a explorar los límites de la conciencia y a cuestionar el misterio de nuestra existencia en un universo cuántico en constante cambio.

Enredos cuánticos. La danza íntima de las partículas en el reino de la no localidad.

El entrelazamiento cuántico revela la danza íntima de las partículas, que se mueven en concordancia instantánea incluso a enormes distancias. Así, este entrelazamiento revela la profunda interconexión que impregna el tejido mismo de la realidad, abriendo escenarios inimaginables que desafían nuestras concepciones convencionales de causalidad y localidad.

El experimento de Aspect, que consistió en medir el estado de partículas entrelazadas separadas por distancias de hasta cientos de kilómetros, demostró de forma inequívoca que estas partículas se encontraban en un estado de correlación instantánea, sin comunicación entre ellas en el sentido tradicional. Este asombroso descubrimiento subrayó el concepto de no-localidad de la física cuántica, destacando la presencia de una conexión profunda y misteriosa que trasciende las barreras espacio-temporales.

Estudios más recientes en el campo del entrelazamiento cuántico han sacado a la luz otras facetas de este intrigante fenómeno. Desde la aplicación del entrelazamiento cuántico a la criptografía cuántica hasta las perspectivas de la computación cuántica, este campo de investigación ha demostrado ser terreno fértil para nuevos descubrimientos e innovaciones tecnológicas.

En un universo tejido con enredos cuánticos, las partículas parecen actuar en perfecto concierto, donde el intercambio de información se produce instantáneamente y sin barreras de tiempo o espacio. Esto sugiere una unidad fundamental en la inmensidad del cosmos, donde cada elemento está íntimamente ligado a los demás en una red invisible de conexiones que desafía los límites de nuestra comprensión.

En conclusión, el entrelazamiento cuántico es una invitación a explorar los misterios más profundos de la naturaleza y la conciencia, abriendo nuevas perspectivas sobre la relación entre el observador y lo observado, entre el espacio y el tiempo. A través de su danza íntima y enigmática, las partículas nos revelan un universo de maravillas e incógnitas, donde la no localidad y la interconexión forman el lienzo sobre el que se despliega el gran cuadro de la realidad cuántica.

Los dogmas científicos de la física clásica derrotados por el entrelazamiento cuántico.

El entrelazamiento cuántico, con su capacidad para desvelar una realidad más allá de nuestras intuiciones más profundas, ha sacudido los cimientos de la física clásica, desafiando y desautorizando ciertos dogmas que han dominado nuestra forma de interpretar el mundo durante siglos. Este misterioso fenómeno ha puesto de manifiesto las contradicciones entre la visión clásica de la realidad y la naturaleza cuántica del universo, llamando la atención de las mentes más brillantes de la ciencia moderna sobre la necesidad de reconsiderar los pilares sobre los que descansa nuestra comprensión de la naturaleza.

Uno de los dogmas científicos más profundamente refutados por el entrelazamiento cuántico es la noción de localidad, según la cual las influencias físicas deben propagarse de forma limitada en el espacio y el tiempo.

De hecho, estas influencias necesitarían un "medio físico" a través del cual propagarse, y sólo podrían hacerlo a la velocidad máxima de la luz.

El entrelazamiento, con su correlación instantánea entre partículas distantes, ha demostrado que los fenómenos cuánticos pueden desafiar esta idea convencional, abriendo el camino a una nueva perspectiva sobre la naturaleza de la realidad.

Otra concepción clásica de la física cuestionada por el entrelazamiento es el determinismo, según el cual la evolución de un sistema físico es predecible a partir de sus condiciones iniciales. El entrelazamiento, con su aleatoriedad e imprevisibilidad inherentes, puso de relieve el papel fundamental del azar y la aleatoriedad en el universo cuántico, desafiando las expectativas de una realidad predeterminada.

Algunos dogmas de la física clásica se basaban en la idea de una clara separación entre observador y observado, lo que sugería que el propio acto de observación no afectaba al sistema de forma significativa. Sin embargo, el entrelazamiento cuántico ha revelado lo intrincada e íntima que es la relación entre el observador y el sistema observado, ya que la medición de una partícula en un estado entrelazado puede influir instantáneamente en el estado de su homóloga, independientemente de la distancia.

Gracias a los experimentos pioneros llevados a cabo por científicos como Alain Aspect, John Bell y otros, el entrelazamiento cuántico ha invalidado muchas de las creencias más arraigadas de la física clásica, allanando el camino para una nueva comprensión de la realidad. Este fenómeno, con su capacidad para refutar dogmas establecidos y exponer las contradicciones de nuestra visión convencional del mundo, nos invita a explorar nuevos horizontes del conocimiento y a abrazar la complejidad y la incertidumbre que impregnan el tejido mismo del universo.

Conexiones invisibles y efectos instantáneos. Entrelazamiento de partículas.

En el campo de la física cuántica, uno de los fenómenos más misteriosos y fascinantes es sin duda el entrelazamiento cuántico. El propio Albert Einstein lo describió como "espeluznante acción a distancia". Esta descripción da una buena idea de la intriga y las profundas implicaciones que conlleva el entrelazamiento. Pero, ¿qué es exactamente el entrelazamiento cuántico? ¿Y cómo ha revolucionado nuestra comprensión de la realidad?

El entrelazamiento se introdujo formalmente a principios del siglo XX, gracias al trabajo pionero de físicos como Niels Bohr y Erwin Schrödinger. Sin embargo, el concepto no se puso a prueba experimentalmente hasta décadas más tarde. La base de su formulación es el Principio de Superposición, según el cual una partícula cuántica puede existir en una combinación de varios estados hasta que se mide. Cuando dos partículas se enredan, sus estados cuánticos se vuelven interdependientes, independientemente de la distancia que las separe. En efecto, el destino de una partícula está inseparablemente ligado al de la otra.

En 1981, el físico francés Alain Aspect llevó a cabo uno de los experimentos fundamentales que demostraron de forma incontrovertible el entrelazamiento. Aspect y su equipo del Instituto de Óptica de Orsay midieron correlaciones entre pares de fotones entrelazados y confirmaron que estas correlaciones violaban las desigualdades de Bell, propuestas por el físico John Bell en 1964. Las desigualdades de Bell eran un criterio matemático diseñado para distinguir entre las predicciones de la mecánica cuántica y las de las teorías clásicas locales basadas en el realismo local.

Los resultados de los experimentos de Aspect fueron extraordinarios: las correlaciones observadas entre partículas no podían explicarse sin aceptar la presencia de efectos no locales. En otras palabras, el entrelazamiento demostró que las partículas entrelazadas estaban unidas por una conexión invisible que les permitía influirse mutuamente de forma instantánea, aunque estuvieran separadas por miles de kilómetros.

En el siglo XXI, las implicaciones del entrelazamiento cuántico van mucho más allá del campo de la física teórica. Empresas e institutos de investigación exploran este fenómeno para desarrollar tecnologías revolucionarias. Por ejemplo, los ordenadores cuánticos explotan el entrelazamiento para realizar cálculos a una velocidad incomparable a la de los ordenadores clásicos. Otro campo prometedor son las comunicaciones cuánticas, que podrían proporcionar un nivel de seguridad de los datos sin precedentes gracias a las propiedades del entrelazamiento.

La idea de canales de comunicación instantáneos ya no es pura fantasía. Los científicos trabajan en el teletransporte cuántico, que se basa en el entrelazamiento para transferir estados de partículas de un lugar a otro sin transmitirlas físicamente.

Reflexiones filosóficas e implicaciones metafísicas.

Las implicaciones del entrelazamiento se extienden también a la filosofía y la metafísica. Los conceptos clásicos de causalidad y separabilidad quedan en entredicho. El físico austriaco Anton Zeilinger, conocido por sus experimentos pioneros sobre el entrelazamiento, ha hablado a menudo de las implicaciones más amplias de estos fenómenos. Zeilinger, con su trabajo en la Universidad de Viena y otros institutos, ha contribuido enormemente a la comprensión del teletransporte cuántico y los fundamentos de la mecánica cuántica.

Uno de los aspectos más fascinantes del entrelazamiento es que sugiere una profunda unidad en la naturaleza. La separación espacial entre partículas no niega su conexión, lo que indica que el tejido del universo puede estar más interconectado de lo que jamás hayamos imaginado.

El enredo nos muestra que existen conexiones invisibles que unen los elementos constitutivos de la materia de formas que desafían nuestra percepción clásica y lineal del mundo. En cierto modo, nos invita a replantearnos el concepto mismo de separación e independencia, recomendando una visión más holística de la realidad.

En conclusión, el entrelazamiento cuántico representa uno de los logros más extraordinarios de la física moderna, tanto por sus implicaciones tecnológicas como por las filosóficas. Las conexiones invisibles y los efectos instantáneos entre partículas entrelazadas nos ofrecen un atisbo de una realidad profunda y asombrosamente unificada, incitándonos a explorar nuevos horizontes científicos y a reflexionar más profundamente sobre los principios fundamentales que rigen el universo.

Lazos indisolubles. El entrelazamiento cuántico y el marco invisible del universo.

El universo que conocemos es un intrincado tapiz de partículas, energías y fuerzas. Entre estas fuerzas, una de las más enigmáticas es el entrelazamiento cuántico, un fenómeno que sugiere que las partículas no son simples elementos aislados, sino piezas de un mosaico universal interconectado.

El concepto de entrelazamiento fue introducido por Erwin Schrödinger en 1935, en respuesta a una paradoja destinada a poner de relieve las extrañas consecuencias de la mecánica cuántica. Schrödinger definió este fenómeno como una situación en la que dos o más partículas quedan tan profundamente interconectadas que su estado cuántico global sólo puede describirse como un todo, a pesar de estar separadas en el espacio. El concepto se reiteró en la Paradoja EPR de Einstein Podolski y Rosen.

John Bell aportó más apoyo teórico con su teorema en 1964. Bell propuso unas desigualdades matemáticas, las llamadas "desigualdades de Bell", que podían utilizarse para comprobar experimentalmente si la realidad cuántica era local (y, por tanto, respetaba el límite de la velocidad de la luz) o no. Sus predicciones allanaron el camino para una serie de experimentos cruciales.

La primera gran prueba la realizó Alain Aspect en 1981 en el Instituto de Óptica de Orsay (Francia). Aspect y su equipo utilizaron pares de fotones creados por la desintegración de un átomo de calcio. Al medir las propiedades de los fotones entrelazados, Aspect pudo demostrar que las correlaciones observadas violaban las desigualdades de Bell, confirmando que el entrelazamiento crea una conexión no local entre partículas.

Con los años, la tecnología y la precisión de los experimentos han evolucionado notablemente. Los trabajos de Anton Zeilinger, conocido por sus experimentos de teletransporte cuántico, permitieron comprender mejor el potencial práctico del entrelazamiento. El propio Zeilinger ha teletransportado estados cuánticos de partículas a distancias de cientos de kilómetros, allanando el camino para nuevas formas de comunicación y criptografía cuántica.

El entrelazamiento cuántico sugiere que el universo está unido por un telar invisible de conexiones instantáneas. Esta idea ha fascinado no sólo a los físicos, sino también a filósofos y metafísicos. David Bohm, físico teórico, propuso la idea de un orden enredado, un orden oculto en el que cada parte del universo está conectada de forma no local con todas las demás partes. Según Bohm, el entrelazamiento es una manifestación de este orden implícito, lo que implica que el universo posee una unidad subyacente que trasciende las divisiones y las distancias aparentes.

Las implicaciones filosóficas del entrelazamiento son profundas. Si las partículas pueden entrelazarse a distancias cósmicas, esto implica una interconexión profunda y omnipresente en el universo. Este concepto resuena en muchas tradiciones culturales y religiosas que hablan de una unidad fundamental de la realidad.

El entrelazamiento sigue siendo un campo de investigación vibrante y apasionante. Los científicos estudian cómo utilizar el entrelazamiento para crear redes de comunicación imposibles de interceptar y desarrollar ordenadores cuánticos extraordinariamente potentes. La misión Micius, una colaboración entre China y Austria, batió recientemente el récord de distancia de entrelazamiento, que se ha documentado más allá de los límites de nuestra atmósfera.

El entrelazamiento cuántico deja claro que nuestro universo es mucho más intrincado e interconectado de lo que sugieren nuestras intuiciones cotidianas. Las partículas entrelazadas funcionan sincrónicamente de formas que desafían las leyes clásicas de la física, lo que sugiere la existencia de un telar invisible que une toda la realidad. Este descubrimiento no sólo refuerza la importancia de la mecánica cuántica, sino que invita a una profunda reflexión sobre la naturaleza última de nuestro universo.

El entrelazamiento cuántico deja claro que nuestro universo es mucho más intrincado e interconectado de lo que sugieren nuestras intuiciones cotidianas. Las partículas entrelazadas funcionan sincrónicamente de formas que desafían las leyes clásicas de la física, lo que sugiere la existencia de un telar invisible que une toda la realidad. Este descubrimiento no sólo refuerza la importancia de la mecánica cuántica, sino que invita a una profunda reflexión sobre la naturaleza última de nuestro universo.

Enredados más allá del tiempo. Reflexiones sobre el entrelazamiento cuántico y sus maravillas.

El entrelazamiento cuántico es, sin duda, uno de los fenómenos más fascinantes y misteriosos que nos ha dado la física moderna. Esta extraña propiedad, en la que dos o más partículas quedan íntimamente conectadas independientemente de la distancia que las separe, desafía nuestras intuiciones más arraigadas sobre la naturaleza de la realidad. Pero, ¿cuáles son las maravillas de este fenómeno? ¿Y cómo podemos comprender sus implicaciones más profundas? Para responder a esta pregunta, debemos hacer un viaje a través de décadas de descubrimientos científicos y reflexiones filosóficas, desde la época de Erwin Schrödinger hasta los modernos experimentos de Anton Zeilinger.

El término "entrelazamiento" fue introducido por primera vez por Erwin Schrödinger en 1935. En un famoso artículo, Schrödinger describió cómo las partículas pueden llegar a estar tan profundamente interrelacionadas que el comportamiento de una influye inmediatamente en la otra, incluso cuando están separadas por distancias astronómicas. Esta característica rompía claramente las leyes clásicas de la física, según las cuales ninguna información puede viajar más rápido que la luz.

Fue John Bell, en 1964, quien dio el paso crucial de probar el entrelazamiento mediante sus famosas desigualdades. Las desigualdades de Bell establecieron una forma de determinar si las correlaciones cuánticas podían explicarse mediante variables ocultas locales o si, por el contrario, requerían un tipo de interconexión no local e inmediata. Bell demostró que si las mediciones violaban sus desigualdades, entonces la realidad debía ser no local, un concepto que, hasta entonces, parecía inconcebible.

Un hito importante fue añadido en 1981 por Alain Aspect. Con una serie de brillantes experimentos, Aspect consiguió violar las desigualdades de Bell, proporcionando así la primera confirmación experimental de la no localidad cuántica. Utilizando pares de fotones correlacionados (procedentes del mismo suceso), Aspect demostró que las mediciones de estas partículas correlacionadas producían resultados inmediatamente compatibles, a pesar de la distancia que las separaba. Las partículas utilizadas por Aspect estaban "correlacionadas" en el sentido de que eran el resultado de un doble salto cuántico en el mismo átomo.

Este descubrimiento marcó un punto de inflexión histórico, cimentando el concepto de entrelazamiento como una realidad experimental y no sólo teórica.

Más recientemente, Anton Zeilinger y su equipo de Viena han llevado el entrelazamiento a nuevas cotas. Zeilinger es famoso por sus experimentos de teletransporte cuántico, mediante los cuales transmitió el estado cuántico de una partícula a otra a distancias considerables. En 2017, logró un resultado pionero al demostrar el entrelazamiento cuántico entre satélites en órbita terrestre y estaciones terrestres, confirmando que el entrelazamiento puede mantenerse incluso en dimensiones espaciales cósmicas.

Paralelamente a los avances experimentales, se han producido importantes contribuciones filosóficas. Entre ellas, merece especial mención la visión de David Bohm. Bohm propuso el concepto de "orden implícito", según el cual todas las cosas del universo están íntimamente conectadas en un orden oculto que no es inmediatamente perceptible. El entrelazamiento, según Bohm, sería una manifestación de este orden profundo, revelando una red de interconexiones que trasciende las limitaciones del espacio y el tiempo.

El entrelazamiento cuántico plantea profundas cuestiones no sólo para la física, sino para nuestra comprensión de la realidad misma. Implica que el universo está mucho más interconectado e intrínsecamente relacionado de lo que sospechábamos. Esta conexión más allá del tiempo y el espacio inspira nuevas preguntas sobre cómo nos vemos a nosotros mismos y nuestro lugar en el cosmos. Si todas las partículas están conectadas de algún modo en una gigantesca red cósmica, ¿podría haber una base científica para entender la conciencia como un fenómeno interconectado y universal?

La investigación del entrelazamiento no es sólo un viaje por el mundo de la física cuántica, sino también una aventura continua para comprender las profundidades de nuestra existencia. Mientras los científicos siguen explorando las maravillas de este fenómeno, es difícil no sentirse fascinado por la idea de que todo en el universo, incluidos nosotros mismos, está íntimamente entrelazado más allá del tiempo y el espacio. En este contexto, el entrelazamiento se convierte no sólo en un concepto científico, sino en una ventana poética a todo el tejido de la realidad.

Conexiones conceptuales entre la realidad física del entrelazamiento y las posibilidades holísticas de la conciencia cuántica.

En un mundo cada vez más fascinado por los misterios de la mecánica cuántica, el concepto de conciencia cuántica emerge como uno de los temas más intrigantes. En este fascinante campo subyace la idea de que el entrelazamiento cuántico, un fenómeno que Albert Einstein describió en su día como "*espeluznante acción a distancia*", puede proporcionar una conexión conceptual entre la realidad física y las posibilidades holísticas de la conciencia.

Estos fenómenos no son sólo cuestiones de interés teórico para los físicos, sino que también plantean profundas implicaciones para nuestra comprensión de la conciencia. David Bohm, otro pionero del pensamiento cuántico, propuso el concepto de "orden implícito", sugiriendo que todas las cosas del universo están interconectadas en un orden oculto, con el entrelazamiento como manifestación de esta conexión más profunda. Según Bohm, la conciencia puede no ser un producto separado de la actividad neuronal, sino un aspecto intrínsecamente conectado del universo.

Esta visión holística encuentra eco en los trabajos de estudiosos contemporáneos como Stuart Hameroff y Sir Roger Penrose. Juntos desarrollaron la teoría de la "reducción objetiva orquestada" (Orch-OR), que sostiene que los procesos cuánticos en los microtúbulos de las células cerebrales podrían desempeñar un papel clave en la generación de la conciencia. Según esta teoría, el entrelazamiento cuántico podría proporcionar el mecanismo de la coherencia de la conciencia, permitiendo que los procesos mentales tengan conexiones instantáneas a gran escala.

Una anécdota interesante se refiere al neurobiólogo italiano Giuseppe Vitiello, que exploró las implicaciones cuánticas en la física de la mente. Propuso que la estructura cerebral y la conciencia no sólo reflejan procesos físicos, sino que también están influidas por fenómenos cuánticos, estableciendo un paralelismo con los estados enredados.

El entrelazamiento cuántico, antes relegado al reino de las rarezas teóricas, se perfila así como un concepto crucial para comprender la conciencia. Ya sean las ecuaciones de Bell, los experimentos de Aspect o las teorías de Bohm y Penrose, la idea de que existe una conexión invisible e indisoluble que une todo en el universo desafía nuestras concepciones tradicionales de separación y dualismo. La realidad física, tal y como la revela la mecánica cuántica, aparece así como una intrincada red de conexiones, en la que la propia conciencia podría ser un nodo central.

En conclusión, mientras la investigación sigue explorando y confirmando las posibilidades de la conciencia cuántica, esperamos descubrir cómo estas conexiones invisibles entre partículas pueden desvelar los secretos más profundos de la mente humana. El enredo ya no es sólo un término técnico; es una ventana abierta a una comprensión más holística e interconectada de la realidad y de nuestra propia existencia.

Principio de decoherencia cuántica.

La conexión entre la mecánica cuántica y la conciencia es uno de los temas más fascinantes y controvertidos de la ciencia moderna. Un punto crucial en este debate es el principio de decoherencia cuántica, que desempeña un papel crucial en nuestro intento de comprender por qué los fenómenos cuánticos son tan difíciles de observar a nivel macroscópico.

El principio de decoherencia cuántica aborda el problema de cómo y por qué los sistemas cuánticos, sujetos a superposición y entrelazamiento, pierden estas propiedades al interactuar con el entorno. Para comprender mejor este fenómeno, conviene partir de los fundamentos de la teoría cuántica desarrollados en las primeras décadas del siglo XX.

En 1935, Erwin Schrödinger propuso el famoso experimento mental del "gato de Schrödinger" para ilustrar el aparente absurdo de la mecánica cuántica aplicada a objetos macroscópicos. El gato, encerrado en una caja con un mecanismo letal dependiente de la desintegración de una partícula cuántica, resulta estar simultáneamente vivo y muerto hasta que se abre la caja. Este estado de superposición cuántica, sin embargo, es algo que no observamos en la realidad cotidiana.

La decoherencia cuántica nos ofrece una explicación a la pregunta de Schrödinger. Cuando un sistema cuántico interactúa con su entorno, propiedades cuánticas como la superposición y el entrelazamiento decaen rápidamente, dando lugar a la aparición de un comportamiento que es, en cambio, clásico. Esta transición es fundamental para entender por qué no observamos superposiciones de estados macroscópicos en la vida cotidiana.

Un claro ejemplo de decoherencia se observa en los ordenadores cuánticos. Estos dispositivos explotan la superposición y el entrelazamiento para realizar cálculos que serían inaccesibles para los ordenadores clásicos, pero el proceso debe estar extremadamente aislado para evitar que la interacción con el entorno provoque la pérdida de coherencia, destruyendo la información cuántica.

Varias figuras fundamentales han contribuido a desarrollar y verificar estas ideas. John Bell, con su teorema de 1964, demostró que ninguna teoría basada en variables ocultas locales puede reproducir todas las predicciones de la mecánica cuántica. Posteriormente, los experimentos de Alain Aspect en 1982 confirmaron las predicciones de Bell, demostrando que el entrelazamiento es una propiedad real de las partículas.

David Bohm, otro gran pensador, propuso una reinterpretación de la mecánica cuántica a través de la teoría de las variables ocultas no locales, intentando reconciliar la mecánica cuántica con una idea más clásica de la realidad. Aunque controvertida, esta teoría estimuló profundos debates sobre la naturaleza de la realidad cuántica y cómo la decoherencia podría explicar la transición al comportamiento clásico.

Además de sus implicaciones experimentales y teóricas, la decoherencia cuántica plantea cuestiones filosóficas relevantes. El concepto de conciencia cuántica, por ejemplo, propone que la forma en que percibimos el mundo es fundamental para el colapso de las funciones de onda. Richard Feynman y otros físicos han debatido la idea de que el observador desempeña un papel clave en la determinación del estado del sistema cuántico.

Sin embargo, es importante señalar que el concepto de decoherencia sugiere que es el entorno físico, y no la conciencia, lo que provoca el colapso de las superposiciones cuánticas. Esto no elimina la posibilidad de que la conciencia desempeñe algún papel, pero complica el panorama y requiere un estudio más profundo.

El principio de decoherencia cuántica es un componente esencial para nuestra comprensión de la mecánica cuántica aplicada a sistemas macroscópicos. Mientras que fenómenos cuánticos como la superposición y el entrelazamiento son difíciles de observar en el mundo visible debido a las interacciones con el entorno, la decoherencia cuántica ofrece una explicación convincente de esta transición.

Entre la luz y la sombra: el principio de decoherencia cuántica y el colapso de los estados.

El principio de decoherencia representa un tema que oscila entre los límites de lo visible y lo invisible, entre el orden y el caos. Este concepto es crucial para comprender cómo el microcosmos de las partículas subatómicas se alinea con el mundo macroscópico que percibimos a diario. En la efímera danza de las partículas, el fenómeno de la decoherencia traslada la delicadeza de un estado cuántico a una realidad más comprensible para nosotros.

La física quizá nunca haya conocido una paradoja más chocante que la imaginada por Erwin Schrödinger en 1935. En su experimento mental, un gato en una caja cerrada puede estar vivo y muerto a la vez, una superposición de estados que desafía la lógica común. Pero, ¿cómo pasar de la indeterminación cuántica a la realidad concreta de un gato definitivamente vivo o muerto? La respuesta está en el principio de decoherencia, un fenómeno que surge cuando un sistema cuántico interactúa con su entorno, perdiendo sus propiedades de superposición y entrelazamiento.

El concepto de decoherencia fue ampliamente articulado por físicos como H. Dieter Zeh en los años setenta y Wojciech Zurek en los ochenta. La decoherencia revela cómo un sistema aislado en superposición de estados colapsa en un único estado debido a las interacciones con su entorno. Este proceso hace que la interferencia cuántica original, que caracteriza las superposiciones, se disipe, haciendo que el sistema sea indiscernible de un estado clásico.

Uno de los experimentos que arrojaron luz sobre la complejidad de la decoherencia se atribuye al equipo del francés Alain Aspect. A principios de los años 80, Aspect y sus colaboradores realizaron experimentos que confirmaban las predicciones de la mecánica cuántica sobre el entrelazamiento y la no-localidad. Demostraron, con una precisión casi poética, cómo dos partículas entrelazadas, aunque estén separadas por grandes distancias, mantienen una conexión instantánea y misteriosa.

Sin embargo, la decoherencia nos dice que cuando estas partículas enredadas interactúan con su entorno, estos vínculos casi telepáticos se interrumpen, colapsando sus múltiples posibilidades en un estado preciso y determinado. Un sistema cuántico, en su aislamiento, puede mostrar un comportamiento realmente ajeno a nuestra intuición, pero en cuanto entra en contacto con la inevitable influencia del entorno, se vuelve "más normal", ajustándose a las leyes de la física clásica.

David Bohm, con su teoría del orden implícito, sugirió que la decoherencia no es más que la manifestación de un orden oculto, un tejido secreto que conecta todas las cosas. La idea de que un fotón o un electrón puedan perder su naturaleza indeterminada al chocar con el caos del entorno sugiere una realidad profundamente interconectada, donde cada partícula es un reflejo del todo.

Otra contribución moderna a la comprensión de la decoherencia procede de los experimentos del equipo de Markus Arndt, que en 1999 consiguió mostrar efectos de interferencia cuántica en moléculas de fullereno, demostrando lo grande que puede ser un sistema manteniendo el comportamiento cuántico, antes de que la decoherencia tome el control.

En conclusión, el principio de decoherencia nos guía por un fascinante viaje desde el reino cuántico de las posibilidades infinitas hasta el reino clásico de la realidad definida. Es una sombra que revela la luz, un principio que nos permite percibir cómo lo infinitamente pequeño se convierte en lo infinitamente grande y comprensible. Es aquí, entre las luces y las sombras de la decoherencia, donde reside el misterio del colapso de los estados cuánticos, que nos ofrece una visión profunda de la naturaleza del universo y, tal vez, de nuestra propia conciencia.

Teorema de no clonación.

En el mundo de la física cuántica existe un principio que desafía no sólo nuestra comprensión de la realidad, sino también nuestra imaginación: el teorema de la no clonación. Este concepto, aunque pueda parecer abstracto a los no iniciados, desempeña un papel crucial en los debates contemporáneos sobre la llamada conciencia cuántica.

El teorema de la no clonación, demostrado formalmente por William Wootters y Wojciech Zurek en 1982, afirma que es imposible crear una copia exacta de un estado cuántico desconocido. Este resultado fundamental tiene profundas implicaciones no sólo para la propia física cuántica, sino también para campos emergentes como la informática cuántica y la criptografía cuántica.

Para entender el alcance de esta afirmación, consideremos cómo funciona la mecánica cuántica. Los estados cuánticos se describen mediante funciones de onda, que pueden representar una superposición de distintas posibilidades. Por ejemplo, el electrón de un átomo no se encuentra en un punto preciso, sino que existe en un estado de probabilidad distribuida. Clonar perfectamente uno de estos estados implicaría duplicar exactamente estas probabilidades, un reto imposible por la propia estructura matemática de la teoría cuántica.

El trabajo de Wootters y Zurek supone una importante contribución a nuestra comprensión de los límites del conocimiento y la medición en el mundo cuántico. Si fuera posible duplicar perfectamente un estado cuántico, se violaría el principio de superposición que se encuentra en el corazón de la mecánica cuántica. Este principio, formulado originalmente por Erwin Schrödinger en la década de 1930, afirma que un sistema cuántico puede existir simultáneamente en varios estados hasta que es observado.

Uno de los ejemplos más conocidos que ilustran la imposibilidad de la clonación cuántica es el experimento mental del "gato de Schrödinger". Imaginemos que pudiéramos clonar el estado del gato, que está simultáneamente vivo y muerto hasta que se le observa. Si fuera posible hacer una copia exacta de este estado superpuesto, tendríamos dos gatos, ambos en un estado incierto de vida o muerte. Pero la no clonación nos dice que una duplicación tan perfecta no puede lograrse sin introducir errores o perturbaciones.

La imposibilidad de clonar exactamente un estado cuántico desconocido también tiene importantes implicaciones prácticas. En criptografía cuántica, por ejemplo, este principio garantiza la seguridad de las comunicaciones. La criptografía cuántica explota el entrelazamiento y otros fenómenos cuánticos para crear claves criptográficas que, gracias al teorema de no clonación, no pueden copiarse ni interceptarse sin ser detectadas.

En el emergente campo de la conciencia cuántica, estudiosos como Roger Penrose y Stuart Hameroff han explorado la idea de que los procesos cuánticos del cerebro podrían contribuir a las experiencias conscientes. Aunque esta teoría es muy especulativa y controvertida, la imposibilidad de clonar estados cuánticos introduce una dimensión interesante en la cuestión de la subjetividad y unicidad de la conciencia.

Campos de investigación como la informática cuántica y la criptografía cuántica están llenos de experimentos que avalan estos conceptos. Por ejemplo, el uso reciente del protocolo BB84, desarrollado por Charles Bennett y Gilles Brassard en 1984, demuestra cómo pueden transmitirse claves criptográficas cuánticas de forma segura, explotando el teorema de no clonación.

Al reflexionar sobre la complejidad y belleza de la mecánica cuántica, el teorema de la no clonación nos recuerda que existen límites fundamentales a nuestra capacidad de conocer y reproducir la realidad. En un universo en el que las partículas pueden estar simultáneamente en múltiples lugares y estados, nuestra comprensión está intrínsecamente limitada por los propios principios de la física cuántica. Y mientras seguimos explorando las profundidades de estos misterios, el teorema de la no clonación sigue siendo una de las piedras angulares esenciales que nos guían en la navegación por este intrincado tejido de la realidad.

Conciencia cuántica, "qualia" y no clonabilidad.

En el intrincado reino de la física cuántica, los límites de nuestra comprensión del cosmos se desafían y amplían constantemente. Entre los conceptos más fascinantes y debatidos está el de la "conciencia cuántica", una audaz propuesta que pretende explicar la misteriosa naturaleza de la conciencia utilizando los principios fundamentales de la mecánica cuántica. En apoyo de esta teoría, se examinan los "qualia", las experiencias subjetivas que tiñen nuestra conciencia, y el "teorema de la no clonación", principio que subraya la unicidad y no replicabilidad de los estados cuánticos.

La idea de que los procesos cuánticos pueden contribuir a nuestra experiencia consciente no es nueva. Erwin Schrödinger, uno de los padres fundadores de la mecánica cuántica, ya se preguntaba en los años 30 cómo podían influir los fenómenos subatómicos en el mundo macroscópico y, por extensión, en la mente humana. Sin embargo, las teorías modernas de la conciencia cuántica se han desarrollado sobre todo en las últimas décadas, gracias al trabajo de científicos como Roger Penrose y Stuart Hameroff.

Penrose, brillante físico y matemático británico, propuso que los fenómenos cuánticos podrían ofrecer una explicación de los procesos cognitivos que parecen eludir las meras operaciones algorítmicas. En colaboración con el anestesista Stuart Hameroff, introdujo la teoría de la Reducción Objetiva Orquestada (Orch-OR), sugiriendo que la conciencia podría surgir de los microtúbulos, estructuras dentro de las neuronas que operan a nivel cuántico.

Un aspecto crucial del debate sobre la conciencia cuántica se refiere a los "qualia", las experiencias subjetivas que acompañan a nuestra vida consciente. Estas experiencias, como el sabor del chocolate o la sensación del rojo, son extremadamente personales y difíciles de describir con precisión objetiva. La pregunta subyacente es:

¿cómo pueden procesos neuronales aparentemente materiales y tangibles dar lugar a experiencias tan íntimamente vividas?

Aquí es donde las teorías cuánticas suscitan un gran interés. Si la mente funcionara en una dimensión cuántica, las características únicas de los estados cuánticos podrían explicar por qué los qualia son tan singulares y esquivos. El concepto de "superposición", según el cual una partícula puede existir en varios estados simultáneamente hasta que es observada, podría relacionarse teóricamente con las múltiples posibilidades de percepción de nuestras mentes.

En apoyo de las propiedades únicas de la conciencia está el "teorema de la no clonación". Este principio fundamental, formulado en 1982 por William Wootters y Wojciech Zurek, afirma la imposibilidad de crear una copia exacta y perfecta de un estado cuántico desconocido. Esta imposibilidad tiene profundas implicaciones para la conciencia humana si se supone que es, en parte, cuántica.

La no clonabilidad de los estados cuánticos acentúa la singularidad de cada experiencia consciente. Aunque fuera posible cartografiar completamente el cerebro humano y replicar todos sus estados neuronales, el teorema de la no clonación sugiere que la copia resultante nunca sería un duplicado perfecto del original, sobre todo si los estados conscientes están influidos por procesos cuánticos. Esto refuerza la idea de que cada conciencia humana es única e irrepetible.

La fusión del concepto de conciencia cuántica con los qualia y el teorema de la no clonación abre nuevas vías de reflexión sobre el misterio de la mente humana. Aunque todavía no hay pruebas concluyentes que demuestren el papel de los procesos cuánticos en la conciencia, las hipótesis y teorías avanzadas por Penrose y Hameroff aportan ideas fascinantes para futuras investigaciones. La no replicabilidad de los estados cuánticos, combinada con la subjetividad única de los qualia, sugiere que nuestra conciencia puede ser tan enigmática e irrepetible como los fenómenos subyacentes a la propia mecánica cuántica.

Capítulo 12. La interrelación entre mente y realidad.

"La vida no es como es, sino como la percibimos.
(Carl Jung).

La conciencia, esa sangre vital que da sentido y profundidad a nuestra existencia, siempre ha sido un enigma que fascina a filósofos, científicos y pensadores. La física cuántica, con sus implicaciones radicalmente nuevas, ha abierto perspectivas inéditas para comprender la interrelación entre mente y realidad. En este contexto, la posibilidad de que la conciencia pueda sobrevivir a la muerte física emerge como una de las hipótesis más atrevidas e intrigantes.

Uno de los pioneros en vincular la física cuántica a la conciencia fue Eugene Wigner, Premio Nobel de Física en 1963. Wigner sostenía que el estado de un sistema cuántico sólo podía colapsar en un estado definido mediante la interacción con una conciencia observadora. Esta hipótesis llevó a reflexionar sobre la posibilidad de que la conciencia no sólo interactúe con la realidad física, sino que pueda existir de alguna forma más allá de la dimensión material.

En un intento de ofrecer una explicación científica más sólida, el físico Roger Penrose y el anestesista Stuart Hameroff propusieron el modelo Orch-OR (*Reducción Objetiva Orquestada*). Según este modelo, la conciencia sería el resultado de procesos cuánticos que tienen lugar en los microtúbulos de las neuronas del cerebro. Penrose y Hameroff sugieren que fenómenos cuánticos, como la superposición y el entrelazamiento cuántico, pueden explicar la compleja naturaleza de la conciencia y que ésta podría existir de algún modo independientemente del cuerpo físico.

Un experimento emblemático de la física cuántica que plantea interrogantes sobre la naturaleza de la realidad y la conciencia es el de la doble rendija. Conocido por demostrar la dualidad onda-partícula, este experimento adquiere una implicación filosófica cuando se considera que es el acto de observación el que determina el comportamiento de las partículas. Algunos intérpretes radicales, como los partidarios de la interpretación de los muchos mundos, proponen que cada acto de observación crea nuevas ramificaciones del universo; sin embargo, otros creen que el observador es fundamental.

El físico John Archibald Wheeler, a través de su teoría del "*principio antrópico participativo*", sugirió que el universo existe porque es observado. Esto lleva a la conclusión de que la conciencia podría ser un fenómeno intrínsecamente ligado a la estructuración del propio universo, y no un mero epifenómeno de los procesos físico-químicos.

La idea de que la conciencia puede sobrevivir a la muerte física está estrechamente relacionada con estas reflexiones cuánticas. La física cuántica sugiere que la separación entre observador y observado es menos clara de lo que se pensaba. Esto abre la posibilidad de que la conciencia pueda existir de una forma no limitada por las restricciones materiales del cuerpo humano. Podríamos imaginar la conciencia como un campo cuántico, quizá similar al "campo unificado" de algunas teorías avanzadas de la física, que sigue existiendo tras la desintegración del cuerpo físico.

La hipótesis de las experiencias cercanas a la muerte (ECM), estudiada por médicos y neurocientíficos como Pim van Lommel, podría encontrar una explicación en este contexto. Van Lommel, cardiólogo holandés, realizó estudios detallados de pacientes que declararon haber tenido experiencias extracorpóreas durante paradas cardíacas. Los informes de estas experiencias, que parecen ocurrir cuando el cerebro está clínicamente declarado no funcional, desafían las explicaciones puramente neurológicas y se prestan a una lectura cuántica. Van Lommel sugiere que estas experiencias pueden indicar un aspecto no local de la conciencia, coherente con las teorías cuánticas.

La física cuántica, con sus revolucionarios descubrimientos, nos invita a reconsiderar la naturaleza de la realidad y la conciencia de un modo que podría parecer casi místico en comparación con el pensamiento científico tradicional. Si la conciencia es de algún modo un fenómeno cuántico que trasciende la existencia física, entonces nuestra comprensión de la vida, la muerte y la posibilidad de una forma de existencia más allá de la muerte podría cambiar radicalmente.

El famoso físico Erwin Schrödinger, filósofo además de científico, sostenía que la conciencia es una y sintoniza a través de múltiples individuos. Esta visión monista del universo resuena sorprendentemente con las posibilidades que ofrece la física cuántica, al proponer un continuo en el que la esencia consciente no está limitada por la transitoriedad material.

En conclusión, la conciencia cuántica sugiere que quizá, en la vasta y misteriosa red de la existencia, nuestra mente podría no sólo dar forma a nuestra realidad, sino también continuar en una nueva forma, libre de las limitaciones de la mortalidad. Las implicaciones son inmensas y nos acercan a una comprensión que podría fusionar la ciencia rigurosa con los reinos exploratorios de la espiritualidad.

Mente y realidad: implicaciones cuánticas sobre la vida y la muerte.

Durante décadas, la física cuántica y la filosofía se han entrelazado en una danza compleja y fascinante que trata de explorar la naturaleza de la conciencia y su relación con la realidad. Mientras los físicos tratan de entender el universo a niveles subatómicos, filósofos y neurocientíficos investigan la naturaleza del pensamiento y del ser. Pero, ¿qué ocurre cuando estos caminos se encuentran y las implicaciones se vuelven increíblemente profundas? Examinamos cómo la mente y la realidad se interrelacionan a través de la lente de la física cuántica, y las posibles implicaciones para la vida y la muerte.

Eugene Wigner, uno de los pioneros de la mecánica cuántica, propuso una teoría que considera la conciencia como un factor fundamental en el colapso de la función de onda. Según Wigner, la conciencia humana no es un simple epifenómeno del cerebro, sino que desempeña un papel central en la definición de la realidad física. Esto plantea una pregunta inquietante: si la mente es tan crucial para la existencia de la realidad, ¿puede sobrevivir a la muerte del cuerpo?

El físico Sir Roger Penrose y el anestesista Stuart Hameroff han desarrollado el modelo de *Reducción Objetiva Orquestada* (Orch-OR), que propone que la conciencia surge de procesos cuánticos en los microtúbulos, estructuras de las neuronas del cerebro. Según esta teoría, tales procesos cuánticos podrían resolver el misterio de la conciencia al dar lugar a la experiencia consciente. La naturaleza cuántica de tales procesos sugiere que la conciencia podría no estar rígidamente ligada al cuerpo físico.

Esto podría ofrecer una explicación científica válida para fenómenos como las experiencias cercanas a la muerte.

El experimento de la doble rendija es una de las demostraciones más profundas de la extraña naturaleza de la realidad cuántica. Cuando partículas como los electrones pasan por una doble rendija, se comportan como ondas, creando un patrón de interferencia. Sin embargo, cuando se observan, se comportan como partículas discretas. Este experimento sugiere que el acto de observar influye en la propia realidad, subrayando el vínculo inextricable entre observador y fenómeno.

El cardiólogo Pim van Lommel ha realizado numerosos estudios sobre experiencias cercanas a la muerte (ECM). Estos fenómenos, relatados por personas que han sufrido paradas cardiacas y han sido reanimadas, suelen describir sensaciones de conciencia lúcida, salida del cuerpo y encuentros con entidades inmateriales. Van Lommel planteó la hipótesis de que estas experiencias podrían explicarse a través de la física cuántica, sugiriendo un aspecto no local de la conciencia que no está limitado por el cuerpo físico o la estructura cerebral tradicional. Su trabajo se cruza con las hipótesis de Penrose y Hameroff, que sugieren que la conciencia cuántica podría sobrevivir de forma independiente de la materia cerebral.

La perspectiva de la conciencia cuántica nos invita a reconsiderar muchas de nuestras creencias tradicionales sobre la vida y la muerte. La mente puede ser, en efecto, una entidad cuántica inmortal, y las implicaciones de esta conclusión son asombrosas: la muerte física puede no ser el fin de la conciencia tal y como la entendemos. Esto cambia radicalmente nuestra concepción filosófica de la identidad, la mortalidad e incluso la ética.

Surge un panorama complejo y fascinante, en el que la mente humana y la realidad física no son entidades separadas, sino que están interconectadas en una danza cuántica atemporal. La ciencia se encuentra en una encrucijada en la que futuros descubrimientos podrían revelar nuevas verdades fundamentales sobre la esencia misma de la existencia.

Conciencia inmortal. La ciencia cuántica y el misterio de la existencia continuada.

En el vasto panorama de la ciencia moderna, un tema fascinante y debatido es el de la conciencia y su posible naturaleza inmortal. Este concepto, conocido como "conciencia cuántica", se encuentra en la intersección de la física cuántica, la neurobiología y la filosofía, y ofrece perspectivas convincentes sobre la naturaleza de la realidad y la posibilidad de vida más allá de la muerte física.

En 1963, Eugene Wigner propuso una idea revolucionaria: el papel fundamental de la conciencia en el colapso de la función de onda. En términos sencillos, Wigner sugirió que el acto de observar un sistema cuántico es lo que realmente determina su estado final. Esto implica una profunda conexión entre la mente y la realidad material: la conciencia no es sólo un producto emergente de los procesos físicos, sino que podría ser un componente esencial de ellos.

En apoyo de esta teoría está el enigmático experimento de la doble rendija, que ha fascinado y desconcertado a los físicos durante más de un siglo. Este experimento demuestra que las partículas, como los fotones y los electrones, se comportan a la vez como ondas y como partículas, dependiendo de su observación. Cuando hay un observador presente, las partículas "eligen" un estado definido. Este comportamiento plantea interrogantes sobre la influencia del observador en la propia realidad, sugiriendo que la conciencia podría desempeñar un papel fundamental en el universo cuántico.

Todo esto nos lleva a considerar la posibilidad de que la conciencia sea una propiedad fundamental del universo, y no sólo un epifenómeno de la materia gris. Si el colapso de la función de onda requiere un observador consciente, y si la conciencia puede existir independientemente del cerebro, entonces puede que la muerte física no sea el final de nuestra conciencia.

Podemos establecer una analogía con la teoría de campos en física: al igual que los campos electromagnéticos existen independientemente de los objetos que los generan, la conciencia podría ser un campo fundamental del universo, generado pero no limitado por nuestra biología. Esta idea abre nuevas vías de investigación sobre la naturaleza de la vida y la muerte, y sobre cómo entendemos nuestra existencia.

En conclusión, la ciencia cuántica ofrece ahora paradigmas que desafían nuestras creencias más arraigadas sobre la vida y su continuidad. Qué es realmente la conciencia y si puede sobrevivir de algún modo a la muerte física sigue siendo un misterio. Sin embargo, las teorías científicas de Wigner, Penrose, Hameroff y los estudios de van Lommel nos acercan a una comprensión más profunda y positiva de este misterio

Conciencia cuatridimensional. Realidad, cuántica e inmortalidad.

La naturaleza de la conciencia es una de las cuestiones más fascinantes y misteriosas de la ciencia moderna. Su relación con la realidad y la inmortalidad ha inspirado muchas teorías audaces, desde la filosofía hasta la física cuántica. En este contexto, la idea de una conciencia cuatridimensional emerge como una perspectiva intrigante, capaz de redefinir nuestra comprensión de la mente y su existencia más allá de la muerte física.

En un contexto teórico, las cuatro dimensiones de la conciencia cuatridimensional podrían concebirse como:

Dimensión temporal.

La capacidad de la conciencia para percibir y experimentar el tiempo de forma no lineal, lo que permite una existencia continua más allá de la vida física.

Dimensión espacial.

La capacidad de percibir e interactuar con el espacio tridimensional, pero con una conciencia que trasciende los límites físicos.

Dimensión cuántica.

Una conexión directa con los fenómenos a nivel cuántico, lo que sugiere una profunda integración con los estados y fluctuaciones cuánticos del universo.

Dimensión energética.

Percepción y manipulación de las energías fundamentales del universo, lo que implica una forma de existencia basada en la energía más allá de la materia.

Una cuestión central en este debate es el papel de la conciencia en el proceso cuántico. El físico y Premio Nobel Eugene Wigner ha sugerido que la conciencia desempeña un papel crucial en el llamado "colapso de la función de onda". En otras palabras, sería el observador consciente quien determinaría la manifestación concreta de la realidad entre múltiples posibilidades cuánticas. Este postulado introduce la idea de que la mente no es un mero registrador pasivo de acontecimientos, sino un creador activo de la propia realidad.

La hipótesis planteada por Roger Penrose y Stuart Hameroff sugiere que la mente humana tiene sus raíces en fenómenos cuánticos y, por tanto, puede sobrevivir a la muerte biológica. El modelo de Penrose y Hameroff representa un importante punto de partida para explorar la idea de la inmortalidad de la conciencia.

Además, la teoría cuántica de campos sugiere la posibilidad de que la conciencia sea un campo fundamental del universo, análogo a los campos electromagnético o gravitatorio. De ser así, la conciencia podría existir sin el apoyo del cuerpo biológico, del mismo modo que los fotones pueden surgir y desvanecerse sin necesidad de un medio material.

En el panorama contemporáneo, estas ideas ya no sólo están arraigadas en laboratorios o debates académicos, sino que han entrado en discusiones filosóficas y espirituales sobre el futuro de la humanidad. La perspectiva de una conciencia cuatridimensional nos invita a considerar la idea de que nuestra existencia podría extenderse más allá de los límites del tiempo y el espacio, transformando profundamente nuestra concepción del yo y de la realidad.

Está claro que las implicaciones de estos estudios son extraordinarias. Si la conciencia es realmente una entidad independiente del medio físico, la inmortalidad de la mente ya no es sólo un sueño religioso o místico, sino una posibilidad científica por explorar. Quizá futuros estudios puedan desentrañar aún más esta dinámica, abriendo nuevos horizontes para la comprensión de nuestra existencia y de la propia realidad.

En conclusión, la visión de una conciencia cuatridimensional, anudada en la red cuántica del universo, ofrece perspectivas fascinantes y misteriosas. Como sugirieron pioneros como Wigner, Penrose, Hameroff e investigadores como van Lommel, la mente humana podría ser algo más que un simple producto del cerebro. Podría ser la clave para desentrañar el profundo vínculo entre realidad e inmortalidad.

Mente, cuántica y eternidad. Una nueva visión de la supervivencia a la muerte.

Las experiencias descritas hasta ahora encuentran un posible marco de apoyo en el enorme complejo de la teoría cuántica de campos. Según este punto de vista, podría existir un campo fundamental de conciencia, análogo a los campos de fuerza bien conocidos en física como los campos electromagnéticos, que existiría independientemente de la materia física. Esta hipótesis revolucionaria sugiere que la conciencia podría ser una propiedad intrínseca del universo, como lo son la gravedad y el electromagnetismo.

De esta perspectiva surge la conceptualización de una conciencia cuatridimensional, que va más allá de las tres dimensiones espaciales para incluir una dimensión no física que no puede medirse con las tecnologías actualmente disponibles. Esta visión reformula radicalmente nuestro concepto de la existencia y borra las fronteras tradicionales entre la vida y la muerte. Si la conciencia puede existir en una dimensión fuera del tiempo y el espacio ordinarios, entonces podría ser inmortal, un presente eterno al que no afecta el deterioro físico.

Esta nueva visión presenta numerosos retos, tanto conceptuales como experimentales. Sin embargo, las convergencias entre la física cuántica y los estudios neurobiológicos abren nuevos y apasionantes horizontes. El temido fin de todo, representado por la muerte, podría ser en cambio una transición hacia una forma diferente de existencia, en la que la conciencia prosigue su viaje en un universo misterioso y en parte inexplorado.

En una época en la que la ciencia tropieza a menudo con los límites del entendimiento, ideas como las de Wigner, Penrose, Hameroff y van Lommel nos invitan a considerar la posibilidad de que nuestras mentes no sólo den forma a la realidad que percibimos, sino que puedan perdurar mucho más allá de las fronteras de nuestra existencia física. Una nueva visión de la supervivencia después de la muerte, enraizada en las profundidades de la teoría cuántica, se perfila en el horizonte, invitándonos a replantearnos nuestro lugar en el universo.

El aspecto clave que se desprende de estas teorías es la inevitabilidad de la interconexión entre distintas dimensiones en la construcción de la realidad. La mente no es una entidad aislada, sino parte integrante del tejido mismo del universo. Esto lleva a la posibilidad de que la conciencia actúe como puente entre el mundo físico tangible y un sustrato cuántico más profundo, que podría ser la fuente de lo que percibimos como realidad.

El debate sobre la conciencia cuántica no es sólo una cuestión académica. Tiene implicaciones filosóficas, científicas e incluso existenciales potencialmente extraordinarias. Si la conciencia es realmente una entidad inmortal, enraizada en las leyes fundamentales del universo cuántico, nuestras percepciones de la vida, la muerte y la propia realidad podrían sufrir una transformación radical. Este campo de estudio promete no sólo desentrañar los profundos misterios de la mente humana, sino también abrir nuevas fronteras en nuestra comprensión del universo.

Capítulo 13. La conciencia cuántica en la visión metafísica. La conciencia cuántica en la visión metafísica.

"La conciencia es fundamental para el proceso cuántico; determina lo observado y al observador".
(David Bohm).

La conciencia cuántica como entidad inmortal.

La cuestión de la conciencia es una de las más antiguas y fascinantes que siempre ha estado en el centro de la especulación filosófica, científica y metafísica. En las últimas décadas, un nuevo término ha empezado a influir en este debate: "conciencia cuántica". Para comprender plenamente esta noción, es necesario explorar y aclarar qué entendemos por "conciencia" y cómo puede interpretarse a través del prisma de la física cuántica.

El concepto de conciencia ha fascinado a pensadores de todas las épocas. Aristóteles la definió como "el alma", el principio vital del ser humano. Décadas más tarde, René Descartes retomó esta noción, escribiendo el famoso "*Cogito, ergo sum*" (Pienso, luego existo), situando la conciencia en el centro de su filosofía.

En épocas más recientes, la conciencia ha sido objeto de estudio de la psicología y la neurociencia. William James, uno de los padres de la psicología moderna, describió la conciencia como un flujo continuo de pensamientos. Sin embargo, nadie ha dado aún una explicación definitiva de qué es exactamente la conciencia y cómo surge.

En los últimos años, varios científicos y filósofos han empezado a explorar la idea de que la conciencia puede tener un origen cuántico. Una de las figuras clave en esta investigación es el físico Roger Penrose, Premio Nobel de Física en 2020. Penrose, junto con el neurocirujano Stuart Hameroff, propuso la teoría *de la Reducción Objetiva Orquestada* (Orch-OR), según la cual la conciencia surge de procesos cuánticos en los microtúbulos de las neuronas cerebrales.

Según este punto de vista, los microtúbulos funcionan como diminutos procesadores cuánticos que producen la conciencia a través del colapso de la función de onda cuántica. Los autores afirman que este modelo podría explicar fenómenos misteriosos como los sueños, las experiencias cercanas a la muerte y la creatividad.

Desde el punto de vista metafísico, la conciencia cuántica no es simplemente una función emergente del cerebro, sino una entidad inmortal que trasciende la materia. Esta idea se hace eco de las ideas de muchas tradiciones espirituales y filosóficas. Según el filósofo indio Sri Aurobindo, el universo está impregnado de una conciencia única que se manifiesta a través de todas las formas de vida.

Del mismo modo, el físico David Bohm, conocido por su teoría del universo como un "orden implicado" y un "orden explicado", sugirió que la realidad es un todo indivisible y que la conciencia podría ser una manifestación de un orden más profundo y oculto del universo.

Una anécdota interesante se refiere a Erwin Schrödinger, uno de los arquitectos de la mecánica cuántica. Schrödinger estaba profundamente influido por las filosofías orientales y consideraba que la conciencia era un fenómeno unitario y universal, y no fragmentario e individual.

Varios estudios y experimentos intentan explorar el vínculo entre la conciencia y la mecánica cuántica. Uno de los experimentos más citados es el famoso "experimento de la doble rendija", que muestra cómo las partículas cuánticas pueden existir en estados superpuestos y parecen "elegir" una posición determinada sólo cuando son observadas. Este fenómeno ha llevado a algunos a especular con la posibilidad de que el propio observador desempeñe un papel en la creación de la realidad.

Además, los estudios realizados por Dean Radin en el Instituto de Ciencias Noéticas han intentado probar si la mente humana puede influir en el comportamiento de las partículas cuánticas, con resultados intrigantes pero no concluyentes.

La cuestión de la conciencia cuántica y su posible inmortalidad sigue abierta y estimula continuamente nuestra imaginación y sed de conocimiento. La fusión de metafísica y física cuántica abre nuevas perspectivas y nos invita a reconsiderar la naturaleza de la conciencia no como un mero producto del cerebro, sino como una realidad más profunda y fundamental.

En un mundo en el que la ciencia y la espiritualidad a menudo parecen avanzar por vías paralelas, la teoría de la conciencia cuántica representa un puente fascinante que podría conducirnos a una comprensión más integrada y completa de nuestro lugar en el universo. Seguir explorando estas ideas, mediante experimentos, estudios y reflexiones, podría revelar nuevas verdades sobre lo que significa realmente ser consciente y, tal vez, lo que nos espera más allá de la vida material.

Las posibles uniones de la física cuántica y la conciencia.

El intento de combinar la física cuántica con la conciencia ha dado lugar a la aparición de un campo de estudio fascinante e innovador que desafía los fundamentos del pensamiento científico y filosófico. Esta sección pretende explorar las posibles intersecciones entre estas disciplinas, examinando cómo la visión metafísica puede enriquecer nuestra comprensión de la conciencia como entidad potencialmente inmortal.

La física cuántica ha revolucionado nuestra forma de ver el mundo desde su concepción en los albores del siglo XX, con figuras legendarias como Niels Bohr, Werner Heisenberg y Erwin Schrödinger sentando las bases. El mundo cuántico se caracteriza por paradojas e incertidumbres que escapan a la lógica newtoniana, introduciendo conceptos como la superposición, el entrelazamiento y el colapso de la función de onda.

El astrofísico y matemático de fama mundial Roger Penrose suscitó un acalorado debate con su teoría Orch-OR, desarrollada en colaboración con Stuart Hameroff. Según Penrose y Hameroff, los microtúbulos neuronales del cerebro podrían desempeñar el papel de procesadores cuánticos, y la conciencia surgiría de procesos cuánticos fundamentales.

Esta teoría pretende dar respuesta a cuestiones que de otro modo permanecerían en la sombra, como el origen de la intuición o la experiencia subjetiva. Desafiando el enfoque clásico de la neurociencia, Orch-OR propone que la conciencia no es sólo una secuencia de procesos químicos y eléctricos, sino una manifestación de la dinámica cuántica.

La visión metafísica de la conciencia como una entidad inmortal encaja perfectamente con algunas de las implicaciones más profundas de la física cuántica. La mente humana no sería simplemente el producto de reacciones bioquímicas, sino un fenómeno que trasciende la realidad física.

El físico David Bohm, con su teoría del orden implicado y explicado, sugirió que el universo podía verse como un todo inseparable, donde cada parte refleja la unidad del todo. La conciencia, según Bohm, podría ser una manifestación de este orden implicado, un campo universal que impregna todo lo que existe.

Uno de los aspectos más discutidos de la mecánica cuántica es el llamado "*efecto observador*". Experimentos como el de la doble rendija demuestran que las partículas cuánticas existen en un estado de superposición hasta que son observadas, lo que sugiere que el acto de observar puede influir en la propia realidad.

Esto ha llevado a algunos estudiosos a especular con la posibilidad de que la conciencia humana desempeñe un papel activo en la creación de la realidad. Un ejemplo notable es el estudio realizado por Dean Radin en el Instituto de Ciencias Noéticas, que intentó medir la influencia de la conciencia en el resultado de experimentos cuánticos, con resultados que, aunque controvertidos, invitan a seguir investigando.

La idea de que la conciencia podría ser inmortal se basa en la premisa de que la realidad cuántica trasciende el tiempo y el espacio convencionales. En el contexto de la teoría Orch-OR, la conciencia podría sobrevivir a la muerte cerebral al seguir existiendo en un plano cuántico.

Erwin Schrödinger, al margen de sus aportaciones fundamentales a la física, estuvo profundamente influido por las filosofías orientales. En su ensayo "*¿Qué es la vida?*" (1944), Schrödinger explora la posibilidad de que la conciencia sea un fenómeno unitario e indivisible, que exista más allá de los límites del tiempo y el espacio, una visión que encuentra resonancias en las modernas teorías cuánticas.

Las posibles uniones entre la física cuántica y la conciencia representan una frontera aún muy inexplorada pero increíblemente prometedora. La visión metafísica sugiere que la conciencia no está confinada a la dimensión material, sino que puede hacerse inmortal a través de los procesos cuánticos fundamentales que rigen el universo.

Una aproximación a la conciencia cuántica.

Reflexiones sobre la naturaleza cuántica de la mente.

La conciencia humana siempre ha sido un enigma fascinante para filósofos, científicos y pensadores. Recientemente, la llegada de la física cuántica ha proporcionado nuevas perspectivas y herramientas teóricas para explorar uno de los misterios más profundos de la existencia: la naturaleza de la mente.

El planteamiento de Roger Penrose y Stuart Hameroff, conocido como teoría Orch-OR, sugiere que la conciencia no es simplemente el producto de procesos clásicos en el cerebro, sino un fenómeno que surge de procesos cuánticos que tienen lugar en los microtúbulos neuronales. Penrose, matemático y físico de fama mundial, y Hameroff, anestesista e investigador en neurociencia, proponen que estas estructuras subcelulares funcionan como "ordenadores cuánticos" naturales, donde el estado de superposición permite una forma de procesamiento de la información que trasciende el tiempo y el espacio.

Penrose, en obras fundamentales como *"La nueva mente del emperador*" (1989), analizó la insuficiencia de los modelos clásicos de computación para explicar la conciencia. Su hipótesis era que se necesitaría una nueva física, anclada en principios cuánticos, para entender la conciencia. Hameroff, por su parte, sostenía que los fenómenos de nivel cuántico en los microtúbulos podrían ser la clave para desvelar este misterio, haciendo hincapié en el papel "metaestable" de las ondas cuánticas en el cerebro.

Más allá del ámbito de la ciencia empírica, la metafísica de la conciencia cuántica suscita profundas reflexiones sobre el sentido del ser y del tiempo. David Bohm, otro gigante del pensamiento en física, con su concepto del orden implicado, subrayó que el universo es un todo indivisible en el que la conciencia podría ser la manifestación de un orden oculto, que trasciende la realidad percibida superficialmente. Bohm, en su obra "*Wholeness and Implied Order*" (1980), explora cómo la unidad fundamental del universo podría implicar una profunda interconexión de las mentes humanas con el cosmos.

Este punto de vista sugiere que la conciencia no es un fenómeno aislado, sino parte integrante de una matriz universal, un campo de conciencia que se extiende más allá de los límites del tiempo y el espacio. Erwin Schrödinger anticipó conceptos que evocan la unicidad de la conciencia. Schrödinger no hablaba estrictamente de física cuántica aplicada a la mente, sino que postulaba una continuidad de la vida más allá de la muerte física, postura que encuentra resonancia en las especulaciones modernas sobre la conciencia cuántica.

Una anécdota interesante que ilustra el alcance de la conciencia cuántica está relacionada con el famoso experimento de la doble rendija. Este experimento, que data de principios del siglo XX, demostró cómo una simple observación puede influir en los resultados de los fenómenos cuánticos. Albert Einstein, Max Planck y Niels Bohr protagonizaron acalorados debates sobre el significado de estos resultados. Bohr, en particular, sostenía que la concepción clásica de la realidad era insuficiente y que el observador desempeñaba un papel crucial en la determinación de la naturaleza de los sucesos cuánticos.

Las implicaciones del efecto observador han llevado a algunos a especular con la posibilidad de que la propia mente sea un componente fundamental en la construcción de la realidad. Esto abre la puerta a fascinantes especulaciones metafísicas sobre un universo en el que la conciencia no sólo percibe, sino que también crea.

La teoría de la conciencia cuántica no es sólo una vanguardia científica, sino una invitación a reimaginar nuestro lugar en el universo. La visión metafísica de una mente eterna, conectada a un orden universal más profundo, nos lleva a reconsiderar las nociones convencionales de nacimiento, vida y muerte. En el paisaje multidimensional sugerido por la física cuántica, la conciencia bien podría erigirse en una entidad inmortal, entretejida con el tejido mismo de la realidad, haciéndonos partícipes de un misterio que se remonta a los orígenes del propio cosmos.

El universo como expresión de la conciencia cuántica.

En las últimas décadas, el diálogo entre ciencia y filosofía se ha intensificado, dando lugar a nuevos puntos de vista sobre la naturaleza de la conciencia y su relación con el universo. Una de las posturas más fascinantes es la de la conciencia cuántica, según la cual la conciencia no sólo está conectada con el mundo cuántico, sino que también representa una entidad inmortal que es instrumental en la estructura y la experiencia del propio universo. Esta sección explorará cómo, a través de una lente metafísica, el universo puede concebirse como una expresión de la conciencia cuántica.

En su libro "*Consciousness in the Universe: Quantum Theory, Evolution, and the Brain*" (2010) Hameroff y Penrose proponen que la conciencia puede surgir de fenómenos cuánticos que ocurren dentro de los microtúbulos de las células neuronales. Esta concepción sugiere que la conciencia no es simplemente el producto de interacciones neuronales, sino que incluye procesos cuánticos que tenderían un puente entre la física clásica y la cuántica.

La idea central es que la conciencia cuántica opera a niveles subatómicos de interacción, lo que sugiere que nuestra experiencia consciente es sólo una parte de un fenómeno mucho más amplio y profundo. Penrose, en su obra de 1989 "*La nueva mente del emperador*", ya expuso la hipótesis de que la mente humana no puede explicarse plenamente mediante algoritmos computacionales, impulsando una integración de la física cuántica en este contexto.

Pero, ¿qué implicaciones tiene esta visión para la concepción del universo? Según la teoría de la conciencia cuántica, el propio universo puede considerarse una expresión de una conciencia cuántica universal. Esta idea está relacionada con la filosofía oriental, en particular con el pensamiento vedántico, en el que se sostiene que el universo es la expansión de una conciencia única y universal, identificada como *Brahman*.

El cosmólogo y físico David Bohm, conocido por su trabajo sobre la teoría de las variables ocultas, también defendió que el universo representa un "orden implícito" y que la conciencia humana podría formar parte de un orden mayor y más profundo. En este sentido, Bohm propuso considerar el universo como un continuo en el que la separación entre observador y observado no es tajante, sino más bien una ilusión.

En los experimentos de física cuántica, el famoso experimento de la doble rendija reveló que la observación parece influir en los resultados. Cuando se observan partículas, como electrones y fotones, su comportamiento cambia de un modelo ondulatorio a un modelo de partículas. Este resultado lleva a preguntarse si la propia conciencia puede influir en la realidad física: la conciencia no es sólo una percepción pasiva, sino una interacción activa con el tejido del universo.

El físico cuántico Amit Goswami, en su libro "*The Self-Aware Universe*" (1993), explora la posibilidad de que la conciencia no sea sólo un producto del cerebro humano, sino la base misma de la realidad. La conciencia se considera un fenómeno primario, a partir del cual se genera el universo. Así, cada observador, en su acto de observar, contribuye a la manifestación de la realidad misma.

Desde una perspectiva metafísica, esta visión se amplía aún más, sugiriendo que el universo no es sólo una fría máquina, sino una manifestación de una inteligencia o conciencia universal. Esto implica una profunda identificación entre la conciencia humana y la del universo, donde el individuo es visto como una manifestación temporal de la conciencia universal eterna.

La filosofía de Henri Bergson, que hace hincapié en el flujo de la vida y la conciencia como entidad dinámica, encaja bien con estas ideas. Bergson criticó el método científico tradicional por su enfoque mecanicista, sugiriendo en su lugar que la conciencia se expande y evoluciona en un continuo temporal.

Si se considera que la conciencia está intrínsecamente conectada con el universo, se deduce que no puede considerarse un fenómeno limitado exclusivamente a la vida humana. Pasando de los pensadores cuánticos a los metafísicos, podemos considerar la idea de la inmortalidad de la conciencia. En el pensamiento oriental, por ejemplo, la reencarnación y el ciclo de la vida y la muerte se expresan como ciclos de conciencia, lo que sugiere que ésta trasciende la mera existencia física.

El propio Einstein, aun manteniendo un enfoque científico, escribió que:

"La muerte no es nada. Nunca ha sido nada. La conciencia es inmortal".

Esta cita confirma la idea de que la conciencia, como parte de un universo cuántico, desafía los límites del tiempo y el espacio.

La cuestión de la conciencia cuántica como entidad inmortal ofrece una visión del mundo que trasciende el reduccionismo mecanicista y abarca una comprensión más profunda de la conexión entre toda la vida y el universo. Si vemos la conciencia como la esencia del universo, podemos reconocer nuestra responsabilidad en la realidad que co-creamos. Desde este punto de vista, la conciencia no es sólo una parte de la realidad, sino el hilo que conecta cada elemento de la existencia, sacando a la luz el increíble potencial de una vida consciente e interconectada. La ciencia cuántica, abrazada por la filosofía, nos invita a explorar no sólo el cosmos exterior, sino también el interior y nuestra eterna conexión con él.

Bailando sobre las olas de la conciencia cuántica.

La humanidad siempre ha contemplado con asombro y admiración el fenómeno de la conciencia. Durante milenios, filósofos y científicos han cuestionado su naturaleza, tratando de discernir si es un mero producto del cerebro físico o si existe una dimensión más profunda. En el contexto contemporáneo, un campo de investigación emergente que fusiona la física cuántica y la metafísica está reescribiendo las reglas de esta antigua cuestión: la conciencia cuántica.

El concepto de conciencia cuántica forma parte de un debate ya emprendido por algunos de los más grandes pensadores del siglo XX. Erwin Schrödinger, uno de los padres de la mecánica cuántica, afirmó convincentemente en 1944 que:

"La conciencia es una entidad única compartida por todos los seres vivos".

Schrödinger sugirió que nuestra conciencia no estaba fragmentada en singularidades individuales, sino que representaba una continuidad perceptiva cuántica.

En apoyo de este punto de vista hay experimentos que han sacudido los cimientos del materialismo científico. Entre ellos se encuentra el famoso experimento de la doble rendija. Realizado por primera vez por Thomas Young en 1801 y perfeccionado con tecnología más avanzada en el siglo XX, demuestra cómo las partículas elementales, como los electrones, se comportan a la vez como partículas y como ondas, dependiendo de la observación del observador. Niels Bohr, con su principio de complementariedad, sostenía que el acto de observar una partícula determina su estado, lo que implica un extraño pero fascinante vínculo entre la conciencia y la realidad física.

La conciencia cuántica y la visión metafísica

La perspectiva metafísica de la conciencia cuántica se articula en torno a la idea de que la conciencia no es un mero subproducto de la actividad neuronal, sino una constante universal presente en todas partes y en todos los lugares. Entre los defensores de este punto de vista destaca el físico austriaco Fritz-Albert Popp, conocido por su teoría del biofotón. Popp planteó la hipótesis de que las células vivas emiten luz ultradébil compuesta de "*biofotones*", que podrían ser una forma de comunicación a nivel cuántico entre células. Estos biofotones podrían ser el lenguaje común de la interconexión de las células y, por extensión, de toda la vida.

Otro nombre pionero es el de David Bohm. Bohm publicó en 1980 "*La totalidad y el* orden *implícito*", donde introdujo el concepto de orden implícito, una realidad acausal y oculta de la que emerge nuestro universo explícito sensible. Según Bohm, todas las cosas están interconectadas a través de una red invisible de energía cuántica, y la propia conciencia podría formar parte de este sustrato implícito. Esta visión holográfica podría explicar cómo toda la información del universo está contenida en cada una de las partes del cosmos.

Las confirmaciones del entrelazamiento, otro pilar de la física cuántica, dibujan un universo en el que las partículas permanecen conectadas a grandes distancias, con cambios en una que desencadenan reacciones instantáneas en otra. Este asombroso concepto quedó patente en el teorema de John Bell de 1964, que sentó las bases para comprender las pruebas experimentales del entrelazamiento. El trabajo de Alain Aspect de 1982, que demostró la realidad del entrelazamiento mediante sus experimentos que marcaron una época, implica que la naturaleza del universo es tal que la localidad es en realidad una ilusión sobre la que prevalece la no localidad.

Curiosamente, el concepto de conciencia cósmica, una conciencia que lo abarca todo, refleja las tradiciones filosóficas orientales. La perspectiva no dualista del Advaita Vedanta, defendida por sabios como Adi Shankaracharya, resuena con las nociones de unidad e interconexión propuestas por las teorías cuánticas. El distinguido físico y místico indio Amit Goswami vincula vívidamente estos principios filosóficos con la mecánica cuántica, subrayando que la conciencia, y no la materia, es el fundamento de toda existencia.

Al unificar la fisiología, la neurobiología y la física cuántica en un campo armonioso, el concepto de conciencia cuántica nos lleva a reconsiderar los límites del yo y del universo. La danza sobre las ondas de la conciencia cuántica nos enseña que todas las cosas están íntimamente conectadas, que nuestras formas de percibir y comprender el mundo pueden ser mucho más sutiles y complejas de lo que jamás imaginamos. En esta visión metafísica, no somos meros habitantes de un planeta aislado en un inmenso vacío espacial, sino fragmentos conscientes de un holograma cuántico universal, participantes activos en una danza atemporal que trasciende todas las fronteras conocidas.

La investigación continúa, los experimentos se suceden y es posible que nuestra comprensión del universo evolucione aún más, ofreciéndonos nuevos y extraordinarios conocimientos sobre la naturaleza de la conciencia y de la propia realidad. Hasta entonces, sólo podemos contemplar estas teorías, inspirados por la infinita capacidad del ser humano para explorar lo desconocido, subvertir paradigmas y, tal vez, bailar de verdad sobre las olas de la conciencia cuántica.

Los límites de la conciencia y la circularidad de la teoría cuántica.

En la vasta red del universo, entre las enigmáticas partículas subatómicas y los intrincados meandros del pensamiento humano, surge una pregunta fascinante y perturbadora: ¿podría ser nuestra conciencia una entidad cuántica inmortal? Esta hipótesis, que combina las profundidades de la física cuántica y las abstracciones de la metafísica, está ganando terreno entre los filósofos modernos y algunos físicos teóricos.

La física cuántica, nacida en los albores del siglo XX con las aportaciones de pioneros como Max Planck, Niels Bohr y Albert Einstein, dio un vuelco a las convenciones de la física clásica. La famosa ecuación de Schrödinger de 1926, introducida por el físico austriaco Erwin Schrödinger, proporcionó la primera herramienta matemática para describir las probabilidades de los estados cuánticos. El concepto de superposición, que implica que una partícula puede existir en varios estados simultáneamente, y la incertidumbre intrínseca representada por el principio de incertidumbre de Heisenberg, se convirtieron en los pilares fundamentales de esta teoría.

La conciencia humana, por su parte, es un fenómeno igualmente complejo y misterioso. En 1989, el físico Roger Penrose planteó la hipótesis de que la conciencia podría basarse en principios cuánticos en su libro "*La nueva mente del emperador*". Penrose sugirió que los procesos cuánticos en el cerebro humano podrían subyacer a los estados de conciencia, una idea que encontró más apoyo gracias a la colaboración con el médico e investigador Stuart Hameroff. El dúo propuso la teoría Orch-OR, según la cual los microtúbulos neuronales son los lugares de los procesos cuánticos relevantes para la conciencia.

El círculo de la teoría cuántica.

Una de las características más intrigantes de la física cuántica es su circularidad. Las partículas que componen la materia y la energía del universo parecen moverse en un bucle continuo de creación y aniquilación, un ballet cósmico que no conoce verdadero principio ni fin. Este principio de eterna recurrencia puede verse a través de la interpretación de muchos mundos de Hugh Everett, postulada en 1957, que sugiere que cualquier acontecimiento que pueda ocurrir implica la división del universo en ramas distintas y paralelas.

Desde un punto de vista metafísico, estas ideas abren interesantes perspectivas sobre las posibles naturalezas de la conciencia. Si los procesos cuánticos que sustentan la conciencia también forman parte de este ciclo cuántico eterno, entonces la conciencia podría no estar limitada por el confinamiento temporal tradicional del nacimiento y la muerte. En algunas tradiciones filosóficas y religiosas, como en los conceptos del hinduismo y el budismo, se postula la existencia de un alma eterna que transmigra de un cuerpo a otro, un concepto que puede verse bajo una nueva luz a la luz de la física cuántica.

Un ejemplo práctico de la intersección entre conciencia y mecánica cuántica es el experimento mental del "gato de Schrödinger", en el que un gato puede estar simultáneamente vivo y muerto hasta que se produce una observación. Esta paradoja, concebida para criticar la interpretación de Copenhague de la mecánica cuántica, plantea interrogantes sobre la influencia del observador consciente en la realidad.

Otro punto de interés es el entrelazamiento cuántico, un fenómeno demostrado experimentalmente por el físico Alain Aspect en 1982. Los experimentos de Aspect demostraron que las partículas entrelazadas permanecen conectadas instantáneamente, independientemente de la distancia que las separe. Esto sugiere que la separación espacial es una ilusión y que todo el universo está interconectado, una idea que resuena con muchas filosofías holísticas.

Mientras la física intenta unificar las teorías de la gravitación y la cuántica en una teoría del todo, la mente humana sigue tratando de comprenderse a sí misma. Las nociones de superposición, entrelazamiento y dualidad onda-partícula pueden ofrecer pistas sobre cómo no sólo surge la conciencia, sino que interactúa continuamente con el cosmos. Penrose escribió:

El universo no sólo es más extraño de lo que pensamos, sino más extraño de lo que podemos pensar".

En este vasto laberinto de pensamientos y partículas, todos estamos, tal vez, en una danza indisoluble con el tejido cuántico del cosmos, eternamente interconectados e inmortales.

Más allá del misterio: en busca de la clave de la conciencia cuántica.

Ante los grandes interrogantes sobre los orígenes y la naturaleza de la conciencia, la humanidad ha recurrido a menudo tanto a la ciencia como a la filosofía. En las últimas décadas, una nueva frontera se ha abierto gracias a los avances de la física cuántica, ofreciendo perspectivas inéditas que apuntan hacia una entidad consciente inmortal. Esta sección explora ideas tan fascinantes y complejas, utilizando una visión metafísica para intentar dar una respuesta al reto del misterio de la conciencia.

La conciencia, definida como la capacidad de percibirse a uno mismo y a su entorno, ha sido durante mucho tiempo un rompecabezas para científicos y filósofos. Sin embargo, con la llegada de la física cuántica a principios del siglo XX, se dispuso de un nuevo conjunto de herramientas conceptuales. Los padres de la mecánica cuántica -entre ellos Max Planck, Werner Heisenberg y Albert Einstein- empezaron a descubrir que el mundo subatómico funcionaba de forma impredecible y paradójica, desafiando las leyes clásicas de la física.

Roger Penrose, matemático y físico británico conocido por sus trabajos sobre la relatividad y los agujeros negros, introdujo la idea de que el cerebro podría funcionar a niveles cuánticos en su libro de 1989 "*La nueva mente del Emperador*". Penrose, junto con el anestesista Stuart Hameroff, desarrolló la teoría Orch-OR, que propone que la conciencia surge de procesos cuánticos en los microtúbulos de las células cerebrales.

El entrelazamiento cuántico, bautizado por Albert Einstein como "*acción fantasma a distancia*", es otro fenómeno relevante. Los estudios realizados por Alain Aspect en los años 80 demostraron que las partículas entrelazadas permanecen conectadas de forma que superan la velocidad de la luz. Esta interconexión instantánea sugiere una red de conexiones universales que podría extenderse a la conciencia humana. La metáfora utilizada a menudo es la de una *"red cósmica"*, en la que cada ser consciente es un nodo interconectado con todo el universo.

En un contexto metafísico, la física cuántica ofrece una base para explorar más allá del mundo material. Filosofías orientales como el budismo y el hinduismo han contemplado durante milenios la idea de una energía universal que impregna a todo ser vivo, con los conceptos de "*Atman*" (alma individual) y "*Brahman*" (alma universal) ofreciendo un sorprendente paralelismo con el entrelazamiento cuántico.

A lo largo del tiempo, muchas tradiciones esotéricas han sugerido que la conciencia podría sobrevivir a la muerte física. El físico David Bohm, firme defensor de la interpretación holográfica del universo, propuso que la realidad es una proyección de un orden implícito más profundo. Bohm veía la conciencia como parte integrante de este holograma cósmico, donde cada pequeña parte contiene el todo.

La idea de una conciencia cuántica inmortal se ve enriquecida por estudios recientes de física teórica y cosmología. Uno de los conceptos cruciales es el papel del observador en la teoría cuántica. La física cuántica sugiere que la realidad observada no existe independientemente del observador. El principio de complementariedad de Niels Bohr implica que el comportamiento de las partículas depende del acto de medición, lo que indica una conexión fundamental entre el observador y el universo.

Desde un punto de vista metafísico, esta observación podría interpretarse como una prueba de que la conciencia y el universo están inextricablemente entrelazados. En este caso, el concepto de una entidad consciente inmortal encuentra un apoyo plausible. Si la conciencia es un fenómeno cuántico, podría existir más allá de los límites del tiempo y el espacio, de forma similar a la eternidad postulada en las tradiciones espirituales.

La búsqueda de la clave de la conciencia cuántica nos lleva más allá del misterio, a un territorio de intersección entre ciencia y metafísica. Las teorías cuánticas no sólo plantean interrogantes sobre la naturaleza del cosmos, sino que también nos empujan a reconsiderar nuestra comprensión de la mente y de la propia realidad. Figuras como Roger Penrose, Stuart Hameroff y David Bohm han abierto las puertas a una conciencia que podría trascender la materia y el tiempo, resonando con antiguos conceptos espirituales y dando un nuevo sentido a nuestra existencia.

William James, uno de los padres de la psicología moderna, afirmó:

> *"El mundo experimentado puede analizarse en términos cuánticos, y nuestras experiencias de conciencia podrían ser la clave para comprender el verdadero tejido de la realidad".*

En esta fascinante exploración, la ciencia y la metafísica se encuentran, ofreciendo un panorama que podría revelar nuevos y profundos significados sobre la naturaleza de la conciencia y nuestra esencia como seres humanos.

La noción de tiempo en la física cuántica y la experiencia subjetiva.

La relación entre la conciencia y la física cuántica es un campo de investigación que ha suscitado tanto interés como críticas. Entre las teorías más sugerentes está la de la "conciencia cuántica", que explora el concepto de conciencia como entidad capaz de eludir la muerte corporal. Aunque esta idea sigue siendo especulativa, hunde sus raíces en complejos debates científicos y filosóficos en torno a las nociones de tiempo, realidad y percepción.

El tiempo es un concepto central de la física cuántica, pero se trata de forma muy diferente a la física clásica. A principios del siglo XX, físicos como Albert Einstein y Niels Bohr sentaron las bases de una comprensión del tiempo que trasciende la linealidad intuitiva de "*pasado, presente y futuro*". La relatividad general de Einstein (1915) cambió radicalmente nuestra comprensión del tiempo, mostrándonos que está inextricablemente entrelazado con el espacio en una estructura llamada espacio-tiempo.

Según la física cuántica, los acontecimientos no se definen por un conjunto rígido de causas y efectos, sino por una matriz de probabilidades. El tiempo, por tanto, se ve más como una dimensión en la que las probabilidades de los sucesos "colapsan" en momentos concretos en que se observan. Esta visión tiene sugerentes implicaciones para el concepto de conciencia y su posible eternidad.

La teoría de la "conciencia cuántica" afirma que los procesos mentales están relacionados con fenómenos cuánticos, como la superación de la dualidad onda-corpúsculo y el colapso de las funciones de onda.

Hameroff sugiere que la conciencia podría existir de una forma no ligada al plano físico, explotando la naturaleza no local y atemporal de los estados cuánticos. Esta idea abre la posibilidad de que la conciencia sobreviva a la muerte física transmitiéndose en alguna forma inmaterial o traspasando de otro modo el tejido del universo.

Las ECM constituyen un campo de estudio especialmente interesante en el contexto de la conciencia cuántica. Muchas personas afirman tener la sensación de trascender el tiempo y el espacio, experimentando una especie de universalidad eterna.

El tiempo subjetivo, por tanto, no siempre se ajusta a las medidas objetivas. El filósofo Henri Bergson exploró estas dimensiones subjetivas del tiempo en su obra "*El tiempo y el libre albedrío*" (1889), sugiriendo que la percepción del tiempo puede dilatarse o contraerse según la conciencia individual. La psicología moderna respalda esta idea con estudios que demuestran que la percepción del tiempo puede variar mucho en estados alterados de conciencia.

Varios experimentos han intentado explorar la naturaleza de la conciencia a través del prisma de la física cuántica. Uno de los experimentos más conocidos y controvertidos es el de Benjamin Libet, que en la década de 1980 estudió el tiempo de reacción del cerebro con respecto a la conciencia de las decisiones motoras. Sus resultados sugirieron que las decisiones se preparan en el cerebro antes de que seamos conscientes de ellas, lo que plantea interrogantes sobre la naturaleza del libre albedrío y la temporalidad de la conciencia.

Del mismo modo, los experimentos de "entrelazamiento" cuántico demuestran que dos partículas pueden permanecer conectadas instantáneamente a través de grandes distancias, un fenómeno que desafía nuestra comprensión tradicional del tiempo y el espacio. Si la conciencia puede conectarse de algún modo a este fenómeno, implica un tipo de existencia no localizada y no temporal.

La idea de la conciencia cuántica como entidad inmortal es una exploración fascinante en la frontera entre ciencia, filosofía y espiritualidad. Muchas de estas reflexiones inauguran un diálogo esencial sobre lo que significa ser consciente y cómo nuestro lugar en el universo podría extenderse más allá de los límites de nuestros cuerpos finitos.

La física cuántica ya ha revolucionado nuestra comprensión de la realidad material; no es del todo inverosímil pensar que podría hacer lo mismo con la realidad de la conciencia. El futuro de la investigación en este campo promete seguir desafiando y ampliando la forma en que nos vemos a nosotros mismos y nuestra existencia. Al fin y al cabo, como dijo el físico Richard Feynman:

> *"Si crees que has entendido la mecánica cuántica, no has entendido la mecánica cuántica".*

Quizá ocurra lo mismo con nuestra comprensión de la conciencia.

Reflexiones sobre la causalidad y la conciencia en el contexto de la física cuántica.

La cuestión de la supervivencia de la conciencia después de la muerte siempre ha fascinado a la humanidad, entrelazándose con el entramado de creencias religiosas, filosóficas y científicas. En las últimas décadas ha empezado a tomar forma un nuevo marco teórico, el de la "conciencia cuántica". Este concepto está profundamente ligado a la propia naturaleza de la realidad descrita por la física cuántica, lo que abre una ventana a fascinantes debates sobre causalidad y conciencia.

La física cuántica ha dado un vuelco a nuestra comprensión de la causalidad, desafiando el paradigma determinista que ha dominado la ciencia desde los tiempos de Newton. En particular, el principio de superposición y el concepto de entrelazamiento han complicado mucho el panorama. Los experimentos de Alain Aspect (1982), por ejemplo, demostraron que las partículas entrelazadas pueden influirse mutuamente de forma instantánea, independientemente de la distancia que las separe, poniendo en entredicho la noción clásica de causalidad lineal.

El físico cuántico John Bell, con su famoso teorema (1964), complicó aún más el panorama al demostrar que ninguna teoría local de variables ocultas puede reproducir jamás todas las predicciones de la mecánica cuántica. Esto tiene profundas implicaciones para el concepto de causalidad, pues sugiere que la realidad puede ser no local y estar entrelazada de formas que desafían nuestra comprensión intuitiva.

La conciencia, o consciencia, sigue siendo un fenómeno en gran medida misterioso incluso en neurociencia. Sin embargo, algunos estudiosos han intentado conectar la física cuántica con la conciencia, abriendo nuevos horizontes de investigación. Entre ellos figuran el matemático Roger Penrose y el neurofisiólogo Stuart

El propio Penrose sostenía en su libro "*The Emperor's New Mind*" que los cálculos de la mente humana no pueden reproducirse mediante un algoritmo y que los procesos cuánticos deben subyacer a la conciencia. Según Hameroff y Penrose, es posible que la conciencia no esté estrictamente ligada al cuerpo físico, sino que represente una especie de fenómeno no local, capaz de sobrevivir a la muerte.

La idea de que la conciencia puede sobrevivir a la muerte física también ha tenido eco en culturas y creencias antiguas. Sin embargo, el enfoque cuántico proporciona una nueva lente a través de la cual examinar esta posibilidad. La no-localidad de la física cuántica, por ejemplo, implica que algunos fenómenos pueden estar conectados globalmente, independientemente de la distancia. Esto podría sugerir una estructura de la realidad en la que la conciencia no está confinada a un único punto del espacio-tiempo.

Además, la interpretación de Hugh Everett de 1957, conocida como la "*interpretación de muchos mundos*", sugiere que todos los estados cuánticos posibles se realizan en universos paralelos. ¿Podría la conciencia "*saltar*" de un universo a otro, como sugieren algunos teóricos radicales? Esta idea, aunque altamente especulativa, ha sido tratada con seriedad por varios investigadores, abriendo nuevos escenarios sobre la posible inmortalidad de la conciencia.

Diversos experimentos han intentado sondear la conexión entre la física cuántica y la conciencia. Los experimentos de la doble rendija, en los que la propia observación parece influir en el resultado de los fenómenos cuánticos, apoyan la idea de que la conciencia puede desempeñar un papel fundamental en la deformación de la propia realidad.

La noción de conciencia cuántica y su potencial inmortalidad representa un campo de investigación tan controvertido como fascinante. La física cuántica, con sus rarezas e inversiones respecto a la física clásica, nos empuja a reconsiderar la relación entre mente y materia, causa y efecto, y el sentido último de nuestra existencia.

Las teorías cuánticas de la conciencia nos invitan a un profundo replanteamiento de nuestras creencias fundamentales. Como dijo Carl Sagan:

> *"La ciencia no sólo es compatible con la espiritualidad; es una fuente profunda de espiritualidad".*

Tal vez, en el futuro, la ciencia cuántica pueda revelar nuevas verdades sobre nuestra conciencia y la misteriosa permanencia de nuestra esencia más allá de las fronteras de la vida y la muerte.

La naturaleza del yo y la teoría cuántica.

En las últimas décadas, la frontera de la ciencia ha explorado territorios que, hasta hace poco, se consideraban dominio exclusivo de la filosofía y la metafísica. Uno de ellos es la naturaleza del ser y su relación con el universo físico. En particular, la conciencia cuántica ha suscitado un ardiente debate sobre una cuestión que ha fascinado al ser humano durante siglos: la inmortalidad del alma. A través de una lente científica y metafísica, podemos ver cómo la teoría cuántica está redefiniendo los límites de nuestro concepto de conciencia y, tal vez, de nuestra propia existencia.

La teoría cuántica, que se originó en las primeras décadas del siglo XX, revolucionó nuestra comprensión de la realidad física. En el centro de esta revolución se encuentra el principio de superposición cuántica, que sostiene que partículas como los electrones pueden existir en varios estados simultáneamente hasta que se observan.

Esta teoría tiene profundas implicaciones para la naturaleza del yo. La conciencia cuántica sugiere que el yo, o la conciencia humana, podría operar a nivel microscópico a través de la interacción de partículas subatómicas en el cerebro. Penrose y Hameroff, con la teoría Orch-OR, propusieron que la conciencia surge de procesos cuánticos en los microtúbulos de las neuronas cerebrales. Esta teoría, aunque controvertida, ha abierto nuevas vías de investigación sobre la interacción entre mente y materia.

El concepto de un yo cuántico e inmortal no es nuevo en el panorama de las ideas humanas, pero la teoría cuántica proporciona un marco científico a antiguas creencias metafísicas. La visión de un universo interconectado y holístico tiene profundas raíces en las filosofías orientales. Por ejemplo, el concepto hindú de "*Atman*", que representa el alma universal, y la teoría budista *del "No-Yo"*, que subraya la interconexión de todas las cosas, parecen hacerse eco de la idea del entrelazamiento cuántico, donde partículas desplazadas a miles de kilómetros de distancia pueden permanecer íntimamente conectadas.

Erwin Schrödinger, uno de los padres de la mecánica cuántica, estaba muy interesado en estas filosofías. Escribió en su libro "*Mi visión del mundo*" (1961):

> *"La conciencia es una unidad. Hay, por supuesto, muchos cuerpos y muchas mentes, pero una sola conciencia".*

Schrödinger reconoció una profunda conexión entre las enseñanzas filosóficas orientales y la realidad descrita por la física cuántica.

Otra contribución significativa al debate sobre la conciencia cuántica vino de David Bohm, con su teoría del "*Orden Implícito*". Bohm propuso que el universo entero era una vasta red de relaciones donde cada parte está contenida en el todo, y el todo está presente en cada parte, una idea que sorprendentemente se alinea con la noción de entrelazamiento cuántico. Bohm escribió en su libro "*Wholeness and the Implicate Order*" (1980):

> *"La realidad es indivisible y está interconectada".*

En el campo experimental, las investigaciones de John Wheeler sobre el "*Experimento de la elección retardada*" complicaron aún más la relación entre el observador y lo observado, sugiriendo que nuestro futuro puede influir en el presente y, por tanto, planteando profundas cuestiones sobre la naturaleza del tiempo y la realidad.

La cuestión subyacente es si la conciencia, como fenómeno cuántico, puede sobrevivir a la muerte física. La visión de una entidad cuántica inmortal postula que nuestro yo, como superposición de estados cuánticos, puede persistir de algún modo más allá de la destrucción del cuerpo físico. Esto abre escenarios sugerentes y, para algunos, reconfortantes sobre la posibilidad de que la conciencia tenga una dimensión eterna.

El debate sobre la conciencia cuántica y su posible inmortalidad nos incita a revisar viejas cuestiones bajo una nueva luz científica. La teoría cuántica, con su capacidad para describir la intrincada interconexión de la realidad, ofrece un lenguaje moderno para hablar de viejas aspiraciones humanas, como la supervivencia del alma y la naturaleza del yo. Como escribió el físico John von Neumann:

> *"Cuando contemplamos los fundamentos de la ciencia moderna, descubrimos que la mente entra en nuestra comprensión del mundo de un modo inesperado y misterioso".*

Queda por ver si la ciencia será capaz algún día de dar respuestas definitivas sobre estos temas profundamente filosóficos. Sin embargo, la combinación de física cuántica y metafísica representa un terreno fértil para la exploración, capaz de acercar cada vez más el pensamiento científico a esas cuestiones fundamentales sobre la existencia humana que nos acompañan desde hace milenios.

La realidad cuántica tras la percepción humana.

A lo largo de la historia, las cuestiones sobre la naturaleza de la conciencia y su relación con la realidad física han fascinado a filósofos, científicos y pensadores de todas las épocas. Con la llegada de la mecánica cuántica en el siglo XX, las barreras entre ciencia y filosofía empezaron a difuminarse, ofreciendo perspectivas nuevas e inesperadas. La mecánica cuántica, con sus peculiaridades y paradojas, arroja una luz nueva e intrigante sobre la naturaleza del yo y su percepción del mundo.

En 1927, Heisenberg introdujo la paradoja de la indeterminación, afirmando que no es posible conocer simultáneamente la posición y el momento de una partícula con absoluta precisión. Este principio planteó cuestiones fundamentales sobre la estrechez de nuestra percepción y la naturaleza de la propia realidad. Es como si la realidad estuviera oculta tras un velo de probabilidad que sólo el acto de observación puede levantar parcialmente.

La superposición cuántica, introducida por Schrödinger en 1935 con el famoso experimento del gato, sugiere que un sistema cuántico puede existir en múltiples estados simultáneamente hasta que es observado. Esto implica que el observador, o la conciencia, desempeña un papel fundamental en la determinación de la realidad física, con profundas implicaciones para nuestra comprensión del yo y del mundo.

Dentro del campo de la metafísica, la teoría cuántica ofrece un marco conceptual para explorar la naturaleza del yo y su posible inmortalidad. La idea de que la conciencia humana puede vincularse a fenómenos cuánticos abre la vía a la hipótesis de un yo independiente del cuerpo físico.

El fenómeno del entrelazamiento cuántico demuestra que dos partículas pueden permanecer conectadas independientemente de la distancia que las separe. Este principio de interconexión podría sugerir que todas las conciencias forman parte de una realidad mayor e interconectada.

John Wheeler, otro pionero de la física cuántica, propuso el concepto de "*universo participativo*", sugiriendo que el universo existe como una serie de posibilidades que sólo se materializan mediante la participación de los observadores. Escribió:

> *"'Ningún fenómeno es un fenómeno hasta que es un fenómeno observado'.*

Esta visión participativa del universo acerca la ciencia cuántica a las antiguas filosofías metafísicas que ven la conciencia como elemento central de la creación de la realidad.

Stuart Hameroff y Roger Penrose han propuesto la teoría Orch-OR. Esta teoría implica que la información cuántica puede sobrevivir a la muerte física del cuerpo, lo que sugiere la inmortalidad de la conciencia.

En el contexto de la metafísica, esta teoría podría interpretar el "yo" como una entidad que trasciende el tiempo y el espacio, continuando existiendo en una forma diferente tras la muerte física. Hameroff, en diversas entrevistas y publicaciones, ha insistido en la posibilidad de que la conciencia forme parte de una estructura fundamental del universo, proponiendo escenarios fascinantes en los que el yo es eterno e indestructible.

La unión de la mecánica cuántica y la metafísica propone una imagen intrigante en la que la conciencia desempeña un papel fundamental en la creación de la realidad. La percepción humana, a través de los principios cuánticos de indeterminación, superposición y entrelazamiento, se convierte en un elemento central de un universo interconectado y quizá, en última instancia, participativo.

Si la teoría cuántica puede dotar a la ciencia de un lenguaje para investigar las viejas cuestiones de la filosofía, también nos invita a reflexionar sobre la posibilidad de que la conciencia, y en consecuencia el "yo", sea algo más que un mero epifenómeno químico del cerebro. Como dijo David Bohm:

> *"Toda la historia del universo aparece como un proceso indivisible, que incluye la conciencia como un aspecto intrínseco e inseparable".*

La ciencia cuántica, aunque todavía misteriosa y controvertida en muchos aspectos, nos ofrece la oportunidad de explorar nuestra realidad interior a través de lentes nuevas y poderosas, que nos acercan a la comprensión de la naturaleza del ser y su eterno misterio.

Reflejos del yo: la conciencia como espejo del universo cuántico.

En un momento en que las fronteras de la ciencia se entrelazan cada vez más con las cuestiones más profundas de la filosofía, el concepto de "conciencia cuántica" surge como un espejo a través del cual podemos observar no sólo la mente humana, sino el universo entero. El debate sobre la naturaleza del "yo", aunque tan antiguo como la propia filosofía, adquiere una nueva dimensión cuando se examina a la luz de la física cuántica.

El papel del observador en la mecánica cuántica ha trastornado nuestra forma de entender la realidad. "Werner Heisenberg, uno de los padres de la teoría cuántica, nos lo recuerda:

> *"Antes de ser observada, la partícula no existe en un lugar definido, sino en un estado de superposición".*

Estos principios de indeterminación y superposición sugieren que el acto de observar está intrínsecamente ligado a la manifestación de la realidad.

El físico John Wheeler, con su teoría del universo participativo formulada en la década de 1970, propuso que la realidad era maleable y dependía de la observación:

> *"El universo no está sólo ahí fuera, sino que debe verse como la autorrealización de su existencia a través de la participación del observador".*

Según este punto de vista, el yo se convierte en un agente activo en la creación de la realidad, una especie de cómplice cuántico en el universo.

Esta perspectiva abre la puerta a antiguas y nuevas visiones metafísicas. El filósofo Platón creía en una realidad más allá de lo perceptible por los sentidos, una dimensión de ideas y formas perfectas que sobrevivían más allá de la muerte física. En cierto modo, la teoría cuántica moderna resonaba con esta visión, haciéndose eco de la noción de que la conciencia podría ser algo más que un producto del cerebro físico, sino más bien una ventana a una realidad más profunda e interconectada.

Bohm consideraba la mente y la materia como aspectos diferentes de una misma realidad subyacente:

> *"La conciencia es una imagen especular del mundo cuántico, y el mundo cuántico es un reflejo de la conciencia".*

El concepto de conciencia como espejo del universo cuántico no sólo desafía al materialismo reduccionista, sino que ofrece una síntesis esclarecedora de ciencia y espiritualidad. A medida que nos adentramos en el reino de la mecánica cuántica, puede que nos encontremos redefiniendo el "yo" no sólo como una entidad confinada en nuestro cerebro, sino como un participante activo y continuo en el misterio cósmico, un espejo en el que el universo se mira y se entiende a sí mismo.

Más allá del devenir: exploración de la constelación del yo en el universo de las posibilidades cuánticas.

La investigación sobre la naturaleza de la conciencia siempre ha planteado cuestiones fascinantes, desafiando los límites de la filosofía, la psicología y, más recientemente, la física. Uno de los conceptos más intrigantes surgidos de la intersección entre ciencia y metafísica es la conciencia cuántica, una dimensión que sugiere la existencia de un "yo" inmortal, capaz de trascender el tiempo y el espacio. Utilizando la teoría cuántica como clave de interpretación, esta sección explorará la constelación del yo y su evolución más allá del devenir.

En este contexto, la conciencia cuántica sugiere la idea de que nuestro "yo" es más que una mera sucesión de estados mentales; representa una red interconectada de posibilidades y potencialidades. La cita de la escritora y filósofa contemporánea Marilynne Robinson es pertinente:

> *"Nuestra vida no es simplemente su devenir, sino también la celebración de infinitas posibilidades que se realizan con el paso del tiempo".*

Cuando hablamos del "yo" en el contexto de la conciencia cuántica, nos referimos a una subjetividad que no está limitada por el tiempo o el espacio. Carl Jung, el célebre psicoanalista, exploró la idea del inconsciente colectivo, sugiriendo que existe una dimensión de la experiencia humana que va más allá del individuo, abarcando arquetipos y símbolos universales que todos compartimos.

El campo de la meditación y las prácticas contemplativas encuentra una sorprendente afinidad con las ideas de la conciencia cuántica. Jon Kabat-Zinn, famoso por su programa de reducción del estrés basado en la atención plena (MBSR), ha demostrado cómo la meditación puede influir en nuestra percepción del tiempo y del "yo", fomentando un sentimiento de unidad e interconexión. Estas experiencias pueden conducir a una sensación de inmersión en la posibilidad, saliendo de un ciclo de identificación con el "yo" diurno para explorar la dimensión cuántica de la existencia.

La conciencia cuántica implica que el ser humano no es un mero producto de la materia, sino una entidad intrínsecamente interconectada con el universo. Esta visión nos invita a reflexionar sobre tres aspectos fundamentales:

Inmortalidad del ego

Si el yo se ve como una constelación de posibilidades y no como una entidad estática, se abre la puerta a una nueva concepción de la inmortalidad. La visión cuántica sugiere que el yo puede persistir más allá de la muerte física, manifestándose en nuevas formas y estados de existencia. Eugene Wigner, premio Nobel de Física, sostuvo que la conciencia desempeña un papel fundamental en la observación y creación de la realidad, destacando cómo nuestra percepción puede trascender los límites temporales.

Interconexión con el Universo.

La idea de un "yo" cuántico fomenta la conciencia de la interconexión entre todos los seres vivos y el propio universo. Los movimientos espirituales, como las filosofías orientales del budismo y el taoísmo, llevan mucho tiempo explorando esta dinámica, reconociendo la ilusión del ego y la importancia de la conexión. La famosa cita de Alan Watt resume bien este punto de vista:

"No eres una gota en el mar, eres el mar en una gota".

Reflexiones éticas.

Las implicaciones éticas de la conciencia cuántica son inmensas. Si todos estamos interconectados, ¿cómo afectan las acciones de un individuo a todo el tejido de la realidad? Fritjof Capra, en su libro "*El Tao de la Física*", exploró cómo las tradiciones espirituales pueden iluminar la ciencia, haciendo hincapié en la responsabilidad individual a la hora de armonizar las propias acciones con el bienestar colectivo.

Experimentos e investigación actual.

Aunque la conciencia cuántica es en gran medida un campo especulativo, se han realizado importantes experimentos en un intento de comprender su base. Un experimento famoso es el de la doble rendija, que demuestra cómo la mera observación de una partícula puede influir en su comportamiento. Este fenómeno ha suscitado profundas reflexiones sobre la naturaleza del observador y su conexión con la realidad.

La conciencia cuántica, vista a través de la lente de la metafísica, ofrece una perspectiva fascinante sobre la esencia del yo y su papel en el universo. Con su propuesta de un "yo" inmortal e interconectado, nos invita a reflexionar sobre la importancia de nuestra existencia, nuestras acciones y nuestra conexión con el mundo que nos rodea. Mientras la ciencia sigue explorando el misterio de la conciencia, nos espera un viaje más allá del devenir, en busca de una comprensión más profunda de la naturaleza de la realidad y de nuestro lugar en ella.

Este viaje requiere no sólo curiosidad intelectual, sino también una apertura al misterio que envuelve la experiencia humana: una invitación a mirar más allá del devenir y descubrir las infinitas posibilidades que yacen en la constelación de nuestro ser.

La naturaleza de la intencionalidad humana a la luz de la física cuántica.

La cuestión de la conciencia y su naturaleza ha fascinado a filósofos, científicos y pensadores a lo largo de los siglos. En los tiempos modernos, el advenimiento de la física cuántica ha planteado cuestiones sin precedentes sobre la esencia del ser humano y su posible inmortalidad. Uno de los aspectos más intrigantes de este debate es la relación entre conciencia e intencionalidad, analizada a la luz de los principios de la física cuántica.

El término "intencionalidad" fue introducido por el filósofo alemán Franz Brentano en el siglo XIX para referirse a la capacidad de la mente humana de dirigir sus pensamientos hacia un objeto, real o imaginario. Esta característica es lo que distingue a la conciencia de los simples estados fisiológicos. La pregunta que surge es: ¿cómo encaja esta facultad con los descubrimientos de la física cuántica?

En la década de 1970, el físico Eugene Wigner, Premio Nobel en 1963, propuso que la conciencia desempeña un papel crucial en la observación cuántica. En su famoso artículo "*Remarks on the mind-body problem*" (1961), Wigner sostenía que el acto de observar una partícula cuántica conduce a su "definición" en un estado específico, lo que sugiere que la conciencia humana contribuye al acto de medición en el mundo cuántico. Esto implica que la intencionalidad humana podría tener un impacto directo en la realidad física, un concepto que desafía las intuiciones tradicionales.

Para comprender la interacción entre la conciencia y la realidad, es crucial tener en cuenta los principios de la física cuántica. Un experimento clave es el de la "doble rendija", que demuestra el fenómeno de la superposición cuántica. Cuando una partícula, como un electrón, pasa por dos rendijas, se comporta como una onda, asumiendo múltiples estados simultáneamente. Sin embargo, la observación de esta partícula la obliga a "elegir" un estado específico. Esto nos lleva a una cuestión crucial: la observación no es sólo un acto pasivo, sino una interacción activa que influye en el comportamiento de la realidad.

Las teorías del físico David Bohm aportan una importante contribución a este debate al sugerir que el universo puede verse como un todo indivisible e interconectado en el que "*todo está conectado con todo*". Bohm exploró esta idea en su libro "*Wholeness and the Implicate Order*" (1980), formulando una visión metafísica del universo que implica una dimensión interior y subjetiva de la realidad. En este contexto, la intencionalidad humana puede verse como una forma a través de la cual la conciencia interactúa con nuestra comprensión interconectada de la realidad y contribuye a ella.

Conciencia e inmortalidad: La búsqueda del sentido.

Si se acepta que la conciencia desempeña un papel activo en la creación de la realidad, se plantea la cuestión de su inmortalidad. Algunos científicos y filósofos, como el famoso neurofisiólogo Sir John Eccles, han sostenido que la mente y el cerebro funcionan de forma integrada, pero que el "Uno" no puede reducirse al "Otro". Eccles, en colaboración con el premio Nobel Albert Einstein, propuso un modelo que implica una dimensión inmaterial en la manifestación del yo, sugiriendo que la conciencia no está confinada al cerebro, sino que emerge de una compleja interacción con el mundo cuántico.

Esta idea encuentra eco en la teoría de los "*universos paralelos*" defendida por el físico Hugh Everett III en 1957 con su interpretación de la mecánica cuántica basada en "*muchos mundos*". Según esta interpretación, cada elección realizada por la intencionalidad humana podría dar lugar a un universo paralelo, lo que sugiere que cada decisión podría multiplicar nuestra existencia en infinitas esferas de realidad. Esto plantea cuestiones tan fascinantes como inquietantes sobre la naturaleza del yo y su posible inmortalidad.

Al analizar la conciencia a través del prisma de la física cuántica, las fronteras entre ciencia y espiritualidad se difuminan cada vez más. La idea de una entidad inmortal que trasciende la mera fisicalidad encuentra resonancia en muchas tradiciones espirituales, que postulan que el yo no está limitado por el cuerpo material. El filósofo indio Jiddu Krishnamurti, por ejemplo, subrayó la importancia de la intencionalidad para entender la existencia. En su libro *La primera y última libertad* (1954), Krishnamurti subraya que la verdadera libertad se alcanza mediante el reconocimiento del yo como entidad ilimitada.

La fusión de ciencia y espiritualidad en la cuestión de la inmortalidad de la conciencia presenta retos y oportunidades para una nueva comprensión de la realidad. Mientras la física cuántica sigue evolucionando y ampliando nuestra visión del mundo, es crucial no perder de vista el elemento subjetivo e intencional de la experiencia humana.

En conjunto, la exploración de la intencionalidad humana a la luz de la física cuántica conduce a nuevas reflexiones sobre las cuestiones fundamentales de la existencia, la conciencia y la posibilidad de una entidad inmortal. Hoy, más que nunca, es evidente que la conciencia no puede relegarse a una mera función biológica, sino que representa un fenómeno complejo poderosamente interconectado con el tejido de la propia realidad.

En esta búsqueda de sentido, la física cuántica no sólo ofrece nuevas oportunidades para explorar la naturaleza del yo, sino que también invita a reflexiones más profundas sobre nuestra posición en el universo. Y así, al adentrarnos en el misterioso reino de la conciencia, nos enfrentamos a una pregunta fundamental: ¿es la intencionalidad humana una puerta a la inmortalidad?

La experiencia subjetiva como punto de unión entre la física cuántica y la filosofía.

La conciencia humana, con todas sus complejidades y matices, sigue siendo una de las cuestiones más enigmáticas tanto de la ciencia como de la filosofía. En las últimas décadas, la aparición de la física cuántica ha abierto nuevas vías de exploración, sugiriendo que nuestra comprensión de la realidad puede estar íntimamente ligada a nuestras experiencias subjetivas. En esta sección exploraremos cómo la experiencia subjetiva puede actuar como punto de unión entre la física cuántica y la filosofía, conduciendo a una visión metafísica de la conciencia y el yo.

La experiencia subjetiva es la forma en que percibimos e interpretamos el mundo, desde nuestro punto de vista único y personal. En filosofía, este concepto ha sido analizado en profundidad por pensadores como Edmund Husserl, fundador de la fenomenología, y más recientemente por Daniel Dennett y David Chalmers. Sus teorías subrayan que la conciencia y la experiencia personal son fundamentales para comprender la esencia del yo y de la propia realidad.

La física cuántica, en cambio, ofrece una comprensión radicalmente distinta de la realidad física. Mediante experimentos como el de las dos rendijas, los físicos han demostrado que el comportamiento de las partículas subatómicas cambia dependiendo de si se observan o no. Este fenómeno, conocido como "colapso de la función de onda", implica que el acto de observación -tan íntimamente ligado a la conciencia- desempeña un papel crucial en la definición de la realidad.

Volviendo al experimento de la doble rendija, el comportamiento de las partículas sugiere que existen en un estado de superposición hasta que son medidas. Esta evidencia ha dado lugar a preguntas fundamentales: ¿qué papel desempeña el observador? ¿Y qué impacto tiene la conciencia en la experiencia de la observación? Físicos cuánticos como Eugene Wigner y Wolfgang Pauli exploraron la idea de que la conciencia es necesaria para "fijar" un estado cuántico. Wigner afirmó

"Es el acto de conciencia el que, en última instancia, define la realidad".

Esto sugiere que la intencionalidad humana, es decir, la capacidad de dirigir nuestra atención y percepción, puede influir en el mundo a un nivel fundamental.

Las implicaciones de esta conexión entre intencionalidad y física cuántica se extienden a la metafísica. Algunos estudiosos, como el físico David Bohm, han sugerido que la separación entre sujeto y objeto es ilusoria, y que todo lo que percibimos fuera de nosotros está de algún modo interconectado con nuestra interioridad. Bohm desarrolló esta filosofía en su libro "*Wholeness and the Implicate Order*" (1980), donde proponía una visión holística del universo en la que la conciencia desempeña un papel fundamental en la manifestación de la realidad.

La conciencia, desde un punto de vista fenomenológico, no es un simple producto de la fisiología, sino una experiencia compleja que integra percepción, emoción e intuición. Según el filósofo estadounidense Thomas Nagel,

"La experiencia subjetiva es lo que hace que merezca la pena vivir".

Este ropaje enciclopédico e inherentemente personal de la experiencia humana impregna no sólo la filosofía sino también la ciencia, sugiriendo que la conciencia es una entidad autónoma que se manifiesta a través de nuestra subjetividad.

Reflexionando sobre ello, podemos considerar cómo las prácticas meditativas o las experiencias trascendentes pueden alterar nuestra percepción de la realidad. En 1970, el neurofisiólogo Richard Davidson, utilizando escáneres cerebrales, demostró cómo la meditación puede generar estados de conciencia que van más allá del funcionamiento normal del cerebro, alterando nuestra experiencia subjetiva y sugiriendo una profunda conexión entre lo que percibimos y la estructura cuántica del universo.

Al contemplar la experiencia subjetiva a través del prisma de la física cuántica, podemos empezar a vislumbrar la posibilidad de una conciencia inmortal. La teoría cuántica ofrece un contexto en el que la conciencia ya no se ve como una mera actividad del cerebro, sino como un fenómeno que trasciende lo físico. El neurocientífico y filósofo Giulio Tononi, con su "*Teoría de la Integración de la Información*", ha sugerido que la conciencia podría ser de naturaleza informativa más que fisiológica, lo que lleva a plantearse cuestiones radicales sobre qué es la vida y qué significa existir

Aunque la ciencia moderna aún no ha aportado pruebas concluyentes de la inmortalidad de la conciencia, la fusión de la física cuántica y la experiencia subjetiva invita a una reflexión más amplia. Muchas tradiciones espirituales, desde las orientales, como el budismo y el hinduismo, hasta las filosofías occidentales, han descrito un yo que trasciende la vida física, reconociendo que la experiencia subjetiva puede ser una ventana a realidades más profundas, una posibilidad que la ciencia cuántica podría, hasta cierto punto, corroborar.

La conjunción de la física cuántica y la filosofía a través de la experiencia subjetiva no sólo amplía nuestro horizonte cognitivo, sino que invita a una profunda reflexión sobre la naturaleza de la conciencia. Nuestra experiencia, con sus emociones y percepciones únicas, parece desempeñar un papel central en la definición de lo que consideramos real. En una escala más amplia, esto sugiere que la conciencia puede no ser sólo un producto de fenómenos cerebrales, sino más bien un aspecto fundamental e interconectado del propio universo.

Así, mientras ahondamos en el misterio del ser y la existencia, la física cuántica nos ofrece herramientas y perspectivas a través de las cuales explorar el significado más profundo de la intencionalidad humana y la inmortalidad potencial de la conciencia. La maravilla y el aroma del misterio siguen siendo inestimables y, en nuestra búsqueda de la verdad, puede que descubramos que el poder de nuestra experiencia subjetiva no es sólo una representación del mundo, sino parte de un diseño cósmico mayor, más poderoso y, en última instancia, eterno.

El universo como creación colectiva de la conciencia.

En la era contemporánea, la combinación de filosofía y física cuántica ha dado lugar a una serie de hipótesis revolucionarias que desafían nuestra comprensión tradicional de la realidad. Un tema de creciente interés es el de la conciencia cuántica como entidad inmortal y el universo como creación colectiva de la conciencia.

La idea de que el universo puede ser de algún modo una creación colectiva de la conciencia humana tiene sus raíces en la metafísica. Este punto de vista implica que la conciencia no es un mero epifenómeno del cerebro, sino un elemento fundamental y activo en la formación de la realidad. Una de las primeras voces en proponer una realidad interactiva entre la conciencia y el universo es la de John Archibald Wheeler, físico teórico estadounidense, que acuñó el término "*universo participativo*". Wheeler sugirió que el observador no es un mero espectador pasivo, sino que desempeña un papel clave en la creación de la propia realidad. En palabras de Wheeler

> *Sin el acto de medición, el estado de una partícula cuántica no puede establecerse definitivamente".*

Corroborando esta teoría, el experimento de la doble rendija ya demostró cómo las partículas de luz (fotones) podían comportarse como ondas o como partículas, dependiendo de si había un observador. La presencia del observador cambia el resultado del experimento, lo que sugiere que la conciencia humana puede desempeñar un papel activo en la determinación de los sucesos cuánticos.

La idea de que la conciencia puede ser cuánticamente inmortal y capaz de influir en la realidad forma parte de una tradición filosófica que arranca con Platón y llega hasta nuestros días, pasando por las obras de Descartes, Kant y Schopenhauer*. Sin embargo, es el vínculo con la física cuántica lo que hace especialmente intrigante esta teoría.

El neurofisiólogo Sir John Eccles y el físico-filósofo Karl Popper plantearon la hipótesis de que la mente consciente puede influir en la materia a través de fenómenos cuánticos. Eccles propuso que la mente actúa sobre el cerebro a través de "*eventos sinápticos*", que implican procesos cuánticos a nivel neuronal. Esto sugiere que los procesos mentales pueden ser capaces de superar las limitaciones físicas, allanando el camino para una forma de inmortalidad cuántica.

Penrose y Hameroff sugieren que las elecciones y decisiones de la mente consciente no están determinadas por procesos computacionales rigurosos, sino por colapsos de la función de onda cuántica que se producen en los microtúbulos. Esto implica que la conciencia puede tener una naturaleza cuántica fundamental y no ser simplemente un producto emergente de la complejidad neuronal.

Desde un punto de vista metafísico, estas teorías sugieren que el universo no sólo está influido por nuestra conciencia, sino que la propia realidad podría ser una proyección colectiva de conciencias interconectadas. Ervin Laszlo, filósofo y teórico de sistemas, habla del "campo *akáshico*", un campo cósmico de información que podría representar la memoria colectiva del universo. Según Laszlo, la conciencia individual es capaz de conectarse e influir en este campo, contribuyendo a la cocreación de la realidad.

Paralelamente, David Bohm, físico teórico, en su enfoque holístico del universo introduce la idea de un "*orden implícito*", en el que todo se encuentra en un estado de profunda interconexión. Bohm postula que la realidad visible (orden explícito) surge de la interacción de la conciencia con este nivel más profundo y oculto de la realidad.

En la visión metafísica del universo como creación colectiva de la conciencia, surgen nuevas perspectivas sobre antiguas preguntas: ¿Quiénes somos? ¿Cuál es la naturaleza de la realidad? La conciencia cuántica como entidad inmortal nos invita a repensar nuestra existencia en términos de interconexión y cocreación, e implica una narrativa en la que la mente humana y el universo no están separados, sino que son partes de un gran tejido interactivo que pinta la realidad en cada momento.

A medida que las leyes cuánticas siguen ejecutando su danza de incertidumbre y posibilidad, el papel de la conciencia parece ser cada vez más central en esta obra cósmica. Como nos enseñó Wheeler, somos participantes activos en este universo y, con cada acto de observación e intención, contribuimos a la gran sinfonía de la realidad.

Más allá de la onda y la partícula. La dualidad de la conciencia en el universo cuántico.

El mundo de la física cuántica siempre ha fascinado por su capacidad para desafiar nuestras ideas más establecidas sobre la realidad. Uno de los conceptos más enigmáticos es el de la dualidad onda-partícula, que ha suscitado interrogantes sobre la naturaleza de la materia y la energía y, en tiempos más recientes, ha extendido sus interrogantes al propio campo de la conciencia. Esta sección explora la visión metafísica de la conciencia cuántica como entidad inmortal, examinando su naturaleza dual en el universo cuántico.

El fenómeno de la dualidad onda-partícula fue uno de los pilares de la mecánica cuántica, introducido por los experimentos fundamentales de Thomas Young con su experimento de la doble rendija en 1801 y formalizado posteriormente en el contexto de la física cuántica por pioneros como Niels Bohr y Werner Heisenberg en las primeras décadas del siglo XX.

En el famoso experimento de la doble rendija, los fotones, o partículas de luz, cuando no son observados, viajan a través de dos rendijas e interfieren como ondas, creando un patrón de interferencia característico en la pantalla de detección. Sin embargo, cuando se introduce un dispositivo de medición para observar por qué rendija pasa el fotón, éste se comporta como una partícula, eliminando el patrón de interferencia. Este comportamiento sugiere que la naturaleza del fotón cambia en función del acto de observación.

Niels Bohr, con su principio de complementariedad, declaró que las propiedades ondulatorias y corpusculares de los cuantos son aspectos complementarios de una realidad mayor, que no puede comprenderse plenamente mediante la lógica clásica. Pero, ¿qué ocurre si aplicamos este principio a la propia conciencia?

Si consideramos la conciencia como un fenómeno que podría tener una naturaleza cuántica, nos enfrentamos a una dualidad similar. Roger Penrose y Stuart Hameroff, con su teoría Orch-OR, plantearon la hipótesis de que los procesos cuánticos en los microtúbulos de las neuronas podrían constituir la base física de la autoconciencia. Según Hameroff:

> *"La conciencia no es una propiedad emergente del cerebro, sino una propiedad fundamental de la naturaleza".*

En esta perspectiva, la conciencia podría existir en un estado de dualidad, similar a la luz y los electrones, capaz de manifestarse en forma de experiencia subjetiva cuando se observa (onda) o como procesos físicos medibles en el cerebro (partícula). Esta idea abre una posibilidad fascinante: la conciencia podría existir más allá de nuestra comprensión temporal y espacial, operando en un nivel cuántico que trasciende la muerte física.

En el contexto de la dualidad de la conciencia, surgen diversos estudios e hipótesis que cuestionan el paradigma actual. El físico David Bohm, con el concepto de "*orden implícito y explícito*", sugirió que la realidad visible es una manifestación de un orden más profundo y oculto, con todos sus elementos íntimamente conectados. Bohm veía el universo como un gran holograma, donde cada parte contiene la información del todo, un interesante paralelismo en lo que respecta al funcionamiento de la conciencia.

Otra aportación notable fue la del neurólogo Karl Pribram, que propuso la teoría del cerebro holográfico. Pribram planteó la hipótesis de que los procesos cerebrales no estaban localizados en puntos concretos del cerebro, sino distribuidos como en un holograma. Esta distribución podría reflejar la naturaleza cuántica y no local de la conciencia, que vincula luz y materia a través de un complejo espacio de información.

En el ámbito filosófico, Erwin Schrödinger exploró la idea de una conciencia unitaria. En su ensayo "*Mente y materia*" (1958), Schrödinger comenta la naturaleza indivisible de la conciencia, introduciendo nuevas dimensiones de debate sobre el papel del observador en el universo cuántico:

> *"La pluralidad es sólo en apariencia. En realidad, sólo hay una mente".*

Los experimentos contemporáneos en neurociencia cuántica tratan de establecer un puente entre la teoría y la realidad tangible. El estudio de Anton Zeilinger sobre sistemas cuánticos entrelazados demostró cómo partículas separadas por enormes distancias pueden reflejar instantáneamente las acciones de otras partículas, sugiriendo que la no localidad podría desempeñar un papel en la transmisión de información cerebral cuántica.

Un informe de 2017 publicado en la revista Nature informaba de que un equipo de científicos de *la Universidad de California en Santa Bárbara*, bajo la dirección del físico Matthew Fisher, está explorando los procesos cerebrales. El objetivo de la investigación sería explicar los procesos cerebrales a través de mecanismos cuánticos como el "espín nuclear" de los fosfatos en el ADN. Fisher afirma que::

> *"Si los núcleos de espín de nuestros átomos de fósforo están realmente entrelazados, habríamos identificado un mecanismo cuántico a nivel de la química de nuestro cerebro".*

La visión metafísica de la dualidad de la conciencia en el universo cuántico nos lleva a reflexionar sobre cuestiones fundamentales relativas a nuestra propia existencia y a la naturaleza de la realidad. Si la conciencia posee una dualidad similar a la de las partículas cuánticas, entonces cada acto de percepción no es sólo un acontecimiento aislado, sino una danza conectada y armoniosa entre el observador y el universo, entre la materia y la experiencia.

Esta visión podría revolucionar nuestra comprensión de la muerte, la supervivencia de la conciencia y el potencial humano. Pierre Teilhard de Chardin, filósofo y paleontólogo, habló de la "*Noosfera*", una capa de pensamiento colectivo que interconecta todas las conciencias. En su opinión, la evolución no es sólo un hecho biológico, sino un fenómeno espiritual, que conduce hacia una unificación total de la conciencia humana.

La idea de un "yo cuántico", dual e inmortal, abre escenarios en los que la espiritualidad y la ciencia ya no son campos separados, sino que convergen en una exploración común de las posibilidades de la mente y el universo.

La "Noosfera" de Pierre Teilhard de Chardin. Unión de ciencia y espiritualidad.

Pierre Teilhard de Chardin, eminente filósofo y paleontólogo francés del siglo XX, dejó una huella indeleble en el panorama cultural y científico con su teoría de la "Noosfera". Esta conceptualización representa una capa de pensamiento y conciencia colectivos, una entidad metafórica que conecta y unifica las mentes humanas en una evolución espiritual continua. Según Teilhard, la evolución no es simplemente un proceso biológico delineado por la selección natural, sino una progresión teleológica que impulsa a la humanidad hacia niveles superiores de conciencia y unidad.

La noosfera, término acuñado por Teilhard junto con el matemático Édouard Le Roy, se considera la tercera etapa en el desarrollo de la Tierra, tras la geosfera (materia inanimada) y la biosfera (vida biológica). Representa una especie de "*mente global*", una inteligencia común que surge de la interconexión de las conciencias individuales. Teilhard de Chardin imaginó que la noosfera estaba destinada a evolucionar hacia un punto de convergencia llamado "*Punto Omega*", una unidad final de la conciencia universal y una realización completa del espíritu humano.

En el contexto de la ciencia moderna, esta idea encuentra resonancia en ciertas especulaciones avanzadas por la física cuántica, donde la mente y la conciencia se examinan bajo una nueva luz. Estudiosos contemporáneos han interpretado la noosfera de Teilhard como una anticipación de las teorías sobre la mente cuántica y el papel de la información cuántica en la conciencia.

La teoría de la conciencia cuántica es un campo aún incipiente que intenta explicar el fenómeno de la mente y la conciencia utilizando los principios de la mecánica cuántica. Entre sus defensores más conocidos se encuentra Roger Penrose, físico y matemático británico que, junto con el neurocirujano Stuart Hameroff, desarrolló la teoría Orch-OR.

Este punto de vista sugiere que la conciencia tiene una dimensión cuántica fundamental, un aspecto del yo que trasciende la pura biología neuronal. Por consiguiente, la noosfera propuesta por Teilhard podría interpretarse como una red cuántica de conciencias interconectadas, donde la información y la conciencia se propagan a través de canales de correlaciones cuánticas.

La idea de una conciencia inmortal tiene sus raíces en muchas tradiciones filosóficas y religiosas, pero con la llegada de la teoría cuántica adquiere un nuevo cariz científico. La física cuántica, con sus conceptos de no localidad y entrelazamiento, ofrece la posibilidad de que la información cuántica no esté constreñida por las limitaciones del espacio-tiempo clásico.

Puede que Teilhard de Chardin no imaginara los detalles de la teoría cuántica, pero su intuición de una conciencia universal que trasciende la temporalidad y la fisicalidad encuentra un eco sorprendente en las propuestas modernas sobre la mente cuántica. La noosfera, desde este punto de vista, se convierte en una ambiciosa metáfora de un sistema de información interconectada, donde el yo personal y colectivo puede potencialmente perdurar más allá del ciclo vital físico.

La Noosfera de Teilhard de Chardin nos invita a considerar la evolución no sólo como un hecho biológico, sino como un fenómeno teleológico y espiritual. Sienta las bases de un diálogo entre filosofía, espiritualidad y ciencia moderna. La física cuántica, con sus implicaciones radicales para la naturaleza de la información y la conciencia, no sólo amplía el horizonte de nuestro conocimiento científico, sino que también resuena con las ideas metafísicas de Teilhard.

El futuro de esta exploración conjunta está aún por escribir, pero una cosa está clara: la noosfera sigue siendo una poderosa imagen de nuestra aspiración colectiva hacia una unidad de la conciencia y el ser. Tanto si esta unificación se realiza a través de las vías abiertas por la mecánica cuántica como por otros descubrimientos emergentes, el pensamiento de Teilhard sigue siendo un faro que ilumina nuestra búsqueda de sentido y comprensión en la complejidad del universo.

Capítulo 14. La evolución de la metafísica y el desafío del pasaje.

"Toda investigación humana exhaustiva conduce inevitablemente a problemas y misterios metafísicos que el intelecto no puede resolver".
(Immanuel Kant).

Los fundamentos de la metafísica. Una definición.

La metafísica es una disciplina milenaria, enraizada en el corazón de la filosofía, que explora los conceptos fundamentales de la existencia y la realidad. La propia palabra deriva del griego "medio" (más allá) y "physiká" (lo que pertenece a la naturaleza), lo que sugiere una mirada que va más allá del mundo físico para investigar lo que está "más allá" de la materia y lo sensible.

Los orígenes de la metafísica como disciplina autónoma se remontan a Aristóteles (384-322 a.C.), el filósofo griego que utilizó por primera vez el término de forma sistemática. En su obra "*Metafísica*", Aristóteles investiga los primeros principios y las causas fundamentales del ser. Introduce el concepto de "sustancia" (*ousia*), la esencia de lo que existe independientemente de sus propiedades accidentales. Para Aristóteles, la sustancia es lo que permanece idéntico a través del cambio, el núcleo fundamental de la realidad.

Aunque a menudo se considera a Aristóteles el padre de la metafísica, no podemos olvidar a su maestro, Platón (427-347 a.C.). Platón introdujo la idea de un mundo de Ideas o Formas, entidades inmateriales y perfectas de las que el mundo sensible es sólo una copia imperfecta. Este dualismo platónico entre el mundo aparente y el mundo real influyó profundamente en la tradición metafísica posterior.

Con René Descartes (1596-1650), la metafísica adquiere un nuevo rostro. Descartes, en sus famosas "*Meditaciones metafísicas*", busca un fundamento indubitable para todo conocimiento. Llega a la famosa conclusión "*Cogito, ergo sum*" (pienso, luego existo), identificando la mente como la esencia de la existencia humana, por oposición a la realidad externa que percibimos con nuestros sentidos, a menudo engañosos.

La metafísica de Gottfried Wilhelm Leibniz (1646-1716) introduce el concepto de "*mónadas"*, entidades simples e indivisibles que constituyen la realidad. Leibniz también propuso la idea de mundos posibles, una serie infinita de universos alternativos, cada uno de los cuales podría existir, pero sólo uno -el nuestro- es elegido por Dios como el "*mejor de todos los mundos posibles*".

Georg Wilhelm Friedrich Hegel (1770-1831) extiende la metafísica al campo del espíritu. Hegel concibe la historia como un proceso dialéctico, en el que la realidad se desarrolla a través de una serie de contradicciones y superaciones (*Aufhebung*), culminando en la realización del *Absoluto*. Para Hegel, lo real es racional, y la racionalidad es inmanente a la historia.

En los siglos XIX y XX, la metafísica se enfrentó a nuevos retos. El positivismo lógico y el neopositivismo, representados por figuras como Auguste Comte y los miembros del Círculo de Viena, rechazaron las especulaciones metafísicas en favor de un análisis científico y lingüístico de la realidad. Sin embargo, pensadores como Martin Heidegger y Ludwig Wittgenstein siguen explorando las cuestiones fundamentales del ser y el conocimiento, aunque con nuevas herramientas y perspectivas.

La metafísica, con su larga tradición de preguntas y respuestas, nos invita a reflexionar sobre qué significa existir y cuáles son los principios últimos de la realidad.

Desde los tiempos de Aristóteles y Platón hasta los debates contemporáneos, esta disciplina ha tratado de desentrañar los misterios más profundos del universo, siendo una fuente inagotable de asombro y especulación.

La fine vitae como enigma universal.

La muerte siempre ha sido un gran enigma para la humanidad, pero en la era moderna, la ciencia puede estar acercándose por fin a descifrar este antiguo misterio. La intersección de la física cuántica y los estudios sobre la conciencia ofrece perspectivas sorprendentes y provocadoras sobre las últimas cuestiones existenciales.

Eugene Wigner, uno de los padres de la mecánica cuántica, sugirió que la conciencia podría ser un factor determinante en el colapso de la función de onda, un proceso fundamental de la física cuántica. Esta teoría implica que nuestra mente no es simplemente un producto del cerebro, sino que puede influir directamente en la realidad física. Wigner abrió la puerta a una nueva forma de pensar sobre la conciencia, sugiriendo que ésta puede trascender el cuerpo físico y sobrevivir así a la muerte.

Roger Penrose y Stuart Hameroff desarrollaron esta teoría con el modelo Orch-OR (*Reducción Objetiva Orquestada*). Según Penrose y Hameroff, la conciencia surge de procesos cuánticos en los microtúbulos de las neuronas cerebrales. Esta idea revolucionaria propone que los procesos cuánticos no se limitan a las partículas subatómicas, sino que también pueden operar a nivel biológico. Si la conciencia tiene sus raíces en fenómenos cuánticos, podría seguir existiendo incluso después de la muerte del cuerpo físico, operando en un plano de la realidad que aún se desconoce en gran medida.

La idea de que la conciencia puede sobrevivir a la muerte también encuentra apoyo en los trabajos de Pim van Lommel, cardiólogo holandés que ha realizado amplios estudios sobre experiencias cercanas a la muerte (ECM). Las experiencias relatadas por sus pacientes -encuentros con entidades, visiones de túneles de luz y la sensación de estar separados del cuerpo- sugieren que la conciencia puede funcionar independientemente del cerebro. Van Lommel ha documentado numerosos casos de ECM y sus relatos aportan pruebas empáticas de que la conciencia puede seguir existiendo en una dimensión no local del espacio-tiempo.

También confirma estos supuestos la noción de "*conciencia cuatridimensional*". Esta teoría propone que la conciencia puede existir en un reino más allá de las tres dimensiones espaciales conocidas, incorporando potencialmente el tiempo y una dimensión cuántica como parte de su verdadera naturaleza. Esto podría explicar por qué las ECM incluyen percepciones de tiempo dilatado o ausente, y el acceso a conocimientos más allá de la capacidad normal del cerebro humano.

Un ejemplo esclarecedor de cómo estos conceptos pueden tomar forma en nuestra comprensión es el famoso experimento de John Wheeler *sobre el "retraso de la elección*", que demuestra que las elecciones realizadas hoy pueden influir en acontecimientos pasados a escala cuántica. Si nuestra conciencia puede desempeñar un papel en esas transacciones cuánticas, es posible que estemos literalmente conectados de formas que van más allá de nuestra comprensión tradicional del tiempo y el espacio.

La muerte, por tanto, ya no aparece como el fin último, sino como una transición o transposición de la conciencia a una nueva forma o dimensión. La visión de nuestra existencia como confinada puramente a la dimensión física está dando paso lentamente a una comprensión más integrada, multidimensional y, quizás, inmortal.

Ante estos descubrimientos, está claro que vivimos una época en la que la metafísica y la física cuántica se unen para abordar el reto del fin de la vida. Aunque la muerte sigue siendo un enigma, resulta que no es el fin oculto tras el velo del tiempo, sino una nueva frontera de exploración para la ciencia y la filosofía. Y gracias a los esfuerzos de pioneros como Wigner, Penrose, Hameroff y van Lommel, estamos iluminando lentamente la oscuridad de la continuación de la conciencia, abriendo nuevas y fascinantes perspectivas sobre el destino y la esencia del ser humano.

La comprensión de la conciencia humana ha desafiado a filósofos, científicos y pensadores a lo largo de los siglos. En los últimos tiempos, ha surgido una perspectiva revolucionaria a partir de las conexiones entre la conciencia y la mecánica cuántica, una rama de la física que estudia los fenómenos a escala subatómica. Este enfoque, conocido como metafísica cuántica, propone ideas fascinantes y potencialmente transformadoras sobre la naturaleza de la conciencia y su posible inmortalidad.

La evolución de nuestra comprensión de la conciencia a través de la lente de la metafísica cuántica representa un profundo desafío a los paradigmas científicos y filosóficos tradicionales. La idea de que la conciencia pueda ser inmortal y operar a nivel cuántico no sólo abre nuevas vías a la investigación científica, sino que también plantea cuestiones éticas y existenciales cruciales.

En conclusión, aunque la investigación de la conciencia cuántica está aún en pañales, las implicaciones de estas teorías son inmensas. La intersección de la física cuántica y la conciencia nos obliga a reconsiderar no sólo la naturaleza de la realidad, sino también el sentido último de la existencia humana. El reto del final de la vida, visto desde esta perspectiva, se convierte en un viaje de descubrimiento continuo, que promete una comprensión más profunda de nuestro lugar en el universo.

Capítulo 15. Estudios más avanzados sobre la conciencia cuántica.

"A través de la conciencia cuántica, el universo se observa y toma forma".
(Fred Alan Wolf).

En un mundo en el que la ciencia y la espiritualidad se interrelacionan cada vez más, la idea de que la conciencia pueda tener una naturaleza cuántica está ganando terreno. Este capítulo pretende explorar los estudios más avanzados sobre la posibilidad de que la conciencia no sólo sea un fenómeno cuántico, sino también una entidad inmortal. A través de las aportaciones y teorías de distinguidos estudiosos como Eugene Wigner, Roger Penrose, Stuart Hameroff y muchos otros sobre la existencia de una conciencia inmortal, nos sumergiremos en las teorías que sustentan esta fascinante hipótesis.

Pim van Lommel y las experiencias cercanas a la muerte.

El cardiólogo holandés Pim van Lommel ha realizado uno de los estudios más exhaustivos sobre las experiencias cercanas a la muerte (ECM). Sus investigaciones indican que muchas personas relatan experiencias vívidas y constantes de consciencia durante periodos en los que las funciones cerebrales deberían haber cesado por completo. Van Lommel sugiere que estas experiencias podrían demostrar que la conciencia es una entidad independiente del cerebro físico, que existe en una forma no local del espacio-tiempo. Este punto de vista abre la puerta a la posibilidad de que la conciencia exista después de la muerte física, en una dimensión no sujeta a las limitaciones corporales. Sus experiencias se describen en el capítulo dedicado a las ECM.

Van Lommel ha dedicado gran parte de su carrera a estudiar fenómenos que parecen sugerir la existencia de una conciencia capaz de trascender los límites físicos del cuerpo humano.

Una de las piedras angulares de la investigación de Van Lommel es la documentación de numerosos casos de ECM, en los que los individuos relatan experiencias intensas y constantes de conciencia durante periodos en los que se supone que la actividad cerebral está ausente. Por ejemplo, en sus estudios, publicados en 2001 en *The *Lancet**, Van Lommel presenta casos de pacientes que han experimentado experiencias extracorpóreas, percepciones de luz, visiones de familiares fallecidos y una profunda sensación de paz, todo ello durante momentos de parada cardiaca y ondas cerebrales planas.

Estos relatos revelan que, incluso en ausencia de actividad cerebral mensurable, la conciencia sigue existiendo y operando, lo que sugiere que puede no estar totalmente ligada a la actividad neuronal. Esto llevó a Van Lommel a plantear la hipótesis de la existencia de la conciencia no local, un concepto que también encuentra terreno fértil en los supuestos de la física cuántica.

La idea de la conciencia como fenómeno no local está en sintonía con algunas de las teorías más avanzadas de la física cuántica. Estudiosos como Roger Penrose y Stuart Hameroff han propuesto la teoría *de la reducción objetiva orquestada* (Orch-OR), que sostiene que el fenómeno de la conciencia podría ser el resultado de procesos cuánticos en los microtúbulos del interior de las neuronas cerebrales. Esto implica que la conciencia no está limitada por el tiempo y el espacio, por lo que puede existir independientemente del cuerpo físico.

Van Lommel, aunque no está directamente alineado con Orch-OR, utiliza este marco para sugerir que la conciencia, en una forma no local de espacio-tiempo, puede sobrevivir a la muerte del cuerpo físico. Esta teoría ofrece una explicación científica coherente a las numerosas experiencias relatadas por sus pacientes y recogidas en la literatura sobre las ECM, pintando un cuadro en el que la conciencia podría tener una especie de "inmortalidad cuántica".

La colección de testimonios de Van Lommel es extensa y detallada. Describe el caso de un hombre que, tras un ataque al corazón y un largo periodo de reanimación, informó de detalles precisos de lo que estaba ocurriendo durante su inconsciencia, detalles que no podría haber conocido si su consciencia hubiera estado completamente "desconectada". Este tipo de experiencias han sido corroboradas en estudios posteriores y por otros investigadores, como Kenneth Ring y Bruce Greyson, que han encontrado hallazgos similares en sus trabajos sobre fenómenos de ECM.

Si aceptamos la posibilidad de que la conciencia pueda existir independientemente del cuerpo físico y el cerebro, se abren enormes interrogantes filosóficos y científicos sobre la naturaleza de la existencia, la muerte y la continuidad de la conciencia. La visión de Van Lommel nos invita a ver la muerte no como un final definitivo, sino como una transición hacia una nueva forma de existencia.

En resumen, la avanzada investigación de Pim van Lommel sobre las experiencias cercanas a la muerte desafía la percepción tradicional de la conciencia como un producto exclusivamente biológico. Sus estudios proponen una visión en la que la conciencia puede ser un fenómeno no local, capaz de persistir más allá del cese de las funciones corporales, ofreciendo una perspectiva radicalmente nueva y potencialmente más completa sobre la naturaleza de la vida y la muerte.

La teoría de Eugene Wigner: La conciencia colapsa la función de onda.

Eugene Wigner fue un físico y Premio Nobel nacido el 17 de noviembre de 1902 en Budapest (Hungría) y fallecido el 1 de enero de 1995 en Princeton (EE.UU.). Estudió ingeniería química en la *Tecchisce Hochschule de Berlín* y más tarde se dedicó a la física teórica. En 1963 recibió el Premio Nobel de Física por sus contribuciones a la teoría del núcleo atómico y las partículas elementales, en particular por su descubrimiento y aplicación de los principios fundamentales de simetría. En la década de 1960, Wigner formuló la teoría de que la conciencia humana desempeña un papel crucial en el colapso de la función de onda en la mecánica cuántica, sugiriendo que la conciencia no es un mero observador pasivo, sino un participante activo en la formación de la realidad física.

Eugene Wigner, propuso en la década de 1960 la audaz idea de que la conciencia humana desempeña un papel fundamental en el colapso de la función de onda cuántica. En otras palabras, según Wigner, la mente no es un mero observador pasivo del universo, sino una entidad capaz de influir directamente en la realidad física. Este principio sugiere que la conciencia podría existir como una entidad separada del espacio-tiempo clásico, lo que la haría potencialmente inmortal. La capacidad de la mente para influir en el mundo cuántico podría significar que los aspectos fundamentales de la conciencia no están confinados al ámbito de la materia física.

En los fascinantes misterios de la física cuántica, el concepto de realidad se fragmenta en una serie de posibilidades hasta que un observador consciente interviene para "colapsar" estas posibilidades en un único acontecimiento definitivo. Este modelo, antaño relegado a discusiones filosóficas y especulativas, encontró un defensor excepcional a mediados del siglo XX: Eugene Wigner, Premio Nobel de Física, que propuso una teoría que sacudió los cimientos de nuestra comprensión del cosmos.

En la década de 1960, Eugene Wigner desafió la visión mecanicista del universo con una propuesta decididamente revolucionaria: la mente humana no es un simple observador pasivo, sino un participante activo en la realidad física. Según Wigner, es la conciencia la que provoca el colapso de la función de onda cuántica, un proceso fundamental de la física cuántica que transforma el "mar de posibilidades" de la función de onda en una realidad concreta específica.

Esta idea radical se basa en la interpretación ortodoxa de la mecánica cuántica, según la cual las partículas subatómicas, como los electrones, no tienen posiciones definidas hasta que son observadas. El famoso experimento de la doble rendija muestra cómo un fotón puede atravesar dos rendijas simultáneamente como una onda, pero en el momento en que es observado se comporta como una partícula. Wigner llevó este experimento mental un paso más allá. Propuso que el destino del gato lo decidía la conciencia del observador humano en el momento de la observación.

Los trabajos de Wigner abrieron un debate académico que abarcaba no sólo la física, sino también la filosofía y la teología. Si la conciencia puede influir directamente en la realidad física, podría considerarse una fuerza fundamental del universo, independiente de la materia física y el espacio-tiempo. Este punto de vista implica que la mente, y por tanto la conciencia, podría existir fuera de las limitaciones físicas, sugiriendo un tipo de "inmortalidad" cuántica.

El pensamiento de Wigner no se limitó a la década de 1960. Estudiosos como Roger Penrose han explorado en el último medio siglo las conexiones entre la conciencia y la física cuántica. Penrose, junto con el anestesista Stuart Hameroff, propuso la teoría de *la Reducción Objetiva Orquestada* (Orch-OR), que plantea la hipótesis de que los procesos cuánticos en los microtúbulos de las células neuronales podrían subyacer a la conciencia. Orch-OR representa uno de los intentos más conocidos de integrar la conciencia con la física cuántica.

En sus escritos y discursos, Eugene Wigner reflexionaba a menudo sobre una conocida paradoja de la mecánica cuántica: la paradoja del gato de Schrödinger. Imaginemos un gato encerrado en una caja con un mecanismo mortal que depende de la desintegración de una partícula radiactiva. Hasta que se abre la caja y se observa el estado del gato, según la física cuántica, el gato está vivo y muerto simultáneamente. Wigner llevó este experimento mental un paso más allá al sugerir que era la conciencia del observador humano la que decidía el destino del gato en el momento de la observación.

Eugene Wigner ha dejado un legado de pensamiento que desafía los límites tradicionales entre las ciencias físicas y mentales. Su hipótesis de que la conciencia puede colapsar la función de onda cuántica abre fascinantes posibilidades para comprender la naturaleza de la experiencia humana y su lugar en el universo. A medida que la física cuántica moderna prosigue su viaje de exploración, las ideas de Wigner siguen planteando cuestiones fundamentales sobre lo que significa ser consciente y cómo esta conciencia podría trascender los límites de nuestra existencia material.

En última instancia, si la conciencia posee realmente la capacidad de dar forma a la realidad, es evidente que desempeñamos un papel más activo en el universo de lo que jamás habíamos imaginado. Así, podemos vislumbrar un reflejo de nuestra propia eternidad en cada acto de observación consciente.

Conciencia cuatridimensional: más allá del espacio y el tiempo.

Otra línea de investigación fascinante se refiere a la concepción de la conciencia como una entidad cuatridimensional, que integra no sólo las tres dimensiones espaciales, sino también la dimensión temporal y quizá otras dimensiones cuánticas aún no del todo comprendidas. Si la conciencia existe realmente en una forma que trasciende el mundo tridimensional, entonces podría existir perpetuamente, no sujeta al paso del tiempo tal y como lo conocemos.

Esta teoría no sólo desafía nuestras concepciones tridimensionales del espacio y el tiempo, sino que también sugiere que la conciencia puede trascender la linealidad temporal, existiendo en una forma perpetua inmunizada contra los efectos del tiempo tal y como lo conocemos.

La idea de una conciencia cuatridimensional implica que la mente humana no está confinada a las tres dimensiones espaciales y a la progresión lineal del tiempo. En su lugar, sugiere que la conciencia opera dentro de una cuarta dimensión, donde el pasado, el presente y el futuro coexisten simultáneamente. Esta concepción concuerda con algunas interpretaciones de la física moderna, como la teoría de la relatividad de Einstein, que ya estableció que el espacio y el tiempo están entrelazados en un continuo espacio-tiempo de cuatro dimensiones.

Un pilar fundamental de esta teoría es el conocido "experimento de elección retardada" de John Wheeler. Este experimento, realizado por primera vez en el contexto de la mecánica cuántica, demuestra que las decisiones actuales pueden influir en acontecimientos pasados.

El experimento mental quiere demostrar que la realidad pasada no existe de forma fija e inmutable, sino que cambia y se consolida según las observaciones y mediciones que hacemos posteriormente.

Si nuestra conciencia puede influir en acontecimientos pasados, esto podría indicar que opera en un nivel que trasciende la flecha lineal convencional del tiempo.

Esta noción se ve respaldada por el principio de complementariedad de Niels Bohr, según el cual las partículas cuánticas pueden mostrar un comportamiento diferente en función de las condiciones de observación. En otras palabras, la realidad cuántica se ve influida por el acto de observación. Si la conciencia es capaz de interactuar con la realidad cuántica de este modo, podría existir más allá de los límites de las tres dimensiones espacio-temporales.

Implicaciones de la conciencia cuatridimensional.

Si la conciencia opera en una cuarta dimensión, las implicaciones son extraordinarias. Por un lado, podría significar que nuestra percepción del tiempo es sólo una proyección limitada y que, a un nivel más profundo, todos los momentos del tiempo coexisten. Esto podría explicar fenómenos como *el déjà vu* o las premoniciones, sugiriendo que la conciencia puede percibir acontecimientos fuera de la secuencia temporal lineal.

Además, una conciencia cuatridimensional reforzaría la idea de la inmortalidad de la mente. Si la conciencia no está limitada por el paso del tiempo, podría seguir existiendo incluso después de la muerte biológica del cuerpo, en un continuo espacio-tiempo no limitado por las fronteras de la vida física.

La teoría de la conciencia cuatridimensional representa una frontera apasionante en nuestra comprensión de la mente y la realidad. Mientras la ciencia convencional sigue explorando las profundidades del espacio-tiempo y la mecánica cuántica, la noción de que la conciencia puede operar más allá de nuestras dimensiones familiares abre nuevas y apasionantes posibilidades. De demostrarse, esta teoría no sólo revolucionaría nuestra comprensión de la conciencia, sino que también podría ofrecer una nueva perspectiva sobre la inmortalidad y la naturaleza de la propia realidad.

Fred Alan Wolf.

Conocido por su habilidad para navegar entre la vanguardia científica y las profundidades del pensamiento filosófico, Wolf ha abierto nuevas vías para comprender la naturaleza de la conciencia y sus posibles implicaciones más allá de la vida terrenal.

Fred Alan Wolf, nacido el 3 de diciembre de 1934 en Chicago, Illinois, es un físico teórico y divulgador científico estadounidense. Se doctoró en física teórica por la UCLA en 1963 y ha enseñado en varias universidades de prestigio, como la Universidad Estatal de San Diego y el Instituto de Estudios Integrales de California.

Desde el principio de su carrera, Wolf ha sentido inclinación por las cuestiones existenciales y espirituales. Esto le ha llevado a centrarse en cómo las leyes de la física cuántica pueden influir en nuestra comprensión de la conciencia. En concreto, su teoría más revolucionaria se refiere a la idea de la "conciencia cuántica" como entidad inmortal.

El núcleo de las teorías de Wolf es la idea de que la conciencia no es un mero producto del cerebro físico, sino que existe como una entidad que puede interactuar con la realidad cuántica. Esta teoría se basa en los conceptos de superposición cuántica y decoherencia, que sugieren que la conciencia puede existir en un estado ondulatorio hasta que es observada, momento en el que "colapsa" en una realidad determinada.

Wolf desarrolló estas ideas en numerosas obras, entre ellas su famoso libro "*Taking the Quantum Leap*" (1981), que recibió el *National Book Award*. En este texto, Wolf explora no sólo los fundamentos de la física cuántica, sino también las implicaciones religiosas y filosóficas de una concepción cuántica de la conciencia.

Según Wolf, la conciencia no estaría confinada al tiempo y al espacio tal y como los entendemos habitualmente, lo que abre la posibilidad de que pueda existir en un estado cuántico incluso después de la muerte del cuerpo físico.

La inmortalidad de la conciencia en el pensamiento de Wolf.

Una de las implicaciones más relevantes de las teorías de Wolf es la de la inmortalidad de la conciencia. Basándose en interpretaciones de la teoría cuántica, Wolf sugiere que nuestra conciencia puede trascender el cuerpo físico y seguir existiendo en una dimensión cuántica, similar a una entidad de información. En esta idea también influyeron los estudios del físico Sir Roger Penrose y el médico Stuart Hameroff, que plantearon la hipótesis de que los microtúbulos de las neuronas cerebrales podrían sustentar procesos cuánticos relacionados con la conciencia. Wolf señaló:

> *"Si una partícula puede existir en varios estados a la vez, ¿por qué no podría hacerlo también la conciencia?".*

Esta referencia al experimento de la doble rendija es emblemática de los argumentos de Wolf. En el experimento, una partícula como el fotón muestra un comportamiento ondulatorio cuando no se observa, pero se comporta como una partícula cuando se mide, lo que sugiere que la propia observación influye en la realidad física.

Un experimento crucial que inspiró a Wolf es el de *la Navaja de Wheeler* (1980), realizado por el físico John Archibald Wheeler. El experimento demostró que la decisión sobre cómo medir una partícula puede influir en su comportamiento en el pasado, arrojando luz sobre la idea de que el tiempo lineal no es tan rígido como se pensaba.

El experimento de la navaja de Wheeler es más conocido como el *experimento de elección retardada* de Wheeler, Este experimento es una variación del experimento de la doble rendija de la mecánica cuántica y tiene profundas implicaciones para nuestra comprensión de la naturaleza de la realidad y el tiempo.

La idea central del experimento de elección retardada es explorar si la decisión de observar una partícula afecta retroactivamente a su comportamiento, es decir, si la forma en que se mide una partícula puede influir en su estado pasado.

Experimento de elección diferida de Wheeler. Conceptos básicos.

1. El experimento de la doble rendija. Este experimento clásico demuestra la dualidad onda-partícula. Si se disparan electrones individuales hacia una barrera con dos rendijas y no se observa por cuál de ellas pasan, una vez que chocan contra la pantalla los electrones muestran un patrón de interferencia típico de las ondas. Esto sugiere que los electrones han atravesado ambas rendijas como ondas. Por el contrario, si se observan los electrones para ver por qué rendija pasan, cada electrón pasa por una sola rendija y el patrón de interferencia desaparece.

2. Elección retardada. Wheeler propuso una versión en la que la decisión de observar electrones se toma *después de* que hayan pasado por las rendijas, pero *antes de* que toquen la pantalla. En algunas pruebas, el dispositivo de detección puede incluso cambiarse después de que la partícula haya pasado por las rendijas, pero antes de que toque el detector. Esto se hace para comprobar si la elección del modo de medición puede influir de algún modo en el comportamiento de la partícula.

3.*Influencia retroactiva.* El experimento parece sugerir que la decisión de observar tardíamente las partículas puede influir en su comportamiento "pasado". Posponer la comprobación hasta después de que la partícula haya pasado por las rendijas induce un comportamiento de partícula o de onda dependiendo de su elección, aunque ésta se haya producido después del paso. Este increíble experimento confirma que el comportamiento de las partículas puede determinarse retroactivamente.

4. Temporalidad y causalidad. Esto plantea importantes problemas conceptuales sobre la naturaleza del tiempo y la causalidad en la mecánica cuántica. *La causalidad lineal* (en la que el pasado influye en el futuro, pero no viceversa) parece quedar en entredicho por estos resultados.

5. Interpretación de Copenhague. La función de onda de una partícula representa una superposición de todos los estados posibles hasta que se mide. Cuando se realiza una medición, la función de onda colapsa en un estado definido. En el experimento de Wheeler, la medición determinaría retroactivamente qué camino ha seguido la partícula.

El experimento de elección retardada de Wheeler sigue estimulando el debate y la reflexión sobre el papel del observador, la naturaleza de la realidad y la esencia del tiempo en la mecánica cuántica.

Wolf amplió esta interpretación, sugiriendo que si los observadores (es decir, los seres conscientes) pueden influir en la realidad a un nivel cuántico, entonces podría argumentarse que la conciencia tiene una dimensión independiente, no limitada por el tiempo y el espacio. En consecuencia, la conciencia podría seguir existiendo de alguna forma cuántica incluso después de la disolución física.

Las obras de Wolf han logrado entrecruzar ciencia y filosofía, haciéndolas accesibles a un público más amplio. Además de "*Taking the Quantum Leap*", obras como "*The Dreaming Universe*" (1994) y "*Mind into Matter*" (2000) profundizan en estas ideas, debatiendo sobre los sueños, el tiempo y la realidad desde la perspectiva de la física cuántica.

En "*The Dreaming Universe*", Wolf propone que los sueños son una ventana a la complejidad cuántica de la conciencia, un concepto inspirado en la obra de Carl Jung y su teoría de los arquetipos. Wolf sugiere que el inconsciente colectivo podría interpretarse como "*un estado cuántico interconectado*".

La teoría de Wolf sobre la conciencia cuántica como entidad inmortal ha estimulado nuevas vías de investigación y reflexión. Aunque sigue siendo una cuestión abierta en el panorama científico, ya ha tenido un impacto significativo en la forma en que pensamos sobre la conciencia y su posible supervivencia más allá de la vida física.

La validación o no de estas ideas dependerá del progreso de la ciencia, pero la contribución de Fred Alan Wolf dio un vuelco a las convenciones y desafió los límites de nuestra comprensión. Como dijo el propio Wolf:

> *"La capacidad de imaginar nuevas posibilidades es lo que impulsa la ciencia, y no hay nada más misterioso que el viaje de la conciencia".*

Fred Alan Wolf sigue siendo una figura polifacética que se atrevió a combinar los misterios de la física cuántica con los enigmas de la conciencia humana. Su teoría de la conciencia cuántica como entidad inmortal representa uno de los intentos más audaces de abordar las cuestiones fundamentales de la existencia, ofreciendo una visión que nos invita a reflexionar sobre el infinito potencial de nuestra mente y nuestro ser.

Mientras la ciencia sigue explorando estas fronteras, las ideas de Wolf persisten como fuente de inspiración para quienes buscan comprender la verdadera naturaleza de la conciencia y su posible destino más allá de los límites físicos del cuerpo.

Wolf también ha colaborado con otros destacados pensadores de su campo. Su amistad con el llamado "*místico cuántico*" Amit Goswami dio lugar a profundas conferencias sobre el papel de la conciencia en la mecánica cuántica. Además, Wolf se vio influido por la obra de David Bohm, cuya teoría del orden vinculado proporcionó un modelo en el que cada elemento del universo está interconectado a un nivel profundo, una idea esencial para la hipótesis de una conciencia cuántica universal.

Fred Alan Wolf ha sabido perseguir una visión científica que no teme tocar temas de espiritualidad y existencia más allá de la muerte. Su vida y su obra atestiguan una curiosidad intelectual inagotable y una voluntad de explorar el misterio de la conciencia hasta sus fronteras más lejanas. Aunque la comunidad científica sigue debatiendo sus teorías, el impacto de las ideas de Wolf ha abierto nuevas vías de pensamiento e investigación, influyendo en nuestra visión de la realidad y del potencial humano.

En última instancia, la conciencia cuántica como entidad inmortal, tal y como la propuso Fred Alan Wolf, sigue siendo una de las ideas más provocadoras y fascinantes del pensamiento contemporáneo, que nos invita a considerar el potencial infinito de nuestra existencia, mucho más allá de los límites del cuerpo material.

Bernard Haisch.

Bernard Haisch nació el 21 de diciembre de 1947 en Stuttgart (Alemania). Tras trasladarse a Estados Unidos, Haisch se dedicó con éxito a la astrofísica. Se doctoró en astrofísica por la Universidad de Wisconsin-Madison. Ha desempeñado diversos cargos de investigación y docencia, entre ellos en *la Universidad de Stanford* y en el *Max-Planck-Institut für extraterrestrische Physik* (Alemania).

Haisch es conocido no sólo por sus contribuciones a la comprensión de los fenómenos astrofísicos, sino también por su interés por la física cuántica y la naturaleza de la conciencia. Su carrera ha abarcado varios campos científicos, pero es su teoría sobre la conciencia cuántica la que le ha convertido en una figura destacada del debate contemporáneo sobre la naturaleza de la existencia.

En el panorama de las teorías científicas y filosóficas de la existencia, pocas ideas resultan tan fascinantes como la posibilidad de la inmortalidad de la conciencia. A la cabeza de estas cuestiones se encuentra Bernard Haisch, astrofísico de fama mundial, conocido por sus revolucionarias teorías sobre el origen del universo y la conciencia como fundamento de la existencia. Esta sección explora los avances más recientes en el estudio de la conciencia cuántica como entidad inmortal, centrándose en las teorías de Haisch y en las aportaciones relevantes de otros estudiosos del tema.

La idea de que la conciencia puede existir más allá de la vida biológica tiene profundas raíces en diversas tradiciones filosóficas y espirituales. En tiempos más recientes, se ha visto enriquecida por los avances de la física cuántica. Bernard Haisch, en particular, ha propuesto que la conciencia no sólo sobrevive a la muerte física, sino que puede ser un componente fundamental del propio universo.

Haisch ha desempeñado un papel crucial en la vinculación de la física cuántica con la naturaleza de la conciencia. En su libro *The Purpose-Guided Universe* (2010), Haisch avanza la idea de que la conciencia no es un mero epifenómeno del cerebro, sino un principio fundamental de la realidad. Según Haisch, el propio universo podría estar configurado de tal manera que facilitara la manifestación y evolución de la conciencia.

La especulación de Haisch se basa en gran medida en la física del vacío cuántico, un campo de estudio que explora el estado mínimo de energía que impregna todo el espacio. Haisch y su colaborador Alfonso Rueda han propuesto que el vacío cuántico puede tener propiedades que permitan la conservación de la conciencia. La idea central es que el vacío cuántico podría proporcionar un "sustrato" a través del cual la conciencia sigue existiendo tras la disolución del cuerpo físico.

En los últimos años, numerosos estudiosos e investigadores han ampliado las teorías de Haisch, intentando dar a estas afirmaciones una base científica.

La noción de una conciencia cuántica inmortal no sólo tiene profundas implicaciones científicas, sino también filosóficas y existenciales. Si la conciencia puede existir realmente con independencia del cuerpo físico, como proponen Haisch y otros, se abre una nueva dimensión de debate sobre el sentido de la vida, la muerte y la propia naturaleza de la realidad.

Las ideas de Bernard Haisch sobre la conciencia cuántica como entidad inmortal figuran entre las más provocadoras y desafiantes de las ciencias modernas. Junto a las aportaciones de figuras como Roger Penrose y Stuart Hameroff, estas teorías están dando forma a una nueva comprensión de la conciencia que podría revolucionar nuestra forma de percibir la existencia.

Bernard Haisch. La conciencia cuántica como entidad inmortal.

Entre las obras más significativas de Bernard Haisch se encuentra "*The Purpose-Guided Universe: Believing In Einstein, Darwin, and God*" (2010), un libro que explora la posibilidad de que el universo esté estructurado según la conciencia. En este texto, Haisch combina conceptos científicos con especulaciones filosóficas, avanzando la idea de que la conciencia podría ser un componente central del universo, capaz de influir y dar forma a la realidad.

Otra obra fundamental es "*Brilliant Disguise: Light, Matter, and the Zero-Point Field*" (2008), coescrita con Alfonso Rueda. Este libro examina el papel del campo de punto cero, un concepto de la física cuántica, en la configuración de la realidad que percibimos. Haisch y Rueda sostienen que este campo puede ser la clave para comprender la naturaleza profunda de la conciencia.

En las teorías de Haisch subyace el concepto de vacío cuántico. El vacío cuántico es el estado de energía más bajo que puede tener un campo cuántico, un mar de fluctuaciones a nivel subatómico que, aunque "vacío", está repleto de actividad. Haisch, junto con Rueda, propuso que este campo podría estar implicado en la generación y el mantenimiento de la conciencia.

Una de las teorías clave de Haisch es que la conciencia no es simplemente un producto del cerebro biológico, sino un componente fundamental del propio universo. En otras palabras, la conciencia está integrada en la estructura del universo a través del campo de punto cero. Esto implica que la conciencia podría persistir más allá de la muerte física del cuerpo, encontrando una especie de "inmortalidad" en el vacío cuántico.

El campo de punto cero.

El concepto de "campo de punto cero" (CPC) representa una de las ideas más fascinantes y revolucionarias de la física moderna. Procede de la teoría cuántica de campos y tiene profundas implicaciones no sólo para la física teórica, sino también para las tecnologías del futuro y nuestra comprensión de la realidad.

El término "punto cero" se refiere al hecho de que incluso en el vacío, a una temperatura de cero grados Kelvin -el punto teórico en el que cesaría todo movimiento térmico-, sigue existiendo una forma de energía. Este fenómeno se denomina energía de punto cero. Su existencia se postuló por primera vez a principios del siglo XX, cuando los científicos intentaban comprender las discrepancias entre la física clásica y el comportamiento observado en el mundo subatómico.

La base del campo de punto cero es la teoría cuántica de campos, que describe las partículas no como entidades aisladas, sino como excitaciones de campos cuánticos omnipresentes. En este marco, cada tipo de partícula tiene su campo cuántico correspondiente, y estos campos están sujetos a fluctuaciones cuánticas incluso en el vacío más perfecto.

La energía del punto cero representa la energía residual que persiste en un sistema cuando se han eliminado todas las formas de energía. Es el nivel de energía más bajo que puede tener un sistema cuántico, y no puede reducirse más a cero porque incluso a cero Kelvin siempre hay pequeñas fluctuaciones debidas a la naturaleza cuántica del vacío.

Implicaciones del campo de punto cero.

Fluctuaciones de vacío.

Las fluctuaciones del vacío cuántico crean y aniquilan pares de partículas virtuales, un fenómeno que se ha confirmado experimentalmente y tiene implicaciones para diversos fenómenos físicos, como el efecto Casimir.

Efecto Casimir.

Fenómeno observado entre dos superficies conductoras vecinas situadas en el vacío, que se atraen debido a las fluctuaciones del campo de punto cero entre ellas. Este efecto se considera una de las principales confirmaciones experimentales de la realidad física de la energía de punto cero.

Implicaciones cosmológicas.

El campo de punto cero podría desempeñar un papel crucial en la comprensión de la energía oscura y la expansión acelerada del universo. Algunos teóricos especulan con que la densidad de energía vacía contribuye al comportamiento del cosmos a gran escala.

Tecnologías futuristas.

La investigación en el campo del punto cero ha promovido especulaciones sobre tecnologías futuristas como generadores de energía de vacío y sistemas avanzados de propulsión para viajes espaciales. Sin embargo, estas ideas siguen siendo en gran medida teóricas y no se han verificado experimentalmente.

Influencia en la física de partículas.

Este campo influye en el comportamiento de las partículas subatómicas de forma sutil pero significativa, contribuyendo a la asignación de las masas de las partículas mediante las interacciones de Higgs y otros mecanismos aparentemente exóticos.

Sostenibilidad del campo teórico.

Aunque el concepto de energía de punto cero está bien establecido en la física cuántica, la interpretación y el uso práctico del campo de punto cero sigue siendo un tema de gran debate e investigación. Los investigadores siguen explorando formas de medir y aprovechar potencialmente esta energía, pero sin resultados prácticos definitivos por el momento.

El campo del punto cero representa una de las fronteras más apasionantes de la física moderna. Nos desafía a revisar nuestra comprensión del vacío, la energía y las leyes fundamentales de la naturaleza. Aunque muchas de sus aplicaciones prácticas siguen siendo especulativas, el estudio continuado de este fenómeno podría revolucionar nuestro universo de formas aún inimaginables. La investigación en el campo del punto cero no sólo amplía las fronteras de la ciencia teórica, sino que podría allanar el camino a innovaciones que hoy parecen ciencia ficción, pero que mañana podrían hacerse realidad.

El campamento Akasha.

Las ideas de Haisch no se desarrollaron de forma aislada. Colaboró con diversos estudiosos y se inspiró en distintos campos del saber. Por ejemplo, sus teorías están muy influidas por los estudios de David Bohm, físico cuántico conocido por sus trabajos sobre el orden implícito y la interconexión de la realidad. Además, Haisch citó el trabajo de Ervin Laszlo, filósofo y teórico de sistemas, que propuso la idea de un "*campo Akasha*" que actúa como memoria universal donde se almacena toda la información.

El término "Akasha" tiene sus raíces en la filosofía védica y se refiere a una especie de éter o espacio cósmico en el que se graba toda la información del universo. Para ponerlo en perspectiva contemporánea, podemos pensar en él como una especie de internet cósmico, un campo de memoria universal que almacena cada experiencia, cada pensamiento, cada acontecimiento que se produce en el universo.

Ervin Laszlo, filósofo y teórico de sistemas, desarrolló la idea del campo Akasha no sólo como concepto filosófico, sino también como principio científico. Según Laszlo, el Akasha es un campo de información que impregna todo el universo, conectando cada elemento como parte de un gran holograma cósmico. Laszlo considera que este campo es la base de todas las leyes físicas conocidas, desde la gravedad hasta las interacciones cuánticas, y propone que la propia realidad es una interconexión de información universal registrada en este campo.

La analogía obvia entre el campo Akasha y el inconsciente colectivo de Jung reside en su función de conectar y almacenar información a nivel universal. El campo Akasha, tal y como lo describe Ervin Laszlo, actúa como una "Internet cósmica" donde se almacena e interconecta toda la información del universo, mientras que el inconsciente colectivo de Jung representa una mente universal inconsciente que conecta a todos los seres humanos a través de arquetipos y experiencias compartidas. Ambos conceptos sugieren un nivel de conciencia o información que trasciende las mentes individuales y abarca el conocimiento colectivo.

Bernard Haisch integró las ideas de Laszlo en su trabajo sobre la conciencia cuántica. Haisch propone que la conciencia no es simplemente un producto del cerebro, sino un fenómeno que interactúa con un campo cuántico informativo.

Según Haisch, la conciencia podría ser una especie de "*enredo*" con este campo Akasha, una interconexión profunda e indisoluble. En otras palabras, nuestras experiencias y percepciones podrían estar influidas por este campo de información universal, y viceversa. Esto nos permite especular que la conciencia, dada su naturaleza cuántica, podría ser inmortal, continuando existiendo incluso después de la muerte física del cuerpo.

En física clásica, el principio de conservación de la energía implica que nada se pierde, sino que se transforma. Haisch y Laszlo amplían este principio a la información: toda la experiencia y los conocimientos adquiridos podrían almacenarse permanentemente en el Akasha.

La interconexión propuesta por el Akasha refleja un principio holográfico en el que cada parte del todo contiene la información del todo. Esto sugiere que cada conciencia individual podría tener acceso a una especie de memoria universal, apoyando la idea de una unidad fundamental entre todas las conciencias.

Aunque las teorías de Bernard Haisch y Ervin Laszlo sobre el campo Akasha puedan parecer especulativas, plantean un importante desafío intelectual a la ciencia dominante. Sugieren que la conciencia humana no sólo puede trascender el cuerpo físico, sino que tiene un componente inmortal que interactúa con un campo cuántico universal.

El campo Akasha, tal y como lo propone Laszlo y lo utiliza Haisch, amplía nuestra comprensión del universo y de la naturaleza de la conciencia, ofreciendo una visión fascinante que podría, a medida que avance la investigación científica y tecnológica, conducir a avances revolucionarios en la comprensión de la posibilidad de la inmortalidad de la conciencia.

Aunque muchas preguntas siguen sin respuesta, la importancia del campo Akasha en la teoría cuántica de la conciencia sigue siendo un tema fascinante que merece ser explorado más a fondo. Por ahora, nos invita a reflexionar profundamente sobre la naturaleza de la conciencia y su lugar en el universo.

El trabajo de Haisch con Alfonso Rueda ha dado lugar a importantes artículos científicos que exploran las implicaciones del vacío cuántico. Uno de los artículos más citados es "*The Zero-Point Field and Inevitability of a Self-Regenerating Universe*" (2001), en el que Haisch y Rueda discuten cómo las fluctuaciones del vacío pueden proporcionar un mecanismo a través del cual el universo se regenera continuamente, un proceso que podría permitir la persistencia de la conciencia.

Haisch solía expresar sus ideas de forma clara y atractiva, tratando de hacer accesibles conceptos complejos. Una de sus citas más célebres reza así:

> *"Creo que la conciencia es una característica fundamental del universo, tan importante como el espacio, el tiempo, la materia y la energía".*

Este enfoque contribuyó a difundir sus ideas no sólo entre los científicos, sino también entre el público en general.

Bernard Haisch emerge como una figura pionera en el campo de los estudios sobre la conciencia y la física cuántica. Sus teorías ofrecen una visión fascinante y radical de la conciencia como entidad inmortal. A través de sus obras y colaboraciones, Haisch sigue estimulando el debate científico y filosófico, invitándonos a profundizar en los misterios del universo y de nuestra propia existencia.

En conclusión, las especulaciones de Haisch abren nuevas perspectivas sobre el papel de la conciencia en el universo, desafiando nuestra comprensión convencional de la vida, la muerte y la realidad. Como la ciencia sigue avanzando, está por ver si sus ideas encontrarán confirmación empírica, pero el impacto de su obra es innegable: una invitación a mirar más allá de los límites de lo conocido y considerar posibilidades que, hasta hace poco, se consideraban pura fantasía.

William Tiller.

William A. Tiller es un nombre que resuena tanto en el mundo de la física convencional como en la investigación de los límites de la conciencia humana. Con una carrera que abarca desde sólidos fundamentos científicos hasta atrevidas exploraciones del poder de la intención humana, Tiller ha dedicado gran parte de su vida a investigar cómo la mente puede influir en la materia.

Nacido el 18 de junio de 1929, William Tiller se doctoró en Ciencias de los Materiales por la Universidad de Stanford en 1954. Tras trabajar como profesor e investigador durante varias décadas, principalmente en la Universidad de Stanford, se dedicó a un campo de estudio que pocos científicos se atreven a explorar: la interacción entre la mente humana y el mundo físico.

Las contribuciones científicas de Tiller son muchas, pero una de sus obras más famosas es "*Ciencia y transformación humana: energías sutiles, intencionalidad y conciencia*" (1997). En este libro, Tiller expone su modelo teórico sobre cómo la intencionalidad humana puede influir en las propiedades físicas de la materia.

En el centro de las teorías de Tiller está la idea de que la conciencia humana no es sólo un epifenómeno del cerebro, sino una fuerza activa que puede interactuar con la realidad física. Este modelo de "*psicoenergética*" sugiere que la intención humana puede modificar los campos electromagnéticos y otras formas de energía sutil para producir cambios mensurables en el mundo físico.

La parte empírica de sus teorías se apoya en numerosos experimentos. Tiller desarrolló un dispositivo que se conoció como el "*Dispositivo Tiller*", diseñado para amplificar y concentrar la intención humana. Uno de los experimentos más conocidos consistió en utilizar este dispositivo para subir o bajar el pH del agua, dependiendo de la intención enfocada en ella. Los resultados mostraron variaciones significativas, sugiriendo que la intención humana podía tener un impacto mensurable.

Tiller también ha colaborado con varios investigadores y experimentadores, entre ellos Lynne McTaggart, periodista y escritora que exploró el poder de la intención en su libro "*The Intention Experiment*" (2007).

Tiller recurría a menudo a las palabras de Albert Einstein para reforzar su visión:

> *"No podemos resolver los problemas con el mismo tipo de pensamiento que utilizamos cuando los creamos".*

Esta cita resume la esencia de su investigación: para comprender la verdadera naturaleza de la conciencia humana y su potencial, debemos pensar más allá de los límites de nuestros conocimientos científicos actuales.

Las teorías de Tiller, aunque respaldadas por experimentos rigurosos, han suscitado un escepticismo considerable, pero ése es el destino de las mentes originales. La comunidad científica mayoritaria suele ver sus conclusiones con reservas, ya que la psicoenergética desafía las leyes físicas comúnmente aceptadas. No obstante, Tiller ha reunido un gran número de seguidores entre quienes están más abiertos a las interconexiones entre mente y materia, y ha encontrado en ellos verdaderos aliados en la búsqueda de una comprensión más amplia de nuestra realidad.

William Tiller sigue siendo una figura fascinante y controvertida en el panorama científico contemporáneo. Su empeño en demostrar que la intención consciente puede influir en el mundo físico amplía los límites de nuestra comprensión de la realidad y de la propia conciencia. En este complejo y atrevido viaje, Tiller nos invita a mirar más allá de lo obvio, explorando las profundidades de la mente humana y su potencial oculto.

Mario Beauregard.

En el panorama de la neurociencia contemporánea, pocos estudiosos se han atrevido a explorar las fronteras entre ciencia y espiritualidad como Mario Beauregard. Con una carrera llena de estudios audaces e innovadores, Beauregard ha investigado las experiencias espirituales y la conciencia, aventurándose más allá de los paradigmas tradicionales que confinan estas experiencias al mero funcionamiento cerebral.

Mario Beauregard, nacido el 19 de abril de 1962 en Montreal (Canadá), es una figura destacada en el campo de la neurociencia. Tras doctorarse en neuropsicología por la Universidad de Montreal, realizó estudios posdoctorales en la *Unité de Neurosciences Cognitives* de Aix-Marsella (Francia). Estas sólidas bases en neurociencia cognitiva le han permitido abordar la cuestión de la conciencia con el rigor metodológico necesario para abordar un tema tan complejo como controvertido.

Beauregard se ha distinguido por una serie de publicaciones que cuestionan la visión materialista de la conciencia. Entre sus obras más relevantes figura "*The Spiritual Brain: A Neuroscientist's Case for the Existence of the Soul*", coescrita con Denyse O'Leary. Este libro es una referencia para cualquier persona interesada en la relación entre cerebro y conciencia, ya que propone la idea de que la conciencia puede existir independientemente del cerebro físico.

La teoría central de Beauregard es que la conciencia no es un epifenómeno del cerebro, sino una entidad independiente que puede existir sin el soporte material de la materia gris. Esta perspectiva le sitúa en la corriente del dualismo moderno, que dialoga con el legado de filósofos como René Descartes pero con herramientas y metodologías neurocientíficas actualizadas.

Entre las aportaciones notables de Beauregard destaca el estudio de las experiencias cercanas a la muerte (ECM), que cuestionó la suposición de que tales fenómenos son meras consecuencias de procesos neuroquímicos. En una serie de experimentos realizados en la Universidad de Montreal, Beauregard utilizó imágenes de resonancia magnética funcional (IRMf) para monitorizar la actividad cerebral durante estados de meditación profunda y oración, situaciones de las que a menudo se dice que tienen componentes espirituales o trascendentes.

Una investigación sobre el misticismo y el cerebro.

Uno de los experimentos más famosos y controvertidos de Mario Beauregard tuvo lugar en 2006, cuando él y su equipo decidieron investigar científicamente la experiencia mística mediante la observación de monjas carmelitas durante un estado de *`unión mística con Dios'*.

El objetivo principal de este estudio era comprender cómo se comporta el cerebro durante las experiencias místicas profundas. Las monjas carmelitas, conocidas por sus profundas prácticas de oración y meditación, fueron elegidas como sujetos ideales para este tipo de investigación. Este estudio pretendía observar si existían patrones distintos de actividad cerebral asociados a los estados de unión espiritual.

Beauregard y su equipo utilizaron una de las técnicas de neuroimagen más avanzadas del momento: la resonancia magnética funcional (RMf). Esta tecnología permite monitorizar en tiempo real los cambios en el flujo sanguíneo del cerebro, lo que proporciona un "mapa" detallado de las zonas activas durante actividades mentales específicas.

Para el proceso de medición, se invitó a las hermanas a alcanzar un estado de unión mística mientras estaban dentro del escáner de IRMf. Esto requería unas condiciones muy especiales, ya que estas experiencias no pueden evocarse por orden de forma replicable y medible como otras funciones cognitivas.

Los resultados del estudio fueron fascinantes y reveladores. Durante los estados de unión mística, los escáneres fMRI mostraron una activación significativa en múltiples regiones del cerebro.

En concreto, estos resultados indicaban una compleja integración entre distintas redes neuronales implicadas en las emociones, la autoconciencia y la percepción espiritual. Esto sugería que las experiencias de unión mística podrían no ser simplemente el producto de una única región cerebral, sino más bien el resultado de diferentes áreas trabajando en sinergia.

Las implicaciones de este estudio fueron amplias y provocadoras. Como señaló el propio Beauregard, estos resultados cuestionan la idea de que la experiencia mística no sea más que una construcción artificial de la mente, resultado de procesos neuroquímicos aleatorios. Por el contrario, parecen apoyar la hipótesis de que estas experiencias pueden reflejar una realidad trascendente o, al menos, un estado de conciencia diferente que no puede reducirse por completo a fenómenos neuronales.

El estudio se publicó en *Neuroscience Letters*, atrayendo la atención y el interés de estudiosos de diversas disciplinas. Suscitó un frondoso debate académico, que llevó a algunos a reconsiderar sus supuestos materialistas, mientras que otros se mantuvieron escépticos, reclamando más pruebas e investigaciones.

Como era de esperar, el experimento también suscitó críticas y escepticismo. Algunos neurocientíficos partidarios del materialismo creían que las experiencias místicas podían explicarse enteramente mediante alteraciones neuroquímicas y fisiológicas sin recurrir a interpretaciones trascendentes.

Beauregard respondió a estas críticas insistiendo en la necesidad de mantener la mente abierta en ciencia y no rechazar a priori las hipótesis que no coinciden con los modelos tradicionales. Señaló que los datos empíricos recogidos merecían ser tenidos en cuenta e investigados más a fondo.

El experimento de 2006 con las monjas carmelitas representa un capítulo significativo en la carrera de Mario Beauregard y en la neuroteología. Demostrando rigor científico en su aproximación a las cuestiones espirituales, Beauregard abrió nuevas perspectivas en la comprensión de la conciencia y la mente humanas y abogó por un diálogo integrado entre ciencia y espiritualidad.

Mediante resonancia magnética funcional (IRMf), Beauregard observó que durante estas experiencias místicas se activaban regiones cerebrales asociadas a las emociones positivas y la conciencia, pero también zonas que no se explican fácilmente por la actividad neuronal por sí sola. Estos hallazgos, publicados en *Neuroscience Letters*, suscitaron un acalorado debate sobre la naturaleza de la conciencia y las experiencias espirituales.

Citas y referencias.

Para comprender el alcance de la obra de Beauregard, conviene tener en cuenta las opiniones de otros estudiosos. Por ejemplo, el filósofo David Chalmers, famoso por el concepto del "*difícil problema de la conciencia*", ha citado la obra de Beauregard en sus discursos sobre la idea de que la conciencia puede existir independientemente del cuerpo físico. Incluso el físico Roger Penrose, conocido por sus teorías sobre la conciencia cuántica, ha reconocido que los datos de Beauregard ofrecen interesantes perspectivas para integrar la neurobiología con la física teórica.

Una anécdota significativa de la carrera de Beauregard se refiere a una conferencia en 2010 en la Universidad de Arizona, durante la cual presentó los resultados de su investigación sobre las ECM. Durante su charla, algunos científicos del público expresaron su escepticismo sobre sus conclusiones, por considerar que entraban en conflicto con el paradigma materialista dominante. Beauregard, con su habitual calma, respondió invitando a los presentes a considerar las pruebas sin prejuicios, recordándoles que "*la ciencia no debe temer al misterio*".

La obra de Mario Beauregard recuerda la necesidad de una mayor apertura de miras en la investigación científica sobre la conciencia. Al cuestionar supuestos arraigados y proponer nuevas vías de investigación, Beauregard ha realizado una importante contribución no sólo a la neurociencia, sino también a la filosofía de la mente y la espiritualidad.

La exploración de los territorios donde se entrecruzan la conciencia y la materia sigue siendo un campo fascinante y controvertido. El trabajo de Beauregard seguirá siendo un punto de referencia para cualquiera que busque comprender si la conciencia puede extenderse más allá del cerebro y cómo, un fenómeno que podría resultar clave para entender la inmortalidad del ser.

Diane Hennacy Powell.

Diane Hennacy Powell emerge como una figura destacada, que combina el rigor científico de la psiquiatría y la neurociencia con un profundo interés por lo paranormal y las capacidades cognitivas extraordinarias. Su obra nos invita a reconsiderar las visiones tradicionales de la conciencia y a explorar nuevos horizontes que incluyen la posibilidad de una conciencia cuántica e inmortal.

Diane Hennacy Powell es una psiquiatra y neurocientífica estadounidense cuya carrera se ha desarrollado en algunas de las instituciones académicas más prestigiosas del mundo. Licenciada por *la Facultad de Medicina de la Universidad Johns Hopkins*, continuó su formación realizando residencias y estudios avanzados en neurociencia. Powell también ha impartido clases en *la Facultad de Medicina de Harvard*, una de las principales forjadoras de mentes brillantes en medicina e investigación científica.

Además de por su carrera académica, Powell es conocida por sus profundos estudios sobre lo paranormal y las capacidades cognitivas extraordinarias. Su pasión por estos temas la ha llevado a colaborar con diversos investigadores y a publicar numerosos artículos y libros que cuestionan las creencias convencionales sobre el funcionamiento de la mente humana.

Principales obras y estudios.

A lo largo de los años, Diane Hennacy Powell ha publicado numerosas obras que exploran la multidimensionalidad de la conciencia. Uno de sus libros más conocidos es *The *ESP Enigma: The Scientific Case for Psychic Phenomena** (2008), donde examina rigurosamente las pruebas científicas a favor de los fenómenos psíquicos. En este texto, Powell analiza casos de telepatía, clarividencia y premonición, proponiendo que tales fenómenos pueden tener una explicación cuántica.

En el libro se plantea una pregunta: a pesar de nuestros amplios conocimientos sobre el funcionamiento del cerebro, la cuestión del origen de la conciencia sigue en gran medida sin resolverse: ¿de dónde procede la sensación de "yo" que caracteriza nuestro diálogo interior? ¿Cómo puede un fenómeno inmaterial como la conciencia surgir de una estructura material como el cerebro? Diane Powell ha reconsiderado de forma innovadora el significado y la naturaleza de la conciencia, centrándose en la investigación de los fenómenos psíquicos. En los últimos años, una serie de experimentos cuidadosamente diseñados y estrechamente supervisados han documentado fenómenos como las interconexiones telepáticas, la clarividencia, la precognición, la psicoquinesia y las experiencias extracorpóreas. La ciencia convencional ha pasado por alto en gran medida estas pruebas, ya que cuestionan el modelo convencional que ve la conciencia exclusivamente como un producto de la química cerebral. A partir de estos experimentos, Diane Powell elabora una nueva teoría de la conciencia. Utilizando conceptos de la física, la neurociencia y otras disciplinas, ofrece una explicación profunda y desafiante de los fenómenos de percepción extrasensorial, argumentando provocativamente que la existencia de capacidades psíquicas amplía nuestra comprensión de la conciencia. Estas capacidades psíquicas se reflejan también en los descubrimientos de la física moderna: la psicoquinesis, por ejemplo, sugiere que la conciencia puede verse como un campo de fuerza, mientras que la precognición implica que el pasado, el presente y el futuro existen simultáneamente. Iluminador en sus conclusiones y estimulante en sus implicaciones, "*El enigma de la percepción extrasensorial*" desafía sus nociones preconcebidas y amplía sus horizontes mentales.

Teorías cuánticas de la conciencia.

Diane Powell está especialmente interesada en la supervivencia de la conciencia tras la muerte. En diversos artículos y conferencias ha planteado la posibilidad de que la conciencia pueda existir independientemente del cuerpo físico, una idea que encuentra eco en muchos estudios contemporáneos de física cuántica.

Las teorías de Diane Hennacy Powell sobre la conciencia cuántica forman parte de un campo emergente que trata de explicar la mente humana a través de los principios de la mecánica cuántica. Según Powell, la conciencia no es simplemente un fenómeno emergente del cerebro físico, sino que puede ser una entidad más fundamental y potencialmente inmortal.

Powell también se inspira en el trabajo de otros investigadores pioneros como Roger Penrose y Stuart Hameroff, que proponen la teoría "Orch-OR".

Diane Hennacy Powell cita numerosos testimonios que apoyan sus teorías. Un ejemplo significativo es el caso de Matilda O'Donnell MacElroy, una enfermera que afirmó haberse comunicado telepáticamente con un extraterrestre durante el incidente de Roswell. Powell utiliza éste y otros casos para poner de relieve la posibilidad de la comunicación telepática, sugiriendo que tales fenómenos no pueden explicarse plenamente mediante los modelos neurocientíficos tradicionales.

En su laboratorio, Powell llevó a cabo rigurosos experimentos para probar fenómenos como la telepatía y la visión remota. Uno de los estudios más intrigantes se centró en individuos que afirmaban ser capaces de "ver" objetos ocultos en habitaciones cerradas, un fenómeno conocido como *visión remota*. En un entorno controlado, se pedía a los participantes que describieran detalladamente objetos ocultos, con resultados que, aunque controvertidos, mostraban un asombroso nivel de precisión.

Este experimento planteó muchas preguntas. Si realmente existe una forma de comunicación que trasciende los cinco sentidos tradicionales, ¿cómo podemos explicarla? Powell especula que las respuestas pueden estar en la física cuántica, donde no se aplican las leyes normales de la física clásica. La teoría de la conciencia cuántica sugiere que la mente puede operar en un nivel de existencia que desafía el tiempo y el espacio tal como los conocemos.

Los resultados de las investigaciones de Powell distan mucho de ser concluyentes y han sido acogidos con escepticismo por la parte habitual de la comunidad científica.

Sin embargo, la exactitud de las descripciones proporcionadas por los participantes en sus sesiones de visión remota es difícil de explicar mediante los métodos tradicionales. Esto podría indicar una conexión más profunda e íntima entre la conciencia y el universo, una conexión que podría incluso implicar una forma de inmortalidad de la conciencia.

Esta línea de investigación abre escenarios fascinantes y, al mismo tiempo, inquietantes. Si la conciencia está realmente interconectada a nivel cuántico, podría significar que es capaz de sobrevivir a la muerte del cuerpo físico, proyectando una existencia continua en otra dimensión o forma de realidad. El reto consiste en traducir estos fenómenos elusivos a un lenguaje científico riguroso que pueda aceptarse y reproducirse universalmente.

Mientras Diane Hennacy Powell y sus colegas siguen ampliando los límites de nuestra comprensión, la investigación sobre la conciencia cuántica como entidad inmortal sigue siendo un campo en expansión, lleno de promesas. Puede que estemos en el umbral de un descubrimiento revolucionario que redefina nuestro concepto de la vida y la muerte. En cualquier caso, la audacia y curiosidad de estudiosos como Powell nos recuerdan que el conocimiento humano es una aventura sin fin, siempre dispuesta a explorar nuevos territorios.

Diane Hennacy Powell sigue siendo una figura destacada en la investigación de la conciencia, que combina profundos conocimientos científicos con una apertura de miras poco habitual en el mundo académico. Sus teorías sobre la conciencia cuántica como entidad inmortal nos desafían a reconsiderar nuestras creencias más profundas sobre la naturaleza de la mente y la realidad.

Henry Stapp, el físico que apoya la existencia del alma.

En el panorama científico contemporáneo, pocos nombres resuenan con el eco de paradigmas revolucionarios como el de Henry Stapp. Físico teórico de renombre internacional, Stapp ha conmovido a la comunidad científica por sus audaces teorías que vinculan la mecánica cuántica con la naturaleza de la conciencia y, en última instancia, con la existencia del alma. Esta sección pretende explorar la vida, la obra y las teorías de Stapp, iluminando la originalidad de su pensamiento que pretende fusionar ciencia y filosofía en un diálogo audaz y atemporal.

Henry Stapp nació el 23 de junio de 1928. Tras doctorarse en Física por la Universidad de California, Berkeley, en 1957, bajo la dirección de Owen Chamberlain, Premio Nobel de Física, Stapp emprendió una carrera académica y de investigación que le llevó a colaborar con algunas de las mentes más brillantes del siglo XX, como Werner Heisenberg y Wolfgang Pauli.

Stapp trabajó en el *Laboratorio Nacional Lawrence Berkeley* (LBL), donde contribuyó a importantes avances en teoría cuántica. Sin embargo, su carrera dio un giro singular cuando empezó a explorar las implicaciones de la física cuántica para la filosofía de la mente. Este interés le llevó a formular ideas radicales sobre la naturaleza de la conciencia y la existencia del alma.

Entre las obras más influyentes de Stapp se encuentran "*Mind, Matter, and Quantum Mechanics*" (1993) y "*Mindful Universe: Quantum Mechanics and the Participating Observer*" (2007). En estos textos, Stapp analiza las implicaciones de la mecánica cuántica y propone que mente y materia no son entidades separadas, sino que están interconectadas de manera fundamental.

Uno de los conceptos centrales de su trabajo es el "colapso de la función de onda", fenómeno que en física cuántica describe la transición de un sistema cuántico de un estado de superposición a un estado definido tras la observación. Stapp plantea la hipótesis de que la mente consciente desempeña un papel directo en este proceso, sugiriendo que la conciencia puede influir en la realidad física.

Stapp introdujo una teoría que vincula la mecánica cuántica con la filosofía de la mente, argumentando que la mente consciente desempeña un papel fundamental en el colapso de la función de onda. Este punto de vista implica que la conciencia no es un mero epifenómeno del cerebro, sino un componente esencial y activo del universo.

Según Stapp, el observador consciente puede influir en los sucesos cuánticos. Esta idea tiene su origen en el principio de incertidumbre de Heisenberg y el experimento de la doble rendija, según el cual el comportamiento de las partículas cambia en función de la presencia de un observador. Stapp amplía esta noción para argumentar que la conciencia y la observación humana no sólo registran los sucesos cuánticos, sino que forman parte integral de su ocurrencia.

Otro punto crucial de las teorías de Stapp es el concepto de "*causalidad mental*". Este concepto sostiene que los procesos mentales pueden provocar cambios en los procesos físicos a través del mecanismo cuántico. Esta tesis desafía la visión tradicional del dualismo cartesiano, promoviendo en su lugar una especie de dualismo interactivo en el que mente y materia se influyen mutuamente.

Uno de los pasajes más famosos de Henry Stapp dice así:

> *"La conciencia no es un accidente del cerebro; es un aspecto fundamental de la realidad cuántica".*

Esta afirmación resume el núcleo de su filosofía, que considera la conciencia como una entidad esencial que no puede reducirse únicamente a las reacciones químicas del cerebro.

Henry Stapp traspasó los límites de la ciencia convencional e invitó al mundo académico a considerar seriamente la posibilidad de que la conciencia sea una entidad inmortal y un actor fundamental en el universo cuántico. Sus provocadoras teorías, respaldadas por una sólida base científica y una penetrante visión filosófica, siguen estimulando acalorados debates e inspirando nuevas investigaciones en el campo de la conciencia y la mecánica cuántica.

En una época en que la ciencia y la espiritualidad parecen a menudo mundos separados, Henry Stapp representa una figura que intenta tender un puente entre ambas, buscando una comprensión más completa y profunda de la naturaleza de la existencia. Su legado intelectual nos invita a reflexionar sobre el misterio de la conciencia y a explorar sus implicaciones para nuestra comprensión del universo y de nuestro lugar en él.

En el imaginario contemporáneo, la ciencia ha transmitido a menudo una visión mecanicista y determinista del universo, una visión en la que el ser humano se reduce a un autómata cuyos pensamientos y acciones son estrictamente el resultado de interacciones físicas predeterminadas.

Sin embargo, Henry Stapp, un teórico de renombre internacional en el campo de la física cuántica, ha desafiado esta percepción anticuada de muchas maneras y en muchas ocasiones, proponiendo una concepción en la que la conciencia desempeña un papel fundamental y, para algunos, puede considerarse una entidad inmortal. Resumo sus reflexiones expresadas durante una fascinante y esclarecedora conferencia celebrada en París en 2023.

El fin del determinismo clásico.

La reflexión de Stapp partía de una crítica a la mecánica clásica, una teoría que dominó el pensamiento científico durante siglos y que quedó profundamente invalidada por los descubrimientos de la mecánica cuántica (MQ). En concreto, señalaba que la mecánica clásica se basaba en una visión determinista del mundo, en la que cada acontecimiento era la consecuencia inevitable de causas físicas previas. Este modelo, aunque poderoso y útil, fue cuestionado y superado empíricamente por los avances de la mecánica cuántica. Stapp explicó claramente cómo la MQ, mediante experimentos y verificaciones, demostró que los sucesos subatómicos no están completamente determinados por hechos anteriores, sino que se describen en términos de probabilidades.

Un elemento central del pensamiento de Stapp es la nueva visión del hombre como ser psicofísico. A través de la mecánica cuántica, Stapp sostiene que el ser humano no es un autómata mecánico, sino una entidad cuya conciencia puede influir en el curso de los acontecimientos físicos. Esta inversión de perspectiva es revolucionaria: mientras que en la mecánica clásica las intenciones conscientes eran insignificantes en comparación con el dominio de las leyes físicas, en la mecánica cuántica esas mismas intenciones se convierten en componentes activos e influyentes.

Durante la conferencia, Stapp ilustró cómo las decisiones conscientes pueden provocar "colapsos de la función de onda", un fenómeno cuántico por el que se actualiza una posibilidad entre muchas. En otras palabras, la conciencia humana puede elegir entre distintas evoluciones posibles de un acontecimiento físico, insertando la dimensión mental en la cadena causal de la realidad física. Esto confiere a la conciencia un papel mucho más significativo y autónomo que el concebido por el determinismo clásico.

Yendo más allá en su discurso, Stapp planteó la posibilidad de que la conciencia pudiera ser una entidad inmortal. Si la conciencia desempeña un papel en la evolución de los acontecimientos físicos, podría significar que no está ligada a la impermanencia del cuerpo físico. Las teorías actuales de la QM no excluyen, es más, en algunos casos sugieren, que la propia conciencia pueda tener rasgos de continuidad que sobrevivan a la muerte física...

La conclusión de Stapp es tan provocadora como profundamente humana: es crucial para nosotros, como individuos y colectivamente, corregir la visión dominante de que la ciencia nos representa como meras máquinas biológicas. Esta idea, basada en la mecánica clásica y ya superada, debe dejar paso a la nueva concepción que emerge de la mecánica cuántica. El ser humano debe verse como una entidad compleja, en la que la conciencia desempeña un importante papel causal y potencialmente inmortal. Esta revolución conceptual no sólo redefine nuestro lugar en el universo, sino que también tiene inmensas implicaciones éticas, filosóficas y espirituales.

En resumen, Henry Stapp nos invita a replantearnos radicalmente nuestra comprensión de la realidad y de nosotros mismos. Es una invitación a considerar la conciencia no como un epifenómeno insignificante, sino como un elemento central y omnipresente en el tejido del universo, manteniendo abierta la fascinante perspectiva de que nuestra conciencia pueda, de alguna forma, trascender los límites impuestos por la finitud del cuerpo físico.

Se dice que uno de los mayores retos de la ciencia moderna es comprender la naturaleza de la conciencia. En esta conferencia de París, Henry Stapp puso este asunto en el candelero al afirmar que la ciencia, a través de la mecánica cuántica, posee las claves para desvelar la conexión entre nuestras experiencias conscientes y el mundo físico. Stapp expuso su teoría de la "conciencia cuántica", sugiriendo que la conciencia podría no sólo influir en el mundo físico, sino también poseer una cualidad de inmortalidad.

Para entender el enfoque innovador de Stapp, es esencial empezar por su crítica de la física clásica. Las teorías físicas de los siglos XVIII y XIX pintaban un universo estrictamente determinista, en el que cada acontecimiento era el resultado inevitable de causas físicas previas. En este contexto, las experiencias conscientes y la voluntad humana parecían irrelevantes. Según este punto de vista, nuestra mente no tenía poder para influir en el curso de los acontecimientos físicos, lo que reducía al ser humano a un autómata mecánico, desprovisto de libre albedrío y sentido.

Sin embargo, como señala Stapp, estas teorías ya han sido superadas. En su entrevista, deja claro que las teorías físicas clásicas son "*fundamentalmente falsas*" y han sido sustituidas por la mecánica cuántica. La mecánica cuántica representa un cambio de paradigma: no sólo introduce el concepto de indeterminación, sino que sitúa la conciencia humana en el centro del proceso de determinación del futuro.

Stapp explicó que, en mecánica cuántica, nuestras "*elecciones libres*" conscientes desempeñan un papel crucial en la configuración del futuro. Estas elecciones se llaman "*libres*" porque no están limitadas por ninguna otra característica de la teoría. En términos más sencillos, las decisiones conscientes no están predeterminadas por acontecimientos físicos previos, sino que pueden determinar directamente el curso de los acontecimientos físicos.

Los efectos de estas elecciones son más evidentes en el cerebro. Según Stapp, las elecciones mentales libres influyen en los procesos cerebrales, demostrando así que la mente no es una figura pasiva que observa el universo, sino un agente activo que puede modificarlo.

Uno de los aspectos más fascinantes de la teoría de Stapp se refiere a la naturaleza inmortal de la conciencia. Si los procesos mentales pueden determinar el curso de los acontecimientos físicos a través de la mecánica cuántica, esto podría significar que la conciencia no está exclusivamente ligada a la fisicalidad del cuerpo humano. En otras palabras, la conciencia podría tener una continuidad que sobreviva a la muerte física.

Stapp no aporta pruebas definitivas de esta inmortalidad, pero abre un horizonte de reflexión que invita a considerar la conciencia como un elemento omnipresente y persistente del universo. Este concepto de "conciencia cuántica" podría incluso sugerir que la propia conciencia es un componente fundamental de la realidad, al mismo nivel que las partículas y ondas que describen el mundo físico.

En su discurso, Stapp nos invita a revisar nuestra comprensión de la realidad y nuestra posición en ella. Cree que es fundamental que la humanidad abandone la anticuada noción de ser autómatas mecánicos, derivada de la física clásica, y abrace el escenario que ofrece la mecánica cuántica. En este nuevo marco, el ser humano es visto como una entidad psicofísica cuyas intenciones conscientes pueden determinar realmente el futuro.

Esta nueva visión no sólo reinterpreta el sentido de nuestra existencia, otorgando a nuestra conciencia un papel activo y dinámico, sino que también abre nuevas perspectivas sobre el concepto de inmortalidad. La teoría de Stapp nos lleva a ver la realidad y a nosotros mismos con otros ojos, subrayando la importancia de nuestras experiencias y voluntades conscientes en la configuración del mundo que nos rodea.

En esencia, Henry Stapp nos deja un poderoso mensaje: nuestra conciencia no es un mero epifenómeno de los procesos físicos, sino una fuerza viva e influyente que podría extenderse más allá de los límites del cuerpo físico. Un concepto que no sólo fascina, sino que invita a una profunda reflexión sobre la naturaleza de la realidad y de nuestra propia existencia.

Materialismo esperanzador".

En la entrevista, Stapp examina el concepto de "materialismo esperanzado". El materialismo esperanzado, término acuñado por Sir Karl Popper, describe el optimismo imperante en neurociencia, según el cual la mente y el cerebro, como entidades tangibles, acabarán siendo descifrables mediante los principios establecidos de la mecánica clásica. Sin embargo, Stapp señala cómo esta visión se ve limitada por sus propios fundamentos primitivos. La tenaz adhesión a los principios deterministas y reduccionistas de la física clásica es, según Stapp, un obstáculo insuperable para una comprensión plena de la conciencia.

Para ilustrarlo, Stapp evoca la perspicaz observación del físico del siglo XIX John Tyndall. Tyndall reconoció la existencia de un "*abismo invencible*" entre el dominio físico de los objetos materiales y la experiencia subjetiva de la conciencia humana. Aunque Tyndall podía trazar el desarrollo del sistema nervioso y relacionarlo con los fenómenos paralelos de la sensación y el pensamiento, admitió que no podía entender la conexión entre los impulsos físicos y la experiencia subjetiva.

Este "abismo invencible" se salvó más tarde, pero con un cambio paradigmático descrito por el lógico John von Neumann. Propuso la introducción de la mecánica cuántica, que desafiaba y superaba las limitaciones inherentes a la física clásica. Stapp aceptó y desarrolló el planteamiento de von Neumann, argumentando que los procesos cuánticos no sólo reproducen mejor el extraño y complejo mundo de nuestra experiencia consciente, sino que también ofrecen un marco teórico para entender la conciencia como un actor activo en la configuración de la realidad.

La piedra angular del pensamiento de Stapp gira en torno a la idea de que la conciencia no es un subproducto pasivo de la materia, como suele sugerir el Materialismo Esperanzado, sino una herramienta fundamental que interactúa con el mundo físico. Mediante experimentos de medición en mecánica cuántica, en los que el observador parece influir en el resultado, Stapp encuentra argumentos sólidos para sostener que la conciencia lleva las riendas de la realidad percibida.

Esta perspectiva tiene profundas implicaciones para el concepto de alma inmortal. Si la conciencia está intrínsecamente ligada a la estructura del universo cuántico, su existencia continuada podría no depender estrictamente de las limitaciones del cuerpo físico. Los seres humanos, como observadores conscientes, participamos activamente en la creación de la propia realidad, lo que sienta las bases teóricas de la idea de que una parte de nosotros, nuestra conciencia, puede persistir más allá de la descomposición física.

Stapp no sólo aporta una sólida crítica de la física clásica, sino que ofrece una visión audaz y sugerente que nos incita a replantearnos nuestro lugar en el universo. La mecánica cuántica, con sus peculiaridades y su potencial, arroja nueva luz sobre la comprensión de la conciencia y, con ella, sobre la vieja cuestión del alma. Tal vez, como sugiere Stapp, a través del prisma de la mecánica cuántica podamos por fin empezar a vislumbrar la dimensión eterna de nuestra existencia consciente.

El materialismo es un paradigma en crisis. Un nuevo paradigma.

La verdadera revolución, sugiere Stapp, se produjo con la llegada de la mecánica cuántica a principios del siglo XX. Los descubrimientos teóricos y experimentales demostraron que las leyes clásicas, perfectamente aplicables a grandes objetos astronómicos y terrestres, fracasaban estrepitosamente en el mundo de los átomos. En respuesta a estos descubrimientos, surgió un nuevo modelo de leyes que, en principio, se aplican no sólo a átomos individuales, sino también a sistemas formados por un número arbitrariamente grande de átomos.

Sin embargo, este enfoque renovado ha demostrado que si intentamos aplicar estas leyes a un sistema que incluya tanto al observador como al objeto de observación, nos encontramos con una discrepancia fundamental. Según las leyes atómicas, el cerebro de un observador debería evolucionar hacia una mezcla de muchos estados diferentes, cada uno correspondiente a una percepción distinta. Sin embargo, en la realidad empírica, sólo se manifiesta una percepción. Este desajuste entre teoría y experiencia ha dado lugar a un avance fundamental.

Los padres fundadores de la mecánica cuántica resolvieron este conflicto abandonando el marco conceptual creado por Isaac Newton en el siglo XVII. Durante más de doscientos años, este paradigma "clásico" había descartado la posibilidad de que nuestras experiencias conscientes pudieran influir directamente en el futuro descrito físicamente.

La teoría cuántica, por el contrario, eleva nuestras experiencias conscientes del papel pasivo de meros observadores al de participantes activos en la creación de nuestro futuro físico compartido. Esta elevación, según Stapp, no es sólo una revolución científica, sino también un profundo cambio filosófico que podría revelar pistas sobre la inmortalidad de la conciencia.

Según Stapp, la mecánica cuántica ofrece un marco para entender la conciencia como un aspecto fundamental de la realidad, y no sólo como un epifenómeno del cerebro físico. En este contexto, la conciencia podría existir más allá de los límites físicos del cuerpo, sugiriendo una especie de inmortalidad mental o espiritual.

Stapp desafía la dicotomía clásica entre mente y materia, proponiendo que la conciencia podría no sólo sobrevivir a la muerte física, sino desempeñar un papel activo y causal en el universo. Este concepto abre fascinantes posibilidades para el futuro de la investigación científica y filosófica, planteando cuestiones sobre las que la humanidad lleva reflexionando milenios.

Aunque la física clásica es increíblemente eficaz para predecir el comportamiento de los objetos macroscópicos, no da cuenta del papel de la conciencia. Stapp subraya que la ciencia debe anclarse en nuestras experiencias, ya que es a través de ellas como conocemos el mundo. En el pasado, científicos como Niels Bohr reconocieron que la tarea de la ciencia no consistía en descubrir las "verdades" ocultas tras las experiencias, sino en trazar las relaciones entre los diversos aspectos de nuestras experiencias. El propio Bohr afirmó

> *"El propósito de nuestra descripción de la naturaleza no es revelar la verdadera esencia de los fenómenos, sino sólo trazar en la medida de lo posible las relaciones entre los múltiples aspectos de nuestra experiencia."*

En conclusión, Henry Stapp no sólo critica las limitaciones del materialismo, sino que propone una visión en la que la mecánica cuántica podría ser la clave para comprender la naturaleza esencial e inmortal de la conciencia. En un mundo en el que ciencia y espiritualidad suelen verse como opuestas, Stapp actúa como puente, abriendo nuevas vías de pensamiento que algún día podrían cambiar nuestras vidas.

La interpretación de Copenhague y el papel del observador.

Stapp considera significativo que los padres de la teoría cuántica, sobre todo en la interpretación de Copenhague, hicieran hincapié en el papel crucial del observador. De hecho, la Interpretación de Copenhague sostiene que los resultados de los experimentos cuánticos no pueden considerarse independientes de los actos de observación; el propio observador desempeña un papel crucial en la determinación de la realidad experimental.

Esta idea coincide estrechamente con la visión de Stapp de la conciencia como participante activo. Según Stapp, los sucesos cuánticos están influidos por las elecciones conscientes de los observadores, una visión que se aleja tajantemente del rígido determinismo de la mecánica clásica. Las "elecciones libres" de los experimentadores no están determinadas por leyes físicas, sino que surgen de una esfera de intencionalidad y conciencia, lo que abre la posibilidad de nuevas perspectivas sobre la naturaleza de la realidad y, tal vez, la inmortalidad del alma.

Stapp introduce el concepto de "*elecciones libres*" para describir las decisiones conscientes que no están predeterminadas por leyes mecánicas, pero que desempeñan un papel crucial a la hora de influir en los resultados de los experimentos cuánticos. En este contexto, las elecciones del sujeto observador determinan qué mediciones se realizarán y, en consecuencia, qué aspectos de la realidad cuántica se revelarán.

Este revolucionario planteamiento supone una clara ruptura con la mecánica clásica y su pretensión de poder explicar todos los fenómenos mediante leyes predeterminadas. En cambio, la teoría cuántica, tal como la desarrolla e interpreta Stapp, sugiere que la conciencia desempeña un papel intrínseco en el universo, abriendo la puerta a interpretaciones que incluyen la posibilidad de una conciencia inmortal.

Stapp propone que esta nueva comprensión de la conciencia, como elemento activo y fundamental en la estructura del universo, puede ofrecernos un camino hacia una comprensión más completa de nuestra esencia. Las implicaciones de esta visión son vastas y profundas, y afectan no sólo a la física y la neurociencia, sino también a la filosofía y la teología.

En última instancia, la teoría de la conciencia cuántica de Henry Stapp desafía el "materialismo esperanzador" y propone una visión en la que la conciencia no es sólo un subproducto de la materia, sino un elemento esencial en el tejido del universo. Esta perspectiva abre nuevas vías para comprender no sólo la naturaleza de la realidad, sino también la posibilidad de que nuestra conciencia trascienda los límites de la vida física, sugiriendo potencialmente la existencia de un alma inmortal.

El papel del observador.

"¡Hay que hacer una pausa aquí!", advierte Stapp, subrayando la importancia de reflexionar seriamente sobre este salto conceptual. La física clásica, explica Stapp, surgió de la observación de grandes cuerpos celestes y terrestres, donde las decisiones del observador no influyen en el sistema observado. Sin embargo, extender esta idea a la neurociencia es, según Stapp, un error fatal. De hecho, nuestras elecciones mentales tienen un efecto causal significativo en nuestras acciones materiales, un punto que la mecánica cuántica está técnicamente mejor equipada para tratar que la física clásica. La mecánica cuántica, con su complejo tratamiento de los procesos de medición, reconoce y explica cómo nuestras percepciones de los planetas difieren radicalmente de nuestras percepciones de nosotros mismos.

En la mecánica cuántica, el observador no es un elemento pasivo, sino activo. El procedimiento general de medición cuántica comienza con una elección consciente y una acción posterior por parte del observador. Si se produce la respuesta experimental elegida por el observador, el sistema observado adquiere una nueva propiedad física. Este proceso fundamental, denominado "colapso del estado cuántico", sugiere que la realidad física es co-creada por el acto de observación consciente.

Stapp nos da un ejemplo: antes de la observación, el estado de un sistema puede extenderse por una gran región espacial; después de la observación, puede quedar confinado en una región mucho más pequeña. Esta transición, o colapso, resuelve el problema del dualismo onda-cuerpo y demuestra la importancia del papel del observador.

Un aspecto crucial de las teorías de Stapp es la idea de las "elecciones libres". Estas elecciones -decisiones conscientes que no están predeterminadas por las leyes físicas- influyen significativamente en el mundo material. De este modo, la conciencia no se ve sólo como un observador pasivo, sino como un participante activo en la creación de la realidad. Este concepto cuestiona directamente la idea de que todo en nuestro universo está predeterminado y es mecanicista.

Stapp amplía esta idea señalando que la conciencia puede no limitarse al cuerpo físico, abriendo la posibilidad de que persista más allá de la muerte. La idea de que el alma o la conciencia puedan ser inmortales es una de las implicaciones más profundas y fascinantes de sus teorías, que vinculan los misterios de la física cuántica con antiguas cuestiones filosóficas sobre la existencia y la naturaleza del alma.

Hacia una nueva comprensión de la realidad.

En el paradigma tradicional de la física clásica, el universo se ve como una gigantesca máquina en la que cada acontecimiento está determinado por leyes físicas. Sin embargo, las teorías de Henry Stapp sugieren un paradigma alternativo en el que la propia mente desempeña un papel esencial en la configuración de la realidad. La física cuántica, que reconoce la libertad de elección y el papel activo del observador, ofrece una visión más fluida y dinámica del mundo.

Stapp concluye que, para comprender plenamente la naturaleza de la conciencia y sus implicaciones, debemos ir más allá de las limitaciones del materialismo. El universo, según Stapp, es un lugar intrínsecamente conectado e interactivo, donde la conciencia no es sólo un producto emergente de la materia física, sino un componente fundamental de la propia realidad.

En resumen, Henry Stapp nos invita a reconsiderar no sólo la naturaleza del universo, sino también nuestro lugar en él. Sus ideas nos ofrecen una visión en la que conciencia y materia están íntimamente interconectadas, proponiendo la fascinante posibilidad de que nuestra esencia consciente pueda ser eterna. Esta perspectiva no sólo enriquece nuestra comprensión científica, sino que también nos acerca a la solución de algunos de los mayores enigmas existenciales de la humanidad.

Stapp recurre al trabajo de John von Neumann, famoso matemático y lógico, que en sus estudios rechazó la "descripción clásica" de la realidad física, proponiendo en su lugar una descripción puramente cuántica. Von Neumann abordó con decisión los enigmas de la mecánica cuántica, redefiniendo el concepto de "colapso de la función de onda" en términos de interacción entre mente y materia.

En opinión de von Neumann, el proceso de colapso no está causado por una nebulosa "magnitud", sino por la conciencia del observador. En la formulación ortodoxa de la mecánica cuántica, el *"corte de Heisenberg"* separa lo que debe describirse matemáticamente mediante la MC (Mecánica Cuántica) de lo que se explica en términos clásicos o mentales. Sin embargo, von Neumann desplazó este corte progresivamente hacia arriba, integrando todos los objetos físicos bajo la descripción cuántica y preservando así la unidad de la descripción psicofísica sin recurrir a conceptos de la física clásica.

En el modelo de von Neumann, adoptado por Stapp, el observador desempeña un papel crucial. Las "elecciones libres" del observador, desde una perspectiva cuántica, no están determinadas por leyes físicas, sino que surgen de un ámbito de intencionalidad y conciencia. Esta idea desafía directamente el determinismo de la física clásica, ofreciendo una explicación más coherente con la naturaleza humana y la experiencia subjetiva.

El alma inmortal. Más allá de los límites del cuerpo físico.

Uno de los aspectos más revolucionarios y provocadores de los argumentos de Stapp es la hipótesis de que la conciencia no está confinada al cuerpo físico y puede persistir más allá de la muerte. Stapp, haciéndose eco de las ideas de von Neumann sobre los *"egos abstractos"*, sostiene que los aspectos mentales del observador no pertenecen al mundo físico, sino que mantienen un vínculo dinámico cuántico con el cerebro físico asociado. Este punto de vista implica que la conciencia, como entidad cuántica, puede tener una forma de existencia independiente del cuerpo físico, lo que sugiere una posible inmortalidad del alma.

Henry Stapp nos invita a superar las limitaciones de la física clásica adoptando una visión cuántica más completa e integrada del universo y la conciencia. Sus ideas no son sólo un reto científico, sino también filosófico, pues ofrecen una interpretación de la realidad en la que la mente y la experiencia subjetiva no son meros subproductos de la materia, sino componentes fundamentales y dinámicos del universo. En esta perspectiva, la conciencia no es sólo un fenómeno emergente, sino una fuerza activa y omnipresente que podría trascender los límites de la vida física, abriendo el camino a nuevas reflexiones sobre la esencia misma de nuestra existencia y la posibilidad de la inmortalidad del alma.

Stapp centra su discurso en el observador, atribuyéndole un papel muy distinto del testigo pasivo postulado por la física clásica. En efecto, en la mecánica cuántica (MQ), el observador tiene la libertad de elegir qué pregunta formular a la naturaleza. Este simple acto tiene profundas consecuencias para la comprensión de la realidad física.

Consideremos el efecto Zenón cuántico, una de las piedras angulares de la filosofía de Stapp. Imaginemos el siguiente escenario: un observador plantea a la naturaleza una pregunta "Sí/No" sobre el estado de un sistema. Si la respuesta de la naturaleza es "Sí", el sistema mostrará definitivamente la propiedad que el observador había elegido.

Pero eso no es todo. En una situación concreta, si la primera respuesta de la naturaleza es "Sí", y el observador sigue repitiendo rápidamente la misma pregunta, las respuestas "No" empiezan a suprimirse con fuerza. Este fenómeno implica que el observador puede mantener un determinado estado del sistema durante un periodo prolongado, un poder significativo que Stapp atribuye directamente a la conciencia.

Aquí entra en juego un aspecto crucial: el proceso consciente de toma de decisiones del observador determina qué propiedades del sistema se manifestarán, y esto no es mero academicismo. Stapp aclara que, según las reglas de la MQ, las respuestas negativas se reducen drásticamente si la pregunta se formula con frecuencia, fenómeno conocido como *efecto Zenón cuántico*. En consecuencia, las elecciones del observador ejercen un control efectivo sobre el sistema medido, que, en la formulación de Von Neumann, representa el propio cerebro del observador.

Stapp señala que este cambio dinámico da un vuelco a la visión tradicional del observador como mero espectador. En lugar de estar a merced de un universo predeterminado, el ser humano se convierte en cocreador de la realidad. Este concepto fue desarrollado a su vez por los padres fundadores de la QM, como Niels Bohr, que subrayaron el doble papel del hombre en la gran existencia humana: actor y espectador.

Henry Stapp no sólo arroja nueva luz sobre la física cuántica, sino también sobre el concepto filosófico del alma. Si la conciencia puede influir directamente en la realidad física, se crea un puente teórico hacia la idea de una entidad inmortal que trasciende el mero estado físico. Esta innovación rinde homenaje a la visión de William James, que reconoció la integralidad de la conciencia en toda actividad humana.

Stapp nos lleva a considerar la implicación de que la conciencia no es un mero epifenómeno, sino un elemento dinámico y fundamental en la construcción de la realidad. Este pensamiento amplía enormemente los horizontes de la física y plantea profundos interrogantes sobre nuestro lugar en el universo.

En conclusión, la teoría de Henry Stapp no sólo desafía los paradigmas de la física clásica, sino que también avanza un discurso sobre la unidad de mente y materia, sugiriendo que el alma, lejos de ser un concepto abstracto, puede tener una base científica en la dinámica de la conciencia cuántica. Una afirmación que, aunque todavía muy especulativa, podría abrir nuevas vías en la comprensión de nuestra existencia y el camino hacia la inmortalidad.

El cerebro cuántico.

Para Stapp, el cerebro humano es especialmente interesante porque actúa como generador de incertidumbre cuántica a través de canales iónicos. Los iones que pasan por estos canales producen incertidumbres significativas en sus velocidades, un proceso que transmite la incertidumbre cuántica al nivel macroscópico, sin que nadie, ni siquiera la propia persona, sea consciente de ello.

Esta visión radical transforma el cerebro en una entidad mecánico-cuántica, rompiendo las barreras de la física clásica y abriendo el camino a la posibilidad de que la mente consciente influya realmente en el comportamiento. Según Stapp, la Naturaleza sería ineficaz si dotara a la humanidad de una conciencia avanzada que no pudiera influir en el curso de los acontecimientos reales.

Para validar aún más su teoría, Stapp cita la característica "*más rápida que la luz*" de la mecánica cuántica, que desafía los principios de la física relativista. Esta propiedad, también denominada por Einstein "*acción espectral a distancia*", demuestra la inmaterialidad del mundo cuántico. Einstein creía que esta característica no era más que un subproducto del formalismo matemático, pero Stapp demuestra que se trata, en cambio, de una propiedad básica de la realidad. Esta importante característica macroscópica de la mecánica cuántica, incompatible con la hipótesis *de* "*nunca más rápido que la luz*", abre nuevas puertas a la comprensión de la conciencia como fenómeno cuántico.

La visión de Stapp conlleva profundas provocaciones para la ciencia y la filosofía. El cerebro humano, generador de incertidumbres cuánticas, podría ser la clave para entender la conciencia como una entidad inmortal. Esto sugiere que el alma, lejos de ser un vago concepto espiritual, puede encontrar una base sólida en la física cuántica. Henry Stapp no sólo ha cuestionado los fundamentos de la física clásica, sino que ha sentado las bases de un diálogo interdisciplinar que podría revolucionar nuestra comprensión de la conciencia y de la propia realidad. Es una invitación a mirar más allá de las apariencias, a considerar que lo que vemos no es toda la verdad, y que dentro de nosotros puede haber una profunda conexión con la esencia cuántica del universo.

Efectos retrocausales.

Uno de los aspectos más intrigantes de las teorías de Stapp es la aparición de acciones que parecen retroceder en el tiempo. Estos efectos retrocausales no sólo cuestionan el materialismo basado en la física clásica, sino que sugieren que la conciencia podría desempeñar un papel activo en la determinación de la realidad física.

Stapp cita varios experimentos que demuestran que el colapso de la función de onda en la mecánica cuántica no es un proceso puramente físico, sino que está influido por las elecciones conscientes del observador. Este colapso, de hecho, no sólo decide cuál de las potencialidades se convierte en realidad, sino que también borra toda memoria de las posibilidades eliminadas, dejando sólo un rastro de las propiedades que condujeron al suceso ocurrido.

Un concepto clave expuesto por Stapp, haciéndose eco de las palabras de Stephen Hawking y Leonard Mlodinow en su libro "*El Gran Diseño*", es el siguiente:

> *"Somos nosotros los que creamos la historia a través de nuestras observaciones, no es la historia la que nos crea a nosotros".*

Esta inversión de perspectiva subraya cómo la conciencia no es un mero espectador pasivo, sino un actor activo en la construcción de la realidad.

Stapp utiliza numerosos experimentos para apoyar sus teorías. Por ejemplo, se ha observado que el tamaño de la pupila de los sujetos humanos cambia justo antes de un destello de luz, cuyo momento es completamente aleatorio. Otro experimento muestra un aumento repentino de la conductancia cutánea justo antes de que se muestre un estímulo visual impactante.

Estos efectos no pueden explicarse con los principios de la física clásica. Indican que las acciones de nuestro cuerpo pueden preceder a estímulos externos, lo que sugiere una influencia de la conciencia que desafía el concepto tradicional de causalidad temporal.

Stapp identifica estos retroefectos como pruebas empíricas que refutan *el "materialismo esperanzador"*, es decir, la creencia de que todo lo que existe es material y que todo puede explicarse mediante las leyes de la física clásica. Según Stapp, estos fenómenos directamente observables a gran escala hacen que el materialismo sea extremadamente inadecuado para explicar la realidad.

Otro elemento de las teorías de Stapp es el llamado *"efecto Zenon"* de la mecánica cuántica. Este efecto muestra cómo las observaciones continuas pueden estabilizar un estado concreto de un sistema. Aplicando este concepto al cerebro humano, Stapp sugiere que la conciencia puede mantener activos determinados procesos cerebrales mediante una serie de observaciones o influencias conscientes.

En conclusión, Henry Stapp nos invita a replantearnos radicalmente nuestro concepto de la realidad y la conciencia. Su visión nos lleva a considerar un universo en el que la conciencia no sólo observa, sino que da forma y dirige la propia realidad, abriendo la puerta a una interpretación en la que el alma y su inmortalidad ya no son sólo una idea filosófica, sino una posibilidad científicamente fundamentada. Este cambio de paradigma podría tender algún día un puente entre la ciencia y la espiritualidad, haciendo que el concepto de alma inmortal no sea sólo un sueño, sino una realidad tangible.

Giulio Tononi. El concepto de retorno de la información.

En este escenario, la aportación de científicos como Giulio Tononi destaca por su rigor e innovación. Aunque no está estrictamente relacionada con la teoría cuántica de la conciencia, su Teoría de la Información Integrada (TII) ofrece una visión fascinante y cuantificable de la conciencia.

Giulio Tononi nació en Trento (Italia) en 1960. Se licenció en Medicina y Cirugía en la Universidad de Pisa y se doctoró en la Scuola Normale Superiore de la misma ciudad. Continuó su carrera en prestigiosas instituciones internacionales, como el Instituto de Investigación Cerebral de la Universidad de Zúrich y el Hospital General de Massachusetts en Harvard. En la actualidad, Tononi es profesor en la Universidad de Wisconsin-Madison, donde sigue explorando los misterios del cerebro y la conciencia.

La teoría de Tononi se basa en dos principios fundamentales: información e integración. Al proponer que la conciencia crece con el grado de información integrada en un sistema, Tononi introduce el concepto de "phi" (Φ), una medida cuantitativa de la integración de la información. Según Tononi, la conciencia es máxima cuando un sistema es altamente informativo e integrado, capaz de producir una gran cantidad de experiencias unificadas.

Este enfoque tiene el mérito de proporcionar una base cuantitativa para la conciencia, permitiendo medir y comparar el "phi" de distintos sistemas. Aunque la TII no aborda directamente la cuestión de la inmortalidad de la conciencia, su precisión y formalización matemática ofrecen una poderosa herramienta para hacer evolucionar nuestra comprensión del fenómeno consciente.

En una época en la que la frontera entre el conocimiento y la especulación es cada vez más difusa, la contribución de científicos como Tononi es crucial para anclar nuestra comprensión a los hechos, al tiempo que mantiene viva nuestra curiosidad y apertura a nuevas y fascinantes posibilidades.

Tononi desarrolló métricas específicas, como el índice φ (phi), para cuantificar el nivel de información incrustado en un sistema, intentando proporcionar una medida objetiva de la conciencia. La teoría de Tononi ha despertado el interés de muchos investigadores en el campo de la conciencia y la neurociencia computacional.

Giulio Tononi ha sido reconocido internacionalmente por su trabajo, recibiendo numerosos premios y galardones por sus contribuciones a la comprensión de la conciencia. Sus investigaciones siguen influyendo en el debate sobre la naturaleza de la conciencia y la comprensión de cómo surge en el cerebro humano.

La revolución de Tononi. La información integrada como clave de la conciencia.

En el panorama de la neurociencia moderna, pocos conceptos han desencadenado debates tan apasionados y reflexiones tan profundas como la *Teoría de la Información Integrada (TII)* de Giulio Tononi. Conocido como una de las figuras más innovadoras en el campo de los estudios sobre la conciencia, Tononi introdujo y desarrolló una teoría que tiene el potencial de revolucionar nuestra comprensión de la mente y su funcionamiento.

El núcleo de la IIT es la idea de que la conciencia corresponde a la capacidad de un sistema para integrar información. Tononi propuso que toda experiencia consciente puede medirse cuantitativamente a través de un parámetro llamado "phi" (Φ). Este valor representa la cantidad de información integrada en un sistema. Un sistema con una gran integración de información y, por tanto, un alto valor de phi, tendrá un alto nivel de conciencia.

La teoría de Tononi postula que la conciencia surge no sólo de la complejidad de la red neuronal, sino de la forma específica en que esta red integra la información. El cerebro humano, con sus intrincadas interconexiones, representa la máxima expresión de esta integración.

Para apoyar su teoría, Tononi y su equipo realizaron una amplia gama de experimentos con técnicas avanzadas de neuroimagen, como la resonancia magnética funcional (RMf) y la electroencefalografía (EEG). Por ejemplo, los estudios sobre el sueño han demostrado que, durante el sueño profundo, los valores de phi en el cerebro disminuyen drásticamente, lo que sugiere un menor nivel de conciencia. Por el contrario, durante el sueño, los niveles de phi aumentan, lo que refleja un estado de conciencia superior.

La Teoría de la Información Integrada no sólo propone una medida cuantitativa y objetiva de la conciencia, sino que también ofrece una nueva perspectiva para interpretar diversos fenómenos clínicos y neurocientíficos. Por ejemplo, puede aportar explicaciones a estados alterados de conciencia como los experimentados durante la anestesia o los estados de coma. Además, la TII también ha encontrado resonancia fuera del ámbito estrictamente neurocientífico. Roger Penrose, el famoso físico y matemático británico, examinó la IIT en relación con su teoría de los túbulos cuánticos en la mente.

En una de sus declaraciones, Tononi dijo:

> *"Nuestro objetivo es entender cómo y por qué un conjunto de neuronas puede no sólo procesar información, sino crear una experiencia subjetiva única".*

Esta afirmación ilustra claramente el ambicioso objetivo del IIT: trascender el mero análisis estructural del cerebro para penetrar en el misterio de la experiencia subjetiva.

La propuesta de Tononi supone una auténtica revolución en el campo de la conciencia. No se limita a reinterpretar conceptos preexistentes, sino que propone un nuevo mapa conceptual para navegar por las complejas aguas de la mente. Cambia la forma de ver la relación entre materia y conciencia, desplazando el foco de la mera descripción de las redes neuronales a la comprensión de la información como elemento fundamental e integrado.

En el futuro, la ITT podría tener vastas implicaciones, no sólo para la ciencia de la mente, sino también para la filosofía, la inteligencia artificial e incluso nuestra concepción de la vida y la muerte. Como señala Tononi, el reto no ha hecho más que empezar, y el viaje para comprender plenamente la conciencia y el papel de la información integrada promete ser una de las aventuras intelectuales más extraordinarias de nuestro tiempo.

Trayectoria y aportaciones culturales de Tononi.

Entre las obras más significativas de Tononi figuran varios libros y artículos científicos. En "*Phi: un viaje del cerebro al alma*" (2012), Tononi lleva al lector en un viaje imaginario a través del cerebro y la mente, explorando los meandros de la conciencia con un enfoque narrativo y científico. Esta obra es especialmente apreciada por su capacidad para traducir conceptos complejos a términos comprensibles incluso para un público no especializado, manteniendo al mismo tiempo la profundidad científica.

En el libro "*Dream Consciousness*" (2005), escrito junto a otros eminentes académicos, Tononi explora el fenómeno del sueño como forma de entender la conciencia. Aquí explora cómo el estado onírico puede analizarse a través de la lente de la IIT, ofreciendo nuevas perspectivas sobre los estados alterados de conciencia.

A lo largo de los años, Tononi ha realizado numerosos experimentos para apoyar y probar su teoría. En colaboración con colegas como Christof Koch, otro reputado científico de la conciencia, Tononi ha utilizado técnicas avanzadas *de neuroimagen* para medir la integración de la información en el cerebro humano. En un experimento de 2008, publicado en PLoS Biology, Tononi y su equipo analizaron patrones cerebrales durante distintos estados de conciencia, demostrando cómo el nivel de "phi" variaba entre los estados de vigilia, sueño y anestesia.

El impacto del trabajo de Tononi va mucho más allá del campo de la neurociencia. Su teoría ha estimulado fervientes debates y renovado el interés por comprender la conciencia. La comunidad de físicos teóricos también ha aportado contribuciones significativas, y figuras como Roger Penrose han expresado su interés por la TII en relación con la teoría cuántica de la mente.

Colaboración con Gerald Edelmann.

Giulio Tononi y Gerald Edelman destacan por sus fructíferas colaboraciones. Ambos científicos han contribuido significativamente a la comprensión de la conciencia humana, combinando sus brillantes mentes para desarrollar teorías revolucionarias que arrojan luz sobre aspectos aún inexplorados de la experiencia humana.

Gerald Edelman, neurocientífico galardonado con el Premio Nobel por sus descubrimientos sobre la estructura del sistema inmunitario, se dedicó entonces a la neurociencia y sentó las bases del enfoque darwinista de la conciencia mediante la Teoría de la Selección de Grupos Neuronales (TNGS). La combinación de las teorías de Tononi y Edelmann dio lugar a una sinergia inusual pero fascinante.

La Teoría *de la Selección de Grupos Neuronales* (TNGS), desarrollada por Gerald Edelman, es un enfoque darwiniano para entender la conciencia. Según esta teoría, la conciencia surge de un proceso de selección entre grupos de neuronas, un concepto similar a la selección natural biológica. Edelman sugirió que los grupos neuronales compiten entre sí y se seleccionan los que demuestran ser más eficaces, al igual que ocurre con los genes más adecuados en las poblaciones biológicas.

Este proceso implica varios niveles de selección: variabilidad inicial de los grupos neuronales, selección sináptica basada en la experiencia y la actividad y, por último, reentrada, es decir, retroalimentación continua entre distintas áreas cerebrales. A través de estos mecanismos, el cerebro no sólo procesa información, sino que también desarrolla la capacidad de consciencia.

La TNGS se enriqueció aún más con la colaboración de Edelman con Giulio Tononi, que culminó en la Teoría de la Información Integrada (TII). Este trabajo combinado explora en profundidad cómo puede surgir la conciencia a partir de la complejidad e integración de los sistemas cerebrales.

Los caminos de Tononi y Edelman se cruzaron a principios de la década de 2000, cuando Tononi se trasladó a Estados Unidos para trabajar en el Instituto de Investigación de Neurociencias de San Diego, del que Edelman era Director. Allí, sus conversaciones intelectuales cobraron vida propia, dando lugar a colaboraciones que desafiarían y ampliarían nuestra comprensión convencional de la conciencia.

Una aportación clave de esta asociación es el libro "*A Universe of Consciousness: How Matter Becomes Imagination*", publicado en 2000. Este texto representa un hito en la literatura neurocientífica, al explorar cómo surge la conciencia a partir de la complejidad del cerebro humano. Tononi y Edelman, combinando sus respectivas teorías, presentan un panorama en el que la conciencia se ve como una propiedad emergente de sistemas altamente complejos e integrados, sentando así las bases para futuros debates sobre la conciencia cuántica.

Uno de los aspectos más intrigantes de los debates entre Tononi y Edelman se refiere a la posibilidad de la inmortalidad de la conciencia. Aunque ninguno de los dos científicos ha propuesto directamente que la conciencia humana pueda ser literalmente inmortal, sus trabajos abren la puerta a especulaciones fascinantes. La teoría IIT de Tononi, por ejemplo, sugiere que la conciencia no es simplemente una función del cerebro físico, sino una manifestación de información integrada. En este paradigma, una configuración suficiente de información podría, en teoría, existir independientemente del sustrato físico original.

Edelman, con la TNGS, postuló que la conciencia es el resultado de procesos selectivos similares a la evolución darwiniana, pero aplicados a nivel neuronal. Esto implica una continua adaptación y supervivencia de las configuraciones neuronales más eficientes, una idea que, aunque concebida en términos fisiológicos, contribuye a la comprensión teórica de una aparente "supervivencia" de la conciencia.

En el contexto de estas teorías, se puede especular que si la conciencia está estrechamente vinculada a la información y a las configuraciones neuronales más que a una materia física específica, entonces podría existir una especie de continuidad cuántica de la conciencia que trascienda la muerte física. Esto lleva inevitablemente a plantearse cuestiones filosóficas e incluso existenciales sobre el destino último de la conciencia y la posibilidad de su persistencia en alguna forma abstracta e inmaterial.

La colaboración entre Giulio Tononi y Gerald Edelman ha influido profundamente en el campo de la neurociencia y la filosofía de la mente. Aunque el concepto de conciencia cuántica como entidad inmortal permanece por ahora en el terreno de la especulación, sus teorías proporcionan valiosas herramientas para explorar tales posibilidades. El trabajo de estos dos pioneros demuestra que, mediante la integración de distintas perspectivas científicas, podemos acercarnos lenta pero firmemente a la comprensión de uno de los mayores misterios de nuestra existencia: la naturaleza y el destino último de la conciencia humana.

Una famosa cita de Tononi dice así:

> *"La conciencia es lo que pierdes cuando te duermes sin soñar y lo que recuperas cuando te despiertas".*

Esta afirmación resume elocuentemente su planteamiento de la conciencia como fenómeno mensurable vinculado a la integración de la información.

Las principales obras de Giulio Tononi representan un bastión de innovación y rigor científico en el estudio de la conciencia. A través de experimentos, colaboraciones y una prolífica producción literaria, Tononi ha arrojado nueva luz sobre uno de los misterios más fascinantes de la ciencia: la naturaleza de la conciencia. La Teoría de la Información Integrada sigue siendo una fuente de inspiración y un campo de investigación crucial para neurocientíficos, físicos y filósofos, y amplía los límites de la comprensión humana hasta nuevos horizontes.

El libro de Tononi, "Phi: un viaje del cerebro al alma".

No se trata sólo de un tratado científico, sino de un viaje narrativo que entrelaza ciencia y filosofía. A través de historias y diálogos, Tononi explora en profundidad la relación entre cerebro y conciencia, llevando al lector a reflexionar sobre las cuestiones fundamentales de la existencia.

Este libro es una obra fundamental que va más allá del enfoque puramente científico para adoptar una visión más narrativa y filosófica de la conciencia.

Publicado en 2012, "Phi" no es un tratado científico tradicional, sino una sugestiva combinación de prosa narrativa y discurso académico. Tononi utiliza un método único, narrando su teoría a través de un viaje que se desarrolla entre relatos breves, diálogos y reflexiones filosóficas. Esta estructura permite al lector explorar la complejidad de la conciencia de forma intuitiva y atractiva.

Por ejemplo, el viaje imaginario de Galileo Galilei al reino de la percepción y la mente humanas, deliberadamente paralelo a la estructura de la "Divina Comedia" de Dante, transporta al lector a través de niveles de experiencia y conciencia. En él, Galileo interactúa con personajes históricos, ficticios y conceptos científicos, analizando la naturaleza de la subjetividad y la experiencia consciente.

El núcleo de "Phi" es la Teoría de la Información Integrada (TII) de Tononi, que propone cuantificar la conciencia como el grado de integración de la información en un sistema. Según esta teoría, la conciencia no es un simple epifenómeno de los procesos cerebrales, sino una propiedad intrínseca de cualquier sistema que integre información de forma significativa.

Tononi sostiene que los estados de conciencia crecen cuanto más integrado está el sistema y menos pueden considerarse separadas sus partes. Esto se ilustra mediante el concepto de "phi" (Φ), una medida cuantitativa de la integración de la información. Los sistemas con phi alto son los que tienen una conciencia elevada, como el cerebro humano, mientras que los sistemas con phi bajo tienen una conciencia baja o nula.

Tononi es famoso por su capacidad para combinar la ciencia rigurosa con profundas exploraciones de la filosofía de la mente. En "Phi", subraya que la ciencia de la conciencia no puede separarse de la filosofía. Contar historias no es sólo una estrategia literaria, sino una necesidad para abordar cuestiones que la ciencia por sí sola no puede resolver. Por ejemplo, las reflexiones sobre la naturaleza de la realidad subjetiva, los límites del materialismo reduccionista y las implicaciones éticas y existenciales de la conciencia no pueden remontarse únicamente a los datos empíricos.

El recorrido del libro se enriquece con una serie de anécdotas y reflexiones sobre personajes históricos y teóricos modernos. Por ejemplo, Tononi recuerda episodios de la vida de Alan Turing, pionero de la computación, y analiza las implicaciones de su famosa "máquina de Turing" para la teoría de la mente y la conciencia. Los diálogos imaginarios con figuras como Leibniz, que ya se había dado cuenta de la importancia de la información integrada con su concepto de "mónadas", muestran cómo las ideas filosóficas del pasado pueden encontrar nuevas interpretaciones a la luz de los descubrimientos modernos.

"Phi" plantea importantes cuestiones sobre la naturaleza de la conciencia y nuestro lugar en el universo. A través de la metáfora del viaje, Tononi nos invita a considerarnos no sólo máquinas biológicas, sino entidades conscientes que integran y reflejan la información de todo el universo.

En conclusión, "Phi: un viaje del cerebro al alma" es una contribución fundamental no sólo a la ciencia de la conciencia, sino también al diálogo intercultural entre ciencia y filosofía. Giulio Tononi, con su singular enfoque narrativo y sus profundas reflexiones, nos guía en una exploración tanto intelectual como existencial, que nos lleva a contemplar la conciencia no sólo como un fenómeno biológico, sino como una entidad inmaterial y, tal vez, en cierto sentido, inmortal.

Expresando la opinión de un lector medio como yo, casi parecería que, en última instancia, Tononi quiere utilizar la metáfora para sugerir lo que no puede decir con la metáfora. Cito aquí tranquilamente el pasaje final de su libro:

> *"La conciencia es supremamente irreductible y única; la conciencia es la forma del conocimiento, la única forma verdaderamente real, lo más real que existe. La conciencia es un modelo de cómo podría ser el mundo, un mundo orgullosamente original, construido a lo largo de millones de años, con inmensos sacrificios, a costa de pérdidas incalculables, nacido sobre la vida y la muerte de innumerables antepasados, pagado por guerras interminables, conquistado con el sudor de los esclavos, ajustado por lecciones agotadoras, pulido por civilizaciones, escuelas y razonamientos eruditos, pero es un modelo tejido en el único lenguaje que poseemos, el del cerebro, y su telar encantado. Para saber hasta qué punto el mundo es a imagen y semejanza de nuestro cerebro, basta con seguir el primer experimento: dormirse y soñar. Lo que soñamos es lo que conocemos, y lo que podemos conocer es lo que soñamos. El mundo puede imaginarse por dentro, no verse desnudo desde fuera. Sin embargo, sin el resplandor interior de la conciencia no habría visión. Lo que debemos hacer es buscar la luz, buscar la luz que unifica".*

Penose y Hameroff. La teoría Orch-OR

Uno de los intentos más conocidos de fusionar dos ámbitos aparentemente irreconciliables es la teoría Orch-OR propuesta por el físico Roger Penrose (Premio Nobel de Física 2020) y el anestesista Stuart Hameroff en la década de 1990. Penrose, famoso por sus trabajos en los campos de la relatividad general y la cosmología, propuso que la conciencia podía surgir de procesos cuánticos dentro de los microtúbulos neuronales. A día de hoy, Hameroff sigue sosteniendo que los microtúbulos pueden actuar como un medio para los procesos cuánticos que dan lugar a la conciencia, sugiriendo que ésta puede tener propiedades no locales y, en cierto sentido, perpetuarse más allá de la muerte biológica.

La noción de coherencia cuántica aplicada al cerebro es otro aspecto explorado por diversos estudiosos. La física cuántica, que rige el comportamiento de las partículas a escala subatómica, propone estados en los que las partículas pueden existir en superposición, es decir, estar en varios estados a la vez. La posibilidad de que tales estados de superposición se den en los microtúbulos del cerebro podría explicar los procesos altamente eficientes e interconectados de nuestras mentes. Las investigaciones de Matthew Fisher, físico teórico de la Universidad de California en Santa Bárbara, han propuesto que los núcleos de fósforo de nuestro cerebro pueden mantener estados de coherencia cuántica el tiempo suficiente para influir en los procesos mentales.

No faltan experimentos que, aunque preliminares y a menudo discutidos, intentan arrojar luz sobre estos fenómenos. Uno de los experimentos más famosos y discutidos es el de los hermanos Becker-Rohrer, que en 2010 intentaron demostrar el efecto de las decisiones humanas en los experimentos cuánticos mediante la aplicación de pruebas psico-cuánticas. Los escépticos, sin embargo, señalan las dificultades de replicabilidad de tales experimentos, así como los problemas inherentes de interpretación.

El cerebro humano desde un punto de vista físico.

El cerebro humano de un adulto medio pesa alrededor de 1,4 kilogramos y está contenido dentro del cráneo, una fuerte coraza ósea que lo protege. Aunque sólo representa el 2% del peso corporal total, consume cerca del 20% de la energía producida por el organismo.

El cerebro está dividido en dos hemisferios principales, el derecho y el izquierdo, conectados por una densa banda de fibras nerviosas llamada cuerpo calloso. Cada hemisferio controla el lado opuesto del cuerpo.

La parte externa del cerebro se denomina corteza cerebral. Se caracteriza por numerosos pliegues (vueltas) y surcos (tijeras), que aumentan la superficie disponible para los procesos neuronales sin aumentar significativamente el volumen del cerebro.

Esto nos permite tener una mayor capacidad cognitiva y de procesamiento de la información.

La materia gris comprende principalmente los cuerpos celulares de las neuronas y se localiza sobre todo en la corteza cerebral. Interviene en funciones como la percepción sensorial, las órdenes motoras, la memoria y el juicio.

La sustancia blanca se compone principalmente de fibras nerviosas (axones) recubiertas de mielina, que acelera la transmisión de los impulsos eléctricos a lo largo de las neuronas. La sustancia blanca se encuentra en los tractos internos del cerebro y conecta entre sí distintas partes de la sustancia gris.

El cerebro está dividido en cuatro lóbulos principales, cada uno con funciones específicas. El lóbulo frontal está asociado a funciones cognitivas superiores como el pensamiento, la planificación, el comportamiento controlado y el movimiento voluntario. El lóbulo parietal se encarga de procesar la información sensorial recibida del cuerpo. El lóbulo temporal interviene en el procesamiento auditivo y la memorización a largo plazo. El lóbulo occipital se dedica por completo a la visión.

El cerebelo está situado debajo de los lóbulos occipitales y es crucial para la coordinación motora y el equilibrio. Aunque es relativamente pequeño, contiene aproximadamente la mitad del total de neuronas del cerebro.

El diencéfalo incluye estructuras como el tálamo y el hipotálamo, que regulan importantes funciones sensoriales y autonómicas, y la glándula pineal; esta última segrega melatonina, que interviene en la regulación del ciclo sueño-vigilia.

El tronco encefálico comprende el mesencéfalo, la protuberancia y el bulbo raquídeo; controla funciones vitales como la respiración, los latidos del corazón y la tensión arterial.

El cerebro está muy vascularizado. Un complejo sistema de arterias, capilares y venas garantiza un suministro continuo de oxígeno y nutrientes vitales y elimina los productos de desecho. Las principales arterias cerebrales, como las carótidas y vertebrales, forman el Círculo de Willis, un anillo arterial en la base del cerebro que asegura un suministro sanguíneo redundante.

El cerebro contiene unos 86.000 millones de neuronas y un número aún mayor de células gliales, que proporcionan soporte, nutrición y aislamiento a las neuronas.

Las neuronas son las células fundamentales para la comunicación en el cerebro. Se comunican entre sí mediante impulsos eléctricos y sinapsis químicas.

Las células gliales apoyan a las neuronas de varias formas, entre ellas proporcionándoles nutrición y eliminando restos celulares.

El cerebro humano es un órgano increíblemente complejo, ingeniosamente organizado para gestionar una amplia gama de funciones vitales, cognitivas y emocionales. Aunque hemos avanzado enormemente en el conocimiento del cerebro, muchas de sus características y funciones siguen siendo objeto de estudio y descubrimiento.

Neurobiología, ciencia que estudia el cerebro.

Entre la miríada de misterios que nuestra existencia esconde entre sus pliegues, la naturaleza de la conciencia sigue siendo uno de los enigmas más profundos y fascinantes. La neurobiología, que estudia el sistema nervioso y los complejos mecanismos cerebrales, ha logrado grandes avances en la comprensión de muchos procesos neuronales. Sin embargo, la conciencia subjetiva, la esencia de lo que significa ser consciente, sigue eludiendo una comprensión completa.

En esencia, la neurobiología es el campo dedicado a diseccionar todos los aspectos del cerebro, desde la más pequeña sinapsis hasta el más complejo de los circuitos neuronales. James Watson, el famoso codescubridor de la estructura del ADN, afirmó en una ocasión que "si entiendes el cerebro, lo entiendes todo". Pero a pesar de los inmensos avances de esta ciencia, comprender el cerebro en relación con la conciencia ha resultado ser una tarea titánica.

Las células nerviosas, o neuronas, se comunican entre sí mediante señales eléctricas y químicas, formando intrincadas redes que regulan todas las funciones corporales y mentales. Pero es en los microtúbulos, esos minúsculos cilindros compuestos de proteínas tubulinas, donde Hameroff vio un extraordinario potencial para la génesis de la conciencia.

La neurobiología es una rama de la biología que se centra en el estudio del sistema nervioso, con especial atención a su estructura, funciones y mecanismos. Esta disciplina integra conocimientos de diversos campos como la biología molecular, la fisiología, la anatomía, la genética y la bioquímica para comprender cómo funcionan las neuronas y los circuitos nerviosos a nivel individual y colectivo.

El Sistema Nervioso Central (SNC) comprende el cerebro y la médula espinal. El cerebro se divide a su vez en varias regiones, como el cerebelo, el tronco encefálico y los lóbulos cerebrales (frontal, parietal, occipital y temporal), cada uno con funciones específicas.

El Sistema Nervioso Periférico (SNP) engloba todos los nervios que se ramifican desde el SNC hasta el resto del cuerpo. Se divide a su vez en sistema nervioso somático (control voluntario de los músculos esqueléticos) y sistema nervioso autónomo (controla funciones involuntarias como los latidos del corazón y la digestión).

La neurobiología se ocupa de entender cómo se comunican las neuronas a través de las sinapsis para transmitir señales electroquímicas. Las neuronas son las unidades funcionales básicas del sistema nervioso y se comunican mediante potenciales de acción y neurotransmisores.

La neurobiología molecular estudia las bases moleculares de la función neuronal, incluidos los procesos de transducción de señales y expresión génica dentro de las neuronas.

La neurofisiología examina las propiedades funcionales de las células del sistema nervioso y los mecanismos de transmisión de las señales neuronales.

La neuroanatomía se ocupa de la estructura física y la organización del sistema nervioso.

Neurogenética Analiza la influencia de los genes en el desarrollo y la función del sistema nervioso.

Entre las técnicas utilizadas está la imagenología cerebral. Incluye una serie de técnicas como la resonancia magnética funcional (fMRI), la tomografía por emisión de positrones (PET) y la electroencefalografía (EEG) se utilizan para visualizar y estudiar la actividad cerebral.

Los descubrimientos en neurobiología tienen importantes implicaciones para la medicina, sobre todo para el tratamiento de trastornos neurológicos y psiquiátricos como el Alzheimer, el Parkinson, la esquizofrenia y la depresión. Además, la neurobiología es fundamental para el desarrollo de tecnologías avanzadas como las interfaces cerebro-ordenador, que prometen revolucionar diversos ámbitos, desde la rehabilitación motriz hasta la comunicación para personas con discapacidad.

En resumen, la neurobiología representa un campo interdisciplinar que trata de desentrañar los misterios del cerebro y el sistema nervioso en su conjunto, contribuyendo a mejorar la comprensión humana de la naturaleza de la mente y las funciones corporales.

El cerebro humano en la teoría Orch-OR.

En los años 90, el físico Roger Penrose y el anestesista Stuart Hameroff propusieron una teoría audaz y fascinante para explicar el fenómeno de la conciencia humana: la hipótesis Orch-OR (Reducción Objetiva Orquestada). Esta teoría sugiere que la conciencia no es simplemente un producto de la actividad neuronal y las sinapsis, sino más bien un fenómeno cuántico que podría trascender las dimensiones físicas de nuestros cuerpos.

La teoría Orch-OR se basa en una estructura biológica particular de las neuronas: los microtúbulos. Estos cilindros microscópicos, formados por proteínas tubulinas, no son simplemente los arquitrabes del citoesqueleto, sino que, según Hameroff, pueden actuar como diminutos ordenadores cuánticos naturales. De hecho, Hameroff planteó la hipótesis de que los microtúbulos pueden explotar los fenómenos de superposición y entrelazamiento cuántico, conceptos centrales de la teoría cuántica.

El funcionamiento de estos microtúbulos estaría influido por "*reducciones objetivas orquestadas*" (OR), procesos que Penrose y Hameroff describen como no aleatorios, sino moldeados por influencias fundamentales del tejido del espacio-tiempo. ¿Las llamaremos "colapsos cuánticos"?

Una de las objeciones más frecuentes a la teoría Orch-OR es el hecho de que el cerebro humano funciona a temperaturas que muchos físicos consideran demasiado elevadas para soportar la coherencia cuántica. Muchos críticos han descrito el cerebro como "demasiado caliente, húmedo y ruidoso" para mantener estados cuánticos complejos el tiempo suficiente para producir efectos biológicamente relevantes.

Sin embargo, experimentos recientes han cambiado la percepción en este campo. Se han observado fenómenos de coherencia cuántica en sistemas biológicos incluso a temperaturas corporales, lo que supone un punto a favor de la teoría propuesta por Penrose y Hameroff. Por ejemplo, el estudio de la eficiencia electrónica en sistemas fotosintéticos ha demostrado que las plantas utilizan procesos cuánticos para maximizar la eficiencia de la captación de energía luminosa, lo que sugiere que la coherencia cuántica a altas temperaturas no sólo es posible, sino también biológicamente relevante.

La teoría Orch-OR va más allá de la mera explicación de la conciencia como fenómeno surgido de la actividad neuronal; llega incluso a sugerir que la conciencia puede estar conectada a una estructura fundamental del universo. Penrose sostiene que las elecciones en el proceso de reducción objetiva están influidas por una geometría cuántica de la realidad, una visión que evoca la idea de una conciencia inmortal que trasciende nuestra existencia física. Penrose afirma:

> *La conciencia es algo más que una combinación de actividad neuronal. Puede estar vinculada a procesos físicos fundamentales y universales".*

La piedra angular de esta visión es la "geometría cuántica", un concepto que abarca los mundos de lo macro y lo micro, de las partículas subatómicas y las galaxias lejanas. Según Penrose, la conciencia podría residir en estas interacciones a nivel cuántico, sugiriendo quizá que nuestros pensamientos y sentimientos están entretejidos con el tejido mismo del universo.

La teoría Orch-OR de Penrose y Hameroff representa un audaz intento de unificar la física cuántica con la biología del cerebro humano, ofreciendo una posible explicación de la naturaleza de la conciencia que desafía las concepciones tradicionales. Aunque muchas preguntas siguen sin respuesta y las controversias se debaten encarnizadamente, la teoría encarna una visión revolucionaria que podría conducir a una comprensión más profunda de nuestra realidad y, tal vez, al descubrimiento de que la conciencia es, de hecho, una entidad inmortal.

Qué son los microtúbulos.

Pero, ¿qué son exactamente los microtúbulos? Los microtúbulos son pequeños cilindros, formados por unas proteínas llamadas tubulina, que forman parte del citoesqueleto de las células. Son cruciales para mantener la forma de la célula, la división celular y el transporte intracelular. La estructura de los microtúbulos, fascinante tanto por su elegancia geométrica como por su complejidad funcional, es análoga a la de un intrincado sistema de carreteras sobre el que funcionan las "máquinas" moleculares de la vida...

Penrose y Hameroff propusieron que los microtúbulos podrían funcionar como diminutos ordenadores cuánticos dentro de las neuronas. Su teoría se basa en la idea de que la naturaleza ondulatoria de las partículas subatómicas, sugerida por la mecánica cuántica, podría ser aprovechada por los microtúbulos para producir estados de superposición y entrelazamiento. Estos fenómenos cuánticos, según los dos estudiosos, estarían en la base de los procesos conscientes.

Un elemento clave que justifica esta propuesta es la capacidad única de los microtúbulos de existir en estados cuánticos superpuestos, en los que una partícula puede ocupar varios estados simultáneamente. Estos estados cuánticos pueden interactuar de formas complejas a través del entrelazamiento, una conexión no local que permite a partículas distantes influirse mutuamente de forma instantánea.

Hameroff describió los microtúbulos como "*impulsores a nivel subneural de los procesos cognitivos y conscientes*". Un experimento crucial citado a menudo en este debate es el de Lothar Schaefer y sus colegas en 1994, que sugirió la posibilidad de coherencia cuántica a nivel biológico. Del mismo modo, estudios sobre las propiedades físicas de las proteínas tubulinas, como el de Bandyopadhyay y colaboradores en 2010, muestran oscilaciones cuánticas en condiciones controladas, lo que podría apoyar la idea de procesos cuánticos en los microtúbulos.

En apoyo de su teoría, Penrose subrayó a menudo la "*laguna explicativa*" de la conciencia desde una perspectiva puramente computacional. Según él, los modelos clásicos del cerebro como una máquina de Turing no podían explicar la experiencia subjetiva de la conciencia. La conexión con la física cuántica ofrecería, según Penrose, una respuesta potencialmente satisfactoria a esta enigmática cuestión.

Las implicaciones de la teoría Orch-OR van más allá de la simple descripción de los microtúbulos. Si la conciencia se basara realmente en fenómenos cuánticos, esto podría sugerir una interconexión con la estructura fundamental de la realidad, planteando incluso la posibilidad de una especie de "inmortalidad cuántica". Cuando las partículas subatómicas se encuentran en estados superpuestos, podrían sobrevivir a la muerte física del cerebro, lo que implica que una parte de nuestra conciencia podría seguir existiendo.

Aunque la teoría no goza de aceptación universal y muchos neurocientíficos se muestran escépticos sobre la capacidad de los sistemas biológicos para mantener la coherencia cuántica a temperatura corporal, Orch-OR sigue estimulando importantes debates e investigaciones en los campos de la ciencia cognitiva y la física cuántica. Como dijo Penrose:

> *"La mente humana es una experiencia cuántica que ninguna máquina clásica podría replicar".*

En conclusión, los microtúbulos no son simples componentes celulares funcionales, sino posibles conductores de nuestra propia esencia consciente. La teoría Orch-OR nos invita a considerar la posibilidad de que, para comprender realmente nuestra mente, debemos mirar más allá de las sinapsis y los neurotransmisores, al extraño y maravilloso mundo de la física cuántica.

Cómo el colapso cuántico da forma a la conciencia humana.

La naturaleza de la conciencia humana ha suscitado innumerables debates entre científicos, filósofos y pensadores de todas las épocas. Con el advenimiento de la física moderna, y en particular de la teoría cuántica, han surgido nuevas perspectivas que proporcionan un terreno fértil para especulaciones y teorizaciones revolucionarias. Una de las teorías más discutidas y fascinantes es la propuesta por el físico y matemático Roger Penrose y el anestesista Stuart Hameroff: la teoría conocida como Orch-OR. Esta teoría arroja luz sobre un componente fundamental de nuestro universo cuántico: el colapso cuántico y su posible papel en la formación de la conciencia humana.

El concepto de colapso cuántico procede del corazón de la mecánica cuántica, rama de la física que describe el comportamiento de las partículas a escalas infinitesimales. Según la mecánica cuántica, una partícula puede existir en una superposición de diferentes estados simultáneamente, una condición denominada "estado *de superposición*" o "*superposición*". Sin embargo, cuando se mide u observa, la partícula "*colapsa*" en uno solo de estos estados posibles. Este acontecimiento, denominado "*colapso cuántico*", transforma las probabilidades en realidades definitivas.

Según la teoría Orch-OR de Penrose y Hameroff, en el interior de nuestras neuronas existen diminutas estructuras proteicas llamadas microtúbulos que, por su configuración, podrían actuar como unidades cuánticas capaces de mantener estados de superposición. Cuando se produce el colapso de estos estados cuánticos en los microtúbulos, se genera lo que denominan un "*momento consciente*". En otras palabras, la conciencia humana surgiría de una serie de colapsos cuánticos microscópicos que se producen dentro del cerebro.

Los microtúbulos son estructuras cilíndricas formadas por proteínas llamadas tubulinas, que constituyen el esqueleto de las células y desempeñan un papel crucial en la división celular y la estructura neuronal. Penrose y Hameroff sostienen que estas estructuras no son meros componentes celulares pasivos, sino que pueden actuar como diminutos "*ordenadores* cuánticos" capaces de procesar información a nivel cuántico.

La idea es que las tubulinas dentro de los microtúbulos pueden existir en estados de superposición y, mediante el proceso de colapso cuántico, estas superposiciones colapsan en estados definidos, generando los fenómenos que percibimos como pensamientos, sentimientos y conciencia. Esta revolucionaria visión de la conciencia como fenómeno cuántico implica que los microtúbulos son infinitamente más complejos y esenciales para nuestra comprensión de la mente de lo que nunca se había imaginado.

La teoría de Penrose y Hameroff es ciertamente audaz y ofrece una lectura innovadora de los mecanismos subyacentes a la conciencia. Aunque el debate dista mucho de estar zanjado, la idea del colapso cuántico como generador de conciencia sigue estimulando el debate y la investigación. Si la conciencia puede explicarse a través de procesos cuánticos, esto podría abrir puertas inesperadas a la comprensión del yo y la mente, y potencialmente a la posibilidad de que la conciencia pueda existir más allá de la muerte física, interconectada con el universo a nivel cuántico.

En conclusión, explorar cómo el colapso cuántico puede moldear la conciencia humana es un viaje a las fronteras entre la física, la biología y la filosofía. Aunque aún lejos de alcanzar una demostración definitiva, esta teoría nos invita a considerarnos no sólo seres biológicos, sino entidades inextricablemente conectadas a las profundidades cuánticas del universo.

Teoría Orch-OR. Lo básico.

En el vasto panorama de las teorías de la conciencia, una propuesta emerge con la fuerza de un rayo: la teoría Orch-OR, o "*Reducción Objetiva Orquestada*". Esta teoría audaz y revolucionaria intenta combinar la física cuántica y la neurociencia para ofrecer una explicación de los orígenes de la conciencia, sugiriendo que puede ser un fenómeno cuántico innato, en lugar de surgir de procesos neuronales puramente clásicos.

Para comprender plenamente la originalidad de Orch-OR, es necesario ahondar en los fundamentos conceptuales de la teoría. Roger Penrose, conocido por sus aportaciones a la física y las matemáticas, como la teoría de los agujeros negros y el teorema de incompletitud de Gödel, propuso la idea de que la mente humana no podía explicarse enteramente mediante algoritmos computacionales. Penrose, en su libro *The*

Emperor's New Mind (1989), argumentó que la conciencia implicaba fenómenos físicos que no podían computarse, probablemente relacionados con la física cuántica.

La colaboración con Stuart Hameroff, anestesista y estudioso de las microestructuras neuronales, dio forma práctica a estas ideas abstractas. Hameroff estaba especialmente fascinado por los microtúbulos, estructuras cilíndricas que se encuentran en las neuronas y que consideraba fundamentales para los procesos cognitivos. Los microtúbulos, pequeños pero complejos, están compuestos por unas proteínas llamadas tubulinas, y Hameroff sugirió que podrían desempeñar el papel de "ordenadores cuánticos" naturales, capaces de explotar la superposición y el entrelazamiento cuántico para procesar información.

Orch-OR, según sus defensores, afirma que la conciencia surge de "reducciones objetivas *orquestadas*" (OR) dentro de los microtúbulos de las neuronas. Estas reducciones, fenómenos en los que una superposición cuántica colapsa en un estado determinado, estarían orquestadas por la estructura y la dinámica del cerebro. Penrose propuso que estas reducciones no eran aleatorias, sino que estaban regidas por influencias espaciotemporales fundamentales que se remontaban al tejido mismo del universo.

Varios experimentos y observaciones empezaron a arrojar luz preliminar sobre estas ideas. Por ejemplo, Hameroff citó observaciones de coherencia cuántica en sistemas biológicos a temperatura corporal, un contexto en el que más bien cabría esperar que dominara la decoherencia cuántica. Además, experimentos de laboratorio, como los realizados por Anirban Bandyopadhyay en el Instituto de Ciencias del Cerebro RIKEN, sugerían que los microtúbulos podían mantener estados de coherencia cuántica el tiempo suficiente para ser funcionales para los procesos cerebrales.

Sin embargo, la teoría no se libró de duras críticas. Muchos neurocientíficos y físicos pusieron en duda la coherencia de los fenómenos cuánticos en el entorno cálido y húmedo del cerebro, caracterizado por una rápida decoherencia. Críticos como Max Tegmark sostenían que el cerebro es demasiado "caliente, húmedo y ruidoso" para mantener estados cuánticos coherentes durante tiempos biológicamente relevantes.

Penrose y Hameroff siguieron perfeccionando su teoría, haciendo frente a las críticas y proponiendo que determinadas condiciones en los microtúbulos podrían proteger contra la decoherencia. En 2014, Hameroff y Penrose publicaron una importante actualización que incluía nuevos descubrimientos sobre la resonancia de electrones en las proteínas de los microtúbulos para argumentar que los efectos cuánticos sí podían tener lugar en condiciones biológicas.

Más allá de las implicaciones científicas, Orch-OR conlleva fascinantes reflexiones filosóficas. Si la conciencia está realmente anclada en procesos cuánticos fundamentales, ¿podría esto implicar una especie de "inmortalidad" de la conciencia a nivel cuántico? La conexión de la teoría con conceptos más amplios, como el "orden implicado" de David Bohm, da una sensación de interconexión universal y, potencialmente, de eterno retorno...

En conclusión, la teoría Orch-OR de Roger Penrose y Stuart Hameroff representa una frontera audaz y especulativa en la búsqueda de la conciencia.

Diversidad del pensamiento de Stapp y Penrose sobre la conciencia cuántica.

En las últimas décadas, la ciencia ha abierto la puerta a un ferviente debate que entrelaza la física cuántica y la conciencia. Dos de los protagonistas más destacados de esta discusión son Henry Stapp y Roger Penrose, cuyas teorías divergen significativamente al tiempo que mantienen un objetivo común: comprender la naturaleza de la conciencia. Aunque ambos exploran las intersecciones entre la mecánica cuántica y la mente, su enfoque y sus conclusiones difieren notablemente.

Henry Stapp, eminente físico teórico, insistió en la posibilidad de que la conciencia sea una entidad inmaterial de existencia perpetua, integrando la visión científica con la filosófica y a veces espiritual. Stapp se alinea con una corriente de pensamiento según la cual la mente no es simplemente un producto de las interacciones neuronales, sino una realidad fundamental del universo. A través de su interpretación de la mecánica cuántica, Stapp sostiene que la conciencia tiene un papel causal real en la dinámica subatómica, influyendo en los cambios decisorios del propio universo cuántico. Este punto de vista amplía la función de la mente humana más allá del mero observador pasivo, transformándola en un agente activo que interactúa con la realidad física.

Roger Penrose, por su parte, en colaboración con el neurobiólogo Stuart Hameroff, desarrolló la teoría de la Reducción Objetiva Orquestada (Orch-OR). Según esta teoría, los procesos cuánticos que tienen lugar en los microtúbulos, estructuras del interior de las células neuronales, subyacerían a la conciencia. Penrose y Hameroff proponen que la conciencia surge de la computación cuántica, representando una especie de penetración cuántica en la funcionalidad neuronal. Sin embargo, a diferencia de Stapp, Penrose no atribuye propiedades inmateriales o espirituales a la conciencia, sino que la considera un fenómeno físico cuántico que puede explicarse y analizarse teóricamente a través de la física.

Una de las principales diferencias entre Stapp y Penrose radica en la visión sobre la naturaleza última de la conciencia. Stapp ve la conciencia como una entidad inmaterial no local que no sólo existe independientemente del cerebro físico, sino que también sobrevive a la muerte biológica, alineándose así con una visión potencialmente inmortal del alma. Penrose, aunque reconoce que la conciencia tiene raíces en la mecánica cuántica, no se aventura en el terreno de la supervivencia post mortem, aunque no la niega, dejando abierta la cuestión de la conciencia más allá de la vida física.

En cuanto a la metodología, Stapp adopta un enfoque interdisciplinar que incluye filosofía, física y, en ocasiones, elementos espirituales, tratando de conciliar aspectos de la ciencia con antiguos conocimientos sobre el alma y la inmaterialidad de la conciencia. En cambio, Penrose emplea una metodología científica rigurosa, buscando pruebas empíricas de su teoría en los procesos cerebrales y estudiando cómo las leyes de la física pueden dar cuenta de fenómenos cognitivos complejos. Sin embargo, Penrose no se priva de afirmar:

> *"Los estados cuánticos de superposición y coherencia de la mente humana podrían estar vinculados a estructuras de información del propio universo, lo que implicaría una especie de inmortalidad de la conciencia".*

Este enfoque no excluye nuevas perspectivas sobre cómo vivimos nuestra vida actual, en el contexto de una posible existencia eterna a nivel cuántico.

Por último, las aplicaciones de sus teorías en la comprensión humana varían profundamente. Las implicaciones del trabajo de Stapp ofrecen una visión de la mente que da un sentido más amplio a la existencia humana y al propósito de la vida, tocando cuestiones existenciales y espirituales. Por el contrario, las teorías de Penrose, de confirmarse, revolucionarían nuestra comprensión del cerebro y podrían abrir nuevas vías en el tratamiento de enfermedades neurodegenerativas y la creación de inteligencias artificiales inspiradas en el funcionamiento cuántico de la mente humana.

En conclusión, Henry Stapp y Roger Penrose representan dos pilares de un debate fascinante y complejo. Sus divergencias ofrecen una imagen amplia y diversa de los posibles orígenes de la conciencia, estimulando un diálogo permanente entre físicos, filósofos y neurocientíficos. Así pues, la investigación sobre la conciencia cuántica parece destinada a continuar por caminos diferentes pero interconectados, combinando investigaciones científicas rigurosas con reflexiones filosóficas y existenciales más profundas.

David Bohm y el orden implícito.

David Bohm fue un físico teórico estadounidense cuyas revolucionarias ideas sobre la física cuántica y la naturaleza de la conciencia han dejado una huella indeleble en la historia de la ciencia. Nacido el 20 de diciembre de 1917 en Wilkes-Barre (Pensilvania), Bohm creció en el seno de una familia de inmigrantes judíos de ascendencia húngara. Su carrera académica comenzó en la Universidad de California, Berkeley, donde se licenció en Física y posteriormente se doctoró bajo la supervisión de Robert Oppenheimer, el padre de la bomba atómica.

Durante las décadas de 1930 y 1940, una época turbulenta para Estados Unidos y el mundo en general, Bohm se acercó al marxismo, atraído por la idea de una sociedad más justa y equitativa. Durante la Segunda Guerra Mundial, mientras trabajaba en el Proyecto *Manhattan*, Bohm se hizo miembro activo de grupos de izquierda y estuvo a punto de afiliarse oficialmente al Partido Comunista. Esta conexión política, en un momento de creciente tensión y recelo durante la Guerra Fría, sería fatal para su carrera en Estados Unidos.

El episodio más significativo de esta fase se produce en 1949, durante el juicio de Edward Condon, otro científico acusado de actividades comunistas. Bohm es llamado a declarar, pero invocando la Quinta Enmienda se niega a responder a preguntas sobre sus asociaciones políticas en el pasado. Esta decisión conduce a su detención, aunque posteriormente es absuelto. Las consecuencias, sin embargo, son devastadoras: su prestigio académico en la Universidad de Princeton se ve comprometido y se ve obligado a abandonar Estados Unidos.

Obligado a buscar trabajo en el extranjero, Bohm se trasladó a Brasil en 1951, aceptando una cátedra en la Universidad de São Paulo. Allí, a pesar de las dificultades iniciales y de un clima político nada estable, siguió desarrollando sus innovadoras ideas sobre física cuántica. Una anécdota interesante se refiere al momento en que el gran físico Albert Einstein, con quien Bohm había entablado una estrecha amistad en Princeton, intentó ayudarle a regresar a Estados Unidos, pero sin éxito.

En 1955, Bohm aceptó un puesto en la Universidad de Bristol (Inglaterra), donde continuó sus estudios. Es aquí donde desarrolla plenamente su teoría del orden implícito, un concepto revolucionario que desafía la concepción tradicional de la mecánica cuántica. La idea central es que cada aspecto de la realidad es en realidad una manifestación de un orden implícito más profundo que puede "desplegarse" o "explicitarse" mediante la observación y la interacción.

El trabajo de Bohm alcanza su punto álgido con la publicación de su libro "*Wholeness and the Implicate Order*" (1973), donde expone sus teorías en detalle. Sugiere que el universo no está compuesto de partes separadas, sino que es un todo continuo en el que cada parte refleja el todo. Este concepto también tiene profundas implicaciones para la concepción de la conciencia. Bohm propone que la propia conciencia podría formar parte del orden implícito, una visión que trasciende los límites del espacio-tiempo clásico.

Las ideas políticas de Bohm y su exilio forzoso marcaron profundamente su obra científica. Su marginación de la corriente académica dominante puede haberle permitido explorar conceptos radicales y pensar más allá de los límites convencionales. Sin embargo, sus teorías no siempre han sido aceptadas por la comunidad científica mayoritaria. A pesar de su contribución fundamental a la física, muchos de los desarrollos de sus ideas permanecieron al margen de la investigación dominante hasta las últimas décadas del siglo XX.

David Bohm es una figura compleja, un innovador científico y profundo pensador cuya vida estuvo marcada por tensiones políticas y académicas. Su teoría del orden implicado ha abierto nuevas vías de reflexión no sólo en la física, sino también en la filosofía de la mente. En un mundo que a menudo sigue luchando por comprender la verdadera naturaleza de la conciencia, las ideas de Bohm siguen ofreciendo una perspectiva única y fascinante, integrando una visión holística de la realidad que desafía las separaciones convencionales entre mente y materia.

En resumen, la vida y obra de David Bohm nos recuerdan que la ciencia, como la conciencia, es un viaje continuo, lleno de descubrimientos, luchas e iluminaciones, y que la sabiduría puede venir a menudo de las direcciones más inesperadas.

David Bohm y el potencial cuántico.

David Bohm, uno de los físicos teóricos más enigmáticos y visionarios del siglo XX, propuso una visión del universo profundamente fascinante y radicalmente distinta de la concepción tradicional. Nacido en 1917, Bohm pasó por varias etapas del pensamiento científico, dejando una huella indeleble con su teoría del potencial cuántico. Pero, ¿qué le impulsó hacia estas ideas? ¿Cuáles son los conceptos fundamentales de esta teoría y cómo se relacionan con la noción de conciencia cuántica como entidad inmortal?

David Bohm se hizo famoso en la comunidad científica no sólo por sus aportaciones a la mecánica cuántica, sino también por sus ideas filosóficas que pretendían unificar la ciencia con una comprensión más profunda de la realidad. Su teoría del potencial cuántico se basa en una revisión radical del modelo estándar de la mecánica cuántica, proponiendo una visión holística y poco convencional de la realidad.

El punto de partida de Bohm fue el concepto de "potencial cuántico", introducido por primera vez en la década de 1950. En colaboración con Basil Hiley, Bohm desarrolló un enfoque alternativo de la mecánica cuántica, conocido como *interpretación de Bohm* o "*mecánica bohmiana*". Esta interpretación representa un claro alejamiento de la visión ortodoxa de Copenhague, ya que propone que las partículas cuánticas tienen posiciones y velocidades bien definidas, guiadas por una "onda piloto" invisible.

Bohm pretendía apoyar los recelos de Einstein sobre la no-localidad cuántica. En pocas palabras, si las partículas fueran guiadas por "ondas piloto" inherentes al "potencial cuántico", la indeterminación desaparecería.

El potencial cuántico.

Uno de los pilares del potencial cuántico es el concepto de no-localidad. Contrariamente a la relatividad, que supone que ninguna señal puede viajar más rápido que la luz, Bohm creía que a nivel cuántico existía un vínculo inmediato entre partículas distantes. Sin embargo, según Bohm, los efectos no locales se producían debido al potencial cuántico, es decir, de forma determinista. En la práctica, el potencial cuántico podría representar la misteriosa "variable oculta" invocada por Einstein.

Orden implícita y explícita.

Bohm distingue dos niveles de realidad: el orden implícito y el orden explícito. El orden explícito es lo que vemos y experimentamos a diario, caracterizado por las leyes de la física clásica. El orden implícito, en cambio, es un dominio oculto en el que existen todas las posibilidades cuánticas en un potencial no manifestado. Bohm estaba convencido de que la propia conciencia estaba estrechamente vinculada a este orden implícito, sugiriendo que la realidad que percibimos es sólo una pequeña parte de un tejido mucho más complejo y fundamental.

Onda piloto.

En el modelo de Bohm, las partículas son guiadas por un campo de información llamado "onda piloto". Este campo no transporta energía, sino que informa a la partícula sobre cómo moverse. Se trata de una visión radicalmente distinta de la mecánica cuántica tradicional, que describe a los sujetos subatómicos como ondas y partículas al mismo tiempo.

Las ideas de Bohm fueron alabadas y criticadas por sus contemporáneos. Richard Feynman y John Bell, por ejemplo, reconocieron la profundidad de sus teorías, aunque se mostraron escépticos sobre su capacidad para sustituir a la mecánica cuántica tradicional. Sin embargo, otros científicos y filósofos, como Karl Pribram, que desarrolló la teoría holográfica de la mente, se han inspirado en las ideas de Bohm para explorar la naturaleza de la mente y la psique.

En la cultura popular y la literatura, las ideas de Bohm se han explorado en diversos contextos, desde el libro de Fritjof Capra "*El Tao de la Física*", que vincula la física cuántica con las filosofías orientales, hasta obras de ficción que imaginan universos paralelos y conexiones trascendentales entre materia y conciencia.

La teoría del potencial cuántico de David Bohm representa uno de los intentos más audaces y fascinantes de comprender la realidad a un nivel más profundo. Aunque ha encontrado resistencia y críticas en la corriente científica dominante, sigue inspirando a quienes buscan conexiones más profundas entre la física, la conciencia y la naturaleza del universo.

Orden implícita y orden explícita. .

Las nociones de "orden implicado" y "orden explícito" surgen como conceptos centrales del pensamiento bohmiano, arrojando luz sobre una nueva visión del mundo que trasciende las limitaciones de la física clásica.

David Bohm introdujo los conceptos de "orden implícito" y "orden explícito" para explicar la naturaleza profunda y subyacente del cosmos. En su ensayo "*La totalidad y el orden implícito*", Bohm describe el orden explícito como el mundo de los fenómenos externos, todo lo que es directamente observable y medible. Es la realidad manifiesta que percibimos a diario. El orden implicado, en cambio, representa un nivel más profundo y oculto de la realidad, una enorme reserva de potenciales, información y energías que se despliegan para dar lugar a los fenómenos observables.

Según Bohm, lo que aparece como un objeto físico finito en el orden explicado es en realidad una emanación del orden implicado, donde todo está interconectado de tal manera que la separación espacial y temporal es ilusoria. Esta visión holística sugiere que el universo funciona como un gran holograma, donde cada parte contiene la información del todo.

La famosa interpretación de Bohm de la mecánica cuántica está intrínsecamente ligada a la paradoja EPR (Einstein-Podolsky-Rosen) y al experimento de Bell realizado por Alain Aspect en 1982. En este experimento se demostró que las partículas entrelazadas, aunque separadas espacialmente, parecían comunicarse instantáneamente, violando el principio de localidad. Estos resultados reforzaron la tesis de Bohm de que el universo no está dividido en entidades independientes, sino en una única realidad interconectada.

Y es precisamente en esta interconexión donde puede vislumbrarse la inmortalidad de la conciencia: si todo forma parte de un holograma cósmico, entonces la conciencia no está confinada en el tiempo y el espacio. Es una entidad que participa en el orden implícito, fluyendo continuamente a través de diversas formas de manifestación en el orden explicado.

Bohm utilizó la analogía de la "gota de tinta" para describir la interrelación entre el orden implícito y el explícito. Imaginemos una gota de tinta cayendo en un fluido viscoso transparente. Durante la agitación, la tinta se esparcirá uniformemente en el fluido, haciéndose aparentemente invisible (orden implícito). Si se invierte la agitación, la tinta vuelve a dispersarse y se hace visible de nuevo (orden implícito). Este ejemplo visual ilustra cómo la información puede existir en un estado potencial y luego emerger en una forma perceptible.

Las implicaciones de la teoría de Bohm son vastas y revolucionarias. La investigación contemporánea en neurociencia y física cuántica sigue explorando las conexiones entre mente y materia, tratando de entender cómo la información y la conciencia pueden formar parte de un orden cósmico mayor.

La obra de David Bohm nos invita a reconsiderar las bases de la realidad y la conciencia. La idea de un orden implícito, en el que todo está interconectado, nos insta a ver el universo no como un conjunto de partes separadas, sino como un todo integrado. Y en este todo, la conciencia podría encontrar su hogar, trascendiendo los límites del tiempo y el espacio y convirtiéndose, en cierto sentido, en inmortal.

Las investigaciones de Bohm nos recuerdan nuestra curiosidad innata y nuestra continua búsqueda de sentido en el universo. Como dijo el propio Bohm:

> *"La separación entre el hombre y su imagen cósmica está desapareciendo. Estamos descubriendo un nuevo orden en la actividad humana y en la naturaleza".*

Y en este descubrimiento, tal vez encontremos por fin la íntima conexión entre nuestra conciencia y todo el cosmos, percibiendo así la omnipresencia de una entidad inmortal: la esencia misma de nuestra conciencia.

Analogías entre la teoría del orden implicado de Bohm y otras teorías metafísicas filosóficas.

Cuando nos aventuramos en el estudio de teorías que investigan la naturaleza fundamental de la realidad y la conciencia, nos sumergimos en una intrincada y fascinante red de ideas que van desde la física cuántica hasta los límites de la filosofía y la metafísica. Entre ellas, la teoría del orden implicado formulada por David Bohm ofrece una perspectiva única y revolucionaria que no sólo redefine nuestra comprensión del cosmos, sino que encuentra sorprendentes resonancias en muchas teorías filosóficas y metafísicas antiguas y contemporáneas.

David Bohm propuso la noción de un universo en el que el orden manifestado (orden explícito) es el aspecto visible y tangible, mientras que un orden más profundo y oculto (orden implicado) representa la textura subyacente de la realidad. Desde este punto de vista, la realidad tangible surge de un mar de posibilidades y relaciones en el que cada elemento está conectado a un todo mayor. Esta teoría holística se hace eco de muchas tradiciones filosóficas y metafísicas que han explorado conceptos similares durante siglos.

Una de las analogías más directas se encuentra en la filosofía vedántica del hinduismo, donde el concepto de Brahman es central. Brahman se describe como la esencia última, inmutable y omnipresente del mundo, de la que todo surge y a la que todo vuelve. Al igual que el orden implícito de Bohm, Brahman es una realidad unificadora que subyace a la aparente multiplicidad del universo. Shankaracharya, el gran filósofo vedántico del siglo VIII, afirmó que el universo fenoménico es sólo una manifestación temporal de una realidad superior estable y eterna, un extraordinario paralelismo con las ideas de Bohm.

Del mismo modo, el filósofo neoplatónico Plotino (204-270 d.C.) hablaba del Uno, una realidad suprema e indivisible de la que todo deriva y a la que todo está íntimamente ligado. Según Plotino, el "Uno" es el principio fundamental del que emanan todas las realidades mentales y físicas, una analogía directa con el orden implícito de Bohm. Las emanaciones plotinianas, de hecho, recuerdan la idea de que el mundo manifiesto (orden explícito) es una expresión derivada de un sustrato más profundo y unificado (orden implicado).

Otro punto de contacto importante se encuentra en la filosofía de Baruch Spinoza (1632-1677), que propuso una visión monista del universo. Spinoza sostenía que sólo hay una sustancia, Dios o la Naturaleza (*Deus sive Natura*), de la que derivan todas las cosas. Al igual que el orden implícito de Bohm, la sustancia única de Spinoza es la realidad última que abarca y conecta todo lo que existe, eliminando las divisiones entre mente y materia, sujeto y objeto.

En física cuántica, el concepto de no separabilidad, que se hizo famoso gracias a los experimentos de Alain Aspect en los años 80, demostró cómo las partículas entrelazadas permanecen correlacionadas independientemente de la distancia. Este fenómeno es un ejemplo de cómo el orden implícito de Bohm puede rastrearse en la física moderna: la realidad que experimentamos es sólo la punta de un iceberg, con conexiones profundas e invisibles que tejen la trama subyacente del universo.

Stuart Hameroff y Roger Penrose, con su teoría Orch-OR (Reducción Objetiva Orquestada), propusieron que la conciencia surge de procesos cuánticos. Esta teoría sugiere que la conciencia no es un simple epifenómeno biológico, sino una característica fundamental del universo que podría interactuar con el orden implícito esbozado por Bohm. En este sentido, la conciencia humana podría verse como una manifestación local de una conciencia cósmica universal, manteniendo viva la idea de la conciencia como entidad inmortal y omnipresente.

Carl Jung, psicoanalista suizo del siglo XX, introdujo la idea de un inconsciente colectivo, una reserva de experiencias y arquetipos comunes a toda la humanidad. Al igual que Bohm, Jung creía que bajo la superficie de la conciencia individual subyace una realidad compartida e interconectada. Jung describe el inconsciente colectivo como una especie de archivo universal de símbolos y mitos que influyen profundamente en el comportamiento humano.

a analogía con el orden implicado de Bohm surge en la percepción de un nivel subyacente de realidad que informa el mundo fenoménico. Mientras que para Jung el inconsciente colectivo está poblado de imágenes arcaicas y simbólicas, para Bohm el orden implicado contiene todas las configuraciones potenciales del universo, listas para desplegarse en el orden explicado. Esta congruencia sugiere que nuestra comprensión de nosotros mismos y del universo puede estar intrínsecamente conectada a estructuras profundas y universales.

En las tradiciones espirituales del hinduismo y el budismo, Akasha se considera el principio etérico que impregna todo lo que existe. El antiguo término sánscrito designa un campo omnipresente en el que se almacenan toda la información y las energías del universo. El Akasha se describe a menudo como la "*memoria del cosmos*", una analogía que, sorprendentemente, resuena con el orden implícito de Bohm.

De hecho, Bohm imaginó su orden implicado como un vasto y complejo campo en el que cada partícula y cada acontecimiento están implícitamente conectados. Al igual que el Akasha sirve de depósito de todas las experiencias pasadas, presentes y futuras, el concepto de orden implicado ofrece una visión del universo en la que todo está en una constante interconexión dinámica. La física cuántica, con su noción de entrelazamiento y no localidad, refuerza aún más este paralelismo, sugiriendo que la "red" de Bohm puede corresponder realmente al Akasha que los sabios orientales describieron hace milenios.

Una de las imágenes más icónicas relacionadas con el orden implicado es la del universo holográfico. Bohm, junto con el neurocientífico Karl Pribram, exploró la idea de que el universo podría ser similar a un holograma gigante, donde cada parte contiene la información del todo. Esta visión fue explorada más a fondo por físicos contemporáneos como Leonard Susskind y Gerard 't Hooft, que formularon el principio holográfico para explicar la naturaleza de la gravedad cuántica.

En un holograma, cada fragmento, por pequeño que sea, contiene la imagen completa, igual que en el orden implícito de Bohm, donde cada punto del universo contiene la totalidad de la información. Este modelo holográfico no es sólo una "bella metáfora", sino que también se refleja en la teoría de cuerdas y en hipótesis más recientes de la física teórica. Por ejemplo, el experimento del detector de ondas gravitacionales LIGO ha abierto nuevas perspectivas sobre la naturaleza de la realidad, sugiriendo que puede haber un "código" subyacente que dirija el universo, muy parecido a un holograma.

David Bohm, con su teoría del orden implicado, no sólo sentó las bases de una nueva comprensión de la física cuántica, sino que también creó profundos puntos de contacto con teorías metafísicas antiguas y modernas. La comparación con el inconsciente colectivo de Jung, el Akasha del hinduismo y el budismo y el concepto de universo holográfico revela una red común de interconexión y profundidad. Esta visión no sólo acerca las ciencias exactas a las ciencias humanas y espirituales, sino que nos invita a reflexionar sobre la naturaleza misma de la conciencia, la realidad y el universo. En un momento en que las fronteras entre ciencia y espiritualidad parecen cada vez más difusas, el legado de Bohm se erige en puente crucial para explorar estos territorios inexplorados de la existencia humana y cósmica.

El propio David Bohm era consciente de las profundas resonancias de su teoría con diversas tradiciones filosóficas. En una de sus declaraciones más esclarecedoras, afirmó:

> *"El todo está en el orden implicado, el cosmos es inseparable. Todos los fenómenos participan de este orden y cada manifestación es una representación parcial de la unidad más profunda".*

Esta perspectiva no sólo amplía nuestra comprensión del cosmos, sino también de nuestra propia naturaleza como seres conscientes.

El físico y filósofo Henry Stapp, cuyas investigaciones han explorado las implicaciones de la mecánica cuántica para la teoría de la mente, señaló que:

> *"Los conceptos de Bohm ofrecen un marco en el que la conciencia puede considerarse una parte esencial de la estructura de la realidad".*

El viaje a través de las analogías entre la teoría del orden implicado de David Bohm y otras teorías metafísicas y filosóficas nos invita a considerar un universo más integrado y conectado de lo que la percepción ordinaria podría sugerir. La idea de una realidad profunda y unificadora, de la que emergen todas las manifestaciones del cosmos, no sólo es una poderosa intuición científica, sino también un puente hacia antiguas y respetadas tradiciones de pensamiento.

La conciencia cuántica, vista como una entidad inmortal, se prefigura así no sólo como una extensión plausible de las modernas teorías físicas, sino también como la continuación de una rica herencia de ideas filosóficas que han tratado de dar respuesta al gran enigma de la existencia desde tiempos inmemoriales. Bajo esta luz, la obra de Bohm nos ofrece una forma fresca y profunda de entender nuestra conexión con el universo, sugiriendo que la esencia de nuestra conciencia no está confinada, sino que forma parte de una danza cósmica eterna e infinita.

El acercamiento de Bohm a las teorías anma y la filosofía oriental.

Pero, ¿qué lleva a un físico cuántico a interesarse por la filosofía oriental y las teorías anma? Para responder a esta pregunta, es esencial explorar el viaje intelectual de Bohm y su encuentro con las tradiciones de sabiduría orientales.

David Bohm comenzó su carrera en los laboratorios de física cuántica, donde sus trabajos sobre la teoría de los potenciales cuánticos ayudaron a redefinir conceptos fundamentales de la mecánica cuántica. Sin embargo, su visión científica era más amplia que los límites estrictamente definidos de la física. Ya a finales de la década de 1950, Bohm buscaba conexiones que pudieran explicar la realidad en términos de una totalidad indivisa. Este camino le condujo inevitablemente hacia las filosofías orientales, conocidas por ser sincréticas e integradoras.

Su encuentro intelectual con Jiddu Krishnamurti en la década de 1960 fue decisivo. Krishnamurti, pensador y conferenciante espiritual nacido en la India, tenía un enfoque radical de la comprensión de la mente y la conciencia. Sus frecuentes discusiones, documentadas en una serie de diálogos publicados, permitieron a Bohm abordar conceptos como "Atman", a menudo traducido como "*alma*" o "*espíritu*" en Occidente, pero que tiene un significado mucho más amplio y está profundamente arraigado en la tradición védica.

Uno de los momentos más interesantes de sus encuentros se recoge en *El fin del tiempo* (1985), una recopilación de sus conversaciones más significativas. En un pasaje, Bohm discute con Krishnamurti la idea del universo como un todo en el que cada parte contiene todo el orden, un concepto sorprendentemente similar a la idea del anma como entidad inmortal y universal. A través de estas discusiones, Bohm empezó a ver su teoría del orden implícito como una posible explicación científica de antiguas ideas encontradas en textos védicos y budistas.

El orden implícito de Bohm sugiere que cada parte del universo está en una relación dinámica con el todo, capaz de "explicarse" de forma holística en lugar de reduccionista. Este concepto está muy próximo a la noción de brahman en el hinduismo: la totalidad de la realidad vista como una esencia universal. El propio Bohm declaró en varias ocasiones, como en una entrevista en 1980, que veía el brahman como "*una especie de orden implícito a través del cual todo está interconectado*".

El trabajo de Bohm también encuentra paralelismos en las prácticas zen, donde la mente suele considerarse indivisible del resto de la realidad. Esto queda patente en sus comparaciones con físicos orientales de la modernidad tardía y en conferencias internacionales, como la celebrada en 1973 en la Universidad de Berkely. En ella, Bohm respondió a preguntas sobre los aspectos meditativos de sus teorías y los paralelismos con la noción zen de "satori" (iluminación).

Bohm no se contentó con abordar estas cuestiones sólo en teoría. También colaboró con neurocientíficos como Karl Pribram para explorar cómo el orden implícito podía estar implicado en la actividad cerebral, tratando de explicar fenómenos como la intuición, la creatividad y la percepción holística, implicando tanto a la ciencia moderna como a la epistemología oriental.

En este contexto, el concepto de conciencia cuántica como entidad inmortal se vuelve menos esotérico y más un punto de integración entre distintas culturas cognitivas. Bohm nos invita a considerar que la conciencia no es sólo un epifenómeno del cerebro material, sino que puede estar fundamentalmente enraizada en un campo universal más profundo, una red infinita de conexiones, como proponen las tradiciones espirituales orientales a través del concepto de anma.

Capítulo 16. Aspectos científicos de la conciencia cuántica.

"La conciencia es el suelo sobre el que crecen todas las posibilidades cuánticas de la realidad".

(Amit Goswami)

"Conciencia" y "conciencia cuántica".

En el tumulto de la investigación filosófica y científica contemporánea surgen preguntas que ponen en tela de juicio los fundamentos mismos de nuestra comprensión del universo y de nosotros mismos. Entre estos interrogantes destacan dos conceptos fascinantes que atraen la atención de estudiosos y curiosos por igual: la conciencia y la conciencia cuántica. Pero, ¿cuáles son las diferencias que subyacen en estos dos pilares de nuestra existencia?

La conciencia, fenómeno complejo y misterioso, está inextricablemente ligada a nuestra identidad individual, a nuestro sentido de la existencia y de estar en el mundo. Representa el asiento de la experiencia subjetiva, la intencionalidad y la autoconciencia, aspectos que a menudo se reflejan en nuestra confrontación con la alteridad y el misterio del propio universo. Grandes pensadores como Platón, Descartes, Kant, Jung y Freud han reflexionado profundamente sobre la naturaleza de la conciencia humana, sentando las bases de una investigación que desafía el tiempo y el espacio.

Por otro lado, la conciencia cuántica arroja una luz nueva y misteriosa sobre los meandros de la mente humana y el universo. Surgido de los enigmas de la física cuántica, este concepto subraya la idea de que la conciencia y la materia están entrelazadas de formas impensables, desafiando las formas tradicionales de entender la realidad. Estudiosos como Roger Penrose, Stuart Hameroff y Henry Stapp han elaborado investigaciones y teorías que sugieren un profundo vínculo entre los fenómenos de la mente y las leyes de la física cuántica...

Las diferencias entre conciencia y conciencia cuántica afectan a las raíces mismas de nuestra percepción de la realidad. Mientras que la conciencia tradicional suele considerarse un epifenómeno de la materia cerebral, la conciencia cuántica sugiere una visión más integrada en la que la mente y el mundo físico se influyen mutuamente de forma intrincada y misteriosa. Experimentos como el de la doble rendija, que pone de relieve el comportamiento de la luz como partícula en función de la observación consciente, plantean profundos interrogantes sobre la naturaleza de la realidad y el papel de la conciencia en ella.

La investigación de la conciencia y la conciencia cuántica nos invita a explorar territorios inexplorados de la mente y el universo, abriendo nuevas perspectivas y posibilidades de comprensión.

La conciencia y la conciencia cuántica se erigen en esferas de indagación que revelan la complejidad y la belleza del universo y de nosotros mismos, invitándonos a una danza eterna entre el "Uno" y el todo, entre el ser y el devenir, entre la sombra y la luz.

El debate sobre la conciencia y la conciencia cuántica no se detiene aquí, sino que se ramifica hacia nuevos retos y nuevas posibilidades de exploración. Mediante la colaboración interdisciplinar y la investigación continua, podemos esperar arrojar nueva luz sobre estos viejos enigmas que nos rodean.

La intersección de neurociencia, filosofía, física cuántica y espiritualidad nos ofrece la posibilidad de combinar las fuerzas del conocimiento humano para penetrar en la complejidad de nuestra existencia.

La evolución de las teorías y la investigación sobre la conciencia y la conciencia cuántica nos empuja a ampliar los límites de nuestra comprensión, a explorar territorios inexplorados del ser y el devenir. Mediante el diálogo y el intercambio de conocimientos y percepciones, podemos acercarnos cada vez más a una visión integrada de la realidad, en la que mente y materia se entrelazan en una danza cósmica sin fin.

A la luz de estos enigmas y desafíos, nos queda una invitación a explorar, a cuestionar, a abrazar la complejidad y la maravilla de la existencia. La conciencia y la conciencia cuántica nos presentan un misterio fascinante y convincente, una invitación a asomarnos a las profundidades de nuestra esencia y a danzar con las estrellas en el firmamento del universo.

En busca de la unión entre física cuántica y conciencia

En el vasto, enigmático y a menudo inquietante reino de la física cuántica y la teoría de la conciencia, un frente de investigación emergente está captando la imaginación de científicos y filósofos por igual: la posibilidad de que la conciencia sea una entidad de naturaleza cuántica y, por tanto, en cierta forma, inmortal. Este enfoque exploratorio pretende tender un puente entre dos de los campos más misteriosos y complejos de la ciencia moderna.

Uno de los intentos más conocidos de fusionar estos dos ámbitos aparentemente irreconciliables es la teoría Orch-OR propuesta por el físico Roger Penrose y el anestesista Stuart Hameroff en la década de 1990. Penrose, famoso por su trabajo en los campos de la relatividad general y la cosmología, propuso que la conciencia podía surgir de procesos cuánticos dentro de los microtúbulos neuronales. A día de hoy, Hameroff sigue sosteniendo que los microtúbulos pueden actuar como un medio para los procesos cuánticos que dan lugar a la conciencia, sugiriendo que ésta puede tener propiedades no locales y, en cierto sentido, perpetuarse más allá de la muerte biológica.

La noción de coherencia cuántica aplicada al cerebro es otro aspecto explorado por diversos estudiosos. La física cuántica, que rige el comportamiento de las partículas a escala subatómica, propone estados en los que las partículas pueden existir en superposición, es decir, estar en varios estados a la vez. La posibilidad de que tales estados de superposición se den en los microtúbulos del cerebro podría explicar los procesos altamente eficientes e interconectados de nuestras mentes. Las investigaciones de Matthew Fisher, físico teórico de la Universidad de California en Santa Bárbara, han propuesto que los núcleos de fósforo de nuestro cerebro pueden mantener estados de coherencia cuántica el tiempo suficiente para influir en los procesos mentales.

No faltan experimentos que, aunque preliminares y a menudo discutidos, intentan arrojar luz sobre estos fenómenos. Uno de los experimentos más famosos y discutidos es el de los hermanos Becker-Rohrer, que en 2010 intentaron demostrar el efecto de las decisiones humanas en los experimentos cuánticos mediante la aplicación de pruebas psico-cuánticas. Los escépticos, sin embargo, señalan las dificultades de replicabilidad de tales experimentos, así como los problemas inherentes de interpretación.

Subyace a estas teorías una corriente de pensamiento que también se refleja en corrientes filosóficas y espirituales, según la cual la conciencia trasciende el mero soporte físico-biológico. El filósofo David Chalmers, conocido por plantear el "arduo *problema* de la conciencia", ha dado pie a la idea de que la conciencia puede ser una propiedad fundamental del universo, similar a conceptos como espacio, tiempo y masa.

Al considerar el panorama de los investigadores implicados, resultan emblemáticos los trabajos de David Bohm sobre interpretaciones cuánticas holísticas e implícitas, que ya sugerían una naturaleza más profunda e interconectada de la realidad. Sus diálogos con el filósofo indio Jiddu Krishnamurti trataron de explorar los límites entre la física y la conciencia, evocando cuestiones que siguen siendo relevantes y poderosas hoy en día.

Por supuesto, la idea de que la conciencia es un fenómeno cuántico no está exenta de críticas. Muchas de las objeciones se basan en la todavía incompleta comprensión de la decoherencia cuántica en los sistemas biológicos, así como en los problemas que plantea la posibilidad de realizar experimentos de laboratorio mensurables con procesos neurológicos complejos.

En última instancia, el sueño de unir la física cuántica con la comprensión de la conciencia no es sólo una cuestión de ciencia, sino de profundas cuestiones humanas: quiénes somos, de dónde venimos y qué nos depara el destino más allá del velo de la mortalidad. La búsqueda, desde este punto de vista, no es simplemente una aventura intelectual, sino un viaje a los fundamentos de nuestro ser y nuestra existencia en el universo.

Una aproximación a la conciencia cuántica.

Durante el siglo XX, la física experimentó profundas revoluciones conceptuales que culminaron con la formulación de la mecánica cuántica. Paralelamente, el misterio de la conciencia ha seguido desafiando a científicos y filósofos. En las últimas décadas, un concepto intrigante ha empezado a ganar terreno: la posibilidad de que la propia conciencia tenga una naturaleza cuántica. Esta fascinante intersección entre la física cuántica y la ciencia de la mente abre interrogantes fundamentales y retos filosóficos de gran calibre.

La mecánica cuántica, teorizada por pioneros como Niels Bohr y Werner Heisenberg a principios del siglo XX, nos introduce en un mundo subatómico en el que ya no se aplican las leyes clásicas de la física. La famosa "dualidad onda-partícula" y el "principio de incertidumbre" de Heisenberg (1927) revelan un universo en el que las partículas pueden existir simultáneamente en varios estados hasta que una observación las reduce a un estado específico.

Un experimento emblemático en este contexto es el famoso experimento de la doble rendija (Thomas Young, 1801, posteriormente extendido a la física cuántica). El experimento demostró que partículas como los electrones y los fotones pueden comportarse como ondas o como partículas en función de las condiciones del experimento, lo que sugiere que el acto de observación desempeña un papel crucial en la determinación del estado final de la partícula.

La idea de que la conciencia puede tener una naturaleza cuántica surgió de la necesidad de explicar fenómenos que la biología neural tradicional no puede describir plenamente. Roger Penrose, Premio Nobel de Física (2020), y Stuart Hameroff, anestesista y científico de la conciencia, propusieron en los años 90 la teoría de la Reducción Objetiva Orquestada (Orch-OR). Según esta teoría, la conciencia no es un simple epifenómeno de la sinapsis neuronal, sino que surge de procesos cuánticos dentro de los microtúbulos de las células nerviosas.

Estos microtúbulos son estructuras proteicas que forman parte del esqueleto celular y Penrose y Hameroff sostienen que pueden sostener estados cuánticos coherentes, actuando como centros para la transformación cuántica de la conciencia. Como afirma Hameroff:

> *"Los microtúbulos no son sólo tubos estructurales, sino el locus de la actividad cuántica que produce la conciencia".*

La teoría de Penrose y Hameroff ha abierto un intenso debate. Los experimentos que intentan poner de relieve la coherencia cuántica en los sistemas biológicos son significativos. Por ejemplo, el trabajo de Anirban Bandyopadhyay, del *Instituto Nacional de Ciencia de Materiales* de Japón, exploró la posibilidad de coherencia cuántica en estructuras proteicas de microtúbulos.

Entre los críticos, Max Tegmark, físico teórico del MIT, ha señalado que los procesos cuánticos son extremadamente sensibles a la temperatura y a la interacción con el entorno, y el ambiente cálido y húmedo del cerebro humano parece inhóspito para la coherencia cuántica. En un estudio del año 2000, Tegmark supuestamente calculó que los tiempos de decoherencia en los microtúbulos serían demasiado cortos para soportar procesos de pensamiento consciente. Esta afirmación ha sido refutada por estudios posteriores.

Además de la ciencia, la filosofía desempeña un papel vital en el debate sobre la conciencia cuántica. David Chalmers, filósofo de la mente, ha argumentado que el "*problema difícil*" de la conciencia (cómo la materia crea la experiencia consciente) puede requerir una nueva comprensión de la realidad. Chalmers no sostiene explícitamente que la conciencia sea cuántica, pero sugiere que podrían ser necesarias soluciones no convencionales, lo que sitúa a la física cuántica como una posible vía a explorar.

Uno de los ejemplos históricos más interesantes es la correspondencia y los diálogos entre Albert Einstein y Niels Bohr, en los que abordaron cuestiones fundamentales de ontología cuántica. Einstein, aunque escéptico sobre la completitud de la mecánica cuántica, planteó cuestiones cruciales sobre sus implicaciones para la realidad y el conocimiento humano. Estos diálogos filosóficos sentaron las bases de interpretaciones posteriores que consideran la conexión entre el observador y el fenómeno observado.

Entre los experimentos recientes que pretenden probar la conexión entre la conciencia y la mecánica cuántica se incluyen estudios de fotones entrelazados y resonancias electromagnéticas en el cerebro. Por ejemplo, en 2015, un equipo de investigadores de la Universidad de Ginebra, dirigido por el físico Nicolas Gisin, utilizó estados cuánticos entrelazados para explorar si la observación consciente podía influir en los resultados experimentales, obteniendo datos que, aunque no concluyentes, estimulan nuevas investigaciones en este campo.

El vínculo entre la conciencia y la mecánica cuántica sigue siendo una de las fronteras más fascinantes y especulativas de la ciencia moderna. El camino está plagado de retos y controversias, pero también de increíbles posibilidades. Cada paso adelante, ya sea experimental o teórico, nos acerca a una comprensión más profunda de uno de los enigmas más perdurables de la humanidad: la naturaleza de la conciencia y su relación con el universo. Como dijo Penrose:

> *"Si realmente comprendemos la física con tanto detalle, debemos ser capaces de explicar todos los fenómenos naturales, incluida la conciencia".*

El reto sigue abierto, intrigando a mentes brillantes y prometiendo revelaciones que podrían reescribir nuestros manuales de física y filosofía.

La física cuántica como clave para comprender la naturaleza de la conciencia en la transición al más allá.

En el laberinto de la neurociencia, la búsqueda de la conciencia sigue siendo uno de los temas más fascinantes y misteriosos. Hoy en día, algunos científicos miran a la física cuántica como una posible clave para desentrañar los secretos de nuestra mente, postulando que la conciencia puede trascender a la propia muerte. Pero, ¿hasta qué punto son sólidos estos argumentos? ¿Y quiénes son los protagonistas de esta hipótesis revolucionaria?

La teoría Orch-OR, propuesta por el físico Roger Penrose y el anestesista Stuart Hameroff, representa una de las integraciones más convincentes de la física cuántica y la neurociencia. Según Penrose y Hameroff, la conciencia surge de procesos cuánticos que tienen lugar en los microtúbulos del interior de las neuronas. Estos minúsculos polímeros, cruciales para la estructura y división celular, podrían funcionar como diminutos dispositivos de procesamiento cuántico.

Penrose, famoso por sus investigaciones sobre los agujeros negros y la entropía, se sintió inicialmente atraído por la "*explicación patética*" de la conciencia en el contexto de la mecánica clásica. En colaboración con Hameroff, autor de numerosos estudios sobre los anestésicos y su efecto en la conciencia, desarrolló la teoría Orch-OR, que sugiere que la conciencia está asociada a reducciones objetivas del estado cuántico en los microtúbulos.

Pero, ¿qué significa todo esto? En física cuántica, las partículas pueden existir en varios estados simultáneamente (superposición). Sólo mediante la observación estas partículas "colapsan" en un estado definido. Según la teoría Orch-OR, ese colapso cuántico se produce en los microtúbulos. Este colapso podría generar la conciencia y permitirle persistir más allá de la muerte física....

Los experimentos con partículas entrelazadas, como los realizados por Alain Aspect en la década de 1980, han demostrado que dos partículas pueden permanecer entrelazadas a distancia, en un fenómeno que el propio Einstein denominó "*acción espectral a distancia*". Este entrelazamiento cuántico podría tener implicaciones para la cuestión de la conciencia, sugiriendo que la mente puede estar interconectada con el universo de formas aún por comprender plenamente.

Experimentos recientes siguen explorando los límites de esta hipótesis. Los estudios sobre las resonancias electromagnéticas del cerebro y los potenciales cuánticos culturales y espirituales indican que aún puede quedar mucho por descubrir sobre nuestra existencia. Aunque el debate dista mucho de estar cerrado, la posibilidad de que la física cuántica explique algún día la naturaleza inmortal de la conciencia es un viaje fascinante a los misterios más profundos del universo y de nuestra existencia.

Al final, si la conciencia es realmente una entidad cuántica, podría significar que, como sugieren los místicos y algunas tradiciones espirituales, la mente no muere con el cuerpo sino que sigue existiendo de otras formas, quizá como parte de una "conciencia colectiva" o en un reino cuántico que aún no hemos explorado. En cualquier caso, la física cuántica ya ha transformado nuestra comprensión del universo; puede que algún día haga lo mismo con la propia mente humana.

Exploración del vínculo entre física cuántica y percepción.

La conexión entre la física cuántica y la conciencia humana es un tema fascinante que ha suscitado una atención creciente en las últimas décadas. En el centro de esta exploración se encuentra la cuestión de si la conciencia es realmente un fenómeno cuántico y, por extensión, si puede trascender la muerte, convirtiendo al ser humano en una entidad inmortal. Este tema amplía nuestra comprensión de la realidad y la percepción, aunando conocimientos de la física más avanzada con conceptos milenarios sobre la naturaleza del alma y la conciencia.

Roger Penrose y Stuart Hameroff propusieron la teoría Orch-OR.

Uno de los elementos centrales de esta teoría es la idea del "colapso cuántico". En el mundo subatómico, las partículas existen en un estado de superposición, lo que significa que pueden estar en varios estados a la vez. El colapso cuántico es el proceso por el que una partícula pasa de una superposición de estados a un estado final cuando se observa. Penrose y Hameroff proponen que estos colapsos se producen de forma orquestada en los microtúbulos, creando lo que percibimos como momentos de conciencia.

Otro concepto intrigante relacionado con esta exploración es el "entrelazamiento cuántico" o entrelazamiento cuántico. Este fenómeno, que puede describirse como un vínculo inextricable entre partículas, se ha demostrado experimentalmente en numerosas ocasiones. Uno de los ejemplos más famosos es el experimento del entrelazamiento realizado por el físico Alain Aspect en 1982. Algunos investigadores sugieren que si dos partículas entrelazadas pueden influirse mutuamente de forma instantánea a pesar de la distancia, el mismo principio puede aplicarse a la conciencia y la percepción humanas...

Una anécdota relevante se refiere al físico Erwin Schrödinger, uno de los padres fundadores de la mecánica cuántica. En sus escritos sostenía que la mente y la materia podían estar intrínsecamente conectadas a nivel cuántico. Aunque no formalizó estas ideas en un modelo teórico, sus especulaciones allanaron el camino para muchos debates contemporáneos sobre este tema.

Las implicaciones de esta teoría son profundas, ya que sugiere que la naturaleza de la conciencia podría estar ligada a un tejido cuántico del propio universo, lo que nos haría replantearnos nuestra comprensión de la realidad y de nuestra existencia. Como dijo Albert Einstein:

> *"Lo más bello que podemos experimentar es el misterio. Es la fuente de todo arte y ciencia verdaderos".*

En conclusión, la exploración del vínculo entre la física cuántica y la percepción humana sigue siendo un campo en evolución lleno de posibilidades fascinantes y profundas.

Reflexiones sobre la naturaleza cuántica de la mente.

La naturaleza cuántica de la mente es un tema que suscita vivos debates entre científicos, filósofos y teóricos de la conciencia. Subyace a este debate la cuestión de si los fenómenos cuánticos pueden ofrecer una explicación a los misterios de la conciencia humana, que hasta ahora han eludido la comprensión exhaustiva de la neurociencia clásica.

Aunque la comunidad científica sigue dividida, las implicaciones filosóficas de la teoría cuántica de la conciencia son profundas y provocadoras. Albert Einstein, aunque escéptico sobre la mecánica cuántica ("*Dios no juega a los dados con el universo*"), hizo una aportación fundamental a la comprensión de la física cuántica, que hoy constituye la base de estas especulaciones. La propia mecánica cuántica es un campo que nos obliga a reexaminar muchas de nuestras intuiciones sobre la realidad objetiva, lo que nos lleva a plantearnos si la mente, como parte de esta realidad, también puede funcionar según principios cuánticos.

Por tanto, sigue siendo una cuestión abierta que estimula la investigación y la reflexión permanentes. La posibilidad de que nuestra conciencia tenga una base cuántica ofrece una nueva perspectiva sobre la naturaleza de la mente y quizá, como algunos esperan, pueda iluminar algún día el misterio de la vida más allá de la muerte. Hasta entonces, las reflexiones sobre la naturaleza cuántica de la mente seguirán suscitando interés y enriqueciendo el discurso científico y filosófico, explorando las fronteras entre la física, la biología y la conciencia humana.

El universo como expresión de la conciencia cuántica.

Entre las teorías más enigmáticas y fascinantes sobre la conciencia figura la que la considera un fenómeno cuántico, capaz de trascender los límites del cuerpo físico y, potencialmente, la propia muerte. Entre los más osados defensores de esta idea se encuentran el matemático y físico Roger Penrose y el anestesista Stuart Hameroff, con su teoría Orch-OR. Según esta teoría, la conciencia sería el resultado de procesos cuánticos que ocurren en el interior de los microtúbulos, diminutas estructuras que se encuentran en las neuronas.

La teoría Orch-OR desafía la concepción materialista de la mente al proponer que la coherencia cuántica y los procesos de reducción objetiva están en el origen de la experiencia consciente.

A pesar de los acalorados debates, la idea de una conciencia cuántica revela una imagen más amplia y seductora: el propio universo podría verse como una enorme expresión de una conciencia cuántica que todo lo impregna. Esta visión tiene su eco en las especulaciones de Erwin Schrödinger, uno de los pioneros de la mecánica cuántica, que planteó la hipótesis de una profunda conexión entre mente y materia.

Surge así la idea de que el universo mismo podría ser consciente. En este contexto, la conciencia individual no sería más que un fragmento o manifestación local de esta inmensidad, capaz de perderse y recrearse en el tejido cuántico del cosmos. Si aceptamos que el colapso de la función de onda puede vincularse al propio acto de observación, podemos vislumbrar un universo en el que toda la materia y la energía están constantemente influidas por el acto de conciencia.

Esto conduce inevitablemente a la noción de inmortalidad de la conciencia. Si la conciencia es tan fundamental como las partículas de materia, entonces podría no estar ligada a la duración del cuerpo físico. Al contrario, podría persistir, transformarse y fundirse con la conciencia universal omnipresente. Un concepto que se hace eco de antiguas visiones cosmológicas como la del Vedanta, donde el atman individual es una chispa del brahman universal.

A pesar de la complejidad de estas ideas, la búsqueda de la conexión entre el mundo cuántico y la conciencia continúa. Resulta inspirador pensar que, a través de la investigación científica y filosófica, estamos levantando poco a poco el velo de una realidad que nos sujeta en un abrazo cuántico, vinculando nuestro ser al todo. Tal vez, la conciencia de este vínculo nos acerque a la comprensión de la verdadera naturaleza de nuestra existencia y de nuestra relación con el universo, una relación intrínsecamente conectada y potencialmente inmortal.

La omnipresencia de la conciencia en la teoría cuántica de campos.

Durante siglos, la humanidad ha tratado de comprender la naturaleza de la conciencia y su posible persistencia más allá de la vida mortal. A medida que la ciencia y la filosofía siguen explorando estos límites, una de las teorías más fascinantes es la de la conciencia cuántica. Esta teoría sugiere que la conciencia puede surgir de procesos cuánticos. Pero, ¿cuál es el potencial real que permitiría a la conciencia existir como una entidad inmortal?

La teoría cuántica de campos ofrece una perspectiva peculiar sobre esta cuestión. Uno de los conceptos clave de la física cuántica es la omnipresencia de partículas y fuerzas, que no existen en un solo lugar, sino como un campo que impregna toda la realidad. Esto podría sugerir que, en cierto sentido, la propia conciencia podría formar parte de este campo universal.

El físico Erwin Schrödinger, en su artículo de 1944 "*¿Qué es la vida?*", especuló con la posibilidad de que mente y materia estuvieran íntimamente ligadas a nivel cuántico. Especuló que la conciencia no era un simple subproducto de la materia, sino un elemento fundamental del universo, interconectado con el tejido mismo de la realidad.

Una de las pruebas más intrigantes de esta interconexión surgió de los experimentos de Alain Aspect en 1982, que demostraron la existencia del fenómeno de entrelazamiento cuántico. Las partículas implicadas en el entrelazamiento permanecen conectadas instantáneamente, independientemente de la distancia que las separe. Esto ha llevado a muchos a preguntarse: si las partículas pueden mantener un entrelazamiento cuántico a distancia, ¿podría la conciencia hacer lo mismo?

La teoría cuántica de campos nos dice que las partículas no son entidades aisladas, sino oscilaciones de campos que impregnan el espacio. El neurocientífico y teórico cuántico Menas Kafatos ha hablado a menudo del universo como un "todo indivisible" en el que la conciencia y la materia no son dos entidades separadas, sino caras de la misma moneda. El propio Kafatos ha escrito:

> *"El universo observado está interconectado y la conciencia desempeña un papel fundamental en esta interconexión".*

A pesar de las inevitables críticas, los recientes avances experimentales siguen dando esperanzas a los defensores de la conciencia cuántica. En 2014, un grupo de investigadores del MIT realizó un experimento que demostró que incluso en sistemas biológicos a temperatura ambiente pueden observarse efectos cuánticos. Esto abre nuevas e intrigantes perspectivas sobre la posibilidad de que la propia conciencia opere a escala cuántica.

El concepto de conciencia como entidad inmortal también encuentra resonancia en algunas antiguas filosofías orientales. El budismo, por ejemplo, habla de una continuidad de la mente a través de diversas formas de existencia, un concepto que podríamos encontrar paralelo a las ideas cuánticas de no localidad y eternidad del campo.

En conclusión, aunque la ciencia aún no ha dado respuestas definitivas, la teoría cuántica de campos ofrece un terreno fértil para la especulación. La posibilidad de que la conciencia sea tan omnipresente como los campos cuánticos es una hipótesis que fascina y puede llevarnos algún día a comprender si existe realmente una forma en que la conciencia pueda trascender nuestra existencia física y acercarse a la inmortalidad. La búsqueda continúa y, con ella, la esperanza de descubrir las verdades ocultas en los misterios de la mente y del propio universo.

La conciencia como campo cuántico.

La idea de la conciencia cuántica como entidad inmortal ha encendido el debate entre científicos, filósofos y teóricos de todo el mundo. Esta fascinante perspectiva propone que nuestra conciencia no es un simple subproducto de neuronas y sinapsis, sino una entidad fundamental intrínsecamente conectada a la estructura misma del universo. Bajo este prisma, la conciencia podría trascender el límite de la vida biológica, aspirando a la inmortalidad. Pero, ¿cómo encaja la teoría cuántica de campos en esta visión cósmica de la conciencia?

La teoría cuántica de campos representa un avance de la física moderna y describe el universo como una compleja red de campos de energía que pueden existir en estados superpuestos, entrelazados y fluctuantes. Algunos estudiosos sostienen que la conciencia puede entenderse como un campo cuántico fundamental. Este concepto desafía la visión tradicional, sugiriendo que la conciencia no se limita al cerebro biológico, sino que es más bien un campo eterno que interactúa complejamente con otras estructuras cuánticas.

Pierre Teilhard de Chardin, famoso por su síntesis de ciencia y espiritualidad, introdujo el concepto de "Noosfera" en su obra "*El fenómeno humano*" (1955). De Chardin imaginó una capa de pensamiento colectivo que interconectaba todas las conciencias humanas, evolucionando hacia un punto de convergencia y unificación espiritual. En apoyo de esta visión, nuevos experimentos en los campos de la física neurocuántica y teórica pueden ofrecer pistas sobre cómo estos campos de pensamiento colectivo pueden existir realmente en un reino cuántico.

Una de las voces más destacadas en este campo interdisciplinar es la del filósofo e informático Bernardo Kastrup, que explora la idea de la realidad mental básica. En obras como "*Why Materialism is Baloney*" (2014), Kastrup sostiene que la realidad última no está hecha de materia, sino de experiencia y conciencia. Analiza cómo la mecánica cuántica y la conciencia pueden estar arraigadas en el mismo tejido subyacente del universo.

El experimento "*Double-Slit*", realizado por varios físicos, entre ellos Thomas Young en el siglo XIX y reproducido posteriormente con tecnología moderna, también sugiere que la conciencia del observador puede influir en el comportamiento de las partículas subatómicas. Esto arroja luz sobre la interconexión entre la conciencia y la realidad cuántica, apoyando aún más la idea de una base consciente para nuestro universo.

La noción de una conciencia cuántica inmortal puede sonar a ciencia ficción, pero no hay que pasar por alto los serios debates entre científicos y filósofos. La evolución de nuestros conocimientos científicos sigue desvelando conexiones entre la física cuántica y la experiencia consciente que podrían remodelar los fundamentos de la filosofía, la ciencia y la concepción de la realidad. Si la conciencia es realmente un campo cuántico, entonces la posibilidad de su inmortalidad podría no ser sólo una cuestión de esperanza, sino de evidencia científica futura. Como dijo Carl Sagan:

> *"La ciencia no sólo es compatible con la espiritualidad; es una fuente profunda de espiritualidad".*

Estas exploraciones nos llevan a reflexionar no sólo sobre los límites del universo, sino también sobre los de nuestro propio ser.

Hacia una teoría unificada de la conciencia y la física cuántica.

En las últimas décadas, la fascinación por la metafísica de la conciencia ha arrastrado a filósofos, científicos y pensadores a una aventura intelectual que pretende desvelar los secretos más profundos de nuestra existencia. Este viaje al reino de lo inmaterial ha visto una interesante convergencia con la física cuántica, la rama de la física que explora el extraño y contraintuitivo comportamiento de las partículas subatómicas. En esta fusión subyace una teoría que sugiere que la conciencia no es sólo un epifenómeno del cerebro, sino que puede existir como una entidad cuántica, inmortal y universal.

El debate sobre la naturaleza metafísica de la conciencia tiene raíces antiguas, pero ha cobrado nueva vida con la llegada de las teorías cuánticas.

La visión de De Chardin ha influido en muchos estudiosos contemporáneos que tratan de integrar las nociones de conciencia y física cuántica. Uno de los teóricos más influyentes a la hora de vincular la física cuántica con la conciencia es David Bohm, físico teórico que propuso la idea de "orden implicado" y "orden explicado". En su libro "Wholeness and the Implicate Order" (1980), Bohm sugiere que la realidad visible (orden explícito) es sólo una manifestación de un nivel más profundo y oculto de la realidad (orden implícito), donde todo está interconectado. Según Bohm, la conciencia podría formar parte de este orden implicado, fundamental y universal.

Una experiencia concreta que ha llamado la atención es la de Eben Alexander, neurocirujano estadounidense. En su exitoso libro *Proof of Heaven* (2012), Alexander describe su experiencia cercana a la muerte durante un coma inducido por una encefalitis bacteriana. Relata haber experimentado una serie de visiones que, según él, confirman la existencia de una conciencia independiente del cuerpo. Aunque sus experiencias han sido objeto de debate, han estimulado la reflexión sobre las limitaciones de la ciencia actual para comprender la conciencia.

La conexión entre conciencia y física cuántica también ha planteado profundas cuestiones éticas y filosóficas. Por ejemplo, si la conciencia es realmente un campo cuántico inmortal, ¿qué implica esto para nuestra concepción de la muerte y el más allá? Una posible respuesta procede de la tradición filosófica oriental, como el budismo, que durante siglos ha defendido la idea de una conciencia continua, que abarca muchas vidas y formas. Estas antiguas ideas encuentran un curioso paralelismo con algunas interpretaciones modernas de la física cuántica.

El físico Amit Goswami, autor de "*The Self-Aware Universe*" (1993), propone una visión integrada en la que la conciencia es la base del universo, yendo más allá de la materia e incorporando la física cuántica. Goswami sugiere que la realidad material surge de una conciencia fundamental, lo que confiere una inmortalidad metafísica a la propia conciencia.

En conclusión, mientras la ciencia sigue explorando los misterios de la conciencia a través del prisma de la física cuántica, la metafísica proporciona un marco narrativo e interpretativo que vincula estos descubrimientos a cuestiones milenarias sobre el ser, la vida y la inmortalidad. El camino hacia una teoría unificada de la conciencia y la física cuántica sigue siendo largo y lleno de desafíos, pero las ideas y descubrimientos de pioneros como de Chardin, Bohm, Penrose y otros nos acercan un paso más a la comprensión de quiénes somos realmente y cuál es nuestro lugar en el universo.

Capiolo 17. Federico Faggin. Más allá de la visión cuántica.

"La conciencia es la fuente de la realidad, y entender cómo funciona nos permite comprender la esencia misma del universo".
(Federico Faggin).

Federico Faggin es un ingeniero y empresario italoamericano conocido por su contribución al desarrollo de la primera CPU comercial, la Intel 4004, así como por su papel en el diseño de otros microprocesadores.

Aquí tiene información clave sobre Federico Faggin:

Intel 4004. Faggin fue el diseñador jefe del Intel 4004, el primer microprocesador comercial del mundo, fabricado en 1971. Este microprocesador desempeñó un papel clave en el desarrollo de los ordenadores modernos.

Intel 8080. Más tarde, Faggin dirigió el equipo de diseño para el desarrollo del Intel 8080, otro microprocesador clave que contribuyó a la difusión de los ordenadores personales.

Zilog. Tras su paso por Intel, Faggin cofundó Zilog, Inc. en 1974, una empresa especializada en el diseño y producción de microprocesadores, incluido el Z80, un microprocesador muy popular en la industria electrónica.

ASIC y tecnologías avanzadas. Faggin siguió participando en el desarrollo de tecnologías avanzadas, como los ASIC, circuitos integrados diseñados para realizar funciones específicas en un sistema electrónico concreto.

Federico Faggin ha sido reconocido por sus contribuciones a la industria y la tecnología. Ha recibido numerosos premios y galardones, entre ellos el Albert A. Michelson Award en 2009 por su trabajo pionero en la tecnología de microprocesadores. De hecho, se le considera una figura destacada en la tecnología de microprocesadores y ha tenido un impacto significativo en la evolución de la tecnología informática. Sus innovaciones han contribuido significativamente al desarrollo de los ordenadores modernos y las tecnologías digitales que utilizamos hoy en día.

Despertar.

Federico Faggin es conocido por su revolucionaria contribución a la creación del primer microprocesador. Sin embargo, en los últimos años, Faggin se ha embarcado en un viaje intelectual que le ha llevado a explorar los meandros de la conciencia humana, un viaje que marca un cambio significativo de la tecnología a la espiritualidad.

Esta transformación se originó en un momento crucial de su vida, una experiencia que él mismo describe como su "despertar". Fue entonces cuando Faggin empezó a percibir la realidad ya no sólo a través del rigor analítico de la ciencia, sino también a través de una nueva dimensión espiritual, que le llevó a investigar en profundidad la naturaleza de la conciencia humana. Él mismo, en su libro "Irreductible", describe así la experiencia del despertar:

> *"En diciembre de 1990, mientras estaba en Lake Tahoe con mi familia durante las vacaciones de Navidad, me desperté bebiendo.*
>
> *De vuelta en la cama, mientras esperaba para volver a dormirme, sentí de repente que una energía muy fuerte emergía de mi pecho, No sólo era una*

experiencia que nunca había sentido antes, sino un fenómeno tan extraordinario que nunca podría haber imaginado esta energía viva. Era amor, pero un amor tan intenso y tan increíblemente satisfactorio que superaba cualquier sentimiento emocional que tuviera sobre la naturaleza del amor. Aún más increíble era el hecho de que la fuente de este amor fuera yo.

... ¡yo era al mismo tiempo el observador del mundo y el mundo observándose a sí mismo!

Y al mismo tiempo me di cuenta de que el mundo está hecho de una sustancia que "sabe a amor" y que yo soy esa misma sustancia.

... Esa experiencia contenía una sensación de verdad sin precedentes porque era cierta en todos los niveles de mi ser. A nivel físico, mi cuerpo estaba vivo y vibrante como nunca antes lo había sentido. A nivel emocional, me percibí como una poderosa fuente de amor y, a nivel mental, supe con certeza que todo está hecho de amor.

Esta experiencia me hizo darme cuenta de que, como dijo el famoso poeta libanés Khalil Gibran, "el despertar espiritual es lo más esencial en la vida del hombre y el único propósito de la existencia". Esta experiencia cambió mi vida por completo y ha conservado su intensidad original a lo largo de los años. Incluso hoy sigue teniendo un poderoso impacto en mí".

Esta transformación se originó en un momento crucial de su vida. Fue entonces cuando Faggin empezó a percibir la realidad ya no sólo a través del rigor analítico de la ciencia, sino también a través de una nueva dimensión espiritual, que le llevó a investigar en profundidad la naturaleza de la conciencia humana.

En sus escritos, Faggin cita la visión profética de Giordano Bruno, según la cual:

"Llegará un día en que el hombre despertará del olvido y comprenderá por fin quién es en realidad".

Este despertar, para Faggin, representa el momento en que el ser humano se da cuenta de su naturaleza divina, comprendiendo que su esencia va más allá de las rígidas definiciones impuestas por la racionalidad. Faggin sostiene que todos poseemos una naturaleza divina. Citando al filósofo Plotino, Faggin sostiene que nuestra tarea consiste en::

Devolver lo divino que hay en nosotros a lo divino que hay en el universo".

Esta idea subraya el potencial infinito del ser humano, un potencial que no puede confinarse dentro de los límites de las definiciones convencionales. Señala que definirnos implica poner fronteras rígidas en torno a nuestra esencia, atribuyéndonos determinadas propiedades y excluyendo todas las demás.

En este contexto, Faggin retoma las palabras de Giordano Bruno, quien afirmaba:. Esta idea subraya el potencial infinito del ser humano, un potencial que no puede confinarse dentro de los límites de las definiciones convencionales. Señala que definirnos implica poner fronteras rígidas en torno a nuestra esencia, atribuyéndonos determinadas propiedades y excluyendo todas las demás.

En este contexto, Faggin retoma las palabras de Giordano Bruno, quien afirmaba:

> *"El hombre no tiene límites y cuando se dé cuenta de ello será libre incluso aquí, en este mundo".*

Esta afirmación resuena profundamente con la visión de Faggin, que denuncia la tendencia contemporánea a querer catalogar, clasificar y definir todos los aspectos de la realidad. Afirma que muchos desearían una realidad totalmente digital, binaria y reducible a verdadero o falso. Sin embargo, Faggin cuestiona este punto de vista, declarando que tal enfoque está limitado incluso dentro de la aritmética.

Para Faggin, el ser humano es una inmensidad, infinitamente compleja e irreductible a simples dicotomías digitales. Cree que el ser humano está *"más allá de todo más allá"*, un concepto que recuerda la necesidad de ver la realidad con nuevos ojos, liberándonos de una prisión conceptual que ha limitado nuestro potencial en el pasado. Esta prisión conceptual, según Faggin, es la que ha cortado las alas de nuestra evolución espiritual.

El llamamiento de Faggin a un despertar y una visión renovada de la realidad queda bien ilustrado a través de las palabras del poeta Rumi:

> *"Naciste con ideales y sueños. Naciste con un don. Naciste con alas. No estás hecho para gatear, así que no lo hagas. Tienes alas, aprende a usarlas y vuela".*

Esta cita encarna a la perfección la filosofía de Faggin, que ve en el hombre un ser destinado a volar alto, a trascender los límites impuestos por la concepción tradicional de la realidad y a explorar las profundidades de su propia conciencia.

En conclusión, el viaje de Federico Faggin representa una extraordinaria transición de la innovación tecnológica a la búsqueda espiritual. A través de su "despertar", Faggin nos invita a todos a redescubrir nuestra naturaleza divina, a mirar más allá de las definiciones y límites convencionales, y a explorar el infinito potencial de la conciencia humana con valentía y determinación.

Conciencia cuántica: los descubrimientos de Faggin y colaboradores.

Federico Faggin, un nombre que resuena con reverencia en los pasillos de Silicon Valley por su contribución fundamental al desarrollo del primer microprocesador, ha centrado recientemente su atención en uno de los misterios más grandes y profundos de la humanidad: la conciencia. Alma inquieta y mente brillante, Faggin se ha embarcado en una nueva investigación científica que desafía las nociones tradicionales sobre la naturaleza de la mente y la propia realidad, tomando un camino que fusiona la física cuántica y los estudios sobre la conciencia.

La transición de Faggin de la ingeniería física a la filosofía de la mente no fue repentina. Nacido en Vicenza en 1941, atravesó décadas de innovación tecnológica, contribuyendo a la creación no sólo del microprocesador Intel 4004 en 1971, sino también de otras tecnologías fundamentales. Sin embargo, a finales de los 90 y principios de los 2000, Faggin empezó a plantearse cuestiones cada vez más profundas sobre la naturaleza de la realidad y la conciencia, convencido de que el enfoque tradicional de la ciencia materialista era insuficiente para explicar la experiencia subjetiva.

El concepto de conciencia cuántica no es exclusivo de Faggin, sino que forma parte de un debate más amplio que lleva décadas activo. Faggin encontró similitudes entre sus ideas y las de otros pioneros como Roger Penrose, famoso físico y matemático británico, y Stuart Hameroff, anestesista y filósofo de la mente.

Sin embargo, formuló su propia teoría original, influida por su experiencia en ingeniería de sistemas complejos. Según él, la conciencia no es un simple epifenómeno del cerebro, sino una propiedad fundamental del universo, incrustada en los propios bloques de construcción de la realidad cuántica.

Uno de los movimientos más audaces de Faggin fue la creación, junto con su esposa, de la *Fundación Federico y Elvia Faggin*, creada para promover la comprensión de la conciencia a través de la investigación teórica y experimental. La fundación también se conoce como *Fundación para el Avance de la Conciencia.* Faggin invirtió recursos financieros e intelectuales en esta empresa para explorar las fronteras de la conciencia. Un experimento clave realizado por el equipo de Faggin se refiere al análisis de las correlaciones cuánticas en la percepción humana. Aunque todavía se encuentran en una fase preliminar, estos estudios han demostrado cómo las partículas enredadas pueden desempeñar un papel en los estados conscientes, apoyando la idea de que la conciencia podría aprovecharse para manipular correlaciones cuánticas no locales.

El creciente interés por estas ideas en el siglo XXI también se ve impulsado por científicos como Henry Stapp, físico cuántico que defendió la importancia de la mente y la conciencia en la interpretación de los fenómenos cuánticos. Stapp propuso la idea de que la mente humana podía desempeñar un papel activo en el universo cuántico, en claro contraste con la visión mecanicista tradicional.

Faggin es consciente de que el camino que ha emprendido está plagado de retos y críticas. La comunidad científica tradicionalista suele acoger con escepticismo las conexiones entre la física cuántica y la conciencia. Sin embargo, la determinación de Faggin se ve alimentada por la creencia de que sólo una comprensión más profunda de la naturaleza cuántica de la realidad conducirá a avances significativos en la neurociencia y la filosofía de la mente.

En palabras de Federico Faggin, está claro que:

> *"La conciencia no es sólo el resultado de la complejidad del cerebro, sino una dimensión fundamental del propio universo".*

Esta afirmación resuena como una invitación a explorar nuevos horizontes, a no conformarse con las respuestas que da la ciencia actual y a seguir cuestionando la naturaleza última de nuestra existencia.

En conclusión, la contribución de Federico Faggin a los estudios sobre la conciencia representa una incursión pionera en un territorio aún muy inexplorado, donde la física cuántica podría revelar nuevas capas de la realidad y la mente humana.

Sus descubrimientos y los de sus colaboradores podrían revolucionar algún día nuestra comprensión de la conciencia y conducirnos a una nueva era de conocimiento y conciencia.

Comprender la conciencia. Teorías de Faggin.

Nacido en Vicenza en 1941, Faggin pasó décadas en la línea avanzada de la innovación tecnológica. Sin embargo, su curiosidad intelectual nunca se limitó a los límites de la ciencia aplicada. Ya en la década de 1990, Faggin empezó a cuestionarse los fundamentos mismos de la realidad y el significado de la conciencia, impulsado por la profunda intuición de que había mucho más allá de la mera materia.

Federico Faggin propone una teoría audaz e innovadora de la conciencia, desafiando las concepciones reduccionistas que la definen como un mero producto del cerebro. Sostiene que la conciencia es una propiedad intrínseca del universo, una visión que se hace eco de la filosofía panpsiquista. Según Faggin:

> *"La conciencia no puede explicarse únicamente a través de los procesos físicos y químicos del cerebro, sino que debe entenderse como una característica fundamental de la realidad".*

Las ideas de Faggin no surgen en el vacío, sino que conectan con un panorama de teorías ya existentes. Entre los precursores más conocidos se encuentra David Chalmers, filósofo australiano que acuñó el término "problema difícil *de la conciencia*". Chalmers distingue entre el problema fácil, que se refiere a los mecanismos cerebrales de la conciencia, y el problema difícil, que se refiere a la naturaleza de la experiencia subjetiva. Del mismo modo, Faggin se aventura en el territorio de la subjetividad, sugiriendo que la respuesta a los misterios de la conciencia puede residir en una comprensión más profunda de las realidades cuánticas.

Faggin ha colaborado con científicos y filósofos para explorar estas ideas revolucionarias. Su *Fundación para el Avance de la Conciencia*, creada en 2011, financia investigaciones que combinan la neurociencia, la física cuántica y la filosofía de la mente. Un experimento notable patrocinado por la fundación consistió en el uso de imágenes de resonancia magnética funcional (IRMf) para observar los correlatos neuronales de la conciencia durante experiencias de meditación profunda. Estos estudios pretenden comprender cómo influyen los estados mentales elevados y trascendentes en la actividad cerebral, apoyando la idea de que la conciencia puede operar a niveles que van más allá del mero cálculo neuronal.

Las teorías de Faggin han atraído la atención de diversos expertos en los campos de la neurociencia y la física. Stuart Hameroff, conocido anestesista y teórico de la conciencia, ha destacado a menudo la importancia del enfoque cuántico para comprender la mente.

Las implicaciones de las teorías de Faggin son profundas y revolucionarias. Si la conciencia es, como él sugiere, un aspecto fundamental del universo, habrá que revisar nuestra comprensión de la física, la biología e incluso la filosofía. Esta perspectiva requiere un nuevo paradigma en el que la conciencia no es un epifenómeno, sino un componente intrínseco de la realidad, que influye en la forma en que enfocamos todo, desde los fundamentos de la física hasta el concepto de libre albedrío e identidad personal.

Federico Faggin es un hombre de extraordinaria visión, cuya investigación sobre la conciencia podría remodelar radicalmente el panorama de la ciencia y la filosofía. Sus ideas, ancladas en un profundo conocimiento tanto de la tecnología como de la filosofía, representan un audaz paso hacia una nueva comprensión de la naturaleza de la mente y la realidad.

El panpsiquismo clásico en la reinterpretación de Faggin.

El término "panpsiquismo" deriva del griego "pan" (todo) y "psyche" (alma, mente), lo que sugiere que todo en el universo posee una forma de conciencia. Este concepto fue defendido originalmente por filósofos antiguos como Anaxágoras y más tarde por Leibniz.

El panpsiquismo es una teoría que sostiene que la mente o la conciencia no son sólo propiedades emergentes de sistemas complejos como los humanos, sino que son una característica fundamental y universal de toda la realidad. En otras palabras, según el panpsiquismo, de alguna forma básica, la conciencia o la mente están presentes en todo el universo, hasta en los elementos más simples de la materia.

Esta teoría puede adoptar muchas formas, pero hay dos variantes principales:

El panpsiquismo clásico, propuesto por algunos filósofos históricos, sostiene que todas las cosas materiales tienen algún tipo de conciencia rudimentaria o propiedad mental básica.

Un ejemplo de panpsiquismo son las capacidades de las plantas. Uno de los experimentos más conocidos en este campo es el *"Efecto Backster"*, realizado por Cleve Backster en 1966. Backster, experto en detectores de mentiras, descubrió que las plantas parecían reaccionar a los pensamientos humanos y a los estímulos emocionales, lo que sugiere alguna forma de conciencia universal que existe más allá del reino humano.

El efecto Backster: las plantas y la conciencia universal.

Uno de los experimentos más intrigantes y controvertidos del siglo XX en relación con la conciencia y su posible campo de influencia es, sin duda, el "Efecto Backster". El experimento fue realizado en 1966 por Cleve Backster, director de la *Escuela Backster de Detección de Mentiras*. Este estudio suscitó amplios debates sobre la posibilidad de que también las plantas pudieran poseer una forma de conciencia o ser sensibles a los estados emocionales de los seres vivos.

Cleve Backster, nacido en 1924, era un experto en poligrafía que sirvió en el *Cuerpo de Contrainteligencia del Ejército de Estados Unidos* y más tarde fundó su propia "escuela de detección de mentiras". Era un profesional respetado en su campo cuando, en un momento de curiosidad, conectó un electrodo poligráfico a una dracaena, una *planta de interior* conocida comúnmente como *"planta del maíz"*.

El 2 de febrero de 1966, Backster decidió conectar las hojas de la planta a un polígrafo, basándose en un impulso repentino, casi lúdico. Quería ver si podía medir el contenido de humedad de la planta. Sin embargo, lo que descubrió superó con creces sus expectativas. Cuando pensó en quemar una hoja de la planta para ver una reacción, el gráfico del polígrafo mostró un repentino aumento, como si la planta hubiera "*sentido*" y "*reaccionado*" a la idea de ser dañada.

Tras este descubrimiento accidental inicial, Backster inició una serie de experimentos sistemáticos para comprobar sus observaciones. Descubrió que la planta parecía responder no sólo a las amenazas directas, sino también a los cambios en el entorno y a las emociones humanas. Probó a cortar las hojas, quemarlas o incluso sumergirlas en agua caliente mientras las controlaba. Además, Backster amplió sus experimentos a diversos organismos biológicos, incluidos huevos y bacterias, y descubrió reacciones similares.

Su trabajo apareció en varias publicaciones y presentaciones, incluida una famosa cita en 1973 en el libro de Peter Tompkins y Christopher Bird, "*La vida secreta de las plantas*". Este popular texto, aunque no era estrictamente científico, contribuyó a difundir la idea de que las plantas podían tener una forma de conciencia o, al menos, una gran sensibilidad a los estímulos.

El trabajo de Cleve Backster estimuló nuevas preguntas y experimentos en el campo de la bioelectrografía y la llamada "psicobotánica". La idea de que las plantas pueden responder a estímulos externos de formas complejas e inesperadas ha encontrado eco en estudios posteriores, aunque en formas diferentes.

Un ejemplo moderno es el trabajo de Stefano Mancuso, neurobiólogo vegetal, que explora cómo las plantas perciben y responden a estímulos, comunicándose con su entorno de maneras que sugieren formas complejas de comportamiento. En su libro "*Plant Revolution*" (2017), Mancuso describe las asombrosas capacidades de las plantas para responder a estímulos externos, aunque no sin un espíritu crítico hacia conclusiones demasiado especulativas como las iniciales de Backster.

Otra aportación contemporánea procede de los investigadores Marcel Vogel y Andrija Puharich, que investigaron a fondo los aspectos bioenergéticos de las plantas. Vogel, antiguo científico de IBM, realizó experimentos con cristales y plantas, afirmando que podían registrar las energías humanas.

El "efecto Backster" representa uno de los experimentos más provocadores del siglo XX sobre la conciencia y la sensibilidad de las plantas. Aunque criticado por su falta de rigor científico, ha estimulado abiertamente el debate sobre la naturaleza de la conciencia y la posibilidad de que no sea exclusiva de los humanos o los animales, sino que abarque una gama más amplia de formas de vida. En la actualidad, este tema sigue empujando a científicos y filósofos a reflexionar sobre los límites del conocimiento y la percepción, sugiriendo que nuestra comprensión de la vida y la conciencia puede ser mucho más limitada de lo imaginado hasta ahora.

Actualidad del panpsiquismo.

También existe una variante más moderna del panpsiquismo, que sugiere que todas las partes del universo participan en un campo experiencial. No significa que todos los objetos tengan pensamientos o emociones como los seres humanos, sino que cada parte de la materia posee una forma elemental de experiencia o sentimiento.

A menudo se habla del panpsiquismo como una vía intermedia entre el dualismo cartesiano (que separa claramente mente y materia) y el materialismo reduccionista (que reduce todo a materia y procesos físicos). También puede verse como una solución a los problemas que plantea la conciencia, como el problema difícil de David Chalmers, que trata de explicar por qué y cómo los estados físicos pueden dar lugar a experiencias subjetivas.

Aunque el panpsiquismo no es una teoría dominante en la filosofía contemporánea de la mente, ha atraído el interés de algunos filósofos y científicos debido a las persistentes dificultades para explicar la naturaleza de la conciencia mediante los paradigmas tradicionales.

Federico Faggin, influido por pensadores como David Chalmers y Stuart Hameroff, quiso llevar el panpsiquismo a un terreno científico sólido. Su visión rompe con la tradición clásica, adentrándose en un territorio en el que se cruzan la tecnología, la neurociencia y la física cuántica.

La reinterpretación de Faggin gira en torno a un principio clave: la conciencia es una propiedad intrínseca del universo, como lo son las partículas elementales y las fuerzas fundamentales.

Federico Faggin ha llevado a cabo experimentos para demostrar que las capacidades cognitivas y perceptivas son sólo una parte del panorama general de la conciencia universal. Mediante colaboraciones con neurocientíficos y físicos, ha promovido estudios que intentan observar fenómenos de coherencia cuántica en las neuronas humanas, un campo que podría revolucionar nuestra forma de ver la mente y la materia.

Su reinterpretación del panpsiquismo no ha pasado desapercibida. Personalidades como David Chalmers han acogido con interés sus puntos de vista, señalando cómo pueden dar respuesta a cuestiones que el materialismo reduccionista ha pasado por alto.

Federico Faggin, con su combinación única de conocimientos tecnológicos y visión filosófica, ha abierto un camino innovador en el estudio de la conciencia. Sus ideas desafían no sólo las explicaciones científicas tradicionales, sino también la propia epistemología del conocimiento humano.

Aunque muchos detalles de sus teorías están aún por verificar mediante experimentos empíricos, el camino que abrió ha iniciado un fructífero diálogo entre ciencia y filosofía. Desde esta perspectiva, el panpsiquismo ya no es una mera especulación metafísica, sino una posibilidad tangible, capaz de unir los misterios del universo con el mayor misterio de todos: la conciencia.

Faggin's 'One': Una revolución en el pensamiento científico.

La teoría central de Faggin puede resumirse en el concepto del "Uno", una perspectiva innovadora que considera la conciencia como una propiedad fundamental del universo, intrínseca a la propia realidad, y no un mero subproducto de la actividad neuronal en el cerebro.

Los estudios de Faggin se nutren de la intersección entre tecnología, neurociencia y física cuántica. En su trabajo sostiene que la conciencia puede estar enraizada en el intrincado tejido de la realidad cuántica.

El camino de Faggin hacia esta teoría tuvo un momento crucial en los años 90, cuando se interesó por las prácticas meditativas y espirituales, buscando comprender la naturaleza de la experiencia subjetiva. Faggin ya había aprendido mucho con sus innovaciones tecnológicas sobre cómo pequeñas unidades de información pueden dar lugar a sistemas complejos, pero se dio cuenta de que para entender la conciencia era necesario dar un salto más allá de las fórmulas matemáticas y los circuitos integrados.

En sus escritos, Faggin utiliza a menudo una anécdota para ilustrar su visión: la relación entre un océano y una gota de agua. Mientras que la ciencia tradicional ve la conciencia como una "gota" producida por un cerebro biológico igual al "océano", Faggin propone que cada gota (cada conciencia) es una expresión fundamental de un océano mayor (el "Uno").

En su fundación, Faggin promueve proyectos de investigación que utilizan métodos interdisciplinarios para sondear las profundidades de la mente humana. Entre los científicos contemporáneos que han recibido ayudas figuran neurobiólogos, físicos cuánticos y teóricos de la información, todos ellos embarcados en un audaz intento de descifrar el enigma de la conciencia.

Famoso es el episodio de 1997, cuando Faggin asistió a la histórica conferencia "*Hacia una ciencia de la conciencia*", organizada por la Universidad de Arizona. En ese evento entró en contacto con destacados pensadores como Chalmers, conocido por su distinción entre el "problema fácil" y el "problema difícil" de la conciencia, y Hameroff, que influiría profundamente en su pensamiento posterior.

Aún más significativa fue la contribución de Faggin en 2018, cuando afirmó en un artículo que, para comprender la verdadera naturaleza de la conciencia, la ciencia debería abandonar su reduccionismo materialista y reconocer el papel fundamental de las experiencias subjetivas. Este enfoque también recuerda a la antigua filosofía oriental, en particular al Vedanta, que siempre ha visto la conciencia no como un epifenómeno, sino como la realidad última.

Federico Faggin, con su teoría de la conciencia como el "Uno", está empujando la frontera del pensamiento científico más allá de sus limitaciones actuales. Muchos científicos se muestran escépticos, mientras que otros, como el neurobiólogo Christof Koch, ven en esta investigación la promesa de una comprensión más profunda y completa de nuestro ser. Koch, que colaboró ampliamente con Francis Crick para intentar localizar la conciencia en el cerebro, se ha mostrado recientemente abierto a ideas poco convencionales.

En resumen, la visión del Uno de Faggin, inspirada y respaldada por una serie de experiencias prácticas e intelectuales, representa un poderoso desafío a la visión científica dominante. Invirtiendo el paradigma que ve la conciencia como un mero epifenómeno, propone una visión en la que la conciencia es el fundamento sobre el que descansa toda la realidad. Esta perspectiva, aunque audaz, podría marcar una de las revoluciones más profundas de la historia del pensamiento científico, impulsándonos a revisar no sólo nuestra comprensión de la mente, sino también nuestra concepción del propio universo.

Faggin's Seity. Un análisis de identidades múltiples e integradas.

Federico Faggin, famoso por su invención pionera del microprocesador, ha desplazado recientemente el centro de atención hacia su fascinante investigación sobre la conciencia, un campo que aborda con la pasión y el rigor científico que caracterizan su espíritu innovador. En el centro de sus investigaciones está el concepto de "*Seidad*", que él describe como una manifestación de las identidades múltiples e integradas del ser consciente.

El término "Seidad" se refiere a una forma de identidad que es a la vez múltiple y unificada. Según Faggin, cada individuo no es una entidad monolítica, sino un conjunto de experiencias, sensaciones y conciencias integradas en una conciencia unificada. Esta teoría coincide con las ideas de estudiosos como William James, que en su obra de 1890, "*Los principios de la psicología*", introdujo el concepto de "*corriente de conciencia*", donde las experiencias forman un continuo indistinguible.

Faggin va más allá y sugiere que nuestra conciencia es una red de identidades simultáneas que interactúan en un estado de coherencia cuántica. Se puede encontrar un paralelismo en el trabajo del psiquiatra danés Janov, con su enfoque para tratar las identidades multigeneracionales y traumáticas. Sin embargo, Faggin integra la física cuántica y propone que nuestro cerebro funciona como un interferómetro que canaliza la energía y la información de nuestras múltiples identidades internas.

Un ejemplo práctico citado por Faggin es el experimento de autopercepción realizado en 2022 en la Universidad de Stanford, en el que los participantes, sometidos a situaciones alternas de estrés y relajación, mostraron cambios significativos en su autopercepción. Estos cambios, medidos mediante resonancia magnética funcional (fMRI), mostraron activaciones cerebrales diversificadas que Faggin interpreta como huellas de diferentes identidades operando simultáneamente.

Otro experimento relevante fue el realizado por un equipo de neurocientíficos del MIT, que utilizó tecnologías avanzadas de *interfaz cerebro-ordenador* para rastrear y cartografiar las sinapsis cerebrales durante meditaciones profundas en 2023. Los resultados indicaron que, durante tales estados, el cerebro no sólo activa zonas diferentes que durante la conciencia ordinaria, sino que también muestra patrones de coherencia similares a los estados superconductores de la materia. Estos estados de coherencia, sugiere Faggin, son emblemáticos de múltiples identidades que colaboran en una única experiencia consciente.

Durante una entrevista en 2021, Faggin contó una fascinante anécdota sobre su "despertar":

> *"Durante una meditación, tuve una experiencia extracorpórea en la que me sentí simultáneamente espectador y actor de mi vida. Fue como pasar de una canción en solitario a una enorme sinfonía, en la que cada nota formaba parte de mí."*

Este episodio personal no sólo pone de relieve la dimensión experiencial de la "Seidad", sino que también sugiere que tales estados pueden ser accesibles y verificables por cualquiera.

Las teorías de Faggin sobre la "Seidad" se perfilan como puentes entre la tradición mística y la rigurosa ciencia moderna, proponiendo un modelo de conciencia a la vez fragmentado e integrado, coherente con los hallazgos más avanzados de la mecánica cuántica y la neurociencia. La orientación futura de esta investigación podría revolucionar nuestra comprensión de la identidad, sugiriendo que lo que llamamos "yo" es una sinfonía compleja, aunque armoniosa, de experiencia y conciencia.

El impacto de estos descubrimientos podría extenderse mucho más allá de la filosofía y la psicología, influyendo en campos como la medicina, la informática cognitiva e incluso la sociología, ofreciendo nuevas herramientas para comprender y mejorar la complejidad de la experiencia humana. Federico Faggin, con su visionario trabajo, sigue mostrándonos que la maravilla de la existencia reside en su extraordinaria capacidad de ser simultáneamente simple y compleja, indivisible y múltiple.

El pensamiento de Faggin como en un diagrama de flujo.

Federico Faggin, científico de renombre mundial, es un maestro en el arte de razonar con rigor científico. Acostumbrado a trabajar mediante el análisis lógico y la precisión formal, su larga experiencia en el mundo de la programación no podía sino influir profundamente en la formación de su teoría metafísica. De hecho, la construcción teórica del pensamiento de Faggin puede verse como una sofisticada coreografía de elementos interconectados, un diagrama de flujo en el que cada paso está meticulosamente calculado y nada se deja al azar.

Piense en la complejidad de un diagrama de flujo. En él, cada nodo representa una decisión, cada línea una dirección posible y cada símbolo una función específica. Todas las partes funcionan en armonía, creando un sistema ordenado desprovisto de elementos superfluos. Cada hilo, cada conexión tiene su razón, su justificación precisa dentro del gran esquema. Y éste es precisamente el núcleo del pensamiento de Faggin: todo está vinculado por una lógica rigurosa, en la que cada hipótesis ha sido cuidadosamente considerada y evaluada.

El propósito de un diagrama de flujo es prever todas las situaciones posibles, anticipar cada bifurcación en el camino lógico. Faggin destaca en este arte. Cualquiera que se sumerja en su pensamiento sólo tiene que imaginar que sigue la pista trazada por un diagrama de flujo. Cada uno de sus conceptos, de sus ideas, tiene un lugar preciso y una función definida dentro de este diagrama.

Piense en una máquina perfecta, un intrincado dispositivo del que nada puede escapar. Ahora imagine un panel gigante lleno de botones, cada uno descrito con precisión, cada uno con una función distinta. Cada vez que se pulsa un botón, la máquina realiza una acción con meticulosa precisión. Pero imaginemos que llega alguien y, sin motivo alguno, pulsa dos botones al mismo tiempo. Sólo porque sí, pero lo suficiente como para colapsar toda la maravillosa máquina. Como solían decir entre programadores, la máquina no era "a prueba de tontos".

Es aquí donde brilla la maestría de Faggin. Su teoría fue diseñada para resistir tales contingencias, esas situaciones inevitables que pueden poner a prueba la estabilidad de cualquier sistema. Gracias a su visión estructurada, Faggin ha aprendido a predecir y prevenir las colisiones lógicas, creando un sistema que no sólo funciona, sino que resiste las perturbaciones.

En definitiva, sumergirse en el pensamiento de Faggin significa entrar en un mundo ordenado, donde cada elemento encuentra su lugar y cada duda ha sido prevista. Significa seguir los caminos de un diagrama de flujo, con la absoluta certeza de que cada paso forma parte de un proceso armonioso e infalible. Una danza de lógica y racionalidad que sólo una mente acostumbrada a navegar por los confines de la informática y la metafísica podría concebir.

Esta lógica inatacable en la exposición de su pensamiento, mediada por sus libros, me fascinó incluso antes que el mérito de sus teorías. En los próximos párrafos intentaré seguir los pasos lógicos del diagrama de Faggin. Sé que su puntillosidad científica me corregiría a menudo, pero, en principio, espero representar fielmente su pensamiento. Debo señalar que aquí sólo expongo una pequeña parte de su disciplina. Para profundizar en ella, recomiendo la lectura de sus libros "Silicio", "Irreductible" y "Más allá de lo invisible".

'Nousym', una nueva disciplina para apoyar un nuevo postulado.

En sus escritos, Federico Faggin propone una visión innovadora capaz de combinar ciencia y espiritualidad a través de una nueva disciplina que ha bautizado con el nombre de 'Nousym'. Esta disciplina encuentra su fundamento en un postulado que Faggin denomina "*postulado del Ser*". Este postulado reza así:

> *"El 'Uno' es la totalidad de lo que existe y es dinámico, holístico y quiere conocerse a sí mismo".*

El postulado del Ser constituye el punto de partida para comprender la realidad de forma unificada e integrada. Define el "Uno" como una entidad dinámica y holística que incorpora todo lo que existe y que, por su propia naturaleza, busca conocerse a sí misma. Este planteamiento permite a Faggin tender un puente entre el mundo científico y la dimensión espiritual, superando las dicotomías tradicionales entre estas dos áreas de conocimiento.

Dentro del Nousym, Faggin utiliza el postulado del Ser para definir conceptos fundamentales como la conciencia y el libre albedrío. La conciencia se describe como "*la capacidad de uno para conocerse a sí mismo*", mientras que el libre albedrío se considera "*la capacidad de uno para dirigir su propio autoconocimiento*". Estas definiciones reflejan la opinión de que tanto la conciencia como el libre albedrío son propiedades intrínsecas y fundamentales del "Uno", no derivadas de algo más elemental.

Faggin sostiene así que, en la visión propuesta por Nousym, la conciencia y el libre albedrío no pueden reducirse a fenómenos secundarios o emergentes, sino que existen como cualidades primarias e irreductibles del Ser mismo. De este modo, ofrece una perspectiva en la que todos los aspectos de la experiencia humana, desde la materia hasta la mente, se integran en una totalidad dinámica y autosuficiente, cuyo objetivo último es el autoconocimiento y la autorrealización.

Con Nousym, Faggin nos invita a explorar una nueva dimensión en la que ciencia y espiritualidad ya no son antagónicas, sino expresiones diferentes de una misma realidad unificada. Este enfoque revolucionario abre nuevas posibilidades para comprender la naturaleza de la conciencia y el libre albedrío, proponiendo una síntesis que podría tener profundas implicaciones para nuestra visión del mundo y nuestro lugar en él.

Faggin deja claro que un postulado debe ser intrínsecamente evidente. Sostiene que no hay nada más evidente que la experiencia directa de la conciencia y el libre albedrío que cada uno de nosotros experimenta. Sin embargo, muchos científicos contemporáneos intentan demostrar que la conciencia y el libre albedrío derivan de algo que no posee las mismas cualidades. A este respecto, Faggin hace suyo otro principio fundamental: lo "más" no puede proceder de lo "menos". En otras palabras, cree que la conciencia no puede surgir de la materia sin conciencia, mientras que la inconsciencia puede considerarse una forma reducida o ausente de la conciencia.

Del mismo modo, el libre albedrío, que presupone el indeterminismo, no puede surgir del determinismo. Al igual que el determinismo puede surgir del indeterminismo (principio bien ilustrado por la física cuántica que da origen a la física clásica), el libre albedrío surge del indeterminismo. Faggin subraya que el libre albedrío garantiza que el futuro permanezca abierto y no predeterminado. Ni siquiera el "Uno", la totalidad dinámica, puede conocer su propio futuro, y mucho menos nosotros que, siendo partes del Uno, estamos en un viaje cognitivo junto con el Uno.

Estos conceptos constituyen la base de la disciplina Nousym, que Faggin utiliza para redefinir la conciencia como "*la capacidad de 'Uno' para conocerse a sí mismo*" y el libre albedrío como "*la capacidad de 'Uno' para dirigir su propio autoconocimiento*".

La visión de Faggin, por tanto, postula la conciencia y el libre albedrío como elementos primarios de la experiencia humana, inseparables y no reducibles a meros fenómenos surgidos de la materia inanimada. Al proponer Nousym, Faggin nos invita a reconocer y explorar este enfoque integrado, ofreciendo una perspectiva que se hace eco de una unidad entre ciencia y espiritualidad y redefine nuestro lugar en el gran esquema de la existencia. Según esta visión, cada individuo y cada elemento del universo forman parte de una totalidad interconectada y dinámica, comprometida en un continuo autodescubrimiento y comprensión.

Basándose en su "postulado del Ser", Faggin afirma que los campos cuánticos deben tener conciencia y libre albedrío. Para distinguirlos de los campos clásicos, que carecen de estas características, introduce el término "*Seidad*". Seity" son aquellos campos cuánticos y sus combinaciones que encarnan la conciencia y el libre albedrío.

Las "Seidades" elementales, según Faggin, son generadas por el "Uno", la unidad total de la existencia. Cada "Seidad" es a la vez parte y totalidad del Uno. Reflejan las mismas características del Uno (holismo, dinamismo, voluntad de conocimiento) y representan los distintos puntos de vista a través de los cuales el "Uno" se conoce a sí mismo.

Al igual que las partículas elementales se combinan para formar nucleones, átomos y moléculas, las "Seity" elementales se combinan para crear "Seity" de nivel superior. Esta combinación e interacción de "Seity" a varios niveles representa la creciente complejidad de la conciencia y el libre albedrío en el universo.

El "Uno". La fuente de todo.

El filósofo neoplatónico Plotino (204-270 d.C.) hablaba del "Uno", una realidad suprema e indivisible de la que todo deriva y a la que todo está íntimamente ligado.

El "Uno" de Plotino es el principio fundamental del que emanan todas las realidades mentales y físicas, una analogía directa del orden implicado de Bohm. De hecho, las emanaciones plotinianas recuerdan la idea de que el mundo manifiesto (orden explícito) es una expresión derivada de un sustrato más profundo y unificado (orden implicado).

Faggin también propone el concepto de "Uno", pero perfila sus contornos en el marco de su hipótesis Nousym.

En un viaje a través de su concepto del "Uno", Federico Faggin nos guía hacia el descubrimiento de conceptos fundamentales que dan lugar a una visión única y profunda del origen y la naturaleza de la realidad. Faggin introduce el concepto del "Uno" como primer principio, fundamento del que deriva todo, atribuyéndole tres propiedades esenciales: El "Uno" es holístico, dinámico y ávido de autoconocimiento.

Según Faggin, el "Uno" es holístico, lo que significa que no consta de partes separadas. En él, todo está interconectado, cada aspecto de la realidad está vinculado a los demás en una unidad indisoluble. Esta visión holística subraya que el "Uno" es una entidad indivisible en la que no hay fragmentaciones, a diferencia de los objetos materiales que percibimos en el mundo físico, que en cambio pueden separarse y analizarse individualmente.

Además, el "Uno" es dinámico. Esto implica que no es estático, sino que está en constante movimiento y cambio. Instantáneamente, el "Uno" está en constante evolución, crecimiento y transformación. Este dinamismo es lo que permite que el primer principio se desarrolle y progrese, apoyando la idea de que la realidad no es fija sino que siempre está en devenir.

La tercera propiedad del "Uno" es su deseo de conocerse a sí mismo. Este deseo de autoconocimiento introduce en el Uno un elemento de introspección, una necesidad de comprender su propia esencia. Este deseo de comprenderse a sí mismo implica necesariamente la existencia de la conciencia y del libre albedrío. La conciencia es la capacidad del "Uno" de ser consciente de sí mismo, de reflexionar sobre su propia naturaleza y sus experiencias. El libre albedrío, por su parte, representa la capacidad de dirigir este conocimiento de forma autónoma y voluntaria.

Faggin señala que estas características del "Uno" -conciencia y libre albedrío- son elementos que no se reflejan en el universo descrito por la física tradicional. La física se ocupa de objetos y fenómenos que pueden observarse y medirse, pero no aborda la naturaleza de la conciencia o el libre albedrío, que son fundamentales para la concepción del Uno.

La vida misma, en la visión de Faggin, es una expresión del "Uno" que busca conocerse a sí mismo. Cada ser vivo, dotado de conciencia y libre albedrío, es un fragmento de esta búsqueda interminable y continua del "Uno" hacia la autocomprensión.

A través de este marco conceptual, Faggin nos ofrece una visión integradora y profunda de la realidad, en la que la conciencia no es un epifenómeno de la materia, sino un componente fundamental y primario del universo. Esta perspectiva invita a una reflexión más amplia sobre el sentido de la existencia, el papel de la conciencia y la naturaleza última de la propia realidad.

Podemos tomar ejemplo de los sabios budistas, que ven la vida como una preparación para la muerte, un proceso de acumulación de conocimientos y sabiduría

El "Uno" desea conocerse a sí mismo.

Faggin avanza una hipótesis fascinante sobre cómo el "Uno" adquiere autoconocimiento, un proceso arraigado en su naturaleza dinámica y holística.

El proceso de autoconocimiento del "Uno", según Faggin, se produce a través de la creación de entidades conscientes, a las que denomina UC (*Unidad de Conciencia*). Cada vez que el "Uno" es observado desde un nuevo punto de vista, nace una UC distinta. Estas UC pueden compararse a las mónadas de Leibniz, en el sentido de que representan partes enteras del Uno, cada una con el mismo potencial cognitivo que el propio "Uno". Cada UC, aunque es una parte del todo, contiene en su interior el potencial del todo, reflejando así la estructura holográfica del "Uno", donde cada parte contiene la información del todo.

La vida misma, afirma Faggin, es el resultado de la propiedad generativa del "Uno", que desea conocerse a sí mismo. Cada acto de autoconocimiento dará lugar al nacimiento de una nueva UC, que contribuye a la existencia del "Uno" a través de su perspectiva única. Este proceso continuo es la forma en que el "Uno" amplía su conocimiento, transformando el conocimiento potencial en conocimiento real.

Faggin distingue entre "conocimiento potencial" y "conocimiento real" para aclarar cómo el conocimiento no surge de la nada. El conocimiento potencial forma parte del "Uno" en estado latente, "existe y no existe" al mismo tiempo.

"Existe" en el sentido de que es distinto de la "nada", pero "no existe" hasta que es conocido por el "Uno". Este concepto responde a la pregunta de cómo puede surgir el conocimiento de la aparente "nada". El conocimiento existe como una posibilidad intrínseca al "Uno", y esta posibilidad se activa y se manifiesta a través del proceso de pensamiento del "Uno".

El pensamiento del "Uno" es, pues, la acción por la que el "Uno" activa el conocimiento potencial y lo hace existir como conocimiento real. Este proceso creativo es lo que da nacimiento a una UC, una nueva entidad consciente con el potencial de contribuir a la comprensión del "Uno".

Faggin inserta así un elemento de creatividad y dinamismo en la base de la realidad, sugiriendo que conciencia y existencia son interdependientes. El conocimiento, para Faggin, no es sólo un acto pasivo de recopilación de datos, sino un acto creativo que confiere existencia. El "Uno", a través de la generación continua de CU, se experimenta y se conoce a sí mismo en un ciclo interminable de autoconocimiento y evolución.

En resumen, la visión de Faggin integra profundamente la conciencia, el libre albedrío y el dinamismo en una concepción holística del universo. El "uno", como primer principio, no sólo es el origen de todo, sino que también está en continua transformación, embarcado en un viaje eterno hacia la comprensión completa del ser a través de la creación y manifestación de nuevas formas de conciencia. Este proceso refleja una realidad en la que la existencia y el conocimiento son inseparables, dos caras de la misma moneda, que juntas tejen la trama de la vida y el universo.

El concepto de parte-todo.

Federico Faggin, en su elaborado pensamiento sobre la conciencia y la existencia, introduce el concepto del "Uno", una entidad dinámica y holística fundamental que busca comprenderse a sí misma. De esta búsqueda de la autoconciencia surge la creación de Unidades de Conciencia (UC), comparables a las mónadas de Leibniz. Cada UC es una "parte entera" de "Uno", es decir, comparte todas las propiedades de "Uno" al tiempo que mantiene su propia identidad única e inseparable del todo.

Según Faggin, una UC surge cuando el "Uno" adopta una nueva perspectiva sobre sí mismo. Esta nueva perspectiva nunca es destructible, ya que forma parte integrante de la existencia del "Uno". Cada UC posee así el potencial del "Uno" y su propia identidad, lo que le confiere autoconciencia y "agentividad", es decir, la capacidad de dirigir su propio libre albedrío para conocerse a sí mismo y al mundo.

Las UC son campos que surgen del "Uno" y, al ser inseparables de él, son dinámicas y holísticas, con una inclinación natural a conocerse a sí mismas y a otras UC. Al igual que el "Uno", cada UC tiene la capacidad de crear otras UC, en un proceso similar al de la reproducción humana. Este mecanismo conduce a una creación y evolución continuas de la conciencia.

El "Uno" puede imaginarse como un campo unificado del que emergen UCs, que pueden combinarse entre sí, formando niveles jerárquicos de entidades conscientes llamados "Seity".

Seity" desarrolla símbolos compartidos para comunicarse y comprenderse mejor. A medida que aumenta el conocimiento mutuo, también lo hace la complejidad de los símbolos comunicativos.

El trabajo creativo del "Uno", junto con las UCs y la Seidad, resulta así en una perpetua evolución de la conciencia, evidenciada por el incesante desarrollo y la creciente complejidad de las interacciones y comunicaciones entre las diversas entidades conscientes.

UC. Unidades de conciencia.

El "Uno" es una entidad fundamental, dinámica y holística, capaz de generar y combinar diferentes unidades de conciencia (UC), cada una con su propia identidad única.

Las UC se unen para formar jerarquías de entidades conscientes, denominadas "Seidad", en un proceso comparable a la combinación de partículas elementales para formar estructuras cada vez más complejas como nucleones, átomos, moléculas, macromoléculas y, finalmente, células vivas. Estas UC son, por tanto, elementos primarios de la "Seidad".

Identidad, conciencia y agentividad son las características comunes a todas estas unidades. Faggin afirma que el "Uno" se crea a sí mismo mediante el acto infinito de conocerse a sí mismo. Todo nuevo conocimiento y toda nueva existencia surgen del infinito conocimiento potencial que posee el "Uno". Sólo el "Uno" puede activar este conocimiento potencial y manifestarlo como conocimiento real, dando así origen a nuevas UC y aumentándose a sí mismo.

Según Faggin, la esencia de la vida y la reproducción reside en este proceso creativo del "Uno" generando UCs a su imagen y semejanza, entrelazando así los conceptos de existencia, conocimiento y vida. El conocimiento que el "Uno" tiene de sí mismo es la suma del autoconocimiento de las UC y la Seidad, pero este conocimiento colectivo es mucho más que la mera suma de las partes, un fenómeno posible gracias a la naturaleza de la realidad cuántica.

En última instancia, el "Uno" también se conoce a sí mismo a través de cada uno de nosotros, ya que cada uno de nosotros es una parte del "Uno" que desea conocerse a sí mismo. Sin embargo, no somos meros instrumentos utilizados por el "Uno" para aumentar su conocimiento; somos, de hecho, partes indivisibles del "Uno". Todos somos "Seidad". Nuestra tarea consiste en experimentar y conocer nuestra realidad para aumentar el conocimiento que el "Uno" tiene de sí mismo.

Seity.

Federico Faggin introduce en sus libros un concepto profundo y revolucionario: "Seidad". Según Faggin, la "Seidad" representa una entidad que escapa a toda categorización y definición tradicionales. No se la puede describir como a una máquina, ya que sus características fundamentales (conciencia, identidad, agentividad y creatividad) son inseparables y están intrínsecamente interconectadas.

Seity" es un término inglés poco utilizado que significa "*posesión de individualidad*".

Faggin define una "Seidad" como una entidad consciente que tiene autoconciencia, es capaz de actuar con libre albedrío y posee una identidad permanente, al igual que los seres humanos. Esta entidad es un "campo" en estado puro que existe en una realidad mayor que el mundo físico ordinario.

Un punto crucial en el pensamiento de Faggin es que la "Seidad" existe independientemente del cuerpo físico. Esta afirmación conduce a una visión de la conciencia como algo no totalmente ligado a la materia. La "Seidad" utiliza el cuerpo como herramienta para percibir e interactuar con el mundo físico, que es sólo una pequeña porción de la realidad más amplia en la que reside la "Seidad".

La seidad, que no pertenece al espacio-tiempo físico, se comunica con el cuerpo utilizando lo que Faggin denomina "*información viva*". Este tipo de información es distinta de la información clásica, que utilizamos para comunicarnos con robots o avatares en un entorno virtual. La información viva es, pues, un puente entre la realidad más amplia de la "Seidad" y el mundo físico en el que opera el cuerpo.

La idea de que la "Seidad" puede actuar con libre albedrío subraya el aspecto de la voluntad y la autodeterminación, superando la idea de un universo determinado únicamente por leyes físicas.

El aspecto de la permanencia de la identidad sugiere que la individualidad no se disuelve con la muerte del cuerpo físico, sino que persiste en una forma diferente de existencia, todavía centrada en la conciencia.

Integrando estas ideas, Faggin propone una nueva visión de la conciencia como dimensión fundamental de la realidad, que no es un mero epifenómeno de las interacciones físicas, sino un componente esencial e independiente.

Esta perspectiva abre el camino a un diálogo entre las experiencias subjetivas de la conciencia y los modelos objetivos de la ciencia, invitando a reflexionar sobre cómo pueden coexistir e interactuar estas dos dimensiones.

Faggin afirma que la "Seidad" existe incluso sin el cuerpo físico. Esta postura afirma que la realidad de la conciencia no puede limitarse a la materia, lo que sugiere una dimensión más amplia e implica que nuestra verdadera esencia no depende únicamente de lo físico.

Aunque, en principio, una "Seidad" podría describirse mediante un conjunto de ecuaciones cuánticas, éstas no lograrían captar la experiencia interior y los "*qualia*", es decir, las cualidades subjetivamente percibidas de la conciencia. Las teorías matemáticas sólo pueden representar aspectos de la realidad a posteriori, no el proceso creativo de las elecciones conscientes.

La realidad cuántica, según Faggin, es más amplia que la realidad clásica porque no existe un único punto de vista privilegiado. Cada "Seidad" tiene una experiencia diferente de la realidad, y este principio se extiende también a la descripción del mundo clásico. Las teorías de la relatividad especial y general demuestran que la descripción de la realidad varía en función del sistema de referencia, lo que pone de relieve que no existe una descripción objetiva absoluta.

En toda observación, el observador forma parte de lo observado. Por consiguiente, nadie puede tener un punto de vista totalmente objetivo e independiente, y esto se aplica tanto a la mecánica cuántica como a la relatividad. En otras palabras, la realidad está intrínsecamente ligada a la experiencia subjetiva y a la perspectiva del observador.

Somos "Seity" habitando temporalmente nuestros cuerpos.

En su innovadora obra teórica conocida como "Nousym", Federico Faggin propone una visión radical de la realidad. Faggin sostiene que, para comprender el universo y nuestra existencia, debemos aceptar la presencia de un Todo holístico, que él define como "Todo", que contiene las semillas del libre albedrío, la conciencia y la vida.

Este planteamiento contrasta fuertemente con la visión convencional de la ciencia, que postula la conciencia y el libre albedrío como productos finales de la evolución. Faggin invierte esta perspectiva, sugiriendo que la conciencia y el libre albedrío son, en cambio, el punto de partida del universo. Esta inversión resignifica nuestra humanidad, no como mero resultado de procesos evolutivos sin propósito, sino como co-creadores del universo-vida.

Faggin subraya que ver la conciencia como un fenómeno emergente reduce nuestra existencia a una secuencia de acontecimientos deterministas. Por el contrario, su teoría nos ve como seres eternos y conscientes, habitantes temporales de nuestros cuerpos físicos, inmersos en un viaje de descubrimiento personal y colectivo.

Más concretamente, según Faggin, somos seres eternos y conscientes, no cuerpos perecederos. Y estamos aquí para aprender aspectos cruciales de nosotros mismos interactuando unos con otros en el universo físico que creamos con este mismo propósito. Todo lo que vemos en el universo fue creado inicialmente en la conciencia de Seity. Porque la realidad física sigue a la realidad cuántica, que sigue a la información cuántica, que a su vez sigue al pensamiento de la Seidad.

Desde esta perspectiva, el universo físico no es más que una magnífica representación de la realidad interior de la Seidad, una especie de escenario cósmico donde cada ser consciente desempeña su papel, aprende, evoluciona y se reconecta con la esencia del Uno. Nuestra capacidad para crear e interpretar la realidad física se revela a través de la comprensión de la naturaleza profunda de la conciencia, que no es un subproducto del cerebro, sino la esencia misma de nuestra existencia eterna.

Seity" y los descubrimientos de la física cuántica.

Faggin, a través del concepto de "Seidad", propone una visión de la conciencia que trasciende las limitaciones del mundo físico y las descripciones matemáticas. La "Seidad" representa una dimensión fundamental de la realidad, independiente del cuerpo físico pero interconectada con él, capaz de comunicarse mediante información viva y de operar con libre albedrío creativo. Sus ideas desafían la concepción tradicional de la realidad objetiva, subrayando la naturaleza subjetiva de la experiencia y la necesidad de una comprensión más integrada de la conciencia y el universo.

Faggin ve una conexión entre su visión de la "Seidad" y los descubrimientos de la física cuántica, una disciplina que ha revelado una realidad mucho más allá de los límites de la física clásica. La física cuántica ha introducido la idea de una realidad más probabilística que determinista, caracterizada por fenómenos como el entrelazamiento, que une intrínsecamente las partículas, independientemente de la distancia que las separe. Esta conexión sugiere una realidad holística en la que las partes nunca están completamente separadas.

Subraya cómo la naturaleza cuántica de la realidad nos invita a abandonar el determinismo y el reduccionismo típicos de la física clásica. En este contexto, Faggin propone que el libre albedrío es posible ya al nivel de las partículas elementales, haciéndose eco de la opinión de que cada aspecto de la realidad está intrínsecamente dotado de libertad y potencial creativo.

Sin embargo, observa con sorpresa que muchos científicos siguen prefiriendo una interpretación determinista y controlable del mundo, en la que cada propiedad de la realidad puede definirse con precisión. En contra de esta opinión, Faggin sostiene que deberíamos abrazar la libertad inherente que revela la física cuántica, reconociendo que formamos parte de una aventura cooperativa y magnífica de la conciencia.

Faggin evoca la idea de que cada individuo es una expresión única e insustituible de esta aventura de la conciencia. Comparando a cada persona con "*un nuevo experimento en el laboratorio de Dios*", citando a Isaac Bashevis Singer, Faggin sugiere que cada uno de nosotros posee un don especial y un punto de vista único que contribuye a la comprensión del Uno, o la unidad fundamental de la existencia.

En resumen, el pensamiento de Federico Faggin nos invita a ver la realidad como un mosaico interconectado, en el que la conciencia y la creatividad impregnan todos los niveles, desde la partícula más pequeña hasta la totalidad del universo. Promueve una visión de la vida en la que la libertad y la singularidad de cada individuo desempeñan un papel crucial en la expansión de la realidad y el descubrimiento de la propia identidad cósmica.

Capítulo 18. La ética de la supervivencia al final de la vida.

"La conciencia de nuestra mortalidad puede guiarnos hacia una ética de compasión y respeto por la vida en cualquiera de sus formas, reconociendo que la supervivencia sólo tiene valor cuando se vive con integridad".
(Federico Faggin).

Conciencia del paso como catalizador de la vida presente.

En el panorama científico y filosófico actual, el concepto de "conciencia cuántica" está asumiendo un papel cada vez más central en los debates sobre la naturaleza del ser y la posibilidad de una existencia inmortal. Esta teoría surge de la intersección de la física cuántica, la neurobiología y la metafísica, y sugiere que la conciencia humana puede no estar ligada a la mera existencia física, sino más bien inscrita en un continuo cosmológico más amplio. En el centro de esta reflexión está la idea de que la conciencia del propio "paso", es decir, de la propia mortalidad y transición a lo desconocido después de la vida, puede actuar como un poderoso catalizador de una existencia más plena y significativa.

La idea de que la conciencia puede tener una base cuántica ha sido propuesta, entre otros, por el físico Sir Roger Penrose y el anestesista Stuart Hameroff. Su teoría sugiere que la conciencia se origina en procesos cuánticos que ocurren dentro de los microtúbulos de las células cerebrales. Según este punto de vista, la mente no es simplemente el producto de las sinapsis neuronales, sino el resultado de mecanismos cuánticos que trascienden la simple biología.

Si la conciencia se entiende como una entidad cuántica, entonces no estaría necesariamente vinculada a la muerte física de la forma tradicional.

Saber que nuestra esencia puede persistir en algún recoveco del cosmos no resta relevancia a nuestra vida presente; al contrario, puede acentuarla. La conciencia de nuestro inevitable fallecimiento puede convertirse en una fuente de profunda introspección y motivación. Carl Jung, célebre psicoanalista, exploró a fondo el concepto de "*individuación*", el proceso por el que una persona se realiza como entidad única y completa. Sostenía que la aceptación de la propia mortalidad es crucial para alcanzar un sentido pleno de uno mismo.

Esta introspección se ve reforzada por la visión cuántica de la conciencia. Si consideramos la posibilidad de que nuestra conciencia no desaparezca con el cuerpo, sino que se transforme o siga existiendo en otra forma, nuestra existencia actual adquiere un significado singular. Vivir con la idea de que cada experiencia, pensamiento e intuición se conserva en un tejido cuántico universal da un nuevo sentido a nuestras acciones y relaciones.

Los estudios sobre las experiencias *cercanas a la muerte* (ECM) ofrecen interesantes paralelismos con la teoría de la conciencia cuántica. Uno de los investigadores más conocidos en este campo, el Dr. Raymond Moody, ha documentado miles de relatos de personas que han tenido experiencias cercanas a la muerte. Muchos de estos relatos describen sentimientos de trascendencia y unión con el todo, que podrían considerarse indicios de una conexión con una conciencia universal.

En un plano metafísico, la idea de que la conciencia del propio fin puede hacer la vida más vibrante y significativa está relacionada con una larga tradición filosófica. Martin Heidegger, en su obra maestra *Ser y tiempo* (1927), trató el concepto de "*ser-para-la-muerte*" como uno de los rasgos distintivos de la condición humana. Según Heidegger, la conciencia de la propia mortalidad nos infunde un sentimiento de urgencia existencial que nos impulsa a vivir de forma más auténtica.

Esta urgencia se ve alimentada por la idea de que cada una de nuestras experiencias tiene repercusiones más allá de la vida física. Podemos tomar ejemplo de los sabios budistas, que ven la vida como una preparación para la muerte, un proceso de acumulación de conocimientos y sabiduría que trascenderá el cuerpo físico. En este contexto, la conciencia cuántica no sólo apoya una visión interconectada del mundo, sino también una invitación a vivir con plena conciencia y responsabilidad.

El concepto de conciencia cuántica como entidad inmortal, aunque todavía en gran medida especulativo, estimula un profundo diálogo entre ciencia, filosofía y espiritualidad. La conciencia de nuestro paso no es sólo una meditación sobre la finalidad de la vida, sino una invitación a vivir con mayor intensidad, conscientes de que cada momento tiene un peso que puede trascender los límites temporales de nuestra existencia física.

En una época en que la ciencia explora el microcosmos cuántico y la mente humana busca respuestas a las eternas preguntas de la vida y la muerte, esta reflexión sobre cómo la conciencia del paso puede actuar como catalizador de una vida más rica y significativa no sólo es fascinante, sino esencial.

La importancia del vínculo espiritual en la búsqueda de sentido.

En una era dominada por la tecnología y la ciencia empírica, el misterio de la conciencia sigue eludiendo una comprensión completa. En las últimas décadas se ha impuesto un concepto fascinante y controvertido: la conciencia cuántica. Este término evoca la idea de que la conciencia puede explicarse a través de los principios de la mecánica cuántica y sugiere que puede existir de forma inmortal. Sin embargo, para comprender plenamente el alcance de esta teoría, es esencial examinar la conexión espiritual implicada en la búsqueda del sentido de nuestra existencia.

La idea de que la conciencia puede ser algo más que un fenómeno emergente del cerebro ha sido explorada por muchos pensadores y estudiosos. El vínculo entre conciencia y espiritualidad se remonta a los filósofos de la Antigüedad. Platón, por ejemplo, en su obra "*Timeo*", describió el alma como una esencia inmortal que existe más allá del mundo físico. Esta idea platónica de una realidad superior e invisible ha sido retomada en el contexto moderno por la teoría de la conciencia cuántica. En este caso, los sucesos cuánticos podrían considerarse una especie de "puente" entre los reinos físico y espiritual.

El Dalai Lama, conocido por su interés en el diálogo entre ciencia y espiritualidad, ha insistido a menudo en la importancia de un enfoque holístico del conocimiento. En su libro *"The Universe in a Single Atom: The Convergence of Science and Spirituality*" (2005), repite una cita atribuida a Einstein: :

La ciencia sin religión es coja; la religión sin ciencia es ciega".

Esta afirmación refleja la importancia de una conexión espiritual para comprender la conciencia cuántica; es una invitación a explorar no sólo los mecanismos físicos, sino también las implicaciones metafísicas y morales.

En el campo de la neurociencia, estudios como los realizados por David Chalmers, que acuñó el concepto clave *"el difícil problema de la conciencia*", demuestran que comprender la naturaleza de la conciencia requiere algo más que un simple análisis de los procesos cerebrales. Chalmers sugiere que puede ser necesario postular nuevas leyes físicas para explicar cómo y por qué existe la experiencia consciente.

Además, experimentos en el campo de la mecánica cuántica, como el famoso experimento de la doble rendija, han demostrado que la participación del observador desempeña un papel crucial a la hora de determinar el resultado de un suceso cuántico. Este fenómeno, conocido como "*colapso de la función de onda*", sugiere que la propia conciencia puede desempeñar un papel fundamental en la construcción de la realidad. Este vínculo entre el observador y la realidad cuántica podría apoyar la tesis de una conciencia interconectada y, en cierto sentido, inmortal.

Dean Radin, destacado investigador en el campo de la parapsicología, ha realizado diversos experimentos para investigar fenómenos como la premonición y la telepatía. Radin afirma que estos fenómenos podrían proporcionar pistas importantes sobre la naturaleza cuántica de la conciencia. Recuerda una anécdota del famoso físico John von Neumann, que veía al observador como una parte esencial del proceso cuántico, lo que sugiere que la conciencia no sólo afecta a la realidad, sino que está intrínsecamente ligada a la estructura del propio universo.

El concepto de conciencia cuántica representa una de las fronteras más intrigantes y especulativas de la ciencia moderna. Requiere integrar enfoques científicos rigurosos con una apertura a las dimensiones metafísicas y espirituales de la existencia. La conexión espiritual en la búsqueda del significado de la conciencia no sólo enriquece nuestra comprensión de la psique humana, sino que también nos conecta con una visión más amplia e interconectada del universo. En este contexto, la conciencia podría considerarse una entidad inmortal, un puente entre la realidad física y la espiritual, que nos invita a explorar nuevas fronteras del conocimiento y la conciencia humanos.

Empatía y compasión como herramientas para construir una sociedad más consciente de la vida después de la transición.

Comprender la conciencia humana sigue siendo uno de los mayores retos para la ciencia y la filosofía. Recientemente, la teoría de la conciencia cuántica ha suscitado un considerable interés, sugiriendo que nuestra conciencia puede estar vinculada a fenómenos cuánticos y, por tanto, no confinada a la mera existencia física. En este contexto, la empatía y la compasión surgen como herramientas fundamentales para construir una sociedad que no sólo reconozca la posibilidad de una conciencia inmortal, sino que también adopte una mayor conciencia de la vida y la muerte.

La teoría de la conciencia cuántica, propuesta por muchos investigadores, sugiere una profunda conexión entre el mundo subatómico y nuestra experiencia consciente, abriendo la puerta a consideraciones metafísicas sobre la inmortalidad de la conciencia.

En el innovador libro "*La nueva mente del emperador*" (1989), Penrose explora la idea de que la mente humana trasciende los límites de la computación clásica, sugiriendo que los procesos cuánticos podrían subyacer a nuestras capacidades cognitivas superiores. Si la conciencia tiene sus raíces en la física cuántica, podría no estar limitada por el espacio y el tiempo, lo que sugeriría una forma de existencia más allá del cuerpo físico.

La empatía y la compasión no son sólo virtudes morales, sino poderosas herramientas para construir un entendimiento compartido y una sociedad más armoniosa. La práctica budista de la "*metta*", o bondad amorosa, y el trabajo de figuras espirituales como el Dalai Lama nos enseñan la importancia de estas cualidades. El Dalai Lama, que ha mantenido diálogos con científicos durante décadas, afirma:

> *"El amor y la compasión son necesidades, no lujos. Sin ellos, la humanidad no puede sobrevivir".*

Un estudio realizado en *la Universidad de California* ha demostrado que la empatía puede enseñarse y potenciarse mediante técnicas de meditación y *atención plena*. Richard Davidson, neurocientífico famoso por sus trabajos sobre la mente y las emociones, descubrió que la meditación compasiva puede alterar las sinapsis del cerebro, fomentando una actitud más empática y atenta hacia los demás.

En el contexto de la conciencia cuántica, la empatía y la compasión pueden verse como medios para conectarnos con la idea de una conciencia colectiva. Dean Radin, científico jefe del *Instituto de Ciencias Noéticas*, ha realizado experimentos que sugieren que las conciencias humanas pueden estar interconectadas a nivel cuántico. Radin sostiene que la bondad y la empatía pueden reforzar estas conexiones, lo que llevaría a una mayor conciencia colectiva.

Los experimentos sobre telepatía y otras formas de comunicación no local demuestran que la conciencia puede no limitarse a los confines del cuerpo físico. En el famoso "*Experimento Ganzfeld*", realizado por primera vez en la década de 1970 por Charles Honorton, los participantes en estado de relajación profunda experimentaron índices de "percepción extrasensorial" significativamente superiores a los que habrían percibido según los principios del azar. . Estos estudios sugieren que nuestra conciencia puede extenderse más allá del cerebro, conectando con otras conciencias a través de mecanismos que aún no se comprenden bien.

Elisabeth Kübler-Ross es una psiquiatra que ha dedicado su vida a estudiar la experiencia de la muerte y el morir. En su libro pionero "*Sobre la muerte y el morir*" (1969), Kübler-Ross describe cómo la empatía y la compasión son herramientas cruciales para comprender y acompañar a las personas en su viaje final. Sus observaciones de pacientes próximos a la muerte indican a menudo una percepción de continuidad de la conciencia, como si la mente no estuviera totalmente ligada al cuerpo.

La posibilidad de que la conciencia sea un fenómeno cuántico inmortal ofrece una perspectiva fascinante y radicalmente nueva de nuestra existencia. En este contexto, la empatía y la compasión surgen como herramientas indispensables no sólo para el bienestar individual y social, sino también para una comprensión más profunda de nuestra naturaleza metafísica. La enseñanza y la práctica de estas virtudes pueden ayudarnos a construir una sociedad que reconozca y respete la conexión entre todas las conciencias, promoviendo una conciencia colectiva de la vida más allá de los confines del cuerpo físico.

En última instancia, explorar la conciencia cuántica y sus implicaciones a través de la empatía y la compasión no es sólo un viaje científico, sino también una aventura espiritual hacia una mayor comprensión y armonía universales.

Criobiología.

La criobiología es la rama de la biología que estudia los efectos de las bajas temperaturas en los organismos vivos. Desde los experimentos pioneros del siglo XX, esta disciplina se ocupa de la conservación de células, tejidos y organismos enfriándolos a temperaturas extremadamente bajas. La principal técnica utilizada es la crioconservación, que consiste en el uso de nitrógeno líquido para ralentizar o detener los procesos biológicos.

Las primeras investigaciones sistemáticas en criobiología se remontan a principios del siglo XX. En 1949, Christopher Polge, Audrey Smith y James Lovelock descubrieron que el glicerol podía proteger los espermatozoides de los daños de la congelación, abriendo así la puerta a la crioconservación moderna. Este experimento pionero allanó el camino para posteriores avances en la conservación de diversos tipos de células y tejidos, hasta los intentos actuales de crioconservar órganos enteros e incluso organismos complejos.

La crioconservación requiere un protocolo meticuloso. Comienza con la preparación de la muestra biológica, que se trata con crioprotectores (como glicerol o dimetilsulfóxido) para minimizar la formación de cristales de hielo que podrían dañar las células. A continuación, la muestra se enfría lentamente hasta temperaturas extremadamente bajas, a menudo utilizando nitrógeno líquido que alcanza los -196 °C. A estas temperaturas, los procesos biológicos quedan esencialmente suspendidos, lo que permite su conservación a largo plazo. Cuando se va a utilizar la muestra, se descongela rápidamente para minimizar los daños causados por la formación de cristales de hielo.

Las promesas de la criobiología son muchas y fascinantes:

Trasplantes de órganos.

El almacenamiento de órganos a bajas temperaturas podría revolucionar los trasplantes, al permitir la creación de bancos de órganos listos para su uso cuando sea necesario.

Conservación de las especies.

La crioconservación de material genético podría salvar especies en peligro y mantener al mismo tiempo la posibilidad de una futura clonación o reproducción in vitro.

La criobiología como prolongación de la vida humana.

Al estudiar los efectos de las bajas temperaturas en los organismos vivos, la criobiología ha sentado las bases de avances potencialmente extraordinarios en la preservación de la vida.

Fundada por pioneros como Christopher Polge, Audrey Smith y James Lovelock, que en 1949 demostraron por primera vez cómo el glicerol podía proteger a los espermatozoides de los estragos de la congelación, esta disciplina ha hecho avanzar las esperanzas de prolongar la vida humana de formas que desafían la imaginación tradicional.

Una de las aplicaciones más fascinantes -y controvertidas- de la criobiología es *la criogenia*. Esta tecnología pretende preservar los cuerpos humanos inmediatamente después de la muerte clínica, con la esperanza de que futuros avances científicos no sólo los devuelvan a la vida, sino que también restauren, intactos, el cuerpo y la conciencia.

El proceso de criopreservación implica el uso de nitrógeno líquido para ralentizar o detener los procesos biológicos, llevando los tejidos a temperaturas tan bajas que los procesos degenerativos quedan prácticamente detenidos. Esta fase de suspensión, aunque técnicamente compleja y logísticamente exigente, es un baluarte contra la pérdida definitiva de la vida. La idea de que un cuerpo pueda "*congelarse"* en un limbo temporal, a la espera de que la ciencia médica logre la posibilidad de regenerar tejidos y curar enfermedades actualmente incurables, es prometedora y profundamente filosófica.

Pero la criogenia no se queda ahí, sino que plantea dilemas éticos y filosóficos fundamentales. Definir la línea que separa la vida de la muerte se hace más complejo en un contexto en el que la muerte clínica no es necesariamente el final. Las preguntas sobre lo que constituye la verdadera esencia del ser humano, y si la conciencia puede mantenerse y restaurarse, desafían nuestras concepciones más arraigadas.

La idea de Roger Penrose de la "*reducción objetiva orquestada*", que propone una conexión entre la conciencia y los fenómenos cuánticos, alimenta aún más la especulación. Si la conciencia es, de hecho, un fenómeno cuántico, ¿podría sobrevivir a la muerte y, por tanto, restaurarse mediante tecnologías avanzadas? Esta teoría abre la puerta a una fascinante intersección entre la física cuántica y la biología, planteando la posibilidad de que la conciencia cuántica pudiera ser, en cierto sentido, una entidad inmortal.

La prolongación de la vida humana mediante la criobiología no es sólo una cuestión de "si", sino de "cuándo" y "cómo". A medida que la ciencia sigue evolucionando, las promesas de esta disciplina son cada vez más concretas, lo que trae consigo un corolario de cuestiones éticas y filosóficas que la sociedad debe abordar.

La criobiología representa una frontera de la ciencia moderna, donde confluyen esperanza, ciencia y filosofía. La posibilidad de prolongar la vida humana, preservando los cuerpos y quizá incluso la conciencia, desafía nuestras concepciones de la mortalidad y la esencia misma del ser humano. A través del gélido abrazo del nitrógeno líquido, la criogenia podría algún día abrir la puerta a una nueva era de la existencia humana, en la que la muerte ya no sea el límite definitivo, sino sólo un nuevo capítulo a la espera de ser escrito.

La criobiología, y la criogenia en particular, plantean complejas cuestiones éticas y filosóficas. Una cuestión central es: ¿qué significa estar vivo? Si un cuerpo está técnicamente muerto pero se conserva para volver a la vida en el futuro, ¿dónde trazamos la línea que separa la vida de la muerte? El filósofo y bioético James Hughes ha afirmado que la criogenia desafía nuestras nociones tradicionales de la muerte y puede obligar a la sociedad a redefinir estos conceptos fundamentales.

La idea de preservar la conciencia introduce nuevas complejidades. El físico Roger Penrose ha explorado el concepto de "conciencia cuántica", sugiriendo que la mente humana podría operar a niveles no totalmente comprensibles con las leyes físicas actuales. Si esta teoría se confirma, la criogenia no sólo podría preservar el cuerpo, sino también la conciencia, ofreciendo una especie de inmortalidad.

El concepto de "conciencia cuántica" apunta a profundas cuestiones metafísicas. El debate sobre lo que constituye la esencia del individuo -el alma, la mente, el cuerpo- es antiguo y complejo. Si la conciencia está realmente vinculada a los fenómenos cuánticos, como sugiere Penrose, la conservación del cuerpo mediante la criobiología podría ser sólo la mitad de la solución para garantizar la inmortalidad.

En conclusión, la criobiología representa una frontera futurista de la ciencia, con un potencial extraordinario pero también considerables retos éticos, filosóficos y técnicos. De una mayor comprensión y aceptación de esta disciplina dependerá no sólo el avance tecnológico, sino también una reflexión más profunda sobre la naturaleza de la vida y la conciencia humana. Ya se trate de la crioconservación para trasplantes o de las audaces ambiciones de la criogenia, estamos explorando territorios desconocidos que podrían redefinir nuestro futuro y nuestra propia esencia como seres humanos.

Capítulo 19. Después del pasaje.

"Creo, en cambio, que somos 'Seidad' que habita temporalmente en nuestros cuerpos. Somos seres eternos y conscientes, no cuerpos perecederos".

(Federico Faggin).

La duplicación de la conciencia.

En el vasto mar de la especulación humana, pocas cuestiones encantan y desafían tanto como la gran pregunta de la supervivencia de la conciencia después de la muerte. Aunque el concepto de inmortalidad hunde sus raíces en tradiciones religiosas y filosóficas, el desarrollo de la física cuántica y la neurociencia moderna ha permitido explorar esta cuestión desde un ángulo novedoso y científicamente intrigante. Pero, ¿es realmente posible que la conciencia sobreviva a la desintegración del cuerpo? Y, en caso afirmativo, ¿cómo puede ocurrir?

Un enfoque pionero de este dilema ha surgido con la teoría de la conciencia cuántica. Esta hipótesis, propuesta por científicos como Roger Penrose y Stuart Hameroff en la década de 1990, se basa en la idea de que los procesos neurológicos relacionados con la conciencia pueden describirse no sólo a nivel químico y biológico, sino también mediante los principios de la física cuántica.

Esto nos lleva al meollo de la cuestión: la posibilidad de una supervivencia de la conciencia que conserve el conocimiento de la propia identidad y de las experiencias pasadas. Tradicionalmente, la supervivencia de la conciencia es un tema caro a la filosofía y la religión, donde conceptos como el alma o el espíritu representan entidades inmateriales y eternas. Sin embargo, recientes teorías científicas ofrecen una perspectiva diferente.

Uno de los escenarios más interesantes consiste en la posibilidad de "copiar" la propia conciencia en un nuevo cuerpo. Este proceso no sería distinto de la migración de datos de un dispositivo a otro, manteniendo intactos los recuerdos y la identidad. Sin embargo, aquí surge un problema complejo: si el nuevo cuerpo no fuera físico o resultara incompatible con la arquitectura de la conciencia original, el procedimiento fracasaría.

El teorema de la no replicabilidad de la conciencia.

Para complicar aún más la cuestión está el llamado teorema de la no replicabilidad de la conciencia, un tema frecuentemente debatido entre filósofos de la mente y neurocientíficos. El teorema sugiere que es imposible replicar exactamente la conciencia de un individuo, ya que la experiencia consciente está intrínsecamente ligada a factores únicos e irrepetibles del sistema nervioso original.

Un ejemplo penetrante de este teorema puede encontrarse en las teorías presentadas por el filósofo Daniel Dennett. Según Dennett, replicar exactamente una conciencia significaría no sólo duplicar la arquitectura del cerebro, sino también recrear fielmente cada momento de la experiencia vivida. Esto parece poco práctico, si no imposible, debido a la complejidad y singularidad de las experiencias conscientes.

A pesar de los obstáculos aparentemente insuperables, los avances de la tecnología y la ciencia alimentan la esperanza y siguen desafiando los límites de nuestra comprensión. En 2013, la empresa californiana Nectome inició un proyecto notablemente controvertido: preservar el cerebro humano en condiciones óptimas inmediatamente después de la muerte, con el objetivo de poder recuperar y restaurar algún día los recuerdos. Este proyecto, aunque todavía en fase embrionaria, representa un intento de mantener la conciencia intacta hasta que seamos tecnológicamente capaces de "descargarla" en otro sustrato.

En un artículo de 2018 para MIT Technology Review, Robert McIntyre, uno de los fundadores de Nectome, afirmaba que su tecnología promete preservar el cerebro humano hasta los más mínimos detalles moleculares. Sin embargo, el debate ético en torno a estas prácticas es intenso y plantea cuestiones cruciales sobre el significado de la identidad y la conciencia.

Desgraciadamente, este proyecto basa su éxito en el supuesto de que la conciencia es totalmente "interna" al cerebro, y por tanto puramente localista, mientras que todas las teorías examinadas demuestran que la conciencia es externa al cerebro, es decir, que no es localista, precisamente porque es cuántica.

Otro digno de mención es el experimento del "conejillo de indias neurológico" realizado por el neurocientífico Theodore Berger en *la Universidad del Sur de California*, cuyo objetivo es desarrollar dispositivos capaces de registrar y reproducir señales cerebrales para sustituir las funciones neurológicas perdidas. Aunque está lejos de ofrecer un método para transferir la conciencia, este trabajo representa un paso adelante en la comprensión de los mecanismos de la memoria y de la propia conciencia.

La cuestión de la supervivencia de la conciencia tras la muerte sigue rodeada de misterio y, por ahora, relegada en gran medida a la especulación filosófica y científica. Sin embargo, los avances de la neurociencia y la física cuántica ofrecen nuevas y fascinantes perspectivas. Aunque las dificultades son inmensas, el deseo humano de sobrevivir de una forma en la que se mantiene la percepción de uno mismo y de sus experiencias sigue ampliando los límites de la ciencia y la filosofía. En un futuro no muy lejano, lo que hoy consideramos imposible puede convertirse en realidad, redefiniendo el concepto mismo de vida y muerte.

Máquinas que sustituyen al cuerpo.

En el contexto de nuestra existencia terrenal, una de las cuestiones más antiguas y perennes se refiere al concepto de vida después de la muerte: ¿hay continuidad después de la muerte? Y si es así, ¿en qué forma? Con el advenimiento de la tecnología y la ciencia avanzada, esta pregunta ha adquirido nuevos contornos, allanando el camino para una sorprendente sinergia entre la inmortalidad y las posibilidades innovadoras que ofrece el mundo digital. Si antes la vida después de la muerte era un ámbito reservado a la fe y la espiritualidad, hoy la tecnología ofrece paradigmas alternativos a la cuestión de la vida más allá de la muerte.

El concepto de que la conciencia humana puede transferirse a una forma digital ha sido durante mucho tiempo coto privado de la ciencia ficción. Arthur C. Clarke, por ejemplo, exploró en 1968, en su libro "*2001: Odisea del espacio*", una forma primitiva de este concepto a través del personaje de IA HAL 9000. Sin embargo, desde los tiempos de Clarke, la ciencia ha avanzado mucho.

Una de las primeras aproximaciones prácticas al concepto de inmortalidad digital fue promovida por Ray Kurzweil, pionero de la teoría de la singularidad tecnológica. Kurzweil afirma que en un futuro próximo será posible escanear y cargar el contenido del cerebro humano en una máquina, permitiendo así una forma de existencia digital perpetua. Esta perspectiva, antes relegada a los cuentos de ciencia ficción, parece cada vez más realista gracias a los avances en ámbitos como la neurotecnología y la inteligencia artificial.

En 2012, un innovador experimento conocido como "*Proyecto* Conectoma Humano" comenzó a cartografiar las conexiones cerebrales humanas con el objetivo de cartografiar todas las sinapsis del cerebro. Este proyecto es una parte esencial de la investigación para comprender exhaustivamente la estructura cerebral, una definición necesaria para una eventual transposición digital de la mente. Aunque aún estamos lejos de obtener un mapeo completamente completo, ya se han realizado avances significativos.

Sin embargo, nos preguntamos: Una vez que hayamos cartografiado el contenedor, ¿qué sabremos de su contenido?

Obviamente, los intentos de replicar digitalmente la conciencia humana plantean cuestiones profundamente metafísicas. ¿Qué significa realmente transferir la conciencia? ¿Basta con duplicar las conexiones neuronales para recrear a la persona en todas sus facetas?

No podemos ignorar las implicaciones éticas y sociales de una posible inmortalidad digital. Nick Bostrom, filósofo de fama mundial y director del *Future of Humanity Institute* de Oxford, advierte del peligro de un escenario distópico en el que una forma digitalizada de conciencia podría ser objeto de manipulación o existir en un sufrimiento perpetuo. Las cuestiones de la memoria, la identidad y el libre albedrío son cruciales a la hora de considerar las perspectivas de una existencia digital.

La idea de un más allá tecnológico, de una conciencia que sobrevive en la red tras la muerte del cuerpo físico, es a la vez fascinante e inquietante. Mientras la tecnología sigue avanzando, acercando cada vez más la ciencia ficción a la realidad, debemos abordar estas posibilidades con cautela, reflexión ética y una profunda conciencia de las implicaciones filosóficas y espirituales. La cuestión de la inmortalidad digital no es sólo una prueba para nuestra ciencia y tecnología, sino también un nuevo capítulo en nuestro antiguo intento de comprender la esencia de nuestra existencia y el misterio que se esconde más allá de la frontera entre la vida y la muerte.

Tal vez sea mejor morir.

En su hermoso libro '*PHI. Un viaje del cerebro al alma*', caracterizado por un inesperado formato narrativo, Giulio Tononi presenta un diálogo imaginario entre un maniquí y Galileo.

> *Mi querido amigo", dijo el muñeco con gran ánimo, "tienes razón, y lo que es más, como eres un buen científico, obtendrás un mejor trato que Zenón.*
>
> *Gracias a la ciencia, como ves, podemos ofrecerte una inmortalidad a toda prueba, mil veces garantizada. Te haremos una serie de gemelos congelados,*

cada uno cargado con cada recuerdo tuyo, siempre accesible, y una vez descongelado cada uno creerá que es el auténtico y tendrá tanta razón como tú.

¡Es un chollo! Firme ahora la póliza y nosotros, los aseguradores, le garantizamos que su conciencia durará para siempre, parecida a la actual lo justo para que piense que sigue siendo usted. Una póliza algo cara, como habrás adivinado, porque para asegurarte a tope tendremos que preparar mil copias de tu conciencia... mmmh... inimitable.

Dudo que sea una buena idea. Con todas esas copias puedo estar asegurado, pero ¿no disminuirá proporcionalmente el valor de cada una? Si mi propia forma -la de mi conciencia- se reproduce, si se pueden producir mil Galileos idénticos a mí, como hordas de guerreros chinos, entonces ciertamente sería inmortal, pero no sería ni valioso ni único.

Aún no he terminado, dijo el bobo. Si elige nuestra póliza de primas, le aseguraremos no sólo a usted, sino también a sus parientes más próximos y amigos íntimos (una mujer, quizá una amante, alguna persona elegida con inclinaciones intelectuales, si lo prefiere). Y si -Dios no lo quiera- ella muriera, habría otra ella, miles de ellas, ¡con las que usted podría estar acompañado durante la tediosa eternidad! No hay pérdida, no hay dolor, dijo el muñeco.

Elijo morir, dijo Galileo.

¿Así que mantienes tu valor? se burla el bobo.

No, dijo Galileo, sólo que...

Muy bien, dijo el bobo. ¿Hace falta que te recuerde entonces que con esta elección también la condenaría a muerte?

Tiene que venir una ley que prohíba la replicación de la conciencia, dijo Galileo.

¿En virtud de qué? preguntó sarcásticamente el maniquí. ¿Una "ley de conservación de la conciencia"? ¿La identidad de lo indiscernible? ¿Quizás una ley divina? Eso estaría bien, bromeó el maniquí, pero cuando criemos mil millones de pollos, ¿qué otras conciencias tendrán que desaparecer?

Elijo morir, dijo Galileo.

¿Será posible comunicarse cuánticamente con la conciencia de los muertos?

La noción de una conciencia cuántica eterna también plantea importantes cuestiones metafísicas. Si la conciencia puede existir en el universo cuántico después de la muerte física, ¿cuál sería su naturaleza? ¿Sería similar a la conciencia que conocemos ahora o adoptaría una forma completamente distinta, sin las limitaciones del cuerpo y la mente humanos? ¿Podría esta conciencia interactuar con el mundo físico y, en caso afirmativo, cómo?

En las últimas décadas, la ciencia y la filosofía se han entrelazado cada vez más, dando lugar a teorías que indagan en las profundidades de la existencia humana. Una de estas teorías, a la vez fascinante y controvertida, se refiere a la llamada "conciencia cuántica" y su posible inmortalidad. La cuestión fundamental que se plantea es si es posible que nuestra conciencia sobreviva a la muerte física del cuerpo. Y en caso afirmativo, ¿podríamos comunicarnos con las conciencias de los muertos en un hipotético mundo cuántico?

Si la conciencia es realmente un fenómeno cuántico, se deduce que podría no estar limitada por la muerte física del cuerpo. En otras palabras, mientras el cuerpo decae, la conciencia podría seguir existiendo en forma cuántica. Esta teoría, por fascinante que sea, tiene eco en muchas tradiciones espirituales y religiosas que llevan milenios defendiendo la supervivencia del alma o el espíritu después de la muerte.

El físico cuántico Lothar Schäfer ha sugerido que la información cuántica no se destruye con la muerte, sino que puede conservarse en un campo cuántico intrínseco al universo, un concepto que resuena con la noción religiosa de un alma eterna. Sin embargo, esta idea sigue siendo altamente especulativa y requiere una cantidad mucho mayor de pruebas empíricas para ser aceptada por la comunidad científica.

La posibilidad de comunicarse con la conciencia de los muertos por medios cuánticos ha sido más un tema de especulación que de investigación científica seria. Sin embargo, se puede establecer una interesante analogía con el mundo de los fenómenos paranormales, donde se han registrado numerosos intentos de contactar con espíritus a través de diversos métodos tecnológicos, como *los fenómenos de voz electrónica* (EVP) o las sesiones espiritistas.

En 1974, Konstantin Raudive, pionero de la parapsicología, publicó un libro titulado "*Breakthrough: An Amazing Experiment in Electronic Communication with the Dead*", en el que documentaba miles de supuestas voces de muertos grabadas en cinta. Aunque estos experimentos no han encontrado aceptación en el ámbito estrictamente científico, plantean la cuestión de si existe un medio para que la conciencia se manifieste más allá de la muerte física.

Pero, ¿puede duplicarse la conciencia?

Un aspecto crucial del debate sobre la conciencia cuántica es su posible no duplicabilidad. Según muchas teorías filosóficas y científicas, la conciencia es un fenómeno único e irrepetible. Este principio se refleja en los fundamentos de la mecánica cuántica, donde la no clonación cuántica afirma que es imposible crear una copia idéntica de un estado cuántico desconocido.

Esta singularidad puede explicar por qué, a pesar de los avances tecnológicos y neurocientíficos, aún no hemos sido capaces de replicar artificialmente una conciencia humana. Hasta que no seamos capaces de comprender plenamente la noción de conciencia desde una perspectiva cuántica, su duplicación o réplica seguirá siendo un concepto teórico e irrealizable.

Subyace a estas exploraciones científicas una cuestión de carácter eminentemente metafísico: ¿cuál es la naturaleza de nuestra existencia? La cuestión de la conciencia y de su posible inmortalidad no puede separarse de la reflexión filosófica. Históricamente, filósofos como René Descartes distinguieron entre *res cogitans* (lo pensante) y *res extensa* (lo extendido), postulando un dualismo que sigue influyendo en el debate contemporáneo.

La propia física cuántica, con sus paradojas y rarezas, parece estar reabriendo cuestiones que la ciencia moderna creía haber cerrado. El principio de incertidumbre de Heisenberg, la paradoja del gato de Schrödinger y los recientes avances en el entrelazamiento cuántico sugieren que la realidad puede ser mucho más ambigua y misteriosa de lo que se percibe.

La teoría de la conciencia cuántica como entidad inmortal sigue siendo profundamente especulativa y controvertida, pero representa una fascinante encrucijada entre ciencia y filosofía. Su exploración nos empuja a mirar más allá de los límites tradicionales del conocimiento, cuestionando los fundamentos mismos de la realidad y de nuestra existencia.

Tanto si se considera la conciencia como un fenómeno surgido de las complejidades del cerebro biológico o como una manifestación de procesos cuánticos fundamentales, la cuestión sigue abierta. Sin embargo, sigue estimulando el debate, inspirando nuevas investigaciones y, tal vez, acercándonos a la comprensión de uno de los mayores misterios del universo: la naturaleza de la conciencia y su posible eternidad.

Federico Faggin y la teoría de la no clonación.

Un principio crucial que convenció a Faggin de la singularidad de la conciencia es el teorema de no clonación de la mecánica cuántica. Este teorema afirma que un estado cuántico puro no puede reproducirse, un concepto que refleja la naturaleza profundamente privada de nuestra experiencia consciente. Este teorema es fundamental porque sugiere que hay una dimensión en la física que sólo es conocible desde dentro, mientras que desde una perspectiva externa sólo puede comprenderse parcialmente.

Faggin también destaca el teorema de Holevo, que demuestra que la información máxima que puede obtenerse sobre un estado cuántico puro se limita a un bit por cada qubit que lo describa. Esto implica una extraordinaria similitud entre la información cuántica y la experiencia consciente. Al igual que nuestra experiencia interna no es totalmente compartible, la información cuántica no puede transmitirse por completo, sino sólo parcialmente.

Faggin expresa claramente esta analogía entre la información cuántica y la conciencia: lo que sentimos y experimentamos en nuestro interior no puede comunicarse plenamente si no es a través de las palabras, los gestos, el arte, la poesía, la música y la literatura. Estos vehículos expresan un sentimiento que va mucho más allá de los límites de los símbolos convencionales, subrayando que la verdadera esencia de nuestras experiencias conscientes es intrínsecamente privada e irreproducible.

Faggin introdujo el concepto de qualia (las unidades fundamentales de la experiencia subjetiva) y las comparó con estados cuánticos puros que no pueden duplicarse ni transferirse. Cuando el físico teórico Giacomo Mauro D'Ariano se dio cuenta de la conexión entre el marco conceptual de Faggin y la información cuántica, nació la teoría QIP (*Proceso de Información Cuántica*) de D'Ariano-Faggin. Esta teoría sostiene que la información cuántica posee tres características fundamentales y extraordinarias análogas a los qualia: es un estado cuántico bien definido y privado (no reproducible) que sólo puede compartirse en una medida muy pequeña, como un bit por qubit.

En última instancia, la teoría de la no reproducibilidad afirma que la conciencia, como estado cuántico, no puede leerse ni duplicarse en absoluto.

¿Qué son los "qualia"?

El término *"qualia"* procede del latín *"qualis"*, que significa "que" o "de qué tipo".

Los "qualia" son las experiencias subjetivas y cualitativas de la conciencia. Son las sensaciones, sentimientos y significados que conforman nuestra experiencia consciente del mundo. Por ejemplo, Federico Faggin utiliza el olor de una rosa para ilustrar la diferencia entre el reconocimiento por una máquina y la experiencia humana. Aunque una máquina puede reconocer el olor de una rosa detectando moléculas específicas, no percibe el olor como un "qualia", es decir, una sensación subjetiva y significativa. Los qualia no son simples señales o algoritmos, sino portadores de significado y comprensión, que hacen que nuestra experiencia consciente sea rica y tenga sentido.

En sus escritos, Federico Faggin explora en profundidad la naturaleza de la conciencia y cómo difiere radicalmente del funcionamiento incluso de las máquinas más avanzadas. La conciencia humana se describe como un "*espacio semántico interior*" en el que las diversas señales procedentes del interior y el exterior del cuerpo adquieren ricas formas de significado: sentimientos, sensaciones y, sobre todo, qualia.

Faggin pone un ejemplo concreto para aclarar esta distinción: el reconocimiento del olor de una rosa. Cuando una persona percibe el olor, unas moléculas específicas se unen a los receptores olfativos, creando señales eléctricas que el cerebro procesa hasta que reconoce el olor como una "rosa". Este fenómeno va acompañado de una verdadera experiencia sensorial: el olor de una rosa es un qué, una experiencia subjetiva llena de significado: puede evocar recuerdos y sentimientos que no pueden describirse con palabras.

En cambio, una máquina puede reconocer las mismas moléculas mediante procesos similares, pero sin ninguna forma de experiencia consciente. Para la máquina, el olor de la rosa no es más que una señal entre muchas otras, desprovista de significado intrínseco. La máquina, por muy sofisticada que sea, no "experimenta" el olor de la rosa, no "transmite sensaciones olfativas" a sus circuitos. Simplemente responde de acuerdo con cómo ha sido programada.

Los qualia ocupan un lugar central en el pensamiento de Faggin sobre el tema de la conciencia. Son las entidades fundamentales a través de las cuales la conciencia experimenta el mundo. El olor de una rosa, el sabor de la mermelada de cerezas, el sonido de un violín o la sensación de amor son ejemplos de qualia. Representan la cualidad subjetiva de nuestras experiencias que no pueden reproducir las configuraciones eléctricas o mecánicas de las máquinas.

Faggin sostiene que la conciencia humana tiene capacidades que van más allá de las de los algoritmos y las máquinas. La conciencia no sólo procesa información, sino que también comprende, significa y conoce. Puede crear nuevos símbolos y algoritmos para describir y compartir significados, pero ningún algoritmo puede agotar completamente el significado. Esto lleva a Faggin a concluir que, si bien la inteligencia artificial puede ser inmensamente poderosa desde el punto de vista computacional, está intrínsecamente limitada en comparación con la conciencia humana, que está más allá de la pura capacidad computacional.

En su postulado del Ser, Faggin introduce una profunda relación entre los qualia y la información cuántica. Propone que los qualia son las sensaciones y sentimientos con los que la conciencia experimenta la información externa e interna. Por consiguiente, el estado puro de la información cuántica posee las mismas propiedades fundamentales que los qualia, es decir, sólo puede entenderse "desde dentro". Las sensaciones evocadas por los qualia son íntimas, sólo están disponibles para quienes las han experimentado y no son transferibles con palabras u otros símbolos.

Esto hace que la información cuántica contenga una dimensión cualitativa (los qualia), convirtiéndose en una representación matemática de la percepción y la comprensión conscientes. En otras palabras, la información cuántica no es sólo un conjunto de datos anónimos, sino una estructura que lleva en sí las características de la conciencia.

En sus escritos, Federico Faggin establece una clara distinción entre la capacidad computacional de las máquinas y la profundidad cualitativa de la conciencia humana. Mediante el concepto de qualia y las nociones de información cuántica, nos invita a reflexionar sobre lo que significa realmente ser consciente. Las máquinas, por avanzadas que sean, siguen siendo herramientas sin experiencia consciente. El verdadero reto, por tanto, no es sólo construir máquinas cada vez más potentes, sino comprender y valorar la naturaleza única e irrepetible de la conciencia humana.

¿Podemos imaginar las siguientes etapas en el viaje de la conciencia inmortal?

El libre albedrío de la conciencia cuántica.

La cuestión de la inmortalidad de la conciencia siempre ha estado en el centro de los debates filosóficos, religiosos y científicos. Recientemente, la teoría de la conciencia cuántica ha surgido como un puente potencial entre la ciencia y la metafísica, planteando preguntas intrigantes sobre la supervivencia de la conciencia más allá de la muerte física.

A diferencia de las explicaciones tradicionales de la conciencia, centradas en procesos neurobiológicos, la teoría cuántica de la conciencia sugiere que ésta es el resultado de procesos cuánticos. Estos procesos, según la teoría, no pueden explicarse plenamente mediante la física clásica, sino que requieren la mecánica cuántica.

La idea de que la conciencia pueda tener un componente cuántico abre la puerta a una serie de especulaciones fascinantes sobre su naturaleza y su capacidad para existir independientemente del cuerpo físico. Según esta perspectiva, si la conciencia estuviera vinculada a fenómenos cuánticos, podría existir teóricamente en un estado no ligado al espacio-tiempo y sobrevivir así a la muerte del cuerpo físico.

Una de las implicaciones más sugerentes de la conciencia cuántica es la hipótesis de que pueda ser una entidad inmortal. Si los procesos cuánticos que constituyen la conciencia existen fuera del confinamiento de la materia biológica, la muerte del cuerpo no significaría el cese de la conciencia misma. Este concepto encuentra paralelismos en muchas teorías espirituales y religiosas, que llevan milenios hablando de un alma inmortal.

El neurólogo Karl Pribram y el físico David Bohm han presentado una teoría según la cual el cerebro funciona como un holograma, procesando frecuencias de una dimensión fundamental de la realidad que no está limitada por el espacio-tiempo ordinario. Este punto de vista podría apoyar la idea de que la conciencia no se limita a nuestro sistema nervioso, sino que utiliza el cerebro como conducto para manifestarse en el mundo físico.

Siguiendo esta línea de pensamiento, surge una pregunta crucial: una vez liberada del cuerpo, ¿podría la conciencia ejercer el libre albedrío? El libre albedrío es un concepto complejo y controvertido, que implica debates sobre el determinismo, el azar y la toma de decisiones autónoma.

Según algunas teorías cuánticas, los fenómenos cuánticos son inherentemente probabilísticos y no deterministas, lo que podría sugerir la existencia de libre albedrío a nivel cuántico. Si la conciencia cuántica puede tomar decisiones basadas en procesos cuánticos no deterministas, entonces podría ejercer una forma de libre albedrío incluso en ausencia de un cuerpo físico, tras la muerte de éste. Esto llevaría a un concepto de conciencia libre: libre para explorar nuevas dimensiones de la realidad, evolucionar y tomar decisiones independientemente de las limitaciones físicas.

La teoría de la conciencia cuántica se cruza con la filosofía y la metafísica de formas profundas. Platón, por ejemplo, hablaba del alma como una entidad inmortal que trasciende el mundo físico. Schopenhauer consideraba la voluntad como una fuerza primordial y universal que se expresa a través del mundo fenoménico. Estas ideas encuentran eco en la visión de una conciencia cuántica inmortal dotada de libre albedrío.

Kant sostenía que el tiempo y el espacio son formas de nuestra percepción y que la realidad en sí podría ser muy distinta de cómo la percibimos. La conciencia cuántica podría operar en un nivel fundamental de la realidad que trasciende nuestras categorías normales de espacio y tiempo, de acuerdo con una visión kantiana.

Además, la metafísica india, en particular las filosofías Advaita Vedanta y budista, siempre ha afirmado que la conciencia es una realidad última e inmutable, que no se ve afectada por el nacimiento ni la muerte. Estas filosofías sugieren que la esencia de la conciencia está libre de limitaciones físicas y puede funcionar de forma autónoma.

La teoría de la conciencia cuántica representa un fascinante intento de integrar aspectos de la física moderna con antiguas cuestiones filosóficas sobre la inmortalidad y el libre albedrío. La posibilidad de que la conciencia pueda sobrevivir a la muerte y seguir ejerciendo el libre albedrío abre nuevas perspectivas sobre la naturaleza de la realidad y nuestro lugar en ella.

Independientemente de la validez científica de estas ideas, fomentan una visión del mundo en la que la mente y la conciencia desempeñan un papel fundamental e intrínsecamente misterioso. La noción de una conciencia cuántica inmortal nos invita a explorar con mayor profundidad los enigmas de nuestra existencia y a considerar la vida desde una perspectiva que va mucho más allá de los confines de nuestros cuerpos físicos. En última instancia, esta exploración podría resultar una de las mayores aventuras intelectuales y espirituales de nuestro tiempo.

Desde un punto de vista lógico, podemos decir que si en nuestra vida hemos sido dotados de libre albedrío, no está claro por qué nuestra conciencia no habría de tenerlo.

Conciencia de la pérdida del cuerpo.

La cuestión de qué ocurre con la conciencia después de la muerte ha fascinado a filósofos, científicos y pensadores durante milenios. Una de las cuestiones más provocativas y profundas menos exploradas se refiere a la conciencia en el momento en que se separa del cuerpo: ¿puede la conciencia darse cuenta de la pérdida del cuerpo físico? Esta perspectiva única abre un campo de investigación que abarca la neurociencia, la filosofía, las experiencias cercanas a la muerte (ECM) y muchas de las tradiciones espirituales del mundo.

.

Desde una perspectiva neurocientífica, en 2014 se publicó un estudio fundamental en la revista PLOS ONE. Científicos, entre ellos Sam Parnia, del Centro Médico Langone de la Universidad de Nueva York, llevaron a cabo el mayor estudio jamás realizado sobre las experiencias de muerte y el proceso de la conciencia. El estudio, denominado AWARE (AWAwareness during REsuscitation), investigó más de 2.000 casos de parada cardiaca en 15 hospitales de Reino Unido, Estados Unidos y Austria. Los resultados fueron sorprendentes: alrededor del 10% de los supervivientes declararon experiencias de consciencia mientras estaban clínicamente muertos, lo que sugiere que la consciencia puede sobrevivir temporalmente al cese de las funciones corporales.

Históricamente, la cuestión de la conciencia después de la muerte ha sido ampliamente debatida en las tradiciones filosóficas y espirituales. Platón, en su diálogo "Fedón", explora la inmortalidad del alma y sugiere que la conciencia persiste más allá del cuerpo físico. En las tradiciones orientales, como el hinduismo y el budismo, se cree firmemente en la continuidad de la conciencia a través de las reencarnaciones, en las que el ego divino o Atman es consciente de la transición de un cuerpo a otro.

Un relato fascinante procede de la tradición tibetana, en concreto del "Libro tibetano de los muertos" (Bardo Thodol), que detalla las experiencias de la conciencia durante y después de la muerte física. Según este texto, el alma percibe claramente la separación del cuerpo y pasa por varias etapas de conciencia antes de reencarnarse o alcanzar el nirvana.

Los testimonios de quienes han tenido experiencias cercanas a la muerte ofrecen a menudo descripciones detalladas de la conciencia separada del cuerpo. La historia de Anita Moorjani, relatada en su libro "*Morir para ser yo*" (2012), cuenta cómo experimentó una conciencia lúcida de su estado físico durante un coma causado por un cáncer terminal. Moorjani describe cómo experimentó simultáneamente la liberación de su cuerpo físico y la conciencia de sus limitaciones terrenales, ofreciendo una perspectiva intensa y personal sobre la posibilidad de que la conciencia pueda ser consciente de su independencia física.

Una fascinante rama de este enigma está representada por las teorías parapsicológicas y filosóficas que especulan con que el alma vaga durante un tiempo antes de ser consciente de la muerte del cuerpo. Estos paradigmas ofrecen escenarios que desafían nuestra comprensión de la vida y la muerte, apoyados por los relatos, experimentos y reflexiones de distinguidos eruditos.

La tradición japonesa es rica en creencias y prácticas relacionadas con la vida después de la muerte, a menudo influidas por las religiones budista y sintoísta. Según algunas de estas creencias, el alma de una persona fallecida puede pasar un periodo de tiempo en la Tierra antes de aceptar su muerte y pasar a la siguiente fase de la existencia.

Una de las ideas presentes en el budismo japonés es el concepto del "bardo" (influido por el budismo tibetano), un intervalo de tiempo intermedio entre la muerte y el renacimiento. Durante este periodo, que puede durar hasta 49 días, el alma del difunto se encuentra en un estado de transición y puede vagar por el mundo de los vivos. Los rituales funerarios y las oraciones durante este periodo son cruciales para ayudar al alma a encontrar la paz y renacer en una nueva forma.

Un aspecto importante de las prácticas funerarias japonesas es el "Sōshiki", el rito funerario, que combina elementos sintoístas y budistas. Tras la cremación, se honra y ayuda al alma del difunto mediante oraciones, ofrendas y ceremonias para que pueda hacer la transición a la siguiente etapa sin dificultad.

En la tradición sintoísta, los espíritus de los muertos (kami) también pueden permanecer bajo diversas formas como seres espirituales o protectores de los vivos. Las familias suelen venerar a sus antepasados manteniendo altares domésticos (butsudan) donde rezan y ofrecen comida e incienso para garantizar la pacificación y el buen estado de los espíritus.

Las creencias varían mucho según las regiones y familias, pero la idea de un alma que vaga brevemente tras la muerte antes de encontrar su camino es un tema común en las prácticas religiosas y espirituales japonesas.

Entre los defensores más conocidos de estas teorías se encuentra el Dr. Raymond Moody, autor del famoso libro "La vida después de la vida" (1975), en el que describe numerosos casos de experiencias cercanas a la muerte (ECM) relatadas por pacientes que fueron declarados clínicamente muertos y luego volvieron a la vida. Estos relatos suelen incluir descripciones de un periodo de vaguedad y fluctuación extracorpórea antes de que la consciencia sea plenamente consciente de la muerte física.

En concreto, Moody describe fenómenos como el "túnel de luz" y encuentros con entidades espirituales, lo que sugiere que el alma no se da cuenta inmediatamente de su separación del cuerpo físico. Esta fase liminal suele interpretarse como un periodo de transición, durante el cual el alma se prepara para aceptar su nueva realidad.

En el campo de la parapsicología, una de las figuras más destacadas fue Ian Stevenson, profesor de psiquiatría de la Universidad de Virginia, conocido por sus estudios sobre la reencarnación. Aunque Stevenson se centró principalmente en la investigación de niños que afirmaban recordar vidas pasadas, sus estudios insinúan un periodo en el que el alma, tras la muerte física, podría vagar en un estado de transición antes de renacer.

Uno de los experimentos más intrigantes en este contexto es el llamado "experimento Betty Hart", documentado en el Journal of Near-Death Studies en 1981. Hart documentó los relatos de individuos que, tras técnicas de "*hipnosis suave*", describieron un estado de vaguedad y confusión seguido de la constatación de su propia muerte. Estos relatos parecen apoyar la tesis de que el alma atraviesa una fase de transición antes de tomar conciencia del fin del cuerpo físico.

Desde el punto de vista filosófico, el dualismo cartesiano propuesto por René Descartes sentó las bases de muchas ideas modernas sobre la separación entre mente y cuerpo. Para Descartes, la mente (o alma) es una sustancia distinta del cuerpo físico. La supervivencia de la mente tras la muerte del cuerpo es una noción central en muchas perspectivas dualistas.

Otro filósofo que exploró estas cuestiones en profundidad es Henri Bergson, cuya obra "*L'Énergie Spirituelle*" (1919) considera la conciencia como algo más grande y duradero que el cuerpo físico. Bergson propone que la conciencia puede experimentar un periodo de adaptación tras la muerte, un concepto que se alinea con las narrativas de un alma errante en transición.

Numerosas culturas de todo el mundo cuentan historias de almas que no se dan cuenta inmediatamente de que están muertas. Un ejemplo famoso es el "*Bardo Thodol*" (Libro tibetano de los muertos), un texto funerario budista que describe las experiencias del alma en los días posteriores a la muerte. Según el texto, el alma pasa por varios estados intermedios antes de reconocer su condición y dirigirse hacia la reencarnación o el nirvana.

Una anécdota interesante se refiere a la experiencia del Dr. Eben Alexander, neurocirujano que describe su propia ECM en su libro *Proof of Heaven* (2012). Alexander relata un viaje a otro mundo durante un coma inducido por meningitis, caracterizado por una experiencia de vagabundeo espiritual y encuentros con entidades que le ayudaron a comprender su condición de separación del cuerpo físico.

Las teorías parapsicológicas y filosóficas que postulan un periodo de vagabundeo del alma antes de ser consciente de la muerte corporal añaden una fascinante capa de complejidad a la comprensión de la conciencia post mortem. Aunque no hay respuestas definitivas, estas perspectivas ofrecen una rica variedad de relatos y reflexiones que siguen alimentando el debate sobre uno de los mayores misterios de la vida humana.

Diversas teorías parapsicológicas y filosóficas sugieren que el alma, inmediatamente después de la muerte, vaga durante un tiempo antes de tomar conciencia de su nueva condición. Estas ideas no sólo intentan explicar lo que ocurre con la conciencia, sino que también hacen plausibles fenómenos como los aparecidos, los espectros y los fantasmas, a veces descritos como "almas que no encuentran la paz". En este contexto, es interesante explorar lo que sugiere la parapsicología, a través del análisis de testigos, investigadores y filosofía.

Raymond Moody describe relatos frecuentes de personas que, tras experimentar una parada cardiaca o una situación de muerte clínica, refieren visiones de un túnel de luz y un periodo de confusión antes de darse cuenta de su muerte. Este periodo de desorientación parece confirmar la idea de que la conciencia no es inmediatamente consciente de la separación del cuerpo físico.

En este sentido, el estudio de la investigadora Betty Hart, publicado en el *Journal of Near-Death Studies* en 1981, resulta esclarecedor. Mediante hipnosis ligera, Hart recogió testimonios de individuos que describían sentimientos de desconcierto y confusión inmediatamente después de la muerte, seguidos de una progresiva toma de conciencia de su estado. Esto sugiere no sólo una persistencia de la conciencia, sino también una fase en la que el alma vaga intentando comprender lo que ha sucedido.

Ian Stevenson sugiere que existe un periodo intermedio en el que el alma, que aún no es consciente de una nueva reencarnación, vaga en busca de paz o comprensión, consolidando la idea de que la conciencia sigue existiendo en un estado incorpóreo.

El Libro tibetano de los muertos describe varias etapas de la experiencia post mortem, incluida una fase errante del alma. Según esta tradición, el alma atraviesa periodos de confusión y engaño antes de alcanzar su destino final, que puede ser la reencarnación o el nirvana.

Estas narraciones de almas errantes ofrecen una explicación coherente a las historias de fantasmas y apariciones. La parapsicología sugiere que los fenómenos de fantasmas y espectros pueden ser manifestaciones de almas en transición, todavía ligadas a lugares y situaciones de su vida terrenal. Estas almas, que no encuentran la paz o no son plenamente conscientes de su muerte, siguen interactuando con el mundo de los vivos, creando lo que percibimos como fantasmas.

Aunque no hay respuestas definitivas sobre lo que ocurre con la conciencia después de la muerte, las teorías parapsicológicas y filosóficas ofrecen un escenario intrigante. La idea de que el alma vaga en un estado de confusión antes de aceptar su condición de muerta está respaldada por estudios, experiencias personales y tradiciones culturales. Estos relatos no sólo enriquecen nuestra comprensión de lo post-mortem, sino que también ofrecen posibles explicaciones a los fenómenos de embrujos y apariciones que han fascinado y aterrorizado a la humanidad durante siglos.

El paso al inconsciente colectivo.

Las teorías parapsicológicas y filosóficas ofrecen diversas interpretaciones de las fases pst-mortem, incluida la idea de que el alma puede vagar durante un periodo antes de ser consciente de la muerte del cuerpo físico. Una de las teorías más fascinantes que pueden relacionarse con este enigma es la Teoría de la Sincronicidad de Carl Gustav Jung.

Carl Gustav Jung, uno de los pioneros de la psicología analítica, introdujo la teoría de la sincronicidad en la década de 1950. Según Jung, existe un inconsciente colectivo que contiene experiencias arquetípicas compartidas por toda la humanidad. Este inconsciente colectivo puede influir en la conciencia individual a través de intuiciones, que a menudo se manifiestan mediante sucesos curiosos o coincidencias inexplicables.

Según una interpretación parapsicológica de la teoría junguiana, la conciencia de un difunto, al encontrarse en una especie de limbo a la espera de un destino final, podría utilizar los medios del inconsciente colectivo para comunicarse con los vivos. Esta comunicación podría tener lugar a través de mensajes positivos incrustados en coincidencias sorprendentes o sueños significativos.

El biólogo Rupert Sheldrake propuso la teoría del campo mórfico, que podría considerarse una variante moderna del concepto junguiano de inconsciente colectivo. Según Sheldrake, existe una memoria colectiva natural que influye no sólo en el comportamiento de los seres vivos, sino también potencialmente en la transición entre la vida y la muerte. Esto podría ofrecer otro medio por el que las almas de los muertos interactúan con los vivos.

También en filosofía encontramos aportaciones relevantes. Henri Bergson, filósofo francés, sostenía que la conciencia individual forma parte de una conciencia mayor. Si aplicamos este concepto a la perspectiva post mortem, podríamos imaginar que la conciencia, tras la muerte, se reintegra en una conciencia universal, reconectando con el inconsciente colectivo junguiano.

Las teorías sobre el destino de la conciencia tras la muerte son variadas y fascinantes, y se basan tanto en las ideas de la psicología analítica de Jung como en los hallazgos de la investigación parapsicológica y filosófica. Aunque en la actualidad se carece de pruebas científicas definitivas, estos estudios ofrecen una perspectiva intrigante sobre las posibilidades de que la conciencia continúe de alguna forma, quizá utilizando el inconsciente colectivo como medio de comunicación con los vivos. Las historias individuales de coincidencias y experiencias significativas relatadas por quienes han experimentado ECM siguen estimulando el debate y la investigación sobre lo que realmente ocurre con nuestra conciencia después de la muerte.

La continuación en otro cuerpo.

Entre las muchas teorías que intentan dar respuesta a este enigma, una perspectiva fascinante emerge de las filosofías orientales y encuentra eco en el pensamiento de algunos científicos contemporáneos, como Federico Faggin. Analizamos este tema con el objetivo de ofrecer un marco exhaustivamente documentado y argumentado.

En las tradiciones religiosas y filosóficas orientales, especialmente en doctrinas como el hinduismo y el budismo, la conciencia (o *anatta* en el budismo) se considera algo que trasciende la vida física. Según estas enseñanzas, la muerte no representa el fin de la existencia, sino una transición a una nueva forma de vida. La conciencia, tras la muerte, pasa por un periodo de reflexión y evaluación, llamado "*Bardo*" en el budismo tibetano, antes de reencarnarse en otro cuerpo físico.

Esta visión está bellamente ilustrada en el Tao Te Ching de Laozi:

"La muerte y la vida son dos curvas de la misma línea infinita".

Federico Faggin, físico y pionero de la microelectrónica, ofrece una interesante y moderna perspectiva de este antiguo concepto. En sus libros, Faggin propone una visión de la conciencia como manifestación de una entidad más profunda, la "seidad", que existe independientemente del cerebro físico. Según Faggin, tras la muerte, la seidad no se disuelve, sino que se reúne con el "Uno", del que todos somos parte integrante.

Faggin argumenta que esta "Seidad", al estar dotada de libre albedrío, en lugar de fusionarse inmediatamente con el "Uno", puede elegir manifestarse de nuevo en un cuerpo diferente para proseguir con nuevas experiencias de conocimiento y crecimiento. Esta teoría está en armonía con muchos principios del biocentrismo, propuesto por el médico y científico Robert Lanza, que considera que la vida y la conciencia son fundamentales para el universo, y no consecuencias accidentales de la física.

En las últimas décadas, varios estudiosos han intentado sondear con rigor científico el misterio de la conciencia post mortem. Uno de los pioneros en este campo es el Dr. Ian Stevenson, cuyas investigaciones sobre los recuerdos de vidas pasadas han documentado miles de casos en todo el mundo. Stevenson ha examinado detalladamente relatos de niños que afirmaban recordar vidas pasadas, encontrando pruebas verificables en muchos casos.

La filosofía de Plotino y las ideas modernas.

La filosofía occidental también ha reflexionado profundamente sobre el destino de la conciencia tras la muerte. Plotino, uno de los filósofos más influyentes del neoplatonismo, describió el alma como eternamente unida al Uno. Según Plotino, el alma, separada del cuerpo tras la muerte, emprende un viaje hacia la unión trascendental con el principio divino.

Esta idea, aunque formulada en un contexto diferente, resuena sorprendentemente bien con la teoría de la Seidad de Faggin. Ambas visiones sugieren que algo esencial e inmutable en nosotros sigue existiendo y creciendo a través de diferentes estados de existencia.

El destino de la conciencia tras la muerte sigue siendo uno de los grandes misterios sin resolver. Las filosofías orientales ofrecen una visión fascinante de la continuidad y el crecimiento a través de la reencarnación. En última instancia, si la conciencia sobrevive o no a la muerte física y cómo puede elegir reencarnarse sigue siendo un enigma. Sin embargo, el estudio de este tema sigue ofreciendo ideas fascinantes sobre el significado de la vida, la muerte y la naturaleza profunda de nuestra esencia.

La conciencia como campo cuántico.

En la física moderna, el concepto de campo ha asumido un papel central para explicar diversos fenómenos naturales. Introducido originalmente para describir las fuerzas gravitatorias y electromagnéticas, el término "campo" denota una región del espacio en la que una fuerza física ejerce su influencia. La idea de campo evolucionó con la teoría de la relatividad general de Einstein, que describe la gravedad como una curvatura del espacio-tiempo, y con la mecánica cuántica, donde las partículas físicas se representan más bien como excitaciones de campos cuánticos.

Los campos cuánticos, a diferencia de los clásicos, son entidades fundamentales que se manifiestan como partículas y ondas, dependiendo de las condiciones de observación. Representan la vanguardia de la comprensión de las interacciones subatómicas y los mecanismos constitutivos del universo. Con el tiempo, científicos y pensadores han empezado a especular con la posibilidad de que estas unidades fundamentales de interacción también tengan relevancia para entender la conciencia humana, un tema que sigue siendo uno de los misterios más fascinantes de la ciencia.

En un intento por desentrañar el misterio de la conciencia, surgen diversas teorías en la intersección de la filosofía, la neurología y la física. La propuesta de que la conciencia puede describirse como un campo cuántico es una de las ideas más fascinantes y controvertidas de las últimas décadas. Esta propuesta combina la intuición filosófica con el rigor científico, sugiriendo que la conciencia no es simplemente una función del cerebro, sino que puede depender de principios cuánticos.

Uno de los estudiosos más destacados en este campo es Sir Roger Penrose, Premio Nobel de Física en 2020. En 1989, Penrose publicó "La nueva mente del emperador", donde proponía que los procesos de conciencia podían estar relacionados con fenómenos de gravedad cuántica.

Los experimentos en el campo de la neurofisiología han aportado algunas ideas interesantes. Por ejemplo, el estudio de la sincronización neuronal y los fenómenos de ondas cerebrales muestra que la conciencia podría depender de modos altamente integrados de actividad neuronal, lo que conceptualmente resuena con la idea de un campo cuántico cohesivo. Sin embargo, estos experimentos no aportan una confirmación definitiva de la naturaleza puramente cuántica de la conciencia y generan un debate considerable en la comunidad científica.

Otras interpretaciones surgen del campo de la biología cuántica, un ámbito en expansión que explora la importancia de los fenómenos cuánticos en los procesos biológicos. El físico Erwin Schrödinger, en su libro "¿Qué es la vida?" (1944) especuló sobre un posible papel de la física cuántica en los procesos vitales. Los últimos avances en este campo sugieren que pueden existir mecanismos de coherencia cuántica en los sistemas vivos, lo que abre la puerta a la posibilidad de que tales fenómenos sean relevantes para la conciencia.

En el debate contemporáneo, también es crucial considerar las dimensiones filosóficas y experimentales del tema. Por ejemplo, la postura de la anestesia sobre el grado de implicación de los microtúbulos en la conciencia sigue abierta. De nuevo, el desafío de Carl Jung y Wolfgang Pauli al vincular la psicología analítica con los fenómenos modernos de la física se considera un precursor de la integración de la física cuántica y la mente.

La exploración de la conciencia como campo cuántico nos obliga a reexaminar nuestros conceptos fundamentales de realidad y experiencia. Resulta imperativo que sigamos promoviendo un intercambio interdisciplinar para desentrañar las conexiones profundas y ocultas entre la física de partículas, la biología y la filosofía de la mente. Sólo mediante la interacción de estos campos podremos acercarnos a la comprensión del misterio de la conciencia y su posible papel cuántico en el orden natural.

Las conciencias individuales como parte del campo cuántico de la conciencia.

El concepto de conciencia ha fascinado perennemente a filósofos, científicos y pensadores a lo largo de los siglos. Hoy, con la llegada de la física cuántica y sus revolucionarias implicaciones, surge una perspectiva audaz y radical: la conciencia podría interpretarse como un campo cuántico, donde las conciencias individuales se configuran como manifestaciones locales de un continuo universal. Esta visión no sólo desafía nuestras creencias más profundas sobre la identidad y la realidad, sino que conecta con elegancia la ciencia moderna con antiguas sabidurías espirituales.

Imaginamos la conciencia como un vasto mar, en el que cada ser vivo representa una pequeña ondulación en la superficie. Esta metáfora, inspirada en la idea del campo cuántico de la conciencia, sugiere que cada conciencia individual, aunque esté conectada a un cuerpo físico concreto, está inextricablemente unida a un campo universal.

El físico David Bohm propuso una idea similar con su teoría del orden implícito y explícito, sugiriendo que la totalidad del universo es un todo interconectado, donde las manifestaciones individuales son como ondas en la superficie de un océano profundo e implícito. Según Bohm, la conciencia podría verse como un fenómeno que emerge de este orden implícito, haciendo que las conciencias individuales sean a la vez distintas y parte de una totalidad única.

El concepto de campo cuántico de conciencia tiene eco en antiguas tradiciones espirituales. Por ejemplo, la filosofía védica y el budismo hablan de la unidad fundamental de todas las cosas y de la ilusión de separación. La idea de "separados pero unidos" resuena profundamente con la nueva comprensión científica propuesta.

Niels Bohr, uno de los padres de la mecánica cuántica, señaló que la física cuántica y la filosofía de la experiencia humana están intrincadamente conectadas. Su idea de complementariedad sugiere que la mente y la materia no pueden entenderse por separado. Mente (conciencia) y materia (cuerpo) son dos caras de la misma moneda, conectadas de forma profunda y fundamental.

C.G. Jung, en su trabajo con Wolfgang Pauli, Premio Nobel de Física, desarrolló el concepto de "sincronicidad", explorando cómo los acontecimientos psíquicos y físicos pueden estar vinculados por significados no causales, pero profundamente conectados. Aunque no es explícitamente cuántica, su colaboración supone un nuevo intento de conectar la psique humana con los fenómenos físicos a una escala más universal.

La propuesta de entender la conciencia como un campo cuántico, donde las conciencias individuales son ondulaciones en una vasta superficie universal, plantea cuestiones fascinantes y profundas sobre la naturaleza de la realidad y nuestra identidad. Esta visión avanzada nos anima a considerar la experiencia humana no como un fenómeno aislado, sino como parte de un tejido cuántico interconectado y complejo.

Las implicaciones de esta teoría son profundas, desafían nuestras divisiones tradicionales entre ciencia y espiritualidad, individuo y universo, y arrojan luz sobre nuevas formas potenciales de entender la mente y la realidad. Mientras las pruebas experimentales siguen evolucionando, el diálogo interdisciplinar continúa ampliando nuestros horizontes, acercándonos cada vez más a la comprensión del gran misterio de la conciencia.

La muerte física, según esta teoría, marca el final de una onda concreta, que se reabsorbe en el mar cuántico. Sin embargo, la experiencia adquirida durante la vida del cuerpo no se pierde. Añade una nueva riqueza de percepciones y conocimientos a la inmensidad del océano cuántico.

Federico Faggin, conocido investigador de la conciencia, propuso el concepto de "Seidad". Las seidades, fragmentos individuales de conciencia, emergen del "Uno" para experimentar el mundo físico. Su propósito es enriquecer el conocimiento del Uno, que existe, según Faggin, precisamente para conocerse a sí mismo. Faggin argumenta:

"El Universo es una gigantesca escuela donde cada 'Seidad' aprende de la experiencia y la refleja al Uno".

Esto sugiere que cada experiencia humana contribuye a un vasto archivo cósmico, similar al concepto de Akasha de la filosofía oriental.

El término Akasha procede de la filosofía india y se refiere a un éter cósmico en el que se registran todas las experiencias y conocimientos del universo. Esta noción encuentra una sorprendente analogía en el campo cuántico propuesto para la conciencia. Nada se pierde; cada pensamiento, emoción y conocimiento humano es asimilado por el universo cuántico, enriqueciéndolo con nueva información.

En ciencia, experimentos como la interferencia y el entrelazamiento cuánticos nos muestran cómo partículas distantes pueden interactuar de formas que desafían la comprensión clásica. Estos fenómenos sugieren la posibilidad de que la propia conciencia no esté confinada dentro de los límites del cráneo humano, sino que interactúe con las redes cuánticas del universo.

La teoría de que la conciencia funciona como un campo cuántico proporciona un puente fascinante entre lo físico y lo metafísico. No sólo abre nuevos horizontes en la comprensión científica de la mente, sino que fusiona antiguos conocimientos filosóficos con los hallazgos de la física moderna. Al igual que Federico Faggin y muchos otros pioneros, seguimos explorando este fascinante campo, entre el asombro y la posibilidad. Seguimos imaginando el "Uno" que no sólo nos une, sino que aprende y evoluciona continuamente a través de todas y cada una de las ondas de nuestra experiencia vital.

La conciencia no es "nuestra".

¿Qué significa considerar la conciencia como una entidad cuántica inmortal y cómo conciliar esta visión con el concepto tradicional de alma?

La hipótesis de la conciencia cuántica sugiere que los procesos mentales pueden explicarse mediante las leyes de la mecánica cuántica.

Las implicaciones de esta teoría son profundas. Si la conciencia es realmente un fenómeno cuántico, puede que no esté ligada al espacio y al tiempo de forma convencional. La conciencia puede sobrevivir a la muerte del cuerpo físico y seguir existiendo en un estado cuántico no local, lo que abre la puerta a la posibilidad de una existencia post mortem.

Históricamente, el alma se ha considerado un don divino, algo que se nos ha dado y de lo que somos responsables. Este concepto ha dominado la teología y la filosofía durante siglos, imponiendo al alma limitaciones morales y espirituales decididas por una entidad superior. Sin embargo, la visión modernista y científica de la conciencia como fenómeno cuántico nos invita a reconsiderar estas limitaciones, nuestro papel y nuestra supuesta responsabilidad a la hora de determinar el destino de nuestra conciencia.

¿Por qué deberíamos restringir la conciencia, imponiéndole las mismas limitaciones que al alma? Si vemos la conciencia como una manifestación cuántica, libre de confinamientos físicos y temporales, también podemos imaginar que la conciencia continúa su viaje más allá de la muerte, siguiendo un camino guiado por las leyes de la física cuántica y no por las directrices de una deidad. Pero tampoco debemos imponer nuestras propias directrices. De hecho, si "nuestra" conciencia es inmortal, entonces no forma parte de nuestro "yo". Por el contrario, nuestro "yo" fue brevemente parte de "nuestra" conciencia.

El reconocimiento de la conciencia como fenómeno cuántico sugiere que, al morir, no perdemos la conciencia, sino que nos liberamos de nuestras ataduras corporales sin renunciar a nuestro "yo". Dejamos nuestra conciencia libre para explorar nuevas dimensiones de la existencia. En este escenario, la supervivencia en el momento de la muerte no es una cuestión de paraíso o infierno, sino una intrigante aventura cósmica, una escalada hacia un destino desconocido. En esta escalada, nuestro yo fue brevemente el protagonista de una sola etapa. Nos consuela que haya dejado una huella indeleble en el misterio cósmico.

Considerando la posibilidad de que la conciencia sea inmortal según los principios cuánticos, podemos preguntarnos: ¿qué nuevas responsabilidades éticas y existenciales surgen de esta perspectiva? ¿Qué poder podremos tener sobre el destino de la conciencia cuántica una vez disuelto nuestro cuerpo físico? Y entonces, ¿qué poder podrán tener nuestros amigos y familiares sobre nuestra conciencia cuántica? ¿Qué podrán exigirle una vez que sea libre para seguir su propio camino? Nuestra conciencia será un yo libre de las ataduras de la carne, ajeno a la dimensión carnal pero dispuesto a seguir un camino a través de otras dimensiones desconocidas.

¿Ser el Dios de nuestra conciencia?

La conciencia es un peregrino que visitará muchos hogares después del nuestro. En cada casa se sentirá acogida y participará del equilibrio familiar, pero la llamada del viaje la inducirá siempre a partir. Ningún dueño de casa le prohibirá partir, ni le dará instrucciones sobre cómo proseguir su viaje, ni esperará que se acuerde de él en etapas posteriores, ni marcará su destino de forma predominante. Ni siquiera los amigos del cabeza de familia pueden pretender ejercer dominio sobre su conciencia. Todo debe terminar en un olvido justo y respetuoso....

La idea de que el alma está sujeta a las directrices de una deidad ha dominado nuestra comprensión de la existencia post mortem durante siglos. Pero si abrazamos la idea de una conciencia cuántica, nos sentimos libres de condicionamientos filosóficos o religiosos. Al mismo tiempo, debemos evitar que aflore nuestra humanidad. Esto ocurre si, sabiendo que la conciencia no es un regalo de otros, asumimos que es nuestra y nos pertenece en su totalidad, por lo que "*ocupamos el asiento*". Nos convertimos, en cierto sentido, en los dioses de nuestra conciencia. Sin embargo, precisamente porque es inmortal y libre, la conciencia no es "nuestra"; al comportarnos como si la conciencia fuera "nuestra" afectamos negativamente a su libertad, que es una libertad insuperable, "sublime".

Esta nueva visión abre perspectivas extraordinarias de responsabilidad. Nuestra conciencia, una vez liberada del cuerpo, no debe ser obligada a seguir "nuestros" caminos de existencia que serían absolutamente pobres comparados con la inmensidad del misterio cósmico. Debemos respetar el libre albedrío de la conciencia, y nadie debe obligarla a permanecer atada a una existencia deshecha por la muerte.

Dejamos libertad a la conciencia, una vez liberada de nuestros cuerpos, para que siga su propio camino único y fascinante, su propio destino insondable. Después de todo, ¿cómo podríamos obligarla a hacer algo? Nuestra conciencia forma parte de un edificio del que nunca hemos sabido nada. Sólo podemos consolarnos con el placer de haberle añadido un pequeño ladrillo...

En su evangelio Juan (3:6-9) afirma:

> *"El viento sopla donde quiere, y odiáis su sonido, pero no sabéis de dónde viene ni a dónde va; así es de todo el que ha nacido del Espíritu"*

Aquí, 'nuestra' conciencia es esto. Nuestra" conciencia, nacida del Espíritu, fue un viento que nos acarició durante ese breve momento en que vivimos en nuestro cuerpo físico, y después del fin del cuerpo continuará su viaje místico. No sabemos de dónde vino, ni a dónde irá, pero sí sabemos que se llevará consigo todo lo que hemos sido. Nuestro "yo" vivirá en la conciencia inmortal como una "nube cuántica" formada por todas las elecciones hechas en nuestra vida física. Nuestra conciencia seguirá siendo "nosotros", pero de forma diferente.

Bibliografia.

Alexander, Eben	Living in a Mindful Universe: A Neurosurgeon's Journey into the Heart of Consciousness
Alexander, Eben	The Map of Consciousness Explained: A Spiritual Perspective on Life and Death
Alexander, Larry	The Afterlife Frequency
Alexander, Larry	The Map of Heaven: How Science, Religion, and Ordinary People Are Proving the Afterlife
Alexander, Larry	Seeking Heaven: Sound Journeys into the Beyond
Beauregard, Mario	Brain Wars: The Scientific Battle Over the Existence of the Mind and the Proof That Will Change the Way We Live Our Lives
Beauregard, Mario	The Spiritual Connection in Daily Life
Beauregard, Mario	The Spiritual Brain and Other Essays on the Applications of Neuroscience in Our Spiritual Experiences
Beauregard, Mario	Lifespan: Why We Age – and Why We Don't Have To
Beauregard, Mario	The Spiritual Process: An Investigation into the Transcendent Nature of Consciousness
Beauregard, Mario -	The Spiritual Brain: A Neuroscientist's Case for the Existence of the Soul
Beauregard, Mario -	The Spiritual Mind: Neuroscience of Spiritual Experiences
Bedford, Clare	The Shaman's Journey: Understanding Near-Death Experiences in Shamanic Practice
Bengston, William F.	The Energy Cure: Unraveling the Mystery of Hands-On Healing
Bruce Moen	Voyages Into the Afterlife: Charting Unknown Territory
Cochran, Clarke	Judgment After Death: Can We Assign the Right Place to Human Souls?
Cook, Penny Sartori, and Fenwick, Peter	The Handbook of Near-Death Experiences: Thirty Years of Investigation
Dossey, Larry	One Mind: How Our Individual Mind Is Part of a Greater Consciousness and Why It Matters
Dossey, Larry	Recovering the Soul: A Scientific and Spiritual Approach
Dossey, Larry	The Power of Premonitions: How Knowing the Future Can Shape Our Lives
Eben Alexander	Proof of Heaven: A Neurosurgeon's Journey into the Afterlife
Greyson, Bruce	After: A Doctor Explores What Near-Death Experiences Reveal About Life and Beyond
Grof, Stanislav	The Ultimate Journey: Consciousness and the Mystery of Death
Grof, Stanislav	The Holotropic Mind: The Three Levels of Human Consciousness and How They Shape Our Lives
Grof, Stanislav and Grof, Christina	The Stormy Search for the Self: A Guide to Personal Growth through Transformational Crisis
Hill, Ralph W.	The Strength to Awaken: Solutions to our Spiritual and Social Crisis
Kean, Leslie	Surviving Death: A Journalist Investigates Evidence for an Afterlife
Kübler-Ross, Elisabeth	On Death and Dying: What the Dying Have to Teach Doctors, Nurses, Clergy and Their Own Families

Kübler-Ross, Elisabeth	Living with Death and Dying: How to Communicate with the Terminally Ill
Kübler-Ross, Elisabeth	On Children and Death: How Children and Their Parents Can and Do Cope with Death
Lenzi, Massimo	Beyond Death: Evidence and Prospects for an Afterlife
van Lommel, P. V., van Wees, R., Meyers, V., & Elfferich, I.	(2001). Near-Death Experience in Survivors of Cardiac Arrest: A prospective study in the Netherlands. The Lancet.
Long, Jeffrey	Evidence of the Afterlife: The Science of Near-Death Experiences
Long, Jeffrey	God and the Afterlife: The Groundbreaking New Evidence for God and Near-Death Experience
Long, Jeffrey	Resurrection Science: Rediscovering the Supernatural Presence in the Modern World
Long, Jeffrey	The Near-Death Experience: What It Reveals About the Nature of Spiritual Energy
Mack, John E.	Passport to the Cosmos: Human Transformation and Alien Encounters
McDougall, William	The Introduction to Fieldwork: Second Edition
Melvin Morse and Paul Perry	Transformed by the Light: The Powerful Effect of Near-Death Experiences on People's Lives
Mermin, N. David	It's About Time: Understanding Einstein's Relativity
Moen, Bruce	Afterlife Knowledge Guidebook: A Manual for the Art of Retrieval and Afterlife Exploration
Moody, Raymond	Life After Life
Moody, Raymond	Reunions: Visionary Encounters with Departed Loved Ones
Moody, Raymond	The Light Beyond
Moody, Raymond	Reflections on Life After Life
Moody, Raymond	The Last Laugh: A New Philosophy on Near-Death Experiences, Apparitions, and the Paranormal
Moody, Raymond	The Light Behind God: A Psychiatrist's Experience with the Supernatural
Moody, Raymond	Through the Portal: Understanding Near-Death Experiences
Moody, Raymond	Life After Death: Classic Accounts of Near-Death Experiences
Moody, Raymond	The Death Experience: What It Is Like When You Die
Moody, Raymond	The Future Life: Scientifically Demonstrated Communicability with Spirits
Moody, Raymond, and Perry, Paul	Glimpses of Eternity: An Investigation into Shared Death Experiences
Morse, Melvin	Closer to the Light: Learning from the Near-Death Experiences of Children
Morse, Melvin	Parting Visions: Uses and Meanings of Pre-Death, Psychic, and Spiritual Experiences
Morse, Melvin	The Mystery of the Buried Crosses: Discovering Ancient Christianity in the Remote Mountains of Southern Sudan
Morse, Melvin	The True Nature of Death: A Vaccine Against Prejudice
Morse, Melvin and Perry, Paul	Where God Lives: The Science of the Paranormal and How Our Brains Are Linked to the Universe
Mullis, Kary	Dancing Naked in the Mind Field
Newton, Michael	Journey of Souls: Case Studies of Life Between Lives

Newton, Michael	Destiny of Souls: New Case Studies of Life Between Lives
Newton, Michael	Memories of the Afterlife: Life Between Lives Stories of Personal Transformation
Newton, Michael	Life Between Lives Hypnotherapy: A Facilitator's Guide
Newton, Michael	Life Between Life: Explorations of a Hypnotherapist in the Afterlife
Penrose, R., & Hameroff, S	. Quantum Computation in Brain Microtubules: The Penrose-Hameroff 'Orch OR' Model of Consciousness. Philosophical Transactions: Mathematical, Physical and Engineering Sciences.
Radin, Dean	Real Magic: Ancient Wisdom, Modern Science, and a Guide to the Secret Power of the Universe
Radin, Dean	The Conscious Universe: The Scientific Truth of Psychic Phenomena
Radin, Dean	Entangled Minds: Extrasensory Experiences in a Quantum Reality
Radin, Dean	Supernormal: Science, Yoga, and the Evidence for Extraordinary Psychic Abilities
Radin, Dean	Supernatural: Meetings with the Ancient Teachers of Mankind
Rawlings, Maurice	To Hell and Back: The Life After Death Experiences
Ring, Kenneth	Lessons from the Light: What We Can Learn from the Near-Death Experience
Sabom, Michael B.	Recollections of Death: A Medical Investigation
Sabom, Michael B.	Light and Death: One Doctor's Fascinating Account of Near-Death Experiences
Sabom, Michael B.	Beyond Death's Door: Understanding Near-Death Experiences
Schrödinger, E. (1944).	What is Life? The Physical Aspect of the Living Cell.
Schwab, Gereon Wolters, and Dossey, Larry	An Anthology of the Bridge World Literature on Psi and Survival
Schwartz, Gary	The Afterlife Experiments: Breakthrough Scientific Evidence of Life After Death
Schwartz, Gary	The Sacred Promise: How Science Is Discovering Spirit's Collaboration with Us in Our Daily Lives
Schwartz, Gary	The Living Energy Universe: A Fundamental Discovery that Transforms Science and Medicine
Schwartz, Gary	The G.O.D. Experiments: How Science Is Discovering God in Everything, Including Us
Schwartz, Gary	The Energy Healing Experiments: Science Reveals Our Natural Power to Heal
Schwartz, Gary	The Science of Miracles: How to Manifest Your Dreams
Schwartz, Gary	The Truth About Medium: Extraordinary Experiments with the Real Allison DuBois of NBC's Medium and Other Remarkable Psychics
Sheldrake, Rupert	Science and Spiritual Practices: Transformative Experiences and their Effects on our Bodies, Brains, and Health
Strassman, Rick	DMT: The Spirit Molecule: A Doctor's Revolutionary Research into the Biology of Near-Death and Mystical Experiences
Swinburne, Richard	The Evolution of the Soul
Tart, Charles	Waking Up: Overcoming the Obstacles to Human Potential

Tart, Charles	Altered States of Consciousness: A Book of Readings
Tart, Charles	States of Consciousness
Tart, Charles	From Birth to Death: The Circle of Life
Tart, Charles	On Being Stoned: A Psychological Study of Marijuana Intoxication
Turmel, André	Between Heaven and Earth: Psychokinesis, Undulation of Space-Time, and the Miracles of Jesus
van Lommel, Pim	Consciousness Beyond Life: The Science of the Near-Death Experience
van Lommel, Pim	Consciousness Beyond the Body: Evidence and Reflections
van Lommel, Pim	Endless Consciousness: A Scientific Overview of the Near-Death Experience
van Lommel, Pim	Near-Death Experiences: The Experience of the Self and the Continuity of Consciousness Beyond Death
van Lommel, Pim	Sensitive Awareness: Near-Death Experiences and the Evolution of Human Consciousness
van Lommel, Pim	Seeing Beyond the Visible: The Science of Near-Death Experiences
van Lommel, Pim	Human Consciousness and the Mystery of Life
van Lommel, Pim	Mortal or Immortal? Evolution and the Question of Death
van Lommel, Pim	Infinite Consciousness: The Unexplained Power of Near-Death Experiences
Van Praagh, James	Talking to Heaven: A Medium's Message of Life After Death
Wheeler, J. A. (1983).	Law without law. In Quantum Theory and Measurement.
Wigner, E. P.	(1961). Remarks On the Mind-Body Question. In The Scientist Speculates: An Anthology of Partly-baked Ideas.

Bruno Del Medico, bloguero, escritor y editor, está especializado en la divulgación de temas relacionados con la actualidad social y las nuevas fronteras de la ciencia. Es autor de numerosas publicaciones, entre ellas una serie especializada en física cuántica y metafísica.

Conciencia cuántica, supervivencia del alma, física cuántica, espiritualidad, metafísica, alma inmortal, vida después de la muerte, ECM.